NEW CLINICAL GENETICS

최신 임상유전학

월드사이언스
WORLD SCIENCE
worldscience.co.kr

NEW CLINICAL GENETICS

최신 임상유전학

역자 **김남수 지성길 이현수**

Andrew Read
and Dian Donnai

월드사이언스
worldscience.co.kr

NEW CLINICAL GENETICS

최신 임상유전학

인쇄	2010년 3월 05일
발행	2010년 3월 15일
역자	김남수 · 지성길 · 이현수
표지 디자인	박지혜
편집 디자인	한재원
발행인	박선진
발행처	도서출판 월드사이언스
등록	1988년 2월 12일 제16-1601호
주소	서울특별시 서초구 방배동 864-31 월드빌딩 1층
TEL	02) 581-5811~3
FAX	02) 521-6418
E-mai	worldscience@hanmail.net
URA	http://www.worldscience.co.kr

정가 30,000원
ISBN 978-89-5881-149-7

이 도서의 국립중앙도서관 출판시 도서목록 (CIP)은 e-CIP 홈페이지 (http://www.nl.go.kr/cip.php)에서 이용하실 수 있습니다.
(CIP 제어번호: CIP2010000821)

목차

제3장 - 유전자는 어떻게 작용하나?

제4장 - 유전질환자의 DNA는 어떻게 분석하는가?

제5장 - 환자 DNA에서 유전자 돌연변이 분석하기

제6장 - 돌연변이들은 무슨 작용을 하나?

제7장 - 후성 유전학

제8장 - 유전자는 어떻게 인체의 대사, 약물에 대한 반응, 면역계에 영향을 미치는가?

제9장 - 멘델식 유전양상 유전병의 유전자들을 과학자들은 어떻게 찾아낼까?

제10장 - 왜 어떤 질환은 흔하고 어떤 질환은 희귀한가?

제11강 - 유전자 검사는 언제 유용한가?

제12장 - 암은 유전적인가?

제13장 - 공통된 질병들에 대한 유전적 감수성을 검사해야 하는가?

제14장 - 유전적인 질병을 치료하기 위해서 우리가 무엇을 할 수 있는가?

용어해설

증례 노트 - 페이지마다 참고된 증례 요약

증례 1	Ashton 가족	1	7	65	104	150	3

- John (28세, Alfred Ashton의 아들)
- Huntington 질환 의심
- 비슷한 증상들을 가진 가족 구성원들
- 상염색체 우성 유전자 가계도
- 진단학적 검사 주문 - 제1장

증례 2	Brown 가족	2	8	65	126	151	279	376

- Joanne (6개월, 여아), 아빠 David/ 엄마 Pauline
- 낭포성 섬유증 (Cystic fibrosis) 의심
- 분자유전학적 검사 - 제1장
- *CFTR* 유전자 돌연변이 - 제5장
- 모든 신생아들에게 근육위축병 검사 실시? - 제11장

증례 3	Choudhary 가족	3	9	66	242	260	376

- Nasreen (8개월, 여아)
- 귀머거리
- 부모는 사촌지간
- 가계도는 상염색체 열성 유전에 의한 귀머거리를 보여줌 - 제1장

Abbreviations

ACTH	adrenocorticotrophic hormone
AFP	alpha-fetoprotein
ALAS	amino levulinic acid synthase
ALL	acute lymphocytic leukemia
APP	amyloid precursor protein
ASO	allele-specific oligonucleotide
ASP	affected sib pair
CAH	congenital adrenal hyperplasia
CDK	cyclin-dependent kinase
CGH	comparative genomic hybridization
cM	centiMorgan
dHPLC	denaturing high performance liquid chromatography
DMD	Duchenne muscular dystrophy
DNA	deoxyribonucleic acid
DSH	dyschromatosis symmetrica hereditaria
DTDST	diastrophic dystrophy sulfate transporter
DZ	dizygotic
FAP	familial adenomatous polyposis
FDA	Food and Drug Administration
FH	familial hypercholesterolemia
FISH	fluorescence in situ hybridization
GvH	graft versus host
HLA	human leukocyte antigen
HNPCC	hereditary non-polyposis colon cancer
Ig	immunoglobulins
IRT	immunoreactive trypsin
IVF	in vitro fertilization
LDL	low density lipoprotein
LHON	Leber hereditary optic neuropathy
MCAD	medium chain acyl-CoA dehydrogenase
MH	malignant hyperthermia
MHC	major histocompatibility complex
ML	mucolipidosis
MLPA	multiplex ligation-dependent probe amplification
MMR	mis-match repair
MODY	maturity-onset diabetes in the young
MSAFP	maternal serum alpha-fetoprotein
MZ	monozygotic
NK	natural killer
NSC	National Screening Committee
NTD	neural tube defect

OLA	oligonucleotide ligation assay
OMIM	Online Mendelian Inheritance in Man
PCR	polymerase chain reaction
PKU	phenylketonuria
PWS	Prader-Willi syndrome
QTL	quantitative trait locus
RB	retinoblastoma
RFLP	restriction fragment length polymorphism
RNA	ribonucleic acid
RSTS	Rubinstein-Taybi syndrome
SNP	single nucleotide polymorphism
SSCP	single strand conformation polymorphism
SUMF	sulfatase modifying factor
T2D	type 2 diabetes
TDT	transmission disequilibrium test
TGFb	transforming growth factor b
TPMT	thiopurine methyl transferase
TS	tumor suppressor
UPD	uniparental disomy
X-SCID	X-linked severe combined immunodeficiency

저자 서문

이 책은 유전학자인 Andrew Read와 임상의사인 Dian Donai의 협력으로 만들어 졌다. 따라서 이책은 임상 유전학을 대표한다고 할 수 있다. 임상학자, 유전상담가, 진단 과학자와 기타 관련 분야 연구자들이 융합하여 서로 긴밀히 공조하고 격려하며 통합적인 유전학의 한 단위를 이룰 수 있어서 매우 다행이었다. 우리는 1977년 어느 날 Manchester의 St Mary's Hospital에 있는 의학 유전학과에 왔을 때, 복도에 서로 인접하여 사무실 책상을 부여 받았는데 이것은 그 당시 학과의 팽창에 따른 통상적인 사무실 배치였던 것이다. 우리 둘은 그래도 그곳에서 일하고 있었는데 그 이유는 우리는 생물학과 의학에서 가장 활기차고 역동적인 분야에서 일하고 있다고 생각했기 때문이다. 이후의 세월은 우리의 초기 생각이 틀리지 않았다는 것을 입증하였다.

우리는 이 책의 주 독자로 의과대 학생들을 목표로 하였으나 이 책은 유전 유전상담가들이나 다른 관련된 분야의 과학자들, 이미 클리닉에서 연구하는 임상의사들 중 의학과 생물학이 융합된 임상유전학 분야 입문을 원하는 사람들에게도 도움을 줄 수 있도록 집필하였다. 요즘은 의과대학생들 중 소수의 학생들만이 유전학을 전공으로 선택한다. 그러나 유전학적 지식은 의학의 실제에서 많은 분야를 보강할 수 있으므로 의학의 모든 분야에 유전학 법칙들과 이들의 실제적 적용이 필요하다. 우리들은 유전학의 기초적인 개념적 뼈대에 대한 안목을 잃지 않는 상황에서 유전질환자들과 실제적 임상 상황에 초점을 두며 설명하려고 노력을 하였다. 어떻게 이 책을 학습할 것인가 절에서 설명하는 것처럼, 우리는 이 책이 증례에 기초한 학습과 함께 과학적 원리에 초점을 둔 좀 더 관행적인 방법 등에도 관심을 두고 집필 하였다.

이 책의 내용은 미국 인체 유전학회 (American Society of Human Genetics)의 교육과정, 그리고 영국 국민 건강 기구 (National Health Service) 국립 유전학 교육과 발달 센터 (National Genetics Education and Development Centre)에서 의과 대학생들을 위한 수행능력 항목 (List of Compentencies)의 내용에 기초하여 집필되었다. 이들 두 가지 기록들에 대한 주석은 책 내에서 적절한 과제들을 찾을 수 있으며 http://www.scionpublishing.com/newclinicalgenetics에서도 내려 받을 수 있다.

우리는 이 책을 집필 하는 동안 원고를 찬찬히 읽고 귀중한 아이디어와 조언들을 한 David Cooper, Susan Hamilton, Lauren Kerzin-Storrar, Helen Middleton-Price, Rehat Perveen, 그리고 Alison Stewart 등에게 감사한다. Susan Hamilton은 특히 이 책의 세포유전학적 사진들의 대부분을 제공하였다. 또한 우리들에게 사진이나 자료 등을 달라고 괴롭힘을 당하면서도 그들의 상냥함이나 관용을 베푼 많은 동료들, 그리고 자신들의 사진을 게재하도록 허락한 많은 환자 가족들에게 감사를 표명한다. 여기에 사용된 재료들의 출처에 대하여 충분히 밝혔다고 인정 하지만, 만약에 자신들의 동의 없이 사진들을 사용한 것을 발견한다면, 우리에게 연락을 주시기를 바란다.

Andrew Read and Dian Donnai
2006년 8월

역자 서문

임상유전학 분야는 유전학 분야에서 중요한 한 분과이지만 아직 우리나라에서는 잘 알려지지 않았다. 아직 유전학과가 개설된 대학교가 우리나라에는 없는 실정이므로 유전학의 한 분과에 대한 관심은 적을 수 밖에 없다. 하지만 "지구의 역사는 지각에 있으며 생물의 역사는 염색체에 있다" 라는 유명한 세포유전학자의 말처럼 유전학은 우리 건강과 매우 깊은 관련이 있다. 예로 자연 유산되는 태아의 절반이 염색체 이상에 의하며, 신생아 1000명 중 6명 정도가 염색체 이상을 가지고 태어난다. 염색체보다 작은 수준의 유전자 돌연변이에 의한 빈도는 이보다 훨씬 높으며 이 중많은 부분이 대물림하여 유전질환을 야기할 수 있는 것들이다. 지금까지 알려진 종양형성 유전자들도 100여 개 이상으로 이들도 대물림하는 유전자들이다.

인체 유전정보가 2001년에 밝혀진 이래 많은 생물체의 전체 유전자 정보인 게놈의 DNA 염기 서열이 밝혀지며 이전에는 알지 못하였던 생명 현상의 비밀이 속속 밝혀지고 있다. 인간 질병 유전자들에 대해서도 10여 년의 지식에 비해 현재는 말할 수 없을 정도로 넓어지고 있어서 여러 가지 질병에 질병 유발 가능성이 있는 대립유전자를 동정하는 진단 키트의 개발이 상업화되어 있다. 이럴 때 우리는 '과연 유전진단을 받는 것이 현명한 일인가?' 라는 의문을 갖게 되며 전문가의 의견을 듣고 싶어한다. 그리고 집안에 유전질환의 내력이 있을 때 나도 과연 가족 내력 유전질환 유전자를 가지고 있을까? 결혼을 할 때 배우자의 가계에 대한 유전 정보를 묻는 것은 옳은 일인가? 등 우리 실생활의 많은 부분이 임상 유전학에서 다루는 분야이다.

임상유전학이나 인체유전학 교재는 다른 유전학 분과 분야에 비해 적은 편이다. 본 역서는 30여 년간 영국 University Manchester 대학에서 유전학과 인체유전학 강의를 하고 St Mary's Hospital의 임상 전문가로 활동을 한 Andrew Reed 교수와 Dian Donnai 교수가 집필 한 교재로서 풍부한 경험을 바탕으로 유전질환들을 증례 중심으로 체계적으로 여러 가지 분석 방법으로 접근하며 유전현상을 설명하고 있다. 그리고 이러한 내용들은 유전질환들을 분자생물학적 또는 유전체적으로 쉽게 설명하여 본 서는 의학을 공부하는 의학도들이나 의학전문대학원을 준비하는 미래의 의학도들에게 좋은 지침서가 될 것이다. 또한 관련 분야의 실험 연구자, 임상전문가, 강의를 준비하시는 교수님들에게도 좋은 참고 자료가 될 수 있으리라 믿는다.

마지막으로 본 번역서가 나올 수 있도록 여러 가지 도움을 주신 월드사이언스의 임후택 부장님과 번역 후 매우 찬찬히 읽으며 문맥을 잡아준 역자들의 실험실의 연구원들에게도 깊은 감사를 드린다.

2009년 역자
김남수, 지성길, 이현수

역자 소개

김남수, Ph.D
유전학 박사 (University of Alberta, Canada)
강원대학교 의생명과학대학 분자생명과학과 교수
편집장, Genes & Genomics

지성길, Ph.D
유전학 박사 (University of California, Davis, USA)
고려대학교 생명과학대학 생명과학부 교수

이현수, MD, Ph.D
의학박사 (연세대학교, 대한민국)
강원대학교 의과학대학 소아청소년과 교수

이 책 구성의 특징- 이 책을 학습하는 방법

각 장은 학생이 유전학에 대해서 질문을 가질 만한 문제들을 제시한다. 예로 '염색체를 어떻게 연구하는가?', '암은 유전적일까?' 등이다. 각 장은 다음과 같은 공통적인 세부 항목으로 구성되어 있다.

- 학습요지 : 각 장 별로 학습 후 학생이 습득하게 될 내용을 요약하였다. 이것들은 미국 인체 유전학회 (American Society of Human Genetics)의 교육과정, 그리고 영국 국민 건강 기구 (National Health Service) 국립 유전학 교육과 발달 센터 (National Genetics Education and Development Centre)에서 의과 대학생들을 위한 수행능력 항목 (List of Compentencies)의 내용에 기초하여 선발하였다.
- 증례 연구 : 마지막 장을 제외한 모든 장에서 증례 연구를 소개하는데 이것들은 유전질환을 가지고 있는 가족들의 임상적 진단을 위해 필요한 사항들을 연속적으로 소개하고 이들이 왜 유전 상담이나 검사를 하여야 하는가에 대해서 설명한다. 이러한 증례들은 사실이 아닌 가공이며 제공되는 사진들은 증례에서 들고 있는 사람들의 사진이 아니고 증례를 설명하기 위한 것들이다. 하지만 사진들은 저자들이 직접 유전질환자들과의 오랜 경험에 의해 선별 되었음을 밝힌다.
- 예비지식 : 다음 장에서 다루는 실험 방법이나 개념에 대한 설명
- 자를 조사하기 : 실제적 상황에서 적용되는 실험 방법이나 개념을 묘사하기 위한 증례 연구를 이용함. 이러한 형태의 설명이 여러 장에 걸쳐서 순차적으로 이론을 전개하며 설명하여 나감.
- 요약과 보충 설명: 장에서 다룬 내용을 관련된 분야의 기초 과학적 부연 설명하고 요약함.

학생들은 다루는 소재를 통해 다른 방법을 선택할 수 있다.

증례 1	Ashton 가족	1	7	65	104	150	376

- John (28세); Alfred Ashton의 아들
- ? Huntington 질병
- 비슷한 증상을 가지는 가족 구성원들
- 상염색체 우성 유전자 가계도
- 일련의 진단 테스트

- 문제에 기초하여 접근하는 것을 선호하는 학생들은 증례 연구와 환자를 조사하기 항목부터 시작하는 것이 좋다. 이들은 다른 section의 항목들은 참고 자료로 활용하는 것이 좋다. 페이지 디자인은 학생들로 하여금 여러 장에 걸쳐서 증례들을 연속적으로 추적하여 학습 할 수 있도록 각 증례가 다시 설명되는 페이지를 적어 넣었다. 예로 Ashton 가족에 대한 설명은 1, 7, 65, 104, 150, 376 페이지에서 다른 측면에서 설명되고 있다. 부언하여, 각 증례의 앞에 점으로 시작되는 간단한 요약은 우리가 이전에 알아낸 것들의 메모로 적었다.
- 교수법적인 접근을 선호하는 학생들은 예비지식과 요약 및 보충 설명 항목들에 초점을 두는 것이 좋다. 이외의 다른 sections는 예시와 설명을 제공하는 것이다.

각 장은 자가 진단 문제들로 마치게 되어 학생들은 어느 방법으로 학습을 하였던지 자신들이 그 장의 내용에 대한 이해도를 체크 할 수 있도록 하였다. 이 책은 유전 진단의 편람서로 이용되도록 집필된 것이 아니므로 유전 클리닉에서 다루는 모든 멘델식 유전 양상의 유전질환이나 염색체 이상 유전질환을 설명하고 있지 않는다는 것을 밝힌다. 그러나 증례들과 질병 Boxes는 여러 가지 유전질환의 범위와 다양성을 보여주는데 도움을 줄 수 있다고 본다. 더 이상의 정보가 필요하다면 각자의 말미 제공하는 참고문헌과 websites들을 참조하기 바란다. 또한 OMIM 데이터베이스: http://www.ncbi.nlm.nih.gov/omim을 방문하여 조사하는 것이 좋으며 이 책을 통하여 여러 가지 질병들의 OMIM 번호를 제공하였다.

제 1 장

가족력으로부터 얻을 수 있는 것들

1장의 학습 요지

- 가족력 파악하기
- 정확한 기호를 이용하여 가계도 그리기
- 간단한 가계도로부터 가장 가능성 있는 유전 양상 유추하기
- 상염색체 우성 유전, 상염색체 열성 유전. X-연관 우성 유전, X-연관 열성 유전, Y-연관 미토콘드리아 유전 등의 유전 양상 기술하기
- 침투율과 표현력의 정의 내리기
- 이상의 유전 조건에서 유발되는 과학적 또는 인간 사회의 이슈들에 대해 이해하기

1.1. 증례 학습

증례 1	Ashton 가족	1	7	65	104	150	376

- John (28세); Alfred Ashton의 아들
- Huntington 질병 의심
- 비슷한 증상을 가진 가족 구성원들

John의 아버지, Alfred Ashton(52세)은 깜박 기억을 잊곤 하였는데, 이는 Alfred가 실직 후, 우울에서 오는 증상으로 생각되었다. 그러므로 Alfred는 정신과 의사를 찾았으며 정신과 의사는 Alfred가 불안해 하고 손가락과 어깨를 무의식적으로 경련하는 듯 움직이거나 얼굴을 무의식적으로 찡그리는 등 무도병에서 볼 수 있는 증상과 비슷한 무의식적 움직임을 보임을 포착하였다. Alfred는 정신과 의사에게 자신의 가족들에게 나타나는 일명 가족질환의 증상이 자신에게도 발생하는 듯하나 사실 이런 증상이 왜 오는 지 정확히 모르겠다고 진술하였다. 정신과 의사는 Alfred에게 Huntington 질환[OMIM 143100]을 의심하고 Alfred의 가족 담당의에게 Alfred의 아들, John(28세)의 유전학적 검사를 의뢰하였다. John은 최근 결혼하여 집을 장만하는 일에 몰두 중으로 Huntington 질환에 대해서는 전혀 관심이 없었다.

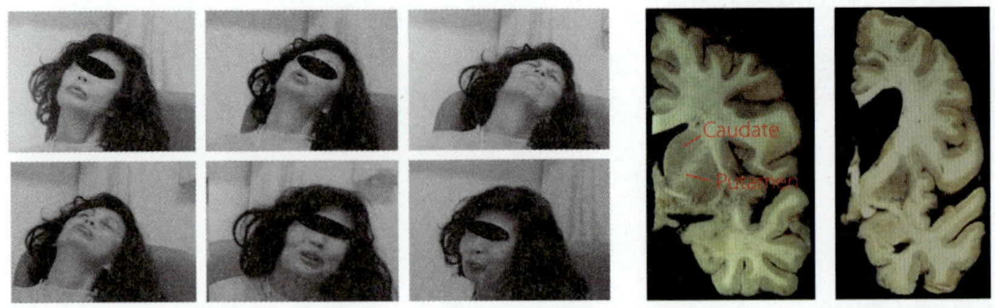

(a) (b)

그림 1.1 - Huntington 질병

(a) Huntington 질환이 진행된 환자: 얼굴과 머리를 무의식적으로 움직임을 보이고 있다. 사진은 Peter Harper, Cardiff 교수에 의해 제공됨. (b) 정상인의 뇌(좌측)과 Huntington 질환자 뇌(우측)의 사후 뇌 조직 소견 비교: Huntington 질병 환자의 뇌에는 많은 조직 손실이 있었음을 볼 수 있다. 사진은 Manchester St Mary Hopspital의 David Crauford 박사 제공됨.

증례 2

Brown 가족 2 8 65 126 151 279 376

- Joanne (6개월, 여아)
- 아빠 David/ 엄마 Pauline
- 낭포성 섬유증 (Cystic fibrosis)의심

Joanne은 David과 Pauline의 둘째 아이이다. Joanne의 오빠는 4살이며 6세의 옷을 입을 정도로 매우 건강하다. 그러나 Joanne은 오빠와는 달라 부모는 출생 시부터 Joanne에 대해 많은 걱정을 해 왔다. Joanne은 출생 후 젖을 빠는 힘은 양호하였으나 체중이 늘지 않았으며 생후 수개월간 잦은 감기와 기침으로 시달려 왔다. 엄마와 의사는 처음에는 이러한 현상들을 Joanne이 보육 시설에 맡겨지면서 감기에 자주 걸리는 것이라 생각하였으나 Joanne은 생후 5개월에 심한 흉부 감염으로 입원하기도 하였다. 당시 간호원들은 Joanne의 대변 량이 너무 많고 불쾌한 냄새가 있었으며 소아 성장 곡선에서 보았을 때, Joanne은 출생 시의 체중/신장 백분위수에 비해 생후 1개월 간 상당히 처진 성장을 나타낸다고 진술하였다. 이에 의료진은 Joanne에게 낭포성 섬유증[OMIM 219700]을 의심하고 Joann의 땀 분석을 시행하였다. 그 결과, Joanne의 땀 성분은 Na^+이 87mmol/L로 정상인 (60mmlol/L)에 비해 현저히 높은 수치를 보였다. 그러므로 의료진은 Joanne에게 낭포성 섬유종을 확진하게 되었다. 이는 David과 Pauline 부부에게는 폭탄 선언과 같은 일이었으며 David과 Pauline은 Joanne의 소아과 담당의에게 유전학 전문의와의 진료를 의뢰하였다.

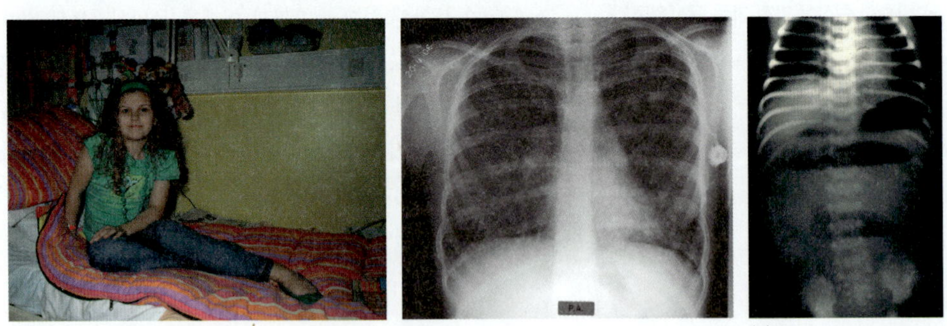

(a) (b) (c)

그림 1.2 - 낭포성 섬유증 질환

(a) 낭포성 섬유증 환아: 환아의 외모는 수년간에 걸쳐 많이 향상되었지만 아직도 잦은 입원과 물리 치료, 지속적인 약물 복용을 필요로 한다. (b)낭포성 섬유종 환자의 폐 X-선 사진. (c)태변 장폐색(meconium ileus)으로 인해 다발성 액체층(multiple fluid level)을 보이는 신생아의 복부 직립 X-선 사진. 사진 (a)와 (b)는 Manchester Children Hospital의 Dr. Tim David에 의해 제공됨.

Box 1.1

낭포성 섬유증의 다양한 영향

- **폐** 비정상적인 점액으로 인한 감염과 폐 손상
- **위장관** 태변 장폐색 (Meconium ileus), 말단부위 장폐색 ((distal intestinal obstruction), 탈수 직장(rectal prolapse)
- **췌장** 외분비 췌장 기능장애 (exocrine pancreas dysfunction), 흡수장애(malabsorption)
- **간담즙 관** 담즙 간경변(biliary cirrhosis), 담석(gallstones)
- **땀 선** 땀 성분의 염소 및 나트륨 함량 증가
- **생식관** 선천성 좌우 정관 결여 (CBAVD, Congenital bilateral absence of vas deferens), 농축된 자궁 분비물.

증례 3 Choudhary 가족 3 9 66 242 260 376

- Nasreen (생후 8개월, 여아)
- 아빠 Aadnan/ 엄마 Mumtaz
- 귀머거리
- 부모: 사촌 지간

Nasreen은 젊은 부부이자 근친 결혼을 한 Aadnan과 Mumtaz의 첫째 아이이다. 임신과 출산 과정은 별 문제가 없었으며 Nasreen은 건강히 성장하여 제 나이에 웃고 고개를 가누었으며 뒤집었다. Nasreen은 정기적인 영아 클리닉 진찰을 받았으며 8개월에 청력 검사를 실시한 결과 소리에 대한 반응이 정상이 아님을 알게 되었다. Nasreen의 엄마는 이런 결과가 Nasreen이 깊게 자고 있었기 때문에 청력도 검사(audiogram)에서 양쪽의 청력이 떨어지게 나온 것이기를 바랬다.

(a)

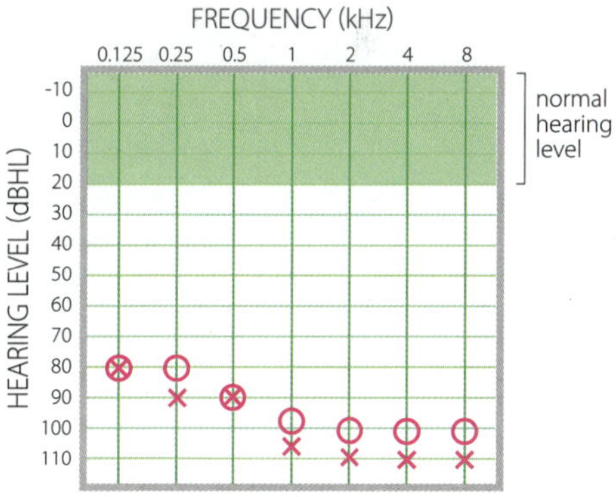

(b)

그림 1.3 - 청력 검사 결과
(a) 뇌간에서의 소리 반응을 검사함으로써 환아의 청력을 검사한다.
(b) 양측성의 극심한 청력 소실을 보이는 청력도(audiogram) 검사 소견. 수평축은 주파수(frequency)를, 수직축은 청력 역치(hearing threshold)를 데시벨(decibel)로 나타낸다. 양쪽 귀의 청력은 각각 다른 기호로 표시된다. 정상 청력은 0-20dB로 나타난다; 20-40dB은 경한 청력 소실을, 40-70dB은 중등의(moderate) 청력 소실을, 70-95dB은 중증의(severe) 청력 소실을, 95dB 이상은 극심한(profound) 청력 소실을 나타낸다.

증례 4 | Davies 가족 | 4 | 10 | 66 | 102 | 151 | 181 | 279 | 376

- Martin(24개월 남아)
- 아빠 Robert/ 엄마 Judith
- 걷기가 서투르고 느림
- 근위축증(muscular dystrophy)의 가족력

Martin은 Robert과 Judith의 첫째 아들로 위로는 Leanne과 Kathryn, 두 딸이 있다. 두 딸은 운동 발달이 매우 빨랐고 돌 이전에 모두 걸음마를 시작하였다. 그러나 Martin은 여러 면에서 발달이 늦은 듯하였으나 Martin의 엄마는 단지 Martin이 사내 아이이기 때문으로 생각하였다. 그러나 Martin은 18개월이 되어도 여전히 걷지를 못하였으므로 병원을 방문하게 되었다. 당시 의사는 Martin에게서 특이한 이상소견을 발견하지 못하였기에 6개월 간격으로 검진하기로 계획하였다. 한편 Martin은 20개월에 첫 걸음마를 내디뎠으나, 예약된 다음 진료 시에 의사는 Martin의 운동이 대단히 둔하고 바닥에서 일어설 때 반드시 의자를 집거나 손을 다리에 얹고 몸을 의지함으로써 일어선다는 것을 주목할 수 있었다. 의사와 엄마, Judith는 Judith의 근위축증 가족력을 알고 있었기에 Martin의 이런 점을 상당히 걱정하였다. Martin의 이러한 증상은 걸음이 늦은 아이에게서 볼 수 있는 현상이기도 하지만, 근위축증의 조기 증상일 수도 있기 때문에, 의사와 Judith는 Martin을 신경 전문의 및 유전학 전문의에게 의뢰하기로 하였다.

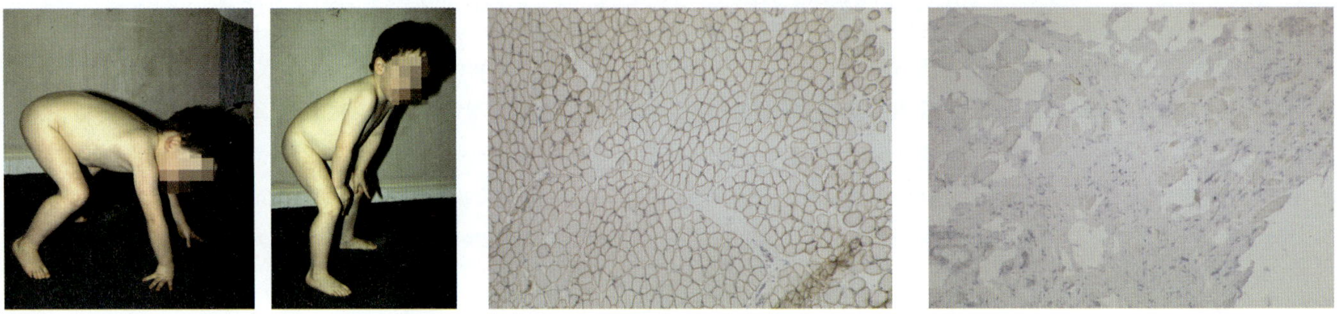

(a) (b) (c)

그림 1.4 - Duchenne 근육위축증

(a) 근위축증을 가진 남아가 팔을 다리에 얹고 의지하여 일어서고 있으며 (Gower's maneuver라 함.) 이는 환아의 근위성 근육(proximal muscle)들이 약화되었기 때문이다. (b)와 (c) Gomori 염색 처리된 근육 조직 소견. (b) 정상인의 근육 조직 소견:세포 외벽이 dystrophin으로 갈색 염색된 정상 구조의 세포를 보임. (c) 10세의 근위축증을 가진 남아의 근육 조직 소견:세포 분열, dystrophin 염색의 결여 및 섬유 조직의 침투를 보임. 조직학적 사진은 Newcastle(Tyne 주)의 Dr. Richard Charlton에 의해 제공됨.

증례 5 | Elliot 가족 | 4 | 11 | 42 | 64 | 376

- 유산
- Elizabeth (이형성증의 저체중아)
- 아빠 Ellen/ 엄마 Elmer
- 심장 문제 동반

Elmer와 Ellen은 Elmer의 부모의 고향인 Jamaica로 신혼 여행을 다녀와 바로 아이를 가질 계획을 가졌다. 곧 Ellen이 임신을 하였으나 임신 8주에 출혈이 있었으며 유산되었다. 이로부터 5개월 후 다시 임신을 하게 되었으며 30주까지 무사히 임신을 유지하였으나 초음파에서 아기는30주의 태아로는 작게 보였다. 그러나 Ellen 부부에게는 이는 크게 걱정되는 부분이 아니었다. 이유는 Ellen이 작은 체구의 여성이었기 때문이다. 그러나 37주에 아기를 출산하였을 때 Elizabeth의 모든 것이 정상이

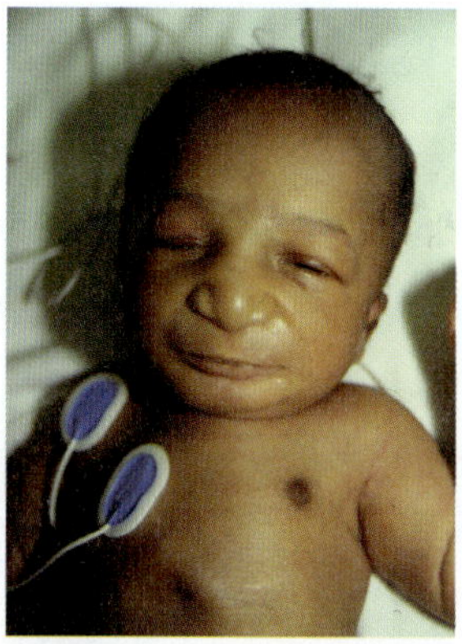

그림 1.5 - 여러 가지 선천성 기형과 이형성증의 모습을 보이는 환아.

아님을 알게 되었다. Elizabeth의 신장과 체중은 모두 3 백분위수에 해당하였으며 특히 두위는 3 백분위수 이하의 몹시 작은 아이(주수에 비해 작은 부당경량아)였다. Elizabeth는 튜브 수유를 필요로 하였고 빈번한 무호흡을 보였다. 심잡음이 들렸으며 심장 초음파에서 심실 중격 결손증과 대동맥 판막의 협착을 보였다. 소아과 전문의는 Elizabeth와 부모들을 유전학 전문의에게 의뢰하였으며 필요한 검사들을 요청하였다. 엄마, Ellen은 유전학 의사에게 그녀의 자매가 2회의 조기 유산을 경험하였으며 Trinidad에 살고 있는 그녀의 숙모에게는 선천성 심장병으로 사망한 아기가 있었으며 현재의 건강한 두 아이를 얻기 전에 1회의 사산 경험이 있다고 진술하였다.

증례 6 | Flethcher 가족

5 12 67 131 152 376

- Frank (22세, 흐릿한 시력이 약화됨)
- 시각 장애의 가족력

Frank는 대학을 갓 졸업한 22세의 전기 기술자이다. 그는 친구들과 놀기를 좋아하고 주말에는 과음을 하는 경향이 있었다. 그는 항상 시력이 좋았으나 언제가 한 주는 물체들이 흐릿하게 보이고 항상 다루던 전기선의 색깔이 평소보다 옅게 보이는 것을 느꼈다. 이런 증상들이 나아지지 않아 Frank는 안과 의사를 찾았고 안과 의사는 Frank의 망막에 이상이 있음을 발견하여 즉시 안과 전문 병원으로 의뢰하였다. 안과 전문 병원으로 이송 후 Frank의 안저(disk)에는 부종(신경 섬유층의 가성 부종)이 있으며 망막 혈관의 비틀림이 동반되어 있음이 확인되었다. 이후 몇 주에 걸쳐 Frank의 중심 시력은 점진적으로 나빠져 결국 Frank는 직장을 그만두게 되었다. Frank의 엄마, Freda는 건강한 여성이나 그녀의 하나뿐인 남자 형제는 28세에 시력을 잃었으며 당시의 원인은 시신경 위축으로 기억하였다. Freda의 자매, Doreen 또한 45세 이후로 심각한 시각 장애를 갖고 있었다. 이러한 가족력을 근거로 안과 의사는 Frank를 유전학 클리닉에 의뢰하였다.

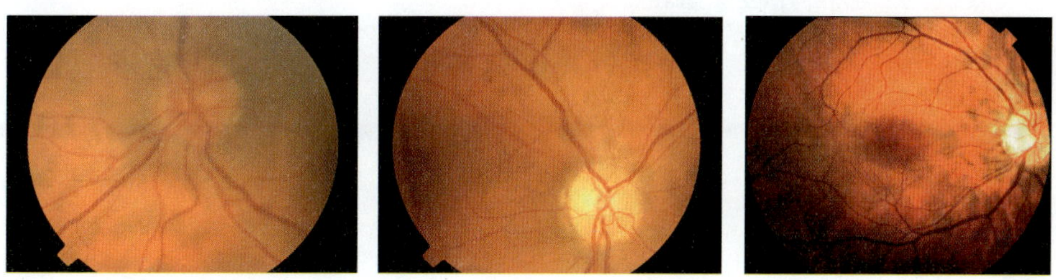

(a) (b) (c)

그림 1.6 - Leber씨 유전성 시신경병증 (Leber hereditary optic neuropathy)
(a) 환자가 시력 저하를 느끼고 3주 후의 안저 소견; 불분명한 경계의 충혈된 안저. (b) 삼촌의 안저 소견;수년 전에 시력 소실. 시신경 위축에 합당한 소견으로 안저의 주변부가 창백해 보임. (c) 정상인의 안저 소견. 사진들은 Manchester, St Mary' s Hospital의 Mr. Graeme Black에 의해 제공됨.

1.2. 배경

이러한 환자들에게서 가장 먼저 실시해야 할 것은 가족력을 파악하는 것이다. 진료 의뢰서에 가족력이 기재돼있다 하여도 유전학 전문의는 다음 *Box 1.2*의 내용대로 상세하게 가족력을 조사해야만 한다. 가족력은 유전학적 진단에 가장 중요한 단서를 제공하며 유전학적 진단 및 상담을 위한 필수적인 기초 자료가 된다.

Box 1.2

가계 내력을 이용하여 가계도 작성하기

특수한 가계도 용지나 단순 백지에 긴 수평선을 긋고 그 밑에 네 개의 수직선을 그린다. 의뢰 받은 환자를 중간에 기재하고 시작한다. 아래에 소개된 적합한 기호들을 사용하여 의뢰된 환자의 이름, 생년월일, 중요한 임상적 소견 등을 기록한다. 다음은 환자의 배우자나 성 파트너의 상세한 사항들을 기록하고, 그들의 자녀, 부모, 형제/자매들의 정보를 체계적으로 기록한다. 형제/자매들 각각의 배우자와 자녀들의 정보를 기록한다. 그 다음 이들 각각의 부모들의 형제/자매와 그들의 부모, 그리고 그들의 배우자/자녀들의 정보를 기록한다. 마지막으로 모든 네 조부모와 그들의 형제/자매들의 정보를 기록한다. 특별한 경우를 제외하고는 이 선 이상의 가족 정보는 필요치 않다. 각 개인의 정보를 물을 때, 이름, 생년월일, 사망한 경우는 사망일과 사망 원인, 어떤 중요한 임상적 정보 등 체계적으로 질문하도록 한다. 유산이나 생식학적 문제 등에 대해서도 질문하고 가능하다면 문제가 있던 출산과 관련된 원인이 양가 어느 쪽에서 유래하였는지를 질문한다. 만약 의뢰 받은 환자가 해당 질환의 원인이 양가 중 어느 편에서 유래하였는지를 확실히 안다 하여도 양가의 정보를 상세히 얻는 것이 바람직하며 이는 가족들이 잘못 알고 있는 경우가 많기 때문이다. 일부에서는 컴퓨터화된 체제를 이용하여 위와 같은 일련의 질문 사항들을 취합하여 가계도를 그려주는 기관도 있다.

가계도를 그려가는데, 각각의 세대(generation)는 수평의 동일선 상에 배치한다. 형제/자매는 그림에 지나치게 많은 선을 그리지 않는 범위 내에서 나이 순으로 기록한다. 만약 가계도가 너무 복잡하다면 후에 다시 깨끗하게 그려야 할 것이다. 본 장에서는 다음의 적합한 기호들을 이용하여 모델로서의 가계도를 그려보아라.

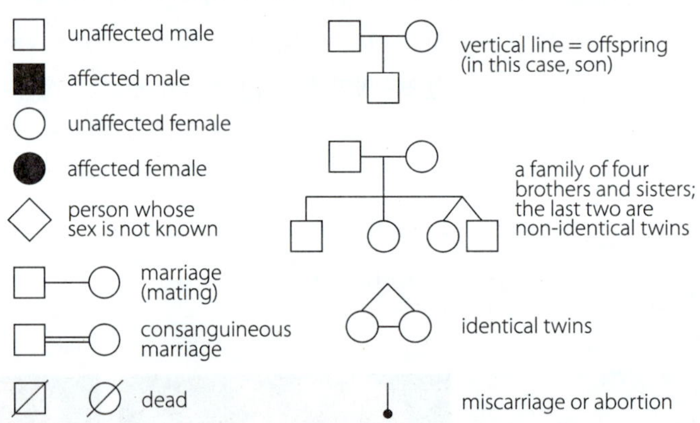

1.3. 환자 조사하기

각각의 증례들의 경우, 첫 단계의 조사는 자세한 가계도를 작성하는 것에서 시작한다. 이하 보여주는 가계도들은 상염색체 우성(Huntington 질환), 상염색체 열성(낭포성 섬유증, 귀머거리 Nasreen)과 X-연관 열성(근위축증 Martin) 유전 질환들이다. 마지막 두 가계도(Elliot과 Fletcher의 가족)의 경우는 본 장의 마지막 부분에서 다룰 쟁점들을 가지고 있다.

증례 1 | Ashton 가족 | 1 | 7 | 65 | 104 | 150 | 376

- John (28세, Alfred Ashton의 아들)
- Huntington 질환 의심
- 비슷한 증상들을 가진 가족 구성원들
- 상염색체 우성 유전자 가계도
- 진단학적 검사 주문

John의 엄마는 가계도 작성을 위해 John과 함께 클리닉을 방문하였다. 그녀에게는 John처럼 두 명의 아들을 가진 한 명의 딸이 있다. 시아버지, Frederick(John의 할아버지)은 38세에 산업 현장에서 사고로 사망하였고 시어머니는 77세로 건강하게 생존해 계시다. 시아버지, Alfred의 조모는 50대에 치매가 와 수용소 보호를 필요로 하였으며 그녀의 한 명뿐인 여자 형제와 두 명의 남자 형제 중 한 명 역시 50대에 치매가 왔다. 비록 먼 친척들과의 교류는 이미 끊겼지만, 집안 내에 Alfred 외의 다른 사람들도 Huntington 질환을 앓고 있다는 얘기를 들은 적이 있기에 가족들은 Alfred(John의 아버지)의 상황이 이 질환에 적용된다는 사실을 알아차릴 수 있었다. 그들은 호주에 살고 있는 Alfred의 누이에 대해서 걱정을 하였으며 그녀는 이미 오빠, Alfred와 비슷한 경련성 움직임을 보이고 있었다.

이 가계도는 전형적인 상염색체 우성 유전자의 유전 양상을 보여주고 있다. Huntington 질환에 이환 된 사람에서 그 질환 유전자가 자녀에게 유전될 확률은 1/2이다. 만약 Huntington 질환 유전자가 자녀들에게 유전되었다면 이 자녀들에게는 어김없이 Huntington 질환이 발병되며 Alfred의 아버지처럼 사고를 당하지 않는 한 Huntington 질환으로 사망하게 된다. 이 질환은 소아기부터 70대까지의 어느 연령에서나 발병할 수 있으나 대부분의 경우 40대에 발병한다.

Huntington 질환처럼 늦은 나이에 발병하는 유전 질환들은 이 질환의 위험성을 지닌 사람들을 불안한 딜렘마에 빠지게 한다. John은 결혼한지 얼마 되지 않았고 주택도 마련하였다. 그의 아내와 John은 아이를 가질 계획을 하고 있지만 John이 아직 아무런 증상을 보이지 않는다 하여도 그가 Huntington 질환의 유전자를 갖고 있는 한, 중년에 Huntington 질환이 심각하게 발병 할 것이고 그들의 자녀들의 1/2은 Huntington 질환의 유전자를 갖게 된다. DNA 검사는 그가 돌연변이를 갖고 있는지의 여부를 확실히 규명해줄 수 있는 검사이다. 이 검사를 받을 지를 결정하는 것은 John에게는 일생에 있어 가장 중요한 결정의 하나일 것이다. 영국에서는 이러한 경우, 약 70%의 사람들이

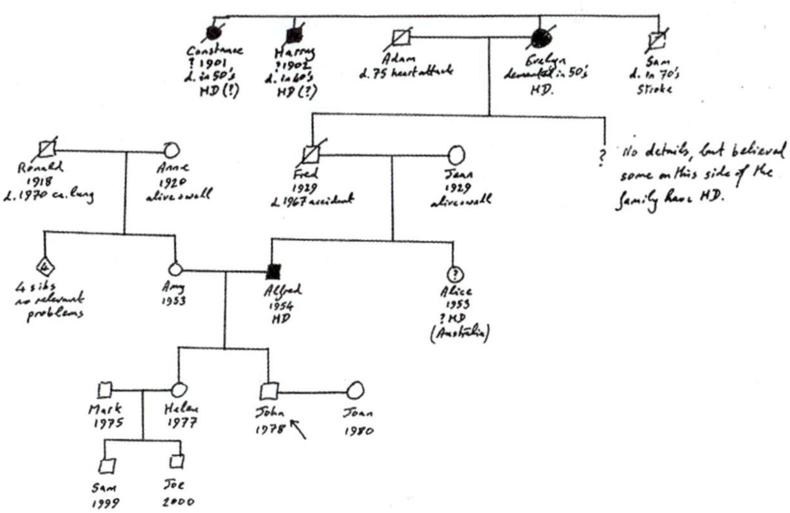

그림 1.7 - **John Ashton 가족의 가계도.**
클리닉에서 기록하는 방식으로의 기록. 본 교재에서의 증례 및 가족은 가상의 조건 및 대상이므로 모든 가계도는 관련 증례 및 유전학적 측면을 이해하는데 필요한 정보만을 보여줌.

유전상담을 받은 후 이 검사를 받지 않는다. 유전학 상담자들은 어떤 경우에건 환자들이 선택할 경우 그들이 알지 않을 권리를 존중해야만 한다. 모든 과정을 착수하기 전에 이 가족 질환이 진정 Huntington 질환인지를 그리고 Huntington 질환과 유사할 수 있는 드문 상염색체 우성 질환인지 또는 신경학적 퇴행과 관련이 없는 질환의 일종인지를 확실히 하는 것이 매우 중요하다. 본 증례의 경우, 정신과 의사가 Alfred의 진단을 확신하였고 DNA 검사(*4장*의 검사 유형 기술 참조)는 이를 재확인하고자 이루어졌다. Alfred의 경우처럼 이미 발병한 환자를 검사하는 것은 진단학적 검사이기에 비록 양성 반응이 나와 불량한 예후를 확실시한다 하여도 이는 John처럼 현재 건강한 사람에서의 예측 검사만큼이나 윤리적으로 민감하지는 않다는 사실을 명심해야 한다.

증례 2 Brown 가족

2 **8** 65 126 151 279 376

- Joanne (6개월, 여아)
- 아빠 David / 엄마 Pauline
- 낭포성 섬유종(Cystic fibrosis) 의심
- 분자유전학적 검사 주문 ?

가계도에서 낭포성 섬유종이나 유전적 문제의 가족력은 없는 것으로 보인다. 그러므로 Pauline은 가족 중에 아무도 유전적 문제를 가진 사람이 없는데 어떻게 이런 질환이 올 수 있는지를 질문하였다. 사실 이 가계도는 근친결혼이 거의 없는 가족에서 나타나는 전형적인 상염색체 열성 유전 질환을 보여주는 가계도이다. 즉 환아는 현저한 가족력이 없는 비근친 결혼 부부에게서 출생한 자녀로 가족 중에는 유일하게 이 질환을 보이는 경우이다. 그러므로 이러한 경우 가계도는 이 질환이 유전적 질환이라는 단서를 전혀 주지 못한다. 원인을 규명하는 것은 보통 임상 진단을 내리는 것에서부터 출발하지만 간혹은 여러 정황이 틀림없고 유전적 특징이 확실하여 임상 진단을 통해 확실성을 더욱 높이는 경우도 있다. 보통 임상 진단은 실제적으로 그럴듯한 가설이며 확진은 돌연변이를 규명하기 위한 분자유전학적 검사에 의해서 얻어짐이 타당할 것이다.

대부분의 낭포성 섬유종의 경우, 임상적 병력과 땀 성분 중 나트륨 함량의 현저한 증가 소견이 낭포성 섬유종의 진단을 거의 확실시하는 소견이다. 유전학적으로 낭포성 섬유종은 항상 상염색체 열성 유전으로 유전되며, 7번 염색체의 *CFTR* 유전자의 돌연변이에 의해 발생된다(*3장*에서 설명). 돌연변이를 규명하기 위한 분자유전학적 검사는 보인자 여부에 관해 친척들에게 조언하고 부모의 검사를 위해서 필요하며 비전형적인 경우를 진단하기 위해서도 필요한 검사이다.

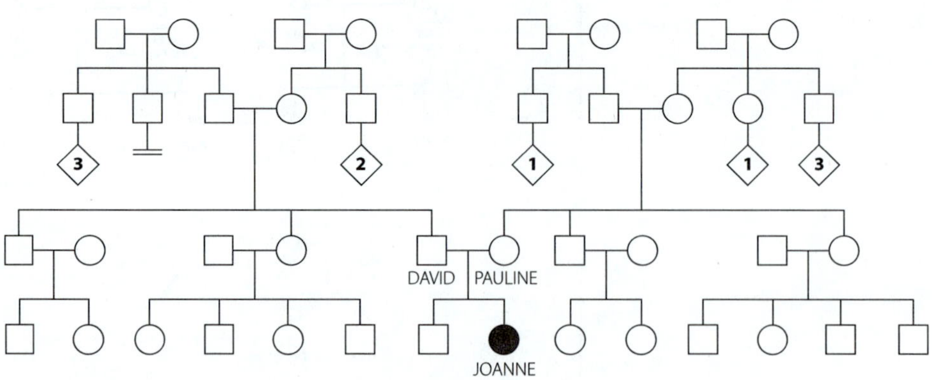

그림 1.8 - Joanne Brown 가족의 가계도.

가족력 상 낭포성 섬유종의 병력을 가진 가족이 전혀 없음을 주목하시오. 상염색체 열성 유전 질환은 대부분의 경우 단일 단독 사례로 나타남.

증례 3 Choudhary 가족 3 **9** 66 242 260 376

- Nasreen (8개월, 여아)
- 아빠 Aadnan / 엄마 Mumtaz
- 귀머거리
- 부모는 사촌지간
- 가계도는 상염색체 열성 유전에 의한 귀머거리를 보여줌.

Aadnan 부부는 Nasreen을 데리고 클리닉을 방문하였으며 Aadnan의 자매인 Benazir와 Mumtaz의 남자형제인 Waleed도 함께 방문하도록 요청되었다. Waleed 역시 귀머거리였으나 상대방의 입 모양을 보고 이해할 수 있었고 신중하게 상담에 응하였다. 가계도는 몇몇 근친 결혼이 있는 대가족을 나타내었다. 영국에서는 이런 유형의 가계도는 중동 아시아나 인도 부근의 지역으로부터 이주한 사람들에게서 흔히 볼 수 있는 가계도이다. Aadnan과 Mumtaz는 사촌 지간(*Box 1.3* 참조)이며 Mumtaz의 부모 또한 사촌 간으로 이들 부부는 Mumtaz를 포함하여 4남매를 두었다. 이중 두 아들, Waleed와 Mohammed는 귀머거리이지만 우수한 성적으로 청각장애 특수 대학교를 다니고 있다. Aadnan과 Mumtaz부부는 앞으로 가질 아이들에게 청각장애(귀머거리)가 있을 확률을 알고 싶어하였다. Mumtaz는 이미 두 번의 유산을 하였고 앞으로 건강한 아이를 가질 수 없을 거란 두려움을 갖고 있다.

선천성 귀머거리는 엄마의 풍진 감염 또는 분만 외상 등의 환경적 요인으로부터 발생 될 수 있다. 유전학자는 Nasreen에게 이런 환경적 요인이 없는지를 Mumtaz의 산전 기록에서 확인하였고 Mumtaz의 엄마와 그녀의 가족 담당의에게 Waleed와 Muhammed에게도 이런 환경적 요인들이 없었는지를 확인했어야 했다. 가계도는 상염색체 열성 유전에 의한 귀머거리 질환을 분명히 보여주고 있다. 선천성 귀머거리의 약 2/3는 이런 상염색체 열성 유전에서 기인한다. 이 분석이 맞다면 Aadan과 Mumtaz 부부의 자녀의 1/4은 귀머거리일 것이다. 과도한 근친결혼은 이러한 열성 유전에 부가적인 조건으로 작용할 것이다. 비록 근친결혼이 비정상적인 아이를 나을 확률을 두 배로 높인다 하여도(근친의 정도에 따라 다르다-*10장*에서 설명), 그 증가율은 겨우 2%에서 4%로 증가하는 정도이다. 즉 정상적인 건강한 아이를 나을 확률은 98%에서 96%로 주는 것이다. 전통을 고수하는 사회에서 생소한 사람보다는 친인척과 결혼하는 데는 그만한 사회적 이유들이 있다. Mumtaz의 두 번의 유산 경험은 귀머거리와는 관계가 거의 없다고 생각된다. 이 유산은 지극히 심한 열성 유전자의 가족력에서 왔을

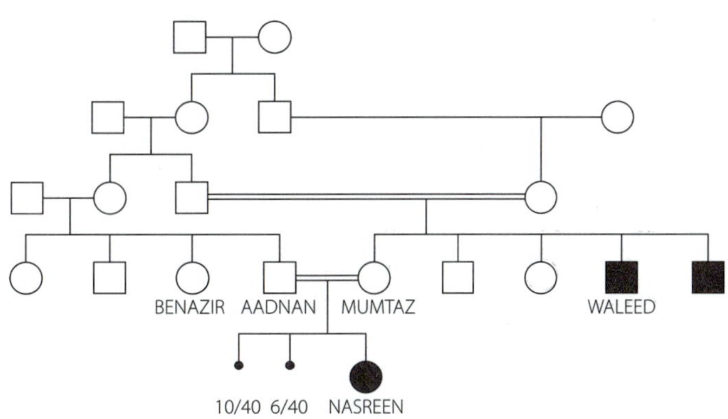

그림 1.9 - Nasreen choudhary 가족의 가계도.
친족 결혼은 부각시키기 위하여 부부간 연결선을 이중선으로 묘사한것을 주목하라. 두번의 초기 유산을 표시하였다. 출생년도 순으로 배열하면 명확한 가계도를 그리기가 어려우므로 실제적인 가계도에서는 Aadnan과 Mumtaz의 형제 자매들의 출생일을 가계도에 기입할 필요가 있을 수도 있다.

수도 있으나, 유산은 비유전적 원인에서 오는 경우가 빈번하다. 유전학자는 Mumtaz에게 두 차례의 유산은 단지 흔한 일일 뿐 미래의 유전학인 불길한 예후와의 연관성은 없다고 확실하게 설명하였다.

Waleed와 Benazir가 클리닉을 방문한 것은 그들이 결혼을 예정하고 있기 때문이다. Benazir는 귀머거리의 아이를 갖게 된다면 이는 전적으로 Waleed와 관련이 있으며 가족의 범주로부터 관계가 끊어질지도 모른다고 걱정하고 있었다. 그러나 Waleed는 훨씬 느긋하게 생각하고 있었다. 유전학자는 이런 드러나지 않은 감정들에 상당히 민감했어야만 했고 Waleed에게 자신의 견해를 강요하지 않도록 노력하였다. 열성 유전형질을 이미 알고 있는 친지 간의 근친 결혼은 각별히 위험하다. 10장에서 유전학자들이 어떻게 Waleed와 Benazir간의 유전 질환의 위험성을 산출하는지를 보여 줄 것이다. 단 그러한 계산에 의한 위험도 산출은 Waleed와 Nasreen의 귀머거리가 상염색체 열성 유전으로 확인되었을 경우에 한해서 유효할 것이다. 전 가족은 DNA 검사를 통해 정확한 분석이 가능한지에 대단한 관심을 갖고 있었다. 이는 *3장*에서 설명될 것이다.

Box 1.3

친척 관계

형제 자매 (sibs): 성에 관계없이 형제 자매

사촌(cousins): Jack의 부모 중의 한 명이 Jill의 부모와 형제 또는 자매 지간이면 Jack과 Jill은 **1차 사촌 (first cousin)**이다. 만약에 Jack의 부모 중의 한 명이 Jill의 부모 중 한 명과 일차 사촌간이면 Jack과 Jill은 **2차 사촌 (second cousin)**이다.

문화적 배경에 따라 '사촌' 이라는 단어는 친척 간이라는 의미로 좀더 광범위하게 사용된다. 그러나 유전학적인 목적으로는 위에서 정의한 대로의 개념으로만 사용되어야 한다. Choudhary 가족(증례 3, *그림 1.9*)에서처럼 복잡한 친척관계는 상세한 가계도를 작성함으로써 확실히 설명된다. 근친 결혼간의 관계를 어떻게 평가하는지는 10장에서 다루어 질것이다.

증례 4 | Davies 가족

4 | **10** | 66 | 102 | 151 | 181 | 279 | 376

- Martin (24개월, 남아)
- 아빠 Robert / 엄마 Judith
- 걷기가 서투르고 느림.
- 근위축증(muscular dystrophy)의 가족력
- X-연관 열성 유전자 가계도
- 진단학적 DNA 검사 주문

가계도에서 보면 Judith의 이모의 두 아들이 점차 진행하는 근 질환으로 10대에 사망 하였으며 그들 외에는 질환을 나타낸 다른 친척은 없다. 이 가계도는 X-연관 열성 유전에 합당하며 Martin이 Judith의 사망한 두 아들과 동일한 증상을 갖고 있다면 X-연관 열성 유전의 가능성이 높다. 그러나 현재로서는 아직 확진 하기에는 이르다.

가장 결정적인 것은 사망한 두 남아의 정확한 진단명을 아는 것이다. 퇴행성 근질환은 매우 다양하다. 이들 질환들의 치료는 비슷하게 함축되어 있지만, 진단에 있어서는 폭넓은 다양한 가족들마다의 정확한 유전적 진단이 요구된다. 유전학자들은 증례 기록을 필요로 하며, 사망한 남아의 근육 퇴행에 관한 자세한 병력과 근육 조직 소견의 자료에 중점을 둘 것이다. 이들이 사망한 날짜를 고려하면 DNA 검사가 가능하였을 것 같지는 않다. *4장*에서 언급하였듯이 Martin의 DNA 검사 결과는 중요한 단서를 제공할 것이다.

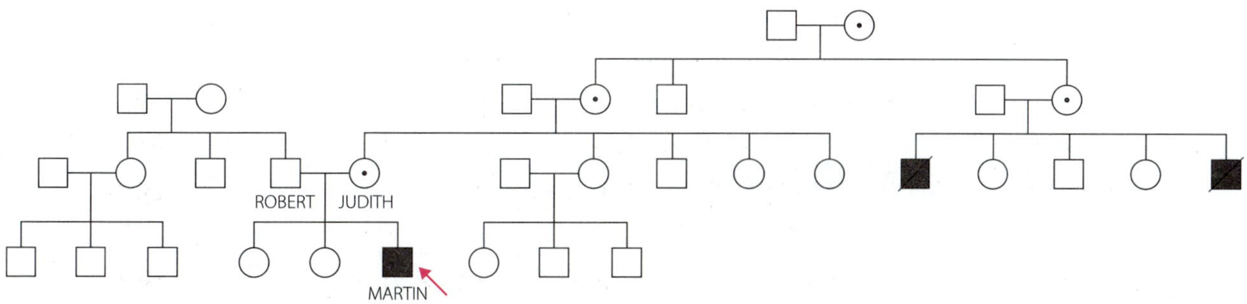

그림 1.10 - Martin Davies 가족의 가계도.
이 경우가 X-연관 근위축증이라면 점선으로 표시된 여성들은 이 질환의 절대 보인자(obligate carrier)들이다. 그들은 근위축증을 발현한 또는 보인자인 부모와 자녀를 두기 때문에 분명히 보인자임에 틀림없다. 질환을 보인 남아들의 여자 형제들은 보인자일 수도 아닐 수도 있다.

증례 5 Elliot 가족

4 **11** 42 64 376

- 유산
- Elizabeth (이형성증을 보인 저체중아)
- 아빠 Elmer / 엄마 Ellen
- 심장 문제 동반
- 염색체 검사를 위해 채혈
- 가계도는 침투율이 낮은 상염색체 우성 질환을 시사함.

유산, 사산, 그리고 몇 세대에 걸친 기형을 동반한 출산 등은 침투율이 낮은 상염색체 우성 유전을 시사한다 (침투율의 설명은 *1.4절* 참조). 그러나 임상적으로는 평형적 염색체 구조 이상의 가능성으로 설명함에 더 비중을 둔다. 다음으로 해야 할 검사는 부모와 생존하는 다른 자녀들에서의 염색체 검사이다 (*2장* 참조).

기형이나 다른 문제들을 가진 아이를 출산하면, 부모들은 충격, 불안, 부정 혹은 혼동 등의 다양한 정서적 변화를 겪게 되며 그들은 종종 그들이 갖기를 원하였던 정상적인 아이를 잃은듯한 감정을 경험하기도 한다. 자연 다른 가족 구성원들로 이런 어려운 상황에 반응을 보이게 되며 상대 가족을 비난하는 등, 긴장감이 고조된다. 환아를 담당한 소아과 의료진의 역할은 환아에게 발견된 사항과 계획하는 검사들, 협진 내용 등을 가족들에게 충분히 설명하여 알리는 것이다. 임상유전학 전문의의 역할은 가능한 신속히 진단을 내리도록 노력하고 결과를 종합적으로 가족들에게 알리며 환아의 미래를 위해 무엇을 해야 하는지 설명하는 것이다. 재발의 위험도와 다른 가족들에서의 질환 연관성에 대한 유전학적 상담은 긴급한 사안인 임상적 치료 문제가 해결된 후에 하도록 한다.

임상유전학 전문의와 소아과 전문의는 Elizabeth의 문제를 염색체 이상으로 설명하는데 동의하고 환아의 부모와 다른 형제들로부터 채혈을 실시하였다. 그 결과와 의미는 *2장*에서 설명한다. 수 차례의 회의를 걸쳐 상담의는 아래에 보여지는 가계도를 완성하였다. 이 가족들에게 있었던 유산 또는 비정상아의 출산 등의 불행한 출산 경험들은 우성 유전 현상으로 짐작되며 이는 당연 염색체 이상에서 오는 문제라 의심된다. 이하 설명을 참조하시오.

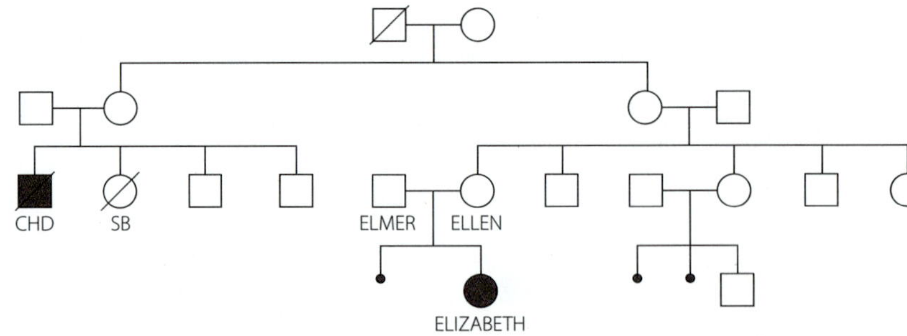

그림 1.11 - Elliot 가족의 가계도.
가계도는 Elliot 가에 출산 관련 문제들이 있어왔음을 보여준다. SB는 사산을, CHD는 선천성심장질환을 표시한다.

증례 6 | Flethcher 가족

5 12 67 131 152 376

- Frank (22세, 흐릿한 시력 악화)
- 시각장애의 가족력
- 가계도로는 X-연관 열성 유전이 의심되지만 결정적인 것은 아님
- LHON ?
- 미토콘드리아 DNA 검사를 위하여 채혈

Frank는 엄마와 함께 유전학 클리닉을 방문하였다. Frank는 안과의사로부터 그의 진단명과 불량한 예후에 대해 이미 설명을 들은 후로 충격에 잠겨있었으며 그의 인생에 제기된 중대한 변화들, 즉 직장을 잃고 더 이상 운전도 할 수 없는 등, 이런 변화들을 받아드릴 채비가 전혀 되어있지 않았다. 그러나 Frank는 가족력으로 인해 그의 아이들에게 이런 위험성이 있을 수 있다는 생각은 하기 시작하였으며, 클리닉 방문 시 그와 그의 여자친구가 걱정하고 있는 이 문제에 대해 논의하기를 원했다.

임상 유전학자는 우선 Frank의 엄마, Freda의 도움을 얻어 상세한 가계도를 작성하였다. Freda의 남자 형제, Derek은 맹인으로 등록되었으며 시신경 위축으로 진단받았다. 그는 20대에 Frank와 같은 문제를 겪었고 시신경 위축을 진단받았으나 격려 하에 대학에 진학하였으며 현재는 대기업의 전화영업부에서 근무하고 있다. 그는 Frank에게 시각장애인을 지원하는 국가 기관과 그들이 제공하는 조언 및 도움에 대해 얘기해 주었다. Freda의 자매, Doreen은 40대까지는 아무런 증상이 나타나지 않았으나 중심 시력에 약간의 문제가 동반되면서 그녀의 시력은 서서히 약화되었다. Doreen은 최근 진료를 받은 결과 특이한 부정맥이 발견되었으며 이것이 눈의 문제와 어떤 연관성이 있는지 알아봐 달라고 Freda에게 부탁하였다.

유전학자는 다음 단서들을 근거로 Frank 가족의 상황을 가설하였다 :

- 눈 문제의 특성
- 이환 된 남성은 증상이 급격히 진행됨.
- Doreen에게는 발병이 늦고 증상이 경함.
- Doreen의 부정맥

이러한 관찰들을 근거로 유전학자는 이 질환은 Leber씨 유전성 시신경증(Leber hereditary optic neuropathy, LHON)[OMIM 53500]의 가능성이 있다고 생각하였다. LHON은 증상 및 발병 시기가 다양하며, 미토콘드리아 DNA (mtDNA – *3장*에서 설명)의 돌연변이로 인해 발생한다. 그러므로 유전학자는 Frank와 Freda의 채혈을 실시하였으며 이런 유형의 유전양상이 확인된다면 Frank와

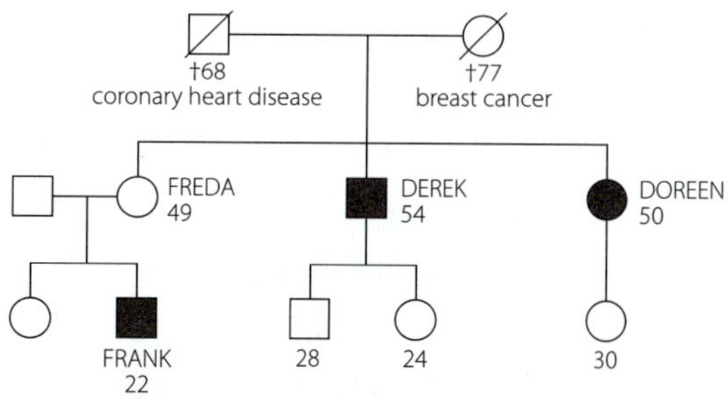

그림 1.12 - Frank Fletcher의 가계도

이 가계도는 분석이 쉽지 않다. 일견하여 유전학자는 X-연관 열성 유전을 생각하였다. 왜냐하면 집안 내에 정상 여성으로부터 출생한 두 명의 남자아이가 유사하게 이 질환을 나타내었기 때문이다. 그러나 여성인 Doreen 또한 질환을 나타내었다. 고로 X-연관 열성 유전의 가능성은 떨어지나 아직 X-연관 열성 유전의 가능성은 남아있다. 왜냐하면 간혹은 질환이 발현된 남성보다는 경한 증상을 보이는 표현형 여성 보인자(manifesting female carrier)가 있는 가족도 있기 때문이다 (*7장* 참조). X-연관 우성 유전 및 미토콘드리아 유전과 같은 유전 양상은 발병된 환자가 모계와 연관이 되어있을 때 고려되어야만 한다.

여자친구가 가질 아이에게는 희소식이 될 것이다. 미토콘드리아 유전 질환의 경우 남성은 mtDNA 유전을 하지 않는 모계 유전을 하기 때문이다.

1.4. 요약 및 보충 설명

예술과 같은 가계도 분석

초파리나 쥐와 같은 실험 동물에서는 교배 육종을 통하여 유전 양상의 특징을 확실히 확립할 수 있다. 인간에서는 익히 알고 있는 것처럼 가계도를 얻어야만 하지만 이런 정보는 사람에서의 유전 양상을 분명히 규명하기에는 충분치 못하다. 연구 목적으로 가계도를 수집하여 가장 근사한 유전 양상을 밝혀내는 분리 분석 방법을 이용하여 통계학적 분석을 할 수도 있다. 임상에서의 가계도 분석은 과학 같은 예술이며, 추후의 조사를 위한 가설을 세우는 것 이상의 의미를 지닌다. 세울 수 있는 가설에는 다음의 원인들이 있다 :

- 염색체 이상
- 상염색체 우성 유전, 완전 또는 부분적 침투율
- 상염색체 열성 유전
- X- 연관 우성 또는 열성 유전
- 미토콘드리아 이상에 의한 유전
- 다발성 요인에 의한 유전
- 비유전적 원인

증례 5(Elliot 가족)는 염색체 유전이 멘델식 유전 양상으로 나타날 수 있음을 보여준다. 염색체의 단일 특정 위치의 이상(고전적 유전자의 이상 또는 염색체의 이상)에 의해 표현형이 발현될 때는 언제나 멘델식 유전 양상으로 보여진다.

*Box 1.4*에는 멘델식 유전 양상의 주요한 특징들이 요약되어 있으며 다음과 같은 조사들이 가능하다 :

- 증후군의 임상적 규명 – 그러나 임상적으로 규명된 일부의 증후군은 한가지 이상의 유전 양상을 보일 수 있음을 명심하라.
- 핵형 분석 (*2장* 참조)
- 후보 유전자의 돌연변이 분석 (*5장* 참조)
- 미토콘드리아의 기능 이상을 포함한 생화학적 이상 조사 (*8장* 참조)
- 편협된 X–불활성 조사 (*7장* 참조)

Box 1.4

유전 양상 요약

상염색체 우성 유전

- 수직적 유전 양상을 띄며 여러 세대에 걸쳐 나타남.
- 증상을 보이는 환자의 부모 중 한 명이 증상을 보임.
- 증상을 보이는 환자의 자녀는 자녀 당 1/2의 발병 확률을 지님.
- 남녀 동등하게 나타나며 다음 세대로의 전이도 아들, 딸 동등한 확률로 전달됨.

상염색체 열성

- 수평적 유전 양상을 띄며 한 명 이상의 형제, 자매에게 나타남. 가끔 한 명의 형제, 자매에게만 나타날 수 있음.
- 증상을 보이는 환자의 부모나 자녀는 증상을 보이지 않음.
- 증상을 보이는 자녀의 형제, 자매는 증상을 보일 확률이 1/4 임.
- 남녀 동등한 확률로 나타남.
- 증상을 보이는 자녀는 가끔 근친 결혼의 결과이기도 하며, 근친 결혼이 많은 집안에서는 여러 세대에 걸쳐서 증상을 보이는 환자가 발생 할 수 있음.

X-연관 열성

- "대각선 이동" 가계 양상 - 증상을 보이는 남아는 외삼촌이 같은 증상을 보일 수 있음.
- 증상을 보이는 환자의 부모와 자녀는 증상을 보이지 않고 정상임.
- 주로 남성에 나타남: 여성은 보인자일 수 있음. 가계에서 증상을 보이는 남성은 여성을 통하여 전이되며, 전이 되지 않은 남성을 통하여서는 절대로 전이되지 않음.
- 병세를 보이는 소년의 형제들은 1/2의 확률로 병세를 나타낼 수 있으며; 자매는 병세를 보이지는 않으나 1/2의 확률로 보인자일 수 있음

X-연관 우성

- 증상을 보이는 아빠의 딸들은 모두 증상을 보이고 아들들은 증상을 보이지 않는다는 것을 제외하고는 특징들이 상염색체 우성 유전 양상과 유사함.
- 남성에 비해 여성에서 증상이 좀 더 다양하고 경함.

Y-연관

- 수직적 유전양상
- 증세를 보이는 아버지의 모든 아들은 증세를 보임
- 남자에게만 일어남

미토콘드리아 유전

- 수직 유전 양상
- 증세를 보이는 남자의 아들은 증세를 보이지 않음
- 증세를 보이는 여자의 모든 자식들은 증세를 보이나 미토콘드리아 유전에 의한 증세는 가족 내에서도 증세가 매우 다양함

가설을 세우기 위해서는 어떤 유형의 유전 양상이 가장 합당한지를 조사하기 위해 개개인의 가계도를 점검해야 한다. 가계도를 기본으로 처음의 가설은 다음의 두 가지 질문에 근거하여 세운다:

(1) 가계도에서 증상을 보이는 환자들의 부모 중 적어도 한 명이 같은 증상을 보이는지? 만약 그렇다면 이 질환은 우성 유전일 가능성이 높다; 만약 아니라면 열성 유전일 가능성이 높다. 우성 유전의 경우는 해당 유전자를 가지고 있으면 갖고 있는 모든 이에게 표현된다. 증상을 보이는 환자는 새로운 돌연변이 유전자가 생긴 경우를 제외하고는 유전자 전이가 된 한쪽 부모로부터 해당 유전자를 받았음에 틀림없다.

(2) 가계도에서 유전 양상이 성별에 따라 차이를 보이는지? 예를 들자면 질환이 남녀 모두에게 나타나는지, 아니면 아버지 또는 어머니 중 한 편으로부터 아들 또는 딸 중 한 편으로만 유전이 되는지? 만약 성별의 차이가 없다면 이 질환은 우성 유전의 가능성이 높다. 특히 남성에 국한되어 유전되는 경우를 보자. 이런 경우 아버지는 그의 X-염색체를 절대로 아들에게 유전시키지 않으므로 X-연관 유전과 관계되었을 가능성은 매우 낮다. 가계도에서 성별에 차이가 있는 유전 양상을 보인다면 비록 이하의 설명에서처럼 성별에 영향을 주는 다른 원인들이 있다 하여도 X-연관 유전을 의심할 수 있다. 가계도가 예외적으로 방대하지 않는 한 분명한 효과는 단지 임의적인 방황 변이일 수 있다.

초기 가설을 세웠으면 다음 단계는 *그림 1.13*에서처럼 유전자형을 기재함으로써 검진하는 것이다. 새로운 돌연변이나 집안 내에 누군가가 질환의 보인자와 결혼 한 경우 등의 사건이 있으면 대부분의 가계도는 유전 양상의 어떤 유형에 맞게 그려질 수 있다. 가장 가능성이 있는 유전 양상은 이러한

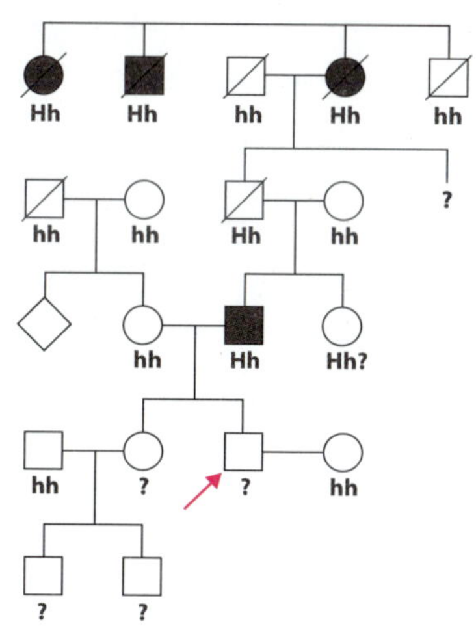

그림 1.13 - 유전자형이 기재된 그림 1.1의 Huntington 질환의 가계도.
관례적으로 대문자는 해당 형질의 우성 대립유전자를, 소문자는 해당 형질의 열성 대립유전자를 나타낸다. 이 증례의 경우는 우성 대립유전자에 의한 질환이다. 이 가족들 중 증상을 보인 가족들은 이형집합형임을 주목하라. 이는 사람에 있어 우성 형질이 정상적인 조건임을 의미하는 것이다. 보통 우성 동형집합형은 매우 드물거나 알려져 있지 않다; 그러나 그들이 발견되면 이형접합형보다 훨씬 심하게 증상을 나타낸다. 그럼에도 불고하고 이러한 유전 양상은 반우성이 아닌 우성으로 기술된다. 우성이냐 열성이냐는 형질이나 질환 등의 표현형을 나타내는 것이지 유전자형을 나타내는 것은 아니다. 이형접합체에서 표현되면 형질은 "우성형질" 이며 이 경우가 바로 Huntington 질환의 경우이다. Huntington 질환은 동형집합형이 존재하여 이형집합형과 비슷한 표현형을 나타내는 드문 유전 질환의 하나이다.

상황이 가장 적게 일어날 유전 양상들 중의 하나이다(0 확률 선호). 만약 세운 초기 가설의 적합성을 뒷받침할 우연성이 필요하다면 다른 대립 가설이 더 적합한지를 찾아보아야 한다. 학생들의 시험에 나오는 가계도는 항상 하나의 정답만을 가지고 있다. 그러나 현실 속의 실제 가계도들은 애매하고 표준 멘델식 유전 양상에 맞지 않는다. 이러한 상황들은 다발성요인에 기인하거나 또는 염색체 이상 또는 비유전적 원인들에서 비롯되었음이 다른 검사를 통해 입증되기도 한다.

침투율과 표현력 - 가계도 분석과 유전상담의 함정들

다양한 인간 유전병들은 주로 상염색체 우성 유전의 양상을 보이지만 한 세대를 건너뛰어 나타나는 경우도 종종 있다: 즉 증상을 보이는 부모로부터 태어났으나 이들은 증상을 보이지 않고 이들이 나은 자녀 중 하나 또는 하나 이상의 자녀에서 증상을 보이는 경우이다. 그러므로 해당 유전자를 갖고 있으나 발현되지 않는 경우도 종종 있을 수 있다. 이런 경우를 비침투율(non-penetrance)이라고 기술한다. 어떤 형질의 침투율이란 해당 유전자를 갖고 있는 사람에서 질환이 발현되는 율을 일컫는다.

침투율은 유전자와 그 유전자의 형질이 갖고 있는 고유한 성질이다. 별개의 다른 증후군들은 특징적으로 각각 다른 침투율을 보이지만 어떤 일개 증후군에서의 다양한 특징들 또한 각기 다른 침투율을 가질 수 있다. 침투율은 또한 Huntington 질환의 경우처럼 연령과 연관성이 있을 수도 있다.

비침투율은 가계도를 분석하고 상담하는데 함정이 될 수 있다. *그림 1.14*에서 한 예를 보여준다. 개인 III-11은 해당 질환의 유전자를 보유하고 있음에 틀림없으나 증상이 발현되지는 않았다. 아이를 갖기 전에 그는 그의 아이들이 가족 질환을 가질 확률을 확실히 알고자 상담을 요청하였다. 상담의는 그 특정 질환의 침투율을 알아야만 했다. 그래야 표현형은 정상이지만 비침투율 유전자 보인자일 확률을 산출 할 수 있기 때문이다. 다행히도 많은 경우에 분자 유전학적 검사가 이에 확답을 줄 수 있을 것이다.

낮은 침투율은 상담자에게는 성가신 존재이지만 이러한 현상이 왜 일어나는지는 잘 알려져 있다. 놀랍게도 어떤 질환은 100%의 침투율을 보인다. 이런 질환의 경우 만약 해당 유전자를 가지고 있다면 그 사람은 다른 유전자나 환경 조건 또는 생활 습관에 관계없이 증상이 발현되는 것을 피할 방법이

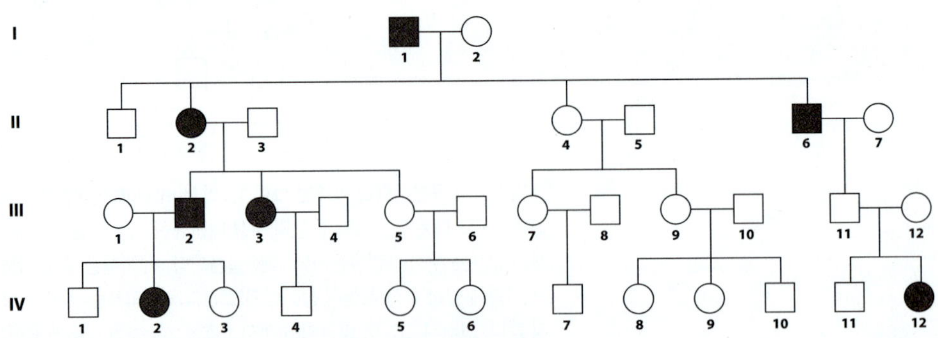

그림 1.14 - 침투율이 낮은 상염색체 우성 유전 질환을 지닌 가계도.
III-11 가족 구성원이 비침투율의 경우이다. 세대 IV에서 부모는 증상을 보이나 증상을 보이지 않는 자녀들 또한 비침투율 보인자일 수 있다.

없다. 대부분의 경우, 유전자를 갖고 있음은 증상이 발현될 확률이 매우 높음을 의미하지만 가끔은 운좋게도 다른 유전자나 다른 환경적 요인들의 결합으로 구제될 수도 있다.

형질과 유전자의 범위는 완벽하게도 100%에서부터 매우 낮은 율까지의 침투율로 나타난다 (*그림 1.15*). 예를 들어 암 연구에서는 사람에게서 어떤 방법으로라도 암을 피해 갈 수는 없지만 암의 발생에 있어서는 낮은 침투율을 가지는 유전자를 규명하는데 관심이 많다 (*12장* 참조). 스펙트럼의 끝에 위치하는 높은 침투율의 형질들을 보통 멘델식 유전이라 칭한다. 반면 낮은 침투율 쪽의 스펙트럼 끝에 위치하는 것들을 다발성요인(multifactorial)이라 칭한다. *그림 1.15*에서 보는 것처럼 유전자와 형질의 스펙트럼에는 100%의 침투율을 보이는 것으로부터 매우 낮은 침투율을 보이는 것들도 있다. 예로서 암 연구에서 낮은 침투율을 가지는 유전자로서 그 유전자를 가지는 사람이 자신의 운명에서 암을 피할 수 없고 결국 암에 이르게 하는 유전자를 찾아내는 일은 매우 흥미 있는 일이다 [*12장*에서 설명]. 매우 높은 침투율을 가지는 형질들은 멘델식 유전 방식을 취하는 것들이며 낮은 침투율을 가지는 것들은 여러 가지의 인자들이 복합되어서 형질을 나타내는 것들이다 [*13장* 참조]. 형질의 변형이 일어나는 것들을 분석하는 데에는 어렵거나 쉬운 방식이 없다. 열성유전을 하는 형질들에서도 침투율이 낮은 것들이 있지만 가계도 분석에서 명백히 나타나지 않아서 실제적으로 불완전 침투율은 우성 형질에서 나타나는 문제이다.

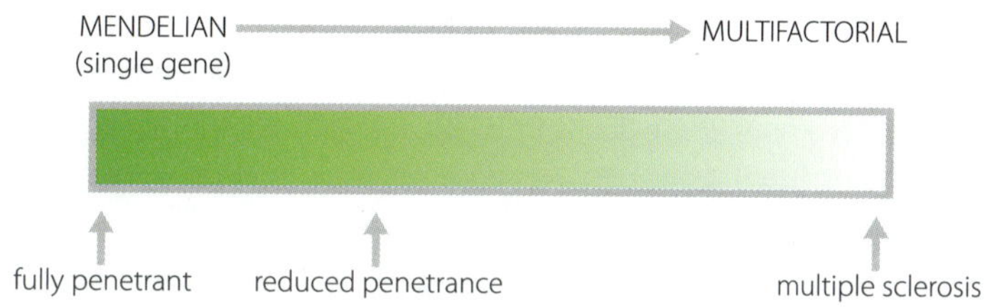

그림 1.15 - 침투율의 연속성

어떤 사람이 특정 질환에 걸릴 확률이 결정되는 데는 다른 유전자나 환경적 요인에 무관하게 전적으로 침투하는 완전 침투율에서부터 다른 유전자나 환경적 요인들의 영향을 받아 일부분에만 영향을 주는 낮은 침투율까지 연속적인 침투율이 존재한다. 다발성 경화증(multiple sclerosis)은 다발성 요인의 유전 질환의 예로 이용되는데, 이런 다발성 요인에 의한 유전 질환에서는 유전적 요인이 질환의 이환율을 추정하는데 중요한 역할을 하지만, 현재의 연구에 의하면 개개인의 환경적 요인은 매우 낮은 침투율을 가진다고 보고된다 (13장 참조).

유전 질환은 때로는 다양하게 발현되기도 한다. 완전히 발현된 경우는 많은 특성을 보이지만 이환 된 환자의 다수는 단지 일부의 특성만을 나타내거나 각기 다른 정도의 하나의 특정 증후만을 나타내기도 한다. 1형 신경섬유종증(type I neurofibromatosis)[NF1;*Disease box 1* 참조]은 흔한 상염색체 우성 유전 질환의 예로 발현 특성이 매우 다양하다. 이에 학문적으로는 이 증후군의 각각의 특성은 자체의 특징적 침투율을 가지고 있거나 아니면 증후군 전체가 다양한 표현력을 가지고 있다고 이야기되어 진다. 어찌되었건 이런 사실은 유전자들이 단독으로 반응을 일으키는 것이 아니며 무한한 다른 유전자들과 변화하는 환경적 요소들에 단독으로 저항하는 것도 아니라는 사실을 반영하는 것이다. NF1의 유전자를 갖고 있는 사람의 자녀들은 이 질환을 유전시킬 확률을 50% 가지고 있으며 이는 DNA 검사에서 조사될 수 있다. 그러나 이러한 검사를 통하여 자녀들 개개인에게 어느 정도로 심하게 증상이 발현될지를 알 수는 없다.

Disease Box 1

1형 신경섬유종증 [Neuorofibromatosis, OMIM 162200]

일명 Recklinghausen 질환이라고도 불리우는 NF1은 17번 염색체의 NF1 유전자의 돌연변이에 의해 발생하는 상염색체 우성 유전 질환이다. 이 질환은 남녀 및 인종 간의 차이 없이 3500명 중 1명에서 발생한다. 완전 침투율을 보이며 이중 일부의 증상들이 각각의 환자에서 관찰될 수 있다. 그러나 이 질환은 다양한 임상 특성을 보이며 질환의 정도 또한 다양하다.

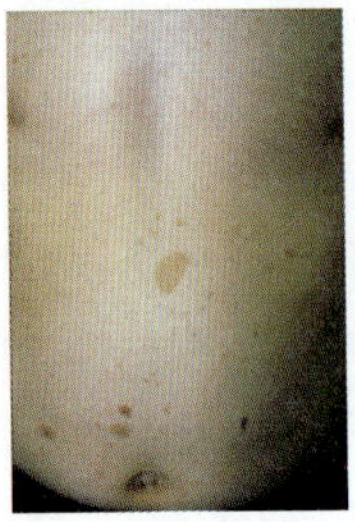
[a]

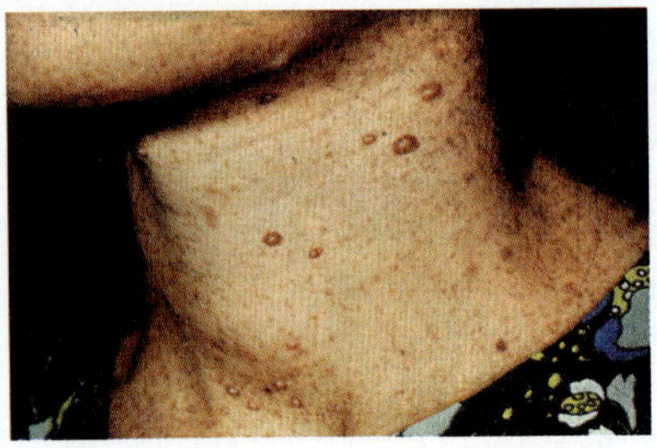
[b]

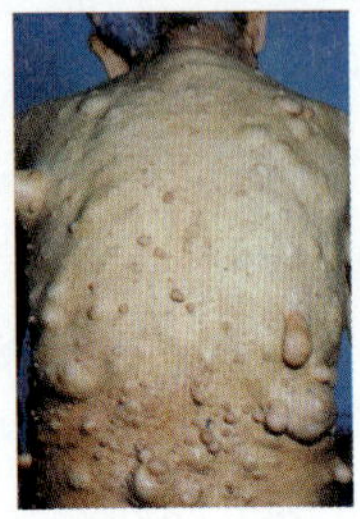
[c]

약하게 표현형을 보이는 환자는 café-au-lait 대상모진을 보임 [a], 겨드랑이 반점을 가기거나 혹은 없는 리쉬 노듈 (Lisch nodule). 피부 neurofibromas가 흔히 수반됨 [b], 여러 개의 보기 흉한 neurofibromas가 나타날 수도 있음 [c].

NF1 환자들은 신경초 종양(nerve sheat tumor)이나 신경교종(glioma) 또는 중추신경계 종양 등의 양성 또는 악성 종양으로 진전될 수 있으며 종종 학습 장애나 왜소증, 경련 등의 문제를 보이기도 한다.

NF1 질환의 유전 상담은 난해하며 약 반 정도에서 새로운 돌연변이가 나타난다 (심한 우성 유전 질환에서는 임상적으로 흔한 일이다, *10장* 참조). 가족력이 없는 환자들은 유전적 위험도를 이해하기가 쉽지 않으며 경하게 발현된 환자의 경우도 그들의 자녀에게 증상이 심하게 나타날 수 있다는 사실을 이해하기가 쉽지 않다. NF1 유전자가 클로닝 되었다 하여도 유전자 크기가 매우 크기 때문에(59개의 exon이 있으며 350Kb의 크기임, *3장* 참조) 돌연변이 검사를 위한 분자 유전학적 검사는 상당히 어렵다. 만약 DNA 분석이 가족의 돌연변이를 규명한다 하여도 이는 돌연변이 보유자에게 얼마나 심하게 증상이 발현될지를 예측하지는 못할 것이다.

NF1은 상염색체 우성 유전 질환 중 다양한 표현력을 보이는 전형적인 예이다.

흔치 않은 유전 모드

X-연관 우성 유전

남성에서 X-연관 유전 질환은 우성도 열성도 아니다. 왜냐하면 우성과 열성은 이형접합형에만 해당되는 현상으로 남성은 오직 한 개의 X-염색체만을 가지고 있기 때문이다. 앞으로 *7장*에서 설명하겠지만 X-불활성 현상은 이형접합형 여성에서도 X-연관 유전 질환의 우성과 열성을 상염색체 유전 질환에서만큼 분명하지 않게 만든다. 대부분의 X-연관 유전 질환은 이형접합형의 여성에게는 현저하게 나타나지 않아 열성으로 서술한다. 간혹 X-연관 유전 질환이 이형접합형의 여성에게 우성인양 심하게 나타나는 경우가 있기도 하다. 일례로서 X-연관 저인산혈증(hypophosphatemia) [OMIM 307800;신장 기능의 불량으로 phosphate가 축척 되는 일명 vitamin D 저항성 구루병 (vitamin D-resistant rickets)이 있다.] 일견하여 가계도는 상염색체 우성으로 분석될 것이다. 이러한 분석에 합당하게 가계도는 수직적 양상을 보이며 유전 질환을 가진 환자의 평균 50%의 자녀가 역시 해당 유전 질환의 환자이다. 그러나 남성들은 그들의 X-염색체를 딸들에게는 주었지만 아들들에게는 전혀 주지 않았다. 그러므로 질환을 가진 아버지의 아들들을 제외한 딸들은 모두 이 질환을 나타낸다. 그러나 X-불활성 현상으로 인해 X-연관 우성 유전 질환은 남성에서보다 여성에서 좀더 경미하게 나타나며 변이가 심한 경향을 보인다.

성 편향 유전의 기타 원인들

성 편향 유전은 X-연관의 좋은 지표이다. 상염색체 유전 질환은 해부학적 또는 생리학적인 문제를 한쪽 성에서만 일으킨다. 예를 들어 난소암은 13번 염색체의 *BRCA2* 유전자의 돌연변이에 의해 발생될 수 있으나 반드시 여성에게만 유전된다. 이런 질환들을 성-한정(sex-limited) 질환이라 부른다. 간혹 이런 질환은 한쪽 성에서만 치명적일 수 있을 뿐 다른 성에서는 그렇지 않다. 이런 현상이 출생 전에 일어나면 그 영향은 오직 한쪽 성에 국한되어 발현하는 질환이 된다. 이를 X-연관 우성 유전 질환이라 부르고 이런 상황에서 이형접합형 여자 아이는 생존하나 태아 시 질환에 이환 된 남자 아이는 태아 사망을 하게 된다. 바로 Rett 증후군[OMIM 312750 - *Box 7* 참조]이 그 예이다. 질환이 이환 된 남자 아이들은 임신 초기에 유산되어 이 증후군은 여자 아이에게만 나타난다. 오직 한 두 명의 남자 아이가 이 질환에 이환 되었어도 생존을 하는데 그들의 표현형은 Rett 증후군의 경우와 매우 상이해 Rett 증후군 시 가장 흔히 돌연변이가 발생하는 유전자, *MECP2*에 돌연변이가 있음이 분자유전학 검사에서 확인될 때까지는 그 정확한 원인을 알 수 없다.

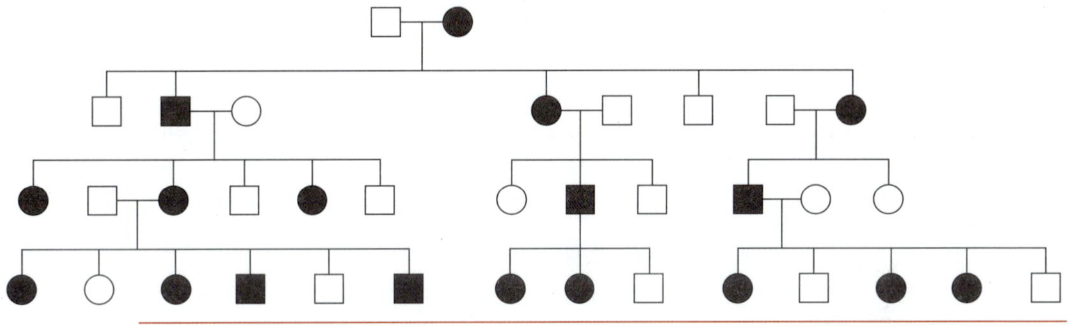

그림 1.16 - X-연관 우성 유전 형질 가계도
비록 이형접합형 여성들에서 이 질환이 나타나지만 이 경우 보통 남성에서 보다 증상이 경미하고 변이가 심하다.

Y-연관 유전

Y 염색체 상의 유전자에 의해 발생하는 유전 질환은 유전 양상이 단순하고 두드러진다. 이 경우는 오직 남성에게만 증상이 나타나며 질환을 보인 남성의 아들도 모두 이 질환을 나타내게 된다. 그러나 Y 염색체는 약 50개의 유전자만을 보유하며 여성은 이 유전자들이 없이도 살아가는데 전혀 지장이 없으므로 이들 유전자들은 생존이나 일반적 건강을 위해 필수적인 유전자들은 아니다. Y-연관 유전자들은 남성의 성 기능에 중요한 역할을 하며 Y 염색체의 이상은 남성 불임의 가장 흔한 원인이다. 이러한 이상 소견들은 임상적으로 중요하며 그 표현형이 불임으로 나타나기 때문에 이런 환자들의 경우 후 세대들의 족보 작성이 불가능하다.

미토콘드리아 유전

Fletcher 가족의 문제 - 증례 6(*그림 1.12*)은 흔치 않은 유전 양상을 보여준다. 앞서 예시된 증례들은 모두 핵 염색체 DNA에 연관된 질환들이었다. *3장*에서 설명하겠지만 미토콘드리아 또한 DNA를 가지고 있으며 mtDNA(미토콘드리아 DNA)의 돌연변이는 Fletcher 가의 문제와 같은 소수의 유전 질환을 야기시킨다. mtDNA 변이는 다음과 같은 네 가지 특징을 가지고 있다:

(1) 배아의 모든 미토콘드리아는 난자로부터 유래되며 정자로부터는 파생되지 않는다. 이런 배경으로 모계 유전 양상을 띄게 된다: 미토콘드리아의 돌연변이들은 엄마로부터 전이될 뿐 아빠로부터는 결코 전이되지 않는다. mtDNA의 돌연변이로부터 비롯된 대부분의 유전 질환들은 남녀 모두에게 동등하게 나타나나 Leber씨 유전성 시신경증은 예외적으로 주로 남성에게만 발생하며 그 원인은 밝혀지지 않았다.
(2) 미토콘드리아의 대부분의 구성요소와 기능은 핵에 있는 염색체 유전자에 의해 조절된다 (*3장 참조*). 그러므로 미토콘드리아의 기능 부전에 의한 유전 질환은 대부분 전형적인 멘델식 유전 양상을 따르며, Fletcher 가족의 경우와 같은 유전 양상을 보이고 mtDNA의 돌연변이에 의해 오는 질환은 몇 개 되지 않는다.
(3) 각 세포는 많은 미토콘드리아를 갖고 있으므로 인간은 각 세포의 정상적인 또는 돌연변이가 일어난 미토콘드리아의 복합체를 가질 수 있는데 이런 현상을 heteroplasmy라 한다. 정상 미토콘드리아와 돌연변이 미토콘드리아의 비율은 조직 간에 차이가 크고 동종 세포라도 시간 경과에 따라 다를 수 있다. 그러므로 미토콘드리아 돌연변이에 의한 유전 질환들이 왜 낮은 침투율과 광범위한 표현력을 지니는지 설명될 수 있겠다.
(4) 난소는 수많은 미토콘드리아를 포함하고 있다; 그러므로 heteroplasmy를 가진 엄마는 역시 heteroplasmy를 가진 자녀를 가질 수 있다. 이는 유전이 될 수 없는 핵 이상에 의한 모자이크 현상(mosaiciam, 염색체 또는 단일 유전자)과는 판이하게 다르다 (이하 참조, *2장 참조*).

가계도 분석에서 맞게 되는 다른 문제점들

질환이란 얼마든지 선천성(출생 시에 나타남) 질환이거나 가족력이 있는 질환일 수 있으므로(가족들에게 보이는 경향이 있음) 반드시 유전 질환만은 아니다. Huntington 질환의 경우가 선천성이 아닌 유전 질환의 예이다. 그러나 출생 시의 결함(선천성이라 정의)들은 풍진이나 thalidomide 약물과 같은 환경적 기형발생 물질에 의해 발생될 수도 있다. 가계도가 전형적인 멘델식 유전 양상을 보이거나 염색체 이상이 입증되지 않는 한 유전자의 이상으로 질환이 발생하였는지를 결정하기는 매우 어렵다. 무수한 행동상의 또는 육체적 특징들은 유전자보다는 가족의 환경을 공유한 데서 오는 결과일 수 있다. *13장*에서는 이러한 "유전 대양육"("nature vs nature") 문제들을 접근하는 방법에 대해 기술할 것이다. 역 접근 또한 맞는 방법일 수 있다: 환자의 병력이 없는 가족이라고 문제의 유전적 원인이 없지는 않다. 예시된 Brown 가의 낭포성 섬유종의 경우(증례 2)와 같은 상염색체 열성 유전 질환의 경우가 바로 그런 경우이다. 그러나 이 질환은 상염색체 우성 또는 새로운 돌연변이에서 오는 X-연관 유전에 의해서도 발생 될 수 있다. 질환에 따라 왜 새로운 돌연변이가 흔하기도 하고 드물기도 한지에 대해서는 10장에서 설명할 것이다.

모자이크현상 (Mosaicism)

체내에 두 가지 이상의 유전적으로 상이한 세포계(cell line)를 갖는 사람을 모자이크(mosaic)라 한다. *2장*에서 설명하겠지만 모든 체세포는 체세포 분열 과정을 통하여 완전하고 동일한 유전자 세트를 갖게 된다. 현재까지 우리는 만약 어떤 사람이 돌연변이를 가지고 있다면 그 사람의 모든 체세포에는 돌연변이가 존재함을 묵시적으로 가정하여 왔다. 이는 부모로부터의 돌연변이 유전의 경우 진리이지만 새롭게 발생한 돌연변이의 경우는 어떨까? 돌연변이는 어느 세포에서나 어느 시점에서나 발생할 수 있으며 오직 자손들만이 그 돌연변이를 보유할 것이다. 알려진 인체의 세포 수와 유전자의 전형적인 돌연변이 비율에 의하면 누구나 이상한 세포 또는 관심 있게 생각하는 대부분의 유전자에 돌연변이를 동반한 세포들을 갖게 됨이 분명하다. 그러나 정상적으로 이러한 이상한 클론들은 유전 질환과 관련하여 아무런 영향을 끼치지는 않을 것이다. 임상적으로 모자이크 현상에서 중요한 세 가지의 배경은 다음과 같다:

(1) 돌연변이 세포가 분열하여 정상 세포를 대체하는 경우 – *12장* 참조

(2) 돌연변이 세포가 전신의 상당한 부분을 차지할 정도로 배아의 이른 시기에 발생한 경우.
이 경우, 환자는 경한 표현형(돌연변이 유전자의 단백질이 확산될 경우)으로 또는 돌연변이 세포를 반점식으로 반영 함으로서(유전자 단백질이 만들어진 세포 내에 머무르는 경우) 질환의 특징을 보일 수 있다.

(3) 돌연변이가 생식세포계에서 발생한 경우(정자나 난자 또는 그들의 원세포)

생식세포계에서의 모자이크 현상은 가계도 분석 및 유전 상담에 불확실함과 혼돈을 주는 주요 원인이다. 모든 임상적, 유전학적 검사가 정상인 사람도 만약 생식세포계에 돌연변이를 가지고 있다면 그들의 자녀들은 우성 또는 X-연관 유전 질환을 가질 수 있다. 가족력이 전혀 없는 정상인의 부부가 우성 유전 질환의 아이를 나았다면 이는 분명 새로운 돌연변이임에 틀림없다. 상담의는 반드시 부모 중 한 명이 생식세포계 모자이크일 수 있다는 점을 기억해야만 한다. 재발의 위험도는 측정하기 어렵다. 왜냐하면 간과할 정도는 아니나 생식세포의 어느 정도가 돌연변이를 가지고 있는지 알 수 없기 때문이다. 정상인의 부부가 두 명 이상의 유전 질환을 가진 아이를 가졌다면 부모는 질환을 나타내지 않았으므로 가계도는 열성 양상을 보인다 (*그림 1.17*). 그러나 이를 열성 양상으로 오인함은 질환을 가진 자녀들이 해당 유전 질환을 자손에게 유전시킬 확률을 물었을 때 심각한 오류를 범할 수 있다. 왜냐하면 드문 열성 유전 질환의 경우는 그 확률이 지극히 낮겠으나 우성의 경우는 50%이기 때문이다.

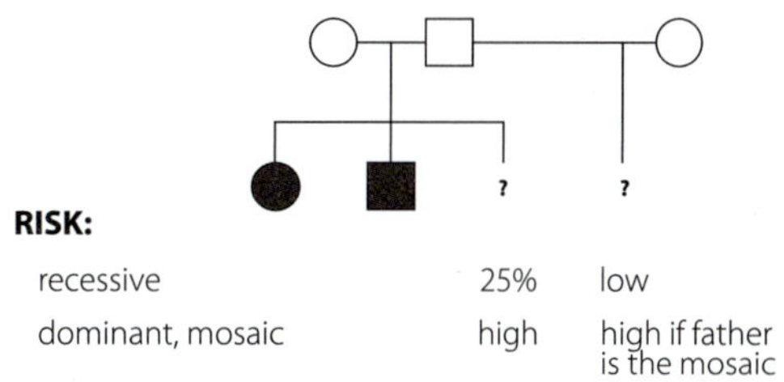

그림 1.17 - 유전상담의 문제
해당 유전 질환의 가족력이 전혀 없는 부부가 두 명의 유전 질환이 있는 자녀를 가졌다. 이는 과연 상염색체 열성 질환일까 아니면 부모 중 한 명이 생식세포계의 모자이크인 데서 비롯된 상염색체 우성 질환일까? 어떤 가설이 맞는가에 따라 위험도는 매우 달라진다.

1.5. 참고문헌

유용한 website

유전적 청력 소실에 대해서 자세한 정보는 Hereditary Hearing Loss
홈페이지: http://webhost.ua.ac.be/hhh를 참조하기 바람

1.6. 자가 평가 문제들

다음의 10개의 가계도는 희귀 유전 질환들을 보여준다.

(a) 완전 침투율을 지닌 상염색체 우성, 90%의 침투율을 지닌 상염색체 우성, 상염색체 열성 또는 X-연관 형질 중 가장 가능성이 높은 유전 양상을 찾아내시오.

(b) 화살표가 가리키는 사람(들)의 자녀에게 질환이 나타날 확률을 구하시오.

가계도 1-4의 힌트들은 이 책의 마지막 해답 편에 있음.

SAQ 1

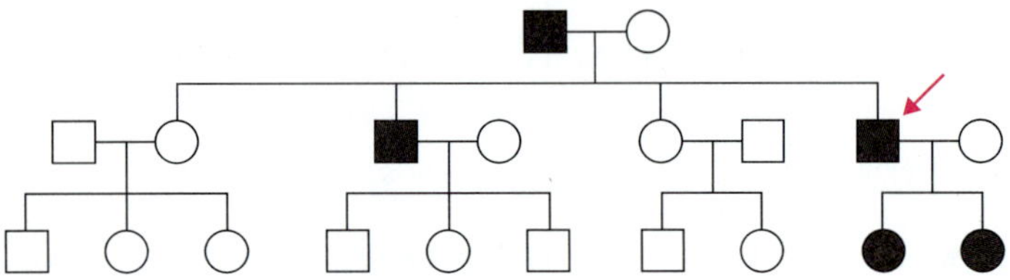

SAQ 2

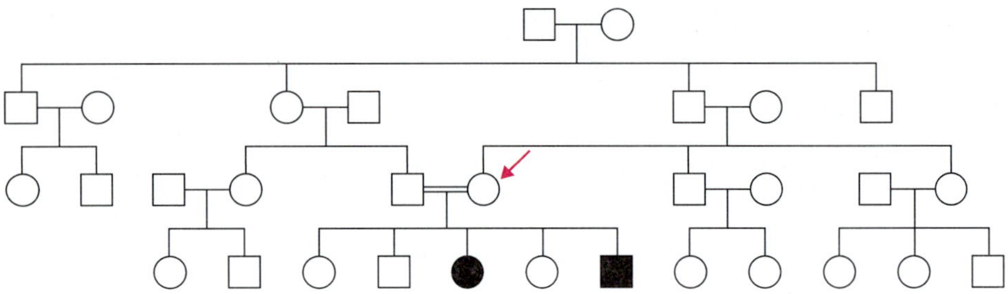

SAQ 3

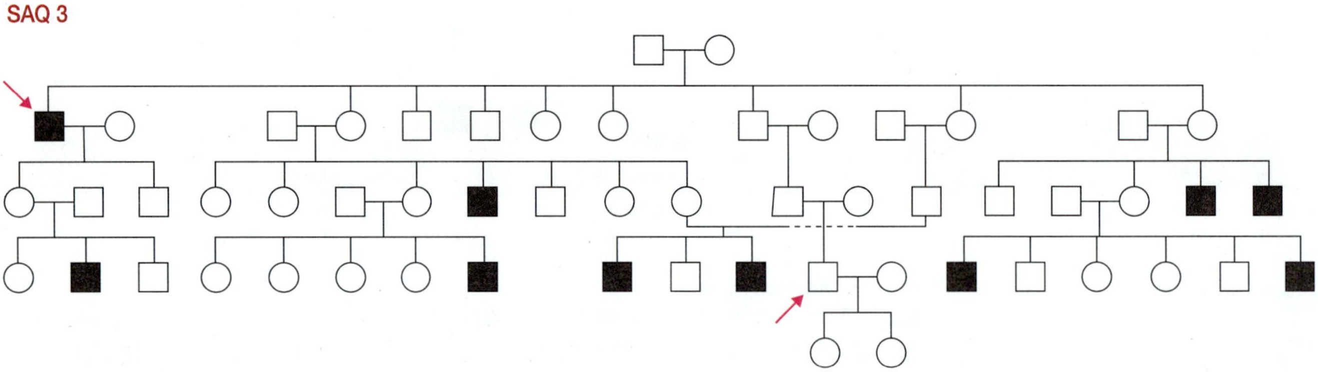

SAQ 4

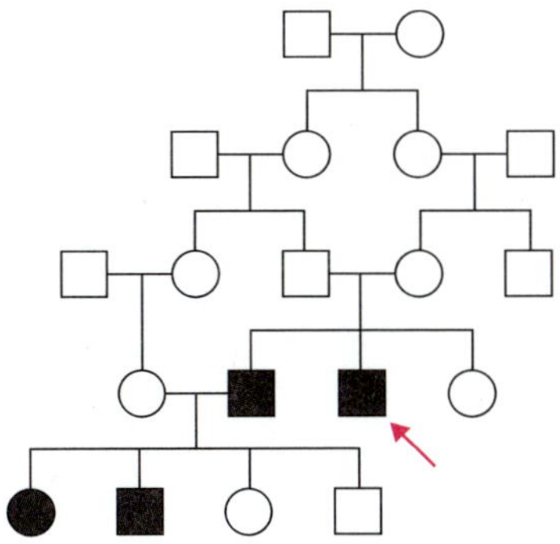

SAQ 5

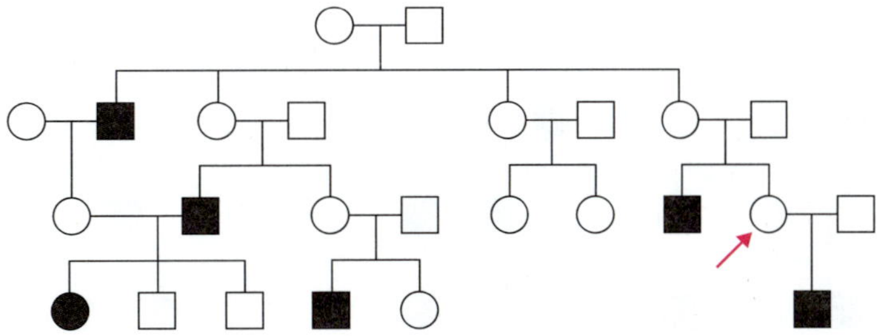

SAQ 6

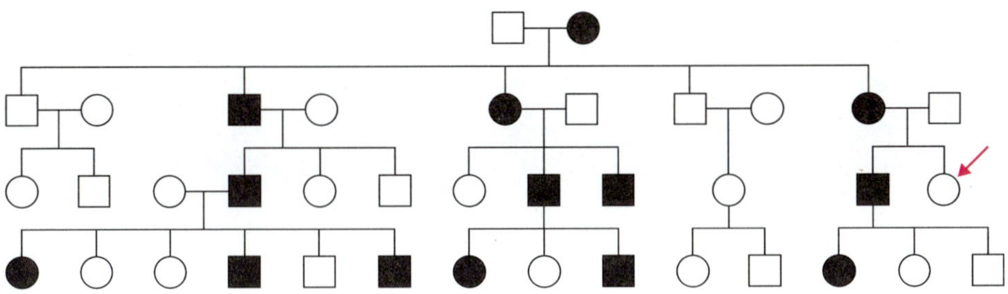

SAQ 7

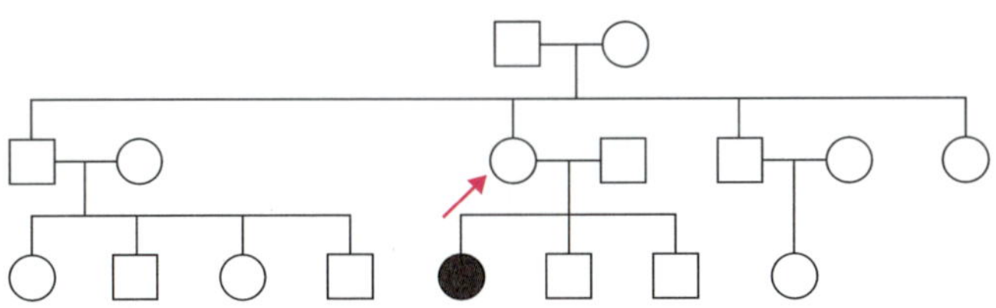

SAQ 8

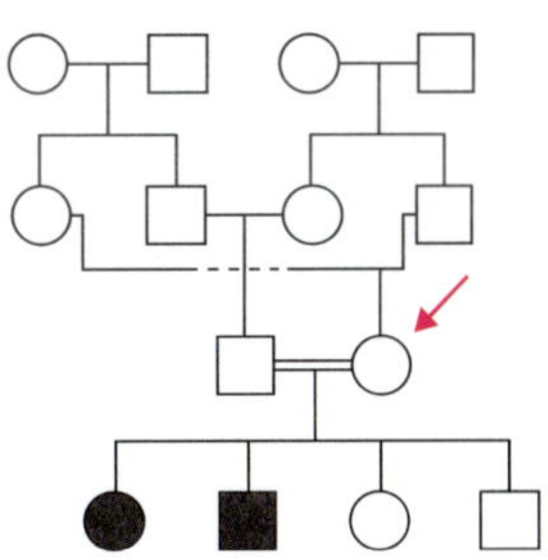

SAQ 9

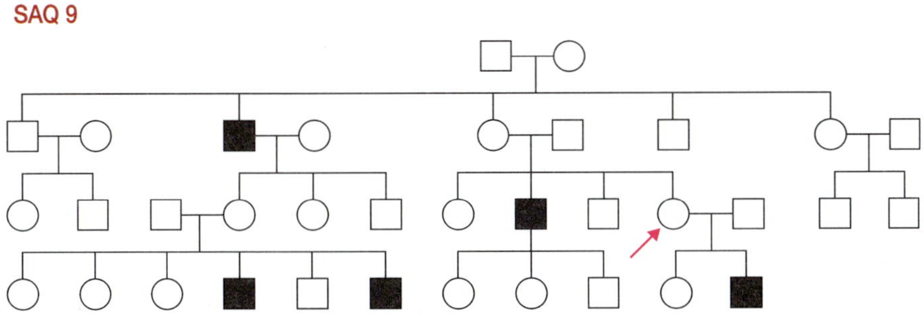

SAQ 10

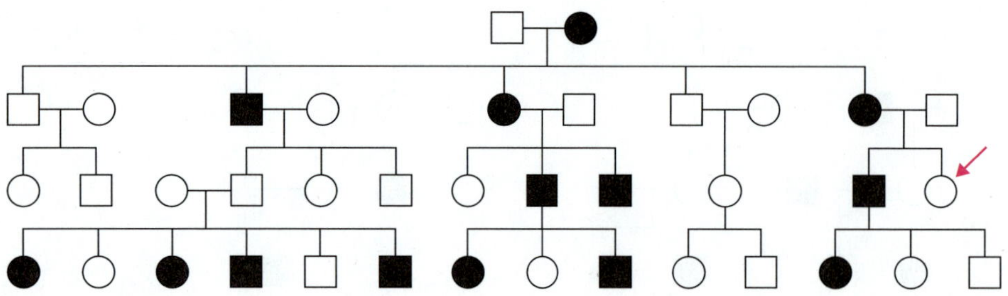

제 2 장

유전질환자의 염색체는 어떻게 분석하나?

2장의 학습 요지

- 유사분열과 감수분열의 결과와 과정
- 정상 핵형과 단순 염색체 이상형의 핵형 분석
- 인간의 성 결정과 성 결정 이상
- 삼배체(trploid), 삼염색체성(trisomy), 상호전좌(reciprocal translocations), 로버트손 전좌 (Robertsonian inversion), 측동원체 역위(paracentric inversions), 협동원체 역위 (pericentric inversions), 결실(deletions)
- 침투율과 표현력의 정의 내리기
- 이상의 유전 조건에서 유발되는 과학적 또는 인간 사회의 이슈들에 대해 이해하기

2.1. 증례 학습

증례 7 | Green 가족 | 25 | 38 | 68 | 99 | 376

- Gillian (3세 여아)
- 발달 부진
- 염색체 이상 의심
- 22q11 부위의 미세 결실의 염색체 검사

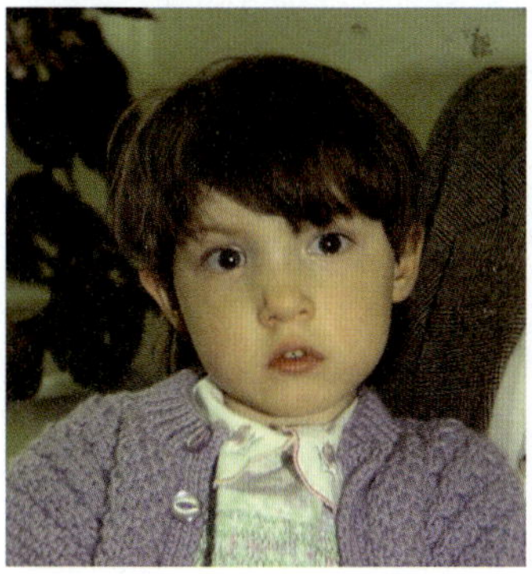

그림 2.1 - 22q11 결실이 있는 환아. 작은 입, 좁은 코와 눈의 위치가 상향 편향되어 있음을 주목하라.

Gillian은 건강한 부모로부터 태어난 두 번째 아이이다. Gillian은 출생 시 언니 보다 체중이 적기는 하였으나 전반적으로 양호한 상태의 신생아였다. 그러나 Gillian은 신생아 검진에서 심잡음이 들렸고 심초음파(echocardiogram)를 실시한 결과 작은 크기의 심실중격결손증 (ventricular septal defect, VSD)을 진단 받았다. 이는 그리 심각한 심질환은 아니기에 추적관찰이 권유되었다. Gillian의 심잡음은 3세 경에 사라졌으며 심초음파에서 심실중격 결손은 닫혔음이 확인되었다. 심장 문제는 해결되었으나 Gillian은 언니에 비해 성장 발달이 늦었고 Gillian의 부모는 여전히 그녀에 대해 걱정을 하였다. Gillian은 특히 언어 발달이 느렸고 그녀가 말하는 것을 알아듣기가 어려웠다. 소아과 의사는 Gillian의 언어 검사를 의뢰하였고 그 결과 그녀의 구개(palate)의 움직임이 느린 것을 발견하게 되었다. 이에 소아과 의사는 Gillian의 상태에 대해 임상유전학 전문의의 의견을 구하였다. 유전학 전문의는 Gillian의 코가 매우 좁고 귀의 윗 부분이 과도하게 접혀있으며 긴 손가락을 갖고 있음을 주목하고 염색체 검사를 실시하였으며 추가로 분자 유전학검사도 실시하여 Gillian의 22번 염색체 일부 (22q11)의 결실이 있는지를 조사하였다.

증례 8 Howard 가족

26 38 68 100 275 376

- Helen: 신생아 - Henry (아빠, 33세)와 Anne (엄마, 33세)
- Down 증후군
- 이들 부부가 아이를 더 가질 경우 또 다시 Down증후군 아이를 가질 위험성?

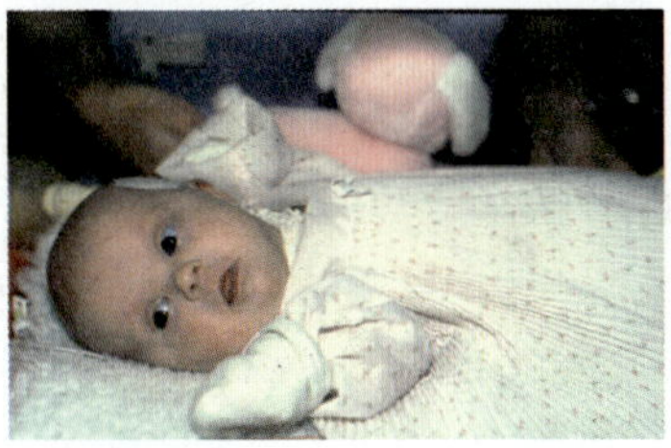

그림 2.2 - **Down 증후군을 가진 아이**

Helen의 부모, Anne과 Henry는 33세라는 나이에도 불구하고 임신을 하였다는 사실에 놀라워하였다. 이들 부부는 이미 20대 초반에 남매를 두었지만 아이를 또 갖게 되었다는 사실에 매우 기뻐하였다. 산전 진찰에서 Down 증후군의 산전 검사을 권유 받았으나 이전의 임신에서도 이런 검사를 받은 적이 없기에 이번에도 검진을 받지 않기로 하였다. 임신은 순조롭게 진행되어 만삭에 진통이 시작되었다. Helen이 태어났을 때 엄마, Anne은 Helen이 그녀의 언니를 닮았다고 생각하였으나 조산원은 Helen의 전반적인 근긴장도가 지나치게 이완되어 있고 뒷 목의 피부가 늘어져 있으며 가로지른 손금이 한 개 있는 것을 염려스럽게 생각하였다. 소아과 의사가 왕진하였고 Anne과 Henry에게 Helen의 Down 증후군 가능성을 조심스러이 말하였다. Helen의 부모와 조부모들이 매우 걱정하였기에 소아과 의사는 Helen의 혈액을 세포유전학 검사실에 보내어 가능한 빨리 결과를 보내 주도록 조처하였다. 조산원과 소아과 의사는 이후 이틀 간 결과가 나올 때까지 몇 번 더 가족을 만났다. 검사 결과, Helen은 Down 증후군을 갖고 있는 것으로 판명되었다. 부모들은 소아과 의사에게 Helen의 미래에 관해 많은 질문을 하였고 소아과 의사는 그들에게 수 주 내로 유전 클리닉 상담을 의뢰하도록 제안하였다. 어떻게 Down 증후군이 나타나며 그들이 향 후 아이를 더 가질 경우 다시 Down 증후군 아이를 가질 수 있는지 등의 질문에 답을 주기 위해서였다.

증례 9 Ingram 가족

26 41 68 101 182 376

- Isabel: Ian(아빠)과 Irene(엄마) 부부의 첫째 딸
- 부모는 키가 크나 Isabel은 키가 작음

Isabel은 키가 큰 편인 Irene과 Ian 사이에서 태어난 첫 번째 아이이다. Isabel은 생 후 몇 달간 발의 경한 부종을 보였고 체구는 매우 작았지만 비교적으로 전반적인 상태는 건강한 작은 아기였다. 유아기까지는 정상적으로 성장하였으나 항상 학급에서 가장 작은 학생이었다. 10세가 되었을 때 그녀의 같은 반 친구들의 발육은 눈에 띄게 빨라졌고 몇 명의 친구들은 이미 사춘기를 나타내었다. Ian과 Irene은 Isabel에 대해 크게 걱정을 하지 않았으나 학교의 양호교사는 Isabel에게 소아과 진료를 제안하였다. 왜냐하면 Isabel 부모의 큰 키에 비하여 Isabel의 작은 키는 매우 예외적이라 여겨졌기 때문이었다. 소아과 의사는 초기 검사로서 염색체 검사를 요청하였다.

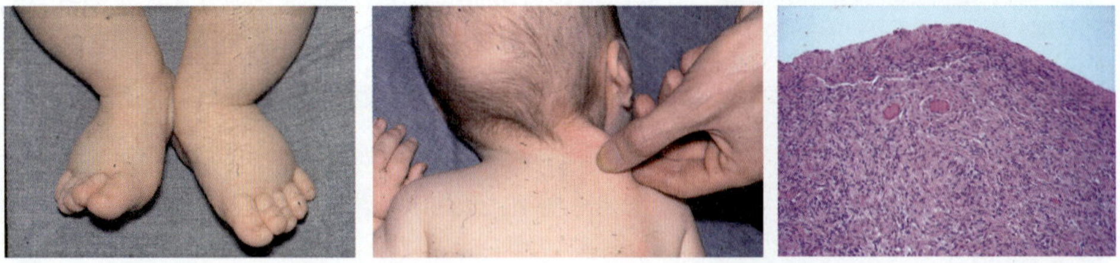

(a) (b) (c)

그림 2.3 - **Turner 증후군**

(a) 부풀은 듯한 발. (b) 늘어진 뒷 목 피부. (c) 생식선(gonads)의 조직학 소견; 난소세포 구성원이 결여된 난소 피질 간부 (ovarian cortical stroma). 사진 제공: Dr. Godfrey Wilson, Manchester Royal Hospital

2.2. 배경

임상의들이 염색체에 대해 알아야 하는 이유

염색체 이상은 다음과 같은 여러 가지 임상 상황들과 중요한 연관성을 가지고 있다:

- 불임이나 반복적 유산의 원인이다.
- 임신 초기(3개월)의 자연 유산의 50% 이상은 태아의 염색체 이상이 원인이다.
- 200명의 신생아 중 한 명 정도는 염색체 이상으로 인한 다양한 선천성 이상을 가지고 태어난다. 이와 같은 염색체 이상의 대부분은 산전 선별 검사로 발견할 수 있으며, 부모가 간절히 원한다면 적절한 시기에 유산시킬 수 있다.
- 염색체 이상을 가진 아이들의 대부분은 완전히 정상적인 부모들로부터 태어난다. 그러나 약 1%의 사람은 자신들의 건강에 아무런 영향을 주지 않을 정도의 미미한 염색체 이상을 갖고 태어나며 이러한 상황은 유산이나 비정상적인 아이를 가질 위험을 높인다.
- 암세포는 광범위한 전형적 염색체 이상을 나타내는데 이는 환자의 정상 세포에는 나타나지 않으므로 염색체 이상의 검사는 암환자의 진단 및 예후 판정에 중요성을 지닌다.

염색체는 어떻게 검사할 수 있는가?

염색체를 현미경으로 검사하려면 분열 중의 세포가 필요하다. 이하에서 설명하는 바와 같이 염색체는 분열 중에 있는 세포에서만 관찰될 수 있다. 개인의 혈액, 피부, 또는 다른 추출물들은 많은 세포를 가지고 있지만 분열을 하는 세포는 이들의 일부이다. 그러므로 통상 염색체 분석은 비 분열 세포의 추출물을 채취한 다음 이 추출물을 배양하여 세포분열을 유도함으로써 이루어진다 (*그림 2.4*). 배양 재료가 되는 세포들을 *Box 2.1*에 열거하였다. 본 장에서 설명하는 염색체 검사 방법 이외에도 분자세포유전학이라 불리는 최근의 분석법을 이용하여 염색체를 더욱 정교하게 분석하거나 비 분열 세포의 염색체 수를 검사할 수도 있다. 이러한 기법들에 대해서는 *4장*에서 설명할 것이다.

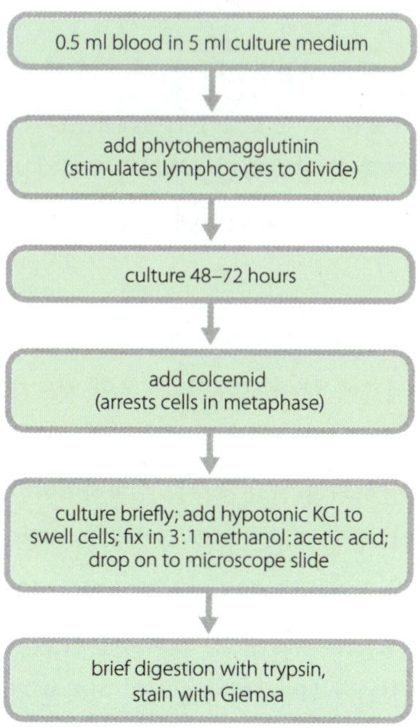

그림 2.4 - 혈액으로부터 G-분염 핵형 분석을 실시하는 방법

관행적 현미경 분석법에 의한 핵형 분석을 위해서는 여러 개의 분열 세포를 검사할 수 있는 하나의 슬라이드를 준비해야만 한다. 이러한 슬라이드 준비는 *그림 2.4*의 프로토콜을 따르도록 한다. *그림 2.10*에는 실제로 사람의 중기 세포의 염색체를 보여주고 있다. 세포유전학자는 염색체 수를 세고, 각각을 동정하여 이들 각각의 구조가 정상인지를 검사한다. 분석은 일반적으로 10개의 세포 분석을 기본으로 하며, 한 세포에서 고유의 모양이 명확하지 않으면 또 다른 세포를 분석한다. 기록을 보관하기 위해서는 한 세포에서의 염색체들을 길이에 따라 배열하여 (통상 디지털 이미지 처리를 통하여 함) *그림 2.9*와 *2.11*에서처럼 기본적인 핵형으로 나열시킨다. 이러한 방법은 수적 또는 구조적 염색체 이상의 전체 게놈의 수를 분석하는 유일한 방법이다.

염색체들은 앞서 기술한대로 분열세포에서만 관찰이 가능하다. 분열 세포에서는 이미 DNA 복제가 완료되어 현미경에서 관찰이 가능하다. 현미경 하에서 이러한 염색체들은 동일한 두 개의 자매염색분체가 중심립에 붙어있는 구조로 보인다.

염색체들은 이미 기술한 것과 같이 항상 분열세포에서만 검경이 가능한데 분열 세포에서 DNA는 복제가 완료되어 현미경으로 염색체들을 보면 염색체들이 항상 두 개의 동일한 자매염색분체로 이루어져 있으며 이들은 중심립에 붙어 있는 것을 볼 수 있다. *그림 2.10*의 작은 내부 박스에 보여주는

Box 2.1

염색체 분석에 이용되는 샘플들

- **말초혈액 림프세포 (peripheral blood lymphocytes)** : 가장 흔히 사용되는 세포이다. 0.5-1 ml의 혈액을 phytohemagglutinin(PHA)으로 처리하며 처리한 PHA는 림프세포 분열을 유도한다. 48시간 배양 후 세포를 회수한다. 프로토콜은 그림 2.4에 요약하였다.
- **융모막 융모세포 (chorionic villi)** : 초기 산전 진단에 이용되는 세포로 임신 10-12주 경에 산모의 자궁경부(transvaginal) 또는 경복부(transabdominal)에서 채취한다. 이 처치에는 2% 정도의 유산 위험이 따른다. 융모막 융모세포에는 자가 분열 세포가 존재하며 이러한 세포들은 분석을 신속히 하기 위해 이용되기도 하지만 최상의 결과는 배양세포로부터 얻을 수 있다. 산모의 세포가 함께 배양되는 것을 피하기 위해 태아의 세포만을 분리하는 것이 중요하다.
- **양수(amniotic fluid)** : 임신 14-20주 경의 양수에는 태아로부터 떨어져 나온 세포들이 존재한다. 이러한 세포들은 배양속도가 느려 약 2주 정도 배양을 하여야만 분석에 필요한 충분한 세포를 모을 수 있다.
- **피부 생검법(skin biopsy)** : 혈액에 존재하지 않는 염색체 이상을 진단하기 위해 이용된다.
- **고환 세포 생검법(testicular biopsy)** : 남성의 감수분열을 검사할 수 있는 유일한 방법이다. 여성의 감수분열은 출생 전 태아의 난소에서 이미 일어나므로 여성 환자의 감수분열을 분석할 수 있는 방법은 없다.

염색체들을 보면 염색분체를 선명하게 볼 수 있다. 중심립과 자매염색분체들은 요즘 사용되는 세포유전학 프로토콜로는 그다지 선명하게 볼 수 없는데 이는 이러한 방법이 자매염색분체를 서로 밀착시키는 처리를 하기 때문이다. 세포유전학자들은 각 염색체들을 규명하고 구조적 이상을 발견하는데 횡선으로 나타나는 분염의 양상에 비중을 둔다. 횡선의 염색체 분염은 짙고 옅은 횡선으로 각 염색체의 특징적인 재생성 양상을 보여준다. 분염에는 여러 가지 방법이 있지만 일반적으로 G-분염법이 이용된다. G-분염법은 현미경 슬라이드에 밀착되어 있는 염색체들을 트립신으로 가볍게 분해시킨 후 Giemsa 염색을 시행한다. 이외에도 R-분염법을 포함한 다른 분염법들도 특별한 경우에 사용된다. R-분염의 경우 분염 양상이 G-분염 시와는 반대로 나타나 G-분염에서 진하게 분염되는 부위는 옅게, 옅게 분염되는 부위는 진하게 나타난다. 이 방법은 특히 염색체 말단부위를 조사하는데 유용하다. 이외에도 중심립 부위를 염색하는 C-분염과 선단동원체(acrocentric) 염색체의 단완부위를 염색하는 Silver-염색법 등이 있다.

염색체의 명명은 *Box 2.2*에서 서술하는 Paris Convention에 따라 명명한다. 분염 밴드들은 중심립으로부터 멀어지는 순서에 따라 번호가 매겨진다. 인간 중기 세포에서는 550개의 G-분염 밴드가 관찰되며 *그림 2.5*는 G-분염으로 나타나는 염색체들의 표기법 및 명명법을 보여준다. 분염을 최상의 해상도로 관찰하려면 유사분열 중기에 염색체가 최대로 응축되기 전의 세포를 수확하여야만 한다(*그림 2.6*). 응축이 덜되어 길게 늘어진 염색체를 분석하여 각 분염 밴드들을 다시 하위-밴드(sub-band)와 하위-하위-밴드 (sub-sub-band)로 분리 시킬 수 있어 7q11.23와 같이 염색체의 특정한 위치를 명명할 수 있으며 이는 '7q one one point two three' 라 읽는다. 그러나 길게 늘어진 염색체들은 서로 엉키기 쉬어 최상의 해상도(1500-2000 밴드)에서의 현미경 분석이 어려운 경우가 빈번하다. 550개 밴드 수준에서 탐지할 수 없을 정도의 작은 염색체 이상은 분자유전학적 방법으로 전환하여 조사하는 것이 가장 좋은 방법이다. 이러한 분자유전학적 분석법은 다음 section의 Gillian Green 가족의 증례(증례 7)에서 설명할 것이다.

Box 2.2

염색체와 염색체 이상: 명명법과 용어풀이

핵형분석 : 염색체 수 및 성염색체의 구성, 염색체의 구조적 이상 등을 보여준다. 염색체들의 위치는 *그림 2.5*에 나타낸 것처럼 Paris Convention의 명명법에 따라 기술한다. 소문자 p는 단완을 나타태고 q는 장완, t는 전좌(translocations), del은 결실(deletion), dup는 중복(duplication), inv는 역위(inversion), 그리고 der은 파생 염색체(derivative chromosome)를 나타낸다.

- 46,XX; 정상 여성
- 47,XY,+21; 21번 염색체의 삼염색체성을 지닌 남성
- 46,XX,t[1;22][q25;q13] : 1번 염색체의 1q25 위치와 22번 염색체의 22q13 부위가 절단되어 전좌가 일어난 여성 [증례 5에서 보이는 변이, *그림 2.14*]
- 46,XY,del[2][q34' q36.2] : 2번 염색체 장완의 2q34와 2q36.2사이에 결실이 있는 남성

이상의 예로 충분히 설명이 되지만 기타 모든 염색체 변이를 포함한 자세한 명명은 Shaffer와 Rommerup (2005)를 참조하기 바람.

선단동원체성(acrocentric) - 중심립이 염색체의 한쪽 완에 지우쳐서 존재하는 염색체. 13, 14, 15, 21, 22, 그리고 Y 염색체가 이에 속함.

상염색체(autosome) - X-나 Y-염색체가 아닌 염색체 모두

중심립(centromere) - 염색자매분체(sister chromatids)가 붙어 있는 위치로 세포분열 동안 방추사가 붙어서 자매염색분체를 이동시킴.

자매염색분체(chromatid) - 분열하는 세포에서의 염색체는 중심립에 붙어있는 두 개의 동일한 자매염색분체로 이루어져 있다. 세포분열이 시작되어 DNA가 복제 될 때까지는 하나의 염색체는 하나의 염색분체로 이루어져 있다.

염색질(chromatin) - 염색체를 구성하는 DN로 단백질을 통틀어 일컫는 용어.

진정염색질(euchromatin) - 유전자가 활발하게 발현되는 곳으로 상대적으로 느슨한 구조를 가진 염색질;이질염색질의 반대

G-분염: 염색체를 트립신 처리하여 Giemsa 염색을 하면 나타나는 염색체들의 특이한 밴드. 염색된 염색체는 진하게 염색되는 밴드와 염색이 안되는 밴드 등의 재현성이 높은 특징적인 분염 형태.

이질염색질(heterochromatin) - 응축이 심한 염색질로 이 부위는 대체로 유전자의 활성이 없음. 주로 중심립 부위에 존재함.

상동염색체(homologous chromosomes) - 사람에서의 두 개의 1번 또는 두 개의 2번 염색체 등등. 염색자매분체는 동일한 유전자 구성을 가지지만 상동염색체는 서로 동일하지 않다. DNA 서열이 약간 달라 다소 다를 수도 있고 전좌가 일어난 경우 많이 다를 수도 있다.

역위(inversion) - 염색체의 구조적 변이로서 염색체의 일부분의 방향이 반대로 되어 있는 경우 (*그림 2.19*)

핵형분석(karyotype) - 한 개인의 염색체 구성. *그림 2.9*에 설명하는 것처럼 사람의 염색체 구성을 보여주기 위해 이용됨.

중부동원체(mentacetric) - 중심립이 염색체의 중간에 있는 염색체 (예, 3, 20번 염색체)

일염색체성(monosomy) - 특정 염색체만이 한 개를 가지고 있고 나머지 염색체들은 모두 쌍으로 가지고 있는 경우 (예, 상염색체 일염색체성:세포에 45개의 염색체를 가지고 있음.)

로버트슨 전좌(Robertson translocation) : 두 개의 선단염색체(acrocentric)들의 중심립부위가 절단되어 서로 붙어 있는 특이한 형태의 전좌형 (*그림 2.20*)

자매염색분체(Sister chromatids) - 분열세포에서 보이는 염색체의 두 염색분체. 자매염색분체들은 DNA 복제 후 생성된 복제품임.

Box 2.2 - continued

차중부동원체(submetacentric) - 장완과 단완을 가지고 있는 염색체. 대부분의 인간 염색체.

말단립(telomere) - 염색체의 양 말단으로 특이한 구조를 가짐.

전좌(translocation) - 두 개의 비상동염색체들끼리 서로 염색체 단편을 주고 받은 형태의 염색체 변이

삼배체(triploidy) - 세벌의 염색체를 가지고 있는 상황

삼염색체성(trisomy) - 특정 염색체를 3개 가지고 있으며 나머지 염색체들은 2개씩 가지고 있는 상황 (세포 내 염색체가 47개)

염색체 이상

염색체 이상에는 염색체의 수적인 변이 또는 구조적 변이의 두 종류가 있다. 염색체 이상의 본질과 원인은 2장의 4절에서 더 자세하게 다룰 것이다. 염색체의 수적 이상에 의한 몇몇 변이는 꽤 자주 발생하며 임상적으로 쉽게 식별이 가는 증후군을 가져온다 (*Box 2.3*). 예를 들면, 증례 8의 Helen Howard에서처럼 Down 증후군은 출생 시부터 조산원이 알아볼 정도의 전형적인 특징을 보인다. 염색체의 구조적 이상에 의한 변이들은 대부분 염색체의 절단(chromosome breakage)에 의해 일어난다. 어떤 특정 염색체는 쉽게 염색체 절단이 일어나며 이러한 절단에 의해 특징적인 증후군들이 나타난다. 일부 신중한 임상유전학 전문의는 Gillian Green (증례 7)과 같은 경우를 염색체 절단에 의한 증후군으로 의심하기도 한다. 그러나 대부분의 염색체의 구조적 이상은 무작위로 발생한 염색체 절단에 의한 단일 발생을 한다. 비록 이들이 임상적으로 명명된 특정 증후군들을 가져오지는 않지만 임상유전학 전문의들은 어떤 특정 발생 과정에 문제가 있지 않으면서 다양한 선천성 기형을 갖고 태어나는 아이들이나 또는 지능 저하 및 이상형태증(dysmorphism)을 가진 환자들의 경우 등도 염색체 이상에서 오지 않나 의심한다 바로 이러한 이유로 증례 5의 Elizabeth Elliot의 경우 염색체 분석이 요구되는 것이다.

왜 우리는 염색체를 가지고 있을까?

하나의 인간 세포는 2 미터 길이의 DNA를 가지고 있다. 전형적인 세포의 너비는 약 10um인데 이것이 10 미터의 강의실 규모로 늘려진 것을 상상해보자. DNA는 2000km의 줄로 나타날 것이며 강의실의 대부분을 차지할 것이다. 이제 DNA가 복제를 하면 각각의 가닥은 마치 굽어진 복선의 전기선처럼 두 개의 가닥으로 꼬여질 것이다. 그러면 이제 여러분은 세포를 분열시켜야만 한다. 약 1시간 내에 한 개의 세포는 복제된 DNA를 정확히 나뉘어져 딸 세포 각각은 정확히 한 벌의 복제 DNA를 가져야 한다. 만약 복선 전선으로 가득 차 속수무책으로 엉키고 혼잡해진 여러분의 강의실을 정리하고 싶다면 매우 정교한 방법으로 조직화 할 필요가 있다. 바로 이것이 염색체가 세포 내에서 하는 일이다.

그림 2.5 - 세포유전학적 염색체 분염 밴드들의 명명

전형적인 550-밴드 해상도의 G-분염 염색체 이디오그램을 보여주고 있다 주 밴드들은 중심립으로부터 말단립 방향으로 1, 2, 3, 4 등등으로 번호가 매겨진다. 주 밴드 11q1 (11q는 11번 염색체의 장완을 나타내며 11p는 11번 염색체의 단완을 나타냄)는 다시 하위-밴드(sub-band) 11q11 - 11q14 로 나눠질 수 있으며, 가장 해상도가 높은 경우 11q14는 다시 11q14.1 - 11q14.3까지 나뉘어 진다. S. Karger AG, Basel 의 허락 하에 Shaffer와 Tommerup (2005)에 의해 다시 그려짐.

Box 2.3

염색체의 수적 이상에 의한 여러 가지 증후군들

삼배체성(triploidy) [69,XXX or XXY or XYY]

삼배체성은 수정 과정에서서는 흔히 발생하지만 이들 삼배체성 배아(embryos)와 태아는 결코 분만 예정일까지 생존하지 못하며 설사 태어난다 하여도 오래 생존하지 못한다.

상염색체 삼염색체성 (autosomal trisomies)

의심되는 상염색체 삼염색체성은 모두 임신 초기에 유산됨으로써 발견될 수 있다. 단 13, 18, 21번 염색체의 삼염색체성들은 분만 예정일까지 생존하는데 이는 이들 세 개의 염색체들이 인간 게놈 중에서 가장 유전자 밀도가 낮은 염색체들이라는 사실과 연관이 있을 수도 있다. 이는 이들 13,18,21번의 삼염색체성에는 다른 염색체들의 삼염색체성에 비해 비정상의 유전자가 거의 존재하지 않음을 의미한다. 어떻게 이들 삼염색체성들이 나타나는지 이하에서 논한다.

- +21 Down 증후군: 증례 8 참조. 상염색체 삼염색체성 중 성인까지 생존할 수 있는 유일한 변이.
- +18 Edwards 증후군: 증후군을 가진 환자는 대부분 2세 경 사망함. 비록 이들은 외형상으로는 비교적 정상처럼 보이지만 성장 부진이나 다양한 신체 내부의 기형 등의 애매한 증후를 보인다. 극히 드물지만 1세 이후까지 생존 할 경우 성장 발달이 매우 부진하다.
- +13 Patau 증후군: 증후군을 가진 아이의 50%는 생후 1개월 내에 사망하며 나머지는 1세 내에 사망한다. 머리와 얼굴 중앙부의 기형을 보일 수 있으며 양 눈의 간격이 좁거나 입술 중앙의 토순(cleft lip)등의 경한 정도부터 얼굴 중앙에 한 개의 눈을 가지거나 전전뇌증(holoprosencephaly, 뇌가 두개의 반구로 발생 되지 않음)을 가지는 심각한 증후까지 임상적 특징의 범위가 광범위하다. 다지증(polydactyly) 또한 흔히 동반되는 특징이다.

성염색체 이상

성염색체 이수성은 상염색체의 이수성보다 훨씬 경하게 나타난다. 왜냐하면 Y 염색체는 유전자를 몇 개 가지고 있지 않고 이들 Y-연관 유전자들은 생존에 필수적이지 않기 때문이다. 하지만 X 염색체는 다르다. X 염색체는 약 1000개의 유전자를 가지고 있으며 이 중 많은 유전자들이 생존에 필수적이다. 하지만 X-불활성화 현상(7장에서 설명)을 통하여 X-염색체의 수적 차이의 영향은 크게 감소한다.

이하의 예에서 보여주는 것과 같이 X 염색체 수에 관계없이 Y 염색체만 가지고 있으면 남자가 된다. Y 염색체에 있는 *SRY* 유전자가 성 분화에 주요한 스위치 유전자이다.

- 45,X: Turner 증후군- 여성으로서 사춘기 발달의 상실 및 불임을 동반함. 종종 왜소증을 보임. 지능은 정상임. 목이 물갈퀴 같은 모양을 보이기도 하며 심장 결함(협착, coarctation)과 말굽모양의 신장(horseshoe kidney)을 동반하기도 함.
- 47,XXY: Klinefelter 증후군- 남성으로서 사춘기 발달의 상실 및 불임을 동반함. 가끔은 키가 크기도 하지만 신체 지방 분포가 여성 같은 모습을 보이기도 함. 다른 형제들에 비해 지능이 약간 낮기도 함.
- 47,XXX: 여성. 비교적 정상처럼 보이므로 대부분은 진단이 되지 못하고 모르고 지나감. 다른 형제들에 비해 지능이 약간 낮을 수 있음.
- 47,XYY: 남성. 키가 크며 지능이 약간 낮을 수 있으나 정상 지능 범위에는 속함. XYY 남성들의 대부분은 정상적인 삶을 살며 자신들이 염색체 이상을 가지고 있다는 것을 모르는 경우가 많지만 행동 장애가 있을 가능성이 다소 있음.

Box 2.4

흔히 나타나는 미세 결실 증후군 (microdeletion syndrome)

*그림 2.9*에서와 같이 표준 염색체 검사로는 탐지가 안될 정도의 작은 염색체 결실을 미세결실이라 하며 임상 증후군 중 식별이 쉬운 많은 증후군들이 **미세결실(microdeletion)**에 의해 발생한다. 임상적으로 환자에게 염색체 미세결실이 의심되면 임상유전학 전문의는 *4장*에서 기술되는 분자세포유전학 분석을 실시하여 미세결실을 검출한다. 염색체 미세결실에 의한 증후군으로 잘 알려진 증후군들은 다음과 같은 것들이 있다.

증후군	OMIM 번호	염색체 위치	주석
Wolf-Hirschhorn	194190	4p16	저체중아. 지능 저하, 경련, 특징적 얼굴
Cri-du-chat	123450	5p15	지능 저하, 특징적 얼굴, 고음의 울음소리
Williams-Beuren	194050	7q11.23	*Disease Box 3* 참조
Angelman	105830	15q11-q13	*7장* 참조
Prader_Willi	176270	15q11-q13	*7장* 참조
Miller-Dieker	247200	17p13	뇌회결손(lissencephaly), 지능 저하, 특징적 얼굴
Amith-Magenis	182290	17p11	지능 저하, 행동 문제, 수면 양상 이상
Di George-VCFS	188400	22q11	증례 7의 Green 가족 참조

이외에도 많은 일회성 또는 재발성 미세결실 증후군들이 있다. 위의 도표에 나열된 Wolf-Hirschhorn, cri-du-chat, Miller-Dieker 증후군들은 염색체 말단 부위의 결실을 가지고 있다 이들은 대부분 염색체의 임의적 절단에 의해서 일어나며 염색체의 절단 부위는 환자마다 다르지만 각각의 결실은 언제나 해당 증후군의 특정한 부위에 일어난다. 두 증후군을 제외한 상기 도표의 다른 증후군들은 모든 환자에서 정확히 같은 위치에 절단을 가지고 있어 특정 염색체의 내부 단편의 결실을 가져온다. 이러한 현상은 *Disease Box 3*에서 설명되었듯이, 대부분 잘못 정렬되고 복제율이 낮은 DNA 간의 재조합에 의해 일어난다.

중심립(Centromere)과 말단립(Telomere)

염색체는 단순히 DNA가 모여진 패키지가 아니다. 염색체는 기능을 하는 하나의 세포 기관이며 그 기능의 일부는 중심립과 말단립이라는 특정한 두 구조에서 수행된다.

- 염색체가 기능을 하려면 딱 한 개의 중심립 만을 가져야 한다. 앞서 기술한 바와 같이 자매염색분체들은 중심립에 서로 결합되어 있다. 중요하게도 중심립(더 정확하게 표현하면 중심립에 위치한 동원체라는 구조체)은 세포 분열 시 염색체를 잡아당겨 분리시키는 방추사가 붙는 지점이다(이하 참조).

- 말단립은 염색체의 양 끝에 존재하는 특수한 구조이다. 말단립은 TTAGGG라는 7개의 염기가 수천 개씩 반복된 직열식 구조를 가지고 있다. DNA 복제 시에는 엄격한 방향성으로 인하여 (DNA 복제는 항상 5' ->3' 의 방향으로 이루어짐) 세포가 분열될 때 마다 각각의 염색체 말단은 10-20개 정도의 반복 단위체를 소실하게 된다 (*그림 12.3* 참조). 만약 말단립을 완전히 소실하게 되면 염색체는 불안정하게 되어 정상적으로는 세포 사멸을 초래하게 된다. 아직 논란이 많아 정설은 아니나 이러한 이론(염색체 말단의 점차적인 소실과 염색체의 불안전성)은 노화 과정과 연관이 있을 수 있다는 견해도 있다. 말단립이 사람의 일생을 통하여 지속적으로 세포분열을 일으킬 수 있는 충분한 수의 반복단위체를 갖고 있다 하여도 세대가 거듭될 때마다 말단립 반복 단위체의 수는 재생/회복될 필요가 있다. 생식 세포와 암세포는 말단립의 길이를 완전히 복구시킬 수 있는 특수한 효소, 텔로머레이즈(Telomerase)라는 효소를 생산할 수 있으며 이 결과, 생식 세포나 암세포를 불멸 세포로 만들게 된다.

세포분열 시 염색체의 행동

세포분열 준비

앞서 설명한 바와 같이 염색체의 일차적 기능은 세포로 하여금 그들의 DNA를 질서 있게 딸 세포로 분배시키는 것이다.

(a) *DNA 복제.* 각 염색체는 하나의 긴 이중 나선 구조로 이루어져 있다. 세포가 분열하기 전, 세포주기의 S 주기에 DNA가 복제되지만 복제된 DNA 가닥들은 여전히 서로 붙어 있다. DNA가 복제되면 각각의 염색체는 두 개의 동일한 자매염색분체로 이루어지고 각각의 자매염색분체는 완전히 복제된 이중나선 구조의 DNA로 이루어지되 중심립에 함께 붙어있다. 이런 구조를 띄는 이 시기에 염색체의 현미경 관찰은 가능하나, 앞서 기술한대로 표준적인 세포염색 방법으로 두 개의 자매염색분체를 명확이 구분하기는 거의 불가능하다. 하지만 명심해야 할 것은 비 분열세포에서의 염색체 구조는 오직 하나의 염색자매분체라는 것이다.

(b) *염색체의 응축.* 염색체는 세포분열 초기(전기)에 본격적으로 응축되기 시작하여 현미경으로의 관찰이 가능하다.

이후에 관찰될 수 있는 것은 어떤 딸 세포들이 만들어지는가에 따라 다르다. 세포분열에는 다음과 같은 두 종류가 있으며 각각은 각기 다른 종류의 딸 세포를 생산한다.

- 유사분열(mitosis)은 체세포분열이라고도 한다. 유사분열 세포 시의 염색체는 임상적 목적으로 많이 이용된다. 복제된 DNA는 유사 분열 시 정확히 두 개의 딸 세포로 분열되므로 이들 딸 세포들은 동일한 유전자조성을 지니게 된다.

- 감수분열(meiosis)은 정자와 난자와 같은 배우체(gametes)만을 만드는 특수한 형태의 세포분열이다. 감수분열은 유전학적으로 두 가지의 중요한 의미를 갖는다. 첫째, 감수분열을 통하여 배우체 세포의 염색체 수가 46에서 23개로 절반이 된다는 것이다. 그리고 23개의 염색체를 갖는 정자와 23개의 염색체를 갖는 난자가 결합하여 46개의 염색체를 갖는 접합자(zygote)가 되는 것이다. 둘째, 이하에서 설명하는 것처럼, 감수분열은 두 가지의 기전을 통하여 각각의 배우체들로 하여금 새롭고 고유한 조합으로 이루어진 부모의 유전자를 갖도록 한다. *Box 2.1*에서 설명한 것처럼 임상에서 감수분열은 남성에서 정소세포 생검법에 의해 관찰이 가능하며 이는 남성 불임 검사법의 하나이기도 하다. 여성의 감수분열의 관찰은 불가능하다. 이유는 인간에서의 여성의 감수분열은 출생 전 태아에서 일어나기 때문이다. 그러나 여성 감수분열의 오류로 인한 변이는 임상 세포유전학 측면에서 매우 중요하다.

유사분열(Mitosis)

유사분열 시에는(*그림 2.6*) 강하게 응축된 자매염색분체들이 중심립에 붙어 있는 형태의 염색체를 관찰할 수 있다. 유사분열의 전기(prophase) 말에는 핵막이 분해되며 염색체들은 세포의 중앙으로 이동한다. 두 딸 세포의 핵의 위치는 방추사가 방사상으로 배열함으로써 이미 지정된다. 방추사들은 각각의 염색체의 중심립에 붙게 되고 각각의 염색체는 세포의 양 끝으로부터 방사되는 방추사에 매달려있다. 방추사가 수축하면 염색체들은 당겨져 세포의 중앙에 배열되게 된다(**유사분열 중기**). 궁극적으로 염색체의 중심립이 분열하고 지속적인 방추사의 수축에 의해 각 염색체의 염색분체는 세포의 양극으로 끌려간다(**유사분열 후기**). 모든 염색분체가 양 극에 도달하면 응축이 풀리고 그들을 둘러싸는 핵막이 형성되며 하나의 세포는 두 개의 딸 세포로 분열하게 된다.
다음과 같은 유사분열에서의 두 가지 중요한 특징을 기억할 필요가 있다.

- 자매염색분체들은 서로의 복제품으로서 각각의 딸 세포는 각각의 염색체의 한 개씩의 염색분체를 받는다.
- 각 염색체들은 독립적으로 행동한다. 염색체 별로 각각의 상동염색체(homolog)를 가지고 있지만 이들 두 상동염색체는 서로의 이동에 전혀 상호작용하지 않는다. *그림 2.10*을 참조하기 바라며 염색체들은 적도판에 임의적으로 배열한다는 것을 명심하라. 이것이 유사분열과 감수분열의 주된 차이점인 것이다.

감수분열(Meiosis)

앞서 설명한 것처럼 감수분열은 오로지 배우체만을 만들기 위한 특별한 형태의 세포분열이다 (*그림 2.7*). 배우체는 23개의 염색체를 가지며 각각의 배우체는 배우체 별 고유한 유전 조성을 지닌다. 감수분열은 두 개의 연속적인 분열로 이루어진다; 1차 감수분열은 특이하지만 2차 감수분열은 유사분열과 유사하다.

1차 감수분열 전기(prophase I)에는 염색체가 응축하기 시작하여 유사분열에서처럼 현미경으로 관찰이 가능하지만 1차 감수분열 시에는 46개의 염색체가 하나씩 보이지는 않고 23쌍의 이가염색체(bivalents)로 관찰된다. 각각의 이가염색체는 4개의 가닥으로 꼬여진 밧줄 구조를 보이는데 이는 이가염색체가 두개의 상동염색체로 이루어져 있고 각각의 상동염색체들 역시 두 개의 자매염색분체로 이루어져있기 때문이다. 자매염색분체들은 서로의 복제품으로 유전적으로 동일하지만 상동염색체는 유전적 조성이 서로 다를 수 있다. 예를 들어 상동염색체를 한줄로 지어진 비둘기 집에 비유해 보자. 각각의 비둘기 집은 동일한 셋트를 갖겠지만 칸칸의 비둘기 집안의 내용물은 각각 다를 수 있다는 것이다. 사람에서 9번 염색체의 장완 말단 부위를 예로 들면 여기에는 ABO 혈액형을 구성하는 유전자가 위치하는데 9번 염색체의 두 개의 장완 중 한 개는 A형을, 다른 하나는 O형의 유전자를 가지고 있을 수 있다는 것이다.

상동염색체의 대합(pairing)은 매우 정확하다. 구조적 이상이 있어서 상동염색체들이 완전히 일치하지 않는 경우 상동염색체들이 같은 부위는 서로 대합을 하지만 구조적 이상을 가져 서로 상이한 부위는 대합을 하지 못한다. *그림 2.17*은 전좌(translocation)가 있을 시의 상동염색체 간의 대합을 보여주고 있으며 *그림 2.21*은 한 개의 상동염색체가 역위(inversion)을 가지고 있을 경우의 상동염색들의 대합을 보여주고 있다. 남성의 감수분열 시, X 와 Y염색체 또한 서로 대합을 한다. 비록 X와 Y 염색체의 대합이 다른 상염색체들의 대합과는 전적으로 다르지만, X와 Y 염색체의 단완 말단 부

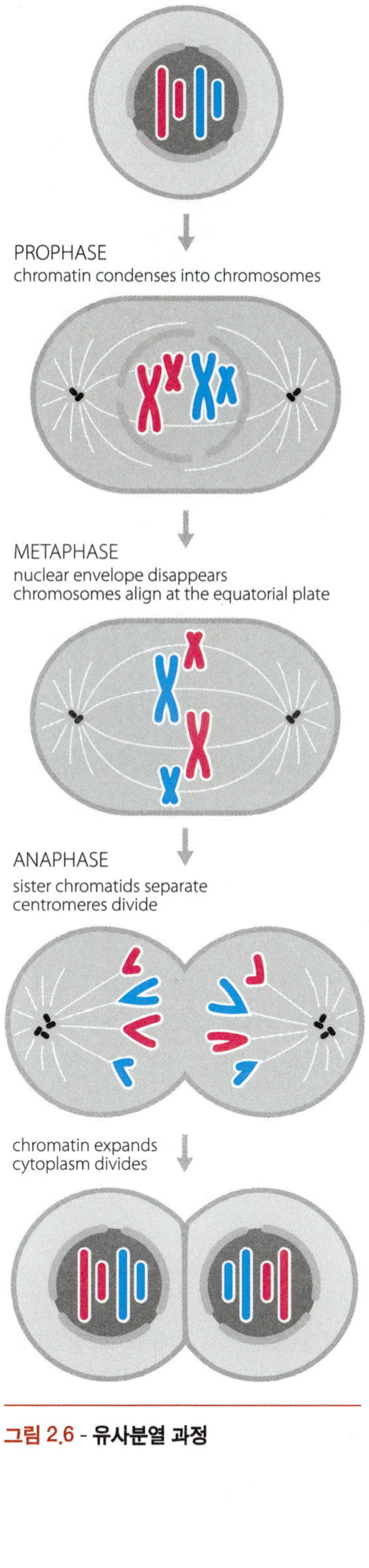

그림 2.6 - 유사분열 과정

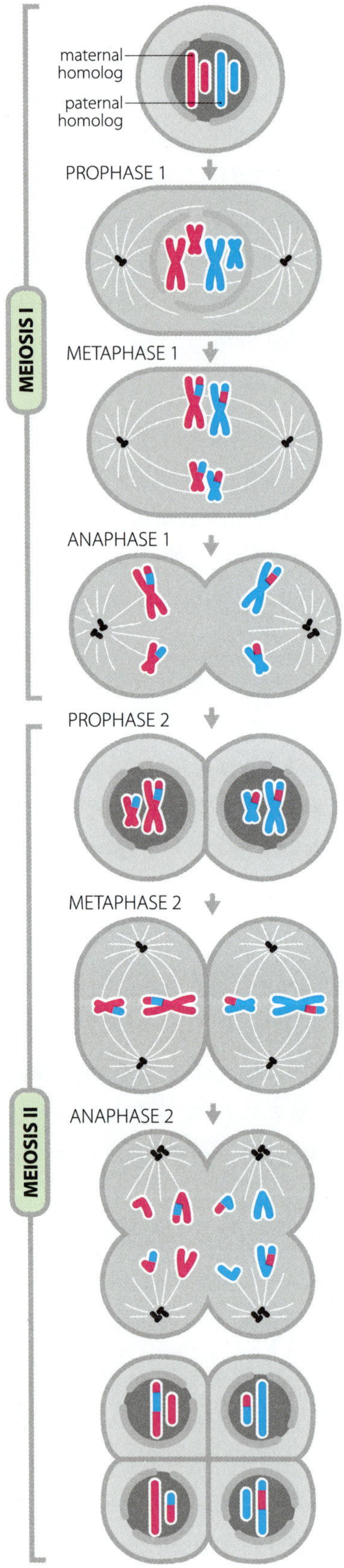

위에는 짧은 상동 부위가 있어 대합을 할 수가 있는데 이 부위를 위상염색체(pseudoautosome) 라 부른다 (7.2 절에서 자세히 다룸).

1차 감수분열 후기(AI)에는 방추사가 상동염색체들을 양 방향으로 잡아당겨 양 극으로 이동시킨다. 유사분열에서는 각 염색체의 중심립이 갈라져 두 개의 자매염색분체가 분리되는 반면, 1차 감수분열에서는 상동염색체들은 분리되지만, 두 개의 자매염색분체는 여전히 중심립 부위에 붙어 있다. 그러므로 1차 감수분열이 끝날 무렵 각각의 딸 세포들은 각각 두 개의 자매염색분체로 이루어진 23개의 염색체를 갖게 된다. 2차 감수분열에서는 자매염색분체들이 서로 갈라지는데 그 기전은 유사분열 시와 동일하며 결과적으로 한 개의 감수분열 세포는 4개의 딸 세포를 생산하게 된다. 각각의 딸 세포는 하나의 자매염색분체로 이루어진 23개의 염색체를 갖는다. 증례 8(Howard 가족)와 증례 5 (Elliot 가족)의 경우가 바로 이 과정에서 이상이 발생한 경우이다.

성(性)을 갖는다는 것은 단점도 있고 장점도 있지만 생물학적으로 성의 주요한 목적은 유전자들의 다양한 조합을 생성하는 일이다. 이러한 목표는 어느 정도는 상당히 단순히 이뤄지는 목표이다. 즉 서로 다른 두 사람이 성 생식 과정에 개여 되면 된다. 그러나 좀더 새롭고 다양한 유전자 조합을 생성하는 데는 두 가지의 부가적 기전이 있으며 두 가지 과정 모두 감수분열 동안의 염색체들의 행동 양상에 의해 일어난다.

(1) 배우체 형성 시, 각각의 배우체는 상동염색체 한 쌍 중 한 개의 상동염색체만을 갖게 된다. 이 하나의 상동염색체는 부모 중 한 편으로부터 받은 것일 것이다. 모든 염색체는 두 경우 중 하나를 선택하며 우리는 부계 편, 모계 편의 염색체를 가려낼 수 있을 것이다. 모두 23쌍의 염색체가 있으므로 각각의 염색체 당 2 x 2 x 2 x 2··· = 2^{23}개의 서로 다른 유전자 구성의 염색체가 만들어 질 수 있을 것이며 이렇게 다양한 조합의 염색체들이 고유한 배우체를 만들게 되는 것이다; 2^{23}은 8 388 608이다.

(2) 유전적 조성이 다른 배우체들은 약 800백만 개이지만 2차 기전에 의해 그 다양성은 무한대로 증가한다. 이미 기술한 대로 감수분열 초기에 상동염색체들은 서로 대합(pairing)을 한다. 대합 시, 상동염색체들은 단순히 서로 붙어 있는 것(synapse)이 아니라, 상동염색체들 간에 염색체 단편을 교환한다. 이러한 유전 기전을 유전 조환(genetic recombination)이라 한다. 즉 한 상동염색체의 DNA가 절단되어 다른 상동염색체의 DNA와 결합하는 기전이다. 이러한 염색체의 조환 기전은 매우 복잡하다. 조환이 일어나기 위해서는 우선은 한 상동염색체의 정확히 같은 위치의 DNA의 가닥 중 하나가 절단되는 과정이 있어야 하고 다음으로 상동염색체가 돌아서 반대편 말단 부위에 교차 결합을 하게 되는 것이다. 조환이 마무리되는 과정은 확실치는 않으나 실제로는 첫 번째 DNA 절단이 일어난 후 상동염색체의 두 번째 절단은 바로 근접 부위에서 일어나며 DNA는 교차가 일어난 위치의 주변에서 복제되어 정확히 상보적인 DNA를 생성한다. 이러한 복잡한 과정은 여러 가지 효소들을 필요로 하며 복잡한 전 과정은 아직 분명히 규명되지 못하였다.

그림 2.7 - 감수분열의 여러 단계

감수분열은 정자나 난자를 생성하기 위한 세포분열이다. 감수분열은 두 종류의 연속적인 세포분열로 이루어지며 그 결과 4개의 딸 세포를 생성한다 [난자생성 과정에서는 이들 네 개중 한 개만이 성숙된 난모세포로 성장하며 나머지 세 개는 극체(polar bodies)를 형성한다]. 감수분열은 두 가지의 중요한 기능을 가진다: 첫째, 배우체의 염색체 수를 23개로 줄이며, 둘째, 각 배우체의 유전적 조성을 각각 다르게 만드는 것이다.

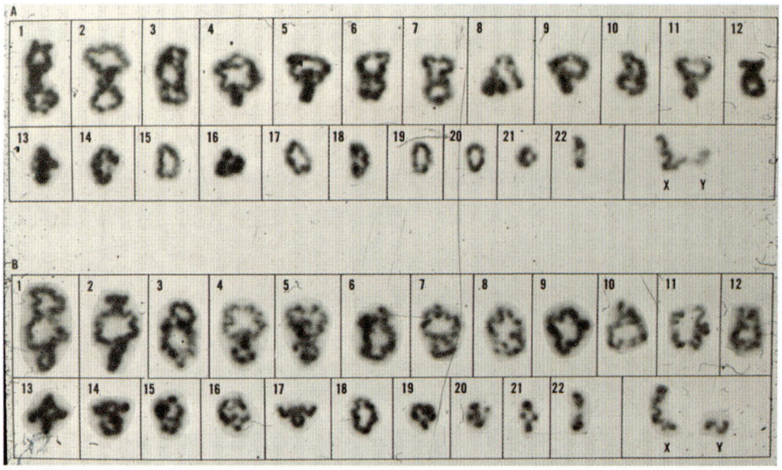

(a)

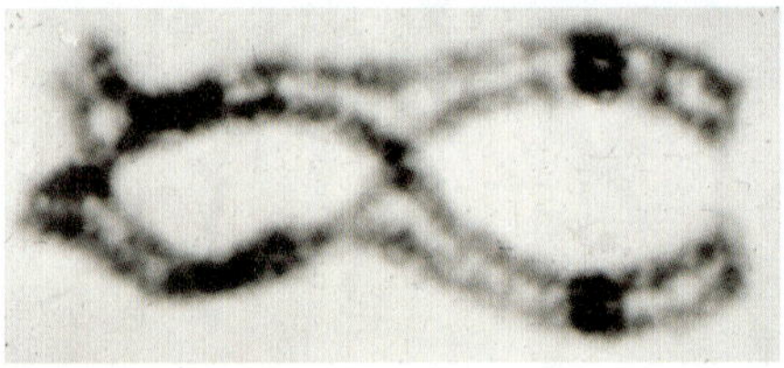

(b)

그림 2.8 - 감수분열 중 염색체들의 실례

(a) 정소세포 생검으로 부터 분리한 1차 감수분열 중인 두 세포의 염색체들. 23쌍의 이가염색체들로서 각각 두 개의 상동염색체들이 대합한 상태이며 이 시기의 염색체들은 두 개의 자매염색분체를 가지고 있다. X 염색체와 Y 염색체 간의 대합은 end-to-end 대합 상태임을 주목하라. (b) 감수분열 중인 양서류의 염색체. 양서류의 염색체는 길이가 길어서 4개의 자매염색분체를 분명히 관찰할 수 있다.

정확한 분자 메카니즘은 아직 규명되지 못하였으나, 중요한 것은 조환을 통해 상동염색체들이 단편을 주고 받는다는 사실이다. 보통 염색체 대합 쌍마다 단완 및 장완에서 각각 적어도 한번의 교차가 일어나게 되므로 염색체당 적어도 2번의 교차가 일어나는 것이다. 따라서 정자형성과정(spermatogenesis)에서 세포당 대략 60번 정도의 교차가 일어나며 난자형성과정(oogeneisis)에서는 대략 90번의 교차가 있는데 실제의 교차 수는 사람마다 다르고 세포마다 다르다. 교차는 22개의 이가상염색체 쌍에서 염색체 전체를 통하여 임의적으로 일어난다 (염색체에 따라서는 교차가 임의적으로 일어나지만은 않는다는 흥미로운 보고도 있음). 그러므로 각 정자나 난자의 염색체는 부모로부터 받은 고유한 유전자 조합을 가지는 것이다. 동일한 유전자 조합을 가진 난자 또는 정자가 만들어 질 가능성은 거의 없다. 조환은 유전자 mapping에 필수적이다. 그러므로 특정 유전 질환에 있어 특정 염색체의 위치를 유전자 mapping으로 어떻게 설명하는 지에 대해서는 *9장*에서 좀더 자세히 설명한다.

위의 두 가지 메커니즘을 통해 유일한 유전자 조합의 정자와 난자가 결합하므로 모든 태아는 각각 특이한 유전자 조합을 갖는다. 유전적으로 다르지 않은 유일한 경우는 일란성 쌍둥이들이다. 이들은 하나의 동일한 접합자로부터의 유사분열에서 유래한 세포들로 이루어져 있다. 일란성 쌍둥이들이 클론들임에도 불고하고 서로 약간 다른 것은 생명의 모든 것을 유전학으로만 설명할 수는 없음을 보여주는 것이다.

2.3 환자 조사하기

증례 7	Green 가족	25	38	68	99	376

- Gillian (3세 여아)
- 발달 부진
- 염색체 이상 의심
- 22q11 부위의 미세 결실의 염색체 검사

Gillian이 보이는 발달부진, 심장 결함, 구개음 이상, 경미한 정도의 외형 이상 등의 복합적 이상은 염색체 이상의 가능성을 시사한다. Gillian의 혈액을 채취하여 염색체 검사를 하였지만 결과는 그림 2.9에서 보이는 것처럼 정상의 여성 핵형(46,XX)을 보였다. 하지만 그녀가 가지고 있는 특이한 임상 특징들로 보아 담당 유전학자는 염색체 22q11에 일어나는 미세결절에 의해 발생하는 Di George-velo-cardio-facial 증후군 (VCFS)을 의심 하였다. Box 2.4에서 기술한 것처럼 Di George-VCFS 결실은 현미경으로 관찰하기에는 너무 작은 결실이기에 담당 유전학자는 분자유전학적인 검사를 실시하기로 하였으며 그 결과는 4장에서 설명하겠다.

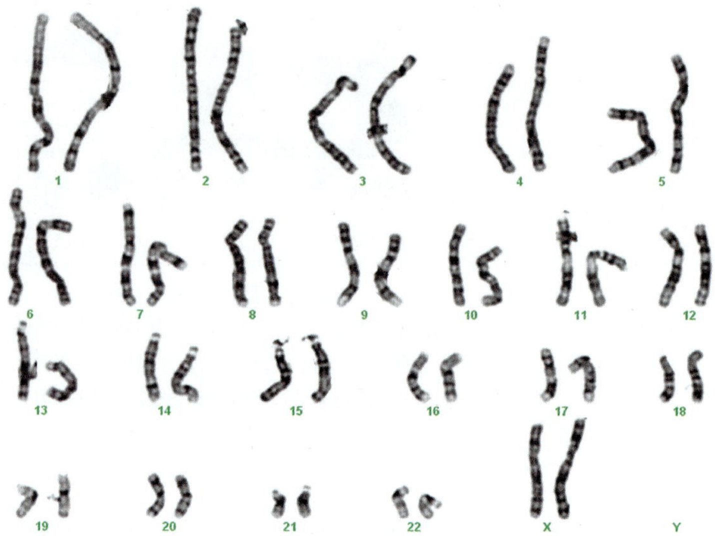

그림 2.9 - Gillian Green의 핵형
그림과 같은 정도의 해상도로는 정상적인 여성의 46,XX의 핵형을 보임.

증례 8	Howard 가족	26	38	68	100	275	376

- Helen: 신생아 - Henry (아빠, 33세)와 Anne (엄마, 33세)
- Down 증후군
- 이들 부부가 아이를 더 가질 경우 또 다시 Down증후군 아이를 가질 위험성?

Helen은 핵형 분석을 통하여 Down 증후군으로 확진 되었다. 2 ml의 혈액을 채취하여, 세포를 배양하고, 48 시간 후에 세포를 회수한 다음, 세포 염색체를 현미경 슬라이드에 부착시키고 G-분염을 실시하였다 (*그림 2.4*). 세포유전학자는 현미경으로 10개의 세포를 관찰/분석하고 (*그림 2.10*은 이중의 한 세포를 보여줌) 기록을 위해 화상분석기 프로그램을 이용하여 한 개의 세포로부터 분리된 염색체들을 분류하였다 (*그림 2.11*). Helen의 핵형은 47개의 염색체를 가지고 있는 47,XX,+21형으로 전형적인 Down 증후군으로 판명되었다. Helen의 핵형을 분석해야하는 다른 이유가 하나 더 있는데 이에 대해서는 *2.4절*에서 설명하겠다.

예상대로 Helen의 가계도는 Anne와 Henry의 가족 어느 쪽에서고 이상이 있는 아이의 출산 경험이나 반복적인 유산 등의 의미를 둘만한 특이한 사항을 전혀 보이지 않았으나 여기에서는 이들에 대해

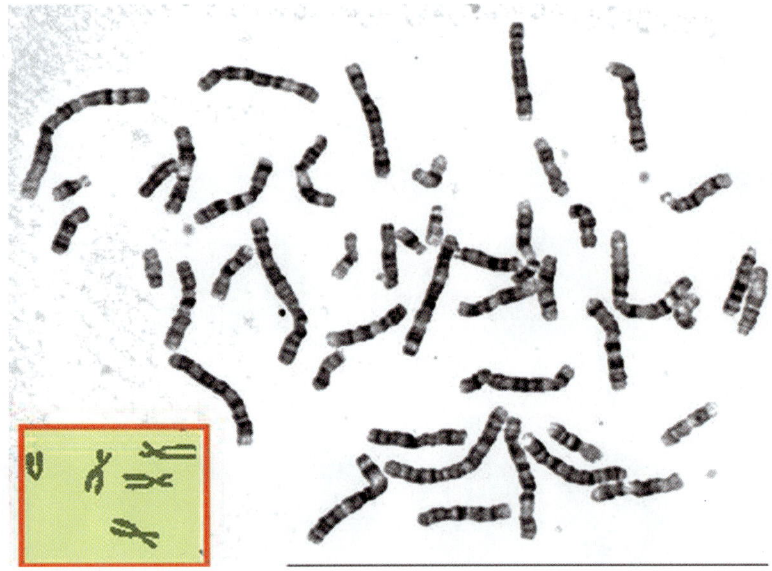

그림 2.10 - 47,XX,+21 염색체를 가진 세포.
위의 세포에는 세 개의 21번 염색체가 있다. 상동염색체들은 [두 개의 1번 염색체 등] 유사분열 시 완전히 독립적으로 행동한다. 위의 세포에서 자매염색분체들은 완전히 서로 밀착되어있어 중심립의 위치를 육안으로 정확히 구분할 수 없다. 하지만 이러한 염색체는 분염 밴드를 명확히 나타내므로 세포유전학자들은 이 방법을 통해 쉽게 구분할 수 있다. 박스내의 염색체들은 다른 방법으로 전 처리를 한 것으로 중심립에 붙어있는 자매염색분체의 구조를 좀 더 명확히 보여준다.

서는 도시하지는 않았다. 이들 부부의 첫 번째 의문은 '왜 Down 증후군이 발생하였으며, 왜 자신들에게 일어났는가?' 이었다. 유전상담자는 감수분열에서 일어나는 일회적인 사고라고 설명하였다(*그림 2.12* 참조). 즉 1차 감수분열 중에 대합을 한 21번 염색체 쌍이나 2차 감수분열 중 한 개의 21번 염색체의 자매염색분체들이 감수분열 후기에 분리되지 못하여 별개의 딸 세포로 분리되지 못한

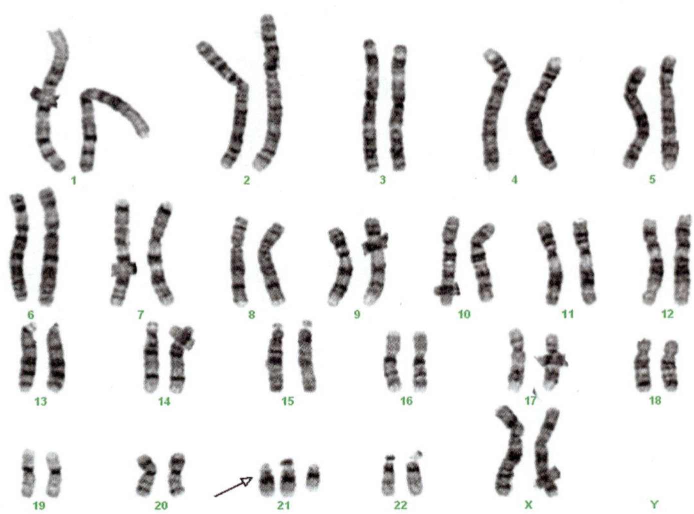

그림 2.11 - 21번 염색체 삼염색체성 핵형 [47,XX,+21].

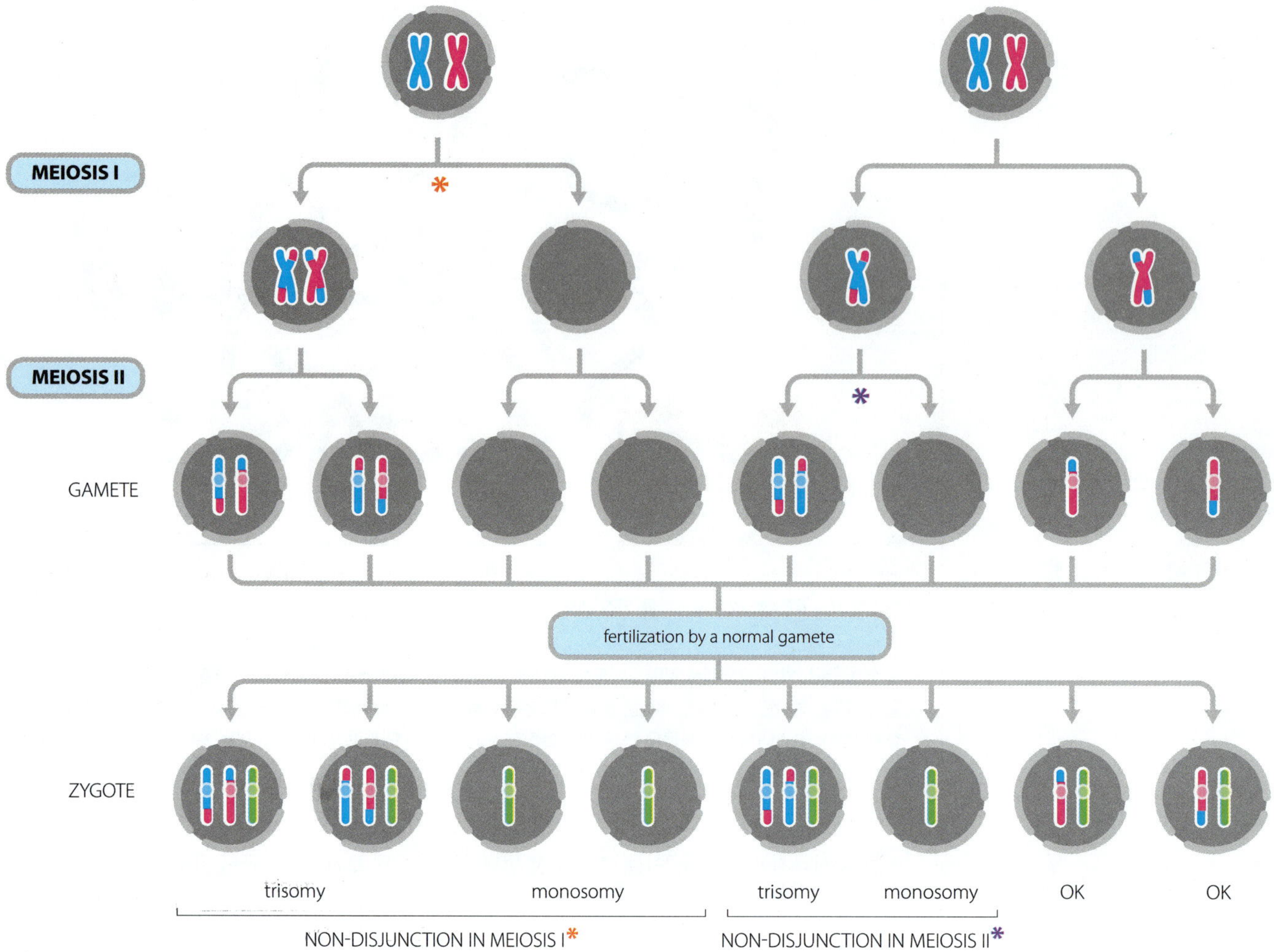

그림 2.12 - 감수분열 시 염색체 미분리 효과.
염색체 미분리는 대합 된 상동염색체의 쌍을 포함할 수도 있고(1차 감수분열), 한 염색체의 자매염색분체들을 포함할 수도 있다(2차 감수분열). 도시되지는 않았지만 이들 염색체 쌍 이외의 다른 염색체들은 모두 정상적인 분리를 한다.

것이다. 그리하여 이들 두 개의 21번 염색체들이 같은 딸 세포로 들어가게 됨에 따라 아빠의 정자나 혹은 엄마의 난자가 24개의 염색체(23개 염색체 더하기 추가의 21번 염색체)를 가지게 된 것이다.

Anne은 이러한 감수분열의 이상이 항상 여성의 결함에 의한다고 들은 적이 있었기에 이것이 사실인지를 질문하였다. 답은 '아니다' 이다. 왜냐하면 첫째, 위와 같은 감수분열 이상은 누구의 탓도 아니며, 둘째, 원칙적으로 감수분열 시의 염색체 미분리(non-disjunction)은 양친 누구에서나 1차 감수분열 또는 2차 감수분열 시에 일어날 수 있기 때문이다. 하지만 표지 유전자를 이용한 DNA 검사 결과에 의하면 염색체 미분리현상의 70% 정도는 엄마의 1차 감수분열 이상에서 유래한다고 한다. 이것은 아마도 여성에서는 출생 전부터 초경 때까지 매우 오랜 기간 감수분열이 진행되기 때문일 수도 있겠다. *표 2.1* 에서 보면 산모의 나이에 따라 Down 증후군의 위험도가 증가됨을 보이지만 가임 연령은 주로 젊은 연령층의 여성들이므로 젊은 엄마들에서도 Down 증후군을 가지고 태어나는 아이들은 많이 있다. 이러한 사실은 집단 조사로 설명되어야 하는데 이는 *11장*에 요약되어 있다.

표 2.1 - **산모의 나이에 따른 Down 증후군의 위험도**

나이	20	30	34	36	38	40	42	45
위험도	1/1500	1/900	1/500	1/300	1/200	1/100	1/60	1/30

Turner 증후군 (45,X)을 제외한 염색체의 수적인 이상 현상들은 모두 산모의 나이와 관련이 있음

후에, Anne과 Henry는 차후 임신시 산전 검사에 대한 선택을 의논하기 위하여 예약하도록 요청을 받았다. 이것은 *4장*에서 기술하고있는 논의와 조정등에 관해서이다.

증례 9 Ingram 가족 26 **41** 68 101 182 376

- Isabel: Ian(아빠)과 Irene(엄마) 부부의 첫째 딸
- 부모는 키가 크나 Isabel은 키가 작음
- Turner 증후군 의심

앞서 설명한 것처럼 Isabel은 출생 시 몇 가지의 경미한 특징을 보였음에도 불고하고 늦게 병원을 찾았는데 병원을 찾은 이유는 부모가 모두 키가 큼에도 불고하고 Isabel은 키가 작고 같은 반 아이들과 비교하여서도 키가 작다는 것이었다. 그녀의 생김새와 손발의 부종은 Turner 증후군을 강력하게 시사하는 소견이었으며 염색체 검사 결과 Turner 증후군으로 확진 되었다 (*그림 2.13*). Turner 증후군은 사람에서 출생 초기에 사망하지 않고 생존할 수 있는 유일한 일염색체성 돌연변이이다. 남자는 X 염색체 하나만으로 생존할 수 있으므로 Turner 증후군이 언제나 치명적이지 않다는 사실은 그리 놀랄만한 사실은 아니다. 그러나 Turner 증후군도 실제로는 90% 이상에서 치명적이다. Turner 증후군의 태아는 육안적으로 전신적 부종이 있을 수 있고 대부분은 자연유산 된다. 생존한 아기는 출생 시 손발의 부종을 보이며 목에 과다한 피부를 가지고 있다. 이러한 증상들은 경한 태아 부종 (fetus edema)이 남아 나타나는 잔류 증상들이다.

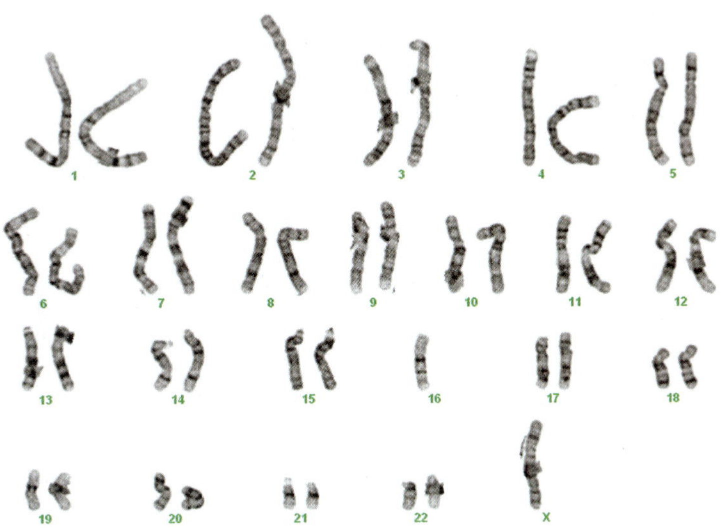

그림 2.13 - **Isabel Ingram의 핵형**

Isabel은 앞으로 정상적으로는 아이를 가질 수는 없지만 estrogen 치료를 하면 정상적인 2차 성징이 발달할 수 있으며 더불어 그녀의 개인적, 사회적 삶에 큰 도움이 될 것이다. 최근의 생식 의학 기술은 Turner 증후군의 여성도 난자 공여를 통하여 아이를 가질 수도 있도록 발전하였다. 또한 성장 호르몬 치료를 받으면 Turner 증후군환자들의 발육과 신장도 향상 될 수 있다.

다른 삼염색체성과는 달리 Turner 증후군은 산모의 나이에 따라 발병률이 증가하지 않는다. Turner 증후군이 발생하는 병인기전은 다른 경우와 약간 다르다. 즉 염색체의 미분리 현상에 의해 발생되는 것이 아니고 염색체가 세포분열 후기에 이동이 지체되어 딸 세포로 들어가지 못하는 염색체 지체(chromosome laggard)에 의해 발생하는 것으로 X 염색체 중 하나가 딸 세포로 들어가기 전에 세포분열이 완성되며 이때 지체 X 염색체는 분해되어 소멸되므로 결과적으로 X 염색체가 하나 적은 딸 세포가 생성되는 것이다. 이러한 형상은 정자형성과정에서 일어나거나 또는 임신 초기의 유사분열에서 일어날 수도 있다. Turner 증후군을 가진 사람들 중에 많은 사람들이 모자이크식의 세포 구성을 가져서 45,X/46,XX 또는 45,X/46,XY 등의 모자이크 핵형을 가지고 있다. XY 염색체 세포가 고환세포에 있는 경우는 악성으로 발전 될 가능성이 있으므로 고환을 제거하는 것이 바람직하다.

증례 5 | Elliot 가족 | 4 | 11 | **42** | 64 | 376

- 유산
- Elizabeth(이형성증의 저체중아)
- 아빠 Ellen / 엄마 Elmer
- 심장 문제들
- 염색체 검사를 위해 채혈 함
- 가계도에 의하면 침투율이 낮은 상염색체 우성 질환을 시사함

이미 기술 한 것처럼 Elizabeth는 여러 가지의 선천적 이상으로 고생하고 있다 (*그림 1.5*). 이는 담당유전학자로 하여금 염색체 이상을 의심하게 하였지만, 정확히 어떤 염색체가 연루되었는지는 알 수 없었다. Ellen은 이미 한번의 유산을 하였으나 이 한번의 유산은 큰 의미를 지니지는 않는다 그러나 Ellen의 자매도 두 번의 유산을 경험하였다는 사실에는 주의할 필요가 있었다. 좀더 조사를 진행한 결과 Ellen의 가족에게는 생식적인 문제의 가족력이 있었으며 이에 대한 가계도는 *그림 1.11*에 도시되어 있다. Elizabeth와 부모로부터 채혈을 하여 염색체 검사를 실시하였다. 그 결과는 다음과 같다.

- Elmer: 정상적인 남성의 46,XY
- Ellen: 균형 1번 염색체와 22번 염색체 간의 균형 전좌 (balanced translocation) (*그림 2.14*)
- Elizabeth: 염색체 불균형 분리의 결과 (*그림 2.15*)

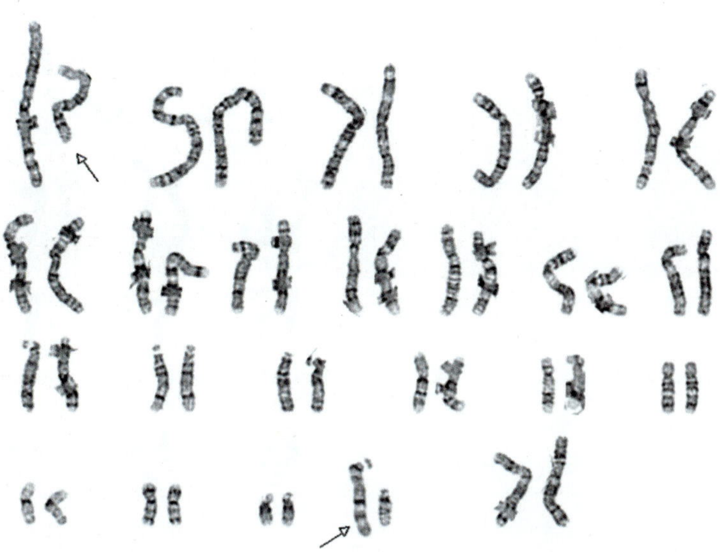

그림 2.14 - Ellen의 G-분염 염색체 핵형.
균형 전좌 염색체가 보임. 화살표로 표시된 염색체가 1번 염색체와 22번 염색체간에 단편이 교환된 염색체임. 이러한 전좌는 46,XX,t[1:22][q25:q13]라고 표시함.

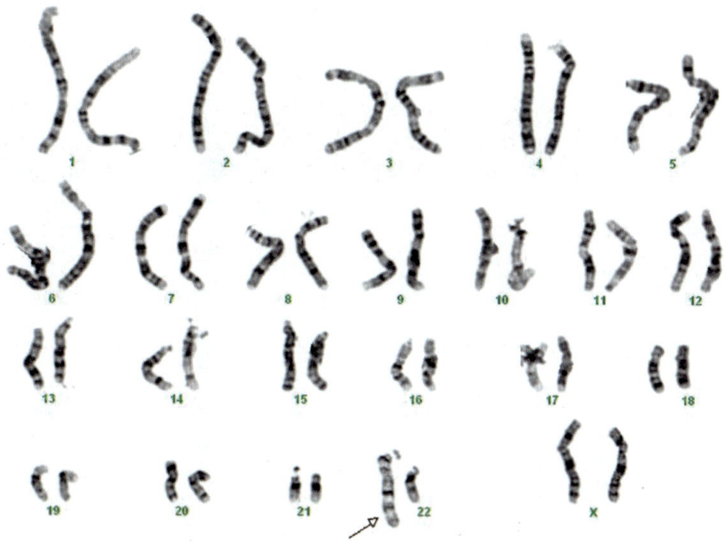

그림 2.15 - Elizabeth의 G-분염 염색체 핵형
Elizabeth는 전좌 된 22번 염색체(화살표)를 제외한 정상의 1번 염색체를 Ellen으로부터 받음. Elizabeth의 경우 전좌 절단 부위인 1q25의 원위 부위 1번 염색체는 삼염색체성이고 22q13의 원위 부위 22번 염색체는 일염색체성이다.

이들 부부는 이런 결과를 들었을 때 매우 슬퍼하였으며 Elizabeth에게 나타날 여러 가지 증후들에 대해, 그리고이러한 질환들은 무엇이며 왜 일어나는지에 대해서 매우 궁금해 하였다. 가족들에게 익숙한 언어를 이용하고 전문용어를 쉽게 설명함으로써 세포유전학적 측면을 설명해 주었다.

Ellen은 균형 전좌 염색체를 가지고 태어난 보인자로서 이 균형 전좌 염색체는 그녀의 모든 세포에 존재한다 (균형 전좌와 불균형 전좌는 이하에서 설명함). Ellen의 난자는 이미 전좌 된 염색체를 가지고 있었으며 가계도를 보면 이 전좌 된 염색체는 그녀의 조모에게도 있었다. 조모 또는 그 이전의 어느 조상에게서 1번 염색체와 22번 염색체가 절단되어 전좌가 일어난 것이다. 염색체 절단은 흔한 일이나 세포는 이러한 절단을 수선하여 대부분의 경우 정상화되어 다음대로 전달된다. Ellen의 경우(전좌), 두 번의 절단이 동시에 일어나 4개의 절단된 말단을 만들었는데 운이 없게도 잘못된 절단면끼리 서로 이어주는 기전이 작동을 한 것이다 (*그림 2.16*). 전좌를 가져오는 또 다른 기전으로는 생식 세포에서 부적절하게 작동하고 절단되어 비상동염색제와 결합하는 양상의 감수분열이 진행되면 이 시기에 조환이 일어날 수 있다. 어떤 기전을 통하건 전좌 된 염색체는 하나의 중심립을 갖게 되므로 유사분열은 아무런 이상 없이 진행되며, 여분의 유전물질을 갖거나 유전물질의 결여는 없으므로 표현형의 문제는 가져오지 않는다.

Ellen의 세포들은 유사분열은 아무런 문제없이 진행하지만, 감수분열의 경우는 다르다. 1차 감수분열에서 상동염색체들은 서로 대합을 한다 (*그림 2.7*). 전좌 된 염색체들은 4개의 염색체가 대합을 하여 십자 모양의 4가 염색체(tetravalent)를 형성한다. 네 개의 중심립에 부착된 방추사가 염색체들을 이동시키는데, 이 시기에는 다양한 방법으로 염색체 분리가 일어난다 (*그림 2.17*). Ellen은 전적으로 정상인 배우체를 생산할 수도 있고, 균형 전좌 염색체를 가진 배우체나 또는 여러 가지 형태

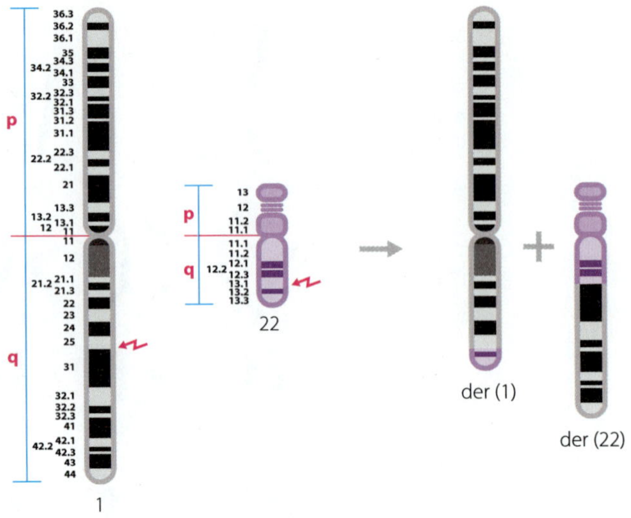

그림 2.16 - Ellen이 어떻게 1;22 전좌 염색체를 갖게 되었는지의 모식도.
1번 염색체와 22번 염색체가 화살표로 표시된 위치에서 절단되었고, 세포의 수선 기구는 그림에서 보여 주는 방법으로 절단된 염색체를 다시 연결시킴. 이렇게 생성된 염색체들은 der[1]과 der[22]로 표시함.

의 불균형 전좌 염색체를 갖는 배우체를 생산할 수도 있는데, Elizabeth는 이러한 균형 또는 불균형 전좌 염색체 중 하나를 지닌 배우체에 의해 수정된 경우이다. 이 경우 아이의 1 번 염색체의 일부는 삼염색체성이고 동시에 22번 염색체의 일부는 일염색체성이 되는 것이다. 이러한 유전적 비균형이 Ellen의 비정상적인 표현형을 가져온 것이다.

이들 부부가 Ellen과 같은 아이를 또다시 가질 위험도는 향 후 임신에서 전좌 된 염색체가 어떤 식으로 분리되는가에 따라 다르다. 이에 따라 Ellen과 같은 자녀를 가질 수도 있으며, 전좌 된 염색체가 다른 방법으로 분리되면 Ellen과는 다른 복합적 이상을 가진 아이를 가질 수도 있으며, 이상 정도가 극심하여 유산될 수도 있겠으며 반대로 운이 좋은 경우에는 정상의 아이를 가질 수도 있다. 이러한 다양한 결과들이 *그림 1.11*에 보여지는 것처럼 다른 가족들에게 다양하게 나타난 것이다. 위험도는 매우 높지만 다음의 이유로 인해 위험도를 계산하기는 쉽지 않다.

- 전좌 된 염색체가 감수분열 시 여러 가지 가능한 분리 방법 중 어떤 방식으로 분리될 지를 정확히 예측할 수 없다.
- 불균형 전좌를 가진 태아는 유산이 되기 쉬워서 문제로 인식되지 않을 수 있다.
- 다른 경한 불균형 전좌 염색체를 지닌 태아들은 유산이 될지 아니면 비정상적으로 출생하여 생존할지 불확실하다.

비정상적인 정자는 정상적인 정자와의 경쟁을 이기고 수정될 가능성이 낮으므로 만약에 전좌가 Elmer에서 일어났다면 위험도는 낮을 것이다. 만약 Elmer와 Ellen이 다시 아이를 갖기를 원한다면 산전 검사를 받고 전좌된 염색체를 가진 아이를 가졌을 경우 낙태를 권고 받을 수 있다. 이런 일들이 진행되는 과정에 대해서는 *14장*에서 다룰 것이다.

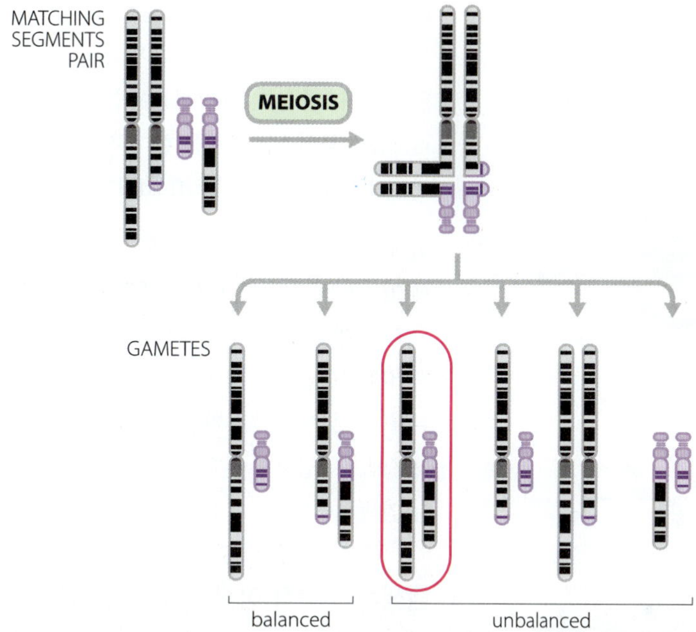

그림 2.17 - 일차감수분열에서 Ellen이 가지고 있는 전좌 염색체가 분리될 수 있는 방법
상동염색체들이 대합을 하는 1차 감수분열 시에는 정상인 1번 및 22번 염색체들과 전좌된 1번/22번 염색체들이 모여 십자모양의 사가염색체를 형성한다. 그림에서와 같이 1차 감수분열 후기(AI)에 이들 사가염색체들은 여러 가지 방법으로 분리된다. 원으로 표시된 배우체가 아기 Elliot를 만든 배우체이며 좀더 복잡한 다른 분리 양상(3:1 분리)도 있을 수 있다.

수 개월 후, Elmer와 Ellen은 Elizabeth의 건강 문제에 직면하게 되었고, 전좌와 장래 그들이 Ellen과 같은 아이를 가질 가능성을 인지하였으며, 가족의 질환 위험성을 제기하고 논의하였다. 가족력은 Ellen의 고모와 자매들, 그리고 아직 결혼을 하지 않은 Ellen의 여동생도 같은 균형 전좌를 갖고 있을 수 있음을 시사한다. 유전 상담가는 이들이 이러한 위험성을 인지할 필요가 있으며 다른 친척들에게도 이 문제를 알리는 것이 좋다고 충고하였다. 유전 상담가는 다른 친척들과도 면담을 하여 상황을 설명하고 유전 검사 등의 선택의 기회를 주겠노라 제의하였다. 가족의 다른 멤버들이 특별히 언급하지 않는 한 각각의 가족 단위 별로 만나는 것을 원칙으로 함은 유전 클리닉에서의 중요한 원칙이다. 비밀은 반드시 유지되어야만 하며 한 가족의 정보를 다른 가족에게 말할 때에는 가족의 허락을 얻어야 한다.

2.4 요약 및 보충 설명

염색체란 무엇인가?

염색체는 DNA 꾸러미이다. 각각의 염색체는 하나의 긴 이중나선 구조의 DNA와 이에 결합하는 다양한 단백질들로 이루어져 있다. 염색체를 구성하는 단백질들 중 중요한 것으로 히스톤 단백질들이 있는데 히스톤 H1, H2A, H2B, H3, H4 등 5가지가 있으며 이외에도 여러 가지 단백질들이 염색체에 있다. 염색질(chromatin)은 DNA–단백질의 복합체를 일컫는 용어이다. 염색질의 기본구조는 *그림 2.18*에서 보는 것과 같이 염주같이 생긴 비드(bead)들이 연결된 끈처럼 보인다. 이 끈들이

DNA이고 비드들은 뉴클레오좀(nucleosome)이라는 구조체이다. 뉴클레오좀은 8개의 히스톤 단백질(H2A, H2B, H3, H4 각각 두 개씩)이 결합하여 형성된 둥근 구형으로 되어 있으며 DNA가 이러한 뉴클레오좀을 1.75회 휘감아 돌고 9번째 히스톤 단백질인 H1은 구형의 8량체 밖에서 이들 뉴클레오좀을 묶어주는 역할을 한다. 염색질은 긴 고리 모양을 하고 있으며 각각의 고리의 기저부는 염색체의 뼈대를 이루는 scaffold에 연결되어 있다.

위에서 설명한 기본 구조 외에도, 염색질은 DNA가 어떤 염기들로 연결되어 있으며 또한 어떤 세포에 있는가에 따라 몇 가지 대체적 구조로 존재한다. 비드로 연결된 끈은 대부분 30 nm의 섬유상의 구조로 되어 있다. 뉴클레오좀은 결합하고 있는 DNA의 유전자가 발현되고 있는지 아닌지에 따라 풀어진 구조일 수도 또는 아주 단단하게 응축된 상태일 수도 있다 (*3*장의 전사에서 설명함). 세포가 분열 할 때, 염색질은 가장 단단히 응축된 상태로 존재한다 (*그림 2.10*과 *2.11*). 염색체들은 비분열 세포에도 동일하게 존재하지만 비분열 세포에 존재하는 염색체는 현미경으로 관찰할 수 없다. 이유는 염색체가 30nm의 염색질 fiber로 너무 가늘기 때문이다.

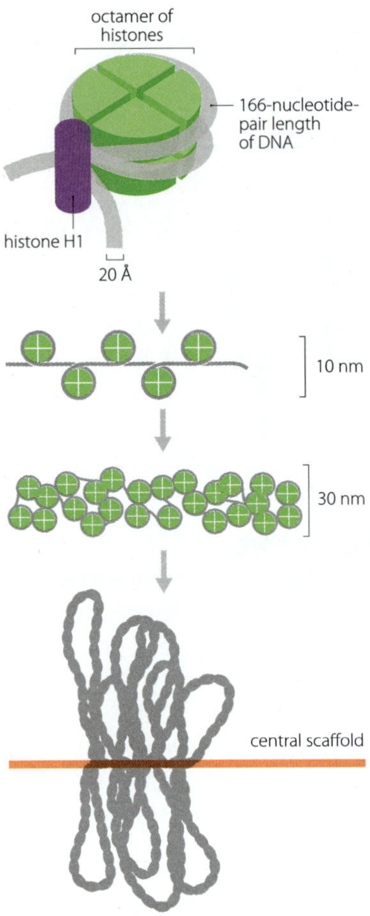

그림 2.18 - DNA가 염색체 구조로 응축되는 과정
만약에 *그림 2.19*에 보여지는 염색체 중 하나를 길게 늘린다면 염색체 DNA는 최대한 염색체 길이의 10000배로 늘어날 수 있다. 염색체의 DNA는 DNA와 단백질이 결합한 '염색질' 이라는복합체로존재한다.염색질의 가장 기본 구성분은 뉴클레오좀이며 이는 히스톤 단백질 8개로 이루어진 구형의 8량체를 휘감고 있는 170bp의 이중나선 구조의 DNA로 구성되어 있다. 이같은 '뉴클레오좀 비드로 연결된 끈' 구조는 꼬여서 30 nm fiber 구조가 되고 이후 염색체의 골격 구조인 scaffold에 연결된 고리 구조가 된다.

염색체의 수적 이상과 구조적 이상

염색체 이상에는 수적인 변이 [Helen Howard (*그림 2.11*)와 Isabel Ingram (*그림 2.13*), box 3]의 잘못된 DNA를 가지고 있는 구조적 변이 [Ellen Elliot (*그림 2.14*)]의 두 가지가 있을 수 있다.

염색체의 수적인 변이

두 가지 유형의 변이가 있다

- 배수성의 오류로 완전히 잘못된 염색체 한 벌을 가지고 있는 경우이다. 정상 세포는 이배체($2n$=46 염색체)이고 배우체(gamet)는 반수체(n=23)이다. 간혹 두 개의 정자가 하나의 난자와 결합하여 삼배체($3n$=69)가 생성되기도 한다. 삼배체는 감수분열의 전 과정이 실패하여 이배체의 배우체가 생성되고 이것이 정상의 반수체 배우체와 결합하여 생성되는 것이다. *Box 2,3*에서 설명하는 것처럼 인간에서 삼배체는 임신 시 흔하게 일어나는 오류 현상이나 이들 삼배체 태아는 결코 예정일까지 생존하지 못한다. 사배체는 세포가 DNA를 복제는 하였으나 그 후 분열하지 않았을 경우 생성된다. 사배체 또는 이보다 높은 배수성은 간혹 인간의 일부 세포에서는 발견되지만 한 인간 전체가 배수성일 수는 없다.
- 이수체성. 앞서 설명한 대로 염색체가 완전히 잘못된 한 벌의 염색체를 가지고 있는 경우는 배수성이라 한다. 그러나 하나 혹은 그 이상의 염색체를 여분으로 더 가지거나 부족하게 덜 가지고 있는 경우는 이수체라 한다.염색체를 하나 더 가지고 있는 경우를 삼염색체성 (trisomics)이라 하고 하나를 덜 가지고 있는 경우는 일염색체성 (monosomics)이라 부른다. 이 외에 사염색체성(tetrasomy)이나 영염색체성(nullisomy)도 일어날 수 있다. 왜 이수체성이 임상적으로 문제가 되는지는 *7*장에서 설명하겠다.

구조적 이상

- 상호전좌 (reciprocal translocation). 두 개의 비상동염색체 간에 염색체 단편을 서로 교환하여

생긴다 (*그림 2.16*). 균형상호전좌(balanced reciprocal translocation)의 경우 전좌 염색체 단편 중 하나가 삼염색체성을 지닌 자손을 나을 위험이 있고 동시에 전좌 염색체의 다른 하나가 일염색체성일 자손을 나을 위험도 있다. (*그림 2.17*). 증례 5의 Elliot 가족의 경우가 균형상호 전좌에 의한 변이이다.

- 로버트손 전좌 (Robertsonian translocation). 두 개의 선단동원체성(acrocentric) 염색체들 (13, 14, 15, 21, 22 번 염색체)의 단완의 중심립 인접 부위가 절단되어 서로 단편을 교환하는 경우이다 (*그림 2.20*). 로버트손 전좌는 전좌에 연루된 염색체들이 완전한 삼염색체성이거나 부분적 삼염색체성일 위험이 있다. 예를 든다면 21번 염색체에 로버트손 전좌를 가지고 있는 보인자의 경우 21번 염색체 삼염색체성의 아이를 가질 위험이 있는 것이다. Down 증후군의 약 3–4% 정도가 이러한 로버트손 전좌에 의하여 야기된다. 표현형은 다른 Down 증후군의 아이들과 식별이 되지는 않지만, 로버트손 전좌는 자손에서도 나타날 회귀성이 매우 높다. 물론 Down 증후군임에 전혀 의심의 여지가 없었지만, 바로 이것이 Helen Howard(증례 8)가 어떻게 Down 증후군의 핵형을 보일 수 있었는지를 뒷받침하는 추가설명이 되는 것이다.
- 결실 (deletions). 내부(interstitial) 결실과 말단(terminal) 결실의 두 가지 형태가 있지만 염색체는 항상 말단립을 갖추고 있어야 하므로 어떤 말단 결실의 경우에도 어느 정도의 말단립은 반드시 확보하여야만 한다. 환형 염색체 (ring chromosome) (*그림 2.19*)는 말단 결실의 전형적인 예로서 결실은 대부분 극심한 표현형을 나타내며 결실 단편이 큰 경우에는 생존하지 못한다.
- 중복 (duplications). 중복은 일반적으로 결실에 비해 표현적 효과가 경미하다.
- 역위 (inversions). 역위는 연루된 크기가 어떤 크기에서고 모두 나타난다. 역위 단편이 중심립을 포함하는 경우 (협동원체 역위, pericentric inversions)는 염색체 구조를 전반적으로 변형시키지만, 역위 단편에 중심립이 포함되지 않는 경우(편동원체 역위, paracentric inversion)는 염색체의 분염 밴드를 세밀히 관찰해야만 알아낼 수 있다.

균형(balanced) 이상과 불균형(unbalanced) 이상(abnormalities)

- 염색체 이상에는 염색체 단편을 잃거나 여분으로 가지지 않는 균형 이상과 그렇지 않은 불균형 이상이 있다. 균형 이상은 DNA가 단순히 올바르지 않게 배열된 것이다. 각 염색체는 하나의 중심립과 적절한 말단립을 가지고 있어야 하므로, 균형 이상의 경우는 유사분열 시 염색체 분리에 아무 이상이 없이 세포분열이 진행된다. 그러므로 균형 이상을 가진 수정란은 정상적으로 성인까지 발달한다. Ellen Elliot (*그림 2.15*)의 경우가 정상적인 표현형을 가졌으나 균형 이상을 가진 예이다. 로버트손 전좌는 균형 이상으로 간주된다. 이유는 비록 두 개의 선단동원체 염색체 단완이 소실되었어도 (*그림 2.20*) 보인자는 표현형을 전혀 보이지 않고 남아있는 단완들이 소실된 두 개의 상동염색체 단완의 모든 기능을 보충하기 때문이다.
- 병인이 되는 여분의 염색체가 더 있거나 일부의 염색체가 소실된 경우를 불균형 이상이라 한다. 여기에서 '병인' 이란 단어를 사용한 이유는 근래의 연구들이 인간의 염색체 DNA 양은 항상 일정하다는 고식적 관념을 뒤엎었기 때문이다. 정상인에게도 어떤 DNA 단편이 없거나 중복 되어 있는 경우가 많이 있다 (큰 단위의 유전자 카피수 다형화 현상). 우리는 이러한 변이들을 불균형 이상이라고 부르지는 않는다. 허나 그럼에도 불구하고 인간 DNA의 상당수는 일정한 수로

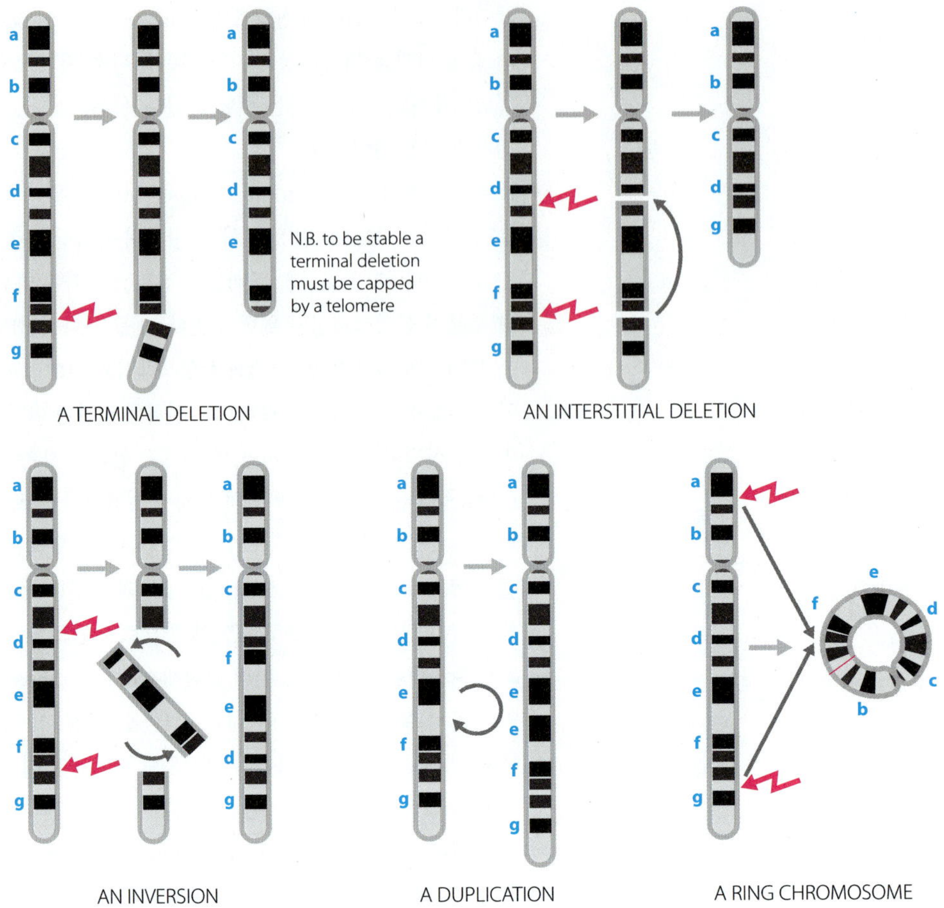

그림 2.19 - 염색체의 구조적 이상.
이러한 구조적 이상은 염색체 절단이 일어난 후 절단 단면의 수선이 잘못된 경우나 유전적 조환 기구의 부적절한 기능으로 발생한다. 그림 2.16과 2.20의 전좌를 참조할 것.

존재할 필요가 있다. Helen Howard (*그림 2.11*)와 Elizabeth Elliot (*그림 2.15*)의 경우가 바로 불균형 이상으로 인하여 이상을 보인 예들이다.

균형적 이상은 상동염색체들이 대합을 하는 감수분열 시 중요한 역할을 하게 되며 다음과 같은 두 가지 이상을 초래하게 된다.

- 전좌된 염색체들은 하나 이상의 염색체 단편을 갖는다. 1차 감수분열 전기에 이들은 하나 이상의 염색체와 대합을 하게 되어 정상적으로 두 개의 상동염색체들이 대합을 하여 형성하는 이가염색체가 아닌 삼가염색체 또는 사가염색체를 형성한다. 그리고 이들은 분열 후기에 부정확하게 분리되기 쉽다(*그림 2.17*).
- 역위를 가지고 있는 염색체들은 고리 구조를 가지면서 상동염색체와 대합 한다(*그림 2.21*). 이러한 교차가 고리 내에서 일어나면 조환 염색체는 이상을 초래하게 된다 (*SAQ 4*를 참조할 것).

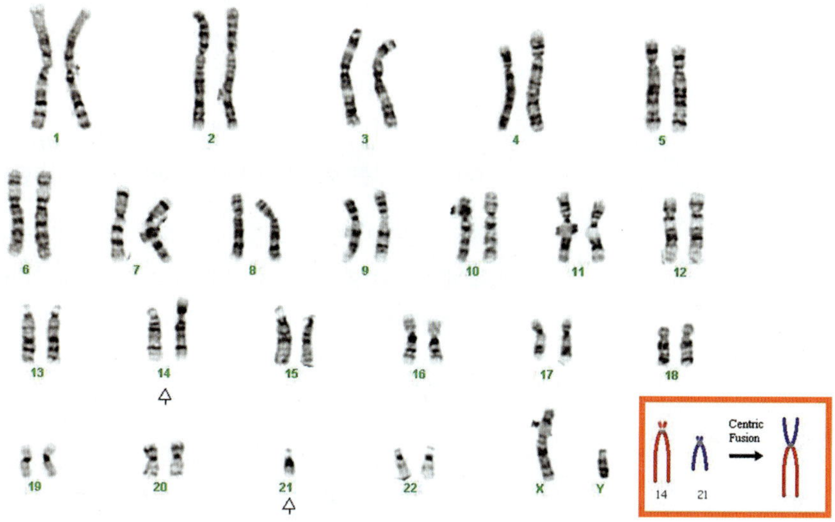

그림 2.20 - 로버트손 전좌.
박스 내의 염색체들은 로버트손 전좌 염색체 이상이 어떻게 생성되는지를 보여준다. 선단동원성 염색체(13, 14, 15, 21, 22번 염색체)의 단완들은 유사한 DNA로 구성되어 있다. 두 개의 비 상동염색체간의 부적절한 조환은 융합 염색체(fusion chromosome)을 생성하는데 이들 융합염색체는 유사분열 시 하나의 정상 염색체로서 기능을 한다. 두 개의 원위 단완들로부터 구성된 작은 비중심립 단편들은 소실된다.

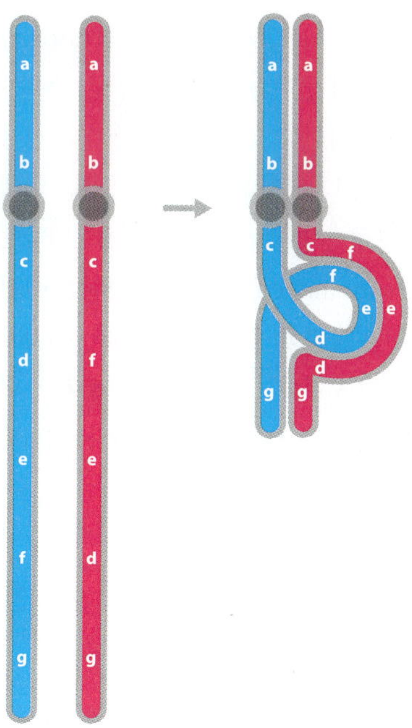

그림 2.21 - 1차 감수분열에서 염색체 단편들이 대합한다. 만약에 상동염색체 중의 하나가 역위를 가지고 있으면 대합 후 고리 구조를 형성한다.

비록 균형 이상들은 보인자에게 표현형의 이상을 보이지는 않지만 다음과 같은 예외가 있다.

- 하나 또는 그 이상의 염색체 절단이 유전자 내에서 일어날 수 있어 유전자의 기능을 방해하게 되며 이는 절단을 갖고 있는 사람에게 문제가 될 수도 안 될 수도 있다. 4장의 증례 12(Lawton 가족)가 바로 이러한 절단이 문제가 된 경우의 예이다.
- *3장*에서 기술한 것처럼 가끔 절단이 유전자 자체를 절단시키지는 않지만 유전자를 상동 DNA로부터 얼마간 떨어져 존재하는 조절 구성원으로부터 분리시킬 수 있다 이런 경우도 유전자 기능이 방해된다.
- 종종 잘못 위치한 조환 단편이나 잘못 수선된 DNA가 다른 염색체 단편들과 서로 결합하는 경우가 있다. 이런 결합은 다른 염색체의 절단 부위에 있는 두 개의 유전자로부터 하나의 새로운 유전자를 생성하며 이런 황당한 유전자들은 암 발생의 근원이 되기도 한다 (12장)
- 마지막으로 균형 X-상염색체 전좌는 X-불활성화로 인해 특별한 문제를 야기한다. 이는 *7장*에서 논의된다.

구성적(constitutional) 이상과 모자이크식 이상 (abnormalities)

염색체 이상에는 모든 세포에 이상이 있는 **구성적 이상**과 일부의 세포만이 이상을 가지는 **모자이크식 이상**이 있다.

모자이크식은 이미 *1장*과 증례 9의 Tuner 증후군을 가진 Ingram 가족에서 설명하였다. 모자이크 이상은 언제나 접합자가 생성된 후에 생기는 현상으로 한 개체나 배아가 한 가지 이상의 세포로 이루어 질 때 일어난다. 모자이크 현상은 항상 접합자 생성 후에 일어나므로 이 현상을 자손에게 대물림할 가능성은 무시할 만 하다. 그러나 모자이크 현상이 생식세포에 있으면 문제는 다르다. 이 경우에는 자손이 모자이크식 이상을 가질 위험성이 있다. 유전 상담에서 모자이크 이상을 확신하기는 어렵다. 왜냐하면 염색체 이상이 관찰되었건 안되었건 모든 세포를 검사할 수는 없으므로 모자이크 현상을 공식적으로 배제하는 것은 불가능하며, 생식세포의 염색체 분석은 해당 환자의 자손들에게 나타나는 증후를 보고 자손들을 대상으로 비로소 검사가 가능하기 때문이다.

사람들은 하나의 특정 유전자나 염색체 이상을 모자이크 형태로 가지고 있으나, 임상에서는 주로 염색체 이상에 관심을 가져 왔다. 이는 염색체 분석 방법은 약 40년 전부터 가능하였으나, 점돌연변이에 의한 모자이크현상을 분석하기 위한 분자유전학 분석법은 최근에서야 개발되었기 때문이다. 세포유전학자들은 환자의 염색체 분석 시 여러 개의 세포를 분석하며 이때 모자이크 현상이 흔히 발견된다. 삼염색체성을 제외하고 감수분열 이상을 통하여 만들어지는 구성적 염색체 변이들은 유사분열의 이상으로 모자이크 현상을 야기한다. 바로 모자이크식 Down 증후군이 잘 알려진 예이다. 이때 나타나는 표현적 이상은 완전한 Down 증후군 환자로부터 정상인까지 다양한 파노라마식 표현형을 예상할 수 있다. 표현형의 변이는 삼염색체성 세포가 어느 조직 또는 기관에 얼마만큼 존재하는가에 따라 달라지므로 정확히 예견 할 수는 없다. 부연하면 구성원에 존재하면 치명적일 수 있는 염색체 이상도 모자이크식으로 존재하면 생존할 수 있다. 예를 들어 환자는 8번 염색체를 삼염색체성으로는 가질 수 있지만 8번 염색체를 완전히 모든 세포가 삼염색체성으로 가질 수는 없어 이 경우 환자는 사망하게 된다.

때로는 특정한 조직만이 모자이크식 염색체 구성을 가지는 경우가 있는데, 예를 들면 Pallister-Killian 증후군 [OMIM 601803]의 경우이다. 이 증후군은 모자이크성 12p 사염색체 (tetrasomy) (12번 염색체 단완을 네 개 가지고 있는 상황; 이들 두 개의 여분의 단편들은 하나의 작은 중부동원체 형태로 존재)에 의해 야기되며, 특징적인 생김새와 기형을 동반한다. 그러나 비정상적인 사염색체성 세포는 피부세포에만 나타날 뿐 정상적인 혈액세포에서는 탐지되지 않는데, 그 이유는 혈액세포는 세포 회전이 빨라 비정상적인 염색체 구성을 가지는 세포들은 정상 세포들에 비해 불리하여 정상 세포들이 우세하기 때문으로 보여진다. 조직-한정적(tissue-limited) 모자이크 현상은 산전진단에서 발견될 수 있는 특별한 문제이다. 태반 검사를 위해서는 융모막 융모 생검(chorion villus biopsy) 분석을 이용한다. 비록 태반은 태아의 세포이지만, 태반이 모자이크 현상을 보일 경우 이 현상이 태반 세포에만 국한되었는지 아니면 태아 전체가 모자이크 현상을 갖는지 불분명하다. 그러나 이러한 문제는 임신 중에 실제 직면 할 수 있는 문제이다.

Disease box 2

Alpha-thalassemia/지능 저하 증후군: 염색질 질환

Alpha-thalassemia [OMIM 301040]는 헤모글로빈의 α-globin 결핍에 의해 오는 질환이다. 완전 결핍은 태아수종(fetal hydrops)를 야기하여 사망하지만 부분적 결핍은 소적혈구증(microcytosis)과 용혈현상 (hemolysis)을 동반하는 HbH 질환을 야기한다. 세계적으로 말라리아가 흔한 지역(특히 남동 아시아 지역)의 수백만의 사람들이 이 질환을 가지고 있다. 이 질환은 16번 염색체의 16p 부위에 있는 α-globin 유전자의 결실 또는 점 돌연변이에 의해 야기된다. 말라리아와의 연관성은 *10장*에서 다룬다. 이 질병은 말라리아가 없는 지방의 토착민에게는 희귀한 질환이다.

1980년대에 북유럽 원주민 들에서 α-thalassemia [HbH 질환]와 지능 저하의 환자들이 다수 보고되었다. 지능 저하는 thalassemia의 특징은 아니다. 조사결과 몇 명의 지능저하 환자에서 α-globin 유전자가 위치한 16번 염색체의 16p 부위에 상당히 큰 염색체 결실이 발견되었으며, 아마도 이들은 thalassemia 유전자 외에도 다른 유전자들의 결실도 가지고 있어 지능 저하[OMIM 141750을 참조할 것]를 보인 것으로 짐작된다. 그러나 다른 환자들에서는 염색체 16번의 변이가 발견되지 않았다. 게다가 환자들은 모두 남성이었으며 때로는 X-연관 유전 양상처럼 보이는 남아를 갖기도 하였고 아이는 사진에서 보는 것과 같은 특징적인 얼굴 모습을 보였다 (사진 참조). HbH 질환은 비전형적으로 경미한 경우도 있어 검사로만 확인될 수도 있다. 종종 성이 바뀌는 등의 기타 증후가 나타나기도 한다. 결국 이 질환은 유전자 mapping과 유전자 위치 클로닝 (positional cloning) (*9장*에서 설명)을 통해 X 염색체의 Xq13 부위에 있는 *ATRX* 유전자의 돌연변이가 원인임이 규명되었다.

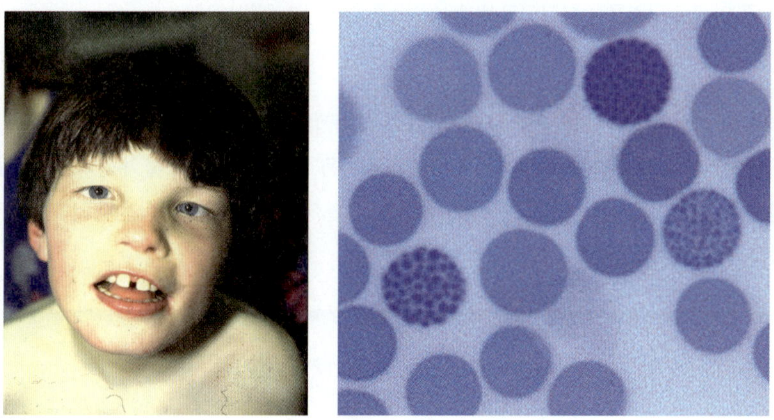

(a) (b)

그림 설명 (a) ATRX 환자. *J. Med. Genet.* 1991;**28**:742-745의 내용을 BMJ 출판사 허락 하에 게재. (b) ATRX 환자의 임파세포; 특징적인 과립들을 보여줌. 사진은 Dr. Richard Gibbon, Oxford로부터 제공 됨.

X 염색체 돌연변이는 과연 어떻게 다른 임상적 특징들과 α-thalassemia를 초래하는가? 아미노산 배열을 보면 ATRX 단백질은 큰 단백질 family인 SW12/SNF 단백질 family이다. 이 단백질은 염색질 구조에 영향을 미쳐 유전자 발현과 염색질 행동을 조절한다. 앞서 설명한 바와 같이 DNA는 히스톤 8량체를 휘감아서 뉴클레오좀 구조를 이룬다. 뉴클레오좀 구조는 다른 여러 단백질의 조절 하에 더욱 포장되어 응축된다. 기본적인 염색질의 형상은 두 가지가 있다:

- 이질염색질(heterochromatin) : 단단히 응축되어 있으며 이런 염색질에 있는 유전자는 발현이 안 된다.

Disease box 2 - continued

- 진정염색질(euchromatin) : 풀어진 구조로 구조가 다양하다. 이런 염색질에 있는 유전자는 발현되는 것도 있고 발현이 중지된 것도 있다.

ATRX는 DNA 이중나선을 풀어주는 역할을 하는 헬리카제(helicase)라는 효소이다. 여러 개의 단백질로 이루어진 커다란 복합체가 염색질의 부분적 구조를 조절하는 것으로 믿어지며 이어 염색질로 포장된 유전자들의 발현을 조절한다. ATRX는 특히 중심립과 관련이 있으며 중심립은 억제적인 이질염색질 구조로 되어 있다. 염색질의 다른 국소 부위들 역시 이러한 억제적 이질염색질 형태를 보이는 부위들을 가지고 있으며, 이런 구조는 세포의 대사 상태 신호에 반응하는 부위의 유전자 발현을 억제한다. ATRX는 아마도 억제적 염색질 구조를 확립하거나 유지하는데 관여하는 것으로 생각된다.

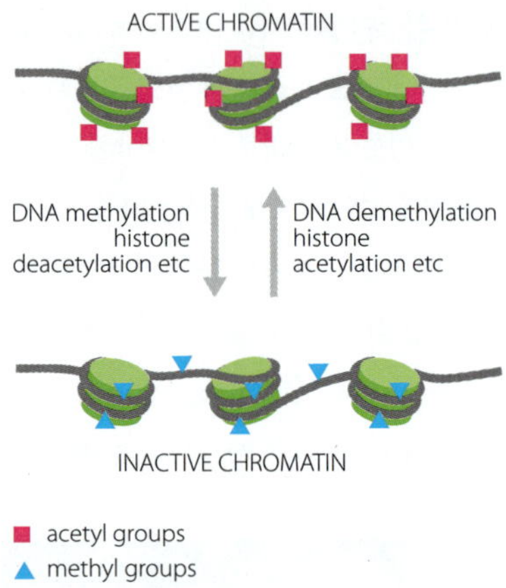

ATRX는 **염색질 질환**의 한 예이다. 다른 예로는 ICF 증후군 [OMIM 242860 참조]과 Rett 증후군 [Disease Box 7 참조]이 있다. 이러한 질환들은 염색질 구조를 조절하는 유전자에 돌연변이가 일어난 경우이기에 많은 유전자의 발현에 잠재적 영향을 미칠 수 있다. 현재의 과학 수준으로는 어떤 유전자가 이들에 의해 영향을 받을지 그리고 이로 인해 어떤 표현형의 증후가 나타날지 예측할 수 없다. 그러나 이러한 질환들은 염색체의 중요한 기능을 밝히는 한가지 단서를 제공한다. 즉 염색체는 유사분열이나 감수분열 시 게놈을 딸 세포로 분할할 수 있는 운반체의 역할 외에 다른 역할도 한다는 것이다. 즉 염색질 구조를 부분적으로 변형시켜 유전자가 발현되는 방향을 조절하기 위한 동적 환경을 제공하는 것이다.

염색질은 매우 역동적인 구조체이다. ATRX 단백질의 한 구성원인 염색질 개조 복합체 (chromatin remodeling complex)는 DNA와 히스톤 단백질을 선택적으로변형시키기 위한 위치를 드러내면서 DNA와 결합된 뉴클레오좀 구조를 계속적으로 셔플링(shuffling)한다. DNA 메칠화 패턴이나 [이하 그림 참조] 특정 잔기의 아세틸화, 메칠화, 인산화 등의 여러 형태의 히스톤 변형에 의해 활성 염색질과 불활성 염색질이 지정된다.

2.5 참고문헌

Gardner RJM and Sutherland GR (1996) *Chromosome Abnormalities and Genetic Counseling*, 2nd edition OUP, Oxford, 본 장에서 다룬 소재에 대해 깊이 있게 해설함.

Shaffer LG and Tommerup N, eds (2005) ISCN 2005, *An International System for Human Cytogenetic Nomenclature*. S. karger AG, Basel.

이외에도 유사분열이나 감수분열에 대한 자세한 설명은 시중의 세포생물학 교재를 참조하기 바람.

유용한 websites

MJ Farabeer의 Online Biology Book : 유사분열과 감수분열에 대한 유용한 web 자료 제공
http://www.emc.maricopa.edu/faculty/farabee/BIOBK/BioBookTOC.html

토쿄 의과대학의 Hiranao Numabe의 website :

본 장과 관련된 여러가지 그래픽과 동영상을 제공함.

http://www.tokyo-med.ac.jp/genet/index-e.html

2.6 자가 평가 문제들

[1] 염색체 미분리에 의해 다음과 같은 자녀를 가질 경우 부모 중 누구의 어떤 감수분열 이상에 있는 것인가?

(a) 45,X (해설 제공)

(b) 47,XXY

(c) 47,XYY

[2] 다음과 같은 전좌로부터 형성되는 사가염색체(tetravalent)를 도시하고 생성될 수 있는 배우체와 배아에 대해 설명하라.

(a) t(2;40(q22;q32) (해설제공)

(b) t(5;10)(p14;p13)

(c) t(7;9)(q32;p21)

[3] 문항 2에서 그린 사가염색체를 이용하여 각각의 염색체 단편에서 전좌된 염색체와 정상염색체들 간에 교차가 일어남을 그려 넣고 예상되는 딸 세포들의 염색체 구성을 풀어 보아라. (이 문제는 단지 독자에게 두통을 주기 위한 문제가 아님. 감수분열 동안 염색체의 장완-단완 각각은 적어도 한번씩의 교차가 있음.)

[4] 염색체 14:21 균형 로버트손 전좌 보인자가 그림 2.20에 보이는 것과 같은 핵형을 가졌다고 가정해보자. 감수분열 동안 전좌된 염색체는 정상의 14번과 21번 염색체들과 대합을 한다. 이 경우 배우체가 생성될 때 염색체가 분리될 수 있는 모든 방법을 도시하고 각각의 경우 임신에 따라오는 결과를 각각 설명하라.

[5] 14번 염색체와 21번 염색체가 로버트손 전좌 (14;21)인 보인자가 정상인과 결혼 했을 경우 예상되는 배우체,임신, 그리고 태어날 아이에 대해 기술하라.

[6] *그림 2.21*과 같은 이형접합형 역위를 가정할 때 역위 고리 내에서 교차가 일어난 경우와 고리 밖에서 교차가 일어 난 경우의 결과를 도시하라. 중심립이 역위 내에 있는 경우(pericentric inversion)는 그림처럼 밖에 있는 경우(paracentric inversion)와 결과가 다를지? 이를 설명하라.

제 3 장

유전자는 어떻게 작용하나?

3장의 학습 요지

- DNA와 RNA를 구성하는 염기, 당, 뉴클레오시드 등의 이름, DNA 이중나선의 분자 구조, 염기쌍 형성, 핵산의 5′ 과 3′ 방향성
- DNA 복제와 전사 (관련 효소에 대한 자세한 사항은 다루지 않음), 전사물의 스플라이싱, mRNA의 염기들의 폴리펩티드 아미노산 암호
- 핵 게놈과 미토콘드리아 게놈의 일반적인 특징
- 인간 유전자의 일반적 구조, 엑손, 인트론, 프로모터, 개시 코돈과 정지 코돈, 5′ 및 3′ 말단 비번역 부위, 스플라이싱 부위
- 유전자 발현의 결정에 관여하는 프로모터, 전사 인자, 염색질 구조의 역할에 대한 설명

3.1. 증례 학습

증례 10 | Johnson 가족 | **55** | 64 | 376

- Marfan 증후군

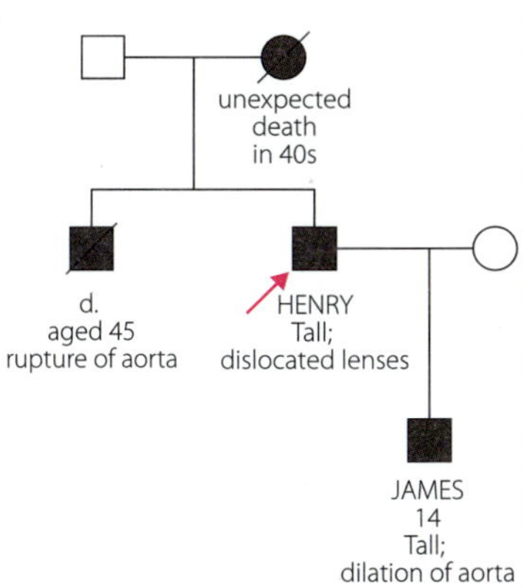

그림 3.1 - James Johnson의 가계도

James는 14세에 처음으로 유전 클리닉을 방문하였다. 그러나 James의 아버지, Henry와 다른 몇몇 친척들은 이미 수년 전부터 유전학 교실을 방문해왔다. 이들은 모두 Henry의 큰 키와 이상하게 위치한 수정체를 의미 있게 지적하였던 Henry의 안과의사에 의해 처음으로 유전 클리닉에 의뢰되었다. 당시 안과의사는 Henry의 형제 중 한 명이 45세의 나이에 대동맥 파열로 갑자기 사망하였으며 그의 어머니도 비슷한 나이에 예기치 못하게 사망하였다는 사실을 주시하였다. Henry는 Marfan 증후군으로 진단되었으며 이 질환은 우성형질로 그의 자녀들에게도 50%의 확률로 유전될 수 있다. 이 증후군의 유전자가 아직 동정될 수 없었을 때에는, 주로 뚜렷한 임상 기준에 의해 진단을 내렸다. 이런 뚜렷한 임상 기준에 속하는 증후들은 양성의 가족력과 골격계, 시각 기관계, 심혈관계의 문제이다. 이로부터 수년 후, James가 클리닉을 방문하였을 때 안과의사는 역시 Ghent 진단기준(De Paepe 등 1996)에 의거하여 Marfan 증후군의 임상적 증후들을 자세히 조사하였다. James는 심초음파(echocardiogram)에서 상행대동맥(ascending arota) 초입부의 팽창을 보였으며 또한 자기 또래의 아이들에 비해 키가 매우 컸다. 의사는 이러한 James의 임상적 증후들과 Marfan 증후군의 가족력을 기초로 James에게 의심의 여지없이 Marfan 증후군을 진단하였다. 동시에 Marfan

증후군의 유전자도 James에게서 동정되었으나 임상적 기준만으로도 Marfan 증후군을 진단하기에 충분하였다.

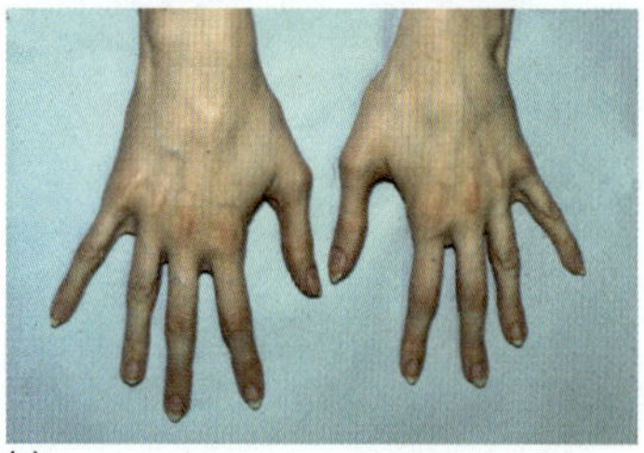
(a)

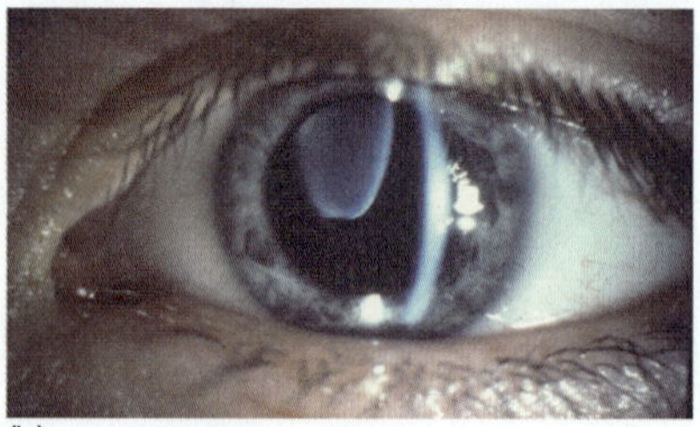
(b)

그림 3.2 - **Marfan 증후군.**
(a) 긴 손가락의 거미 손가락증(arachnodactyly). (b) 안구 수정체의 위치 이상

3.2. 배경

유전자가 어떻게 작용하는가에 대해서는 두 가지의 유명한 가설이 있다. 두 가지 가설 모두 전적으로 정확하진 않지만 유전자가 무엇인가를 설명하는 데는 유용하다.

- 1940년대에 Beadle과 Tatum은 하나의 유전자가 하나의 효소에 특정하다는 '일 유전자 – 일 효소' 설을 주장하였다. 하지만 이 가설은 전적으로 옳다고는 할 수 없다. 왜냐하면 많은 유전자들이 비효소 단백질들을 코딩하며, 어떤 유전자들은 단백질을 코딩하기 보다는 어떤 기능을 가진 RNA를 코딩하는 것 들도 많기 때문이다. 하지만 '일 유전자 – 일 폴리펩티드' 가설의 형태는 유전자가 무엇인가를 정의하기 위해 우선적으로 쓰이는 유용한 가설로 남아있다(역자 주;이 설 또한 최근의 유전체 연구 결과 정확하지는 않아서 많은 유전자들이 인트론들을 대체적 스플라이싱하여 하나의 유전자가 여러 개의 폴리펩티드를 코딩할 수도 있음).
- 몇 년 후, Francis Crick은 DNA의 기능을 정의하는데 있어 분자생물학의 '중심이론 (Central Dogma)' 을 주장하였다(*그림 3.3*). 이 가설은 유전자는 DNA의 기능적 단위로서 통상적 기능은 단백질의 구조를 결정하는 것이라는 설이다. 인간 게놈에는 약 24,000개의 단백질–코딩 유전자들이 있지만 이러한 숫자는 단지 잠정적인 어림수에 불과하다. 중심이론은 유용한 가설이기는 하지만 절대적 이론은 아니다. 역전사효소라는 특이한 효소가 RNA 분자로부터 DNA 분자를 복제할 경우, 종종 DNA로부터 RNA로의 유전 정보의 전달이 역으로 전달되는 경우가 있다. 이러한 역전사는 RNA 바이러스들의 생활 주기(life cycle)에는 매우 중요한 부분이지만 인간 세포의 대사작용에 있어서는 중요치 않다. 더욱 중요한 것은 RNA는 단백질의 아미노산을 지정하

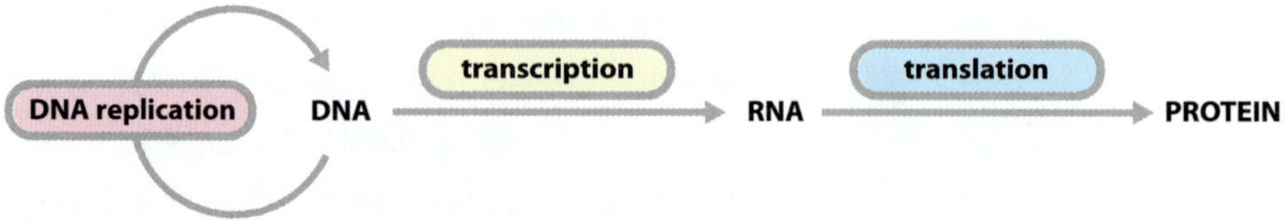

그림 3.3 - **분자생물학의 중심이론**
화살표는 DNA가 RNA로 전환된다는 것을 의미하는 것이 아니라 DNA에 있는 정보가 RNA 분자로 전이되며 RNA의 정보는 단백질로 번역이 된다는 것을 의미한다. 즉 유전자는 DNA로 이루어져 있지만 유전자의 표현 정보는 단백질이 가지고 있다는 것이다. 또한 DNA는 다른 DNA에 대한 정보도 가지고 있다(DNA의 복제).

는 것 외에도 다른 많은 중요한 기능을 가진다는 것이다. 리보솜 RNA(ribosomal RNA)와 운반 RNA (transfer RNA)가 이러한 중요한 기능을 하는 대표적인 RNA들이며 이들 외에도 다른 여러 종류의 RNA가 있다.

유전자의 구조와 가능을 완전히 설명 하려면 아마 책 한 권이 필요할 것이다. 유전자 관련의 모든 과정은 매우 복잡하며, 유전자에 영향을 주고 유전자를 조절하는 데는 수많은 단백질과 분자들이 관여한다. 다행히도 이러한 복잡한 과정들의 대부분은 임상과는 무관하다. 임상의에 있어 어느 수준까지 이런 과정을 이해하면 바람직하겠다는 뚜렷한 선이 있는 것은 아니지만 반드시 이해할 필요가 있는 분자생물학적 수준은 그리 높지 않다. *Box 3.2*와 *3.3*에 임상에서의 기본적인 분자생물학적 주제들을 열거하였으며 이들을 요약하면 다음과 같다:

- A, G, C, T (또는 U) 염기들의 사슬 구조로 이루어진 핵산의 일반적 구조
- 이중 나선
- 유전자의 엑손-인트론 구조
- 일차전사물의 스플라이싱
- 유전 암호

분자생물학에 더 많은 관심이 있다면 이러한 주제들에 대해 자세히 설명하는 분자생물학 교재들을 참조하기 바란다. 이러한 자료들에 대해 많은 정보를 무료로 제공하는 websites들이 있다 (*3.5 절*의 References 참조).

핵산의 구조

핵산(DNA와 RNA)은 뉴클레오티드들이 연결되어 긴 사슬을 이루는 단위로 이루어져 있다. 각각의 뉴클레오티드는 염기, 당 그리고 인산 등의 세 가지 분자로 이루어져 있으며 DNA 사슬은 겨우 4가지 형태의 뉴클레오티들의 결합으로 이루어져 있다. 당은 항상 디옥시리보스(deoxyribose)의 형태이며, 염기에는 adenine(A), guanine(G), cytosine(C), thymine(T)의 네 종류가 있다. 이들의 화학적 구조에 대해서는 본 장의 마지막 절에서 설명하겠으며 이들 구조를 이해하는 것은 이 책을 공부하는 데 반드시 필요치는 않다. RNA 또한 네 종류의 뉴클레오티드로 이루어져 있다. RNA의 당은 항상 리보스(ribose)형태이며 4 종류의 RNA의 염기들 중 A, G, C는 DNA와 같지만 T만은 U(uracil)로 대체되어 있다.

DNA는 1953년에 Crick과 Watson에 의해 발견된 것처럼 정상적으로는 두 개의 사슬이 서로 꼬인 이중나선(double helix) 구조로 존재한다. 이 이중나선 구조의 중요한 특징은 두 사슬이 정확히 한 염기쌍으로 묶여 있다는 것으로 A는 항상 T와 G는 항상 C와 염기쌍 구조를 이루어 서로 묶여 있다. 어떻게 DNA가 복제될 수 있는지는 이처럼 A는 T와, G는 C와 쌍을 이루는 염기쌍의 특이성에 의해 설명된다(*그림 3.4*). *2장*에서 설명한 것처럼 이 같은 메카니즘을 통하여 모세포의 유전 정보가 복제되고 유사분열을 통해 두 개의 딸 세포로 전달되는 것이다. 하지만 RNA는 통상 이중나선 구조로 존재하지 않는다. 이것은 RNA의 화학적 구조 때문이 아니고 정상 세포의 경우 대부분의 RNA 분자에 대한 상보적인 RNA 가닥을 갖고 있지 않기 때문이며 또한 RNA 가닥을 주형으로 하여 RNA 가닥을 만드는 효소도 갖고 있지 않기 때문이다. 세포는 DNA와 RNA를 각각 다른 용도로 사용하며 세포는 이들의 화학적 구조의 차이를 인지신호로 이용하여 타겟 효소로 하여금 DNA 또는 RNA에 적절하게 결합하도록 한다.

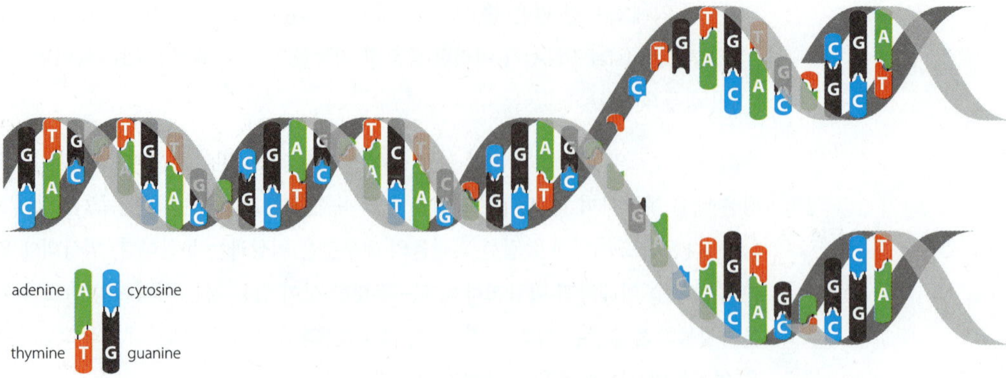

그림 3.4 - DNA 복제

이중나선 구조의 각각의 가닥은 새로운 가닥의 주형이 되어 정확히 자신을 복제시킨다. 두 가닥 중 하나에 있는 DNA의 정보가 RNA로 전사된다. 또한 유사한 기전에 의하여 일어나는데 이때에는 DNA의 A가 RNA의 U로 전사된다. 이 그림은 DNA 복제의 원칙과 결과를 보여주는데 실제의 복제 메카니즘은 이보다 훨씬 복잡하다. 지적하건데 이 그림에서는 DNA 복제 시 새로운 가닥은 항상 5' ->3' 방향으로만 복제된다는 내용은 생략되었다. (*Box 3.2*와 *4장*을 참조할 것).

인간 게놈은 약 $3x10^9$ bp의 DNA를 가지고 있다(DNA의 단위에 대한 설명은 *Box 3.1* 참조). 정상적인 이배체 세포는 두 벌의 게놈을 가지고 있다(두 개의 1번 염색체, 2개의 2번 염색체 등등). *2장*에서 설명한 바와 같이, 각각의 염색체는 하나의 매우 긴 DNA 이중나선을 가지고 있으며 히스톤과 이외의 단백질들과 결합하여 염색질로 조직화된다. 이중 21번 염색체가 가장 작은 염색체인데 여기에도 47 Mb의 DNA가 있으며 가장 큰 염색체인 1번 염색체에는 245 Mb의 DNA가 있다. 핵 게놈 이외에도 미토콘드리아가 원형의 게놈도 가지고 있으며 인간 미토콘드리아의 게놈은 16,596 bp의 DNA를 가지고 있다.

Box 3.1

DNA 단위

DNA 단편의 크기는 뉴클레오티드(nt), 염기쌍(bp), 킬로베이스(Kb 또는 Kbp = 1000 bp), 또는 메가베이스(Mb 또는 Mbp = 1,000,000 bp)로 나타낸다. DNA는 항상 이중나선 구조로 되어 있으므로, DNA 단편의 길이를 말할 때 베이스와 염기쌍 간의 구별은 종종 무시된다. 그러므로 일백만 염기쌍의 이중나선 DNA 단편은 1 Mbp 또는 1 Mb로 나타내며 이를 2 Mb로 나타내는 것은 잘못된 표기이다.

유전자의 구조: 엑손과 인트론

인간을 포함한 고등 생물의 유전자들은 예상치 못한 이상한 방법으로 조직화되어 있다. 단백질의 아미노산 서열을 지정하는 DNA 서열을 코딩부위라 하고 아미노산을 지정하지 않는 부위를 비코딩 부위라 하는데 코딩 DNA들은 비코딩 DNA들로 분할되어 있다. 코딩 부위를 엑손이라 하며 비코딩부위를 인트론(개재 DNA, intervening sequences)이라 부른다. 궁극적으로 단백질의 아미노산 서열을 지정하는 DNA 서열은 단편으로 분열되고(**엑손**) 이는 비코딩 부위(**인트론** 또는 개재 DNA〈intervening sequence〉)에 의해 분열된다. 인트론의 개수나 크기는 어떤 뚜렷한 규칙이 없어 변화의 폭이 크다. 인간 유전자는 각각 평균 9개의 엑손을 가지고 있으며 이들의 평균 길이는 145 bp이다. 인트론들의 평균 길이는 3365 bp 이며 길이의 범위는 매우 광범위하다(*표 3.1*과 *3.4 절* 참조).

Box 3.2

5′ 말단과 3′ 말단

임상유전학을 이해하는 데는 DNA 구조에 대한 깊은 지식은 필요하지 않지만 한 가지 반드시 이해해야만 하는 애매한 특징이 있다. DNA 단편의 염기순서를 AGTTGCACG라고 표기하고 보면 한 가지 애매한 것이 있다: 즉 양 말단의 화학적 구조가 같지 않다는 것이다. 아래의 그림의 당-인산 뼈대 구조에서 화학적 구조를 보면 디옥시리보스 5-탄당은 5번 탄소(5′로 표기됨)로부터 3 번 탄소(3′으로 표기됨)로 연속적으로 연결되어 있다. 한쪽 끝의 말단은 5′ 탄소가 자유롭게 미결합 상태로 있고 최하위 말단은 3′ 탄소가 자유롭게 미결합 상태로 되어 있다. 생화학적으로 이 차이는 중요하다. 5′ 말단에 작용하는 효소는 3′ 말단에 작용할 수 없으며 3′ 말단에 작용하는 효소도 5′ 말단에 작용하지 못하기 때문이다. 이는 몇 가지 중요한 결과를 초래한다.

- DNA 이중나선 가닥은 역평행(anti-pararellel)이다. 만약에 이중나선의 DNA를 수직으로 그린다면 나선 한 가닥의 위쪽 끝은 5′으로 끝나 있고 다른 가닥은 3′으로 끝나 있을 것이다. 유전자가 전사될 때 일시적으로 나타나는 DNA-RNA 이중나선 구조도 이와 마찬가지이다.

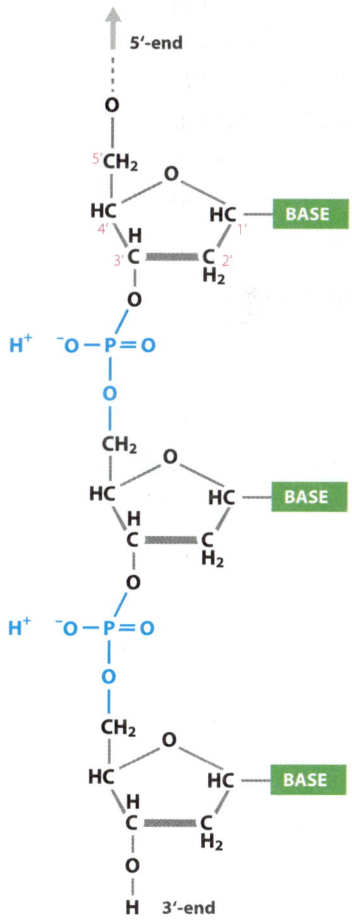

- 모든 DNA 복제는 5′->3′ 방향으로 진행된다. 즉, DNA를 중합하는 DNA 복제효소들은 모두 3′ 말단에 뉴클레오티드를 붙여준다. 이것은 4장에서 다루게 되는 DNA 연쇄중합반응 (polymerase chain reaction)을 이해하는데 매우 중요하다. RNA가 중합될 때에도 역시 RNA 중합효소는 RNA의 3′ 말단에만 새로운 뉴클레오티드를 붙여준다.
- DNA건 RNA건 모두 5->3′ 방향으로 표기하는 것이 보편적 표기약조의 원칙이다.

  즉, AGTTGCACG라고 쓴 것은 5′-AGTTGCACG-3′를 나타내는 것이다. 이는 영어를 왼쪽에서 오른쪽으로 쓰는 것과 같아 만약 3′에서 5′ 방향으로 표기한다면 잘못된 표기로서 마치 영어를 왼쪽에서 오른쪽으로 쓴 것과 같은 것이다. 그러나 3′에서 5′ 방향으로 염기순서를 써야 하는 특별한 경우에는 3′->5′ 방향을 분명히 하기 위해 반드시 양 말단에 3′과 5′을 표시해야만 한다.
- 이중나선의 DNA 두 가닥 중 오직 한 가닥만이 전사된다. 이 가닥을 **주형가닥(template strand)**이라고 부른다. 이 주형가닥의 일부분이 5′-AGTTG-CACG-3′이고 이 부분이 전사된다고 가정하자. RNA 전사물은 이 DNA 가닥에 상보적으로 A는 U로 G는 C로 전사된다 (그림 3.5a 참조). 이를 관행적인 5′->3′ 방향으로 쓰면 CGUGCAACU가 된다 (RNA에는 T가 U로 대체된다는 것을 명심할 것). 이 예에서와 같이 아주 짧은 단편에 있어서도 이들의 관계는 한눈에 들어오지 않는다. 그러므로 이러한 혼돈을 피하기 위해 유전자의 DNA 염기 순서는 주형가닥을 쓰기 보다는 이것의 상보적 가닥의 염기 순서인 CGTGCAAT를 쓴다. 이 가닥을 **센스가닥(sense strand)**이라고 부른다. RNA 가닥의 염기순서는 T가 U로 대체된 것을 제외하고는 센스가닥과 동일하다.
- 유전자 센스가닥의 5′ 상위 부분을 **upstream**이라고 부르고 3′ 하위 부분은 **downstream**이라 부른다.

5′ 말단과 3′ 말단을 보이고 있는 DNA의 단일 가닥. 디옥시리보스 당의 탄소 원자들은 1′, 2′ 등으로 번호를 매긴다. 이때 어깨글자를 프라임(prime)이라고 읽는데 이것은 염기의 탄소들과 구분하기 위해 붙이는 것으로 염기에 있는 탄소들의 numbering은 다른 시스템을 이용한다. 인산기는 음으로 이온화 되어 있어서 전기영동으로 DNA를 분리할 수 있는 기반이 된다(*Box 4.1* 참조).

일차 전사물의 인트론 스플라이싱

세포가 특정 단백질을 만들 필요가 있을 때 첫 번째로 하는 일은, 그 단백질을 코딩하고 있는 유전자의 주형 가닥으로부터 RNA 복사품을 만드는 일이다 (*그림 3.5a*). 이러한 과정을 전사라 한다. 전사는 매우 역동적인 과정으로서 어떤 시점에 게놈에 산재되어 있는 일부 작은 단편들만이 전사에 참여하지만 전사가 되는 일부 유전자들의 종류는 세포의 필요성에 따라 달라진다. 이러한 세포 발달 과정의 특이적 현상인 전사에 대해서는 본 장의 마지막 절에서 자세히 다룰 것이다. 엑손과 인트론을 포함한 유전자 전체가 전사되어 일차전사물(primary transcript)을 만든다. 이후 일차전사물은 세포 핵 내에서 인트론 부위가 잘려나가고 엑손들 만이 연결되는 과정을 거친다(*그림 3.5b*). 인트론의 RNA들은 분해되어 아무 소용이 없는 존재가 된다. 핵 내에서의 인트론 스플라이싱은 spliceosome 이란 커다란 다분자 복합체에 의해 일어난다. 이 책에서는 스플라이싱에 대한 복잡한 설명은 생략할 수 있겠으나 인트론들이 어떻게 인식되는지에 대해서는 언급할 필요가 있겠다.

대부분의 인간 유전자 인트론들은 GU(센스 가닥에서는 GT, 이 부위를 donor splice site 라고 부름)로 시작하여 AG(acceptor splice site)로 끝난다. 이러한 염기들로만 스플라이싱 부위를 규명하기에는 부족하다. 사실 엑손 내 또는 인트론의 스플라이싱 부위가 아닌 다른 부위에도 수많은GU 또는 AG 염기들이 존재한다. GU와 AG가 스플라이싱 부위로 인식되기 위해서는 GU 와 AG는 광대한 **공통 염기서열(consensus sequences)**내에 존재해야만 한다. 실제 기능을 하는 스플라이싱 부위는 spliceosome 내의 단백질들이나 작은 RNA들을 결합시키는 짧은 염기서열 모티브를 가지고 있다. 이러한 각각의 모티프들은 느슨하게 경계 지워져 있으므로 DNA나 RNA 염기서열을 분석함으로써 스플라이싱 부위를 예측하기는 매우 어렵다. 이러한 스플라이싱 부위의 규명의 한계는 임상유전학

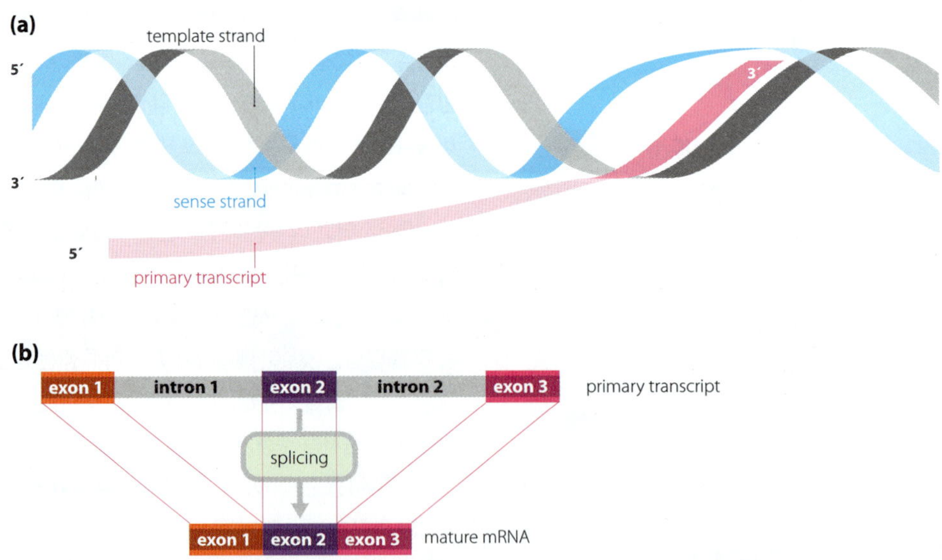

그림 3.5 - 전사의 요약
(a) DNA 이중나선 가닥의 일부분에 꼬임 현상이 풀리면 RNA 중합효소가 결합하여 일차전사물을 만들도록 하며, RNA 중합효소가 RNA 중합을 마치고 지나가면 다시 재꼬임 상태가 된다. 전사물은 주형 DNA 가닥의 정보를 복사한 것이어서 이들의 RNA 염기서열은 주형 DNA 가닥 서열에 상보적으로 센스 가닥의 서열과 동일하다. (b) 일차전사물은 인트론을 잘라 제거하고 엑손을 연결하는 과정을 거쳐서 성숙된 전령 RNA(mRNA)를 만든다.

자들에게 많은 어려움을 준다. 왜냐하면 후에 다시 언급되겠지만 스플라이싱 부위의 스플라이싱 효율을 저하시키는 RNA의 서열 변이는 질병의 주된 원인들이 되기 때문이다.

번역과 유전 암호

성숙된 mRNA는 엑손 염기서열들로만 이루어지며 이들은 핵에서 세포질로 빠져 나와 리보솜(ribosome)들과 결합한다. 리보솜은 여러 개의 단백질들과 비코딩 RNA들이 결합된 거대한 복합체이다. 단백질 합성의 보다 자세한 설명은 참고문헌에 제시하는 분자생물학 교재나 websites를 참조하길 바라며 본 교재에서는 다음 그림과 설명으로 대체한다.

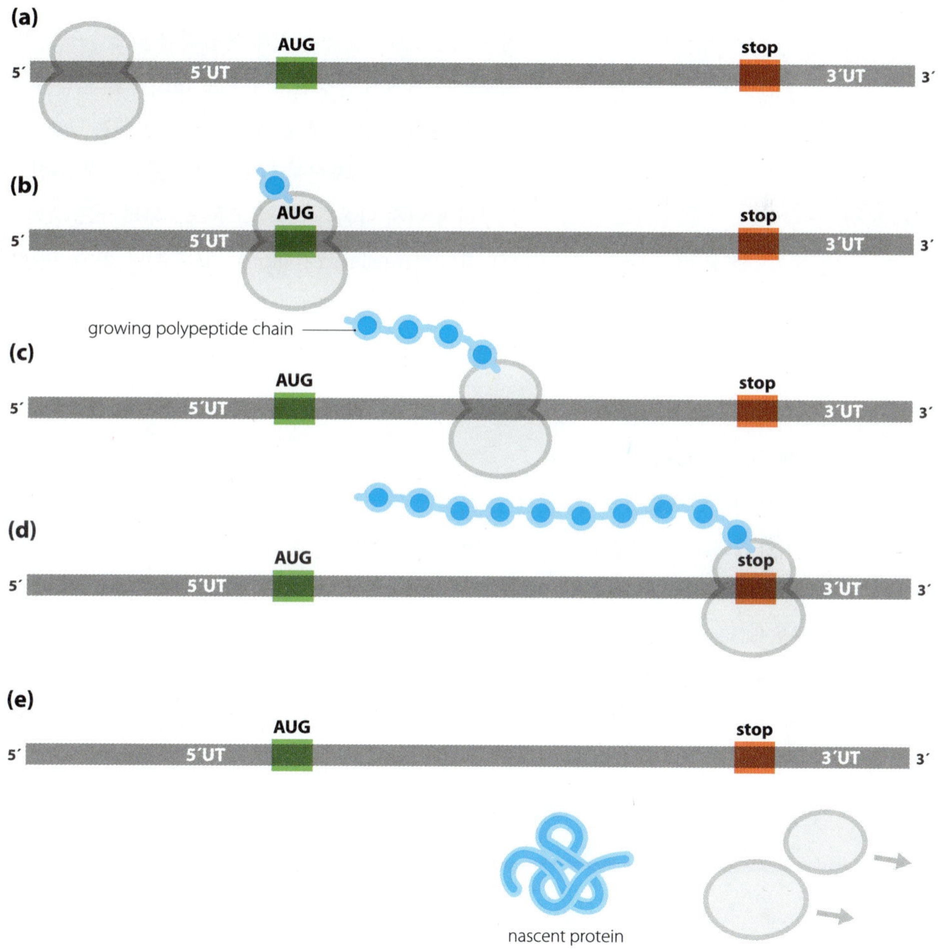

그림 3.6 - 유전자 번역의 요약

(a) 리보솜이 mRNA의 5′ 말단 부위에 결합한다. (b) 리보솜은 mRNA의 비번역 부위를 따라 3′ 방향으로 AUG 개시 코돈이 있는 곳까지 이동한다. 개시 코돈을 만나면 첫 번째 아미노산을 받아들인다. (c) 리보솜이 mRNA를 따라 이동하면서 코돈이 지정하는 아미노산을 폴리펩티드에 계속 붙여나간다. (d) 리보솜이 정지 코돈을 만나면 메시지의 번역이 끝난다. (e) 리보솜이 mRNA로부터 떨어져 나와 두 개의 단위체로 분리된다. 성숙된 단백질들이 기능을 하기 위해서는 반드시 정확히 접혀지고 아마도 화학적으로 변형될 것이다. 그리고 세포 내 또는 세포 외의 적합한 자신들의 활동 부위로 이동한다.

- 아미노산들은 mRNA에 있는 세 개의 연속적인 뉴클레오티드(코돈)에 의해 지정된다. 코돈의 유전암호는 *표 6.1*에 기술되었다.
- 코딩 서열은 mRNA의 5′ 말단에서 3′ 방향으로 조금 떨어진 부위에서부터 시작한다. 번역은 언제나 Kozak 염기서열이라 부르는 약간 긴 염기서열 내에 있는 AUG 코돈으로부터 시작한다. mRNA 5′ 말단으로부터 개시 코돈까지의 염기들을 5′ –비번역부위(5′ UT, 5′ untranslated region)라고 부른다.
- 개시코돈 AUG부터 번역틀(reading frame)이 시작된다. 번역틀에 대해서는 *Box 3.3*에서 예를 들어 설명하였다.
- 리보솜은 mRNA를 따라 3′ 방향으로 이동하며 유전암호에 맞는 적절한 아미노산을 폴리펩티드에 붙여나가면서 폴리펩티드가 성장하도록 한다. 아미노산은 **운반 RNA(transfer RNA, tRNA)** 라는 작은 RNA 분자에 의해 운반되어 리보솜으로 전달된다.
- 리보솜은 위에서 설명한 방식으로 mRNA를 따라 유전암호를 해독하며 정지 코돈을 만날 때까지 단백질 합성을 계속한다. 정지 코돈에는 UAG, UAA, UGA의 세 가지가 있다. 리보솜이 정지 코돈을 만나면 자신이 합성한 폴리펩티드를 자신으로부터 떨어뜨리고 리보솜 자신도 mRNA로부터 떨어져 나온다. 정지 코돈으로부터 mRNA의 3′ 말단까지의 부위를 **3′ 비번역부위** (3′ UT, 3′ untranslated region)라고 부른다. 이들 비번역부위는 mRNA의 안정성을 조절하는 중요한 부위이다.

Box 3.3

번역틀 (The reading frame)

다음과 같은 철자로 된 문장을 생각해보자.

ISAWTHEBIGBADDOGEATTHECAT.

세 개의 철자마다 끊어서 읽는다면 다음과 같은 번역틀이 만들어 진다.

ISA WTH EBI GBA DDO GEA TTH ECA T.

I SAW THE BIG BAD DOG EAT THE CAT.

IS AWT HEB IGB ADD OGE ATT HEC AT.

마찬가지로 mRNA에 있는 뉴클레티드들의 염기들 또한 3개씩 끊어서 만들어진 다양한 리보솜 번역틀로 번역이 가능한데 이 다양한 틀 중 한 개만이 의미 있는 아마노산 번역틀을 제공한다 즉 이 하나의 번역틀 만이 원하는 단백질을 만드는 것이다. mRNA의 번역틀은 AUG 개시 코돈부터 시작된다. 이 번역틀을 변형시키는 돌연변이는 매우 심각한 결과를 초래한다 (*6장*에서 설명)

번역이 단백질 합성 스토리의 마지막은 아니다.

번역이 끝나면 새로이 합성된 폴리펩티드는 리보솜으로부터 분리된다. 그러나 이는 끝이 아니어서 새로이 합성된 단백질이 제대로 기능을 갖춘 단백질로 전환되기 위해서는 또다시 다음의 몇몇 과정을 거쳐야만 한다.

- 폴리펩티드 가닥은 정확한 3차원 구조를 가져야 하는데 이는 아미노산 서열이 접힘으로써 3차원 구조로 전환될 수 있으며 이 과정은 추가적 정보를 필요로 하지 않는다. 그러나 완전히 정확하게 접힐 때까지는 단백질은 불안정하고 취약하다. 최근에 밝혀진 바에 의하면 부분적으

로 접힘이 일어나거나 부정확하게 접힘이 일어난 단백질들은 세포에 독성을 가질 수 있다고 한다. 여러 종류의 '샤페론(chaperone)' 분자들이 단백질의 접힘 현상을 도와주며 접힘이 일어나는 동안 폴리펩티드(단백질 서열)를 보호하는 반면 잘못 접혀진 단백질은 검출되면 분해시킨다.

- 많은 단백질들은 기본적인 폴리펩티드 구조에 화학적 변형이 가해진 것들이다. 종종 당이 결합하거나(glycosylation) 이외에도 다양한 다른 소분자들이 폴리펩티드에 결합한다. 폴리펩티드 사슬은 끊어질 수도 있으며(시스테인〈cystein〉 아미노산들은 S-S와 같은 이황화결합을 하여 폴리펩티드들을 서로 연결하여 준다) 프롤린(proline)과 같은 염기들이 수산화(hydroxylated) 되는 것처럼 다른 여러 가지 아미노산들도 화학적으로 변형될 수 있다. 번역 개시 코돈이 AUG 이므로 모든 폴리펩티드들은 N-말단 메치오닌(methyonine)으로 시작하지만 이것은 대부분 폴리펩티드가 성숙되어 가는 과정 중에 잘라져 떨어져 나간다.
- 단백질들은 반드시 자신이 활동하는 세포 내의 위치로 이동하여야만 한다. 이러한 단백질의 이동 위치는 종종 N-말단에 있는 신호 펩티드 (signal peptide)에 의해 지정되며 이들 신호 펩티드는 단백질 분류 과정에서 잘라져 제거된다. 어떤 경우에는 단백질의 중간 부분에 있는 아미노산 서열이 신호 펩티드인 경우가 있는데 이 경우에는 신호 펩티드가 제거되지 않는다. 증례 2의 Joanne Brown의 경우에는 *CFTR* 유전자의 두 개의 대립유전자 중 하나에 돌연변이가 일어나 이 단백질의 제 위치인 세포막으로의 *CFTR* 단백질 이동에 문제가 생긴 경우이다 [그녀의 다른 대립유전자에도 돌연변이가 있으며 이러한 경우는 복합 이형접합형 (compound heterozygote)이라고 부른다].
- 구조 단백질들은 그들의 마지막 목적지에서 좀더 변형될 수도 있다(*Box 3.4* 참조).

번역 후 변형의 중요성에 대해서는 *8.4절*에서 더욱 자세하게 다룬다.

Box 3.4

미세섬유(microfibrils): 유전자로부터 단백질 구조까지

미세섬유들은 연결조직의 세포 외 매트릭스에 존재하여 세포외벽을 신축성 있게 만든다. 세포외벽의 주성분은 피브릴린(fibrillins) 단백질인데 Marfan 증후군에서는 이 피브릴린이 결핍되어 있다 [증례 10, Johnson 가족]. 피브릴린 단백질은 15번 염색체에 있는 FBN1이라는 유전자에 코딩되어 있다. 이 유전자는 235 Kb의 긴 유전자로서 66개의 엑손으로 이루어져 있다. 인트론이 제거된 후의 성숙된 mRNA는 9749 nt 이다. 리보솜이 mRNA를 번역하기 시작하면 처음의 27개 아미노산들은 신호 펩티드로 작용하여 소포체(endoplasmic reticulum)에 결합한다. 2781개의 아미노산으로 이루어진 폴리펩티드는 합성이 완료되면 소포체의 내강(lumen)으로 이동한다. 신호펩티드가 절단되어 떨어져 나가면 폴리펩티드 사슬의 접힘 현상이 일어나 50개 이상의 구조적 도메인(domain)을 형성하게 된다. 이들의 각각은 시스테인 잔기들 간의 이황화결합(S-S)에 의해 서로 연결되며 [(아래 그림의 (a)], 당에는 14개의 아스파리진(asparagine) 잔기가 결합한다. 이 단백질은 단일 분자 또는 이분자(dimer)의 형태로 세포 밖으로 나가게 된다. 이 단백질은 일단 세포 밖으로 나오면, 피브릴린이 모이고 특수한 방법으로 서로 연결되어 미세섬유사를 형성한다. 미세섬유사는 전자현미경 하에서 큰 알갱이 형태의 구조로 나타난다 (그림의 b). 각각의 알갱이는 접혀진 피부릴린-1(fibillin-1)이 MAGP-1(microfibril-associated glycoprotein-1)과 같은 단백질과 교차 결합된 구조이다. 성숙된 피브릴린 단백질 미세섬유와 연결된 대부분의 다른 분자들은 사소한 구성분들 이지만 다량의 탄력소(elastin)만큼은 피부의 미세섬유, 혈관벽 등과 관련이 있다. 탄력소에 대해서는 *Disease box 3*에서 다시 설명하겠다.

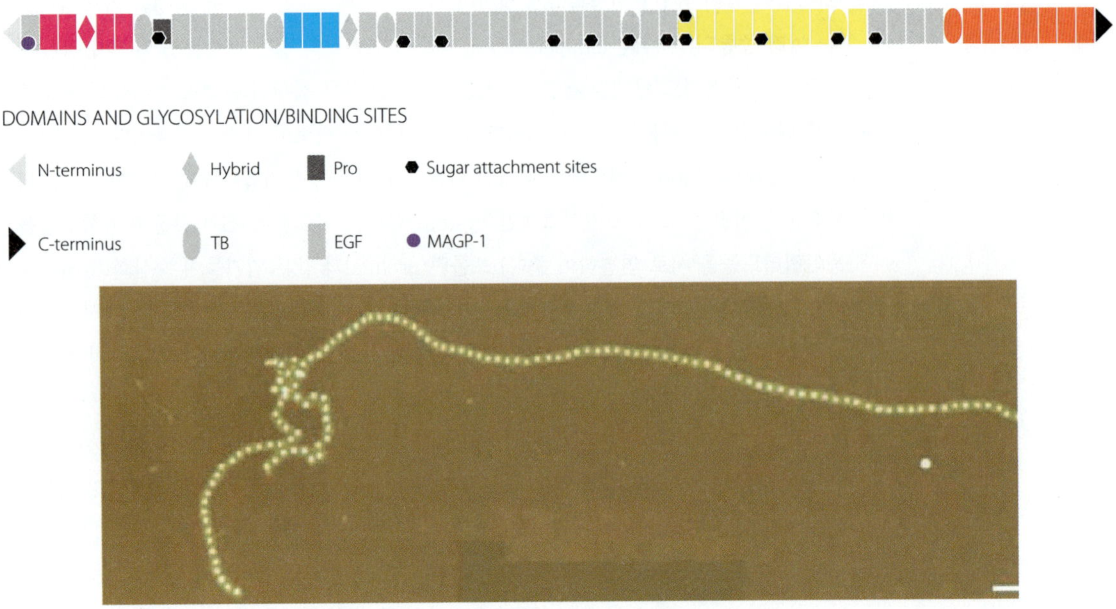

(a) 비교적 큰 단백질인 피브릴린은 50개 정도의 구조적인 도메인들로 구성되어 있다. (b) 하나의 미세섬유를 분리하여 전자현미경으로 보면 작은 알갱이들이 연결된 구조로 보인다. Elsevier 출판사의 허락 하에 Kielty 등 [2005] *Advances in Protein Chemistry* **70**: 405-436의 결과를 인용함.

3.3. 환자 조사하기

이 책에서 지금까지 설명한 대부분의 증례들은 모두 DNA 분석을 필요로 하는 예들이었다. 이 절에서는 이 증례들이 이전의 절에서 설명한 유전자 구조와 어떻게 연관되는지를 설명할 것이다. 그러나 DNA-수준의 검사가 필요 없는 두 증례를 우선 살펴보기로 한다.

증례 5 | Elliot 가족 | 4 | 11 | 42 | **64** | 376

- 상호전좌

염색체 분석결과가 이 가족에서 우리가 알아내야 할 모든 것을 알려주므로 DNA 분석은 필요치 않다.

증례 10 | Johnson 가족 | 55 | **64** | 376

- Marfan 증후군

James는 처음 클리닉 방문 시 임상적 진단 기준만으로 Marfan 증후군이 확실하였으므로 유전자 검사는 받지 않았다. 유전자 진단에서 분자생물학적 테스트는 1990년대부터 임상적으로 적용되기 시작하였다. 수년 동안 대부분의 유전자 질환의 진단은 가족력, 임상적 징후나 증상, X-선 소견 등에 의존하여 왔다 Marfan 증후군은 흔한 질환이고 공식적인 진단 기준(Ghent criteria, de Paepe 등 1996 참조)이 확립되어 있을 정도로 이미 많은 정보들이 알려져 있는 질환이다. 그러나 Marfan 증후군이 임상소견만으로도 진단이 가능한 질환일지라도, 분자생물학적인 테스트가 필요할 수도 있다 바로 산전 검사의 경우 또는 진단 기준을 완전히 충족하지 못하지만 상당히 의심이 가는 환자의 경우에는 분자생물학적 검사가 필요할 수 있겠다.

이상의 두 증례를 제외한 다른 증례들은 모두 DNA 검사를 필요로 한다.

증례 1 Ashton 가족

1 7 65 104 150 376

- John (28세); Alfred Ashton의 아들
- Huntington 질환 의심
- 비슷한 증상을 가지는 가족 구성원들
- 상염색체 우성 유전자 가계도
- 진단 테스트 주문

Huntington 질환은 4번 염색체 4p16 유전자 좌에 있는 유전자의 돌연변이에 의해 발생한다. Huntington 질환 유전자 HD는 169 Kb의 크기로 67개의 엑손을 가지고 있으며 (*그림 3.7*) huntingtin이라 불리는 3141개의 아미노산으로 이루어진 단백질을 코딩하고 있다. Huntington 질환자는 모두 유전자의 정확히 같은 위치에 변이를 가지고 있으며 엑손 1 파트는 huntington 단백질이 계속 반복되어 길어진 glutamine 단백질을 코딩한다. 모든 Huntington 질환자에서는 이런 서열이 확장되어 있어 코딩 된 단백질에는 glutamine이 유난히 길게 반복되어 있다. 이것이 어떻게 질환을 유발하는지에 대해서는 *Disease Box 4*에서 자세하게 다룬다. Glutamine 단백질을 얼마나 길게 코딩 하였는지를 검사하기 위해 DNA 검사가 필요한 것이다.

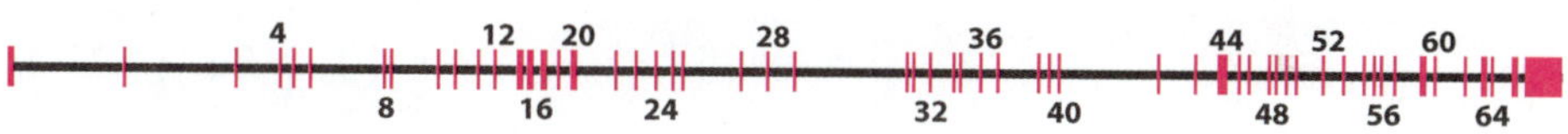

그림 3.7 - Huntington 질환 유전자 구조
수직으로 된 짧은 막대들은 엑손들을 나타낸다. GENATLAS (http://www.dsi.uni-paris5.fr/genatlas/)에 실린 Human Genome Project의 결과.

증례 2 Brown 가족

2 8 65 126 151 279 376

- Joanne (6개월): 아빠 David, 엄마 Pauline
- 낭포성 섬유증 (Cystic fibrosis) 의심
- 분자생물학적 테스트

앞서 기술한 것과 같이 낭포성 섬유증은 7번 염색체의 *CFTR* 유전자 돌연변이에 의해 발생한다. 이 질환 유전자는 열성으로 Joanne이 낭포성 섬유증이라면 *CFTR*의 두 대립유전자 모두 돌연변이가 일어났음이 분명하다. *CFTR* 유전자는 7번 염색체의 7q31.2에 위치하는 매우 큰 유전자로 길이는 188 Kb 이며 27개의 엑손을 가지고 있다 (*그림 3.8*). Huntington 질환과는 달리 낭포성 섬유증은 *CFTR* 유전자의 아무 곳에서나 변이가 일어날 수 있다. 낭포성 섬유증 환자들 각각의 *CFTR* 유전자 내의 변이 위치는 환자마다 다를 수 있으며 Human Gene Mutation Database 에 의하면 1000곳 이상의 상이한 위치의 돌연변이가 소개되어 있다. Joanne이 가지고 있는 두 개의 돌연변이는 같은 곳에서 일어난 변이 일수도, 다른 곳에서 일어난 변이일 수도 있다. 모든 돌연변이들은 단일염기 또는 소수의 인접한 뉴클레오티드들에서 일어난 변이들이다. 이러한 돌연변이를 찾기 위해 두 개의 대립유전자를 조사하는 일은 흥미로운 일라고 할 수 있다.

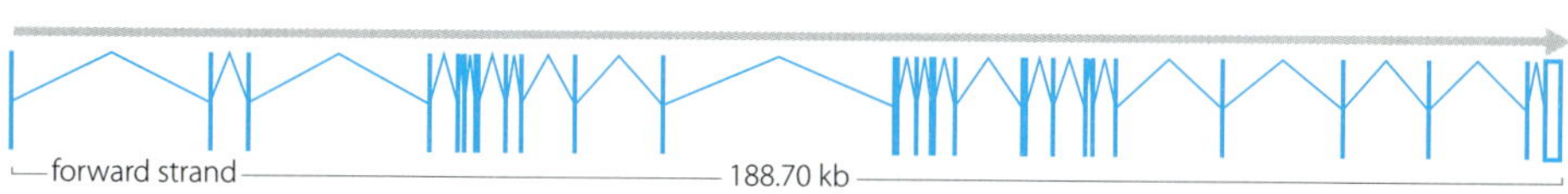

그림 3.8 - *CFTR* 유전자 구조
ENSEMBLE genome browser에 있는 Human Genome Project의 데이터를 그래픽으로 나타낸 그림. 가까이 인접한 몇몇 엑손들은 하나의 막대기로 나타냄. 화살표 방향은 센스 가닥의 5′->3′의 방향을 나타냄.

증례 3 Choudhary 가족

3 9 66 242 260 376

- Nasreen (8개월의 여아), 부모는 Aadnan과 Mumtaz
- 귀머거리
- 부모가 사촌 지간임
- 가계도는 상염색체 열성 유전에 의한 귀머거리를 보여줌

유전성의 선천성 귀머거리 질환을 가져오는 돌연변이는 50종류 이상이 있다. 귀 내부에 전달되는 공기 파장에 의한 압력을 인지하여 신경 자극으로 전환하는 듣기 감각은 대단히 복잡하고 섬세하기 때문에 이러한 다양한 돌연변이가 청력의 결함을 가져옴은 지극히 당연한 결과이다. 자연히 이러한 메카니즘에는 많은 구성요소들이 관여하며 이들은 수많은 다양한 유전자에 의해 코딩 되어있다. 만약에 이들 중 어느 하나라도 잘못되면 듣기 전체의 메카니즘에 결함이 오는 것이다. 어떤 유전자를 검사해야 할지 모르는 상태에서 유전자 검사를 시행함은 효과적이지 못하며 유전자 검사로 이러한 유전자를 알아내기는 대단히 어렵다. *9장*에서 설명하겠으나 우선은 이 환자의 문제인 선천성 귀머거리 질환을 비교적 흔히 가져오는 특정 유전자의 특정 돌연변이 하나부터 조사하는 것이 일반적 접근방법이다. 만약에 이 유전자 검사가 정상이라면 일반적인 DNA 검사로 귀머거리에 관련된 모든 유전자들의 변이를 찾아내는 것은 무리가 있다. 그러나, Nasreen 가족의 경우에는 가족이 워낙 크고 질환을 가지고 있는 삼촌이 있기에 연관 분석을 통해 후보 유전자 수를 좁혀나갈 수 있겠다. 이러한 분석은 *9장*에서 다룬다.

증례 4 Davies 가족

4 10 66 102 151 181 279 376

- Martin(24개월 남아), 부모 Judith와 Robert
- 걷기가 서투르고 느림
- 근위축증(muscular dystrophy)의 가족력
- X-연관 열성유전자 가계도
- 진단학적 DNA 검사주문

Duchenne 근육위축증은 X-연관 질환이다. 이 유전자는 X 염색체 단완의 Xp21에 위치하며 dystrophyin이라는 단백질을 코딩하고 있는데 이 단백질은 수년 동안 근육에 가해지는 물리적 스트레스를 충분히 견딜 수 있을 만큼 근육 세포를 튼튼하게 만드는데 필수적인 단백질이다. Dystrophin 유전자(DMD)는 인간 게놈 중 가장 주목할만한 유전자 중의 하나이다. 이 유전자는 매우 커서 2백만 bp의 DNA로 되어 있고 이것의 93.3%는 인트론 염기들이다. 인트론들이 스플라이싱에 의해 제거되면 79개의 엑손이 남고 이들은 13 Kb의 mRNA로 성숙된다. Duchenne 근위축증의 2/3는 유전자의 부분적 결실에 의하여 발생한다. 유전자의 대부분의 염기들은 인트론으로 구성되어 있으므로 결실의 절단은 항상 인트론 내에서 일어나며, 결과적으로 성숙된 mRNA는 한·두 개의 엑손을 잃게 된다(*그림 3.9*). 이렇게 거대한 유전자에서 돌연변이를 찾아내는 일은 도전 해볼 가치가 있다. 우선 가장 흔히 사라지는 엑손들 위주로 사라진 엑손을 찾아내는 것이 첫 번째로 해야 할 일이다. 그리고 이 엑손이 해당 환자(남아, Martin)에게 존재하는지를 분석한다. 질환을 가진 남아의 DNA에서 엑손들이 사라진 것을 명백히 확인할 수 있을 것이다; 여성 보인자의 경우에는 이러한 엑손 결실은 모든 엑손이 소실되지 않고 그대로인(DMD의 정상 대립유전자를 가진) 정상 X 염색체에 의해 그 효과가 감추어 질 것이다.

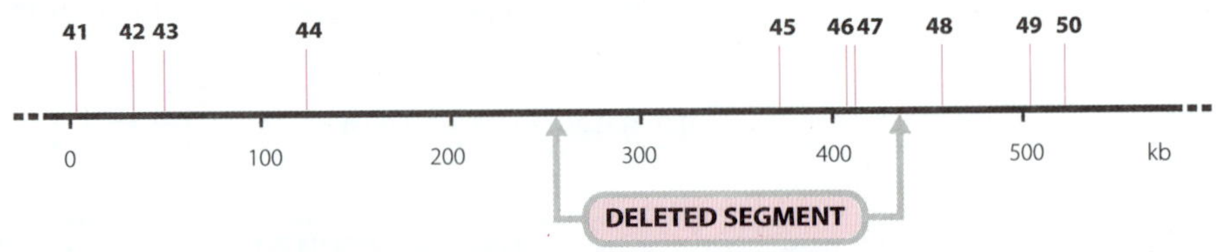

그림 3.9 - Dystrophin 유전자의 부분적 결실

이 그림은 41번부터 50번까지의 엑손(500kb)을 나타낸다. 이들 엑손들은 길이가 100-200 bp 정도로 이들을 눈금자에 그린다면 각각의 엑손은 그림의 전체 선의 0.05% 미만을 차지하게 될 것이다. 그러므로 임의적인 결실 절단점들은 대부분 인트론에 존재한다. 이러한 절단으로 한 개 이상의 엑손들이 mRNA로부터 완전히 사라지게 된다. 위의 그림은 결실에 의해 45번부터 47번 엑손 부위가 mRNA에서 사라지고 이외의 다른 부위는 온전한 상태로 남아있음을 보여준다.

증례 6 | Fletcher 가족 | 5 | 12 | 67 | 131 | 152 | 376

- Frank (22세, 흐릿한 시력 약화)
- 시각 장애의 가족력
- 가계도로는 X-연관 열성 유전이 의심되지만 결정적인 것은 아님.
- LHON ?
- 미토콘드리아 DNA 검사를 위하여 채혈

가계도 및 임상 표현형을 보면 Frank는 Leber씨 시신경 위축증(Leber hereditary optic neuropathy, LHON)이 의심되었다. 이 질환은 핵 내의 염색체 DNA에서 돌연변이가 일어나는 것이 아니라 미토콘드리아의 mtDNA에서 돌연변이가 발생하여 야기된다.

미토콘드리아 게놈은 핵 게놈에 비해 매우 작고 여러 면에서 박테리아 게놈과 유사하여 mtDNA는 원시 조상 세포 안에서 공생하던 박테리아로부터 진화한 것으로 생각된다. 미토콘드리아 게놈은 원형으로 유전자들이 대단히 밀집되어 있다. 그러나 길이는 겨우 16,569 bp로 37개의 유전자를 가지고 있다. 박테리아 게놈처럼 미토콘드리아 게놈도 유전자와 유전자 사이의 간격이 거의 없을 정도로 밀집된 유전자를 가지고 있으며 이는 유전자 간격이 매우 넓어 유전자가 느슨하게 배열되어 있는 핵 게놈의 경우와는 대조적이다. 핵 게놈은 1백만 bp 당 평균 8개의 유전자만이 존재한다. 박테리아 유전자와의 또 다른 유사점은 미토콘드리아 유전자도 박테리아 유전자처럼 인트론을 가지고 있지 않다는 점이다. 그러나 미토콘드리아는 하나의 독립적 미생물체가 되기에는 매우 미흡하다. 대부분의 미토콘드리아 기능은 세포질에서 합성 후 미토콘드리아로 이동하여 핵 게놈의 유전자에 코딩된 단백질에 의해 수행된다. 여기서 유념할 것은 미토콘드리아 기능 이상에 의한 질환들이 반드시 미토콘드리아 DNA 돌연변이에 의해서만 발생하는 것이 아니라는 사실이다. 즉 미토콘드리아 DNA 돌연변이가 원인이 아닌 경우도 많다. 그러나 LHON은 미토콘드리아 DNA 돌연변이에 의해 발생하는 몇 안 되는 질환 중의 하나이다.

임상 샘플로부터 추출된 DNA에는 핵 DNA와 함께 미토콘드리아 DNA도 섞여 있다. Frank Fletcher의 DNA 샘플에서 LOHN의 특징적인 mtDNA의 돌연변이 중 하나가 발견된다면 Frank는 LOHN으로 확진 될 것이다.

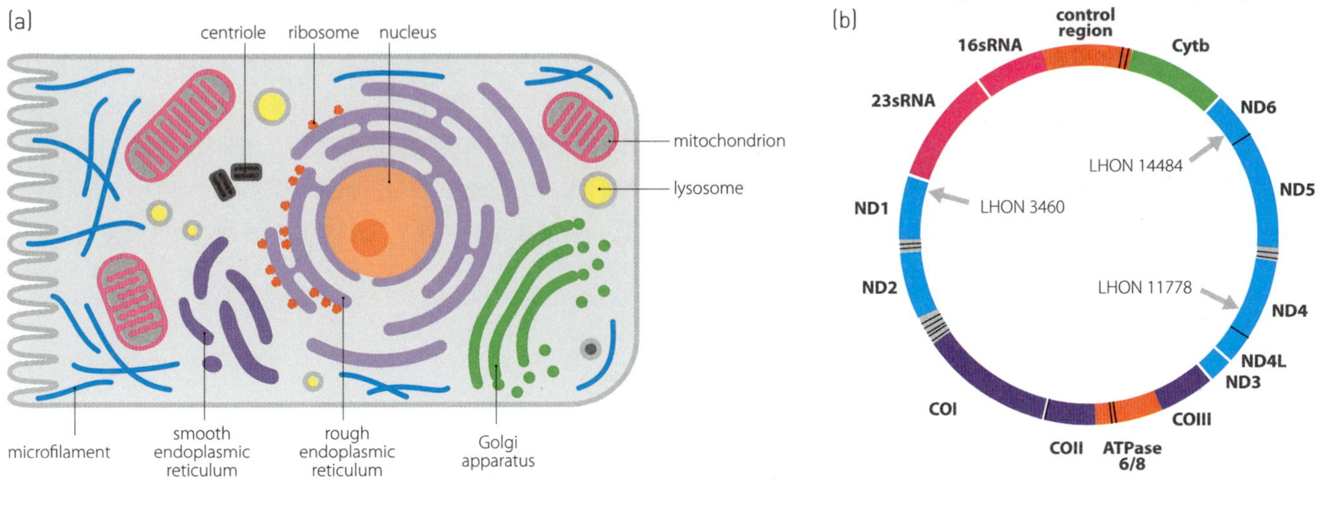

그림 3.10 - (a) 핵과 미토콘드리아가 있는 세포. (b) 미토콘드리아 게놈. 단백질을 코딩하고 있는 13개의 유전자가 라벨되어 있으며 세 개의 흔한 LHON 돌연변이 위치가 화살표로 표시되어 있다. 이외에도 24개의 미토콘드리아 유전자들이 있다: 두 개의 리보솜 RNA들은 붉은색으로 표시하였으며 22개의 운반 RNA (tRNA) 유전자들은 라벨이 되지 않은 가는 선으로 나타내었다.

증례 7	Green 가족	25	38	**48**	99	376

- Gillian (3세 여아)
- 발달 부진
- 염색체 이상 의심
- 22q11 부위의 미세 결실의 염색체 검사

Gillian의 학습 장애와 경미한 생김새 이상은 염색체 이상을 암시한다. 그녀의 임상 특징들은 22번 염색체의 22q11 부위의 결실을 가지고 있는 환자들의 특징과 비슷하였다. 현미경 하에서 그녀의 핵형은 정상으로 보였지만(*그림 2.9*) 이 정도의 해상도에서는 3-5 Mb 정도의 결실은 탐지 될 수 없었을 것이다. 인간의 게놈은 3,000 Mb이며 24,000개 정도의 유전자를 가지고 있으므로 1 Mb 당 평균 8개의 유전자를 가지고 있다. 그렇다면 현미경으로 검색하기 어려운 정도의 미세 결실로 여전히 12개 이상의 유전자들이 결실될 수 있다는 것이다. 진단을 재검 하기 위해서는 세포유전학 용어로는 너무 작다 표현하겠으나 분자학적 용어로는 매우 크다 할 수 있는 결실 부위를 확인할 수 있는 검사가 요구된다. 이는 이전의 증례들과는 다른 분석 방법을 필요로 할 것이다.

증례 8	Howard 가족	26	38	**68**	100	275	376

- Helen: 신생아, Henry (아버지)와 Anne (엄마)의 딸
- Down 증후군
- 이들 부부가 아이를 더 가질 경우 또 다시 Down 증후군 아이를 가질 위험성?

진단은 임상적 특징들과 염색체 분석에 의해 내려졌다 (*그림 2.2*와 *2.11*). Down 증후군을 염려하여 산전 진단을 받는 부부들은 대부분 Helen의 엄마처럼 이미 Down 증후군의 아이를 가지고 있거나 산모의 나이가 많아 Down 증후군 아이를 가질 위험성이 높은 산모들이다. *14장*에서 설명하는 것처럼, 태아 세포를 채취해서부터 관행적인 세포유전학적 테스트에 충분한 양의 세포를 확보하기까지는 약 2주가 걸린다. 이 기간 동안 결과를 기다리는 의뢰인들은 매우 스트레스를 받게 된다. 이러한 스트레스를 덜기 위해 DNA 테스트가 더욱 많이 사용되는데 DNA 테스트는 비 분열 세포들에서도 빠른 진단이 가능하기 때문이다.

증례 9	Ingram 가족	26	41	**68**	101	182	376

- Isabel : Ian(아빠)과 Irene(엄마) 부부의 첫째 딸
- 부모는 키가 크나 Isabel은 키가 작음
- Turner 증후군

진단은 임상적 특징들과 염색체 분석에 의해 내려졌다 (*그림 2.3*과 *2.13*) 2장에서 설명한 것처럼, Isabel은 수정 시에는 46,XY의 염색체 구성으로 출발하였으나 배 발생 초기의 유사분열 중에 Y 염색체가 소실된 것이다. 만약에 그녀의 생식 세포로 발달되는 세포 중 Y 염색체를 계속 가지고 있는 세포가 있다면 이 세포들은 악성 생식모세포종(gonadoblastoma)로 발전 될 수 있다. 그러므로 Y-염색체 DNA가 있는지를 체크하는 것이 중요하다. 만약 Y-염색체 DNA가 발견되면 보통 생식샘 제거(gonadectomy)가 권유된다.

3.4. 요약 및 보충 설명

화학적 지식

참고적으로 *Box 3.5*는 A, G, C, T와 U 등 염기들의 화학적 구조를 보여주며 Box 3.6은 단백질을 구성하는 20가지의 아미노산들의 구조를 보여주고 있다.

Box 3.5

A, G, C, T와 U 염기들의 화학적 구조

화학구조와 염기 이름을 보여 주고 있으며, 각 염기들에는 당 (RNA는 리보스, DNA는 디옥시리보스)이 붙어 있다. 염기에는 퓨린(purine) 염기(A, G)와 피리미딘(pyrimidine) 염기(C, T, U)가 있다. 완전한 뉴클레오티드 구조는 그림 5.2 에서 보여준다.

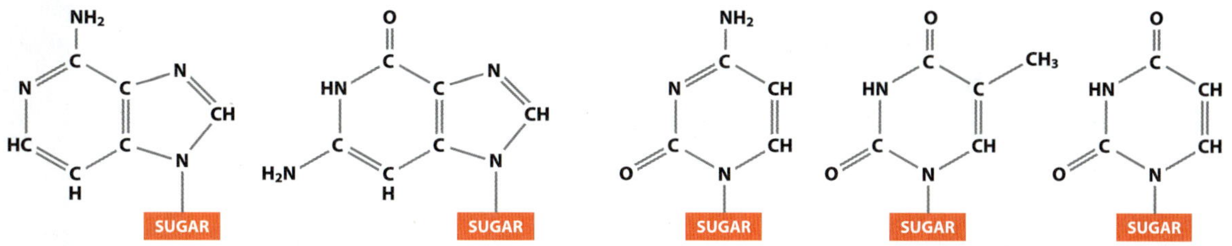

A (adenine) G (guanine) C (cytosine) T (thymine) U (uracil)

유전자들은 우리가 생각하는 것보다 훨씬 크다.

기능을 하는 DNA 단위체라 정의되는 유전자는 단백질을 코딩하고 있는 것보다 훨씬 크다.

- 엑손 염기순서들은 5′ 및 3′ 비번역 부위를 포함하는데 이러한 비 번역부위는 mRNA의 안정성에 중요한 역할을 한다. 인간 유전자들의 5′ 비번역 부위와 3′ 비번역 부위의 길이는 각각 200 nt 와 800 nt 이다.
- 일차전사물은 인트론 및 엑손 DNA들로부터 유래되며 간혹 엑손들보다 훨씬 크다. 표 3.1은 몇 가지 예를 보여준다.
- 전사 개시부위로부터 5′ –상위지역(upstream)의 서열을 프로모터 부위라 하며 이 부위는 유전자 발현에 필수적인 부위이다. 프로모터는 통상 전사개시 부위로부터 가까이(백여 bp 내) 존재한다. 그러나 이보다 더 멀리 존재하는 다른 조절유전자 부위들도 가끔은 프로부터 활동성에 영향을 준다.
- 어떤 유전자 또는 유전자 군의 발현은 수십 또는 수백 Kb 떨어져있는 짧은 염기들로 이루어진 인자들에 의해 조절되는 것으로 알려져 있다. 이런 원거리 조절인자들이 존재하는 것은 왜 유전자들이 그들이 코딩하고 있는 단백질들의 염기들보다 더 길게 퍼져 있는지를 설명하는 하나의 이유이기도 하다. 현재 이들 원거리 조절부위들의 체계적 동정은 불가능하다. 그러나 이들은 어떤 유전자로부터 좀 떨어진 곳의 작은 염기서열들의 결실이나 염색체 절단이 유전자의 발현을 소실시킬 때(코딩 부위는 그대로임) 우연히 동정될 수 있다. 초기 발달 조절에 중요한 유전자들이 종종 '유전자 사막 (gene desert)' 부위에 존재함은 흥미로운 사실이다. 이러한 유전자 사막 부위는 수백만 bp의 염색체 부위로 이 부위에는 다른 유전자들은 존재하지 않는다. 아마도 이러한 부위에는 원거리 유전자 발현 조절 부위가 위치할 수 있겠다. 유전자들 사이에 존재하는 DNA들은 대부분 고리(loop) 구조를 이뤄 실질적으로 그들이 조절하는 유전자에 물리적으로 가까이 위치하게 되므로 여기에 결합하는 단백질들은 프로모터 부위에 결합하는 단백질들과 직접 상호작용할 수 있는 것이다.

Box 3.6

단백질 구조

[a] 폴리펩티드의 화학적 구조. 아미노산들은 R_1, R_2, R_3 등으로 나타낸 R-기의 성격에 따라 다르다. 단백들은 대부분 수백 개의 아미노산들이 연결된 사슬로 이루어져 있다. [b] 단백질을 이루는 20가지 아미노산들의 R-기의 화학적 구조. 3개 알파벳이나 1개 알파벳은 각 아미노산들의 약어이다.

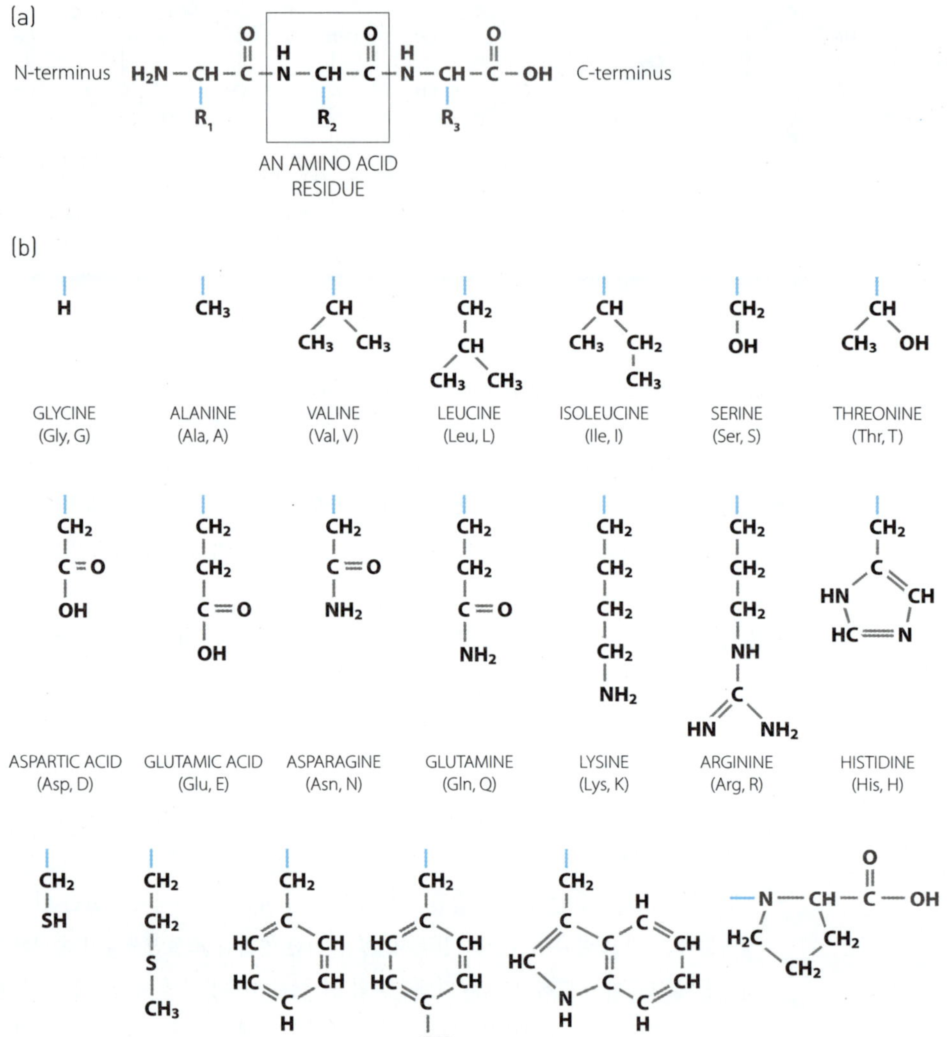

유전자 발현과 발현 억제 - 전사 및 이의 조절

인간의 신체를 구성하고 있는 모든 세포들은 유사분열을 통하여 동일한 세트의 유전자들을 가지고 있다. 그런데 이들 세포들이 어떻게 뇌세포, 간세포, 피부세포, 근육세포 등의 모습과 기능이 다른 세포들이 되는가? 그 이유는 바로 세포들은 각각 다른 일련의 유전자들을 발현시키기 때문이다. 또

표 3.1 - 인간 유전자들의 구조

유전자	크기(Kb)	엑손 수	엑손 평균 길이	인트론 평균 길이	일차전사물 중 엑손의 비율(%)
Interferon A6 [IFNA6]	0.57	1	570	-	100%
Insulin [INS]	1.4	3	154	483	32%
Class 1 HLA [HLA-A]	2.7	7	160	269	41%
Collagen VII [COL7A1]	51	118	78	358	18%
Phenylalanine hydroxylase [PAH]	78	13	206	6264	3.4%
CFTR [Cystic fibrosis]	188	27	227	7022	3.2%
Destrophin [DMD]	2090	79	178	26615	0.7%

인트론의 수와 크기는 유전자들간에 변이가 심하다. *Box 3.7* 에서 설명한 ENSEMBL 게놈 브라우저를 이용하여 인간 유전자들의 인트론-엑손 구조와 크기 등을 볼 수 있다.

한 세포는 그때 그때의 자신의 요구에 따라 유전자들을 발현 시키거나 또는 발현 중인 유전자를 억제시키기도 한다. 이러한 유전자 발현 스위치는 전사뿐 아니니라 번역의 수준에서도 일어나지만 현재 번역 수준에서의 조절이 얼마나 중요한지는 명확하지 않으며 이 메카니즘에 대한 연구는 이제 시작 단계에 있다.

선택성은 전사(유전자 조절)의 핵심이다. 염색체에 존재하는 DNA는 거대한 하나의 분자이지만 전사에 의해 만들어지는 RNA는 소분자들이 여러 개 모여 있는 것이다. 긴 DNA 사슬 중 오직 일부 단편만이 전사되며 어떤 부위의 유전자를 발현시킬지를 적절히 선택함이 바로 세포 생명의 기본이다. 이러한 선택은 부분적으로는 DNA가 염색체로 어떻게 조직되어 있는가에 의하여 정해진다. *2장의 4절*과 *Disease Box 2*에서 설명한 것과 같이 DNA는 히스톤 단백질들과 그 외의 여러 가지 단백질들에 의해 염색질로 조직화된다. 염색질은 이질염색질(heterochromatin)과 진정염색질(euchromatin)의 두 가지의 기본 형태로 존재한다. 이질염색질은 극도로 조직화된 접힘 현상이 있는 곳에 존재하는 DNA들로 이들의 유전자 발현을 억제하는 반면, 진정염색질은 좀더 개방적이고 다양한 구조를 가지고 있으며 이들의 유전자는 발현이 될 수도 있고 안될 수도 있다. 국지적인 염색질의 구조는 ATRX 와 같은 단백질 복합체를 재구성하는 염색질에 의해 결정되며(*Disease Box 2*) 이러한 구조는 전사를 허락할 것인가 아니면 억제할 것인가를 조절한다.

전사는 많은 단백질들이 복합된 전사 개시 복합체가 DNA의 적절한 곳에 결합됨으로써 시작된다. 유전자의 5′ 앞에 있는 프로모터는 각각 특정 단백질에 결합하는 4-8 nt의 수많은 다양한 짧은 염기 모티프들로 구성된다. 이러한 DNA-결합 단백질들을 전사인자(transcription factors)라고 한다. 이후 전사인자들은 여러 종류의 단백질들과 결합하여 RNA 중합효소를 포함하는 커다란 복합체를 형성하며 이 복합체가 실질적인 전사를 수행하는 것이다. 비록 개별적인 DNA-단백질의 상호작용은 미약하지만, 일단 여러 종류의 전사인자들이 느슨하게 결합을 하면 여기에 참여하는 단백질-단백질 들간의 상호작용이 이들을 단단히 결합시킨다. 개시복합체에 참여하는 어떤 단백질들은 모든 세포에 늘 존재하는 것들도 있지만 어떤 것들은 특정 세포에서나 또는 특정한 신호에 감응할 때에만 존재하는데 바로 이런 단백질들이 이 세포의 유전자 발현을 조절한다. 크지만 한정된 수의 전사인자들은 여러 가지 다른 조합으로 결합됨으로써 훨씬 많은 수의 유전자 발현을 가변적으로 조절할 수 있는 것이다.

일단 유전자 발현이 시작되면, 전사는 계속되다가 아직 정확히 규명되지 않은 정지 신호를 만나면 전사는 멈춘다. 전사의 마지막 산물은 단일 가닥의 일차전사물(primary transcript)이며 일차전사물은 유전자에 따라 길이가 다르나 전형적으로 1-100 nt 이며 각각의 유전자의 DNA 길이와 정확히 일치한다.

하나의 유전자는 종종 하나 이상의 단백질을 코딩한다.

'일 유전자 - 일 효소' 설과는 반대로 하나의 유전자는 종종 여러 개의 다른 단백질들을 코딩 할 수 있다(*그림 3.11*). 이를 유도하는 주요한 메카니즘은 **대체적 스플라이싱**(alternate splicing)으로 일차전사물들은 종종 한가지 이상의 방식으로 스플라이싱을 한다. 어떤 엑손들은 일정치 않게 스플라이싱 하여 성숙된 RNA에 들어가기도 하고 RNA를 건너뛰기도 하면서 **스플라이싱 동형**(splice isoforms)을 생성한다. 때로는 유전자의 맨 앞이나 맨 뒤의 엑손이 대체적 스플라이싱을 하여 한 가

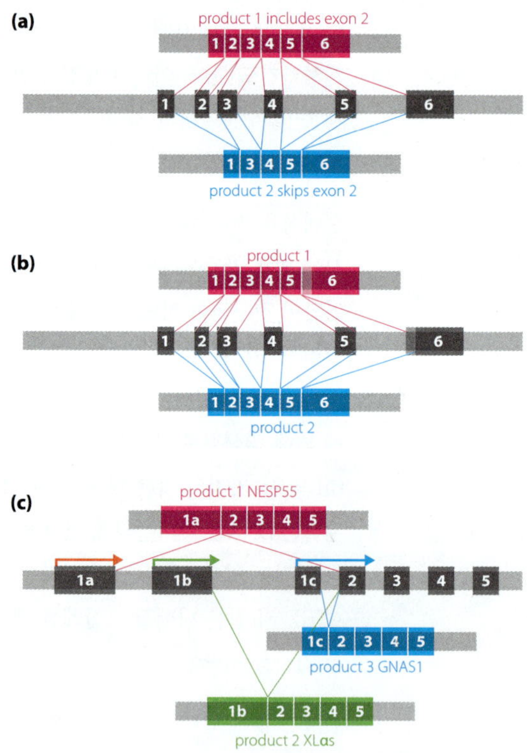

그림 3.11 - 한 개의 유전자가 어떻게 여러 개의 단백질을 코딩하는가.
[a] 엑손들이 일정치 않게 성숙된 mRNA에 들어가거나 또는 건너뛰는 경우. [b] 한 개의 엑손이 두 개의 대체적 스플라이싱 부위를 가지는 경우. [c] 하나의 유전자가 두 개 혹은 그 이상의 프로모터와 첫 번째 엑손들을 가지는 경우 [이 예는 세 개의 단백질을 코딩하고 있는 *GNAS1*이라는 유전자를 보여주고 있음]. 이러한 병인기전들은 유전자의 하위(downstream)부위를 해독하기 위해 대체적 해독틀(reading frame)을 사용할 수도 있다. 인간 유전자 중 약 절반 정도가 하나 이상의 대체적 스플라이싱 기전을 이용하여 하나 이상의 단백질을 코딩한다.

지의 성숙한 mRNA를 만든다. 하나의 유전자가 때로는 여러 개의 대체 프로모터를 가지는 경우도 있어서 프로모터를 대체적으로 이용하여 첫 번째 엑손이 달라지는 경우도 있다 (dystrophin은 8개의 프로모터를 가지고 있다). 이러한 변이성은 하나의 유전자가 여러 개의 단백질들을 코딩하고 있음을 의미한다. ENCODE 프로젝트의 결과에 의하면 유전자 당 평균 전사물 수는 5.4이다 (*6장* 참조). 아마도 이런 가변성은 부분적으로는 세포가 하나의 정확한 신호를 감지하기 어려운 시스템의 잡음(noise)에 불과할 수도 있겠으나, 많은 경우 이런 가변성들은 기능적이다. 즉 두 가지의 대체적 스플라이싱에 의해 만들어지는 성숙된 mRNA들은 모두 각각의 고유한 기능을 갖는다는 것이다. 스플라이싱 동형들간의 균형에 영향을 미치는 돌연변이는 임상적으로 중요하지만 DNA 염기서열 수준에서 감지하기가 매우 어렵다.

Box 3.7

인간 게놈 프로젝트 (The Human Genome Project)

생물학 분야에서 처음으로 '거대 과학' 이라는 프로젝트가 1990년에 시작되어 2004년에 인간 게놈의 '완결본' 을 공표하면서 인간게놈이라는 과제는 최고조에 달했다. 관련 주요 논문들[International Human Genome Sequencing Consortium, 2001, 2004]에는 당연히 3,000,000,000 As, Gs, Ts, Cs 들이 실리지는 않았지만(이러한 염기서열은 데이터베이스에 저장되어 있다), 염기서열 결정에 사용된 방법들이나 인간 게놈의 주요한 특징들에 대한 정보는 실려있다. 2004년도의 논문은 간결하지만, 2001년에 발표된 초거대 논문은 '종의 기원 (The Origin of Species)' 이나 1953년에 발표된 Watson 과 Crick의 유명한 이중나선 구조에 대한 논문에 버금가는 것으로 생물학 분야의 획기적인 논문의 하나이다.

인간 게놈의 완결본은 사실상 수백만 개의 짧은 염기서열들을 맞춘 것으로 이러한 짧은 염기서열들은 익명의 많은 사람들로부터 얻어졌다. 그러므로 이것은 어느 한 사람의 염기서열 세트가 아니며 실제로 이와 꼭 같은 염기서열을 가진 사람은 존재하지 않을 것이다. 그러나 우리의 외양은 조금씩 다를지라도 우리는 같은 인간이므로 개체간의 차이는 있을지언정 우리는 모두 인간의 게놈을 가지고 있다. 여기서 중요한 사실은 개인간의 염기서열의 차이를 어떻게 정의하는 가이다.

가공하지 않은 염기서열 자료들은 공적 데이터베이스에서 무료로 자유롭게 접근할 수 있다. 이 자료에 접근하기 위해서는 게놈 브라우져 프로그램을 이용하며 이러한 브라우져 프로그램은 인터넷에서 자유롭게 무료로 다운 받을 수 있다. 대중적으로 쉽게 인터넷에서 이용할 수 있는 프로그램들로는 SANTA CRUZ와 ENSEMBLE 브라우져 프로그램이 있다. 예를 들면 독자가 알고 싶어하는 어떤 유전자의 DNA 염기서열과 인트론-엑손 구조를 보기 위해 ENSEMBLE 프로그램을 이용할 수 있다. 여기에 그 방법을 소개한다:

1. 인터넷에서 http://www.ensemble.org/Homo_sapiense/index.html을 방문한다.
2. ENSEMBLE의 탐색 창에 찾고자 하는 유전자의 이름을 적어 넣는다. 예) *CFTR*
3. 적어 넣은 유전자 이름이 맞으면, 브라우져는 여러 개의 아이템들을 보여 줄 것이다.
   이들을 자세히 검토하여 맞는 것을 선택한다 [ENSEMBLE에서 *CFTR*은 Gene:ENSG00000001626].
4. 유전자가 선택되면, 하나 또는 여러 개의 전사물의 리스트를 볼 수 있을 것이다. 각각의 전사물 항목은 'transcript information', 'exon information', 'protein information' 등의 선택사항을 갖고 있으며 이 중에서 골라 볼 수 있다: 'exon information' 을 선택하면 분석하고자 하는 유전자의 구조와 염기서열을 보여준다. 그림 1은 브라우져가 어떻게 정보를 제공하는지를 다른 예로 보여준다 [실제 화면에는 이 그림보다 훨씬 많은 자료가 전시되는데, 그림에서는 설명을 명확히 하기 위해 많은 부분이 편집되었다].

인간 게놈 염기서열의 완전 해독은 매우 놀라운 성과이지만 이것의 한계를 이해하는 것 또한 중요하다. 사실 가공되지 않은 염기서열 자체만으로는 우리는 많은 것을 얻지 못한다. 염기 서열에 포함되어 있는 유전자와 다른 기능성 요소들을 동정하기 위해서는 주석을 다는 일이 필요하다. ENSEMBLE과 같은 게놈 브러우져는 단지 가공되지 않은 염기 서열뿐 아니라 많은 양의 주석 자료까지도 함께 제공한다. 예를 들면 *그림 1*에서 보여주는 유전자의 정의 같은 것이다. 기능을 찾아서 염기서열에 주석을

Box 3.7 - continued

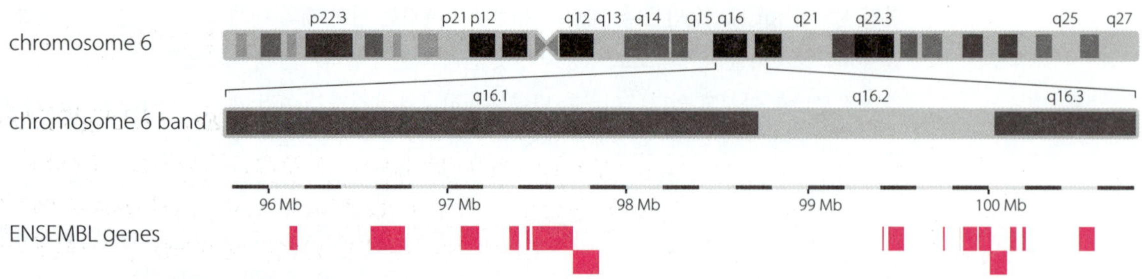

그림 1 - 6번 염색체의 5 Mb 단편의 유전자 분포
유전자의 엑손-인트론 구조를 보여주기에는 축척이 너무 작다; 엑손-인트론 구조는 붉은 색의 막대로 표시되었다. 그림은 인간 게놈 프로젝트로부터 얻을 수 있는 정보를 ENSEMBLE 게놈 브라우져를 이용하여 볼 수 있음을 보여주는 예이다. 일반적으로 사용자 선택 사항 별로 데이터를 찾을 수 있으며 이들 선택 사항의 예를 들자면, 반복서열 DNA들, 여러 컴퓨터 프로그램을 이용하여 찾아낸 유전자들, 다른 종의 유전자들과의 상동성, 다양성 염기들의 위치 등이다. 이러한 아이템들을 클릭하면 그것에 대한 방대한 정보를 얻을 수 있다.

다는 작업은 전 세계적으로 과학자들의 주된 업무이며 이 작업을 위하여 실험과 염기의 컴퓨터분석을 병행한다. 인간 게놈 염기 순서들을 다른 종[특히, 침팬지, 생쥐, 닭, 복어 등]의 염기서열들과 비교함으로써 인간 게놈의 보존적 염기서열들을 찾을 수 있다. 이하에서 설명하는 것처럼 다른 종류(species)의 생물에 상호 보존되는 염기순서들은 중요한 기능을 지닌 것일 가능성이 높다. 유전자의 완전한 목록(catalog)은 아직 완성되지 못했다. Dysmorphin 유전자와 같이 긴 DNA 염기서열에 산재해 있는 작은 엑손들은 확실히 찾아내기가 어려우며, 염기순서를 분석하는 컴퓨터 프로그램들은 특히 단백질보다는 기능적인 RNA를 생산하는 유전자를 찾는데 어려움이 있다. 결과적으로 현재까지 동정된 유전자는 약 24,000개이며 이는 앞으로도 계속 수정될 것이다.

우리가 완전한 유전자 목록(카탈로그)을 갖는다 하여도 이것만으로는 어떤 유전자가 어떤 일을 하는지 알 수 없다. 이러한 문제에 정보를 주려고 노력하는 학문이 **기능유전체학(functional genomics)**이란 분야이다. 인간의 **프로티옴(protenome)** [완전한 한 세트의 단백질들]은 약 100,000개의 단백질을 갖고 있다 [이 숫자는 동정된 유전자의 수보다 훨씬 많은 것이다 - *그림 3.11* 참조]. 그러나 이들 단백질들은 극히 한정된 수(아마도 100개 정도)의 기능적 모듈과 조합을 이룸으로써 수많은 기능을 발휘하게 된다. 그러므로 하나의 단백질은 DNA-단백질 결합 모듈, 단백질-단백질 상호작용 모듈(module), 스테로이드 호르몬 수용체 등 여러 가지 조합을 가질 수 있는 것이다. 유전자에 코딩 된 이러한 모듈을 찾는 것은 이 단백질의 기능을 알아내는데 도움을 줄 수 있다. PFAM 데이터베이스를 방문하면 단백질의 모듈 구조를 분석하는 예를 볼 수 있다 (*그림 2*).

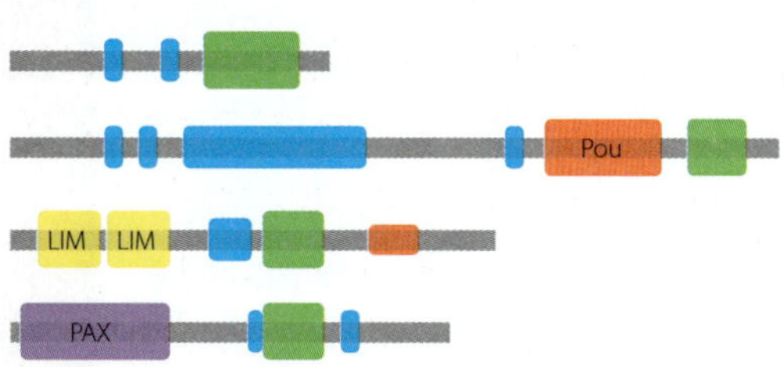

그림 2 - 단백질들의 도메인 구조
PFAM 데이터베이스 (*3.5절* 참조)로부터의 자료. 이 자료는 Homeobox 단백질들을 선택하고 탐색창에서 'Domain organization' 과 'View representative architectures' 를 선택하여 얻은 자료들로서 디스플레이의 간편 버전으로 보여준다. 각각의 선은 하나의 단백질을 나타내고 색칠된 박스들은 구조적 또는 기능적 단백질 도메인을 나타낸다. 여기에서 보여지는 단백질들은 모두 Homeodomain(녹색)을 가지고 있으며 이외에도 다른 종류의 도메인도 함께 가지고 있다. 이들은 교대로 다른 단백질의 여러 도메인에서도 발견될 수 있다.

DNA들은 무엇을 하는가?

왜 우리들은 이토록 많은 양의 DNA를 가지고 있는 것일까? 박테리아 연구를 기초로 한 기존의 게놈에 대한 관점은 유전자는 다소 연속적이라는 것이다. 박테리아의 일부 DNA는 유전자들 사이에 존재하여 인접한 유전자를 발현 시키거나 억제하는 스위치로서의 역할을 하지만 대부분의 DNA들은 유전자 내에 존재한다. 박테리아의 유전자들은 주로 단백질의 정보를 코딩하고 있는 염기들로 이루어져 있고 아주 짧은 5′ 과 3′의 비 번역부위를 갖고 있는데 이러한 부위들은 리보솜이 mRNA를 읽는 것을 조정한다. 인간을 포함한 진핵 생물의 유전자들은 이와는 많이 다르다. 인간의 경우 박테리아 게놈과는 달리 전체 게놈의 1.5% 이내의 염기들만이 단백질을 코딩하고 있다. 유전자들은 희박한 밀도로 두서없이 염색체에 산재하며, 유전자 발현을 조절하기 위해 꼭 필요한 DNA의 양보다 훨씬 많은 양의 DNA가 유전자들 사이에 존재하며, 유전자의 염기들은 거의 인트론 염기들이다.

인간과 생쥐의 게놈을 비교해보면 인간의 게놈은 단백질을 코딩하고 있는 염기서열들 외에도 추가적으로 2-3%의 염기서열이 생쥐의 것과 매우 유사하다는 것을 알게 된다. 아마도 게놈의 다른 부위와 마찬가지로 염기 변이는 이곳에서도 일어나겠지만 이곳의 변이는 자연적으로 선발되어 제거된다. 이러한 사실은 이들 보존 염기서열(conserved sequences)들이 어떤 중요한 기능을 가지고 있다는 것을 의미하며 그 기능은 아마도 유전자 발현 조절과 관련이 있을 가능성이 높다. 그러나 이외의 95-96%의 인간 게놈 염기서열들은 생쥐의 것과 많이 다르다. 그렇다면 이들은 무슨 역할을 하는 것일까?

이에 다음과 같은 몇 가지의 답을 들 수 있다 (*그림 3.12*).

- 이제까지 설명한 것처럼, 유전자들은 단백질 정보를 코딩하고 있는 것보다 훨씬 많은 염기들로 이루어져 있다. 인간과 생쥐 간에는 인트론의 유전자 내의 위치는 보존적이지만 인트론의 염기서열은 보통 보존적이지 않다. 인트론의 DNA는 전사 조절이나 스플라이싱을 돕는 짧은 염기서열 모티프를 갖기도 하지만 대부분의 인트론 염기들의 기능은 알려져 있지 않다.
- 기능이 있으나 유전자와 관련이 없는 염기서열들도 일부 존재한다. 염색체의 중심립과 말단립 DNA들이 그 예들이다.
- 인간 게놈의 대부분은 게놈 전체에 수없이 분포되어 있는 수많은 짧은 염기들로 이루어져 있으며 인간의 게놈에는 길이 100-300bp의 SINE (Short Interspersed Nuclear Elements)라 불리는 염기가 약 1.5백만 카피 존재하며, LINE (Long Interspersed Nuclear Elements)라 불리는 염기도 850,000카피 존재한다. 이들은 각각 인간 게놈의 13%와 21%를 차지한다. 완전한 LINE은 6-8 Kb이지만 대부분의 LINE은 결실(truncated)되어 있다. 이외의 반복서열 DNA들도 인간 게놈 DNA의 11%를 차지한다. 이들 반복서열 DNA들은 감염 시의 병원균처럼 인간 게놈에서 수를 증가시킬 거라 믿어지며 이들은 일종의 게놈 기생충(genomic parasite)으로 볼 수 있겠다. 이들은 원래 염색체의 한 위치에서 다른 위치로 이동을 할 수 있는 능력을 가지고 있는 특징이 있기에 이들을 전이인자(transposons)라 부르게 되었다. 대부분의 전이인자는 그들의 기능을 소실하지만 몇몇 인자만이 기능을 계속 보유한다. 이들이 기주 게놈에 도움이 되는 어떤 기능을 가지고 있는지에 대해서는 아직 논란이 많다. 확실한 것은 적어도 이들의 대부분은 해롭지 않다는 것이다.

- 이 같은 고도 반복서열 DNA 외에도 최근에 일어난 중복(duplication)현상에 의해 생성된 저급 반복서열 DNA들도 많이 보고된다. 이러한 종류의 반복서열 DNA들은 유전자 염기서열 들을 포함하여 여러 종류가 있으며 중복이 일어난 뒤 중복된 카피는 돌연변이가 축적되어 분기된다. 유전자가 중복되면 종종 오직 한 카피만이(원래의 카피) 기능을 유지하고 중복된 다른 카피들은 기능을 잃고 위유전자(pseudogene)가 된다. 예로 *8장*의 증례19를 참고하여라.
- 이러한 카테고리 외에도 많은 양의 DNA들이 유전자들 사이에 존재한다. 이들은 대개 카피수가 게놈 내에서 한 개씩이며 염기서열이 인간과 생쥐간에 보존성이 없으며, 이들의 기능에 대해서는 알려진 것이 없다.

소위 '쓰레기 DNA(junk DNA)' 라 불리는 DNA 중에서 어느 정도의 DNA가 진정 쓰레기 DNA이고 어느 정도의 DNA가 아직 밝혀지지 않은 기능을 가졌는지에 대해서는 많은 논란이 있다. 전체적으로 인간 게놈은 아수라장의 상태라 할 수 있다. 확실히 인간 게놈은 말쑥히 정돈된 모습으로 진화되어 오지는 않았다. 기품 있게 정돈된 해부학 또는 생리학에 비하면 게놈의 혼란성은 지극히 대조적이다. 인간의 게놈이 어떻게 왜 이런 식으로 진화하였는지를 유추하는 것은 매우 흥미로운 일이다.

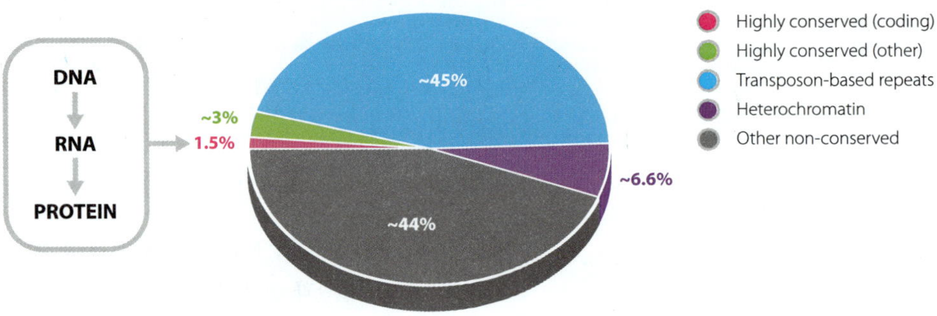

그림 3.12 - 우리들의 DNA들은 무엇을 하는가?
약 1.5%의 DNA만이 생명의 중심이론 (Central Dogma)에서 설명하는 DNA 역할을 한다. 이외에도 약 3%의 DNA가 인간과 생쥐간의 보존적인 DNA들로 염기서열-의존적 기능을 갖고 있는 것으로 보여진다. 게놈 DNA 중 적어도 일부 DNA는 이질염색질을 구성하여 중심립으로서의 기능을 한다. 나머지의 절반 정도는 마치 감염 시 증식되는 병원균처럼 게놈 내로 전파되는 이른바 전이인자(transposable elements)들이다. 자료는 Draft Human Genome Sequence (2001)의 것임.

RNA의 숨겨진 세상?

최근에 비-번역 RNA들이 많이 발견되는데 이들 중 적어도 어떤 것들은 유전자 발현이나 염색질 구조 결정의 주된 조절자로서의 역할을 한다는 것이다. 이러한 발견은 아직 풀리지 않은 많은 질문들을 제시한다. 적어도 일부 세포에서 어떤 시점에 우리 게놈의 50%까지 전사가 된다. 알려진 유전자들은 이의 작은 부분만을 차지할 뿐이다. 과연 이러한 작용의 대부분은 시스템에서의 잡음[노이지(noise)]을 나타내는 것 일까? 즉 세포가 유전자를 인식하는데 서툴러서 비-기능적인 DNA들을 우발적으로 전사한 것 일까? 아니면 발견되기를 기다리며 기능을 하는 RNA들로 가득 찬 또 다른 어떤 세계가 있는 것일까? 어느 누구도 모르는 바이다.

Williams-Beuren syndrome [OMIM 194050]

Williams-Beuren 증후군 (WBS) 아이들은 학습 장애, 작은 체격 그리고 특징적인 얼굴 모습(도톰한 볼, 낮은 코, 두툼한 입술) 등을 동반한다(그림 1). 이들의 대부분은 수술을 필요로 하는 대동맥 판상부 협착증 (supravalvular aortic stenosis, SVAS)이라는 심장 이상을 동반하며 일부의 아이들은 유아 고칼슘증(infantile hypercalcemia)으로 고생하기도 한다. 이는 성장 부진을 악화시키며 신장 손상을 가져올 수도 있지만 자연적으로 치유되는 경향이 있다. WBS는 거의 가족력에 관계없이 산발적으로 나타난다. 20,000명의 신생아 중 1명의 비율로 나타나며 성별 및 인종간의 발병률에는 차이가 없다.

WBS의 병인기전과 이 증후군의 인지능력 및 행동학적인 표현형은 흥미롭다. 이 증후군의 원인은 앞서 기술한 대로 반복 정도가 낮은 반복 DNA의 존재와 직접적인 관련이 있다. WBS 원인의 결정적인 단서는 가족 구성원 몇 명이 SVAS를 갖지만 WBS를 보이지는 않았던 한 가족으로부터 찾을 수 있었다. 이 증후군을 보이는 아이들은 모두 균형적 염색체 전좌 t[6;7][p21.1;q11.23]를 가지고 있었다. 7번 염색체의 절단부위는 elastin 유전자 내에 있어 elastin 유전자를 분열시켰다. Box 3.4 에서 언급한 것처럼 fibrillin과 함께 elastin은 피부와 혈관벽에 탄력성을 제공하는 미세섬유사의 주 성분이다. SVAS는 elastin의 상대적 결핍에서 온다. WBS 증후군 환자가 elastin 결핍을 갖고 있음을 입증하기 위해 과학자들은 WBS 환자의 7번 염색체의 elastin 유전자 부위를 분석하였다. 그 결과 이 유전자 부위에 미세결실(microdeletion)이 있음을 규명하였다. 모든 WBS 환자들은 두 개의 7번 염색체에 있는 elastin 유전자 부위 중 하나에 이 같은 미세결실을 갖고 있다. 미세결실의 길이는 elastin 유전자를 포함하여 1.4 Mb 이다. 비록 이러한 미세결실은 관행적인 세포유전학 방법으로 탐지하기에는 너무 작지만, WBS의 단서가 되는 결정적인 부위는 적어도 24개의 유전자를 가지고 있다.

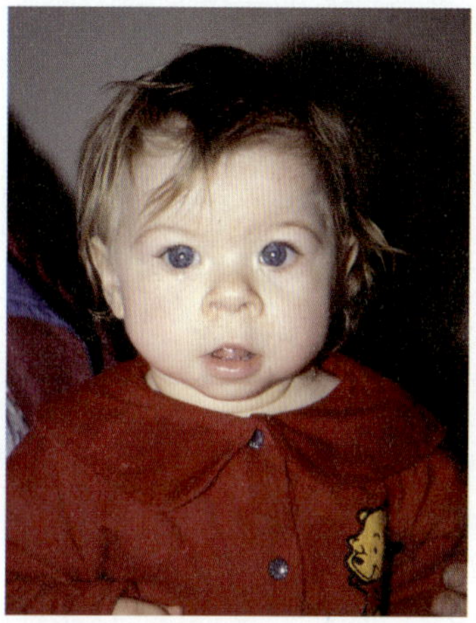

그림 1 - **Wiiliam-Beuren 증후군**

WBS 결실은 재발성으로 거의 모든 새로운 WBS 예 마다 결실은 새롭게 나타난 것이다. 동일한 병적 결실이 반복되어 일어나는 이유는 결실 부위가 양쪽에 저급 반복 DNA를 가지고 있기 때문이다. WBS-결정적 부위의 양쪽 끝에서부터 300-500 kb의 부위에 존재하는 DNA들은 98% 이상의 염기상동성을 가지고 있다. 감수분열 시 두 개의 7번 상동염색체가 대합할 때 간혹 잘못 정열된 대합이 반복되는 수가 있다. 잘못 정열 된 곳에서 교차가 일어나면 7번 염색체 중 한 개는 WBS 결실을 갖게 되고 다른 한 개는 이 부위를 중복으로 두 개 가지게 된다 (그림 2).

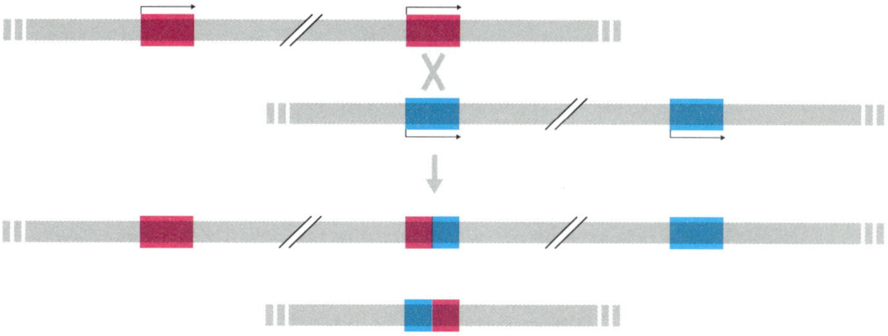

그림 2 - **WBS-결정적 부위의 비정상적 정열과 교차로 인한 결실과 상호 중복의 생성.**
저급-반복 DNA 들은 인간 게놈에 많이 존재하며, 비정상적 정열과 교차는 다양한 크기의 중복과 결실을 발생시키며 이들은 인간에서 여러 가지 유전 증후군을 야기한다.

Disease box 3 - continued

WBS에서 특히 흥미로운 것은 이 증후군을 가진 아이들의 인지능력과 행동적인 표현형이다. WBS 아이들은 Down 증후군 아이들과 비슷한 IQ를 가지지만 (대개 40 - 85 수준) 이들의 능력과 결손 양상은 현저히 다르다. WBS 환자들은 언어 능력은 비교적 양호한 반면 공간적 감각은 매우 저조하다. 어떤 그림을 그대로 그려보라 시키면 WBS 증후군 아이들은 세세한 부위는 똑같이 따라 그리겠지만 이들을 하나의 형체로 합치지는 못할 것이다 (그림 3). 반면 그들의 언변은 뛰어나다. 이들은 또한 특징적인 행동과 성격을 가진다. 그들은 친숙하지 상황에서 매우 불안해하지만 때로는 낯선 사람에게 이상하게 친절하기도 하다.

WBS 증후군은 우리에게 소수의 유전자 변화가 어떻게 언어 발달, 인지능력, 성격에 지속적으로 영향을 주는지를 보여주는 예이다. 많은 연구자들은 이 증후군으로부터 정상적인 언어 습득, 인지능력 및 행동을 결정하는 유전 요인들에 대한 더 많은 정보를 얻을 수 있기를 기대한다.

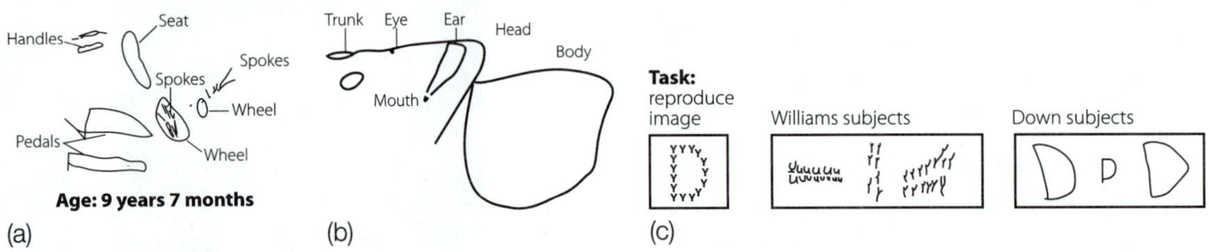

그림 3 - **WBS 어린이의 그림들.**
(a) 자전거와 (b) 코끼리. WBS 어린이가 그린 자전거와 코끼리는 모두 부분적으로 떨어져 연결이 되어있지 않으며[부분들을 라벨로 표시함] 하나의 형상으로 모아지지 않았다. (c) 나이와 IQ가 비슷한 WBS 증후군 어린이와 Down 증후군 어린이가 왼쪽의 그림을 따라 그린 그림. WBS 증후군 어린이가 얼마나 부분적으로만 볼 뿐 전체 도안을 보지 못하는지를 주목하라. Salk Institute(생물학 연구)의 Dr. Ursula Bellugi의 자료를 허락 후 게재함.

3.5. 참고문헌

De paepe A et al. [1996] Revised diagnostic criteria for the Marfan syndrome. *Am. J. Med. Genet.* 62: 417–426. *Ghent criteria for diagnosing Marfan syndrome.*

International Human Genome Sequencing Consortium [2001]. Initial sequencing and analysis of the human genome. *Nature*, 409:860–921.

International Human Genome Sequencing Consortium [2004]. Finishing the euchromatic sequence of the human genome. *Nature*, 431:931–945.

일반적 배경 지식

NCBI Science primer – http://www.ncbi.nlm.nih.gov/About/primer/

MJ Farabee의 Online Biology Book
http://www.emc.maricopa.edu/fculty/farabee/BIOBK/BiobookTOC.html
이 자료의 14-19장은 본 교재의 3-6장에서 다루는 주제에 대한 유익한 자료를 제공함.

DNA 구조나 기능에 대한 보다 상세한 정보는 최근에 발간된 유전학이나 세포생물학 교재 어느것을 참조하여도 좋음. 그 중 두 교재를 열거함.

- Strachan T and Read AP [2004] Human Molecular Genetics, 3rd edn, Garland, New York.
- Alberts B, et al [2005] Molecular Biology of the Cell, Garland, New York.

위 교재들의 이전 판들은
NCBI Bookshlef http://www.ncbi.nlm.nih.gov/entrez/querry.fcgi?db=Books에서 무료로 볼 수 있음.

유용한 websites

ENSEMBLE genome browser: http://www.ensenble.org/Homo_sapiens/
Human Gene Mutation Database: http://www.hgmd.org/
PFAM protein 구조 데이터 베이스: http://www.sanger.ac.uk/Software/Pfam/
SANTA CRUZ browser: http://genome.ucsc.edu

3.6 **자가 평가 문제들**

[1] 다음과 같은 DNA 염기가 있다 :

CCAGCTTCGCAAGTC

어느 염기가 CpG 이염기의 바로 인접 하류(downstream)이고 (a)
이것의 상보적 가닥은 무엇인가 (b) ?

[2] 데이터베이스에서 다운 받은 염기의 부분 염기 순서가 다음과 같다 :

CAGCTGGAGGAACTGGAGCGTGCTTTTGAG

주형 가닥과 mRNA 염기순서를 적으시오.

[3] 7번 염색체 한 부분의 150 염기들을 보여주고 있다. 세기 편하게 하기 위해 10개 씩의 뉴클레오티드를 한 단락으로 연속적으로 적었다. 대문자로 나타낸 염기들은 이 유전자의 1번 엑손이다. 소문자로 적은 인접한 염기들은 엑손의 염기들이 아니다. 개시 코돈은 굵은 밑줄을 그어 나타내었다.

1 gcagccaatg gagggtggtg ttgcgcgggg ctgggattag ggccggggcg
a

51 aaatgGGATC CTCCAAGGCG ACCATGGCCT TGCTGGGTAA GCGCTGTGAC
b c

101 GTCCCCACCA ACGGCgttag acctcagtac tgaatcagga cctcactcct
d e

a) 몇 번째에 있는 염기가 mRNA 로 전사될 때 첫 번째 염기 인가 ?

b) 밑줄 친 염기들 a–e의 이름들을 다음의 보기에서 고르시오.

3′ 비번역 부위

3 번째 코돈

5′ 비번역 부위

9 번째 코돈

스플라이싱의 수용 부위 (인트론의 3′ 말단)
스플라이싱 공여 부위 (인트론의 5′ 말단)
2번째 엑손의 일부
첫 번째 인트론의 일부
두 번째 인트론의 일부
Promoter의 일부

[4] 여기 두 개의 핵산 염기 서열이 있다. [A] 염기순서는 게놈 염기순서이며 [B]는 이것의 mRNA 염기순서이다.

(A)

ATGACCACGCTGGCCGGCGCTGTGCCCAGGATGATGCGGCCGGGCCCGGGGCAGAACTACCCGCGTAGCGGGTTCCCGCTGGAAGG
TAAGGGAGGGCCTCAGCGCGCCGCGCTTCTCTTTTCACCTTCCCACAGTGTCCACTCCCCTCGGCCAGGGCCGCGTCAACCAGCTCG
GCGGTGTTTTATCAACGGCAGGTACCAGGAGACTGGCTCCATACGTCCTGGTGCCATCGGCGGCAGCAAGCCCAAGGTGAGCG
GGCGGGCCTTGCCCTCCTCGCCTGCCCGCCTGTTCTCTTAAAGCAGGTGACAACGCCTGACGTGGAGAAGAAAATTGAGGAATA
CAAAAGAGAGAACCCGGGCGTGCCGTCAGGTACTAGGCCCATTAACCTCTCCCCGCTTCCTCCCTCCTCCCGCCCCCAGTGAGTTC
CATCAGCCGCATCCTGAGAAGTAAATTCGGGAAAGGTGAAGAGGAGGAGGCCGTCCTGAGCGAGCGAGGTAAGCGGTGGCGCCTT
GGGCGGCGGTTGAAGTAGCTTTTATGCCCTCAGGAAAGGCCCTGGTCTCCGGAGTTTCCTCGCATTAAAGGAGAGAGAGAGAGAGTA
CTCTTTTGACTGGT

(B)

AUGACCACGCUGGCCGGCGCUGUGCCCAGGAUGAUGCGGCCGGGCCCGGGGCAGAACUACCCGCGUAGCGGGUUCCCGCUG
GAAGUGUCCACUCCCCUCGGCCAGGGCCGCGUCAACCAGCUCGGCGGUGUUUUAUCAACGGCAGGUACCAGGAGACUGGCUC
CAUACGUCCUGGUGCCAUCGGCGGCAGCAAGCCCAAGCAGGUGACAACGCCUGACGUGGAGAAGAAAAUUGAGGAAUACAAAAGA
GAGAACCCGGGCGUGCCGUCAGUGAGUUCCAUCAGCCGCAUCCUGAGAAGUAAAUUCGGGAAAGGUGAAGAGGAGGAGGCCGUC
CUGAGCGAGCGAGGAAAGGCCCUGGUCUCCGGAUUUCCUCGCAUUAAAGGAGAGAGAGAGAGAGUACUCUUUUGACUGGU

이 유전자는 몇 개의 엑손이 있는가? 작은 표를 만들고 게놈 염기순서에서 엑손들의 개시 부위와 종료 부위의 번호를 적어 넣고, 엑손과 인트론들의 길이를 적으시오. 실제 유전자의 인트론들은 여기에 있는 것보다 훨씬 길 수 있다는 것을 명심하시오.

[5] ENSEMBLE 과 SABTA CRUZE 게놈 부라우져에서 다음의 유전자들을 찾으시오 : *BRCA1, GJB2, DYS*

(a) 이들 유전자 각각은 몇 개의 전사물을 만드는가?

(b) 각 유전자의 전사물 중 하나를 선택하여 이것의 ID를 적고 이것은 몇 개의 엑손을 가지고 있는지 알아보시오.

(c) 다른 전사물들과는 어떤 관계가 있는가?

(d) 1 번 엑손 5′ 끝에서 마지막 엑손의 3′ 끝까지의 유전자 길이는 얼마인가 ? 뉴클레오티드들의 염기 번호는 단완의 끝에서부터 개시되는 것을 명심하시오. DNA 두 가닥은 역 평행하므로 유전자의 염기 한 가닥은 단완의 끝에서부터 장완의 끝 방향으로 전사가 되고 이것의 상보적인 가닥은 이와는 반대 방향으로 전사가 된다는 것을 명심하시오. 그러므로 한 가닥의 뉴클레오티드 넘버는 5′->3′ 방향으로 증가하지만 이것의 상보적인 가닥의 뉴클리오티드의 넘버는 작아진다.

제 4 장

유전질환자의 DNA는 어떻게 분석하는가?

4장의 학습 요지

- 핵산 분자 교잡의 주요한 적용에 대해 설명
- 마이크로어레이(microarray)와 이의 활용에 대한 설명
- DNA 연쇄중합반응 (polymerase chain reaction, PCR) 원리
- PCR, Southern blotting, Northern blotting, FISH, array-CGH의 활용
- 위와 같은 분석 방법으로 얻을 수 있는 정보와 얻을 수 없는 정보들 및 RNA나 단백질들을 분석하여 얻을 수 있는 정보

4.1. 증례 학습

증례 11	Kavanagh 가족	**81**	97	152

- 건강한 첫 번째 남자 아이
- Celia; 둘 째 아이로 창백하고 헤모글로빈 레벨이 낮음
- 겸형세포 질환

Ken 과 Carol은 건강한 부부로서 이들의 첫째 아이 Keith가 태어났을 때 그들의 고향인 Kenya에 살고 있었다. Keith는 건강하였으며 Carol은 곧 재 임신하였다. 이들 부부는 Ken이 박사 후 과정을 하기 위해 얼마 전 영국으로 이주하였으며, 이주 하고 얼마 안 있어 두 번째 아이 Celia가 태어났다. Celia에게도 처음에는 모든 것이 잘되어 가고 있었지만, 생 후 3개월째에 그녀는 손가락이 부어 올라와 통증으로 고생하여 소아과 의사를 찾았는데 소아과 의사는 Celia가 창백하고 그녀의 비장(spleen)이 부풀어 있다는 것을 발견 하였다. 그녀는 헤모글로빈 수치가 7 g/dl 정도로 낮았으며 망상적혈구(reticulocyte) 수가 12%이었는데 이러한 사실은 Celia가 용혈성 빈혈 (hemolytic anemia)를 가지고 있다는 것을 의미한다. 겸형 세포 질환 (sickle cell disease)에 대한 진단은 혈액을 현미경 슬라이드에 도포하여 겸형 적혈구가 보이면 진단을 내린다. Carol은 Kenya에서 간호원 교육을 받아서 그녀는 겸형 적혈구가 무엇을 의미하는지 잘 알고 있었으며 그녀는 Celia의 향후 상태에 대하여 매우 걱정하였다. Carol은 Celia가 심한 뼈 통증과 복부 통증의 위기로 인해 병원에 입원해야 할지도 모른다는 것을 알고 있었으며, Celia가 일생 동안 수혈과 페니실린을 복용하여야 한다는 것을 알고 있었다. 다음 몇 달 동안은 가족에게 새로운 환경과 Celia의 나쁜 소식에 대해서 적응하여야 하는 매우 힘든 시기였다. 비록 이들 부부는 더 이상의 임신을 현재는 계획하고 있지 않았지만, Carol은 이미 그녀가 임신이 되었다는 것을 알았다. 그들은 항상 3명의 아이를 갖기를 원하였지만 그래도 매우 당황하였으며, 임신된 아이가 겸형 세포 질환을 가지고 있을 가능성에 대해 매우 걱정하였다. 그들은 현재의 최고의 선택은 유산이라고 생각했다. 그러나 그들은 산부인과 의사를 만나서 상담하였는데, 산부인과 의사는 임신초기에 태아가 질환을 가지고 있는지에 대해서 검사가 가능하다는 것을 설명하여 주었다. 그들은 태아가 질환을 가지고 있을 가능성이 4명 중의 1명이 질환을 가지며 나머지 4명 중 3명은 질환을 가지지 않거나 보인자일 가능성이라는 것을 알고 좀더 낙관적인 생각을 갖게 되었다.

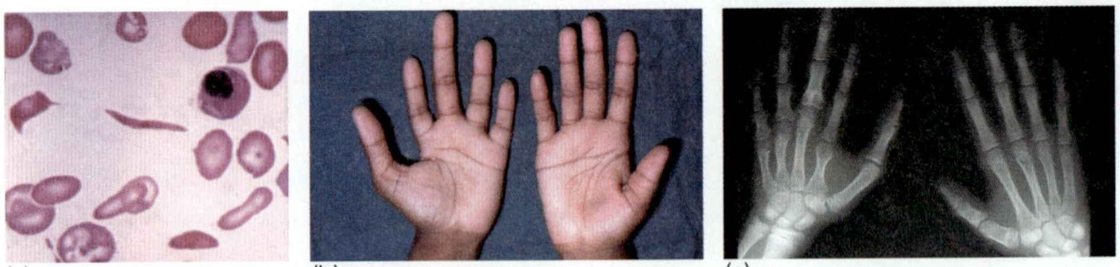
(a) (b) (c)

그림 4.1 - 겸형 세포 질환.
(A) 현미경 슬라이드에 혈액 도포시 겸형 세포들이 보인다 [변형적혈구증가증(poikilocytosis, 비정상적인 모습의 적혈구)과 유핵 적혈구 세포 (nucleated red cell) 등을 가짐]. (b)와 (c) 지골(肢骨)(phalanges)와 장골(掌骨)(metacarpals)의 뼈 경색(infarct)은 손가락 길이의 차이를 초래한다. 사진은 Manchester Children' s Hospital의 Dr. Andrew Will 제공

증례 12 Lawton 가족

82 98 376

- 혈우병 가족력
- Lennox; 두혈종을 가진 사내 아이

Lennox는 Lillian과 Leslie Lawton이라는 부부의 첫 번째 아기이다. Lillian은 그녀의 삼촌이 혈우병(hemophilia)를 가지고 있었다는 것은 알고 있었지만 그녀가 임신하였을 때 자신의 엄마로부터 모계 가족의 가족력을 듣고 현재 임신된 아기에게도 혈우병 가능성이 있다는 것을 인식하였다. Lilian은 정상인 자매가 한 명 있었고, 그녀의 외삼촌 세 명중에서 두 명이 어렸을 때 혈우병 진단을 받았다. Lillian의 혈우병 외삼촌 두 명은 모두 활동 중이나 가벼운 부상 등으로 무릎과 발목에 반복적인 출혈로 걷는데 많은 어려움을 가지고 있었지만, 그들은 아직도 생존하여 있으며 출혈이 생기면 곧장 지역의 혈우병 센터에 가서 치료를 받는다. 이들 두 명 중에 하나는 오토바이 사고로 중환자실에서 몇 달 동안 입원하고 재활 치료도 받았다. Lillian은 혈우병이 남자아이에게 나타난다는 것을 알고 있다. 임신 기간 동안 그녀는 유전 클리닉에서 진단을 받도록 조치를 받았는데 이곳에서 스태프들은 그녀의 현재 임신에서 혈우병 아이를 가질 가능성은 1/16이라고 설명을 하여 주었다 (그녀가 보인자일 가능성이 1/4이며, 그녀가 보인자라면 이를 임신된 아이에게 물려줄 가능성은 1/4이므로 1/4 x 1/4 = 1/16). Lillian은 아이가 태어났을 때 상황을 지켜보기로 하였다. 분만 진통이 천천히 왔고 분만용 집게로 아기를 꺼내었다. Lennox는 정상인 듯 하였지만 그의 한쪽 골이

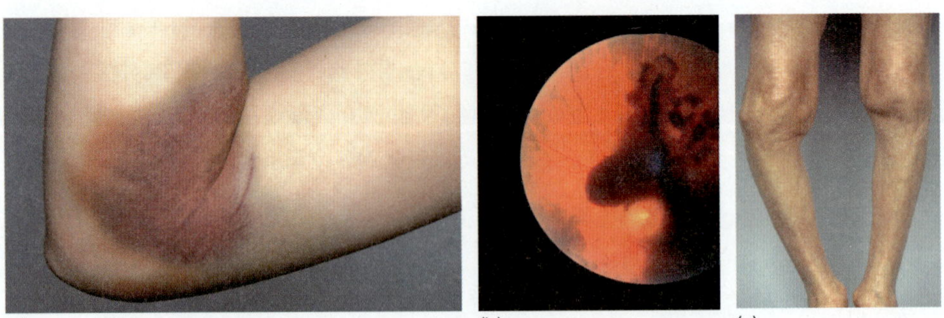
(a) (b) (c)

그림 4.2 - 혈우병에 의해 야기되는 증세들
(a) 팔꿈치 부위의 출혈. (b) 망막 출혈. (c) 관절에서의 반복적인 출혈로 인한 심한 관절염. 그림(a)와 (c)는 맨체스터 왕립 진료소의 의학자료과에서 제공 받았으며 (b)는 왕립 맨체스터 소아병원의 Dr.Andrew will로 부터 제공 받았음.

크게 부풀러 있었는데, 산파는 두혈종(cephalohematoma)인 것 같다고 하며 이것은 천천히 사라질 것이라고 하였다. 소아과 의사는 Lillian 의 가족력에 대해서 듣고서 아기의 두혈종은 그가 혈우병을 가졌다는 것을 의미한다는 것을 인지하고 곧 검사를 실시하였다. 그는 만약에 Lillian이 혈우병을 가지고 있다는 것을 알고 있으면, 관절에서의 출혈증상을 곧 알아차리고 문제의 위험성을 낮출 수 있다고 생각하였다.

증례 13 Murphy 가족

83 100 376

- Michelle; 얼굴 형태 이상을 가진 여자 어린이
- ? 불균형 염색체 이상

Michelle은 Max 와 Millie 사이의 세 번째 아이이다. 이들의 두 아들은 모두 건강하였으며 정상적으로 발육하였다. 이들 부부는 Michelle이 걱정스러운 임신으로부터 낳았지만 그녀를 낳았을 때 기뻐하였다. 임신 18주차에 초음파 검사에서 태아의 목 뒤 부분이 부어 있는 것을 발견하였으며 이후의 검사에서도 신장 한쪽의 골반 쪽으로 부어 있는 것을 보여 주었다. 그러나 이들 부부는 양수검사에서 아기가 정상적인 염색체 구성을 가지고 있는 것을 발견하고 안심하였다. 하지만 이러한 안심은 오래 가지 못해서 소아과 의사는 태아의 심장 잡음을 진단하고 여러 가지 검사를 실시하도록 하였다. 다음 몇 달간은 Michelle의 발달과정은 여러 가지 근심을 안겨 주었는데; 그녀는 튜브를 통하여 음식을 섭취하고 웃음이나 앉기 등의 발달과정이 정상보다 늦었다. 소아과 의사는 그녀를 유전 클리닉에 검사를 의뢰하였다. 임상 유전학자는 기형학(dysmorphology)에 특히 흥미를 가지고 있었다 (*Box 4.1*에 설명하는 것처럼 선천적 결손증의 유형을 연구함). 임상 유전학자는 Michelle이 신장 이상과 소두증(microcephaly) 등 명백한 증세 외에도, 그녀가 여러 가지 기형적인 특징을 가지고 있다고 생각했다. 이러한 기형으로 몽고주름(epicanthic folds), 두 눈의 간격이 넓음, 짧은 인중(philtrum), 귀의 하부가 짧음 등이다. 그녀는 또한 5번째 손가락이 안쪽으로 굽어 있으며 짧은 지골을 가지고 있었다.

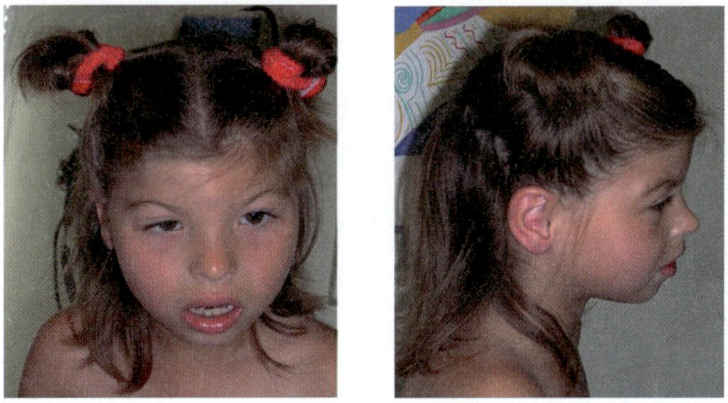

(a) (b)

그림 4.3 - 여러 가지 선천적 이상을 가진 어린이로 염색체 이상을 가지고 있는 것으로 보인다.
그녀는 심한 정신 박약, 신장 발육 지연, 소두증(microcephaly) 과 얼굴 및 손의 기형 [몽고주름, 양안격리증(hypertelorism), 아치형 눈썹, 귀 하부 처짐, 짧은 인중, 입이 벌어짐, 두드러지는 입술, 아래이의 불규칙배열, 5번 손가락의 손가락 기울증(clinodactyly)와 말단부 단지증(brachydactyly)]. 사진 제공 Nijmegen의 Dr. Bert de Vries.

Michelle은 학습인지 능력에 어려움과 여러 기형 등을 종합하여 보면 불균형 염색체 이상을 가지고 있는 것으로 보인다. Gillian Green (증례 7; ?22q11 결실) 처럼, Michelle의 염색체 핵형은 전체적으로는 정상이었지만, Gillian 의 경우와는 달리 Michelle은 염색체의 어느 부위에서 미세결실이 일어났는지에 대한 정보가 전혀 없다. 그래서 그녀의 경우는 전체 게놈의 조사하여 유전자 카피수의 차이(중복이나 결실)를 조사하기로 하였다.

Box 4.1

변형(malformation), 기형(deformation), 형성장애(dysplasias), 증후군

변형: 기형적 발달과정에 의한 형태적 이상. 형태형성의 일차적 실수. 예, 구순구개열

변형 연속 (malformation sequence): 한가지 변형에 의해 야기되는 여러 가지 결함들의 유형.
예, 기형족(talipes)와 뇌수종(hydrocephalus)는 요추신경관절병증(lumbar neural tube defect)으로부터 유발한다.

변형 증후군: 어떤 특징의 유형, 흔히 하나의 공통된 원인을 가지며 형태형성에서 여러 가지 실수를 유발한다.
[증후군을 나타내는 'syndrome' 은 그리스어로 'running together' 라는 의미임]

기형: 물리적 힘에 의한 기형으로 그렇지 않으면 정상임.

혼란(disruption): 이전에는 정상인 조직이 파괴된 것.

형성장애: 구조적 변화에 의한 조직내의 비 정상적인 세포 조직화. 예, 골격 형성장애에서 연골성 경골 내에서의 변화.

4.2. 배경

이배체의 인간 세포는 6 x 10^9 bp의 DNA를 가지고 있다. 이 책에서 다루는 사례들의 대부분은 환자의 특정한 유전자나 염색체 부위의 DNA 샘플을 취급한다. 화학적으로 동일한 염기들로 이루어진 관련성 없는 DNA들로부터 원하는 부위의 DNA들만을 어떻게 선택적으로 분석은 할까?

모든 실험 방법들은 두 가지의 기본적인 접근법 중 하나를 이용한다.

a) 표지된 염기서열(probe)와 분석하고자 하는 염기서열과의 분자 교잡
b) 분석하고자 하는 부위의 증폭; 분석하는 부위의 염기서열들만을 선택적으로 반복하여 증폭함

본 장에서 다루는 분석에서 이용되는 방법들의 원리와 적용은 다음과 같다. 이들의 유전 클리닉에서 중요하게 다루는 어려운 적용들은 본 장의 마지막 절에서 설명한다.

핵산 분자 교잡

DNA 나선의 두 가닥은 상보적인 염기 쌍들이 상대적을 약한 화학결합인 수소결합에 의해 서로 연결되어 있다. 이 화학결합은 DNA가 녹아 있는 수용액을 끓이거나 높은 pH 용액에 노출 시키면 끊어진다. 이러한 과정을 DNA의 변성이라 한다. 변성과정은 가역적이다. 상보적인 단일 핵산 가닥은 만약에 적절한 온도(통상 50-60℃)나 pH에 두면 서로 교잡(hybrization) 또는 복원(annealing) (서로 달라 붙어서 두 가닥이 됨) 된다 (*그림 4.4*). 상보적인 두 가닥이 분자 교잡이 일어나는 특징이 DNA 기술의 가장 기본이다.

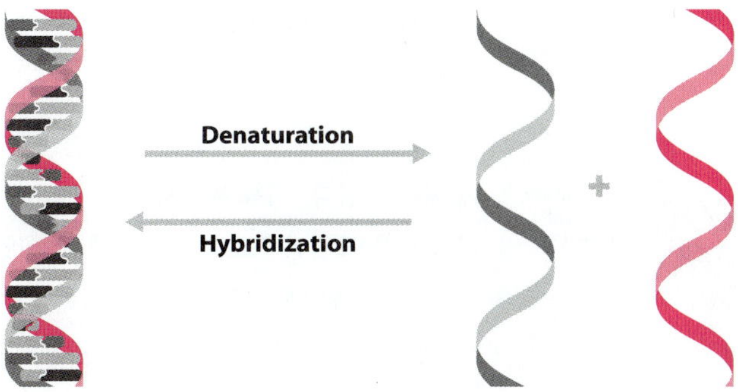

그림 4.4 - 이중-나선 DNA의 변성 과 복원; 두 개의 상보적인 단일 가닥이 교잡된다.

두 개의 단일 가닥들이 분자교잡 일어날 때에 두 가닥들이 완전히 일치할 필요는 없다. 분자교잡시 약간의 비상동성 염기들이 있어도 두 가닥들 사이에 충분히 수소 결합이 일어날 정도의 상동성이 있는 염기들로 이루어져 있으면 분자교잡이 일어난다. 비상동이 있는 염기들이 많이 있으면 상동성이 높은 염기들로 이루어진 이중나선에 비해 낮은 온도에서 변성된다. 짧은 염기서열은 긴 염기서열에 비해 상대적으로 수소결합의 수가 적으므로 쉽게 변성된다. 짧은 염기들은 분자교잡시 긴 염기서열에 비해 낮은 온도에서 교잡이 일어나고 비상동성 염기들에 대해 교잡이 일어나는데 더욱 민감하다. 이러한 변수들을 고려하여 DNA 테스트를 하는데 분자교잡은 여러 가지 방법으로 이용된다.

DNA 검사 시 기본적인 분자 교잡

유전 클리닉에서 분자교잡 검사는 다음의 두 가지 유형이 있다:

- DNA 검사는 때로는 아주 작은 수의 염기 변이나 단일염기 돌연변이 등을 검사하는데 이용된다. Kavanagh 가족 (증례 11; 겸형 세포)에서 DNA 검사를 이용하여 태아의 겸형 세포 돌연변이를 찾고자 한다면, 인간 게놈을 구성하는 3,000,000,000개의 염기들 중 하나의 특정한 염기 치환을 찾아야 한다. 이것을 찾기 위한 방법의 하나로 인공적인 짧은 올리고뉴클레오티드(oligonucleotide)(15–30개 정도의 뉴클레오티드로 된 DNA 단편)를 분자교잡 프로브로 이용한다. 이러한 짧은 프로브를 이용할 때에는 분자교잡 조건이 완전한 상동성에서만 일어나도록 하여야 한다. 올리고뉴클레오티드를 구성하는 염기 중 하나의 염기가 상동성이 없어도 교잡이 일어나지 않을 정도로 조건을 높인다. 이러한 높은 분자교잡 조건이 연쇄 중합반응(PCR, 아래에서 설명함)의 기본으로서 이것은 어떤 올리고뉴클레오티드를 이용하는가에 달려 있는 것이다. 비록 PCR이 분자교잡을 위한 일차적 검사는 아닐지라도 이것은 특정한 염기서열을 증폭하기 위한 특정한 분자교잡이 필요한 것이다.
- 어떤 경우에는 다른 여러 사람들의 DNA 간에 약간의 차이가 있음에도 불구하고 분자교잡을 실시할 때도 있다. Gillian Green (증례 7; ?22q11 결실)이나 Michelle Murphy (증례 10; ?미세결실)의 경우 염색체 미세결실을 확인하는 분자교잡 테스트를 수행할 때 환자가 상응하는 염기서열에 몇 개의 변이 뉴클레오티드를 가지고 있다 하여도 분자교잡이 일어나도록 해야 한다. 분자교잡이 전혀 안 일어난다는 것은 상응하는 부위의 염기서열이 완전히 존재하지 않는 것이다. 이러한 테스트를 수행할 때에는 긴 분자교잡 프로브를 사용하여야 하는데 통상 클론닝된

DNA 단편을 이용한다. 1Kb 정도의 프로브는 교잡되는 부위 DNA에서 약간의 비상동성 뉴클레오티드들이 있어도 동종의 염기서열과 분자교잡 한다.

분자교잡 검사를 수행하는데 어느 것을 이용하던지 프로브가 검사하고자 하는 DNA에 교잡되었는지 알아야 한다. 이를 위해서 두 가지의 분자교잡 파트너 중 하나에 표지를 하고 다른 파트너를 분리한 다음 표지된 프로브가 여기에 붙어 있는지를 검정한다. 이전에는 표지를 붙이기 위해서 주로 방사성 동위원소인 32p를 이용하였지만 요즘은 형광 물질로 표지 한다. 보통 다른 하나의 교잡 파트너는 니트로셀룰로스 필름이나 현미경 슬라이드 중에 고착시키고 이것을 표지된 프로브가 들어 있는 용액에 담가서 분자교잡이 일어나도록 한 다음 꺼내어 수세한다. 이 후 니트로셀룰로스 필름이나 현미경 슬라이드에 붙어 있는 DNA와 프로브 DNA가 서로 교잡이 일어났는지를 다음과 같은 방법들로 검정한다.

- **Dot blotting**: Kavanagh 가족 (증례11, 겸형 세포)를 분석하기 위해서 태아의 DNA를 변성 시킨 후 니트로셀루로스 필름에 스팟식으로 떨어뜨려 부착 시킨 후, 올리고뉴클리오티드 프로브를 정상인과 겸형환자 특이적으로 제작하여 분자교잡 시킨다. *그림 4.11*에 도식화 하였다.
- **Southern blotting**: Lawton 가족 (증례 12, 혈우병)에게 문제는 질환을 가지고 있는 소년이 X 염색체에 큰 역위가 일어나 F8 유전자가 파괴되었는지를 확인하는 일이다. 이 과정은 *Box 4.2*와 *그림 4.5*에 설명하였다. Southern blotting은 분석하고자 하는 염기서열이 존재하는지 또는 않는지를 분석하는데 이용하거나 분석하고자 하는 염기서열 부위의 제한효소 단편 크기의 변이를 분석하는데 이용된다. 1980년대에는 이 방법이 유전 클리닉에서 사용하는 주된 방법이었다. 현재는 이 방법은 PCR법으로 많이 대체되었는데, PCR 법은 Southern 법에 비해 분석시간이 빠르고 매우 간편하며 분석하고자 하는 DNA도 조금만 있어도 되는 등 장점들이 있다. Southern blotting 법은 현재에는 분석하고자 하는 DNA 단편의 크기가 몇 Kb 이상 되는 긴 것들의 분석에 이용된다. Lawton 가족의 경우는 역위의 절단점을 어느 곳인지 미리 알고 있지 못하므로 Southern blotting 분석이 용이하다. PCR은 분석하고자 하는 단편의 길이가 길어지면 분석이 매우 어려워 진다.
- **Fluorescent in situ hybridization (FISH)**: 분석하고자 하는 환자의 DNA 단편의 존재 여부, 염색체 내의 위치, 카피 수 등을 분석하는데 이용된다. Gillian Green (증례 7; ?22q11 결실)의 경우 몇 백만 bp 정도의 DNA가 염색체의 특정 부위에서 결실된 것을 보고자 한다. 만약에 결실이 있다면 두 개의 상동 염색체 중에서 한 개에 있을 것이다. 분자교잡 부위의 염색체 위치에 관한 정보를 분석하기 위해 DNA를 분리하기 보다는 Gillian의 염색체를 현미경 슬라이드에 준비한다. 현미경 슬라이드에 준비된 염색체 DNA를 염색체의 모습이 망가지지 않도록 조심스럽게 처리하여 변성 시킨다. 비록 상보적인 염기순서들이 인접하여 존재하여도, 현미경 슬라이드 유리에 고착되어 있으므로 이들은 서로서 자신의 상동성을 가진 단편들을 찾을 수 없으므로 단일 가닥으로 슬라이드에 붙어 있게 된다. 이것을 표지된 프로브 DNA가 있는 용액에 노출시킨다. 이때 사용되는 프로브는 클로닝된 것들로 길이가 수 Kb 정도 되는 것들을 이용하는데 위에서 설명한 것과 같이 약간의 비상동성 염기들이 존재하여도 분자교잡에는 여향을 주지 않는다. 프로브는 형광물질로 표지 시킨다. 분자교잡 후, 슬라이드를 수세하고 현미경으로 검경한다. 프

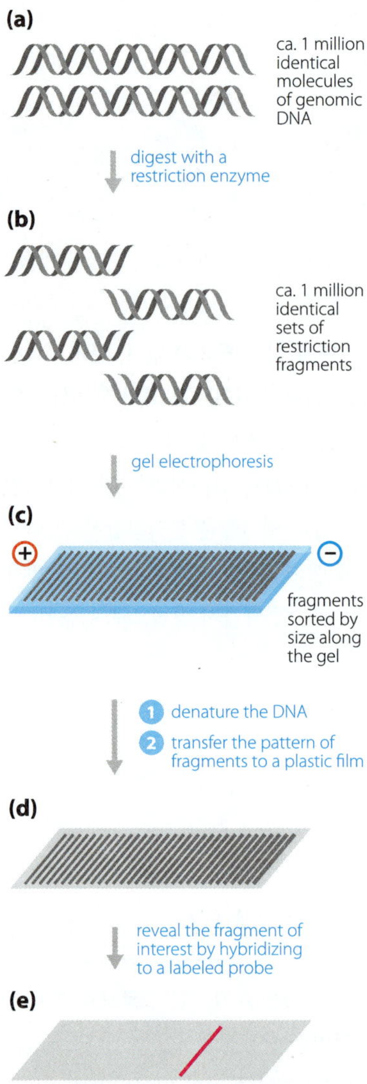

그림 4.5 - Southern blot DNA 분석
분석하고자 하는 DNA(a)를 제한효소로 절단한다 (b). 절단 된 단편들을 전기영동법에 의해 크기 별로 분리하고 (c), 전기영동 젤을 알칼리 용액에 담가서 DNA를 변성 시킨 후, 니트로셀룰로스 필름으로 DNA를 이동시킨다 (d). 니트로셀룰로스 필름을 프로브가 들어 있는 용액에 담가서 분자교잡을 시킨 후 교잡된 부위를 검정한다 (e). 더욱 자세한 설명은 *Box 4.2*를 참조.

Box 4.2

Southern blotting의 원리

검사하고자 하는 DNA를 제한효소 [*Box 4.3*과 *그림 4.5* 참조]로 절단한다. 제한효소는 DNA의 특정한 염기만을 인식하여 자를 수 있는 특이한 효소로서 항상 같은 염기서열을 만나면 절단하는 매우 재현성이 높은 효소이다. 절단된 DNA 단편들을 agarose 젤을 이용하여 전기영동 [*Box 4.4*] 시키는데 이 방법은 단편의 크기에 따라 DNA들을 분리시킨다 [*그림 4.5c*]. Agarose 젤을 알칼리 용액에 젤 내에 있는 DNA 단편들을 단일 가닥으로 변성시킨다. 어느 단편이 프로브 DNA 와 분자교잡이 일어날 수 있는지 보기 위하여 agarose 젤 내의 DNA 단편들을 니트로셀룰로스 필름으로 전이시킨다. 지금까지의 일련의 과정을 Southern blotting이라고 한다. 젤 내의 DMA 단편을 필름으로 이동시키기 위하여 니트로셀룰로스 필름을 젤 위에 밀착시키고 필름 위에는 마른 페이퍼 타월을 쌓아 놓고 조심스럽게 압력을 가하므로서 젤 내의 액체가 젤로부터 필름을 통과하여 마른 페이퍼 타월로 이동시키는데 이때 액체 이동과 함께 변성된 DNA가 이동되다가 필름을 통과하지 못하고 부착된다 [*그림 4.5d*].

이 필름을 프로브가 함유된 용액에 담그므로서 프로브 DNA와 필름에 부착된 상보적인 DNA 단편들과의 분자교잡이 일어나도록 한다 [*그림 4.5e*]. 표지된 프로브에 따라 분자 교잡된 프로브의 위치를 오토라디오그래피나 형광에 의해 탐지한다. 이 방법은 프로브 DNA와 상보적인 DNA 단편이 존재하는가를 확인하는 방법으로서 상보적인 단편이 존재한다면 그 단편의 길이는 얼마인 가를 보는 것이다.

로브가 분자교잡이 일어난 부위는 형광 스팟이 염색체 위에 두 개의 쌍점으로 나타난다 (두 개의 쌍점으로 나타나는 이유는 이때 분자교잡이 일어난 염색체는 두 개의 염색자매분체로 이루어져 있기 때문이다, *2장* 참조). *그림 4.6*은 원리를 도해로 나타내고 그림 4.14는 실제 FISH 결과의 사진이다.

- **Interphase FISH**: Helen Howard (증례 8, Down 증후군)은 그녀의 태아가 Down 증후군을 가지고 있는가를 보기 위하여 산전 검사를 받도록 권고 받았다. 태아세포를 양수검사(amniocentesis) (*14장* 참조)로 채취하였다. Interphase FISH는 세포 배양하여 세포가 분열할 때까지 기다리지 않고 특정한 염색체를 간기(interphase)에서 셀 수 있는 방법이다. 정상적인 FISH 방법과 마찬가지로 세포를 현미경세포에 부착 시킨 후, 세포 DNA를 변성시키고 형광 물질로 표지된 프로브 용액을 세포 위에 덮고서 분자교잡을 유도한다. 이때 프로브는 특정한 염색체에서만 존재하는 염색체 특이적 단편을 이용한다. 세포의 형광 스팟을 체크함으로서 그 염색체가 몇 개 있는지를 확인한다. 이때 분석하는 세포는 통상 수십 개 정도의 세포를 분석하여 검사 오류가 일어나지 않도록 한다.
- **Comparative genomic hybridization (CGH)**: 카피 수 변이를 체크하는 일반적인 방법이다. 즉, 특정한 염기순서가 게놈 내에 많거나 적게 존재하는 가를 정상의 컨트롤 DNA 와 비교하여 분석한다. 현미경으로 검사하기에는 변이 DNA 부위가 너무 작거나 분석하고자 하는 어떤 변이의 염색체 위치에 대한 사전 정보가 없을 때 사용된다. 증례 13의 (Michelle Murphy, 형태 이상과 정신 박약) 경우 Michelle이 현미경 검경 수준 이하의 결실이나 중복으로 가지고 있는지 보기 위해 CGH를 이용할 수 있다.

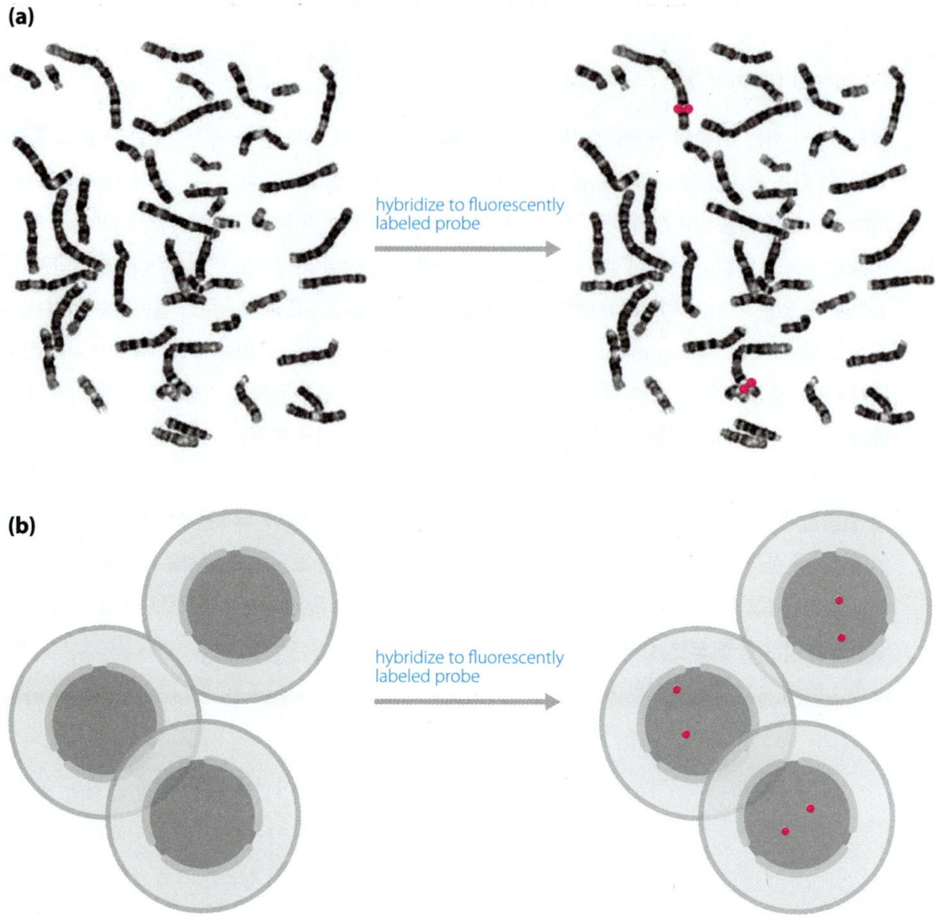

그림 4.6 - 형광 In situ hybridization (FISH).
FISH 법은 분열 중인 중기세포(a) 간기 세포(b)에 사용 가능하다. 두 경우 모두 세포를 현미경 슬라이드에 부착시키고 DNA를 변성시킨 후 형광물질로 표지된 프로브 DNA를 분자 교잡시킨다. *그림 4.14*와 *4.15*의 예를 참조할 것.

프로브들을 microarray 상태로 만들 수도 있다. Microarray는 dot blot 방법을 응용한 것으로 많은 수의 dots을 분석하는 것이다. 이 경우에는 DNA가 분석하고자 하는 DNA를 현미경 슬라이드와 같은 고체 서포트에 부착시키지 않고 대신에 형광물질로 표지된 프로브 DNA들을 부착시킨다. 수 천 또는 그 이상의 프로브들이 유리슬라이드의 그리드(grid)에 부착시키고 이것을 표지된 테스트 DNA가 들어 있는 용액에 담근다. 슬라이드는 마치 디지털 이미지와 같은 수천 개의 셀이 있으며 각 셀에 특정한 프로브 DNA들이 수천 개씩 들어 있다. CGH 법은 경쟁적 분자교잡이다. 환자로부터 분리된 DNA와 정상인의 DNA를 두 가지색의 형광물질로 (예, 환자는 녹색으로 정상인은 붉은색으로) 각각 표지 한다. 두 가지의 DNA를 같은 농도로 혼합하고 이를 microarray DNA들과 분자교잡 시킨다. 프로브 DNA와 분자교잡 반응이 일어날 때 환자의 녹색 DNA는 정상인의 붉은 DNA와 경쟁을 하게 된다. 분자교잡 반응 후 수세시키고 슬라이드를 현미경으로 관찰하여 각 셀에서 발광하는 녹색과 붉은색 형광을 분석한다. 두 가지

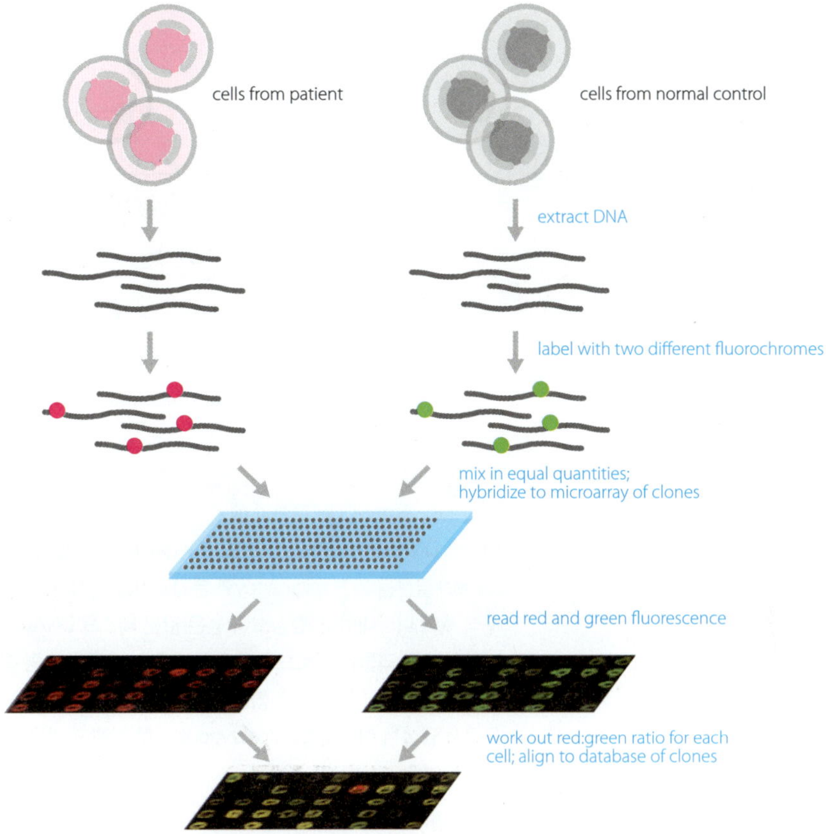

그림 4.7 - 게놈 DNA 클론의 마이크로에레이를 이용한 CGH 원리 [array-CGH]. Joris Veltman (Nijmegen)의 도해를 저자 양해아래 일부 수정함.

형광색이 같은 비율로 빛을 발하면 노란색으로 보인다. 환자가 특정한 셀에 있는 프로브 단편을 하나 또는 두 카피 정도로 결실 된 경우 녹색의 DNA 보다 붉은 색의 정상인의 DNA가 이 특정한 셀에서 더욱 많은 분자교잡이 일어나므로 붉은색 형광을 나타내게 된다. 반대로 중복은 녹색 형광을 을 나타내게 된다 (*그림 4.8*).

Array-CGH를 이용하여 여러 가지의 효과적인 분석을 수행할 수 있다. 인간 게놈 프로젝트를 통하여 정확히 유전적 위치가 동정된 DNA 클론들이나 특성 분석이 완료된 많은 양의 클론들을 이용 가능하므로 CGH array의 특이성이나 해상도를 전체적으로 컨트롤할 수 있다. 이러한 분석능력은 클론의 크기나 이들의 게놈 내 분포 등에 따라 달라진다. 각각 클론들의 염색체 위치를 정확히 알고 있으므로 CGH array로 탐지된 결실이나 중복은 즉각적으로 어떤 유전자에서의 변이인가를 찾을 수 있는 것이다. 초기의 CGH 실험은 microarray 대신 정상적인 염색체 분포를 현미경으로 찾는 것이었지만 이제는 array-CGH로 대체되었다. CGH는 매우 강력한 분석 방법이지만 임상적 이용에는 두 가지의 제한이 있다. 이 방법으로는 오직 카피 수의 변화 만을 감지 할 수 있으므로 전좌나 역위와 같은 균형적 염색체 재배열을 탐지할 수 없고 일반적으로 사용하기에는 아직 비용이 많이 든다는 것이다.

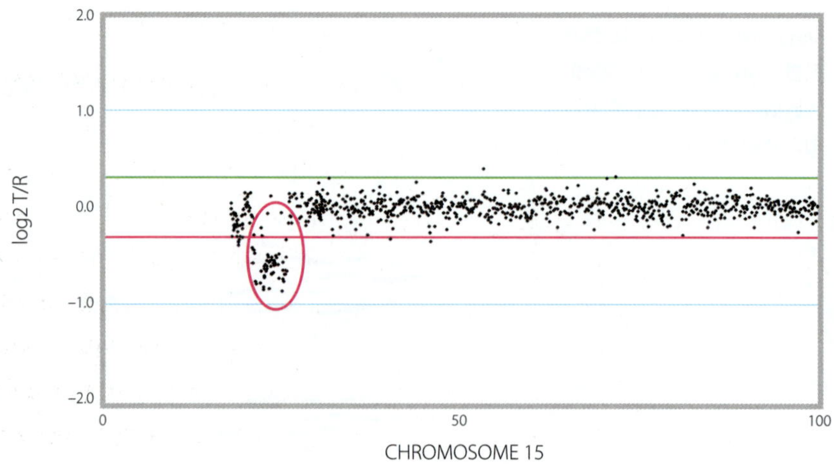

그림 4.8 - Array-CGH 결과의 예.
테스트 DNA(녹색 표지)와 컨트롤 DNA(붉은색 표지)를 혼합하고 30,000개의 BAC (bacterial artificial chromosomes) 클론을 가진 microarray와 분자교잡을 실시하였다. Array의 각 셀 당 녹색 형광과 붉은색 형광의 비율을 수직 축에 나타내었다. 정상보다 높은 값은 테스트 DNA에 중복이 있음을 의미하며 낮은 값은 결실이 있음을 의미한다. 결과들은 프로브들의 염색체 위치에 따라 수평 축으로 배열하였다. 보여주는 결과는 15번 염색체에 있는 프로브들의 결과이다. 붉은 원은 테스트 DNA에 단일 카피로 존재하는 15q11-q13에 인접한 부위의 클론들로서 결실을 이형접합(heterozygous)으로 가지고 있음을 나타낸다. Joris Veltman (Nijmegen)의 결과임.

Box 4.3

제한효소

제한효소는 박테리아 세포에 존재하는 효소들로서 보통 4, 6, 8개의 짧은 염기순서를 특이적으로 인식하여 이중나선 DNA를 절단한다. 박테리아는 외부 DNA가 자신들의 세포로 들어왔을 때 이를 분해 시킬 수 있는 방어 기작으로 제한효소들을 가지고 있다. 여러 종의 박테리아들로부터 많은 수의 제한효소들이 지금까지 발견되어 분리되었다. 이들 제한효소들은 각각 고유의 인식 염기서열이 있는데 예를 들면 *Eco*RI 제한효소는 GAATTC 염기를 인식하여 절단시킨다.

분자생물학에서 제한효소들은 매우 유용하게 이용된다. 이들의 DNA 절단은 매우 재현성이 높다. DNA를 이용하여 실험할 때 종종 자신들이 다루는 DNA들이 동일한 DNA 분자들의 집합이라는 사실을 인지하지 못하고 수행하는 경우가 많이 있다. 예로, 통상 한 번의 Southern blot 실험에서 혈약에서 채취된 5 ug 정도의 DNA를 이용한다. 인간 세포 한 개에는 6.4 pg의 DNA 가 있으므로 6.4 ug 의 DNA는 1 백만 개정도의 세포에서 추출하여야 한다. 그러므로 처음 시작하는 재료들에는 동일한 분자들이 아주 있는 것이다. 제한효소가 같은 부위를 정확히 절단시키지 못한다면 발생되는 DNA 단편의 크기는 매우 다양하여 전기영동 시 확실히 구별할 수 있는 밴드들을 형성하지 못한다. 제한 효소에 의해 절단되어 생성되는 단편의 길이는 제한효소의 종류에 따라 다르게 나타날 수 있다. 평균적으로 4-bp를 인지하는 제한효소라면 임의적인 염기서열에서 각 염기가 나타날 확률은 4bp 마다 한번씩이므로 4^4=256 bp 정도이며, 6-bp 인지 제한효소들은 4096 bp 정도가 될 것이다. 제한효소 인지 부위들은 인간 게놈 DNA에 임의적으로 배열되어있으므로 발생되는 단편들은 이와 같은 평균적인 단편 주위에서 아주 다양하게 나타날 수 있다.

Box 4.4

젤 전기영동

PCR과 함께 젤 전기영동은 분자유전학의 중심적인 기법이다. DNA 분자들은 인산기를 가지고 있으므로 음성의 전하를 갖는다 (*Box 3.2* 참조). 전기장에서 DNA 분자들은 양전하 방향으로 이동한다. 만약에 DNA들이 agarose나 polyacrylamide 젤 내에 있다면 이들은 긴 폴리머로 된 정글과 같은 매트릭스를 통과하여야 한다. 이중 나선의 DNA가 얼마나 빨리 젤 내에서 이동을 하는지는 완전히 그 DNA 단편의 길이에 달려있으며 염기순서 자체와는 아무런 상관이 없다. 작은 분자들은 빨리 이동을 하고 긴 분자들은 늦게 이동을 한다. 같은 크기의 단편들은 선명한 밴드를 형성한다. 단편의 위치는 그 단편의 크기를 나타내는 것으로 이들은 젤을 염색하거나 분자교잡을 통하여 볼 수 있다. 이전에 설명한 것과 같이, 단일 가닥의 DNA나 mismatch된 염기들을 가지고 있는 단편들은 변칙적인 비율로 이동을 하는데 이것을 이용하여 특정한 돌연변이를 탐색하기도 한다.

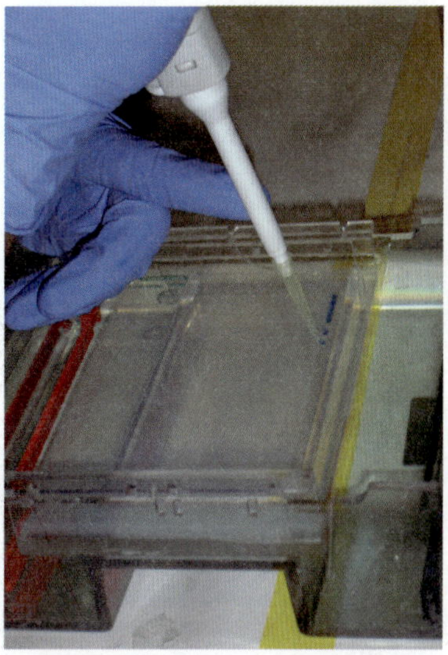

그림 - **전기영동 젤에 DNA loading.**
DNA 샘플을 푸른색 전기영동 물감(dye)과 섞어서 DNA 용액이 보이게끔 한 다음 agarose 젤에 만들어진 홈에 loading 한다. 젤은 전기영동 시 온도를 낮추고 전하들과 DNA 분자들이 접촉을 하기 위해 버퍼 용액에 담근다.

분석하고자 하는 염기서열의 증폭

분석하고자 하는 염기서열이 DNA 샘플의 아주 작은 일부일 때에는 위에서 설명한 분자교잡 방법으로 분석이 가능하다. 이에 대체적인 방법으로 그 부분을 선택적으로 증폭하여 분석할 수도 있다. 관행적으로는 분석하고자 하는 DNA 단편을 살아있는 세포(보통 대장균을 이용함)를 이용하여 클로닝하였다. 클로닝을 하면 원하는 DNA를 다른 DNA에 혼합되지 않은 순수한 형태로 많은 양을 얻을 수가 있다. 클로닝 법에 대해서는 Box 4.5에서 설명하였다. 하지만 현재에는 임상적 목적을 위하여 분석할 때에는 대부분 PCR을 이용한다. PCR 증폭법은 *in vitro* 클로닝 법이다. 관행적인 클로닝 법과 마찬가지로 분석하고자 하는 DNA를 많은 양 생성할 수 있지만, PCR 법은 관행적 클로닝 법보다 매우 간단하고 빠르다. 관행적 클로닝과는 달리, PCR 증폭은 원래의 혼합 DNA들로부터 증폭된 DNA 단편을 분리하지 않는다. 만약에 분석하고자 하는 DNA를 순수 분리하고자 한다면 별개의 과정을 거치지만 대부분의 경우에는 이 과정을 필요로 하지 않는다. 증폭된 단편이 매우 많은 양으로 존재하므로 PCR 반응 전의 혼합액에는 약간의 다른 DNA의 혼입이 있지만 이는 큰 영향을 미치지 않는다. PCR은 in vivo 클로닝에 비해 쉽고 빠른 분석 등 여러 가지 장점을 가지고 있지만 더욱 중요한 장점은 PCR의 선택적 증폭이다. PCR 방법으로는 증폭하고 하는 부위만을 선택적으로 증폭할 수 있다. 하지만 in vivo 클로닝으로는 모든 것들을 클로닝 후 수백만 개의 클로닝 중에서 원하는 단편을 가진 클론을 선발하여야 한다.

Box 4.5

클로닝에 의한 염기서열 증폭

1980년대 까지만 하여도 클로닝이 연구하고자 하는 DNA 단편을 분리할 수 있는 유일한 방법이었다. 이 방법은 DNA 단편을 한 개의 세포에 집어넣고 배양하면 세포가 계속 분열함으로써 딸 세포들이 집어넣은 DNA 단편을 가지고 있으므로 많은 양의 이 DNA 단편을 갖게 되는 원리이다. 이때 사용되는 세포들은 주로 대장균 *E. coli*이지만 경우에 따라서는 효모, 포유동물 세포, 기타 다른 세포를 이용할 수도 있다.

클로닝을 하려면 **벡터(vector)**를 이용하여야 한다. DNA 단편을 세포 내로 삽입시키는 것은 놀라울 정도로 쉽지만 그냥 DNA 단편을 세포 내로 삽입하면 이것은 곧 분해되어 세포가 분열할 때 같이 복제되지 않는다. 벡터는 기주 세포가 벡터를 자신의 세포로 받아들여 이것의 존재를 무시하며 복제시킬 수 있는 특징을 가진 DNA이다. 벡터는 자연적으로 존재하는 바이러스들이나 플라스미드들을 이용한다. 클로닝하고자 하는 단편을 벡터에 연결시켜 하나의 유전자 재조합 DNA 분자를 만드는 것이다. 여러 가지의 독창적인 공학적 방법들을 이용하여 특정한 목적의 벡터들을 만들었다. 이들 공학적으로 고안된 벡터들은 기주 세포를 인지하기 위한 여러 가지로 독특한 유전자 배열을 시켜서 재조합 벡터를 기주 세포에 집어넣고 배양한 후 기주 세포로부터 클론된 DNA 단편을 분리한다. 현재 여기에서 다루는 중요한 포인트는 벡터의 종류에 따라 클로닝할 수 있는 DNA의 최대 크기가 한정적이라는 것이다 (표). 하지만 이들에 최대용량 DNA를 연결시킨다 하여도 염색체 DNA 보다는 훨씬 작으며 많은 인간 유전자들보다도 작다.

DNA 단편을 클로닝하는데 이용되는 벡터들

벡터	기주세포	클로닝할 수 있는 DNA의 최대 크기	기타
플라스미드 (plasmid)	*E. coli*	5 - 10 Kb	작은 단편 클로닝을 위한 간단한 벡터
코스미드 (cosmid)	*E. coli*	45 Kb	주로 기록적인 중요성
박테리아 인조 염색체 (BAC)	*E. coli*	150 Kb	인간 게놈 프로젝트에서 주로 이용됨
효모 인조 염색체 (YAC)	효모	1000 Kb	기술적 어려움; 특별한 목적으로 많이 이용

유전공학의 기본인 DNA를 자르고 붙이는 일은 이미 기술한 제한효소(restriction enzyme)와 또 다른 효소인 DNA 연결효소(DNA ligase)를 이용한다. 여러 종류의 제한효소들은 이중나선 DNA 가닥을 자를 때 단편을 어긋나게(staggered) 절단하여 아주 짧은 외가닥 DNA가 끝에 나오게 되어 점착성 말단(sticky ends)을 생성한다. 서로 상보적인 점착성 말단을 갖는 DNA 단편들은 말단-말단(end-to-end) 분자교잡을 한다 (아래 그림 참조). DNA 연결효소(liglase)가 붙어 있는 두 단편을 공유결합으로 연결시킨다.

클로닝은 본질적으로는 임의적 과정이다. 테스트 DNA의 많은 분자들의 집합은 임의적 단편들로 잘라진다. 이들은 수백만 개의 백터 분자로 들어가게 되며 이 재조합 DNA 분자들은 수백만 개로 이루어진 기주 세포로 들어간다. 벡터는 재조합 벡터를 함유한 기주 세포들이 선발될 수 있도록 벡터들은 처리되어 있는 것들로서 통상 이러한 선발은 항생제 저항성으로 한다. 다음으로는 단일 세포를 선택하여 콜로니로 성장시킨다. 각각의 콜로니는 특정한 인간의 DNA 단편을 무한히 증폭시킬 수 있는 것이다. 이러한 콜로니들의 집합을 유전자 **도서관(library)**라고 부르며, 이론적으로는 테스트 DNA의 모든 염기서열을 클로닝한 도서관도 만들 수 있다. 하지만 '도서관' 은 오해를 일으킬 수 있는 명칭으로서 실제로 책을 장서하고 있는 도서관에 보면 책들이 책꽂이에 잘 정돈되어 있으며 각

Box 4.5 - continued

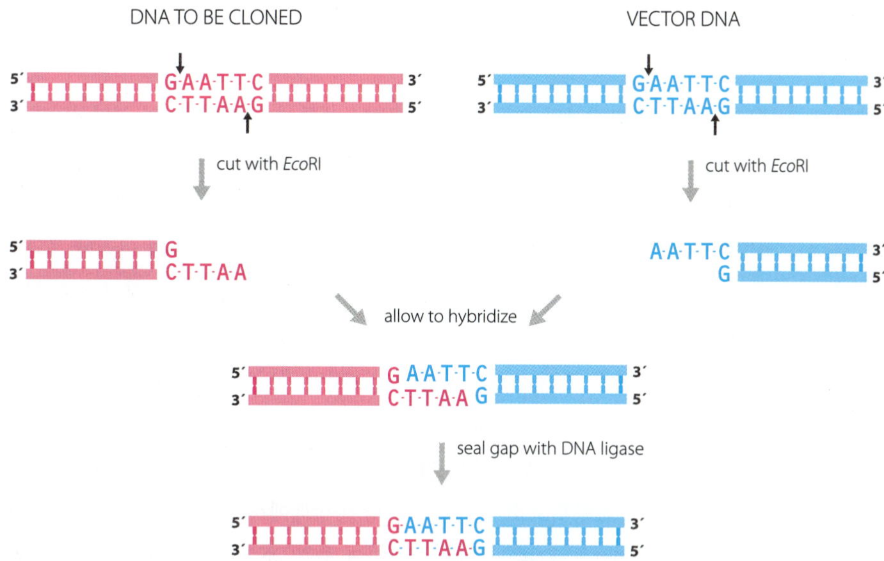

그림 - **재조합 DNA 분자 생성.**
두 가지의 다른 분자들을 같은 제한효소로 절단하여 점착성 말단을 양 끝에 갖도록 하고 이들을 분자교잡 시키면 양 말단의 돌출된 외가닥 부위가 서로 분자교잡을 하며 DNA연결효소를 이용하여 완전히 결합시킨다.

책장의 카탈로그가 있어서 원하는 책을 쉽게 찾아볼 수 있도록 되어 있다. 재조합 DNA 도서관을 그러므로 커다란 건초더미라고 보면 여기에는 찾고자 하는 단편이 있을 수도 있고 없을 수도 있는 것이다.

1970-1990년대 사이에는 인체 분자유전학은 대체로 도서관 탐색에서 원하는 DNA 단편을 찾아내는 속도와 비례하여 발달하였다. 이 기간 동안 인체 유전학의 이러한 영웅적인 노력들이 1980년대의 인체유전학이나 분자생물학 교재에 많이 등장하였다. 요즘은 인체 게놈 프로젝트는 완전히 특징이 밝혀진 도서관들이 있어서 BAC 클론들은 인간의 전체 게놈을 완전히 커버링한다. 또한 환자의 게놈으로부터 특정한 부위의 염기서열만을 선택적으로 쉽게 PCR 증폭할 수 있다. 결과적으로 재조합 DNA 도서관을 만들고 여기에서 특정한 유전자를 탐색하는 일은 임상적 진단의 주요한 과제는 아니지만 이러한 과정은 아직도 연구활동에는 중용한 한 부분이다.

연쇄 중합 반응(PCR, polymerase chain reaction)

PCR은 분자유전학에 혁명을 불러왔다. PCR이 고안되기 이전에는 오직 숙달된 연구자들만이 DNA를 증폭하고 연구할 수 있었다. 1990년경부터 개선된 PCR 방법들은 환자의 DNA로부터 특정한 부위의 염기서열 만을 선택적으로 증폭 가능하게 하여 임상진단 실험의 관행적인 연구법이 되었다.

PCR은 DNA 복제의 세가지 특징들을 이용한 것이다.

(1) 새로운 가닥의 합성을 위해서 프라이머를 필요로 한다. DNA 중합효소는 외 가닥의 주형 DNA로부터 상보적인 가닥을 합성하는 효소이다. 이 DNA 중합효소는 별개의 독립적인 뉴클에오티드들로부터 새로운 가닥을 만들 수 없다. 이것은 이미 존재하는 DNA 가닥으로부터 DNA 가닥을 늘려간다. PCR에 이용되는 프라이머들은 통상 길이가 20 nt 정도되는 화학적으로 합성된 올리고 뉴클레오티드들이다.

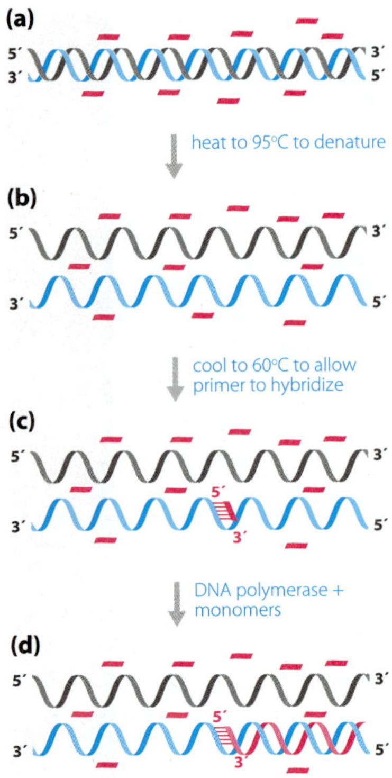

그림 4.9 - 합성된 프라이머를 이용하여 큰 DNA 분자에서 특정한 부위에 상보적인 DNA 가닥의 합성.
(a) 프라이머(붉은색)가 높은 농도로 존재.
(c) 프라이머는 특정한 부위에만 결합한다.
(d) 프라이머에 하류부위(downstream)로 DNA를 합성한다.

(2) 가닥의 성장은 항상 5′->3′으로 진행된다 (*Box 5.3* 참조).

(3) DNA 이중나선의 두 가닥은 항상 역평행하다 (*그림 3.5A* 참조).

PCR 반응 시 프라이머의 요구성은 인간 DNA 샘플에서 특정부위의 염기서열만을 DNA 중합효소가 복제하는 것을 가능하게 하는 것이다. 화학적 올리고뉴클레오티드 합성기를 이용하여 특이한 염기서열을 가진 외가닥의 올리고뉴클레오티드를 많은 양 만들 수 있는데, 이러한 염기서열은 인체 게놈 DNA에서 특정한 부위에 선택적으로 분자교잡 한다. 많은 양의 이러한 프라이머를 집어넣고 샘플 DNA를 95℃의 고온에 잠깐 노출시켜 변성시킨 후 분자교잡이 일어날 수 있도록 온도를 낮춘다(통상 55-60℃). 원래의 샘플 DNA들이 일부 다시 원래대로 재생(renature)될 수도 있지만 프라이머와 상보적인 샘플 DNA 부위는 자신의 상보적인 가닥보다는 프라이머와 더 빨리 분자교잡이 일어난다. 대부분의 경우처럼 만약에 재료들이 많은 세포로부터 추출된 DNA들로 이루어져 있다면, 어떤 가닥들은 자신들의 원래 파트너 가닥과 교잡이 일어나기도 하지만 대부분은 프라이머와 결합을 한다. 만약에 DNA 중합효소가 이들이 혼합된 상태에서 중합을 하도록 한다면 대부분의 반응은 프라이머의 3′ -말단에 염기를 붙이기 시작하여 주형 DNA의 염기에 상보적으로 염기를 붙여 나가 상보적인 가닥을 만들 것이다. *그림 4.9*는 이 과정을 도해로 설명하고 있다.

PCR은 이와 같은 원리를 이용하지만, *그림 4.9* 에 나타낸 직선상의 반응을 두 개의 프라이머를 이용하고 변성, 분자교잡, 합성의 과정을 여러 번 거치면서 기하급수적인 연쇄 반응을 시킬 수 있다. *그림 4.10*은 이러한 원리를 보여준다. 프라이머들은 증폭하고자 하는 부위의 반대 가닥의 DNA에 상보적으로 만들어서 중합반응으로 DNA 가닥의 성장이 5′ ->3′ 으로 진행되므로 다른 프라이머 방향을 향하여 진행되도록 한다. 정방향 프라이머로부터 합성되는 DNA 가닥은 역방향 프라이머와 상보적인 염기서열까지 DNA 합성을 진행시킨다. 마찬 가지로 역방향 프라이머로부터 합성되는 DNA 가닥도 정방향 프라이머에 상보적인 염기서열까지 DNA 합성을 진행시킨다. *Box 4.6*은 이러한 과정을 더욱 상세하게 설명한다.

PCR도 다음과 같은 한계가 있다.

- 증폭하고자 하는 부위의 염기서열을 알고 있어야 한다.
- PCR은 증폭하는 단편의 길이가 100-400 bp 정도 일 때 가장 잘된다. 1-2 Kb 보다 긴 단편은 증폭이 어렵고 20 Kb 이상의 단편은 증폭이 불가능하다.

PCR 반응 후에도 원래의 DNA에 증폭시키고자 하지 않았던 부위들의 DNA들도 존재하지만, 증폭된 부위의 DNA가 워낙 많은 양으로 존재하므로 PCR 증폭산물은 타겟 염기서열 외의 불순물이 약간 섞여 있는 상태로 취급하면 된다.

Southern blotting과 마찬가지로 PCR은 특정한 염기서열이 존재하는지 여부를 검사하거나 염기서열의 크기를 측정하는데 이용될 수 있다. 이 두 가지 적용에 대해서 아래에 설명한다. 첨가적으로 PCR 증폭 산물은 염기서열 결정에 이용되거나 점돌연변이(point mutation) 검정에 이용될 수 있는데 이것에 대해서는 *5장*에서 설명한다.

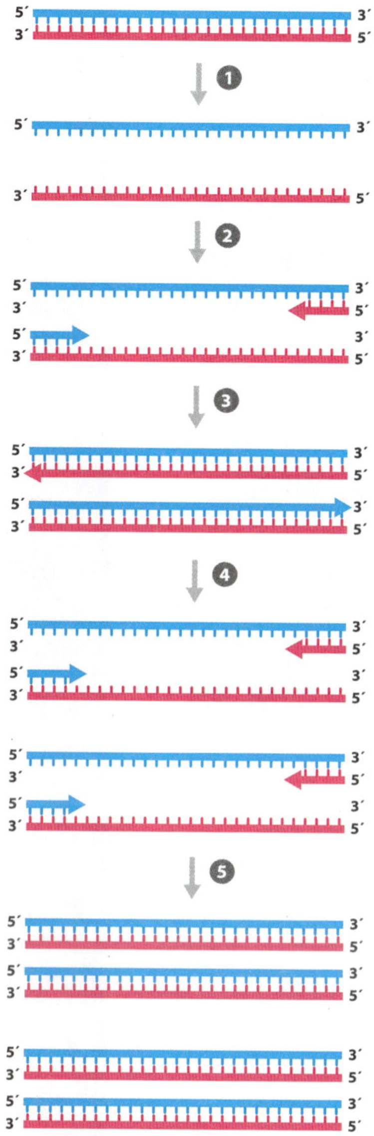

그림 4.10 - PCR의 원리.
PCR 반응 시 타겟 DNA, DNA 중합효소, 많은 양의 정방향 및 역방향 프라이머, 그리고 mononucleotides등이 이용된다. [1] 주형 DNA가 우선 95℃에서 변성된다. [2] 55-60℃ 정도의 온도에서 프라이머들이 자신들과 상보적인 부위에 분자교잡 한다. 이때 DNA 합성의 5′->3′ 방향성을 확인하라. [3] 72℃에서 프라이머의 3′-말단으로부터 5′->3′ 방향으로 DNA 합성이 시작된다. [4] 두 번째 사이클의 변성, 분자교잡, 합성 과정. [5] 계속되는 PCR 사이클. 두 번째 사이클 후 원래는 한 개의 두 가닥 DNA이던 것이 4개로 늘어남을 볼 수 있다.

Box 4.6

PCR 이해하기

변성, 분자교잡, 합성의 사이클마다 원래의 주형 DNA 뿐 아니라 이전 사이클들에서 증폭된 카피들도 증폭이 된다. 그러므로 각 사이클이 넘어갈 때마다 타겟 DNA 양은 두 배로 되어 20 사이클 정도만 돌려도 한 개의 주형 DNA가 몇 백만 카피로 증폭된다. PCR의 사이클은 온도를 달리하며 조절된다. 95℃에서 몇 초 동안 변성을 시키고, 다시 55-60℃에서 몇 초 간 프라이머들과 템플레이트의 타겟 부위와의 분자 교잡을 시키고, 72℃에서 DNA 합성을 프라이머의 3′-말단으로부터 신장시키는데 이때의 중합효소는 72℃에서 가장 중합반응이 잘 일어나는 특이한 효소를 이용한다. 보통 20-25 번 정도의 사이클로 증폭을 하는데 각 사이클의 소요시간이 30-60 초 정도 밖에 안되므로 총 소요시간이 2시간 미만이다. 20개 또는 그 이상의 튜브를 꽂을 수 있는 블록을 이용하여 블록의 온도를 변성, 분자 교잡, 합성의 온도로 프로그램할 수 있는 장치를 이용하여 여러 개의 샘플을 동시에 분석할 수 있다.

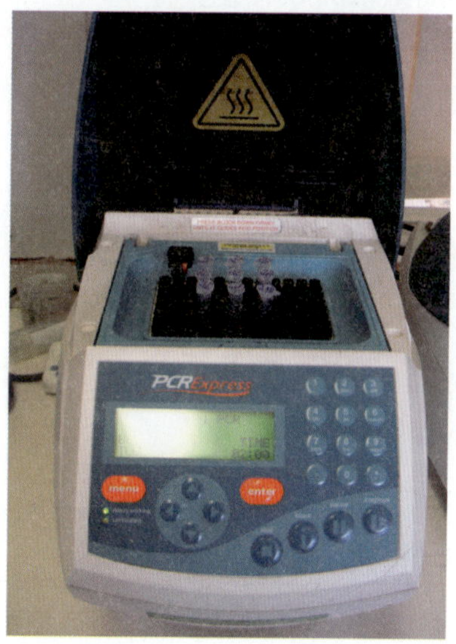

PCR의 선택성은 프라이머가 타겟 부위 외에는 주형 DNA의 어느 곳과도 분자교잡이 일어나지 못하도록 함으로서 이루어질 수 있다. 이러한 선택적 분자교잡을 허용하기 위해 프라이머는 뉴클레오티드를 18-22 개 정도 갖는 프라이머를 이용하며 이 프라이머의 최적의 분자교잡 온도를 계산하여 이용한다. 만약에 분자교잡 온도가 낮으면 프라이머는 자신의 특이적인 상보적 부위 외에도 교잡을 할 수 있으며, 온도가 너무 높으면 분자교잡 자체가 일어나지 않을 수도 있다. 보통 55-60℃ 정도의 분자교잡 온도로 분자교잡이 일어나도록 한다. 게놈 DNA 데이타베이스를 분석하여 가장 적당한 프라이머를 고안하는데 이때의 프라이머는 타겟 부위 이외의 부위에는 분자교잡이 일어나지 않도록 한다. 프라이머의 뉴클레오티드 수나 염기 조성에 따라 PCR의 효율성에 영향을 미치며 프라이머 디자인을 위한 컴퓨터 프로그램을 이용하여 프라이머를 고안한다.

PCR을 이용하여 실험을 할 때 두 가지 종류의 PCR 산물을 생각할 수 있다.

- 산물 A는 원래의 DNA를 주형으로 이용하여 만들어진다. 이때 산물 A의 분자들은 이미 확인된 5′-말단 염기서열(프라이머의 5′-말단)을 가지지만 길이는 불확정적이다.

- 산물 B는 산물 A를 주형으로 하여 합성된다. 이때 산물 B의 양 말단은 이미 확인된 염기를 가지고 있다. 5′-말단은 B를 만든 프라이머의 5′-말단 염기이고 3′-말단은 주형 DNA의 끝으로서 산물 A의 끝이다. 그러므로 산물 B의 길이는 모두 같게 된다.

이후의 PCR 반응 사이클에서는 B 산물은 다음 사이클 합성의 주형으로 이용된다 (표 참조). 프라이머 1로부터 합성되는 가닥의 끝은 프라이머 2의 염기서열과 상보적이며, 다음 사이클에서 프라이머 2가 이곳에 결합을 하고 다시 자신의 3′ 끝에서부터 DNA 합성을 하게 되고 가닥의 마지막에는 프라이머 1의 염기서열과 상보적이 되며 마친다. 새로이 합성된 DNA 가닥은 주형 DNA와 정확히 같은 크기가 된다. 처음 몇 번의 사이클이 경과된 후에는 실제적으로 모든 증폭 산물들은 이와 같은 방법으로 만들어지게 되는 것이다.

PCR을 이해하는 가장 좋은 방법은 큰 종이 위에 처음 4번의 사이클이 돌아가는 동안 DNA 합성이 어떻게 일어나는지 그려보는 일이다. 독자가 그린 그림과 그림 4.10의 것과 비교하여 보아라. 이때 3′과 5′-말단을 항상 체크하도록 한다. 또한 새로 만들어지는 가닥들은 항상 주형과 역평행하며 DNA 합성 방향은 항상 5′->3′이라는 것을 유념하라.

PCR 반응 사이클 경과시 DNA 합성

	개시 DNA	**산물 A 주형은 개시 DNA 주형은 개시 DNA**		**산물 B 주형은 산물 B 일수도 있고 산물 B일 수도 있음. 염기 확인 말단 2개**		
	외가닥	이번 사이클에서 만들어짐	누적 전체	산물 A 주형으로 이번 사이클에서 만들어짐	산물 B 주형으로 이번 사이클에서 만들어짐	누적 전체
After 1 cycle	2	2	2			
After 2 cycles	2	2	4	2	-	2
After 3 cycles	2	2	6	4	2	8
After 4 cycles	2	2	8	6	8	22
After 5 cycles	2	2	10	8	22	52

처음 개시 주형 DNA는 한 개의 이중나선 가닥이 있다고 가정함. 처음 몇 번의 사이클 후 거의 모든 증폭산물은 두 개의 프라이머 사이의 염기들로 채워지게 된다. 숫자는 모든 주형 DNA 가 변성되었을 때 존재하는 외가닥 DNA의 숫자이다.

4.3. 환자 조사하기

분자교잡에 의해 분석 가능한 환자 증례들을 우선 소개한다. 분석하고자 하는 DNA 부위는 첫 번째 사례에서는 단일염기이지만 계속 커져서 4번째 사례에서는 전체 게놈을 분석해야 하는 경우이다. 마지막 3개의 사례들은 PCR을 이용하여 분석하는 염기서열이 존재하는가 존재하면 그 길이는 얼마인가를 분석하는 증례들이다. *5장*에서 PCR을 이용하여 실제 염기서열을 분석하는 것을 다룬다.

분자교잡을 이용하여 분석할 수 있는 증례들

증례 11 Kavanagh 가족 81 97 152

- 건강한 첫 번째 남자 아이
- Celia; 둘 째 아이로 창백하고 헤모글로빈 레벨이 낮음

겸형세포 질환은 11번 염색체에 있는 β −글로빈 유전자의 첫 번째 엑손의 단일 염기 치환에 의해서 발생한다. 이 염기치환으로 글루타민산 아미노산이 발린 아미노산으로 바뀐다. 헤모글로빈은 두 개의 α −클로빈 체인과 두 개의 β −체인으로 이루어진 4 개의 폴리펩티드로 되어 있다 (이외에도 헴 그룹이 이들 4개의 체인에 결합하여 있음). β −체인의 아미노산 치환은 헤모글로빈의 성격을 바꾸어서 분자 모습을 바꾸어 적혈구 세포를 뒤틀린 모습으로 바꾼다. β −글로빈 유전자를 이형접합으로 가지고 있으면 적혈구 세포를 관찰하면 정상 적혈구와 겸형의 적혈구를 동시에 가지고 있음을 볼 수 있는데, 이들은 정상적으로 건강하다. 돌연변이를 동형접합으로 가지면 겸형세포 질환을 가지게 되며 이 돌연변이는 상염색체 열성으로 유전한다. 겸형세포 질환과 겸형 특징은 혈액 검사로 쉽게 알 수 있으므로 진단을 내리기 위해서는 DNA가 필요치 않다. 그러나 산전 검사에서는 DNA 검사를 하여야 한다. 태아의 혈액을 채취하는 것은 어려우므로 대부분의 임상 클리닉에서는 채취하기에는 곤란하고 태아에도 위험하다; 또한 태아는 β −글로빈 대신 γ −글로빈을 생성한다.

겸형세포 돌연변이를 검사하는 방법에는 여러 가지가 있다. 여기에서 소개하는 검사는 대립 유전자 특이적인 두 개의 올리고뉴클레오티드 (ASOs, allele−specific oligonucleotides)를 이용하여 정상 염기서열과 돌연변이 염기서열을 구별하는 것이다. 이외의 방법들에 대해서는 5장에서 설명이 있을 것이다.

정상 β −글로빈 유전자 염기서열의 일부분은 다음과 같다:

CTGACTCCTGAGGAGAAGTCTG

이에 비해 겸형세포 질환을 유발하는 돌연변이 염기서열은 다음과 같다:

CTGACTCCTGTGGAGAAGTCTG

태아의 DNA를 임신 11주 경에 융모막 생검법으로 채취한다(*14장* 참조). 검사의 감도를 증가시키기 위하여 β −글로빈 유전자 부위의 DNA를 PCR을 이용하여 증폭한다. PCR 산물을 변성 시키고 니트로셀룰로스 필름에 떨어뜨린다. 이미 유전자형을 알고 있는 샘플 DNA를 컨트롤로 함께 인접한 곳에 떨어뜨린다(*그림 4.11*). DNA가 스팟팅된 슬립을 표지된 프로브가 있는 용액에 담가서 분자교잡을 시킨다. 그 결과 태아는 돌연변이 대립유전자를 이형접합으로 가지고 있는 것으로 나타났으므로 겸형세포 질환을 앓지 않을 것이다. Carol은 매우 안도하여서 임신을 계속 진행시켜 건강한 아기를 출산하였다.

그림 4.11 - **닷 블랏을 이용한 겸형세포 질환 검정**
태아의 DNA를 니트로셀룰로스 필름에 고착시키고 정상 대립유전자와 돌연변이 대립유전자에 특이적인 표지된 각각의 프리이머를 분자 교잡하여 검정한다.

이 증례는 건강 서비스를 계획하는 사람들에게 교훈을 준다. 유전적 검사는 가능한 결과 중에서 가장 최상의 결과를 얻은 것이다: 즉, 걱정을 하던 부부에게 안심을 주고 유산을 예방시켰으며 건강한 아기가 태어난 것이다. 유전 검사에 의한 결과를 'no action' 으로 기록하기에는 너무 쉬운 것이다. 임상 유전학자들도 그들의 검사 결과 비 정상적인 태아로 판별되어 태아를 유산시키는 경우가 일어나지 않게 되기를 기원한다.

증례 12 Lawton 가족

82 98 376

- 혈우병 가족력
- Lennox; 두혈종을 가진 사내 아이

혈우병은 X 염색체의 Xq28에 있는 혈액 응고 인자 Factor VIII을 코딩하고 있는 *F8* 유전자의 돌연변이에 의해 생긴다. 이 질환은 *1장*에서 설명한 전형적인 X-연관 열성 유전을 보인다. 다른 가족은 이 유전자의 다른 부위의 돌연변이를 가질 수 있으며 심한 환자의 40% 정도는 역위(inversion)에 의해 발생한다. 염색체 수준에서 보면 비록 작은 것이지만, 이 역위는 500 Kb 정도의 DNA가 연루된 역위이다. 이때 절단점의 한 개가 F8 유전자 내에 있어서 유전자를 훼손시켜서 Factor VIII의 생성을 방해한다(*그림 4.12*). 절단점이 22번 인트론에 있어서 유전자 염기서열 대부분이 존재하므로, 각 엑손 염기서열을 PCR 로 증폭하여 검사 결과 이곳의 염기서열은 정상이다. 그러므로 정상적인 PCR 방법으로는 역위를 검사할 수 없다. Southern blot 검사로 절단점 부위가 포함된 커다란 부위의 단편을 조사할 수 있다. 만약에 역위를 가지고 있다면 탐지되는 단편의 길이가 비 정상일 것이다(*그림 4.13*).

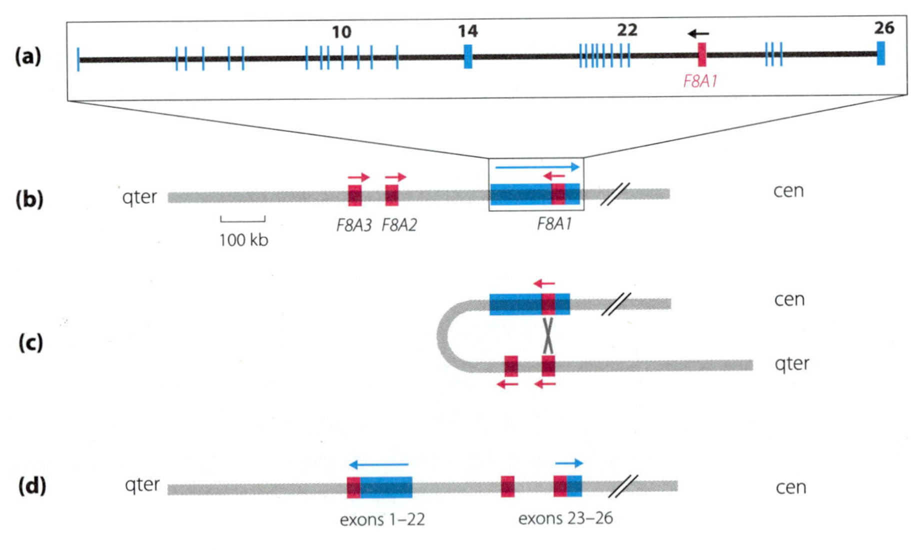

그림 4.12 - 역위에 의한 F8 유전자의 절단

(a) F8 유전자는 X 염색체의 Xq28에 위치하며 26개의 엑손을 가지고 있고 길이는 187 Kb 이다. (b) 붉은 박스는 F8 유전자의 22번 인트론을 보여주고 있는데 전사 개시부위부터 360 Kb 와 435 Kb에 위치한 두 개의 인트론들을 더 보여 주고 있다. 화살표들은 전사 방향을 보여준다. 이들은 역평행 반복서열들이다 [*Disease box 3*에서 설명한 직열반복과 비교하여 보아라]. (c) 남자의 감수분열 시 X 염색체의 이 부위는 대합을 할 상동염색체가 없다. 이 부위 DNA는 루프를 형성하여 역반복 염기서열을 가진 이들 인트론들이 같은 방향으로 대합을 할 수가 있다. 간혹 이들 루프 내에서 교차가 일어난다. (d) 교차의 결과 F8 유전자를 포함한 500 Kb 정도의 역위가 일어나 F8 유전자를 망가뜨린다.

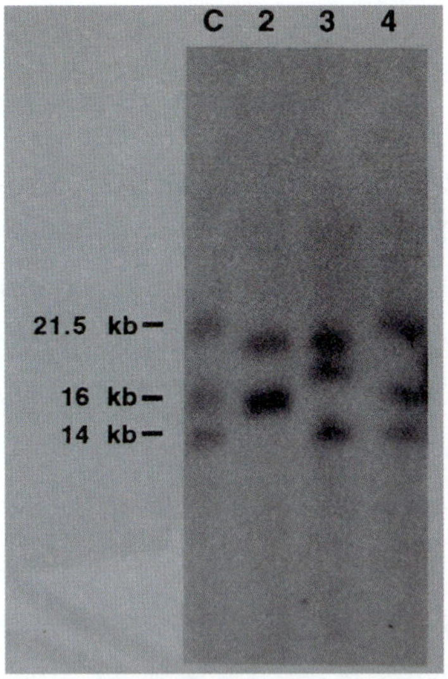

그림 4.13 - Southern blot 분석에 의한 F8 유전자 역위 분석
게놈 DNA를 제한효소 *Bcl1*으로 절단 후 agarose 젤을 이용하여 전기영동하고 니트로셀룰로스 필름으로 전이시켰다. 필터에 부착된 게놈 DNA와 F8A1 유전자의 22번 인트론 염기서열을 포함한 단편을 프로브로 하여 분자 교잡을 시행시켰다. 레인 C는 정상의 컨트롤 DNA이고 레인 4는 F8 유전자에 점 돌연변이를 가진 환자의 DNA이다. 오토레디오그래프는 21.5, 16, 14 Kb의 단편을 보여주고 있는데 이들은 각각 F8A1, F8A3, 그리고 F8A2 염기서열을 나타낸다. 레인 2에서 21.5와 14 Kb 밴드의 위치가 변하여 있는 것을 볼 수 있는데 이것은 F81A와 F8A3가 서로 교차에 의해 *그림 4.12*처럼 바뀌었다는 것을 보여준다. 레인 3의 21.5 와 16 Kb 단편들은 F8A1과 F8A2 간의 교차에 의해 길이가 변하여 있다. Lakich 등 [1993] [Nature Genetics **5**:238]의 자료를 Macmillan Publishing Ltd로부터 허락 후 게재.

증례 7 | Green 가족 | 25 | 38 | 68 | 99 | 376

- Gillian 3세 여아
- 발달 부진
- 염색체 이상
- 22q1 부위의 미세 결실의 염색체 테스트

고전적인 세포유전학 방법을 이용한 핵형 분석에서는 아무런 이상을 발견하지 못하였지만(*그림 2.9*), 이러한 고전적인 방법으로 감지 할 수 없을 정도인 3-5 Mb 보다 적은 규모의 결실이나 중복이 일어났을 가능성을 배제 할 수 없다. Gillian의 외양은 22번 염색체의 22q11 밴드의 결실(deletion)인 것을 암시한다. 이 결실은 *Disease box 3*에서 설명한 것과 같이 저급 반복 서열 염기서열들이 감수분열 시 잘못된 정열로 대합을 하고 이곳에 교차가 일어 남으로서 발생한다. 보통 이곳의 결실은 3 Mb 정도인데 이 정도면 20여 개의 유전자들이 포함되는데 이중의 한 개가 TUPLE1 유전자이다. *TUPLE1* 염기서열을 프로브로 하여 FISH 분석 결과 Gillian은 22번 염색체 중 한 개가 이 유전자를 결실된 채로 가지고 있는 것으로 밝혀져 진단을 확인하여 주었다 (*그림 4.14*).

그림 4.14 - 22q11 중기 FISH
푸른색 스팟들은 컨트롤 프로브로서 22번 염색체를 확인하고 분자교잡이 일어났는지를 확인하기 위하여 사용되었다. 붉은 스팟은 *TUPLE1* 프로브인데 22번 염색체 두 개 중 오직 한 개 만이 분자 교잡이 일어났음을 보여주고 있다.

증례 8 Howard 가족 26 38 68 100 275 376

- Helen: Henry (아버지)와 Anne (엄마 사이의 갓난 여자 아기
- Down 증후군
- 이들 부부가 아기를 더 가질 경우 Down 증후군 아기를 가질 위험성?

Helen의 엄마에게는 다음 번 임신에서는 산전 테스트를 받을 것을 권유 받았다. 비록 Down 증후군이 다시 나타날 가능성은 낮지만, 이미 Down 증후군 아이를 가지고 있는 여인들에게는 차후의 임신에서도 자연히 매우 걱정을 하게 되는 것이다. 테스트 결과를 기다리는 것은 매우 초조한 일이다. 태아 샘플을 배양하고 있지만 관행적인 염색체 연구에 필요한 충분한 양의 세포 수를 얻기 위해서는 2주간의 배양이 필요하다. 배양세포를 이용하여 분석할 수 있는 방법에는 두 가지가 있다: 한 가지 방법은 QF-PCR을 이용하는 것으로 이에 대한 설명은 본 장의 마지막 절에서 한다; Howard 가족 사례에서는 간기(interphase) FISH 방법이 이용되었다(*그림 4.15*). 위에서 설명한 것처럼, 비분열세포의 DNA를 현미경 슬라이드에 고착시킨 후 변성시키고 염색체 21번으로터 유래한 프로브를 형광표지 시킨 후 분자교잡을 시키는 것이다. 그 후 50여개 정도의 세포에서 평균적으로 관찰되는 형광 스팟을 분석하는데 평균적으로 1.8개의 분자 교잡 형광 스팟이 나왔다. 이것은 비록 몇 개의 세포에서는 프로브가 분자교잡이 일어나지 않았지만, 태아가 21번 염색체를 두 개 가지고 있다는 것을 의미한다.

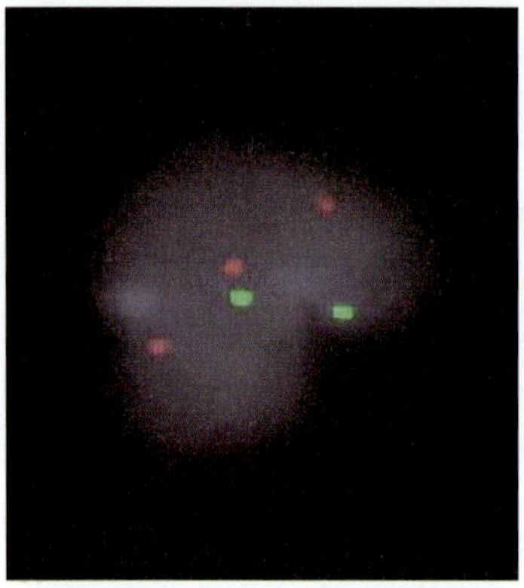

그림 4.15 - Interphase FISH법을 이용한 21번 염색체 삼염체성 테스트
21번 염색체 프로브를 붉은 형광으로 표지하고 컨트롤 프로브(여기에서는 19번 염색체)는 파란색 형광으로 표지 한 후 분자 교잡 시킨다. 두 개의 푸른 점은 분자교잡이 성공적으로 일어났음을 보여주고, 세 개의 붉은 점은 21 번 염색체를 세 개 가지고 있음을 나타낸다. 임상에서는 여러 개의 세포를 분석한 결과를 바탕으로 진단한다. 산전 진단을 위해 13번, 18번, 21번, X, Y 염색체염색체부터 유래한 프로브들을 여러 가지 형광으로 표지하여 이용한다.

증례 13 Murphy 가족 83 100 376

- Michelle; 얼굴 형태 이상을 가진 여자 어린이
- ? 불균형 염색체 이상

Gillian Green의 경우와 마찬가지로, Murphy의 딸 Michelle은 염색체 이상으로 보이는 특징들을 가지고 있었지만 관행적인 염색체 검사로는 이상을 감지할 수 없었다. Michelle이 보이는 정신박약과 여러 가지의 형태적 특징들은 어느 특정한 증후군을 나타내지는 않았으므로 FISH 테스트로는 어떤 염색체 이상인지를 알 수가 없었다. 대신에 array-CGH 법을 이용하여 분석하였다. 비슷한 사례들의 약 10% 정도의 경우 이 방법을 이용하여 현미경으로 관찰이 어려운 미세결실 또는 중복을 분석할 수 있다. 사례에 따라 나타나는 정확한 비정상성은 차이가 난다. 혈액 샘플에서 DNA를 추출하여 클리닉에서 분석 결과, 12q24.1 부위의 중복이 관측되었다 (*그림 4.16*). Michelle의 DNA는 12q24.1에서 유래한 39개의 연속적인 클론들이 CGH microarray에서 증가된 량으로 나타났다. 중복된 염색체 단편의 길이는 인간 게놈 염기서열에서 39개의 클론들의 염색체 위치를 확인하여 체크할 수 있었는데, Michelle은 2.3Mb 정도의 DNA가 중복된 것으로 나타났다.

이 결과를 Michelle의 부모와 상담하기 전에, 이 염색체 중복이 Michelle의 여러 가지 임상적 문제의 원인인가를 결정하는 것이 중요하다. Array-CGH로 더 많은 DNA 샘플을 분석 결과 정상적인 사람들도 어떤 작은 염색체 단편들은 카피 수 변이를 나타냈지만, Michelle이 가지고 있는 중복은 비-병리학적 다형화 현상이 아닌 Michelle만이 가지고 있는 특이한 것이었다. 첫 번째 질문은 Michelle의 부모 중 한 명이 이 염색체 중복을 가지고 있느냐와 이것이 Michelle에게서 신규로 나타난 (*de novo*)

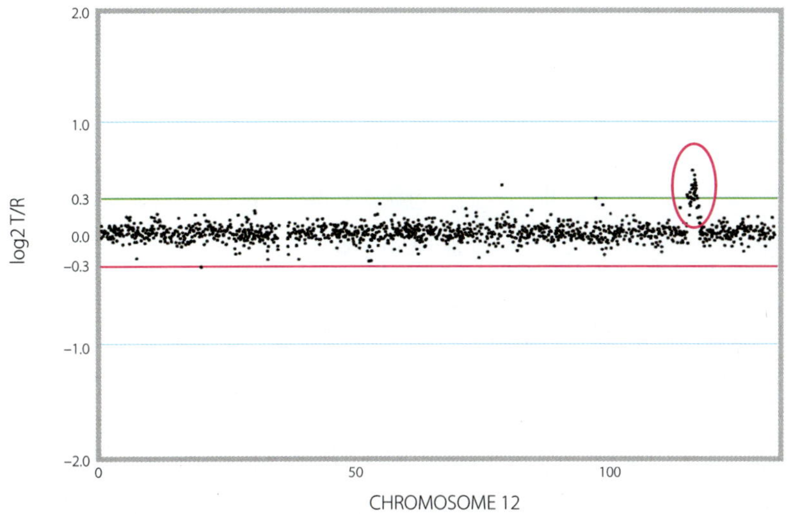

그림 4.16 - 그림 4.3 환자의 array-CGH 결과
전체 게놈을 분석한 결과 12번 염색체의 프로브 결과만 나타냄. 12q24.1부위의 39개의 연속적인 클론들의 중복이 있음이 나타남. Nijmegen의 Dr. Joris Veltman의 자료.

변이인가를 보는 것이다. 그녀의 부모는 임상적으로 정상이었으므로 만약에 부모 중 누가 이것을 갖는다 하여도 이 것이 Michelle의 임상적 문제를 야기한 원인으로 볼 수 없는 것이다.

검사 결과는 *de novo* 변이로 나타났다. 하지만 이것이 곧 12q24.1 중복이 병리학적 원인이라는 것을 증거하지는 않지만 가능성은 높아진 것이다. 다음 분석으로 염기서열 데이터베이스에서 그녀가 중복되어 가지고 있는 어떤 유전자가 클리닉 문제와 연관되어 있는지를 찾아보았다. 확실한 후보 유전자를 찾을 수는 없었지만 그녀는 여러 유전자들의 중복이 있으므로 그녀가 보이는 임상적 증후군은 아마도 이런 여러 유전자 중복의 원인이 아닌가 싶다. 유전자의 dosage 균형이 Michelle의 임상적 문제의 원인인 것으로 보여진다. 재발 가능성이 낮다는 것을 의미하므로 이것은 중요한 결론이다. 그녀가 가지고 있는 중복은 *de novo* 현상으로서 부모 중 누구도 이 중복 현상이 쉽게 일어나도록 하는 어떤 인자도 가지고 있지 않음을 나타낸다. 상담은 재발 가능성은 제로이거나 매우 낮다고 하는 것이다. 많은 미확인 요인들 때문에 정확한 판단을 하기는 어렵지만 임신에 관련된 문제의 일반적인 위험과 비교하여 낮다는 것이다. 앞으로의 임신에서 만약에 부모들이 원한다면 이 특정한 염색체 이상을 검사할 수 있다.

PCR을 이용하여 분석하는 사례들

증례 9 | Ingram 가족 | 26 | 41 | 68 | **101** | 182 | 376

- Isabel: Irene과 Ian 사의의 첫 번째 딸
- 부모는 신장이 크나 Isabel은 신장이 작음
- ? Turner 증후군

Isabel에 대한 진단은 그녀의 핵형 분석(*그림 2.13*)으로 확실하게 내려졌다. 그러나, *2장*에서 설명한 바대로, Turner 증후군을 가진 사람이 46,XY 세포를 생식선에 가지면 이것이 악성 종양으로 발전될 가능성이 있으므로 그녀가 46,XY 세포들을 가지고 있는 가를 측정하는 것이 중요하다. Isabel의 경우 46,XY 배(embryo)가 발달하는 동안 유사분열 중에 Y염색체의 소실에 의해서 Turner 증후군이 생겼다면 Isabel은 46,XY 세포들을 아직도 가지고 있을 가능성이 있다. XY 세포가 있는지를

검사하기 위해 Y-염색체 특이적 프라이머를 이용하여 PCR 분석을 실시하였다. 이 분석은 관행적인 현미경으로 Y 염색체의 존재를 확인 하는 것보다 매우 민감하다. 생식선 조직이 악성 종양이 발생할 가능성이 있는 조직이므로 원칙적으로는 그녀의 생식선 DNA를 이용하여 분석하여야 하지만 통상은 혈액세포 DNA를 이용한다.

Isabel 의 경우 Y 염색체 염기서열이 증폭되지 않았으므로 그녀가 XY 세포들을 생식선에 가지고 있을 가능성이 없다.

증례 4 Davies 가족

4 10 66 **102** 151 181 279 376

- Martin (24개월 남아), 부모 Judith와 Robert
- 걷기가 서투르고 느림
- 근육위축병 가족력
- X-연관 열성 유전자 유전 가계도
- 일련의 진단 테스트

*1장*에서 살펴본 바와 같이, Martin은 DMD의 증상 [근육 약함과 근육의 가성비대(pseudohypertrophy)]을 가지고 있었다. 가계도 분석 결과 두 명의 삼촌이 진행성 신경근 질환을 가지고 있는 것으로 보아, 그가 DMD를 가지고 있음을 다시 확인하였다. 유전학자는 임상적 자료들을 확보한 후 검토하였다. 그들의 임상적 기록과 근육 조직학적 결과들은 모두 DMD 증상의 것들과 일치하였다. 신경학자가 Martin의 근육으로부터 조직을 생검(biopsy)하고 혈액 샘플에서 크레아틴키나아제(CK, creatine kinase) (역자 주; 근육 활동시 ATP 생성반응을 촉매하는 효소)를 측정하였다. CK는 근육세포에 존재하는 효소이다. 만약에 근육세포 외막이 파괴되었다면 CK가 새어나올 것이다. CK 수준은 정상적인 사람들에게도 심한 운동 후에는 종종 높아지기도 하는데 DMD 본인 여성은 CK 수준이 항상 높게 나타난다 (이것은 여성이 DMD 보인 여부를 알 수 있는 척도로도 사용된다). DMD 환자 사내아이들에서는 CK 수준이 확실히 높게 나타난다.

테스트 결과는 안 좋게 나왔다: Martin은 Duchenne 근육위축증을 가지고 있었다. 현재로는 이 질환을 치유할 수 있는 방법이 없어서 오직 증상에 따른 치료밖에는 없으며, 그의 병의 향후 예후는 매우 근심스러운 것이었다. Martin은 새로운 치료법이 개발되지 않는 한 20세를 넘기지 못한다 [유전자 치료의 가능성에 대해서 *14장*에서 다룸]. 처음에는 Martin의 부모인 Judith와 Robert는 감정적인 충격을 매우 심하게 받았지만, 이와 같은 매우 심각한 진행성 유전병을 앓는 자식을 가진 부모로서 어떻게 대처하는 가에 대한 계획을 세웠다. 그러나 물론 이러한 진단이 자신들은 물론 친척들에게도 향 후의 임신에서 재발될 가능성을 함축한다. 그들이 이러한 사실을 고려하기 시작하였을 때, 유전학자는 그들과 상담을 주선하였다. Judith가 보인자일 가능성이 매우 높으며 향 후의 이들 부부의 아들들이 이 질환을 가질 가능성이 50%이다. 다른 여자 친척들도 보인자일 가능성이 있다. 이러한 의문을 풀기 위해 Martin의 dystrophin 유전자 돌연변이를 분석해야 한다.

*3장*에서 본 것처럼, dystrophin 유전자는 매우 크며, 이 유전자 돌연변이의 2/3 정도는 하나 또는 그 이상의 엑손 결실이다 (*그림 3.9* 참조). 이러한 결실들은 DMD 사내아들에서는 분석하기가 용이하다. 이들이 결실을 가지고 있지 않으면, 이들은 나머지 1/3 정도의 환자들이 가진 점 돌연변이(point mutation)이나 중복(duplication)에 의한 것으로서 이러한 돌연변이는 분석이 쉽지가 않으며 다른 방법을 이용하여야 한다. 아마도 다른 복잡한 방법이 필요할지도 모른다.

DMD는 X-연관 유전자 질환으로서 사내아이는 하나의 dystrophin 유전자만을 갖게 된다. 부분적 결실을 확인하기 위해 엑손 각각을 PCR 증폭한다. 79개의 엑손들은 모두 길이가 300 bp 보다 짧다 (79번 엑손은 예외로서 이것이 마지막 엑손인데 길이가 2303 bp 이다. 마지막 엑손은 대개 다른 유전자들도 긴데 이것은 대부분 3′-비번역 부위로 이루어져 있다). 그러므로 개별적인 엑손들은 PCR 증폭하기에 적당한 길이 인 것이다. PCR 프라이머들을 엑손에 인접한 인트론 염기부터 고안하여 PCR 증폭시 엑손 전체염기와 인접한 인트론들이 함께 증폭되도록 고안한다. 지금까지의 경험에 의하여 18개의 엑손들을 선발하였는데 이들은 전체 결실의 98%를 커버하는 것들이다. 인트론이 얼마나 증폭되는가에 따라 각 증폭 산물들의 길이를 다르게 한다. 각 프라이머 세트들을 모두 한 PCR 반응 튜브에 섞어서 반응이 동시에 일어나도록 한다. 모든 PCR 반응에서 증폭된 산물들의 혼합을 전기영동하면 *그림 4.17*과 같은 여러 개의 밴드들로 나타난다.

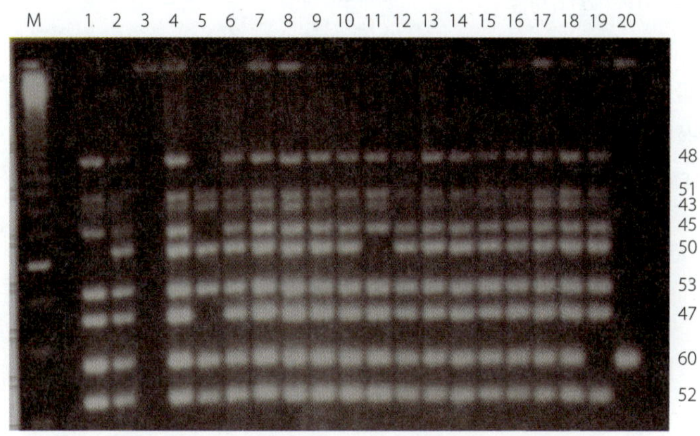

그림 4.17 - Duchenne 근육 위축병의 유발 dystrophyn 유전자의 엑손 결실 진단 PCR
Dystrophyn 유전자의 엑손 중 9개의 엑손을 선발하여 PCR로 20명의 DMD 남자아이들의 DNA를 증폭하였다. 증폭된 산물들을 전기영동하면 각 엑손들은 특이한 크기의 밴드를 형성한다. 남자는 X 염색체를 하나만 가지고 있으므로, 만약에 특정한 엑손을 잃게 되면 그 엑손의 길이에 해당하는 밴드는 생성되지 않는다. 서로 다른 엑손들의 결실이 1, 5, 11, 12, 19, 20번 레인에서 나타난다. 3번 레인은 아마도 결실의 크기기 길거나 PCR 반응 실패일 가능성이 있다. 이 분석에서 결실을 보이지 않는 DMD 환자 소년들은 dystrophin 유전자의 79개 엑손 중 다른 엑손의 결실에 의한 것이거나 점돌연변이 또는 중복에 의하여 dystrophyn 유전자의 기능이 상실된 경우 일 것이다.

결과는 Martin은 45, 47, 48번 엑손들이 결실이 일어난 것으로 확인되었다 (*그림 4.17 레인 5*). 44, 46, 49번 엑손들은 개별적인 PCR 반응으로 테스트 하였는데 44번과 46번 엑손들은 결실되었지만 49번 엑손은 존재하였다. 그러므로 결과를 종합하면 Martin은 44-48번 엑손들이 결실되어 있는 것이다. Dystrophyn 유전자 기능에 대한 이들 엑손들의 결실의 의미는 *6장*에서 설명한다.

이 가족들에게서 정확히 어떤 돌연변이가 유전 분리되고 있는지 알고 있으므로, 여자 친척들은 확실한 보인자 여부를 검정받도록 권유 받았으며, 가능하다면 정확한 산전 테스트도 받을 것을 권고 받았다. Judith와 그녀의 엄마는 절대 보인자(obligate carriers)이며 (*그림 1.10*의 가계도 참조) 이 가계도에서 적어도 8명의 여인이나 여자아이들이 보인자들이다. Judith의 두 딸들과 그녀 언니의 딸은 현재로는 여기에 참여시키기에는 너무 어리다. 그들이 10대 후반에 다시 연락을 하기로 하였다. Judith를 통해 그녀의 세 자매들과 두 명의 사촌들(그녀 이모의 딸들)도 유전학자를 만나보도록 연락을 취하였다. 여자들에게 보인자 여부를 테스트 하는 것은 소년들을 테스트 하는 것보다 어려운데 그 이유는 보인자가 이형접합일 수 있으므로 Dystrophin 유전자의 엑손을 PCR 증폭할 때 다른 X 염색체의 정상적인 dystrophin 유전자가 증폭되기 때문이다. 이러한 경우에는 본 장과 *5장*에서 설명한 양적 테스트가 요구된다. 양적 테스트가 고안되기 이전에는 많은 보인자 여성들은 태아 성 감별을 하고 모든 남자 태아들은 비록 이들이 2명 중 한 명이 DMD를 보일지라도 인공적으로 유산시켰다. 산전 진단으로 테스트 결과가 정상이면 산모들은 안심하고 이 질병을 가지지 않는 소년을 출산할 수 있다.

증례 1 | Ashton 가족 | 1 | 7 | 65 | **104** | 150 | 376

- John (28세); Alfred Ashton의 아들
- ? Huntington 질병
- 비슷한 증상을 가지는 가족 구성원들
- 상염색체 우성 유전자 가계도
- 일련의 진단 테스트

Ashton 가족을 연구하는 다음 단계는 John 의 아버지인 Alfred를 검사하는 것이다. Alfred는 이미 Huntington 질환의 증후를 보였다. 비록 이 가족이 가지고 있는 가족 질환이 Huntington 질환일 가능성이 높지만 (*1.7가계도* 참조할 것), John에게 정확한 카운셀링을 하여 주거나 또는 예상 테스트를 하기 위해서 이러한 가능성을 확인 하여야만 한다. John의 주치의는 Alfred의 혈액을 10 ml 정도를 채취하여 DNA를 추출하도록 실험실로 보냈다.

전 장에서 이미 설명한 것처럼, 클리닉에서는 Alfred가 4번 염색체에 있는 HD 유전자의 1번 엑손의 글루타민 코돈 (CAG)이 몇 개 있는가를 체크한다. 정상인들은 5–35개(15–105 bp)의 글루타민 코돈을 가지며 37개를 넘어서면 HD로 진단된다. HD 환자들은 대개 40–60개 정도의 글루타민 코돈을 연속적으로 갖는데 100개 코돈(또는 300 bp)를 넘기는 일은 없다. 이러한 테스트는 PCR로 수행하기가 수월하다. 분석하고자 하는 염기서열 인접의 염기들을 바탕으로 프라이머를 고안한다. 이들 프라이머들 간의 거리는 전기영동에서 쉽게 분리할 수 있을 정도로 하며 보통 100–300 bp 정도가 적당하다. *그림 4.18*의 결과를 보면 두 개의 밴드를 볼 수 있는데 이것은 Alfred는 두 개의 HD 대립유전자를 가지고 있기 때문이다. Alfred로부터 증폭된 밴드들과 옆 레인의 환자로부터 생성된 컨트롤 밴드들과 비교를 하여보면 Alfred의 밴드들은 CAG 반복을 각각 15개와 65개 반복을 가진 대립유전자를 갖고 있음을 나타낸다 (*그림 4.18, 레인 1*). 따라서 위의 진단이 맞는 것이다.

Alfred의 진단이 확실하므로, John은 Huntington 질환을 앓을 가능성이 50%인 것이다. 만약에 그가 원한다면, 그의 DNA를 PCR 분석하여 자신이 HD 돌연변이 대립유전자를 유전 받았는지를 확인 할 수 있다. 유전 상담가와 여러 세션에 걸친 상담을 통해 John과 그의 아내는 검사를 받을 것인가에 대해서 오랜 시간 동안 숙고하였다. 처음에는 유전자 검사를 받는 것은 그가 보험을 들거나 직장을 얻는데 영향을 줄지도 모르므로 검사를 받는 것에 대해서 부정적으로 생각했다.

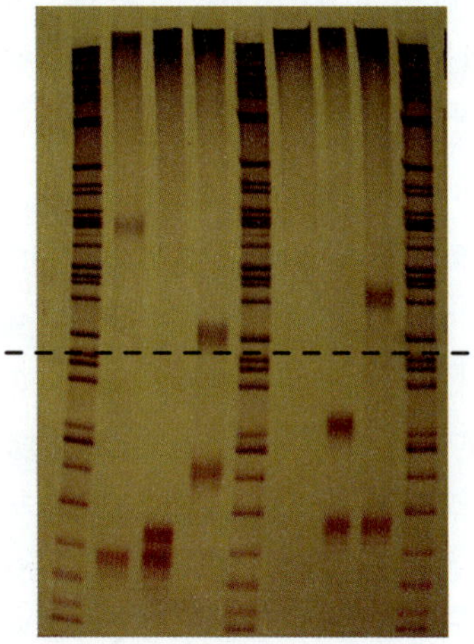

그림 4.18 - Huntington 질환 테스트
특정한 프라이머들을 이용하여 약 수백 bp 정도의 단편을 증폭한 후 전기 영동하여 검사하는 전형적인 분석방법이다. DNA 단편들은 길이에 따라 젤의 빠른 이동하는 속도가 다르므로 밴드의 위치는 PCR 증폭된 산물의 크기를 나타낸다. 전기 영동 밴드는 silver 염색법으로 염색한다. PCR 증폭 반응 시 게놈의 여타 부위 DNA들도 반응 액 내에 존재하지만 이들의 카피 수는 낮고 특정한 PCR 증폭 산물만이 매우 많은 양으로 존재하므로 여타의 게놈 DNA는 젤 상에서 보이지 않는다. 두 개의 4번 상동염색체 상에 존재하는 두 카피의 유전자를 PCR 증폭하므로서 각 PCR 산물은 두 개의 밴드로 나타난다. M으로 표시한 레인의 밴드들은 단편 크기 마커 레인이며 점선으로 나타낸 부위는 정상의 CAG 반복을 36번 갖는 밴드의 상한선으로 이 선의 위에 생성되는 밴드는 비정상적인 CAG 반복을 가지므로서 생성되는 밴드들이다.

상담을 통하여 이러한 걱정은 잘못이었다는 것을 확신하게 되었다. 만약에 그가 영국 내에서 보험을 신청한다면 그는 자신의 Huntington 가족력에 대해서 알려야 하며, 많은 보험회사들은 이러한 사실로 높은 보험 프리미엄을 요구한다. 하지만 실제로 유전 테스트는 John을 도울 수 있다: 만약에 결과가 네가티브로 나타나면 그의 가족력은 더 이상 그에게 문제시 될 것이 없으며 만약에 포지티브라면 그는 보험회사에서 정한 지불 한도 내에서 그의 생명보험 약관을 정하면 되는데; 어느 경우건 아주 최악의 뉴스에 대해서는 이미 가족력에 있는 것이다. 미국에서는 많은 주들이 유전자 검사결과에 대해서 보험회사들이 차별을 두는 것을 금하고 있다. 직장을 구하는데 있어서는 영국에서는 고용주가 유전적 위험이 있다는 이유로 고용에 차별을 두는 것은 불법이다. 그가 그 유전병으로 인하여 자신의 직업을 적절히 수행하기가 어렵지 않으면, 그의 유전자형은 고용주는 더 이상 이에 대해서 관심을 가지지 않는다. John의 아내는 이미 그들이 가지고 있는 보험에 대해서 걱정을 하였다. John은 그가 사고를 당하여 사망 시 그의 집의 은행 상환을 갚을 수 있는 생명보험을 들고 있었다. 그러나 그가 보험을 들 당시에는 그는 자신의 이러한 가족력에 대해서 모르고 있었던 것이다. 그러나 그는 보험 계약 시 모든 질문에 대하여 거짓없이 그가 알고 있는 지식 내에서 성실하게 답하였으므로 그의 보험 약관에는 유효하며 이후에 그가 병이 유발되어도 영향을 미치지 않는다.

이러한 걱정을 확인하고 나서도 John과 그의 아내가 테스트 결과를 알고 싶어하는지 기본적인 문제로 돌아왔다. 이것은 매우 개인적이고 어려운 문제로서 John과 같은 상황에 있는 사람들의 70%는 알고 싶어하지 않는다. 물론 검사결과가 네가티브로 나타나면 매우 안심이겠지만, 결과가 포지티브라면 John과 그의 아내는 미래를 계획하여야 한다. 그러나 우리들 대부분은 자신들의 미래에 대해서 열어놓기를 원한다. 28세의 나이에 그가 곧 죽을 것이라는 것을 알고 싶어하는 사람은 별로 없다. 오랫동안 숙고한 후, John과 그의 아내는 심사결과를 알지 않기를 선택하였다. 유전 상담가는 그들이 어떤 결정을 내리던가 존중하여야 한다. 상담가는 다음 달에 그들을 다시 만나기로 예약을 하고, 그들에게 자신은 언제고 그들이 원하면 다시 상담을 할 수 있다고 확인하여 주었다. 상담가는 앞으로 몇 년 동안 HD 질환의 매우 초기 진행을 늦출 수 있는 치료법이 개발되면 그녀는 그들에게 연락을 하여 HD 증세가 나타나지 않도록 하겠다고 하였다.

마지막 논의는 John의 친척들 중 HD 가능성 있는 사람들에 관해서이다. John의 누이 Helen과 그녀의 두 아들, 호주에 살고 있는 이모 Alice 등은 모두 Alfred와의 검사에서 포지티브하게 나타난 사람들이다. John이 Helen과 Alice에세 연락을 하여 그들에게 상황을 설명하고 가까운 유전 클리닉을 방문하도록 하였다. 그들이 John의 충고를 받고 유전 클리닉을 방문할지는 그들의 선택이다. John이 검사를 받기로 하여도, 유전 상담가는 이 결과를 친척 다른 사람들에게 알려주지 않는다. John은 Helen과 가까우므로 그는 자신의 생각과 결정을 그녀와 논의할지도 모르지만, 그가 그녀와 이런 행동을 해야 할 아무런 의무도 없는 것이다.

4.4. 요약 및 보충 설명

*표 4.1*에 본 장에서 다룬 실험기법들과 이들을 이용하여 문제를 해결할 수 있는 유형들에 대해서 설명하였다.

표 4.1 - 지금까지 다룬 분석 방법들의 요약 및 이들의 적용

원 리	방 법	적 용
분자교잡	올리고뉴클레티드 프로브를 이용한 dot blotting	염기서열의 존재 유무 확인; 특정한 단일 염기 변이 확인
	Southern blotting	제한효소 단편의 크기에 영향을 줄 수 있는 큰 수준의 염기서열 변이 (역위, 결실) 확인
	Chromosome FISH	적어도 수 Kb 정도 길이 염기서열의 염색체 위치 및 존재 유무 확인
	간기 세포 FISH	특정한 염색체(들)에 있는 염기서열 카피 수 확인
	비교 유전체적 분자교잡	수 kb 또는 그 이상 되는 염기서열이 연루된 염기들의 카피 수 변이를 전체 게놈에서 확인함
Amplification	*E. coli*를 이용한 클로닝	벡터에 따라 길이가 2-300 Kb 정도의 특정한 DNA 단편을 무한정 얻고자 할 경우
	PCR	50 bp - 5 kb 정도의 특정한 염기서열의 크기확인과 존재 유무 확인

돌연변이를 변이의 정도에 따라 큰 수준의 돌연변이와 점돌연변이로 나누어 볼 수 있는데 이 두가지 사이의 정확한 경계는 없다. 인간 게놈의 1.5% 정도의 염기들만이 단백질을 코딩하고 있으므로(*3장* 참조), 임의적으로 발생하는 대부분의 돌연변이들은 단백질을 코딩하지 않는 부위에서 일어난다. 보통 (항상은 아니지만) 이러한 변이들은 표현형에 영향을 주지 않는다. 표현형에 영향을 주는 변이들을 고려하여 임상적 유전학자들이 다루는 돌연변이들은 다음과 같은 것들이다:

- 큰 수준의 변이는 유전자를 물리적으로 분리시키거나 재배열할 수 있는 길이가 긴 염기순서들의 결실이나 중복, 역위 또는 염색체 전좌 등이다. 인트론에 비해 엑손의 길이는 짧으므로 이러한 염색체의 물리적 재배열의 절단점은 대부분 인트론에 있거나 유전자와 유전자 사이의 스페이서에서 일어난다 (*그림 3.9, 4.12, 4.17* 참조). 그러므로 긴 염기순서들의 결실은 하나 또는 그 이상의 엑손들의 결실을 초래하며, 역위나 전좌는 대부분 엑손 개개의 염기순서를 바꾸어 놓지 않고 그저 이들 엑손들을 잘못된 위치에 옮겨 놓을 뿐이다. PCR 원리에 의존한 간단한 검사들은 이러한 변이를 찾는데 효과적이지 못하다. 역위되었거나 전좌된 염색체 단편에 있는 엑손들은 PCR 증폭에서는 정상처럼 증폭이 되지만 결실의 경우 이형접합 결실을 양적 PCR법에 의해 분석할 수 있다. Southern blotting 법이 이러한 경우에는 더 효과적이다. 절단점은 제한효소 단편의 길이를 확실히 바꾸므로 적당한 프로브를 이용하여 분자 교잡하면 쉽게 검색할 수 있다.
- 점돌연변이란 단일염기의 변이이거나 한 개의 엑손이나 한 엑손의 일부의 변이이다. 이러한 변이들은 일반적으로 PCR로 검색이 가능하다. 변이를 가지고 있는 염기서열을 PCR 증폭하여 증폭된 단편의 염기서열을 분석하거나 본 장과 다음 장에서 설명하는 특정한 방법으로 분석할 수 있다.

양적 PCR (Quantitative PCR, q-PCR)

분석법을 절대적인 수준으로 최적화하면 PCR 증폭 반응으로 양적 분석이 가능하다. 프라이머를 형광물질로 표지하고 형광 염기서열 분석기 (*5장* 참조)를 이용하여 증폭된 단편의 양을 측정하는 것이다. 본 장의 두 가지 사례들이 q-PCR 방법으로 분석이 가능한 것들이다:

- 증례 4 (Davies 가족, Duchenne 근육위축증)는 만약에 그들이 dystrophin유전자의 결실을 이형접합으로 가지고 있다면 q-PCR로 분석 가능하다 (대체적 방법으로 MSPA가 있는데 *5장*에서 다룸).
- 증례 8 (Helen Howard, Down 증후군)에서처럼 PCR 방법을 삼염색체성 변이를 간편하게 검색하는데 간기 FISH 방법 대신에 이용할 수 있다. 21번 염색체 특이적 프라이머들을 다른 염색체 특이적 프라이머들을 컨트롤로 이용하여 함께 반응시킨다. 유전학자들은 나이든 여성들의 13, 18, 21, X, Y 등 5가지의 염색체 이상을 검정하는데 있어서 관행적인 핵형분석과 QF-PCR (quantitative fluorescent PCR) 분석법들의 상대적 장점들을 고려하고 있다. QF-PCR법이 훨씬 빠르고 분석 비용이 적게 들지만, 이들 5가지 염색체들에서 일어난 카피 수 변이가 아닌 염색체 이상들의 경우에는 분석이 불가능하다. 하지만 이들 5개 염색체 변이 이외의 다른 염색체 이상을 간과하여도 될 이유가 있기는 하다. 이에 대해서는 *11장*에서 다룬다.

실시간 PCR (Real-time PCR)

프라이머들이나 단일염기들이 집합이 아닌 PCR 증폭 산물들을 다양한 방법으로 표지할 수 있도록 고안된 여러 종류의 상업적 키트들이 있다 (예, Taqman® method). 형광 표지법을 이용하여 증폭 산물의 축적을 실시간으로 검색한다. 어떤 한정된 사이클의 증폭 후 증폭된 산물의 전체 양을 측정하기 보다는 산물의 축적율을 측정하는 것이라면 양적 PCR이 더 믿을만한 결과를 생성한다. 실시간 PCR은 DNA 염기서열의 카피의 양적 수를 측정하는데 이용되거나, 역전사 PCR (RT-PCR, reverse transcriptase-PCR)법에 의해 유전자 발현을 연구하는데 이용된다. 정상적인 PCR 법과 비교하여 실시간 PCR법은 비싼 장비와 약품이 필요하다.

RNA 검사

Northern blotting

경우에 따라서는 DNA검사보다는 RNA를 조사하여야 할 때도 있다. 예를 들면, 어떤 특정한 유전자가 언제 어느 조직이나 기관에서 발현되는 가를 측정하여야 할 필요가 있다. 또한 돌연변이를 찾고자 할 때에도 DNA를 검사하는 것보다 경우에 따라서는 RNA를 분석하는 것이 쉬울 때도 있다. 부분적으로 그 이유는 성숙된 mRNA는 그 mRNA의 유전자 게놈 염기서열 보다 크기가 훨씬 작기 때문이다 (*표 3.1*). 부가적으로, 엑손과 인트론 스플라이싱이 비정상적으로 일어나는 돌연변이들은 DNA 수준에서 연구 하는 것보다 RNA 수준에서 연구하는 것이 효과적이다. 그러나 RNA는 DNA 보다 추출하고 취급하는 일이 훨씬 까다롭다. 적절한 조직을 샘플링하여야 하는데, 예를 들면 dystrophin mRNA는 근육세포에서 추출하여야 하며, RNA는 불안정하여 실험과정을 수행하는데 있어서 매우 조심하여야 한다.

위에서 기술한 분석 기법들 중에서 Southern blotting 법을 변형한 방법을 이용하여 mRNA 분자들을 동정하는데 사용할 수 있다. mRNA를 이용하여 분자교잡하는 방법은 Northern blotting법이라 한다. (이 명명은 약간 우습광스럽게 지어진 것으로서 Southern blotting 방법이 Oxford 대학의 Dr. Ed Southern에 의해 고안되었기 때문에 Northern blotting이라고 부름.) mRNA를 연구하고자 하는 조직으로부터 추출한 후, 전기영동하고, nitrocellulose 필름에 전이시켜 부착 시킨다. 연구하고자 하는 유전자의 엑손 염기서열의 DNA를 프로브로 표지한 후 분자 교잡 시킨다. 실험결과는 mRNA가 존재 여부를 분석하며 존재하면 그 크기는 얼마인가를 보게 된다. 예상되는 전사물이 분자교잡에서 보이지 않으면 그 유전자가 발현이 되지 않는 것을 의미하며 예상하지 않는 크기의 단편과 분자교잡이 일어나면 정상적인 스플라이싱이 일어나지 않았음을 나타낸다.

cDNA 작성

RNA 상태로는 PCR 증폭 DNA나 여타 다른 DNA 단편들처럼 클로닝을 할 수 없다. RNA 연구를 하기 위해서는 대부분 RNA의 DNA 카피를 만들어서 연구한다. 이것은 *그림 3.3* 에서 설명한 중심이론 (Central Dogma)의 정상적인 DNA -> RNA로의 유전정보 흐름의 반대인 것이다. 어떤 바이러스들은 역전사효소(reverse transcriptase)라는 특이한 효소 유전자를 가지고 있는데 이 효소는 주형 RNA로부터 DNA를 만들고 이것은 다시 DNA 중합효소에 의해 이중나선의 cDNA (complementary DNA)를 만들게 된다. RT-PCR (reverse transcriptase PCR)에서는, 특정한 조직의 전체 mRNA들을 추출한 후, 이들을 역전사효소로 cDNA를 만든 다음, 특정한 연구하고자 하는 유전자에 특이적인 프러이머를 이용하여 PCR 반응을 시킨다. RT-PCR은 하나의 반응으로 수행할 수 있으므로 매우 효과적인 분석법으로서 어떤 유전자가 특정한 조직에서 발현이 되는가를 확인하는데 효과적이다. cDNA 유전자 도서관은 전체 mRNA를 cDNA로 전환 시킨 후 이들 모두를 클로닝하는 법으로서 이것은 전체 mRNA 집단을 대표하는 것이다. 조직 특이적인 cDNA 유전자 도서관은 유전자를 동정하고 이들의 발현 양상을 보는데 중요한 방법이다.

한 세포나 조직의 완전한 mRNA 목록은 microarray에 전체 mRNA (통상 전체 cDNA)를 분자 교잡시켜서 얻을 수 있다. 적절한 유전자 발현 arrays (expression arrays)들은 전체 유전자들의 (전체 게놈) 엑손 염기서열에 상보적인 oligonucleotides를 슬라이드에 고착시켜서 제작한다. mRNA 또는 cDNA를 형광 표지한 후 array에 분자교잡 시킨다. 대개 CGH라고 불리는 경쟁적 분자 교잡법이 이용된다 (*그림 4.7*). 테스트 샘플을 한가지 형광색깔로 표지하고 컨트롤 샘플은 다른 형광색깔로 표지하여 섞는다. Array의 각 셀에 있는 oligonulceotide들과 분자 교잡하여 발광하는 두 가지 형광의 비율에 따라 분석하고자 하는 조직에서 발현 정도와 컨트롤에서의 발현 정도를 비교하여 분석할 수 있다. 이에 대한 예는 *12장*에서 자세하게 다룬다.

단백질 분석

돌연변이가 어떤 유전자에 집적되어 특정한 단백질이 만들어지지 않아서 어떤 질병이 생긴다면, 전체 유전자를 분석하여 어디에 돌연변이가 생겼는지를 보기 보다는 단백질을 먼저 직접 분석하여 보는 것이 쉬울 것이다. 그러나 어떤 샘플에서 유래하였건 DNA에는 모든 유전자들이 존재하지만, 특정한 단백질은 특정한 조직에만 존재하는데 경우에 따라서는 채취하기가 거의 불가능한 조직에서만 발현 할 수도 도 있다. DNA 검사는 일반적으로 모든 조직에서 채취하여 수행 가능하지만 단백질은 조직 특이적이다. 즉, DNA 검사는 한 유전자를 테스트하기 위해서 사용한 방법을 다른 여타 유전자들에도 사용 가능하지만, 단백질은 각 단백질들마다 분석방법을 달리하여 최적화하여야 한다. 단백질 검사는 상업적 키트를 사용하는 것이 가장 유효한데 그 이유는 이미 이들 키트들은 제조사에서 분석에 최적의 조건을 찾아서 프로토콜을 제공하기 때문이다. 그러나, 이들 회사들은 비교적 일반적인 조건들에서만 사용할 수 있도록 개발한다. *11장*에서 단백질 검사의 실례를 설명하고 *12장*에서 진단 테스트에 대해서 설명한다.

염색체 페인팅

염색체 페인팅은 FISH 기법을 변형한 방법으로서 형광 표지 된 프로브로 특정한 염색체의 전체를 커버할 수 있는 염기서열을 이용한다. 이 프로브를 유사분열 중기 세포에 분자 교잡하면 이 특정 염색체만 밝은 형광을 띄게 된다. 이것은 정상적인 핵형을 가지는 세포에서 비정상적인 염색체의 존재와 기원을 찾는데 이용된다. 예로 1번 염색체 프로브를 이용하여 Elizabeth Elliot(증례 5, *그림 2.15*)의 세포에 분자교잡을 하면, 그녀의 정상적인 1번 염색체와 전좌에 의해 1번 염색체 단편과 결합된 전좌 염색체의 1번 염색체 부위에 염색체 페인팅이 된다. 이 특별한 사례에서는 핵형을 이해하기 위해 염색체 페인팅을 할 필요는 없지만, 간혹 작은 여분의 '마커' 염색체 단편을 가지는 환자들이 있으며, 이 경우에는 이 작은 마커 단편을 염색체 페인팅 법 외에는 다른 방법으로 기원을 찾아내기가 불가능하다. 이 개념을 조금 확대하면, 페인트를 혼합한 M-FISH 또는 SKY 법 등이 있는데 이 방법은 한 염색체는 한가지 형광 표지로 페인팅하고 다른 염색체는 다른 형광표지 하는 등 여러 형광 표지들을 이용하여 염색체들을 다른 형광으로 페인팅 할 수 있다. 이 방법들은 아주 복잡한 염색체 변형에 의한 백혈병과 암세포 등을 분석하는데 이용되는데 이에 대해서는 *12장*에서 다룬다.

Disease Box 4

뉴클레오티드 반복의 확장에 의한 질병들

Huntington 질병의 돌연변이는 비정상적이지만 특이한 것은 아니다. 1991년도에 알려진 Fragile-X 증후군부터 시작하여 뉴클레오티드 반복의 확장에 의해서 일어나는 인간 질병의 숫자가 늘어나고 있다. Huntington 질병처럼 대부분의 경우는 삼염기들의 반복이지만 경우에 따라서는 반복 단위가 4, 5, 또는 12 염기들인 경우도 있다. 모든 경우에서 정상인들도 반복을 가지고 있지만 이 반복단위의 수가 안정적이고 질병을 유발하지 않는 비병원적이다. 정상인들도 반복 단위의 수가 간혹 일어나는 변이에 의해 차이가 날 수 있지만, 항상 이들은 질병이 유발되는 한계 반복 수에 미달되는 반복을 가진다. 만약에 반복 단위 수가 질병이 유발되는 한계 반복 수를 넘어설 정도로 변이가 생기면 이 반복 단위 수는 불안정하여 져서 더욱 반복 단위수가 늘어나거나 부모로부터 자식으로 유전을 한다. 반복 단위 수가 높을수록 더욱 더 불안정하여 진다. 이것과 별개로 어떤 특정한 크기 이상의 반복은 질병을 유발한다. 반복단위 수가 불안정할 정도로 높지만 아직 질병을 유발할 정도가 아닌 정도를 **premutations**라고 한다. Premutations을 갖는 사람들은 건강하지만 질병을 갖는 자식을 가질 위험이 높다. 주요한 사례들을 아래에 보여주고 있다.

이러한 많은 질병들의 특징은 **anticipation**이다. 이것은 세대가 진전됨에 따라 질병이 더욱 심화되는 것이다. 이것은 반복단위수가 매우 불안정하고 세대를 지나면서 더욱 수가 확장되기 때문이다. 반복 수의 확장은 질병의 심한 정도와 질병의 시작 나이 등과 밀접하게 관련이 있다. 그러므로 반복수의 확장은 예측(anticipation)을 보이는 유전질환의 기본으로 추정되는 것이다. 그러나 예측에 대해서 상당히 회의적인 보고들이 있다. 많은 경우가 그렇지만 만약에 유전적으로 우성인 어떤 질병이 자연적으로 매우 일정하지 않다면, 임상 유전학자들은 경한 증세를 보이는 부모로부터 아주 심한 증세를 보이는 아이들을 갖는 경우를 종종 보게 될 것이며, 심한 증세를 보이는 부모로부터 경한 증세를 보이는 아이를 갖는 경우는 앞의 경우보다 약한 빈도로 보게 될 것이다. 이것은 심한 증세를 보이는 부모들은 자식을 갖지 않을지도 모르며 만약에 그렇다면 그들은 경한 증세를 보이는 아이에 대해서 어떤 잘못된 것이 있다고 느끼지 않을 것이다. 그러므로 확인의 일반적 선입관은 종종 예측(anticipation)을 닮는 것이다.

뉴클레오티드 반복의 확장에 의한 질병들

SCA, spino-cerebellar ataxia (척추 소뇌성 운동 실조증); DRPLA, denatotorubral palliloduysian atrophy (치상핵적핵담창구시상하핵 위축증); SBMA, spinobulbar muscular dystrophy (뇌근육위축증)

질병	OMIM no.	유전 양상	염색체 위치	반복 위치	반복 단위	정상인 반복수	질병인 반복수
Huntintong 질병	143100	AD	4p16	엑손 1	$(CAG)_n$	5-35	37-120
DRPLA	125370	AD	12p13	엑손 5	$(CAG)_n$	7-34	58-88
SCA1	164400	AD	6p23	엑손 8	$(CAG)_n$	19-38	40-81
SCA2	183090	AD	12q24	엑손 1	$(CAG)_n$	15-29	35-59
SCA3 (Machado-Joseph 질병)	109150	AD	14q24-q31	엑손 10	$(CAG)_n$	14-40	68-82
SCA6	183086	AD	19p13	엑손 49	$(CAG)_n$	6-17	21-30
SCA7	164500	AD	3p21-p12	엑손 3	$(CAG)_n$	7-17	38-130
SCA17	607136	AD	6q27	엑손 3	$(CAG)_n$	25-44	50-55
SBMA	313200	XLR	Xq11	엑손 1	$(CAG)_n$	11-33	38-62
Fragile-X site A (FRAXA)	309500	XL	Xq27.3	5'-UTR	$(CGG)_n$	6-54	200->1000
Fragile-X site E (FRAXE)	309548	XL	Xq28	Promoter	$(CCG)_n$	6-25	>200
Friedreich Ataxia (FRDA)	229300	AR	9q13-q21.1	인트론 1	$(CAA)_n$	7-22	200-1700
Myotonic Dystrophy 1 (DM1)	160900	AD	19q13	3'-UTR	$(CTG)_n$	5-35	50-4000
Myotonic Dystrophy 2 (DM2)	602668	AD	3q21	인트론 1	$(CCTG)_n$	12	75-11000
SCA8	603680	AD	13q21	비전사된 RNA	$(CTG)_n$	16-37	110->500
SCA10	603516	AD	22q13	인트론 9	$(ATTCT)_n$	10-22	최대 22 Kb
SCA12	604326	AD	5q31	Promoter	$(CAG)_n$	9-18	66-78
Progressive myoclonic epilepsy (PME)	254800	AR	21q22.3	Promoter	$(CCCCGCCCCGCG)_n$	2-3	40-80

이 테이블의 위에서부터 9개의 질환은 유전자의 단백질 코딩 부위에 $(CAG)_n$ 반복을 가지고 있다. CAG는 글루타민의 유전암호로서 이들 단백질은 글루타민을 연속적으로 가지고 있는 것이다. 이들 단백질들은 신경세포인 뉴런에 독성을 가진다. 뉴런에 이들 단백질들이 집적하게 되면 퇴행성 신경질환이 유발된다. SBMA는 *Disease box 6*에서 더 자세하게 설명한다. 표의 다른 질환 대부분은 반복 DNA의 확장은 유전자 발현을 억제하며 질환은 이 단백질의 결핍으로 생긴다. 그러나 근육긴장성 영양장애(Myotonic dystrophy)의 두 형태는 확장된 반복 염기들을 가진 mRNA의 독성에 의해 일어난다. 독성 RNA는 FRAXA, SCA8 및 기타 질환들의 부분적으로 분자생물학적 질환 원인이다. 그러므로 비록 반복서열 DNA의 반복 단위 수 확장에 의해 질환들이 유발된다 하더라도, 이들이 질환을 유발하는 메커니즘은 다양하며 이것에 대한 구체적인 것은 잘 이해하지 못하고 있다.

Box 4.6 - continued

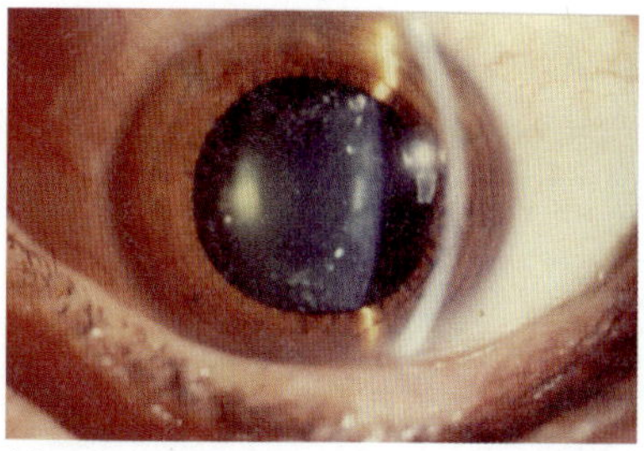
(a)

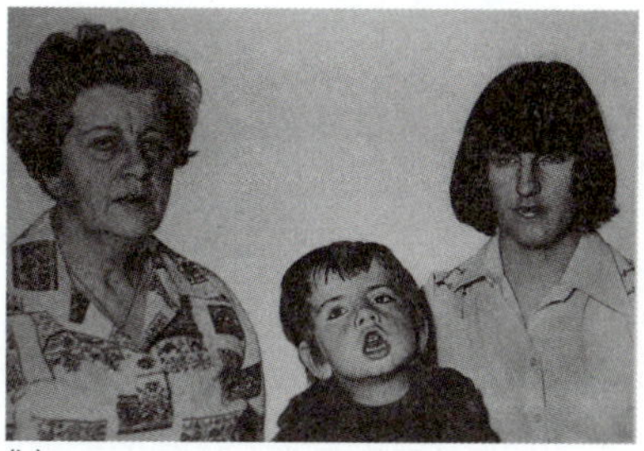
(b)

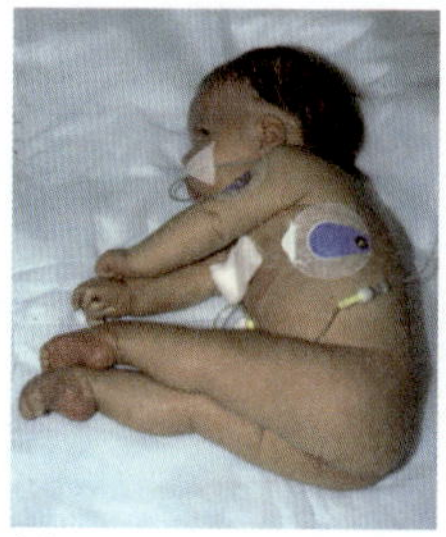
(c)

Myotonic dystrophy (근육긴장성 영양장애)

(a) '푸른점' 백내장은 이 질환이 일어난 첫 번째 세대의 유일한 증세이다. (b) 3세대에 걸친 근육긴장성 영양장애. 할머니는 양쪽 눈에 백내장을 기지고 있으나 근육이상은 보이지 않지만 안면의 허약함을 보인다. 이 여인의 딸은 경한 안면 허약성과 눈꺼풀 처짐(안검하수, ptosis)와 백내장을 가지고 있는 반면 마지막 세대인 어린아이는 선천적인 이상현상을 보이고 있다. Peter Harper 저서인 *Myotonic Dystrophy* (Saunders, 4rd edition, 2001)에서 인용함. (c) 저혈압을 보이는 선천적 근육긴장성 영양장애 아기. 선천적 근육긴장성 영양장애는 아이가 이 질환 유전자를 엄마로부터 유전받았을 때 일어난다. 이것은 CTG 반복이 매우 많은 수로 확장되어 생기는데 이것은 정자에서는 절대로 발견 된 적이 없는 변이이다.

임상적으로 글루타민 코돈이 늘어난 polyglutamine 질환들은 생육 후반에 퇴행성 신경질환 현상을 유발한다. 정확한 증세는 돌연변이 유전자의 발현 양상이나 돌연변이 단백질과 상호작용하는 단백질을 코딩하고 있는 유전자의 발현에 따라 다르다. 프리드라이히 운동실조증 (Friedreich ataxia)는 뉴런의 진행적 사멸에 의해 일어나는데 이것은 소뇌의 기능에 영향을 준다. Fragile-X 증후군은 이들 증후군을 가진 환자들의 특별한 배양조건에서 배양시 X 염색체의 특정 부위가 비정상으로 늘어진 것처럼 보이는 데 이 부위를 'fragile site' 라고 부름으로서 Fragile-X 증후군이라고 불리게 되었다. Fragile-X 증후군을 가진 상태의 경중도가 있지만 정신박약을 보이며 행동적 문제점으로 보이기도 하며 특이한 얼굴 모습과 고환비대증(macroorchidism)을 보인다. 다른 X-연관 질환과는 달리, fragile-X 보인자 여성들은 경중도가 차이가 있지만 정신박약을 보인다. 마지막으로 두 가지의 근육긴장성 영양장애(myotonic dystrophy)는 근육 긴장성, 백내장, 고환 위축증 (testicular atrophy), 전면 대머리 등의 증세와 관련이 있다. 이 근육긴장성 영양장에증은 특별히 확연한 예측을 보인다.

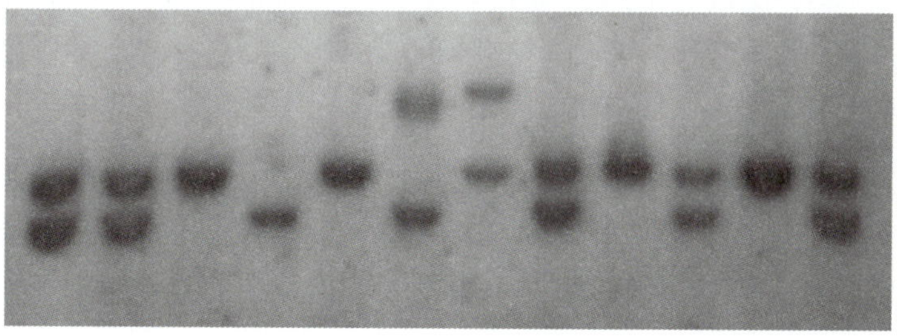

Southern blot

같은 가족 내의 구성원들이 CTG 반복의 불안정성을 보인다. . 두 개의 밴드를 가지는 사람은 이형접합형이며 한 개의 밴드만을 보이는 사람은 동형접합형이다. 밑으로부터 두 개의 밴드들은 비질환적 밴드들로서 크기가 각각 10 kb 와 11 kb 이다. 질환적 CTG 확장은 이들 두 개의 밴드들보다 큰 밴드를 생성하는 것들이다. Manchester St Mary 병원의 Dr. Simon Ramsden으로부터 사진 제공.

4.5. 참고문헌

본 장에서 다룬 일반적이 분석 기법들은 여러 종류의 교재에서 다루는 내용이다. 예로서 Strachan T 와 Read AP (2004) Human Molecular Genetics, 3rd edn, Garland, NY (NCBI Bookshelf http://www.ncbi.nlmnih.gov/antrez/query-fcgi?.db=Boos에서 다운 받을 수 있음)이 있다.

유용한 Websites

The University of Utah Genetics Science Learning Center)의 website는 전기영동에 대한 좋은 자료를 제공 (http://gslc.genetics.utah.edu/units/biotech/gel/)
The Access Excellence Resource Centerdml website는 Southern blotting의 기초적인 설명과 다른 기법들도 다루고 있는데, 자세하지는 않지만 그래프를 이용한 좋은 자료를 보여줌. (http://www.accessexcellence.org/RC/VL/GG/southBlotg.html)
많은 분량의 FISH 사진 및 관련 자료들은 Tavi' s Multicolor FISH 사이트에 있음 (http://info.med.yale.edu/genetics/ward/tavi/FISH.html).

4.6. 자가 평가 문제들

[1] 밑줄 친 50개의 뉴클레오티드를 증폭하기 위한 10개의 뉴클레오티드로 구성된 프라이머들을 고안하라.

(a) 안내가 제공된 염기 순서

```
CCACTCCCCTCGGCCAGGGCCGCGTCAACCAGCTCGGCGGTGTTTTTATCAACGGCAGGTACCAGG
AGACTGGCTCCATACGTCCTGGTGCCATCGGCGGCAGCAAGCCCAAGGTGAGCGGGCGGGCCTTGC
```

(b)

```
AAGAGAGAACCCGGGCGTGCCGTCAGGTACTAGGCCCATTAACCTCTCCCCGCTTCCTTCCTCCTC
CCGCCCCCAGTGAGTTCCATCAGCCGCATCCTGAGAAGTAAATTCGGGAAAGGTGAAGAGGAGGAG
```

[주의: 실제적으로 프라이들의 길이는 16-25 뉴클레오티드들로 구성되어 몇 백 bp 정도의 단편을 증폭하기 위해 이용되지만 이 문제는 프라이머들의 방향성과 위치 등을 결정하는 예제이다. 프라이머 고안 프로그램을 가지고 있다 하여도 수작업으로 고안하도록 노력하여 보아라.]

[2] *Box 4.1* 의 표에서 PCR 사이클을 10회까지 증가시켰다고 가정하고 이를 보여라. (엑셀 스프레드 시트를 이용하여 작업을 하면 좋은 결과를 보일 것이다). Product 를 100,000 카피를 얻기 위해서는 몇 사이클을 반응시켜야 할까?

[3] DNA 염기에는 4가지가 있다. 이들을 이용하여 만드는 이염기는 16가지가 가능하며 삼염기는 64가지가 가능하고 n염기는 4^n의 가능한 조합을 만들 수 있다. 만약에 제한효소가 특정한 5염기를 인식하여 절단하며 이러한 염기순서가 인간 게놈에 임의적으로 무작위적으로 분포한다면

이 제한효소가 절단할 수 있는 부위는 인간 게놈에 몇 개나 존재하는가?

[4] 인간 게놈이 완전히 유일한 염기 서열들로만 이루어져 있으며 반복서열 DNA는 없다고 가정하라. 전체 게놈에서 오직 한 염기서열과만 분자교잡이 일어나도록 하기 위해서는 얼마나 긴 올리고뉴클레오티드가 필요한가? (안내 제공)

[5] 다음에 예로 들은 염기서열 변이나 효과들 중에서 이러한 변이 또는 효과들을 검사하는 방법을 아래의 options에서 선택하여라 (경우에 따라서는 한가지 이상의 방법을 택할 수도 있음).

- *PAX* 유전자 2번 엑손 G〉A 바뀌어서 단백질의 60번째 아미노산인 밸린이 메치오닌으로 바뀜.
- BRCA1 유전자의 6번 엑손에서 3bp가 결실을 가지고 있는 이형접합형
- *MITF* 유전자의 7번 엑손의 214번 아미노산 코돈인 아르지닌 코돈 AGA가 정지코돈인 TGA로 염기치환이 일어남.
- PAH 유전자는 간에서 작용하는 효소인 phenylalanine hydroxylase 를 코딩하고 잇는데 이 유전자의 4번 엑손의 donor 스플라이싱 부위의 염기가 GT〉GA로 변형됨.
- Actin 유전자는 모든 조직에서 발현되는데 이 유전자 인트론의 스플라이싱 부위에 근접한 염기가 C〉A로 치환됨: 문제는 이 돌연변이가 스플라이싱에 영향을 주는가를 확인하는 것임.
- Smith-Magenis 증후군을 가진 것으로 추정되는 어린이의 17번 염색체의 단일 카피 유전자들이 연속적으로 있는 부위에 결실이 있는 확인하고자 함.
- Duchenne 근육 위축증을 가진 소년의 dytrophin 유전자의 하나 또는 그 이상의 엑손 결실을 확인하고자 함.
- X-연관 우성 유전자에 의한 저인산혈증(hypophosphatemia)을 가진 소년의 *HYP* 유전자의 하나 또는 그 이상의 엑손들의 결실을 확인하고자 함.
- 한 유전자의 프로모터 부위에 삼염기가 삽입되었는데 이것이 유전자의 발현에 영향을 주는지 확인 하고자 함.
- 한 환자의 7번 염색체에 염기가 삽입되었거나 결실되었을 것으로 추정됨- 세포유전학 검사 결과 7번 염색체의 분염 패턴 분석에서 밴드 한 개가 비정상이지만 이러한 변이가 정확히 무슨 결과를 초래하는지 불분명함.

Options:

[a] PCR 증폭, PCR 증폭 산물의 존재 유무
[b] PCR 증폭, 증폭된 산물의 크기 분석
[c] PCR 증폭후 염기서열 분석
[d] PCR 증폭 후 대립유전자 특이적 oligonucleotide로 dot-blot 분자교잡
[e] RT-PCR
[f] 실시간 양적 PCR
[g] Southern blotting
[h] FISH
[i] 염색체 페인팅
[j] Array-CGH

제 5 장

환자 DNA에서 유전자 돌연변이 분석하기

5장의 학습 요지

- DNA 염기서열 결정법의 원리와 간단한 염기서열 추적
- 유전자 돌연변이 탐색과 특정한 염기 변이에 이용되는 DNA 검사의 전반을 설명함
- 염기서열 결정법 외에 유전자 돌연변이 탐색에 이용되는 두 가지 검사법의 원리를 간단하게 설명함
- 특정한 변이를 분석하는 두 가지 검사법에 대한 기본적인 설명
- 한 유전자의 엑손 중복 또는 결실을 검사하는 두 가지 검사법의 원리에 대한 기본적인 설명

5.1. 증례 학습

증례 14 Nicolaides 가족 **115** 129 153 376

- ?β-탈라세미아(β–thalassemia) 보인자

Spiros Nicolaides는 IT 대학원생으로 영국에서 태어났다. 그러나 원래 그의 가족은 모두 Cyprus 태생이다. 그는 건강하며 최근에 조부모를 방문하러 Cyprus에 갔다가 미국에서 유학을 하고 돌아온 Elena라는 여성을 만나 그녀를 사랑하게 되었다. 양가 모두 대단히 기뻐하였고 흡족해 하였으며 성대한 약혼식을 계획하였다. 그러나 Elena의 언니는 Elena에게 결혼 전에 β–탈라세미아 보인자 여부를 보기 위해 혈액검사를 받을 것을 권유하였다. 비록 Elena의 언니는 보인자였지만 다행히도 그녀의 남편은 보인자가 아니어서 그들은 건강한 아들을 두고 있었다. 자연 Elena와 Spiros는 걱정을 하였고 이들의 위험도를 상담하고자 유전 클리닉에 예약을 하였다.

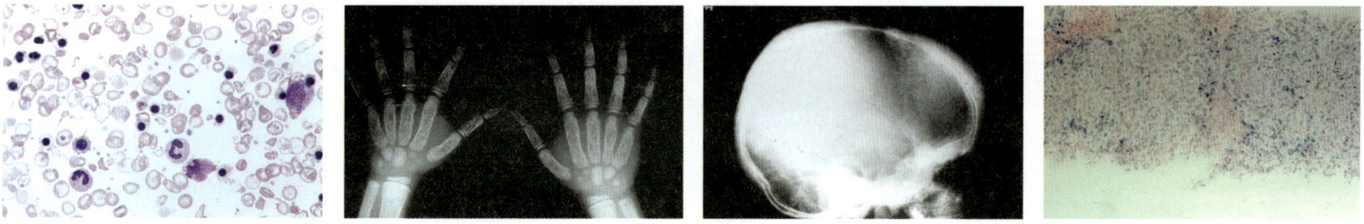

(a) (b) (c) (d)

그림 5.1 - 탈라세미아의 영향

(a) 혈액 도말 표본에서 현저한 혈색소 감소와 많은 핵형 적혈구가 관찰됨. (b) 골수의 확장으로 손에 골다공증을 보임. (c) 두개골로부터 방사되는 가는 선들이 보임(hair on end skull) (d) Perl 염색을 한 간생검 조직 소견, 철이 과다하게 축적되어 있는 소견을 보임.

5.2. 배경

4 장에서는 어떤 샘플의 작은 DNA 단편을 검사하기 위해 PCR 기법이나 다양한 분자교잡법이 어떻게 이용될 수 있는지를 설명하였다. 이 방법들 이상의 다른 방법들로 분석할 필요 없이 단지 이 방법들만으로 분석이 충분한 경우가 가끔 있는데 다음과 같은 가족들의 경우이다.

- 증례 4 (Davies 가족), PCR로 dystrophin 유전자의 부분적 결실을 동정하고 분석하여 Duchenne 근위축증을 확인함.
- 증례 1 (Ashton 가족), PCR 증폭 단편의 크기에 의해 Huntington 질환의 대립유전자를 확인함.
- 증례 12 (Lawton 가족), Southern blotting 기법으로 역위에 의해 Factor III 유전자에 돌연변이가 일어났음을 확인함 즉, 이로 인해 혈우병 A 질환이 발생하였음.

하지만 질환을 유발하는 수많은 돌연변이들은 유전자의 DNA에서 한 뉴클레오티드가 다른 뉴클레오티드로 치환되어 생기는 경우도 많다. 이러한 경우는 PCR 분석이나 Southern 분석으로 찾아내기가 매우 어렵다. 한 두 개 정도의 염기가 삽입되었거나 결실된 것은 PCR 또는 Southern blot 증폭으로는 뚜렷이 크기의 구분이 가지 않는다. 그러므로 이러한 점 돌연변이들을 어떻게 분석할 지 생각해 볼 필요가 있다.

가능한 분석법으로는 다음의 세가지 방법들이 있다.

- DNA 염기서열 분석
- 특정한 염기서열 변이를 분석하는 방법들
- 변이의 성격은 규명하지 않고 단지 어떤 변이건 간에 유전자에 변이가 발생하면 신속하게 변이 자체만을 발견해 내는 방법들

DNA 염기서열 분석법 - 최종 분석법

DNA 염기서열 분석법도 PCR법과 마찬가지로 분석하고자 하는 DNA 단편을 많이 획득하기 위해 DNA 중합효소를 이용하며 다음과 같은 단계들을 거친다.

[1] 시작하는 재료로서 동일한 DNA 분자들이 많이 있어야 하는데 통상 PCR을 이용하거나 때로는 클론된 단편을 이용하기도 한다.

[2] PCR 분석법과는 달리 DNA 염기서열 분석에서는 DNA의 두 가닥 중 한 가닥의 카피만을 만들어야 하므로 단일 프라이머를 이용하며(*그림 4.9* 참조) 주형 DNA를 변성시켜서 단일가닥을 만드는 대신 특이한 벡터인 M13 벡터를 이용하여 클로닝 한다. 이 벡터는 DNA 두 가닥 중 한 가닥만을 마치 명주실을 자아내듯 감아 올린다.

[3] 단일 가닥 주형을 얻으면, 상보 가닥을 합성시키기 위해 단일가닥 주형에 프라이머와 네 가지 염기 (A, T, G, C)들, 그리고 DNA 중합효소를 넣는다. 그러나, 이 네 개의 염기에는 DNA-중합 중단을 유도하는 단일 염기들을 각각 섞는다. 이것이 DNA 염기서열 법에서 가장 중요한 단계이다. 이 방법은 Fred Singer에 의해 고안되었으며 이를 계기로 Fred Sanger는 또 한번의 노벨상을 수상하게 되었다(첫 번째 노벨상은 단백질 염기서열 결정법을 고안하여 받음).

DNA 중합 중단 분자들은 정상적인 A, T, G, C 염기들의 변형체들이다(*그림 5.2*). 이들은 정상 염

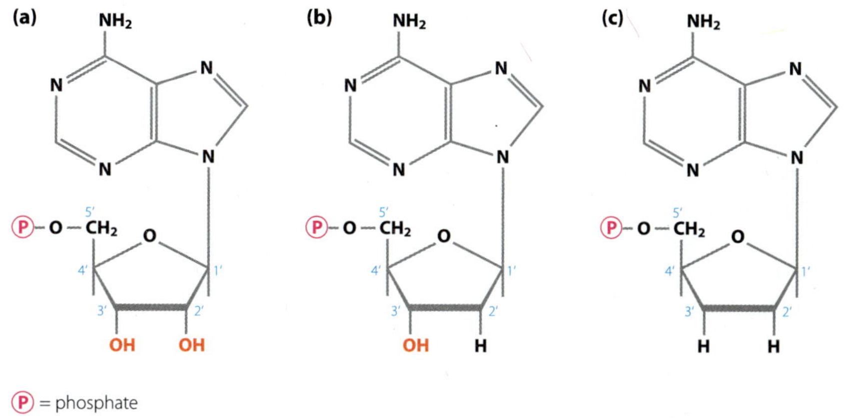

그림 5.2 - Ribonuclceotide (a), deoxyribonucleotide (b), dideoxynucleotide (c)의 분자 구조. Dideoxynucleotide는 5′- 인산을 가지고 있으므로 합성되는 가닥으로 상비될 수 있으나 3′ - 수산기는 가지고 있지 않으므로 더 이상의 DNA 합성이 진행될 수 없다. 염기서열 결정 반응에서 dideoxynucleotides들은 방사성물질이나 형광물질로 표지 된다.

기들처럼 새로이 합성되는 가작에 끼어 들어가지만 정상 염기와는 달리 더 이상의 DNA 합성을 진행시키지 않고 중단시킨다. 이들 변형된 염기들은 deoxyribose 당의 3′ 위치에 수산기 대신 수소만을 가지고 있어 dideoxy 염기라고 불린다. 3′- 말단의 수산기는 다음 염기와의 결합을 가능하게 하므로 수산기의 부재는 곧 새로운 염기가 연결될 수 없음을 의미한다.

염기서열 결정 반응을 적절히 일어나게 하기 위해서는 중합중단 분자들을 적정량 첨가하여야 한다. 중합중단 분자가 합성되는 DNA 가닥에 A를 붙이려 한다면 DNA 중합효소는 임의적으로 정상의 Adenine 염기나 dideoxy-A 염기를 채택할 것이다. 만약 dideoxy-염기와 정상의 deoxy-염기의 비율이 1:99라면 A가 들어가야 할 각각의 위치마다 합성되는 DNA의 1%는 중합중단 분자(dideoxy-A)가 삽입될 것이므로 이 위치에서는 가닥 합성이 더 이상 진행되지 못하고 정지될 것이다. 그 결과 각기 dideoxy-A로 끝난 단편들이 포개어진 일련의 단편들이 축적되게 된다. 확실한 예를 들자면 중합을 하는데 20개의 염기로 된 프라이머를 이용하고 우리가 복제한 DNA가 개시점으로부터 7, 10, 15, 21번 등등의 위치에 T를 가지고 있다고 가정하자. 이 T 염기들에 상보적인 염기가 A 이므로 중합효소는 각각의 합성되는 DNA의 T 위치에 A를 넣을 것이다. 그러면 중합되는 DNA 가닥의 dideoxy-A가 삽입된 위치에서는 더 이상의 중합이 안되고 정지하게 될 것이다. 그러므로 중합되는 단편들은 길이가 27, 30, 35, 41개(등등)의 염기들일 것이다. 이들 단편들을 전기영동 하여 각 단편들의 길이를 읽어나가면 새로 합성되는 가닥에서 A의 위치를 읽을 수 있다. 만약 dideoxy-A 염기만이 사용된 유일한 dideoxy-염기라면 새로이 합성되는 가닥의 단편 길이가 28, 29, 31, 32의 염기 길이를 가질 수 없다. 그 이유는 이들 위치에 중합효소가 A를 넣지 않으므로 dideoxy-A 염기가 삽입될 수 없기에 이 위치에서는 dideoxy-A에 의해 중합반응이 중단될 위험이 없기 때문이다.

Sanger의 염기서열 결정 기법은 방금 설명한대로 DNA 중합 염기들을 방사성 물질로 표지하여 전기영동하고 autoadiography 방법으로 단편들을 직접 수작업으로 읽어가는 방법이다 [*Box 5.1*]. 요즘에는 *그림 5.3*에 보여지는 대로 방사성 물질 대신 형광물질로 dideoxynucleotides를 표지하여 분석을 수행한다. 그러므로 이 방법은 방사성 물질 이용에 따르는 위험을 피할 수 있다는 장점 외에도

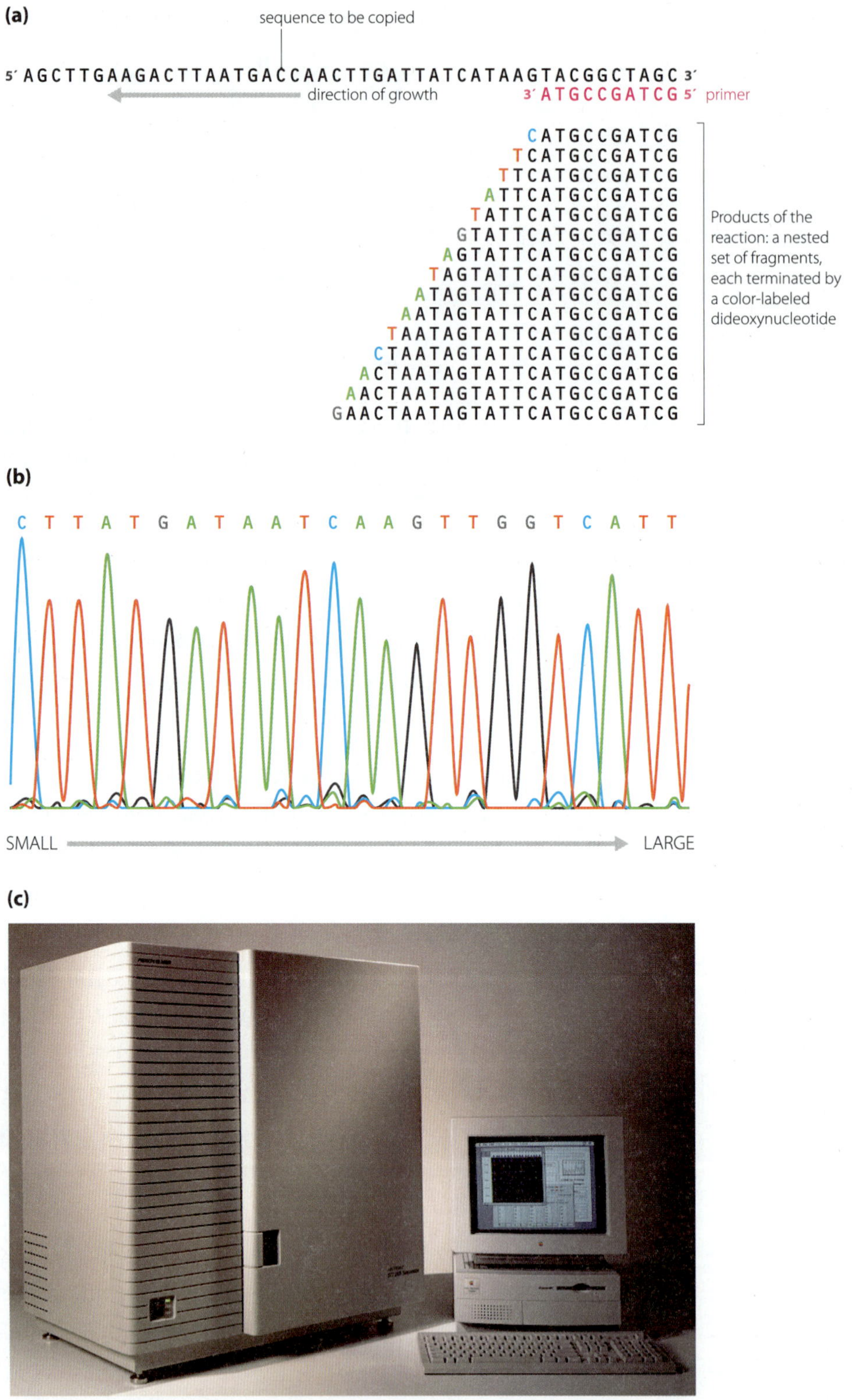

그림 5.3 - DNA 염기서열 결정법의 원리
(a) 합성되는 DNA 가닥으로 염기가 연결될 때마다 하나의 dideoxynucleotide가 연결될 가능성은 낮으나 dideoxynucleotide가 연결되면 DNA 중합은 중단될 것이다. 그 결과 여러 크기의 중합 단편들이 생성된다. (b) 전기영동은 단편을 크기에 따라 분리시킨다. 네 가지 dideoxynucleotide 각각을 다른 형광 물질로 표지시킨다. (c) Applied Biosystems Prism 377 자동 염기서열 분석기. DNA를 크기에 따라 자동으로 분리시키고 이들 단편들의 분리, 탐지, 크기 측정, 정량 등을 자동으로 수행한다.

Box 5.1

Sanger DNA 염기서열 결정법

초기의 DNA 염기서열 결정법에서는 방사성물질로 표지된 염기들을 이용하였다. 네 가지의 dideoxy nucleotides들을 각각 ^{35}S로 표지시킨 후, 각각 다른 튜브에서 DNA 중합반응을 시킨다. 이들을 각각 다른 레인에 loading 하여 전기영동 한다. 전기영동이 끝나면 젤을 X-ray 필름에 검광시켜 필름에 분리된 단편의 밴드들을 크기 별로 읽어나간다 [그림 참조]. ^{35}S는 ^{32}P에 비해 상대적으로 약한 방사성 에너지를 가지므로 autoradiography에서 밴드가 훨씬 선명하게 나타난다.

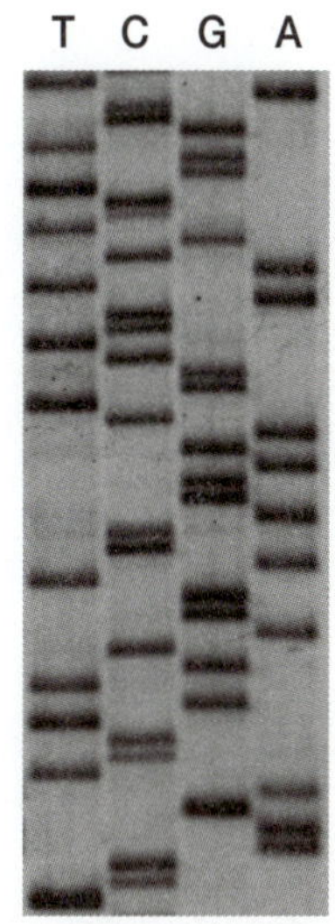

[그림 설명] 방사성 물질로 표지된 염기를 이용한 염기서열 결정법. 염기서열은 바닥에서 위로 autoradiograph의 밴드들을 읽어감으로써 판독한다 (가장 작은 단편의 밴드가 젤의 가장 아래로 이동하기 때문이다). 이 그림의 DNA 단편의 염기서열은 TCCAAGATCCTGTGC이다.

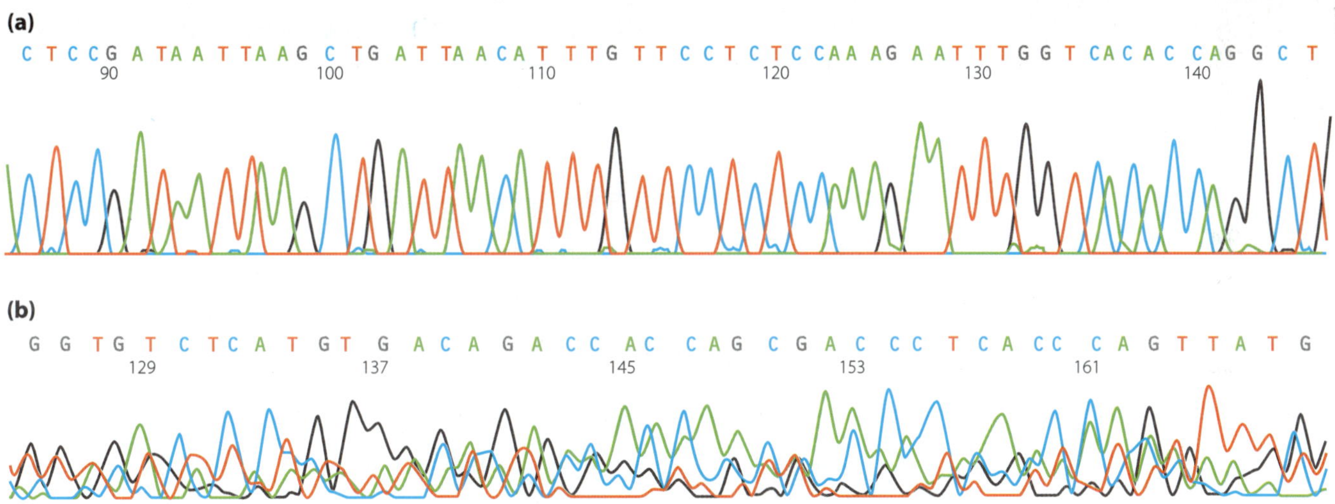

그림 5.4 - DNA 염기서열 ,자동 분석기를 이용한 염기서열 결정.
(a)OCRL 유전자의 15번 엑손의 일부 염기서열. (b)자동 염기서열 결정을 위해서는 높은 순도의 DNA가 필요하다. 만약 순수하게 분리되지 못한 DNA를 이용하면, 염기서열의 분석 결과는 신뢰성이 없는 결과일 수 있다. [(a)는 Manchester 대학의 Dr. Andrew Wallace의 결과이며 (b)는 익명인의 결과이다.]

몇몇 이점들을 가지고 있다. 네 가지의 dideoxynucleotides는 각각 다른 형광색으로 표지하고 정상 deoxynucleotides들은 표지하지 않는다. 네 가지의 중합반응 중단 dideoxynucleotides를 반응 혼합액에 섞는다. 가령 A로 중단이 된 단편은 녹색으로, C로 중단된 단편은 청색으로 발광하고 나머지 두 가지 염기들로 끝나는 단편들도 각각 다른 색으로 발광한다고 가정해 보자. DNA 염기서열 결정 기기는 젤 전기영동이나 capillary 전기영동을 이용하여 단편들을 길이에 따라 분리하고 단편들의 색깔을 읽는다. 결과는 *그림 5.4*에 보이는 것처럼 색깔 별 피크로 나타난다. 정교한 컴퓨터 소프트웨어를 이용하여 염기서열을 판독하고 각 피크들의 양적 분석이나 단편의 길이 측정 등의 다른 정보들도 얻게 된다. 자동 염기 서열 기기의 이러한 특징들은 염기서열을 결정하는 작업 외의 다른 분석도 가능하게 한다. PCR을 기초로 한 검사는 형광 표지된 프라이머들을 사용하도록 포맷되어 있어서 수동적인 전기영동법을 이용하기보다는 염기서열 결정기기를 이용하여 PCR 증폭 단편들의 길이 측정 및 양적 측정을 가능케 한다. 아래에 젤 사진들로 예를 든 많은 검사들도 요즈음은 보통 염기서열분석기를 이용하여 분석한다.

특정한 염기 변이를 검색하는 방법

어떤 샘플에서 하나의 특정 염기 변이의 존재 여부를 검사하여야 할 경우가 종종 있다. 이는 여러 가지 상황에서 일어난다.

- 의심되는 질환이 언제나 정확히 동일한 염기의 변이에 의해 일어나는 경우가 있다. Kavanagh 가족 (증례 11)이 가지고 있는 겸형 세포 질환의 경우 산전 검사를 시행할 수 있음은 이 질환이 언제나 동일한 염기에 변이가 있는 질환이기 때문이다. 왜 어떤 일부 질환들은 언제나 동일한 특정 염기의 변이에 의해서 발생되는지에 대해서는 *10장*에서 설명한다.
- 어떤 질환은 다양한 다른 돌연변이에 의해 야기된다. 그러나 하나 또는 두 세 개의 돌연변이는 특정한 집단에서는 매우 흔하므로 일반적인 테스트를 시작하기 전에 우선 이러한 돌연변이여부를 검사할 필요가 있다. 낭포성 섬유증이 이러한 예이다. 현재까지 낭포성 섬유증을 유발하는 돌연변이는 1000가지 이상이 알려졌는데, 북유럽인들의 경우 80% 이상은 특정한 삼염기의 결실에 의하여 일어난다(*표 11.1* 참조). 또한 그리스 Cyprus인들의 전체 β −탈라세미아 돌연변이의 80%는 c.93−21G>A 형이다(*표 5.2* 참조).
- 다른 가족의 구성원에서 이미 특정한 돌연변이가 규명되었거나 그 특징이 밝혀진 가족의 경우에는 환자에서 이러한 특정 돌연변이가 있는지를 검사할 수 있겠다.

같은 기법들은 연관이나 관련 분석, 인류학적 탐색 등에서 비−병인성 단일염기 다형화 현상(SNPs, single nucleotide polymorphisms)을 탐색함으로써 인류의 유전자형 작성에도 사용될 수 있다.

특정한 염기 변이를 탐색하는 데에는 여러 가지 방법들이 있다.

- DNA 염기서열 분석으로 보통 PCR 증폭 산물에서 분석하는 방법이다 위에서 설명한 일반적인 Sanger 염기서열 결정법은 수백 개의 염기들의 순서를 결정할 수 있지만 염기 서열 분석에 있어서는 이 정도까지 요구되지는 않는다. 특이한 변형 방법으로 Pyrosequencing®,법이 있는데 이 방법은 시발점으로부터 불과 두세 개 정도의 염기만을 읽는다. Pyrosequencing법은 특별한 분석 기구와 약품들을 필요로 하지만 일단 준비가 되면 큰 집단으로부터 수집한 샘플에서의 특정 염기 변이를 측정하는데 탁월하다. 그림 *5.16*은 이 분석법의 예를 보여주고 있다.
- PCR−증폭 샘플 단편을 대립유전자 특이적 oligonucleotide 프로브와 분자교잡시키는 방법으로서 앞서 겸형 세포 질환 검색에 이용되었다(*4장*, 그림 *4.11*).
- 제한효소로 절단하기. 만약 제한효소로 인지되는 부위에서 변성이 되거나 새로운 염기가 발생되어 돌연변이가 일어났다면 이는 분석하기가 쉽다. PCR로 분석하고자 하는 부위를 증폭하고 증폭된 단편을 적당한 제한효소로 처리하여 전기영동 한다. 전기영동 시 단편의 길이 분석에 의해 제한효소 인지 부위에 변이가 있었는지를 검색할 수 있다. 이형접합형은 제한효소 절단 단편과 비절단 단편을 모두 가지고 있다. 예를 들자면 LHON (증례 6 − Fletcher 가족, *그림 5.15*)와 β −탈라세미아 (증례 14 − Nicolaides 가족, *그림 5.14*)가 이 방법으로 분석할 수 있는 경우이다.

- 대립유전자 특이적 PCR. PCR 프라이머는 약간의 비상보성이 있다 하여도 그 정도가 주형에 분자교잡이 일어날 정도라면 사용할 수 있다. 그러나 3′-말단의 염기는 매우 중요하다. 3′-말단 염기가 정확하게 주형의 DNA와 염기결합을 하지 않으면 반응이 일어나지 않는다. 그리하여 PCR 반응이 일어나게 함으로써 주어진 염기가 A 또는 G인지를 체크할 수 있다. 이 PCR 반응 시 해당 염기는 반드시 프라이머 중 하나의 염기 3 말단에 결합하여 쌍을 이루어야만 하며 이를 체크함으로써 A 또는 G 염기를 체크할 수 있는 것이다. 프라이머의 3′-말단이 T로 끝나는 것은 A-염기를 가진 대립유전자를 증폭시킬 수 있으며, 3′-말단을 C로 가지는 프라이머는 G 대립유전자를 증폭시킬 수 있다. ASO의 경우는 두 가지의 프라이머를 이용하여 두 개의 PCR 반응을 동시에 시키거나 프라이머를 각각 다른 색의 형광물질로 표지하여 하나의 PCR 반응으로도 각각의 프라이머에 의한 증폭을 구별할 수 있게 한다. *그림 5.5*는 이러한 분석의 원리를 보여주며, *그림 5.10*과 *5.13*은 이러한 분석법의 실제 적용을 보여주고 있다.
- Oligonucleotide ligation analysis (OLA). DNA 연결효소(ligase)에 대해서는 *Box 4.5*에 설명하였다. DNA 연결효소는 DNA 이중나선의 단일 가닥 틈새를 공유결합으로 연결시킨다. OLA 분석에 의해 A/G 변경을 테스트하기 위해서는 두 개의 oligonucleotide를 검사하고자 하는 DNA와 분자교잡을 시킨다. 프라이머 한 개는 3′ 말단이 여러 곳에 위치하도록 하고 두 번째 프라이머의 5′-말단은 첫 번째 프라이머의 의 3′-말단에 바로 인접하도록 한다. DNA 연결효소는 이들이 테스트하고자 하는 DNA와 완전하게 상보적이면 이들 두 프라이머를 연결시키지만 두 개의 프라이머들이 정확히 테스트 DNA와 염기결합을 하지 못하면 연결을 시킬 수 없다. 다음으로 oligonucleotides를 분리한 후 연결반응이 일어났는지를 조사하기 위해 크기를 체크한다. 상업적으로 개발된 OLA들로는 한번의 반응으로 특정한 염기 변경이 있었는지를 검사할 수 있다. *그림 5.6*은 OLA의 원리를 보여주고 있다.

어느 분석법을 선택할 것인가는 얼마나 많은 샘플을 검사하여야 하는가에 달려 있다. 대립유전자 특이적 oligonucleotides나 OLA용 oligonucleotides는 주문 제작을 하여야 하므로 이러한 분석법들은 한 사람을 위한 일회용 분석에는 적합하지 않다. 대립유전자-특이적 PCR을 위한 프라이머들도 주문제작을 하여야 하지만, 이 방법은 어떤 테스트를 하던 PCR 증폭을 하여야 하므로 그래도 경제적

그림 5.5 - 대립유전자 특이적 PCR 반응.
3′-말단이 정확히 주형과 염기결합을 이루지 못하면 PCR 반응은 일어나지 않는다. 3′-말단 이외의 지역에서 발생한 역간의 염기결합 오류는 PCR 반응에 영향을 주지 않을 수 있으나 3′-말단은 반드시 염기결합을 하여야만 한다. 프라이머 한 개(여기에서는 보여주지 않지만 그림의 왼쪽 위쪽으로 있다고 가정하라)는 표준형의 프라이머 이지만(정상적으로 결합), 두 번째 프라이머는 T/A 단일염기 다형화(녹색)에 특이적으로 고안된 프라이머이다. 두 개의 PCR 반응을 각각 실행하는데 하나는 T-특이적 프라이머를 이용하고 다른 하나는 A-특이적 프라이머를 이용한다. 예시로 *그림 5.10*과 *5.13*을 참고하라.

그림 5.6 - Ligation assay 법을 이용한 C/T 변이의 유전자형 분석법.
DNA 연결효소는 두 개의 oligonulcelotides가 주형 DNA에 정확히 염기결합을 하면 두 인접한 염기들 간의 틈을 메움으로써 두 oligonulceotides를 연결시킨다. Oligonucleotide 한 개를 형광물질로 표지한 후 연결반응 시키고 DNA 염기서열 분석기로 프라이머의 길이를 측정하여 연결반응이 일어났는지를 분석한다. Oligonucleotides들을 여러 가지 크기로 연결반응이 일어나도록 고안하고 각각을 다른 형광물질로 표지 하면 한번의 OLA 검사로 여러 반응을 시킬 수 있다.

이라 할 수 있다. 제한효소 절단 분석은 원리는 간단하지만 특정한 염기 변이가 일반적이지 않은 특이한 제한효소에 의해 절단되는 것이라면 이 방법은 많은 비용이 든다. 게다가 모든 변이가 제한효소 작용 부위의 염기만을 변형시키는 것도 아니다. Pyrosequencing은 일반적으로 많은 샘플을 분석하는데 좋은 방법이지만 고가의 장비를 필요로 한다.

변이의 특성에 관계없이 유전자에 발생한 모든 종류의 변이를 검출하는 방법들

진단 DNA 검사실에서 행하는 검사 중에서 가장 흔히 하는 검사는 어떤 유전자 전체의 염기서열을 보고 어떤 돌연변이가 있는지를 조사하는 것이다. 유전자의 모든 엑손 부위와 인트론 스플라이싱 부위의 염기서열을 보는 검사는 앞으로 더욱더 간편화될 것이다. 염기서열 검사는 돌연변이 조사에 매우 유용한 검사이기는 하지만 모든 경우에 다 적용시킬 수는 없다. 비록 염기서열 결정에 소요되는 경비가 줄고 있다 하여도 아직은 비싼 편이다. 이형접합형들을 신뢰성있게 분석하기 위해서는 숙련된 기술과 양질의 DNA가 요구된다. 유전자의 구조는 염기서열 분석에 의한 돌연변이 조사를 상대적으로 비효율적으로 만들기도 한다. 인간유전자 엑손의 평균 길이는 145bp인데 이는 한번의 염기서열 결정 반응으로 읽히는 길이인 400–500bp보다 훨씬 짧다. 그러나 인트론의 길이는 너무 길어서 두 개의 엑손을 한번의 PCR 반응으로 분리하여 염기서열을 결정 할 수가 없다. Fibrillin 유전자(증례 10, Johnson 가족 참조)는 66개의 엑손을 가지고 있는데 이들을 모두 분리하는 것은 대단히 분량이 많은 작업이다. RT-PCR에 의해 mRNA를 조사하면 길이에 대한 문제는 해결되지만(4장 참조), RNA는 다루기가 까다롭고 RNA를 추출하는 것은 경우에 따라서는 전혀 도움이 되지 않을 때도 있다. 가령 어떤 유전자가 오직 뇌에서만 발현한다면 어떻게 이 유전자의 mRNA를 추출할 수 있겠는가?

이러한 이유들로 여러 가지 대안 방법들이 고안되어 염기서열 결정법과 함께 보조적으로 이용된다. 예로서 PCR로 증폭된 환자의 엑손 단편이 정상적인 것과 어떻게 다른 가를 분석하는 것이다. 이러한 대체적인 분석법들은 시간과 경비를 많이 절감시킬 수 있으며 가장 흔히 이용되는 대체방법들은 다음의 두 가지 원칙을 이용한다.

- Heteroduplex 단편의 성질을 이용: 어떤 환자가 하나의 엑손 염기서열에 변이 염기를 가지고 있는 이형접합형이라 가정하자. 이 엑손을 PCR 증폭시키면 돌연변이 엑손 단편과 정상 엑손

단편이 함께 증폭될 것이다. 이들 정상단편과 돌연변이 단편이 섞여 있는 DNA를 고온에서 변성시키고 서서히 온도를 낮추면 두 가닥의 DNA들이 형성되는데 이들에는 정상 엑손 가닥 외에 환자의 엑손 가닥이 붙어서 재생된 heteroduplex 형태의 두 가닥 단편이 일부 존재하게 된다. 이들 heteroduplex DNA는 염기서열이 완전히 일치되는 homoduplex DNA에 비해 팽창되고(bubulging) 비틀려져(kinking) 있다 (*그림 5.7a*). 그러므로 이러한 DNA는 전기영동을 하면

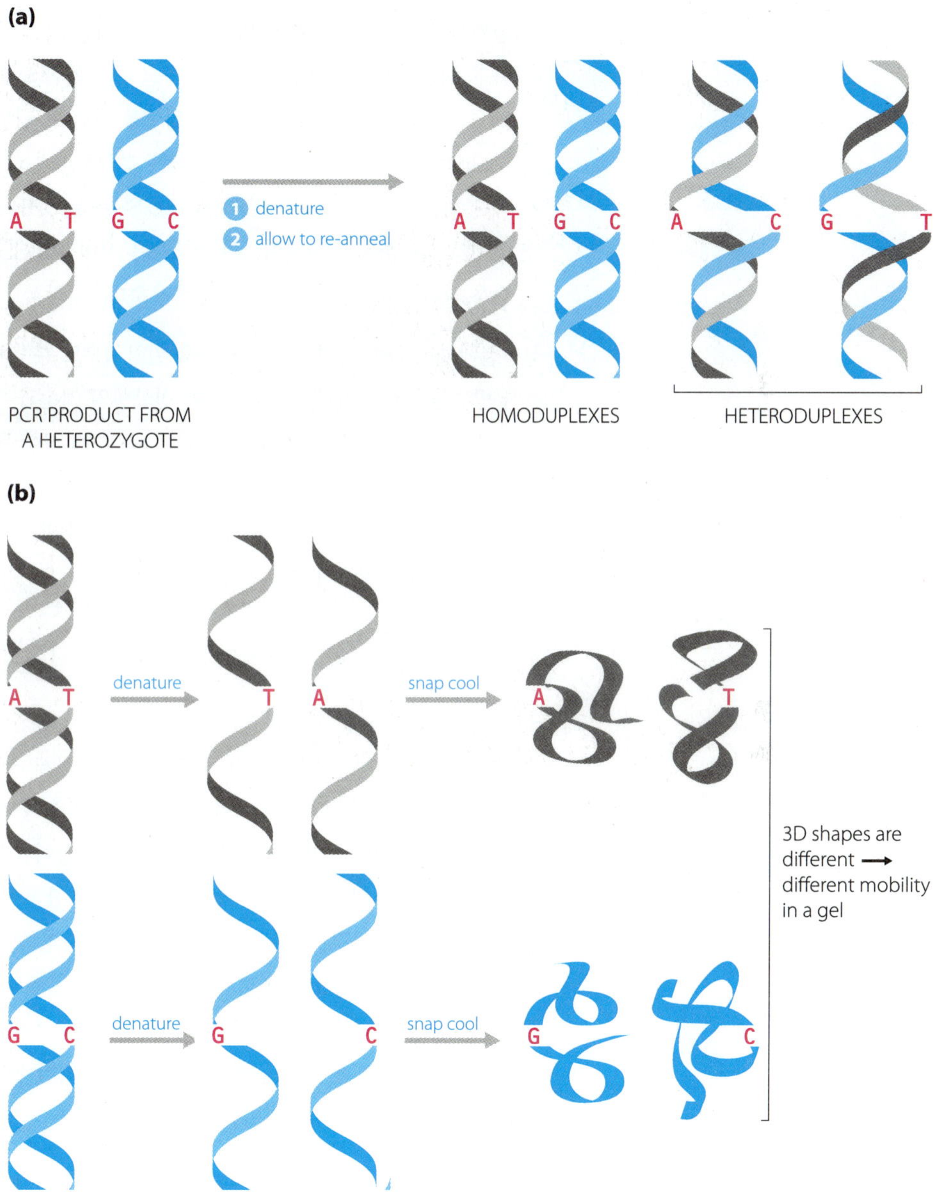

그림 5.7 - 돌연변이 조사에 이용되는 두 가지 기법.
(a) 이형접합 유전자형을 가진 사람의 DNA를 PCR 증폭하여 고온에서 변성시키고 온도를 낮추어 재생시키면 heteroduplex 단편이 형성된다. 이들 heteroduplex 단편은 전기영동이나 denaturing high-performance chromatography column에서 이동 속도가 느리므로 검색할 수 있다. (b) 외가닥 DNA는 염기서열에 따라 이차구조 형성이 달라진다. 변형 염기서열을 가지고 있는 사람으로부터 분리된 DNA 샘플은 예견되는 바는 아니나 다른 식의 접힘 현상이 있을 수 있어(다른 형태의 이차구조를 이루어) 젤 상에서 다른 이동을 할 수 있다. 실제의 분석 예가 *그림 5.11*에 예시되었다.

정상의 homoduplex에 비해 이동속도가 느리다. 따라서 이들은 전기영동 젤에서 여분의 밴드를 형성하게 된다. Heteroduplex DNA 단편은 염기서열이 완전히 일치하는 homoduplex에 비해 변성이 쉽게 일어나는데 이 성질을 이용하여 dHPLC (denaturing high-perfomance liquid chromatography) 컬럼으로 분리하면 이동 속도에 차이가 나므로 검색될 수 있다. dHPLC는 많은 수의 같은 염기서열을 분석할 때 주로 이용된다.

- 단일가닥 DNA의 성질을 이용하는 방법: 단일가닥 DNA는 같은 가닥 내의 서로에게 상보적인 염기서열의 상이한 부분에 있는 염기들에 그들 자신을 결합시킴으로써 접힘 현상을 일으켜 이차구조를 이루게 된다. 이러한 2차 구조의 정확한 모습은 염기서열에 따라 다르고 이러한 다른 모습은 전기영동 젤에서의 이동에 영향을 미친다. 단일가닥형태 다형화(SSCP, single strand conformation polymorphism) 분석은 분석하고자 하는 염기와 정상 단편의 염기 서열의 차이를 분석하는 것이다(*그림 5.7b, 5.11*). SSCP는 dHPLC와 비교하여 고가의 장비가 필요 없으며 설치가 간단하지만 돌연변이의 검색율은 떨어진다(SSCP의 정확도는 80-90% 정도임). 이 방법은 작은 수의 샘플을 분석할 때 유용하다.

실험실에서는 종종 유전자의 각 엑손을 일차적으로 분석하기 위해 위에서 설명한 방법이나 이외 유사한 방법들을 이용한다. 어떤 엑손이 정상형의 엑손과 다른 형태를 보이면 이를 염기서열 결정한다. 모든 엑손들의 염기서열을 결정하는 것보다 이러한 두-단계 접근법은 정상의 엑손 염기서열을 결정하는데 들어가는 비용과 노동력을 절감시킬 수 있다. 그러나 소개한 어떤 방법도 DNA 단편의 변이들을 100% 찾아낼 수는 없지만 염기서열 결정에 들어가는 비용이 계속 떨어지고 있으므로 이러한 대체적인 방법들의 이용도 줄어들고 있다.

전체 엑손 염기서열의 결실이나 중복을 검사하는 방법

3장에서 기술 것과 같이(*그림 3.9*), 게놈 DNA에서 발생한 큰 단편의 중복이나 결실은 전체 엑손의 결실이나 중복을 야기시킬 수 있다. 엑손은 인간 전체 게놈에서 아주 작은 부분을 차지하므로 임의적으로 일어나는 절단은 엑손 내에서 일어나지 않을 가능성이 높다. 만약에 절단이 유전자 내에 있다면, 엑손에서 일어날 가능성보다는 인트론에서 일어날 가능성이 높다. 이형접합형의 경우 하나 또는 그 이상의 엑손의 결실이나 중복은 위에서 설명한 방법으로는 검색이 안될 수도 있다. 예를 들자면 Judidh Davies(증례 4)처럼 dystrophin 유전자의 엑손 몇 개가 결실된 이형접합형의 경우이다. 만약에 그녀의 dystrophin 유전자를 각각 PCR로 증폭시키면 그녀의 정상적인 X 염색체로부터 적합한 단편들이 증폭될 것이며 얻어지는 PCR 단편은 위에서 설명한 어떤 방법에 의해서도 완전히 정상인 X 염색체의 엑손 단편들을 보일 것이다. 이러한 경우 엑손 전체가 결실되었거나 중복된 것을 검색하기 위해서는 특수한 방법을 이용하여야 한다.

- *4장*에서 설명한 양적 PCR(*quantitative PCR*). Davis 가족(증례 4)의 고위험 여성에서처럼 삶에 있어서의 중요한 결정들이 오직 하나의 유전자 검사 결과에 의해서 결정 지워 진다면 매우 정확하고 신빙성 있는 검사가 반드시 필요하다. 이러한 경우 실시간 양적-PCR을 이용한 다양한 상업적 시스템들이 자주 이용된다.
- *Multiple ligation-dependent probe amplification(MLPA)*은 단순 양적-PCR 반응의 정확도를 향상시키기 위해 OLA(*그림 5.6*)의 특이성을 이용하는 검사이다. *그림 5.8*은 이 분석의 원리

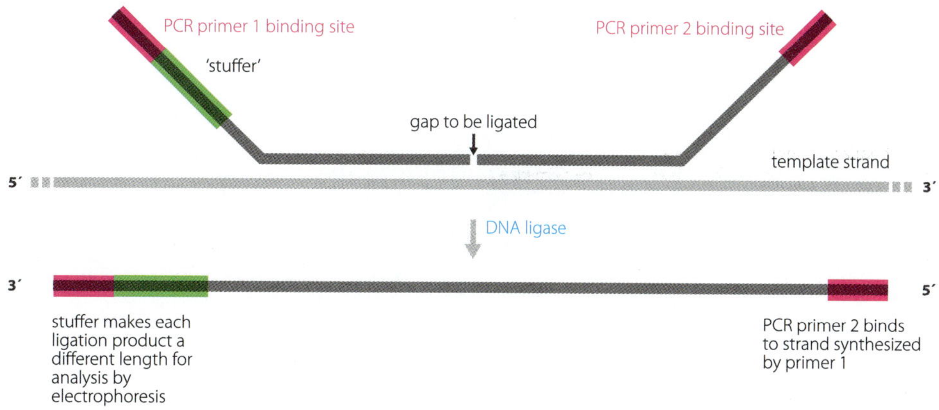

그림 5.8 - 결실이나 중복을 검사하기 위한 Multiple ligation-dependent probe amplification(MLPA) 기법의 원리
각 프로브는 그림 5.6의 oligonucleotide 연결반응 분석법에서와 같이 테스트 샘플에 상보적 염기가 존재할 때에만 연결반응이 일어나도록 고안된 한 쌍의 oligonucleotides들로 구성되어 있다. 연결반응이 완료되면 혼합된 프로브들은 프로브들의 양 말단에 존재하는 상보적인 염기서열에 교잡을 하는 단일 쌍의 프라이머를 이용하여 PCR 증폭을 진행한다. 이 때 연결반응이 일어난 부위 만이 증폭될 수 있는데 이유는 연결 반응이 일어난 프로브들 만이 양 말단에 프라이머 결합부위를 가지기 때문이다. 프라이머 한 개를 형광 표지하고 반응이 완료되면 DNA 형광 염기서열 분석기로 분석한다. 각 프로브들은 염기서열 분석기에 고유의 피크를 보이며 각기 다른 길이의 증폭 산물을 낸다.

를, 그리고 *그림 5.9*는 이 분석의 예를 보여준다. MLPA는 다른 방법들에 비해 간편하고 비교적 저렴하며 분석할 수 있는 재료의 수용력이 상당히 크고 결과 또한 신뢰성이 있으므로 많은 유전학 진단 검사실에서 이용되고 있다. MLPA는 여러 반응을 동시에 수행하는 기법으로 카피 수 변이를 검사하기 위해 60bp 정도의 염기단편을 단번에 45개까지 분석할 수 있다. 이 분석법은 어떤 엑손 전체의 결실을 찾기 위해 커다란 여러 개의 엑손을 검사하는 데 매우 적합 할 뿐더러 몇몇 개의 다른 유전자들로부터 선발된 엑손을 검사하는 데도 이용될 수 있겠다. MLPA는 각각의 반응마다의 프로브를 고안하는데 아주 신중하여야 하므로 MLPA를 새롭게 확립하는 데에는 시간이 소요된다. 그러므로 흔히 조사되는 유전자들에 대해서는 상업적으로 고안된 프로브들이 있어 대부분 이를 이용한다. MLPA 프로브들은 PCR 프라이머들보다 훨씬 길이가 길기 때문에 비싸지만 전반적인 분석가는 대부분의 대체 방법들에 비해 저렴하다.

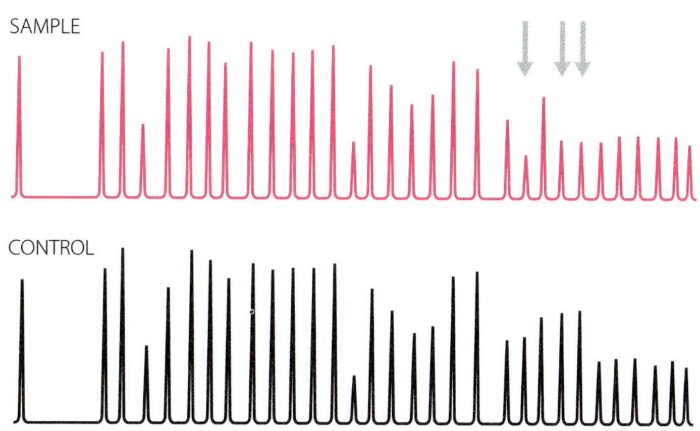

그림 5.9 - MLPA의 실례.
각각의 피크는 한 유전자의 하나의 엑손의 연결 반응에 의한 증폭 산물들이다. 위의 그림(trace)에서는 세 쌍의 프로브에 해당하는 세 개의 피크에서 카피 수가 감소된 것을 보여준다. 네델란드-MRC의 허락 하에 결과를 게재함.

5.3. 환자 조사하기

현재까지의 이야기들

*표 5.1*에 현재까지 소개된 증례들을 검사하는데 필요한 조건들과 성과들을 요약하였다. 이 절에서는 2, 6, 14번 증례들에 있어 위에서 설명한 여러 기법들을 이용하여 실행된 추가적인 검사들에 대해서 소개한다.

표 5.1- 지금까지 소개된 증례들에서 현재까지 수행된 검사들과 향 후 요구되는 검사들

증례	문제점	현재까지 수행한 검사들	향 후 요구되는 검사
1	Huntington 질환	PCR로 염기확장 조사	필요 없음
2	낭포성 섬유증		**SFTR 유전자 돌연변이 검사**
3	귀머거리		유전자 동정과 돌연변이 검사 (9장 참조)
4	Duchenne 근육위축증	PCR로 엑손 44-48 결실 확인	필요 없음
5	염색체 전좌	핵형 분석	필요 없음
6	Leber씨 시신경 위축증		**미토콘드리아 돌연변이 검사**
7	22q11 결실 (?)	FISH로 결실 확인함	필요 없음
8	Down 증후군	핵형 분석으로 확인. FISH 산전 테스트	필요 없음
9	Turner 증후군	핵형 분석으로 확인함. PCR로 Y 염색체 염기확인	필요 없음
10	Marfan 증후군		임상진단으로 충분함 분자유전학 검사 필요 없음
11	겸형세포 질환	대립유전자 특이적 Oligonucleotide를 이용한 산전 검사	필요 없음
12	혈우병	Southern blot으로 역위 확인	필요 없음
13	염색체 이상 (?)	array-CGH로 염색체 불균형	필요 없음
14	β-탈라세미아		**돌연변이 검사**

증례 2 Brown 가족 2 8 65 126 151 279 376

- 생후 6개월 여아
- 아빠 David / 엄마 Pauline
- 분자유전학 검사 의뢰
- *CFGR* 유전자 돌연변이 확인

David와 Pauline은 앞으로 아이를 더 가질 수도 있지만 낭포성 섬유증을 가진 아이에 대한 추가적인 비용은 그들이 감당할 수 있는 최대의 비용이므로 더 아이를 가질 경우에는 꼭 산전 검사를 받기로 하였다. 그러나 산전 검사 이 전에 Joanne에게 두 개의 돌연변이가 일어났는지를 반드시 확인 할 필요가 있을 것이다. 더불어 친지들이 모두 모인 회의에서 논의 된 후로는 다른 먼 친척들도 자신들이 보인자일 가능성에 대해 관심을 갖게 되었으며 이들 중 몇 몇 친척은 보인자 검사를 희망하였다. 다시 한번 언급하지만 우선 Joanne에게서 돌연변이들을 확인한 후에 이들도 검사를 받아야만 한다. 비록 낭포성 섬유증 환자로부터 발견된 *CFTR* 유전자 돌연변이들은 1000여 가지가 기술되었지만, 이들의 대부분은 한 명 또는 몇 안 되는 환자들에서만 보여져 왔다. 작은 수의 돌연변이들은 비교적 흔하다. 그러므로 낭포성 섬유증의 돌연변이 검사는 이런 흔한 돌연변이 검사부터 시작한다. 이를 위해서는 몇 가지의 상업적 검사 키트들을 이용할 수 있다. 다중반응 대립유전자 PCR 검사(이 분석의 원리는 *그림 5.5* 참조)를 이용하여 Joanne의 DNA 검사를 실시하였다. 검사 결과(*그림 5.9*), Joanne은 p.F508del을 가지고 있었다. (*Box 5.2*에 이 명명에 대해 간단히 설명함 - 이는 간혹 비표준 명명인 delta-F508로 불리기도 함). 이 돌연변이는 북유럽인에게 가장 흔한 낭포성 섬유종 돌연변이이며 많은 집단에서도 전체 낭포성 섬유종 돌연변이의 70-80%를 차지한다.

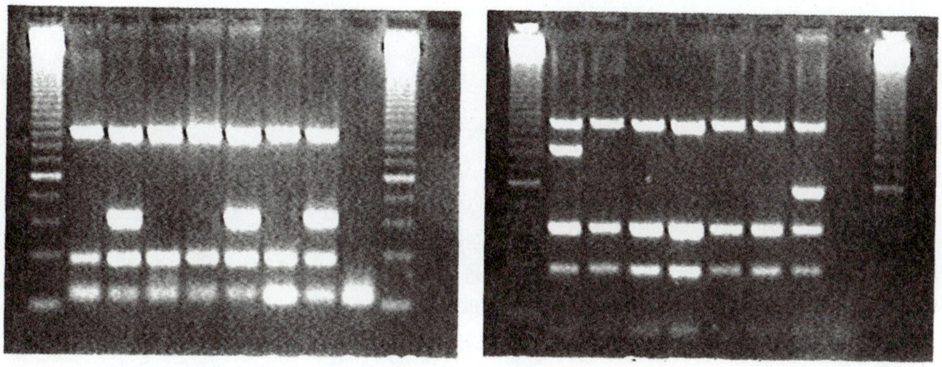

그림 5.10 - 가지 CFTR 유전자 돌연변이 검사의 다중반응 대립유전자 PCR 결과.
동일한 7가지의 샘플을 다른 칵테일 조합의 프라이머로 증폭한 후 전기 영동을 한 것이다. 3번과 4번 레인에는 돌연변이가 없다. 다른 레인들에 각기 다른 크기의 여분의 밴드들이 보임은 돌연변이를 입증하는 것이다. Liverpool 여성병원의 Victoria Stinton과 Roger Mountford 제공.

Joanne은 정상적인 대립유전자도 가지고 있으므로 p.F508del의 이형접합형이다. 이외의 다른 돌연변이는 발견되지 않았다. 그녀의 임상 진단으로 보아 그녀는 분명 다른 돌연변이를 가지고 있는 것으로 보이지만 이것은 다른 유전자 어딘가에서 일어났을 것이다. *CFTR* 유전자의 27개 모든엑손의 염기서열을 바로 결정하기 보다는 각 엑손을 PCR 증폭한 후 SSCP 기법(*그림 5.7b* 참조)을 이용하여 이들 돌연변이를 가지고 있는 엑손을 검사하였다. 검사 결과(*그림 5.11*) Joanne의 DNA에는 정상 콘트롤과 비교하여 3번과 14b 엑손에 이상이 있었다. 이들 중 하나 또는 두 개 모두 비-병원성 염기 변이일 것이다. (기록을 위해 관행적으로 이 유전자의 각 엑손들은 돌연변이 데이터베이스에 1-5, 6a, 7-13, 14a, 14b, 15, 16, 17a, 17b, 18-24 등으로 번호가 매겨져 있다).

*그림 5.12*는 정상과 비교하기 위한 염기서열 분석의 크로마토그램을 보여주며 다음과 같은 변이들이 발견되었다.

- 엑손 3 c.368G>A
- 엑손 14b c.2752-15C>G

*6장*에서는 이들 돌연변이들의 하나가 병원성일 가능성을 결정하는 실험에 대해 설명할 것이다.

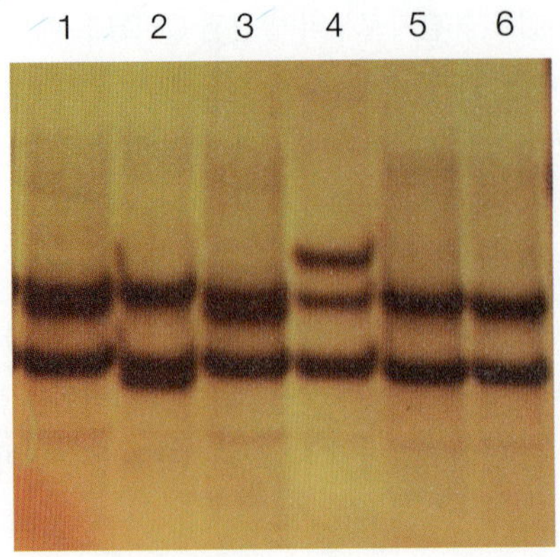

(a)

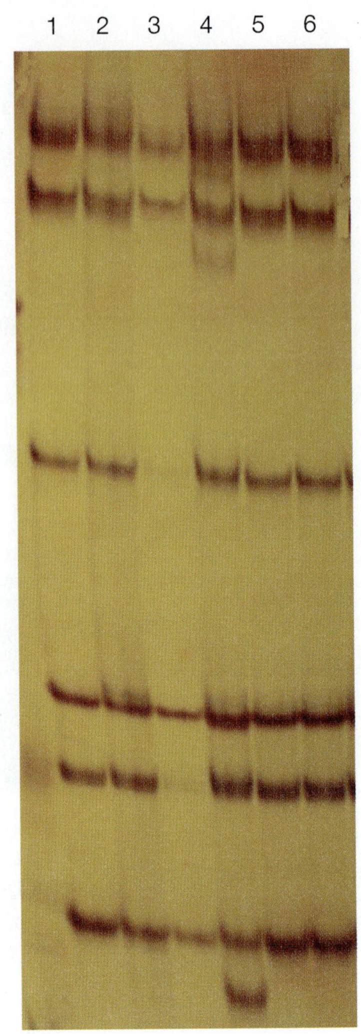

(b)

그림 5.11 - SSCP 법을 이용한 *CFTR* 유전자 엑손 분석
낭포성 섬유종 환자의 DNA 샘플에서 *CFTR* 유전자 엑손 각각을 PCR 반응으로 증폭시켰다. (a)와 (b)는 엑손 3과 14b이다. Joanne의 샘플인 네 번째 레인은 다른 샘플과는 다른 패턴의 추가적 밴드 (a)와 (b)를 보이고 있다. 이는 그녀가 검사한 다른 사람들과 다른 염기서열을 가지고 있음을 나타낸다. 2번과 3번 레인의 샘플도 3번 엑손에 이상을 보인다. 다음으로는 3번 엑손의 염기 이상이 병원성인지를 결정하고 변이를 규명하기 위해 이들의 3번 엑손 염기서열을 분석함이 필요하다. 이러한 분석법을 통하여 Joanne의 *CFTR* 유전자의 염기서열 분석을 27개에서 2개로 줄일 수 있었다.

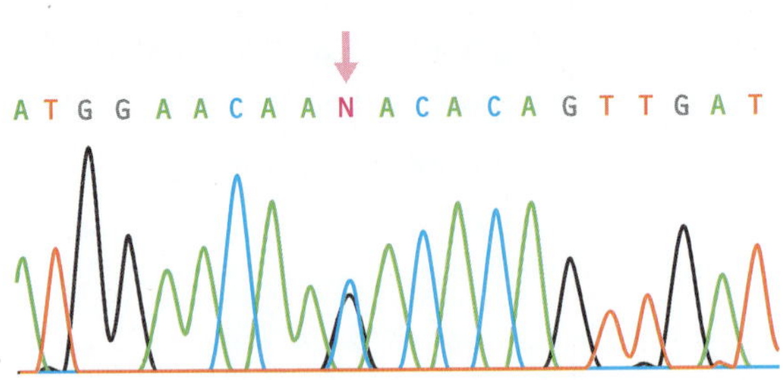

그림 5.12 - Brown의 CFTR 유전자의 14b 엑손 일부의 염기서열.
화살표가 가리키는 위치에는 염기 G 와 C가 모두 존재한다. 이는 정상 대립유전자와 돌연변이 대립유전자가 동시에 증폭되었기 때문으로 Joanne은 염기 치환에 의해 이 유전자를 이형접합으로 가지고 있음을 보여준다. 컨트롤 샘플에서의 이 곳의 염기는 오로지 G로만 보인다. 통상 두 가닥 DNA 각각의 염기서열을 결정하여 염기서열의 정확성을 높인다. 본 그림은 역방향 가닥의 염기서열로서 Joanne의 센스 가닥(sense strand)의 염기는 C〉G 이다.

Box 5.2

돌연변이 명명에 대한 간단한 설명

돌연변이는 게놈 DNA, 또는 cDNA, 또는 단백질의 변경이라는 용어로 기술될 수 있다. 이러한 기술은 게놈 DNA, cDNA, 단백질 중 어느 것을 기술하느냐에 따라 g, c, p의 접두어를 붙이게 된다.

DNA 변이에서 >는 '‘--으로 변경됨' 을 의미한다. 그러므로 G>A는 염기 G가 염기 A로 치환 되었음을 나타낸다. 결실(deletion)과 삽입(insertion)은 각각 del과 ins으로 표시한다. 변경된 염기의 위치는 이미 승인된 개시점과 데이터베이스로부터 번호를 매겨 표시한다. cDNA의 변이에서 염기들의 번호는 개시 코돈 AUG의 A로부터 시작된다. 인트론에 있는 염기는 바로 직전 엑손의 마지막 염기 번호와 "+" 기호, 그리고 인트론에서의 위치로 표시하여 c.77+1, c.77+2 로 기술한다. 매우 큰 인트론의 3' -말단 부근은 다음 엑손의 첫 번째 염기 번호와 "-" 기호, 그리고 마지막 염기로부터의 위치로 표시한다 (표 5.2와 11.1의 예를 참조할 것). 게놈 DNA는 개시 염기를 지정하여야 한다.

단백질 수준의 변이는 한 자(one-letter) 또는 세 자(three-letter)의 아미노산의 약어로 표시한다(Box 3.6 참조). X 는 정지 코돈을 나타낸다. 아미노산들은 단백질의 개시 아미노산인 메치오닌으로부터 순서가 정해진다(비록 개시 아미노산은 통상 번역-후 변형에 의해 제거될지라도 그대로 사용한다).

예:

c.76A>C는 76번째에 있는 염기 A가 C로 치환됨을 나타낸다.
c.76-78del은 76번째 염기부터 78번째의 세 개의 염기가 결실되었음을 나타낸다.
p.Ala26Val 또는 p.A26V는 26번째 아미노산인 알라닌이 밸린으로 바뀌었음을 나타낸다.
p.Cys318X 또는 p.C318X는 318번째 코돈인 시스테인 코돈이 정지코돈으로 바뀌었음을 나타낸다.

본 교재 내용을 이해하는 데에는 이 정도의 설명이면 충분하다. 명명법은 가능한 모든 변이들의 기술을 정의 내려왔다. 명명법에 관한 자세한 설명은 Human Genome Variation Society Website, http://www.genomic.unimelb.edu.au/mo아/muynomen을 참조하기 바란다.

증례 14 Nicolaides 가족

115 **129** 153 376

- β-탈라세미아?
- 돌연변이 검사

헤모글로빈 관련 질환들은 수백만 명의 환자들이 많은 국가에 분포하고 있으므로 유전질환 중에서 가장 많이 연구가 된 분야이다. β-탈라세미아 유전자를 동형접합으로 가지고 있는 어린이는 생존하기 어렵다. 이들은 지속적으로 수혈을 받아야 하지만 이에 철분 과다라는 주요한 문제를 수반하게 된다. 그리스의 Cyprus 주민들은 7명 중 1 명이 β-탈라세미아 보인자인 것으로 추정된다. 그러므로 이 지역의 부부 49 쌍 중 한 쌍은 보인자들끼리 결혼한다고 예상된다. 그러므로 이 지역은 β-탈라세미아 집단 검사를 국가적으로 시행하게 되었다. 헤모글로빈 관련 질환들이 왜어떤 지역의 주민들에게 현저히 많은 지에 관해서는 10장에서 자세히 설명한다. 보인자 검사는 관행적인 혈액 검사로 시행한다. Spiros와 Elena는 겉으로 보기에는 매우 건강하였지만 혈액 검사에서 보인자로 나타났다. 그들은 정확한 돌연변이를 규명하기 위해 분자유전학 검사를 권유 받았으며 이들은 앞으로 아이를 가질 경우 산전진단을 희망하므로 이 검사를 수락하였다. 현재는 다급한 것이 없고 Elena가 임신이 되어 다급히 검사를 받는 것보다 지금 검사를 받는 것이 낫다고 판단하였다.

Sprios와 Elena로부터 양치질 샘플을 받아 DNA를 추출하였다. 5 가지의 β-글로빈 유전자 돌연변이는 전체 그리스 Cyprus인의 β-탈라세미아 돌연변이의 98.4%를 차지한다(표 5.2). 그러므로

Spiros와 Elena의 DNA 샘플로부터 이들 5가지의 돌연변이 검사를 시행하였으나 이들은 5가지의 흔한 돌연변이를 가지고 있지 않았다. 따라서 다음단계로 β-글로빈 유전자의 돌연변이를 검사해야 할 것이며 이를 위해 β-글로빈 유전자의 염기서열을 결정해야 할 것이다. β-글로빈 유전자는 3개의 엑손과 2개의 인트론으로 되어 있으며 전체 길이가 1500bp의 비교적 작은 유전자이므로 돌연변이를 검사하기 위해서는 통상 엑손, 인트론, 프로모터의 염기서열을 검사한다.

표 5.2 - 그리스 사이프러스인에게 흔한 β-탈라세미아 돌연변이

돌연변이	사이프러스인 β-탈라세미아 돌연변이 중 비율	염기 치환 [정상, 돌연변이]
c.93-21G>A	79.8	ctatt**g**gt ctattttccc ctatt**a**gt ctattttccc
c.92+6T>C	5.5	AGgttgg**t**at AGgttgg**c**at
C92+1G>A	5.1	AG**g**ttggtat AG**a**ttggtat
C316-106C>G	5.1	cag**c**taccat cag**g**taccat
p.Gln39X	2.9	TGGACC**CAG**AGGTTC TGGACC**TAG**AGGTTC

엑손 염기서열은 대문자로, 인트론 염기는 소문자로 표시함. 마지막 3개의 돌연변이를 제외하고는 돌연변이는 모두 β-탈라세미아 유전자의 인트론에 있음. 이들 돌연변이들의 명명에 대해서는 *Box 5.1*을 참조하기 바라며 이들 돌연변이들이 어떻게 질환을 유발하는지에 대해서는 *6장*에서 설명할 것이다. 자료 출처: http://globin.cse.pasu.edu/globin/hbvar

이들 부부 중 어느 누구도 Cyprus인들에게 가장 흔한 c.93-21G>A 변이를 가지고 있지 않았으므로 다른 4가지 돌연변이를 조사하였다. 검사 결과 Spiros는 p.Gln39X 돌연변이를 가지고 있었으며 Elena는 c.316-106C>G 돌연변이를 가지고 있었다. 이러한 돌연변이들은 염기서열 분석, 또는 대립유전자-특이적 PCR 반응, 또는 대립유전자-특이적 oligonucleotide 분자교잡법 등으로 검사할 수 있을 것이다.;C.316-106C>G 돌연변이는 제한 효소 *RsaI* (GTAC)와 *Kpn1* (GGTACC) 인지부위 변이를 일으키므로 상기 방법들로 분석이 가능하다. 편리한 일반적인 분석법은 reverse dot blot 분석으로 이 방법에서는 일련의 대립유전자-특이적 oligonucleotides를 니트로셀룰로스 막에 떨어뜨린 다음 환자의 PCR-증폭된 β-글로빈 유전자를 형광물질로 표지하여 분자교잡시킨다. *그림 5.13*과 *5.14*는 이러한 돌연변이들을 검출하는 여러 가지 분석법들의 이용을 보여주고 있다.

```
C-specific primer      3′ GTTTCCAAGAAACTCAGGAAACC 5′
                  5′ GGACCCAGAGGTTCTTTGAGTCCTTTGGGGATCTGTCCAC 3′

                  5′ GGACCTAGAGGTTCTTTGAGTCCTTTGGGGATCTGTCCAC 3′
T-specific primer      3′ ATTTCCAAGAAACTCAGGAAACC 5′
```

그림 5.13 - 특이적 PCR 반응에 의한 p.Gln39X 돌연변이 검사

C>T 변이는 글루타민 코돈 (CAG)를 정지 코돈 (TAG)로 전환시킨다. C-특이적 프라이머와 T-특이적 프라이머들을 그림의 왼쪽 부위의 염기서열에 분자 교잡이 가능한 공통 프라이머와 각각 쌍을 이루도록 만들어 PCR 반응을 시킨다. 각 프라이머의 3′ -말단에 비염기쌍 염기를 사용하므로 반응의 특이성을 높인다.

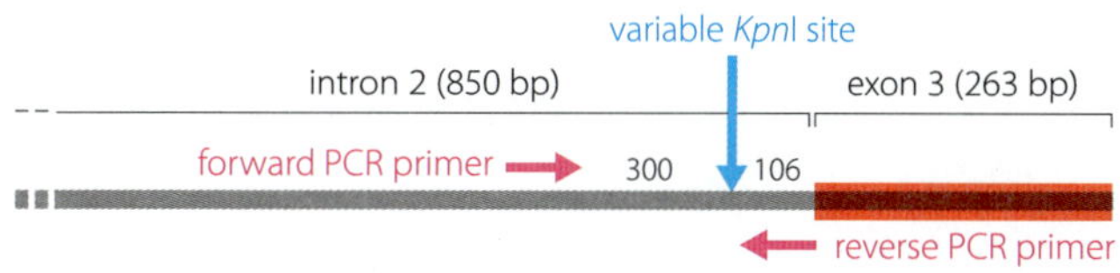

	*Kpn*I site	undigested PCR product	*Kpn*I-digested PCR product
normal sequence	absent	406 nt	406 nt
c. 316–106 C>G	present	406 nt	300 + 106 nt

그림 5.14 - c.316-106C〉G 돌연변이 확인

이 돌연변이는 β-글로빈 유전자 2 번 인트론의 제한효소 *Kpn*I 반응부위(GGTACC) 염기에 치환이 일어났다. 변이를 포함하고 있는 부위를 PCR 증폭 한 후에 제한효소로 반응시켜서 전기영동하고 단편의 길이를 분석한다.

증례 6 | Fletcher 가족 | 5 | 12 | 67 | **131** | 152 | 376

- Frank (22세, 흐릿한 시력 악화)
- 시각장애의 가족력
- 가계도는 X-연관 열성 유전을 보여주나 아직 확진은 아님.
- LHON ?
- 미토콘드리아 DNA의 돌연변이 여부를 검사하기 위해 채혈
- Pyrosequencing 법으로 검사함

LHON [OMIM 535000]은 미토콘드리아 DNA의 돌연변이로 인해 미토콘드리아의 부적절한 기능 이야기되어 발생한다. Frank의 확진은 돌연변이의 존재를 규명해야만 가능하다. LHON의 분자유전학은 매우 복잡하다. mtDNA에서 일어나는 17가지의 점 돌연변이(point mutation)들이 이 질환과 관계가 있다. 아마도 미토콘드리아의 기능이 손상되는 방법은 많을 것이다. 18가지의 돌연변이들 중에서 위에서 설명한 5가지는 LHON을 일으키는데 심각한 영향을 미치는 것들이다; 나머지 것들은 서로 조합을 이루어 나타나며 아마도 이러한 작은 영향들이 축적되어 질환이 유발될 것이다.

세 가지의 점 돌연변이가 LHON 돌연변이의 대부분을 차지하며 적어도 유럽인 태생들에게는 더욱 그렇다. (이하 내용에서는 mtDNA의 일반적인 명명법을 따른다).

- G11778A – 16.5 kb의 미토콘드리아 게놈의 11778번 위치의 A 염기가 G로 치환된 것이다. 이는 ND4 단백질의 340번째 아미노산이 대체된 것으로 이 단백질은 산화인산화 반응의 일부분이다.
- G3460A – G가 A로 바뀌어서 ND1 단백질의 52번째 아미노산 알라닌이 타이로신으로 대체됨.
- T14484C – 이 염기 치환은 ND6 단백질의 64번째 아미노산인 메치오닌을 밸린으로 치환시킨다.

일반적인 진단 과정은 우선 이들 세 가지의 돌연변이를 테스트하는 것이다. 만약 이 세가지 돌연변이가 발견되지 않으면 mtDNA의 일부 염기 서열을 결정하는 등 더욱 광범위한 테스트를 하여야 한다.

위에서 설명한 방법들은 모두 흔한 돌연변이 검사에 사용될 수 있는 것들이다. 그림 5.15에서는 G11778A 돌연변이를 조사하기 위해 제한효소를 기초로 한 방법(restriction enzyme–based method)으로 분석한 결과를 보여주고 있다. 이 방법에 대체적인 방법으로 pyrosequencing을 사용한다 (*그림 5.16*). 이 방법은 결과가 양적이라는 장점을 가지고 있다. *1장*에서 설명한 것처럼, 사람들은 미토콘드리아 게놈을 homoplasmic하게 가질 수도 있고 heteroplasmic하게 가질 수도 있어서 돌연변이의 완전한 좌를 검사하기 위해서는 정상 미토콘드리아와 변이 미토콘드리아의 상대적

인 양을 점검해야 한다. 검사 결과 Frank는 G3460A를 homoplasmic 하게 가지고 있는 것으로 나타났으므로 LHON이 확진 되었다.

	SEQUENCE			FRAGMENT SIZES	
	11770	11780	11790	*Sfa*NI	*Mae*III
normal	CGAACGCACT	CACAGTCGCA	TCATAATCCT	417 + 91	233 + 218 +57
	11770	11780	11790		
G11778A	CGAACGCACT	CACAGTCACA	TCATAATCCT	508	233 + 131 + 87 + 57

그림 5.15 - 제한효소 인지 부위 변이에 영향을 미치는 G11778A 돌연변이 검사.
이 돌연변이는 제한효소, *Sfa*N1 (BCATC)를 변형시켜서 *Mae*III (GTNAC, 여기서 N은 아무 염기나 염기를 지칭함)를 만든다. 위의 예에서는 11778 부위를 포함시킨 508 bp의 mtDNA 부위를 PCR 증폭시킨다. PCR 증폭 단편들을 위의 두 가지 제한효소로 처리하고 잘라진 단편들을 전기영동 하여 분석한다. 제한효소 인지부위는 밑줄로 나타내었으며 변경된 염기는 밝은 색의 굵은체로 나타내었고 생산된 단편의 크기를 보여주고 있다.

5.4. 요약 및 보충 설명

세 가지 의문점들

돌연변이 검사법과 용이성은 검사 하고자 하는 변이에 따라 달라진다. 다음의 세가지 의문점에 대해서 생각하여 보자.

[1] Joanne Brown(증례 2)은 어느 유전자에 무슨 돌연변이를 가져서 이런 상황이 온 것일까?

[2] Joanne Brown은 CFTR 유전자에 돌연변이를 가지고 있는가?

[3] Joanne Brown은 CFTR 유전자에 p.F508del 돌연변이를 가지고 있는가?

3번 의문은 특정한 염기서열 변이를 탐색하는 절에서 설명한 방법들을 이용하면 쉽고 간단하게 답을 할 수 있을 것이다. 그 절에서는 이러한 특수한 질문들이 생길 수 있는 상황들에 대해서도 설명하고 있다.

1번 질문에는 현재로는 답변을 할 수가 없다. 앞으로 10년 후에 개개인의 모든 유전자 염기서열이나 심지어는 개인의 전체 게놈의 염기서열을 결정할 수 있을 정도로 기술이 발전하여 아주 쉽게 저렴하게 검사할 수 있게 된다면 아마도 이런 검사는 정기 검사가 될 것이다. 그러나 설사 그런 날이 온다 하여도 유전학자들은 한 개인의 전체 게놈 염기서열을 이용하여 이와 같은 막연한 질문에 답을 할 수는 없을 것이다. 게놈 간에는 너무나 많은 개인 차이가 있다. 인간 특징들의 대부분은 몇 개 또는 여러 개의 변이들의 조합에 의해 달라진다. 아마도 결국은 몇 백만 변이들의 일부로 이루어지는 조합에 의한 영향을 예측하기 위한 충분한 지식을 갖게는 될 것이다. 그러나 그런 날이 곧 올 것 같지는 않다.

2번 문제에 대해서는 원칙적으로는 항상 답을 낼 수 있겠으나 얼마나 많은 수의 엑손을 분석하느냐에 따라 분석비용이 달라진다. Nasreen Choudary (증례 3)의 경우 50가지 이상의 귀머거리 후보 유전자가 알려져 있으며 이들 유전자들의 엑손은 모두 합하여 수 백 개가 된다. 돌연변이 탐색은 후보 유전자의 수가 몇 개 이내로 좁혀지지 않는 한 불가능하다. 특정한 증례에서 돌연변이 탐색을 어

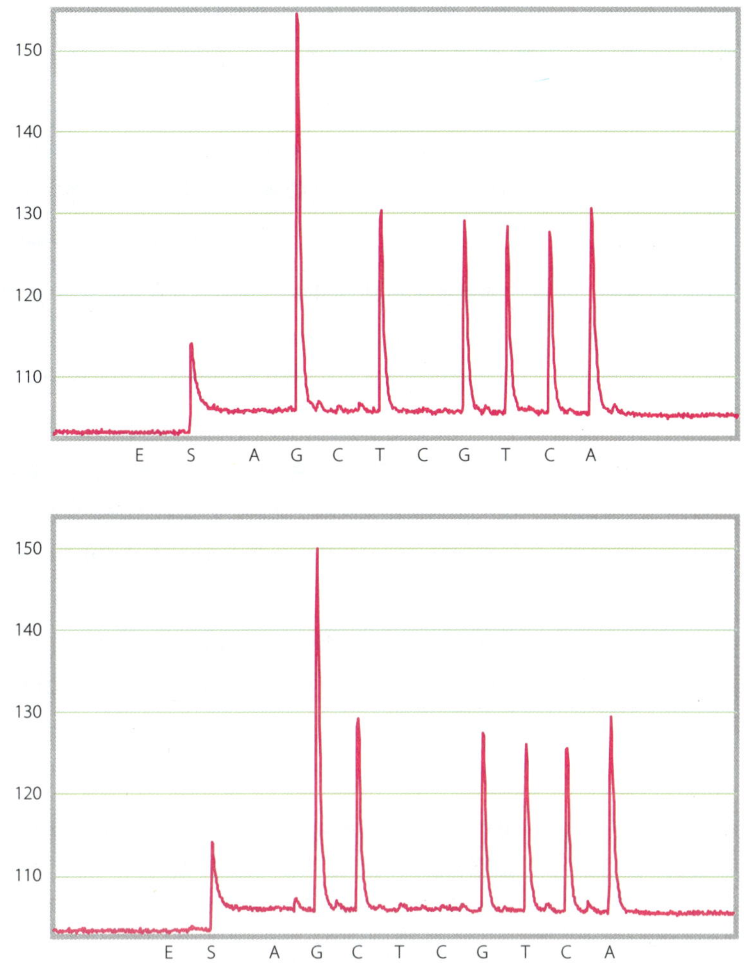

그림 5.16 - Pyrosequencing **법을 이용한 mtDNA 돌연변이 G3460A의 검출.**
Pyrosequencing 분석기계는 프라이머의 말단까지 각 염기를 차례로 붙인다. 성공적인 첨가는 생물형광반응 (bioluminescent reaction)을 유발하여 이를 피크로 나타낸다. 위: GTGTCA를 가진 돌연변이, 아래: 정상 컨트롤 GCGTCA (이 염기 가닥들은 역 가닥이다).

떻게 하는지에 대해서는 *9장*에서 설명하기로 한다. Joanne Brown (증례 2)의 경우에는 한 개의 후보 유전자만이 있다; 낭포성 섬유증은 항상 CFTR 유전자 돌연변이에 의해 발생하기 때문이다. 이 한 개의 유전자 전체를 조사하는 것도 역시 27개나 되는 엑손을 조사하여야만 한다. 2번 질문에 답을 하기 위해 어느 범위까지 실험을 하여야 할지는 이 답변이 주는 임상적 중요성이 얼마나 높은가에 따라 달라진다. 자동화 기술의 증가와 아래에 기술된 기법들의 이용은 주어진 경비로 진단 검사가 수행할 수 있는 돌연변이 조사의 양을 매우 빠르게 증가시키고 있다.

Chips을 이용하여 돌연변이 검사하기

마이크로어레이(microarray) 또는 DNA chips는 많은 수의 분자교잡 테스트를 한번에 수행할 수 있는 기법이다. *4장*에서 기술한 것처럼, microarry는 수백 개에서 수십만 개의 다른 DNA 프로브를 현미경 슬라이드에 고착시킨 것으로 microarray의 각 셀에는 특정한 프로브들이 수천 개씩 들어 있다. 이러한 기본적인 디자인은 여러 가지 방식으로 실행된다. 4장에서 설명한 것처럼 프로브들은 BAC 클론의 큰 단편들로 microarray는 BAC 클론의 큰 DNA 단편의 염기서열을 담을 수 있다. microarray는 비교-유전체적 방법으로 카피 수 변이를 대 용량으로 분석 한다. 이와는 다른 micrarray로는 oligonulceotide arrays가 있는 데 이 방법에서는 셀에 고착시키는 oligonucleotide를 단일염기 차이를 검색할 정도의 길이로 고안한다. Oligonucleotide arrays는 다양한 방법으로 단일염기 차이를 검색할 수 있는 패넬의 셀에 oligonucleotides를 부착시켜 DNA 샘플을 검사한다.

- 프로브들을 어떤 유전자의 전체 염기서열을 커버 할 정도로 체계적으로 oligonucleotides를 고안한다. Oliogo #1은 cDNA의 1-25번까지의 염기에 상보적으로 하고, oligo #2는 2-26까지를 커버하도록 하는 식으로 한 개의 유전자를 커버링 하고 다음 유전자들도 마찬가지의 방법으로 oligonucleotides를 고안한다. 테스트하는 DNA 단편의 염기서열에서 차이가 남은 특정한 oligo와 분자교잡이 아예 안 일어나거나 분자교잡 효율이 떨어지는 패턴으로 나타날 것이다. 이러한 'resequencing chips' 으로는 타켓트 유전자의 모든 가능한 단일-염기 치환을 탐색할 수 도 있으며 단 한번의 실험으로 큰 유전자의 완전한 염기서열의 단일염기 치환의 탐색이 가능하다.
- 프로브들은 어떤 질환의 모든 후보 유전자에서 일어난 일련의 모든 돌연변이를 탐색하도록 선택된 oligonucleotides들로 고안된다, 예를 들자면 이 방법을 통하여 귀머거리의 50가지 후보 유전자를 탐색하거나 *Disease Box 5*에서 소개한 Long QT 증후군을 야기할 가능성이 있는 모든 후보유전자들의 돌연변이를 탐색할 수 있다. 그러나, 이 방법으로도 이런 유전자들에서 이미 규명된 돌연변이만을 한정적으로 탐색할 수밖에 없다. 만약에 환자가 어떤 새로운 돌연변이에 의한 질환을 가지고 있다면 이를 탐색할 수는 없다. 그러므로 이러한 chip들은 대부분의 샘플에서 돌연변이를 찾기 위한 일차적 선발 검사로 이용된다. 일차적 선발 검사에서 음성일 경우 다른 방법을 이용하여 탐색하여야 할 것이다.
- 이미 소개한 chip들의 변형은 표현형적으로 부정적 효과가(해가) 없다고 알려진 단일염기다형성(SNPs, single nucleotide polymorphism)을 대량으로 탐색하는데 이용된다. SNPs 와 SNP-chips에 대한 설명은 9장에서 한다.

Microarrays는 미래의 DNA 테스트에서 매우 중요한 부분이 될 것이다. 각각의 chip은 단일 샘플에서 단 한번만 사용되므로 비록 비용이 많이 들지라도 큰 유전자를 분석하는 데는 인건비를 고려한다면 chips가 모든 엑손 부위의 염기서열을 결정하는 것보다 오히려 경제적이라 할 수 있다. 처음 분석을 시작할 때에는 비용이 많이 든다. 이유는 상업적인 회사에 의뢰하여 적절한 arrays들을 고안하고 제작하며 그 효능을 입증해야만 하며 또한 검사실은 array들을 사용하고 읽기 위한 기구들을 구입해야만 하기 때문이다. 이러한 이유로 진단적 목적으로의 chips는 여러 번의 실험을 필요로 하는 분석에 주로 이용된다. 예로, 유방암 진단이나 이외의 많이 알려진 일반적인 질병들의 진단이다. 멘델식 유전방식으로 유전하는 질환들은 array 실험에 드는 비용을 정당화하기에는 너무 드문 질환들이다. 그럼에도 불구하고 이러한 희귀 질환은 희귀질환을 앓고 있는 가족들에게는 매우 중요한 것이다. 이러한 'orphan diseases' 들은 임상유전학 서비스에 큰 문제라 하겠다.

유전자형 분석과 DNA 염기서열 분석에 이용되는 다른 방법들

대부분 임상유전학에서는 한 개 또는 두세 개 정도의 샘플을 분석하므로 본 장에서 소개한 방법들이 적합하다. 하지만 어떤 경우에는 특정 변이를 탐색하기 위해 많은 샘플의 분석을 필요로 한다. 흔한 질환들(13장 참조)에 이환 되기 쉽게 만드는 유전적 요소들을 연구하는 검사실에서는 몇 백만 또는 몇 천만 샘플에서 5000–50000개나 되는 많은 양의 특이적 비-병인성 다형화 현상을 분석하기도 한다. 이처럼 큰 집단의 대량 분석을 위해서는 특별한 방법을 필요로 할 것이다. High-throughput 유전자형 분석은 고도로 자동화된 방법을 이용하여 수천 개의 샘플에서 특정한 돌연변이를 분석한다. 이에는 위에서 설명한 것들과는 다른 접근 기법이 필요하다. 가장 중요한 것은 전기영동을 하지 않는다는 것이다. 전기영동법은 많은 양을 분석하기 위해 규모를 늘려서 분석하기에는 적합치 않기 때문이다. 가능한 방법으로는 질량분석기를 이용하여 DNA 단편을 질량 별로 분석하는 방법이나 비드(bead)를 이용하여 분자 교잡법으로 분석하는 방법들이 있다. 후자의 경우는 각 비드들을 특정한 형광시약으로 표지하거나 또는 바코드(bar-code)로 표지하여 각 비드들을 신속하게 분리/동정하는 방법이다. 이러한 방법들은 클리닉에서 사용하는 기법은 아니며 본 책자의 범주를 벗어나는 것들로 자세한 설명은 Church (2006)과 Sellner와 Tayler (2004)를 참조하기 바란다.

High throughput 염기서열 방법의 개발 외에도 많은 회사와 대학 연구진들은 새로운 방법의 염기서열 결정법을 개발하기 위해 연구 중이다. 하나의 목표는 특정한 유전자(예, *BRCA1*유전자)를 많은 샘플에서 싼 값으로 염기서열을 결정할 수 있는 방법을 개발하는 것이며, 두 번째 목표는 한 개인의 게놈 염기서열을 결정하는데 드는 비용을 지금의 가격보다 대폭 낮추는 것이다. 2004년 2월 US National Institute for Human Genome Research는 "혁신적 염기서열 결정법"을 개발하기 위한 연구 과제를 공모하였다. 이러한 방법의 개발은 궁극적으로 $1000로 1주일 내에 한 개인의 게놈 염기 서열을 해독가능 하게 할 것이다. 몇몇 실험실과 회사에서 이러한 도전을 받아들였다.

5.5. 참고문헌

Sellner LN and Tayler GR [2004] MLPA and MLPH: new techniques for detection of genetic deletions. Hum. Mutat. 23: 413–419.

Church GM [2006] Genomes for All. Sci. Amer. 294: 47–54.

Choi G. et al. [2004] Spectrum and frequency of cardiac channel defects in swimming-truggered arrhythmia syndromes. Circulation, 110: 2119–2124.

2006년도 1월 판의 Clinia Chimia Acta [363 nos 1–2]에 'Present and Future of Rapid and/or High-throughput Methods for Nucleic Acid Testing' 이라는 제목의 총설 논문이 실렸다. 이 논문은 기술적인 면을 많이 다루고 있지만 본 장에서 다룬 방법 및 이외의 더 많은 방법들에 대해서도 심도 있게 설명하고 있다.

Disease box 5

Long QT 증후군

너무나 건강하였던 젊은이가 뚜렷한 이유 없이 돌연사 하는 경우, 원인을 밝히기 위해 사후 부검을 하여도 사망원인에 대한 아무런 단서를 찾지 못하는 경우가 오래 전부터 있어 왔다. 보통 이러한 환자의 가족 중 한 사람 이상이 이 같은 돌연사를 한다. 최근 들어 부검에서 뚜렷한 원인이 밝혀지지 않는 돌연사의 두 가지의 명백한 원인군이 밝혀졌다: 바로 Long QT 증후군과 심근증(cardiomyopathy)이다. 후자의 경우는 사망 전에 선행 증상이 있을 수 있으며 일부는 부검에서 심근의 비후 소견를 보인다. 그러나 어떤 사람들은 사전 증상이 전혀 없으며 조직학적 소견도 현저하지 않아 오직 고도로 숙련된 전문가만이 검출할 수 있는 난해한 조직 소견을 보이기도 한다.

Long QT 증후군은 심전도 (ECG, electrocardiogram) 이상이라는 특징을 가진다 (그림 1). 이 경우,심전도에서는 QT 간격이 길어져 있고[지연되거나 비정상적 심실 재극성화 (ventricular repolarization)를 의미함] 실신(syncope 또는 faint)의 원인이 되는 빈맥(tachycardia)(심장 박동이 빨라지는 현상)과 관련이 있는 T-wave의 이상 소견 등을 보인다. 실신(syncope) 시에 일어나는 경련은 간질로 오진되기도 한다. 이러한 증상들은 간혹 저절로 멈추기도 하지만 심실세동(vebtricular fibrillation)으로 진전하여 심장의 효율적인 펌프 기능을 멈추게 하고 결국 돌연사를 가져온다. 익사의 10-20%에서도 Long QT 또는 다른 유전적인 전구-부정맥 (pro-arrhythmic) 현상들이 사인이 된다 [Choi 등 2004]. Long QT 증후군은 일부의 유아 돌연사도 설명한다.

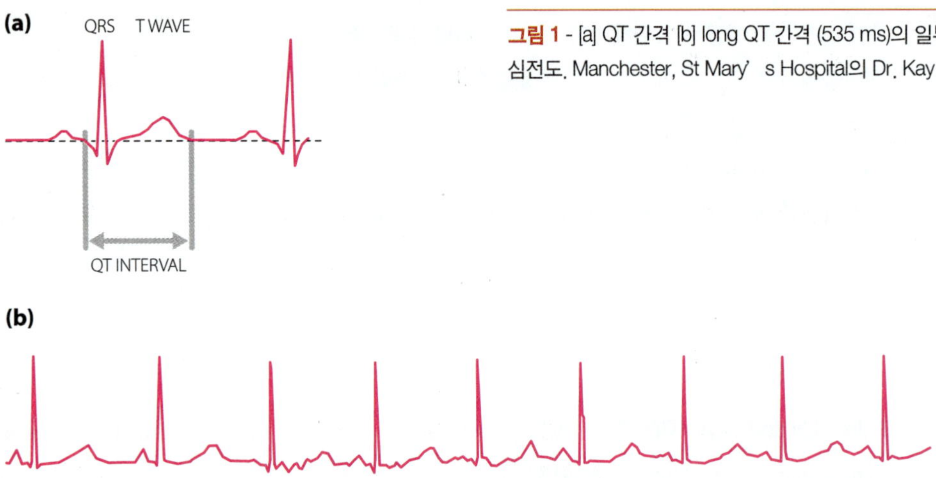

그림 1 - [a] QT 간격 [b] long QT 간격 (535 ms)의 일부를 보여주는 실험 심전도. Manchester, St Mary' s Hospital의 Dr. Kay Metcalfe 제공.

Long QT 질환의 경우 어떤 가족들에서는 long QT 현상이 우성 유전의 양상을 보이지만 어떤 가족에서는 지각신경 귀머거리 질환을 동반하며 상염색체 열성 유전양상의 다른 양상을 보이기도 한다. 우성유전 양상[그림 2]은 총체적으로 Romano-Ward 증후군 [OMIM 192500]이라 불리며, 열성유전 양상은 Jerbell과 Lange-Nielsen 증후군 [JLN; OMIM 220400]이라고 불린다. JLN-환자들은 심한 지각신경 소실로 의한 청력소실을 동반하며 QT 간격의 지연을 보인다. 이 경우 치료하지 않으면 환자의 절반이 15세 이전에 사망하게 된다.

이 질환의 근간의 문제는 심장 박동을 조절하는데 중요한 이온 채널 중 한 개 또는 그 이상에 기능 부전이 생긴 것이다. 유전적 연관 조사에서 Romano-Ward와 JLN 증후군은 각각 다른 가족들에서 각각 다른 유전자좌에 있는 유전자에 의해 야기된 이형질적 질환으로 나타났다. 이온 채널 유전자와 연관된 돌연변이들로는 다음과 같은 것들이 발견되었다.

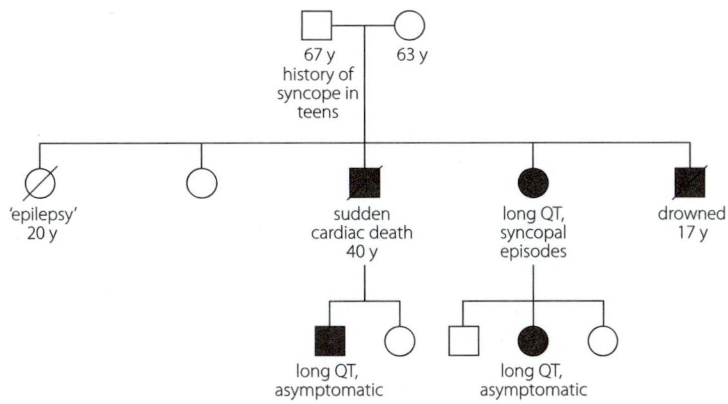

그림 2 - 우성 유전형의 Long QT 증후군의 유전양상을 보이는 가족의 전형적인 가계도.

- *KCNQ1*과 *KCNE1*; 이들은 IKs 칼륨 채널의 구성원을 코딩하고 있는 유전자들이다. Romano-Ward 환자들은 이형접합형일 수 있으며 JLN 환자들은 두 유전자 중 하나의 유전자를 동형접합으로 가지고 있을 수 있다. 실신(syncope)과 돌연사는 수영과 같은 물리적으로 격렬한 운동에 의해 촉발된다.
- *KCNH2*와 *KCNE2*; 이들은 IKr 칼륨 채널의 구성원을 코딩하고 있는 유전자들이다. 어떤 유형의 Romano-Ward 환자들은 두 유전자 중 하나를 이형접합으로 가지고 있다. 감정적 흥분이나 높은 소음[특히 사람을 깨우는 소음 등]은 가장 흔한 돌연사 유발제이다.
- *SCN5A*; 심장의 나트륨 채널에 관련된 유전자이다. 어떤 유형의 Romano-Ward은 이 유전자를 이형접합으로 가지고 있다. 이들은 보통 조용한 휴식 중이나 수면 중에 사망한다.

*6장*에서는 왜 *KCNQ1*과 *KCNE1* 유전자의 돌연변이가 이들 증후군을 유발하며 왜 이들은 다른 양상의 유전을 하는지 설명할 것이다. 질환을 가진 가족들의 약 30%는 *KCNQ1*과 *KCNE1* 유전자 어느 것에도 돌연변이를 갖고 있지 않다. 유전자형과 표현형의 관계는 명확히 연관이 없어 보일 때 더욱 복잡해진다. Brugada 증후군[OMIM 601144]은 *SCN5A* 유전자 돌연변이에 의해 생긴다. 이 증후군에서도 심실 세동과 돌연사가 일어나지만 Long QT 증후군과는 EKG 이상 소견이 다르거나 [변이적인 ST segment elevation을 동반한 우각차단(right bundle branch block) 비슷한 소견] 자극유발을 하지 않는 한 EKG 이상 소견이 없을 수도 있다.

돌연사와 같은 비극적인 사건이 특히 젊은 사람에게 일어나면, 보통 가까운 가족들은 매우 불안해 한다. 유전적 검사와 상담을 통하여 이들을 안심시키고 돌연사의 위험에 대처하는데 도움을 줄 수 있다. 자세한 가족력을 얻고 특히 실신이나 원인을 설명할 수 없는 '경련' 등의 병력을 상세히 기록한다. 부모 형제 등의 일차 가족들은 Long QT를 가지고 있는지 반드시 검사를 받아야만 한다. 원인 돌연변이를 찾는 것이 가장 바람직하다. 그래야 위험성이 있는 가족들을 찾아낼 수 있으며 위험성이 없는 가족에게는 안심을 줄 수 있다. Long QT 증후군 질환의 치료는 유발 요인을 피하게 하고 베타-차단제(beta-blocker)를 복용하거나 어떤 환자들에게는 심박동 제세동기 (cardioverter defibrillator)를 이식하여 빈맥(tarchycardia)의 성향을 줄이는 것이다. 특정 돌연변이를 알고 있으면 선행 증상을 피하기 위한 예상 지침 기준을 마련할 수 있겠다. 그러나 여러 개의 유전자 중 어느 하나가 이 증후군에 연관될 수 있으므로 분자유전학적 진단은 귀머거리라는 문제를 지닌 가족(**증례3, Chaudhary 가족**)들에서 특정 돌연변이를 찾아내는 데 유사한 문제들에 봉착하게 된다.

5.6. 자가 평가 문제들

[1] 아래의 염기서열 변이나 효과들을 탐색할 수 있는 분석 방법들을 아래의 목록에서 있는 대로모두 고르시오 [많은 경우 한가지 이상의 방법으로 분석 가능하므로 가능한 방법들을 모두 고르시오].

- F8 유전자의 26번 엑손의 점 돌연변이
- Duchenne 근위축증을 가진 남자아이의 dystrophin 유전자의 50–54 엑손들의 중복
- Machodo–Joseph 질환이 추정되는 여자의 SCA3 유전자에서의 [CAG]n 반복의 확장
- 신체이형성증의 남자아이의 작은 '마커' 염색체 동정하기
- Dystrophin 유전자에 돌연변이를 가지고 있는 남자아이의 여동생이 dystrophin 유전자의 7번 엑손에 4 염기가 삽입되었는지를 조사
- OCRL 유전자의 4번 엑손에서 A>G 돌연변이 여부
- Duchenne 근위축증을 가진 남자아이의 dystrophin 유전자의 20번 엑손의 결실 여부
- Williams–Beuren 증후군이 의심되는 아이에서 7q11.23 부위에 1.5 Mb의 DNA 결실여부
- 림프구에서 발현되는 유전자로서 겉보기에는 완전한 유전자 인 것 같지만 발현이 안 되는 경우
- 지능저하 남자아이에서 15번 염색체에 있는 한 유전자의 5–6번 엑손의 결실 여부
- β–글로빈 유전자의 전체 부위에서(엑손, 인트론 모두) 점돌연변이의 존재 여부

분석가능한 방법들:

- 핵형분석
- FISH
- Array–CGH
- Southern blotting
- Northern blotting
- Multiple ligation–dependent probe amplification
- PCR – 증폭단편의 존재 여부
- PCR – 증폭단편 크기
- PCR – 증폭 단편의 염기서열 분석
- PCR – 증폭 단편의 제한효소 절단 여부
- 대립유전자–특이적 PCR
- 역전사–PCR
- SSCP (single–strand conformation polymorphism)
- 대립유전자 특이적 oligonucleotide 분자교잡법
- Sanger 염기서열 결정법
- Pyrosequencing

[2] 다음에 열거한 테스트들이 외가닥 DNA나 두 가닥 DNA 어느 것에서 이용 가능한지 기술하시오.

- 젤 이동성 검사로 heteroduplex 존재 여부 검사
- 대립유전자-특이적 oligonucleotide를 이용한 dot-blotting
- 구조특이적 젤 전기영동법
- 제한효소 인지 부위의 소실이나 생성
- 대립유전자-특이적 PCR
- 변성 HPLC (denaturing high-performance liquid chromatography)
- Microarray를 이용한 염기분석
- FISH

[3] 제한효소 EcoRI은 GAATTC 염기를 인식하여 절단시킨다. 어떤 유전자의 코딩 부위 일부분은 다음과 같다.

GAA	AAC	CTC	AAG	TCA	ACG	AGT	TCG	GTA	ACG	TAC
Gln	Asn	Leu	Lys	Ser	Thr	Ser	Ser	Val	Thr	Tyr

이 유전자의 돌연변이에 의해 유발된 질환을 갖고 있는 환자로부터 추출한 DNA로부터 위의 유전자 부분을 PCR증폭하였다. 정상인의 경우는 *Eco*RI에 의해 이 부분의 DNA가 절단되지 않지만 이 환자로부터 증폭된 단편은 *Eco*RI 처리 시 두 개의 단편이 관찰되었다. 이 환자의 돌연변이가 단일염기 돌연변이라고 가정하고 이 부위를 찾아내시오.

제 6 장 돌연변이들은 무슨 작용을 하나?

6장의 학습 요지

- 코딩 부위와 스플라이싱 부위의 침묵(silent)−, 과오(mis−sense)−, 정지(nonsense), 틀변형(frameshift) 돌연변이 찾기와 설명하기
- 유전 암호표를 이용하여 코딩 부위의 염기 변이에 의해 생성되는 단백질의 변이 분석하기
- 기능상실, 기능획득, haploinsufficiency, dominant negative 효과, non−sense mediated decay, 유전자량 감수성 설명하기.
- 유전자형과 표현형의 관계 설명하기
- 비코딩 부위의 돌연변이가 어떻게 유전자 발현에 영향을 주는지 분석하기

6.1. 증례 학습

증례 15 | OReilly 가족 | **141** | 154 | 376

- 근시와 고관절의 문제를 가지고 있는 가족력
- 신장이 작고, 고도의 근시를 가지고 있으며 고관절에 문제가 있음
- Stickler 중후군 의심

Raymond와 결혼한 Orla O' Reilly는 어렸을 때부터 고도의 근시가 있어 안경을 착용하였으며 또한 신장이 겨우 150 cm밖에 되지 않을 정도로 작다. 그녀의 남동생 Oliver 또한 키가 작고 근시안이며 출생 시 구개열을 가지고 있었으며 현재 보청기를 사용하고 있다. 그들의 이러한 신체적 특징들은 아버지로부터 물려받은 것으로 아버지도 키가 작고 통통하며 최근에 양쪽 고관절의 치환 수술을 받았다. 또한 35살때에는 한쪽 눈의 망막 분리가 있어 수술을 받았고 다른 쪽 눈은 망막 분리를 방지하기 위해 레이져 치료를 받았다. Orla는 건강보험 가입을 위해 신체검사를 받았으며 둔부에 통증이 있어 왔다고 진술하였다. 담당의사는 마침 유전학 과정 중에 있었던 의사로 그녀의 가족력 정보를 얻었다. 그리고 그녀와 남동생 Oliver, 그들의 아버지의 의학적 문제가 서로 연관이 있을 수 있다 생각하여 그녀를 유전 클리닉에 의뢰하였다. Orla는 유전 클리닉에서 근시 외의 눈 검사를 포함한 보다 자세한 검사를 받았으며 혈관주변 격자 망막증(paravascular lattice retinopathy)이 발견되었다. 의사는 그녀가 납작하고 짧은 코를 가지고 있으며 혹이 있는 듯 우둘두둘한 관절을 갖고 있음을 주목하였다. 의사는 Orla에게 Stickler 증후군의 가능성을 설명하였다. 이 증후군은 type II 또는 type III 콜라젠을 구성하는 단백질 유전자 돌연변이에 의해서 발생한다. 이에 대한 자세한 설명은 Snead와 Yates (1999)를 참조하시오.

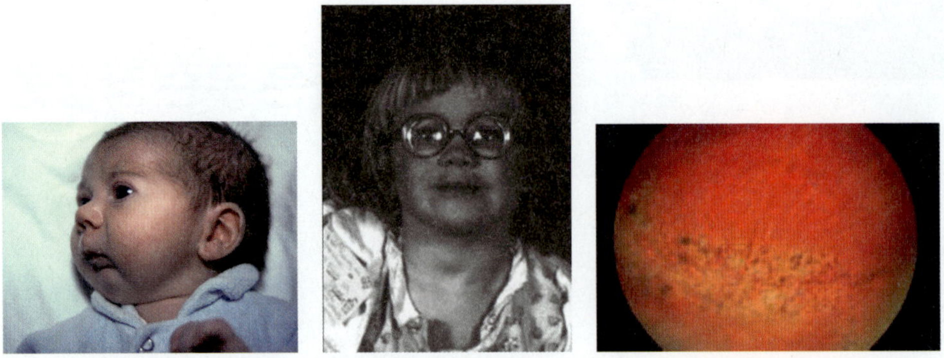

(a) (b) (c)

그림 6.1 - (a) Stickler 증후군을 가지고 있는 아기; 작은 턱[이것은 종종 구개열(cleft palate)과 관련이 있음]과 돌출한 눈과 평평한 얼굴을 주목하라. (b) Stickler 증후군을 가진 4세 어린이의 얼굴 모습. (c) 착색된 혈관주변 격자 망막 퇴화의 전형적인 소견. (b) 와 (c)는 Snead와 Yates (1999)의 자료를 BMJ 출판사의 허락 하에 게재함.

6.2. 배경

'돌연변이'란 DNA 염기서열 변이를 야기하는 사건이나 돌연변이체를 일컫는 용어로서 대물림이 되는 변이를 말한다. 즉 바꾸어 말하자면, 과정 또는 그 결과를 모두 지칭할 수 있는 용어이다. 본 설명에서는 결과를 지칭하는 용어로 사용하고 있다. 부수적으로 언급 하건데 유전 상담에서는 "돌연변이"라는 용어를 거의 사용하지 않는다. 이유는 한편으로는 전문용어를 피하기 위함도 있지만 용어 자체가 멸시적인 의미를 띠기 때문이기도 하다. 돌연변이는 '유전자 변이' '변경' 또는 '결함' 으로 기술될 수도 있다.

이전의 두 장에서는 DNA 염기서열 변이를 검사하는 몇몇 방법들에 대해 살펴보았고 F8 유전자가 염색체의 커다란 역위에 의해 분열되는 증례 12[Lawton 가족]와 같은 예에서 이의 효능을 이해하였다. 본 장에서는 염기서열 변경의 효과를 좀 더 체계적으로 살펴볼 것이다. 이를 위해서는 다음의 두 가지를 유념한다:

- 한편으로는 염기서열 변경이 어떻게 전사와 번역의 과정에 영향을 미치는가를 이해 할 필요가 있다.
- 다른 한편으로는 유전자 기능의 전체적인 면을 고려해야 한다. 변이에 의한 유전자 기능상실이나 유전자 기능 획득이 있는지, 그리고 이러한 유전자형으로 표현형을 얼마만큼 예측할 수 있는지 등이다.

본 장에서는 전사와 번역에 대해서 설명한다. 중심이론(Central Dogma)(*그림 3.3*)에서 설명하는 것처럼 단백질-코딩부위가 기능을 하기 위해서는 여러 단계의 과정이 필요하다 이러한 단계들 중 어떤 단계도 변이에 의해 영향을 받을 수 있다. *Box 6.1*은 유전자 변형의 유형들에 대해 요약 설명하고 있다. *6.3절*은 본 장의 마지막 절에서 설명하는 유전자의 기능 상실과 획득, 그리고 유전자형-표현형의 관계 등의 분자 병리학을 논할 필요가 있는 일련의 예들을 예시한다. *Disease box 6*은 동일한 유전자의 기능 상실, 변형, 획득 등이 어떻게 지극히 다른 일련의 표현형을 낼 수 있는지에 관한 확실한 예를 예시한다.

Box 6.1

본 장에서 다루는 돌연변이 유형의 요약

DNA를 고려한 돌연변이의 분류:

- 전체 유전자 결실
- 전체 유전자 중복
- 염색체 재배열에 의한 유전자 결함
- 한 개 또는 그 이상의 엑손들의 결실이나 중복
- 프로모터 또는 cis-acting 조절 염기의 돌연변이
- 스플라이싱 부위의 변이로 인한 스플라이싱 이상 돌연변이
- 잠재적 스플라이싱 부위의 활성화로 인한 스플라이싱 이상 돌연변이
- 삼염기 코돈 틀의 변형 (틀변형 돌연변이)
- 미성숙 정지 코돈 생성 돌연변이 (정지 돌연변이, non-sense mutation)
- 한 가지의 아미노산을 다른 아미노산으로 바꿀 수 있는 돌연변이 (과오 돌연변이, mis-sense mutation)
- 동일한 아미노산을 지정하는 다른 유전암호로의 변형 (동의 치환, synonymous substitution)

돌연변이의 다른 분류체계로 영(零)(null) 또는 비형태 (amorphic) [단백질을 만들지 못하거나 기능을 못하는 단백질 생성], 과소형태 [hypomorphic, 단백질을 너무 적게 만들거나 만들어진 단백질의 기능이 약함], 과잉형태 [hypermorph, 단백질이 과잉으로 만들어지거나 만들어진 단백질의 기능이 정상보다 강함]과 같이 분류할 수도 있다.

전체 유전자의 결실 또는 중복

유전자 산물인 단백질 생성이 유전자 카피수의 증감에 비례하여 많아지거나 적어짐을 예상할 수 있지만 이것은 그 유전자 산물인 단백질의 요구도에 따라 피드백 조절을 받을 수도 있다. 결실이나 중복은 모두 병인성은 아니다. 최근의 연구 결과에 따르면 정상인들도 동일한 유전자의 카피수에 상당한 차이가 있음이 밝혀졌다. 비교유전체적 연구(*그림 4.7*)에 의하면 의외로 큰 스케일의 카피 수 변이가 일반적인 사람들에게 존재하며 이들은 표현형적으로 이상을 초래하지 않는 비병인성인 것으로 밝혀졌다. 일반적으로 흔한 비병인성 중복이나 결실의 예로는 다음과 같은 것들이 있다.

- X 염색체에 있는 녹색 시각 색소 유전자의 순차반복(tandem repeat)의 수가 사람마다 다양함.
- 8p23에 있는 β −denfensin 유전자의 수가 사람마다 다양함.
- 6p21에 있는 면역적합성 복합체는 주 유전자인 HLA 유전자의 단상형(haplotype)을 여러 가지 다른 카피수로 보유

그러나 대부분의 유전자들에서의 카피수 변이는 비정상인 것이며 종종 병인성이다. 만약에 카피수의 변이가 50% 증감하면 (정상적으로는 2 카피를 가지나 1개 또는 3개를 가지는 경우) 표현형의 변화를 가져오며 이를 배수−감수성 (dosage−sensitive) 유전자라고 한다. 중복은 결실보다 덜 흔하며 병원성일 가능성도 낮다 (그러나 삼염색체성은 해당 유전자의 수적 증가에 의해 반드시 병인성 효과를 낳는다(*6.4절* 참조).

유전자 훼손

염색체의 재배열에 의해 유전자에 결함이 생기면 유전자의 5′ 상위부위에 있는 프로모터는 온전하여 그 유전자는 여전히 전사가 일어날 수 있지만, 정상적인 전체 길이의 전사물을 만들지 못할 것이

다. Lennox Lawton [증례 12, *그림 4.12*]에서 발견된 Factor VIII 유전자의 역위가 이러한 경우이다. mRNA의 안정성은 3′ 비번역 부위에 의해 조절되는데, 부분적 mRNA는 안정화되지 못하거나 아무런 단백질도 코딩할 수 없을 가능성이 높다. 간혹 염색체 재배열에 의해 다른 유전자들의 엑손들이 연결되어 새로운 유전자가 만들어 지는 경우도 있다. 이러한 변이는 암의 발생에 중요하며 (*12장*에서 설명) 유전자 결함이 유전자의 발현을 억제한다는 원칙에 부분적으로 예외적인 경우이다.

완전한 코딩 염기서열의 전사에 영향을 주는 돌연변이들

여기에서는 cis-acting 효과에 대해서 설명한다. 이는 DNA 염기서열 변이가 바로 인접한 유전자의 발현에 영향을 주는 특수한 효과이다. 이러한 효과는 원인이 되는 변이가 멀리 위치하거나 종종 다른 염색체에 위치한 유전자의 발현에 영향을 주는 trans-acting 효과와는 논리적으로 다른 것이다. Trans-acting 효과들은 정상적으로 cis-acting 사건이 하위에서 일어나는 결과이다. 예로서 ATRX [*Disease Box 2*]를 들 수가 있다. 이 질환에서는 염색질-재구성 복합체에 영향을 주는 돌연변이들이 여러 유전자들의 발현을 변화시키며, 유사하게, 전사인자를 코딩하고 있는 유전자의 돌연변이는 다른 여러 가지 유전자 발현에 영향을 줄 수 있다. Cis-acting 변이들은 변화된 염기에 인접한 유전자(가끔은 같은 염색체에 있는 몇 가지의 유전자에)에만 직접적으로 영향을 준다. 하지만 이러한 경우의 유전자 발현의 억제는 하위에 있는 다른 유전자들의 발현에 영향을 주는 trans-acting 효과를 가질 수 있다.

프로모터 변이: 활성적 개시 복합체 (*3.4절 참조*)가 프로모터에 결합되어야 RNA 중합효소는 일차적 전사물을 만들 수 있다. 전사인자들이 결합하는 부위의 염기가 변경되거나 제거되면 전사가 일어나지 않을 수도 있고 전사율을 감소시키거나 어떤 경우에는 전사율을 증가시킬 수도 있다. 유전자 산물은 정상이거나 그 양에 이상이 있거나(전혀 아무것도 만들어지지 않을 수도 있다) 발현되어야 할 조직이 아닌 잘못된 조직에서 발현이 될 수도 있다. 불행하게도 유전자의 상위 부위 염기변이의 효과를 예측하기는 매우 어렵다 전사인자 결합부위를 예측하는 프로그램들이 있으나 이들은 가능성이 있는 많은 수의 결합부위를 나타낼 뿐 여러 인자들 간에 일어나는 단백질-단백질 상호작용을 참작하지는 못하므로 이들의 예측 능력은 제한적이다.

프로모터 부위의 돌연변이는 소위 일시적 감염분석 (transient transfection assay)이라 불리는 기법을 이용한 실험으로 분석 가능하다. 유전자 활성을 쉽게 분석할 수 있는 유전자를 분석하고자 하는 프로모터에 의해 조절되는 벡터에 연결한다 (β-galactosidase를 이용). 재조환(recombinant) 벡터를 세포 내로 형질전환하고 발현 정도를 분석한다. 정상형(wild-type) 프로모터를 사용하였을 때의 발현 수준과 비교한다. 일시적 감염분석은 유용한 연구 기법이지만 결과를 분석할 때에는 실험 시스템이 매우 인위적인 경우가 많으므로 결과 분석에는 각별한 주의를 기울여야 한다. 언급할 필요도 없겠으나 이러한 테스트들은 진단을 하는 데 일상적으로 이용되지는 않는다.

다른 조절 부위의 변이: 전사개시부위 바로 앞의 상위 부위에 존재하는 프로모터 부위와 달리 cis-acting 조절인자들은 훨씬 먼 상위부위에 존재하는데 이들은 코딩 부위의 방향과 같을 수도 있고 역

방향일 수도 있다. *3장*에서 설명한 것처럼 이들에 대해서는 아직 모르는 것이 많다. 현재 우리가 알고 있는 것들은 우연히 결실이나 다른 염색체 재배열 관찰에서 발견된 것들로서, 이들은 코딩 유전자로부터 수십에서 수백 Kb 정도의 거리에 위치함에도 불구하고 유전자의 발현에 영향을 끼친다는 것이다. 대규모의 국제 공동연구 프로젝트인 ENCODE 프로젝트[Encyclopedia of DNA Elements, www.genome.gov/10005107]를 통하여 인간 유전체의 1% 샘플에 있는 모든 조절 인자들을 규명하려 노력 중이며 종국에는 전 게놈으로 확대될 것이다. 이 프로젝트의 주된 전략은 여러 생물체들 간에 높게 보존되어있는 비코딩 부위의 염기서열을 규명하는 것이다. 이런 염기들이 보존되어 있다고 추정됨은 염기서열-특이적 기능을 가지고 있음을 의미한다. 결국 ENCODE 프로젝트는 장거리 조절인자들의 돌연변이들을 직접적으로 탐색하는데 필요한 지식을 제공하겠지만 현재 우리는 드문드문 산재해 있는 한정된 예들을 갖고 있을 뿐이다.

요약하면 조절부위 돌연변이들은 동정하고 분석하기가 어렵다. 이들 부위들은 복합적 다인자 질환에 주요한 관련성을 가질 수도 있으며[*13장* 참조], 이러한 질환들에서는 큰 효과를 내는 돌연변이들을 갖는 경향이 있는 멘델식 유전 질환들과는 달리 많은 수의 감수성 인자들이 온전한 유전자 발현 수준을 약간 변화시킨다.

일차전사물의 스플라이싱에 영향을 주는 돌연변이들

스플라이싱 부위의 염기 변경이나 파괴: 인트론의 개시 부위와 말달 부위의 매우 보존적인 GT…AG 의 이염기들의 변경은 영향을 받은 부위가 스플라이싱하는 것을(이용되는 것을) 방해한다. 이에 반응하여 이 세포가 무엇을 할지 예측하기는 어렵다. 연루된 엑손이 사라지거나 또는 인트론의 염기서열이 성숙된 mRNA내에 그대로 남겨질 수 있다. 종종 근처의 다른 부위가 대체 스플라이싱 부위로 이용되기도 하는데 이때에는 성숙된 mRNA의 염기서열이 바뀌게 된다. 엑손-인트론 경계 부위에 가까운 다른 돌연변이들도 스플라이싱에 영향을 끼치게 되지만 이러한 현상은 그다지 예상되지 않는다. *3장*의 *11절*에서 설명한 것처럼 GT…AG 염기들은 느슨하게 경계된 보존적인 염기서열에 끼워져 있을 때만 기능을 한다. 부연하여 스플라이싱 부위의 정확한 기능은 스플라이싱 부위 근처에 위치하여 스플라이싱 기구의 구성분들과 결합하는 촉진자(enhancer)나 억제자(suppressor)의 염기서열에 따라 달라진다. 다시 말하자면 이들의 기능은 엄격하게 정해져 있는 것이 아니다. 촉진자들이 스플라이싱 부위에 인접한 인트론 내에 존재할 수도 있고 엑손에 위치할 수도 있다. 만약에 코딩부위의 염기 변이가 엑손의 스플라이싱 촉진자를 변경시키면 이것은 어떤 예측되는 아미노산 변이와도 관련이 없기에 질환을 유발할 수 있다 이러한 효과를 보여주는두 가지 예가 있다.

- *CFTR* 유전자의 8번 인트론의 3′ 말단 부위에는 T 염기들이 연속적으로 존재하는데 사람에 따라서 T 염기가 5, 7, 9 개일 수 있다. 5개의 T를 가진 사람들은 인접한 스플라이싱 부위가 제대로 이용되지 못하여 간혹 9번 엑손이 생략되고 CFTR 유전자의 기능이 상실된다. 이러한 기능 상실 전사물은 제대로 스플라이싱된 전체의 일부이므로 이에 의한 기능 상실은 부분적일 뿐이다. 그러므로 5T 변이는 정도가 경하며 비전형적인 형태의 낭포성 섬유증과 연관성이 있다.
- 척추 근위축증 [Spinal muscular dystrophy, SMA 또는 Werdnig-Hoffman 질환; OMIM

253300]은 5q13에 위치한 SMN1 유전자의 기능 상실에 기인한다. 이 유전자의 중복된 카피인 SMN2는 동일한 유전 염색체에서 겨우 500 kb 떨어진 곳에 위치하는데 얼핏 보면 이 중복된 유전자가 원래의 카피의 기능을 대체할 수 있을 것으로 보인다. 두 유전자의 차이는 크지 않다. 이중 하나는 7번 엑손의 5′ 스플라이싱 부위로부터 6염기 떨어진 곳의 염기가 T>C로 치환되어서 페닐알라닌 코돈이 다른 코돈으로 바뀌었다 (TTT>TTC). 그러나 사실상 이 치환은 엑손 스플라이싱 촉진자를 불활성화 시켜서 극히 일부의 전사물에서만 엑손 7번이 정확히 스플라이싱 된다. 그리고 SMN2 유전자는 대부분 기능을 하지 못한다. 흥미롭게도 어떤 SMA 환자들은 이 유전자를 여러 개 가지고 있다. 비록 이들 유전자 각각은 단백질을 아주 조금씩 밖에 생산하지 않지만 이들이 합쳐져서 질환의 정도가 경미하고 발병 시기가 늦은 질환을 유발할 정도가 된다.

새로운 스플라이싱 부위의 생성: 어떤 염기 변이는 잠재적 스플라이싱 부위를 활성화 시킴으로써 스플라이싱에 영향을 미칠 수 있다. 즉, 우연히 스플라이싱 부위의 특징을 가지는 염기서열이 있지만 이 부위는 진정한 스플라싱 부위로 인식되지는 않는다. 하지만 염기 변이가 일어나 이러한 잠재적인 스플라이싱 부위가 진정한 스플라이싱 부위처럼 인식되어 작동할 수도 있다. 이러한 잠재적 스플라이싱 부위는 인트론에 있을 수도 있고 엑손에 있을 수도 있으며 다음과 같은 예가 있다.

- 헤모글로빈 E의 β-글로빈 유전자가 1번 엑손의 말단으로부터 상행 부위의 14번째 염기가 G>A로 치환된 경우이다. 이는 Glu26Lys의 아미노산 치환을 유발할 것으로 생각되나 병인성 효과는 아미노산 치환보다는 스플라이싱에 있다. 이러한 단일 염기 치환은 변이 염기가 대체적 스플라이싱 부위로 사용되게끔 한다. 이 돌연변이 부위를 스플라이싱 부위로 이용하는 전사물은 인트론이 제거되어 기능을 상실하게 되며 β-탈라세미아를 유발하게 된다.
- 낭포성 섬유증의 한 원인은 *CFTR* 유전자의 19번 인트론의 10 Kb 길이의 치환, 즉 c.3849+10kb C>T의 단일염기 치환이다. 이 염기치환이 잠재적 스플라이싱 부위를 만들어서 비정상적인 스플라이싱을 유발하고 유전자의 기능 상실을 초래한다.

스플라이싱 동형체의 균형 이상. 스플라이싱 돌연변이는 기능적인 전사물 생성을 억제하기 보다 단순히 스플라이싱 동형체 간의 균형에 이상을 초래할 수도 있다. 많은 유전자들이 인트론을 대체적 스플라이싱에 의해 제거한다. ENCODE 프로젝트 연구 결과 유전자 당 전사물 생성 수는 평균 5.4개이다(이 숫자의 일부는 단일 전사물의 대체적 스플라이싱이 아닌 대체적 프로모터와 첫번째 엑손을 이용한 것들도 포함된 수이다). 스플라이싱 부위나 스플라이싱 촉진자의 보존적 염기서열의 변경이 스플라이싱 효율을 변화시키면 스플라이싱 동형체들 간의 균형에 영향을 줄 수 있으며 이러한 변화는 표현형을 유발할 수 있다. 이러한 변이들은 멘델식 유전을 하는 돌연변이 질환보다는 일반적 질환들에 대한 이환 민감 인자로 작용하기가 쉽다.

요약하면 스플라이싱에 대한 효과는 광범위하지만 GT…AG의 보존적 염기부위의 돌연변이와는 달리 예측하기가 매우 어렵다. 스플라이싱의 효과는 게놈 DNA가 아닌 mRNA를 연구하여야만 탐색될 수 있으므로 이들은 분명 실제보다 낮게 보고되고 있다. 스플라이싱에 변화를 초래하는 돌연변이를 유추하는 컴퓨터 프로그램이 개발되었지만 이들의 현재까지의 자료는 시사하는 정도일 뿐이다.

번역에 이상을 초래하는 돌연변이들

단백질-코딩 염기서열의 변이들이 번역에 미치는 효과는 유전 암호와 관련지어 생각할 필요가 있다.

표 6.1 - **유전암호**

코돈의 첫번째 염기	코돈의 두번째 염기				코돈의 세번째 염기
	U	**C**	**A**	**G**	
U	Phe	Ser	Tyr	Cys	**U**
	Phe	Ser	Tyr	Cys	**C**
	Leu	Ser	STOP	STOP	**A**
	Leu	Ser	STOP	Trp	**G**
C	Leu	Pro	His	Arg	**U**
	Leu	Pro	His	Arg	**C**
	Leu	Pro	Gln	Arg	**A**
	Leu	Pro	Gln	Arg	**G**
A	Ile	Thr	Asn	Ser	**U**
	Ile	Thr	Asn	Ser	**C**
	Ile	Thr	Lys	Arg	**A**
	Met	Thr	Lys	Arg	**G**
G	Val	Ala	Asp	Gly	**U**
	Val	Ala	Asp	Gly	**C**
	Val	Ala	Glu	Gly	**A**
	Val	Ala	Glu	Gly	**G**

세린이나 아르지닌과 같은 아미노산들은 여러 개의 코돈을 가지고 있는 반면 트립토판이나 메치오닌 등은 오직 한 개의 코돈 만을 가지고 있다 AUG는 개시 메치오닌이나 내부 메치오닌 코돈으로도 이용 된다. 세 개의 정지 코돈을 주목하라.

틀변형 돌연변이들: 3의 배수가 아닌 수의 염기들의 삽입이나 결실은 틀변형 돌연변이를 유발한다. 틀변형은 돌연변이가 일어난 부위의 하위부위의 아미노산 서열을 모두 변형시킨다 (*Box 3.3* 참조). 이론적으로 틀변형이 일어난 mRNA가 번역이 되면 완전히 새로운 플리펩티드가 생성될 수 있다. 만약 이처럼 새로운 단백질이 만들어진다면 이것은 아마도 불안정할 것이다. 무수히 많은 가능한 폴리펩티드들 중 오직 작은 수의 폴리펩디드들만이 안정된 단백질을 생성하기 위해 접힘현상이 일어날 수 있다. 세포는 정상적인 접힘현상이 일어나지 못해 이차적 구조를 형성하지 못한 단백질들을 감지하여 분해시킨다. 그러나 틀변형 돌연변이에 의해 새로운 단백질은 거의 만들어 지지 않는다. 보통 틀변형 mRNA는 변이가 일어난 부위로부터 멀지 않은 하위 부위에 정지 코돈이 생성된다. 아래에서 설명하는 것처럼 미성숙 정지 코돈을 가지고 있는 mRNA들은 대개 분해되어 단백질을 만들어내지 못한다. *그림 6.2*는 미성숙 정지 코돈을 생성하는 흔한 틀변형 돌연변이의 예를 보여주고 있다.

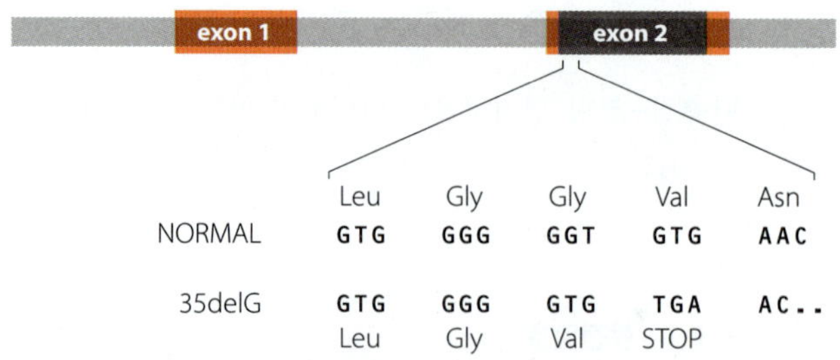

그림 6.2 - Connexin 유전자(GJB2)의 c.35delG 돌연변이.
이 유전자는 상염색체 열성의 선천성 귀머거리를 유발한다. 6개의 G 염기가 반복되는 부위에서 한 개의 G 가 결실되었다. 틀변형이 일어난 mRNA 메시지를 읽는 리보솜은 곧 정지코돈을 만나게 된다. GJB2 유전자는 두 개의 엑손을 가지고 있다. 코딩 염기서열 부위는 검은색으로 나타내었으며 색깔로 표시한 엑손 1과 엑손 2 부위는 5' -과 3' -비번역 부위를 나타낸다. 위의 그림은 mRNA의 길이에 비례한 도형은 아니다.

엑손 전체의 결실이나 중복: 유전자의 하나 또는 그 이상의 엑손들이 결실되거나 중복이 된 경우에는 이러한 결실이나 중복이 틀변형을 가져오는지의 여부에 따라 돌연변이의 효과는 부분적으로 달라진다. Dystrophin 유전자의 엑손 전체의 결실이 전형적인 예이다. 표 6.2는 그림 3.9에 나타낸 엑손들의 크기를 보여주고 있다. 41번, 42번, 47번, 48번, 49번 엑손들은 염기들을 정확히 3 배수로 가지고 있다. 따라서 이들 엑손들의 결실은 틀변형을 유발하지 않는다. 다른 엑손들은 3배수의 염기가 1개가 많거나 1개가 적은데 이러한 엑손들의 결실은 틀변형을 일으킨다. Dystrophin 단백질은 중간 부위의 일부가 결실되거나 중복되어도 부분적인 활성을 가지지만, 틀변형은 이 단백질의 기능을 완전히 상실하도록 한다. 결과적으로 비-틀변형 결실이나 중복은 정도가 경한 Becker 근위축증[BMD – OMIM 300376]을 유발하지만, 틀변형 결실이나 중복은 증례 4의 Davies 가족과 같이 심각한 Duchenne 근육위축증[DMD – OMIM 310200]을 유발한다. 틀변형의 영향으로 인한 여러 개

표 6.2 - Dystrophin 유전자의 엑손들의 길이.

엑손	길이	틀	질환
41	183	0	BMD
42	195	0	BMD
43	173	-1	DMD
44	148	+1	DMD
45	176	-1	DMD
46	148	+1	DMD
47	150	0	BMD
48	186	0	BMD
49	102	0	BMD
50	109	+1	DMD

엑손들의 결실은 틀변형의 형성 여부에 따라 중증의 Duchenne 근위축증 (DMD), 또는 경한 Becker 근위축증 (BMD)을 유발한다. 자세한 설명은 본문을 참조할 것.

의 엑손들의 결실은 예견되는 바와는 전혀 반대의 영향을 가져올 수 있다. 즉 한 개의 치사돌연변이가 두 번째 치사돌연변이에 의해 비-치사 돌연변이가 될 수 있다. 예를 들면 43번 엑손이나 44번 엑손 중 하나가 결실되면 중증의 DMD가 발생하지만 두 개의 엑손을 모두 결실한 경우 틀변형이 중립화되어 경한 BMD가 야기될 것이다.

정지 돌연변이: 정지 코돈에는 UGA, UAA, UAG의 세 종류가 있다 (*표 1*). 다른 정상 코돈을 정지 코돈으로 전환시키는 단일 염기 변이는 리보좀을 탈리시키고 단백질 합성을 그 지점에서 종료시킨다. 이러한 돌연변이를 정지 돌연변이라 부른다. 일반적인 생각과는 달리 정지 돌연변이를 가진 mRNA는 정상적으로 짧은 단백질을 만들지 않는다. 세포는 **nonsense-mediated decay**라는 매우 흥미로운 메카니즘을 가지고 있어서 미성숙된 정지코돈을 가진 mRNA를 탐지하여 분해시켜버린다(*그림 6.3*). 어떤 경우에는 짧아진 단백질이 생성되기도 하지만 정지돌연변이는 통상 그 유전자의 완전한 결실과 같은 효과를 가진다.

Nonsense-mediated decay(NMD)는 변이에 의해 짧아진 단백질의 해로운 우성의 부정적인 영향으로부터 세포를 보호하기 위해 개발된 듯하다. 아마도 이는 많은 유전자들의 마지막 엑손이 매우 긴 이유를 설명할 수 있을 것이다: 여러 개 엑손들 사이에 있는 3′-비번역 부위를 분리할 수는 없다. 같은 유전자의 다른 부위에서 일어나는 정지돌연변이들 간의 다소 애매한 차이점들은 *그림 6.3*의 붉게 나타낸 부위에서 작동하는 NMD의 결과에서 온다 [예로서 OMIM 602229를 들 수 있음]. 이에 대한 더 자세한 설명은 Holbrook 등 (2004)을 참조할 것.

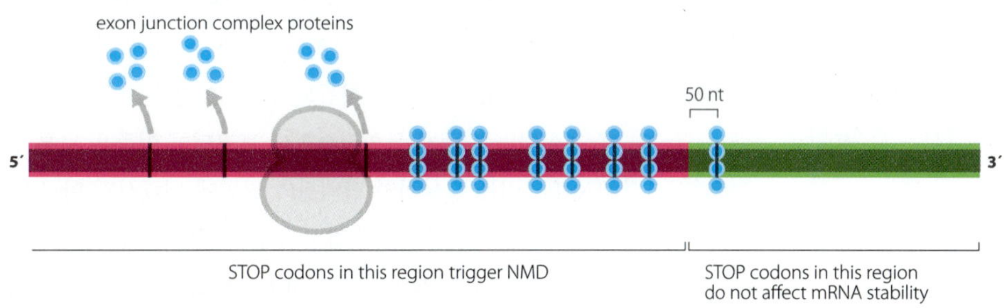

그림 6.3 - Nonsense-mediated decay.
인트론이 스플라이싱되어 제거된 mRNA가 핵에서 세포질로 이동할 때, 엑손-인트론 경계에 결합하는 스플라이싱 기구(exon-junction complex, EJC)의 구성분의 일부는 스플라이싱 부위에 결합한 채로 남는다. 첫 번째 리보좀은 정지코돈을 만나 mRNA에서 탈리될 때까지 mRNA를 따라 이동하면서 EJC를 제거한다. 만약에 이러한 리보솜의 탈리가 붉은 부위에서 일어나면, 한 개 또는 그 이상의 EJCs들이 mRNA에 붙어있는 상태로 남게 될 것이며 이것은 mRNA의 분해를 촉발시킨다. 그러므로 첫 번째 정지 코돈이 초록색 염기 내에 있어야만 mRNA는 안정성을 갖게 된다. 동시에 붉은 색 염기에 생긴 정지돌연변이는 감지되어 짧은 단백질이 만들어지지 않지만, 녹색부위에서의 돌연변이는 짧아진 단백질을 생산할 수 있으며 이것은 질환을 유발할 수도 있다.

아미노산 치환을 가져오는 돌연변이들

코딩 염기서열 부위에서의 단일염기변이는 하나의 코돈을 다른 코돈으로 바꿀 수 있다. 변환된 코돈이 정지코돈이 아니라면 가능성이 있는 결과는 다음의 두 가지이다.

- 동의 치환 (synonymous substitutions): 단일 염기 변이가 한 코돈을 동일한 아미노산을 지정하는 다른 코돈으로 대치시키는 경우이다. 예를 들면 DNA 상에서 T>G로의 돌연변이가 mRNA의 UUU 코돈을 UUC로 변경시켰지만 두 코돈 모두 phenylalanine의 코돈이다.
- 과오 돌연변이(mis-sense mutation): 하나의 아미노산 코돈이 다른 아미노산 코돈으로 치환되는 경우이다. 표 *6.1*을 이용하여 아미노산 서열 상에서 코돈 변이의 효과를 동정한다.

겉보기에는 무해한 것처럼 보이는 동의 치환이나 과오 돌연변이들도 스플라이싱을 방해함으로써주된 병인적 효과를 기잘 수 있다는 것을 명심하라.

표 *6.3*과 *6.4*절은 여러 유형의 돌연변이들의 가능한 효과에 대한 일반적인 지침을 제공한다.

6.3. 환자 조사하기

이 절에서는 증례 15(O' Reilly 가족)의 조사에서와 같이 이미 동정한 돌연변이들의 분자 병리학을 생각하여 보자.

증례 1	Ashton 가족	1	7	65	104	**150**	376

- John (28세); Alfred Ashton의 아들
- Huntington 질환 의심
- 비슷한 증상을 가진 가족 구성원들
- 가계도 분석 결과 상염색체 우성 유전
- 진단 테스트 실시

4장에서 삼염기의 확장을 설명하였다. 이는 공식적으로 HD 유전자의 코딩 부위에 염기 삽입이 일어난 것이다. 돌연변이 유전자는 전사되고 번역된다. CAG 삼염기 확장은 코돈의 틀을 변형시키지 않는다. 생성되는 단백질은 정상적인 3142 아미노산을 가진 Huntingtin 단백질로서 N-말단 부위에 glutamine의 수가 확장되어 존재한다 (CAG는 glutamine 코돈이다). 질환자들은 대개 이형접합형이지만 드물게 동형접합형도 보고되며 이들은 보통 임상적으로는 이형접합형과 구별이 되지 않는다. 이는 정상적인 단백질의 결핍에 의해서가 아니라 돌연변이 단백질의 존재가 질환을 유발함을 의미한다. 염기서열 결실이나 삽입 또는 정지돌연변이 및 다른 돌연변이를 가진 Huntington 질환자는 보고된 적이 없다. Huntington 유전자의 한 카피가 염색체 재배열 돌연변이에 의해 훼손된 경우가 보고되었지만 이 사람은 Huntington 질환을 보이지 않았다. 이들을 종합하면 Huntington 질환은 기능획득(gain of function)에 의해 유발됨이 확실하다. 변이 단백질은 신경(뉴런)에 독성을 가지는데 특히 뇌의 선조체(striatum)과 미상핵(caudate nucleus)에 영향을 미친다. 점차적인 세포 사멸은 늦은 나이에 발생하는 질환을 유도한다. 어째서 변이 단백질이 독성을 가지는지에 대해서는 아직 논란이 많다. 이것은 뉴런 내에 결집을 하지만 이러한 결집 자체가 유해한지는 분명치 않다. 결집 과정의 중간단계 물질이 독성이 있음은 거의 확실하다. 정상 단백질은 다른 여러 가지 단백질들과 상호작용을 한다. 이는 아마도 단백질 다중체 형성을 위한 뼈대의 일종으로 기능을 한다고 여겨지며 변형된 기능을 찾아내는 것을 매우 어렵게 만든다.

증례 2 | Brown 가족 | 2 | 8 | 65 | 126 | 151 | 279 | 376

- Joanne (6개월, 여아)
- 아빠 David/ 엄마 Pauline
- 낭포성 섬유증 (Cystic fibrosis) 의심
- 분자유전학적 검사
- *CFTR* 유전자 돌연변이

낭포성 섬유증은 CFTR 유전자에 코딩 된 염소 채널 기능의 완전한 소실에 의해 야기되는 열성 유전질환이다. 질환자인 Joanne은 정상적인 기능을 하는 *CFTR* 유전자를 갖고 있지 않다 (비록 결과적으로 같은 것이지만 문제가 되는 것은 두 개의 돌연변이 카피를 갖고 있다는 것 보다는 기능을 할 수 있는 *CFTR*을 갖고 있지 않다는 것이다). *5장*에서 설명한 것처럼 DNA 검사로 세 개의 염기들이 변한 것을 확인하였다: 3번 엑손의 c.368G〉A, 10번 엑손의 p.F508del, 14b 엑손의 c.2752-15C〉G 이다. 물론 p.F508del은 잘 알려진 돌연변이이며 현재로서는 낭포성 섬유증을 가진 유럽인들에서 가장 흔한 돌연변이이다(*표 11.1* 참조). 이 돌연변이는 코딩 염기부위의 세 개의 염기가 연속적으로 결실된 틀내(in-frame) 돌연변이이다. 실제의 전체 길이는 1479/1480개의 정확한 아미노산으로 만들어지지만 한 개의 아미노산 결실이 단백질 구조에 영향을 미친다. 돌연변이 단백질은 합성되고 난 후 정상적으로 성숙되지 못하여 원래 위치하여야 할 세포막의 정단 부위에 도달하지 못한다. 그 결과 완전한 기능 상실을 초래하는 것이다 (*표 6.4* 참조). Joanne이 가지고 있는 다른 두 개의 돌연변이는 흔치 않은 것들로서 추가적 분석이 필요하다. 14b 엑손의 변이는 다음의 두 가지 이유로 비병인성으로 생각된다.

[1] C〉G 변이는 14b 엑손의 개시 부위로부터 15 뉴클레오티드 전방인 인트론 14a에 있었으며 이러한 인트론의 변이는 스플라이싱에 영향을 미침으로써 가끔 병인성이 될 수 있겠지만 이러한 돌연변이가 이런 영향을 가져옴을 제시하는 보고는 한 예도 없었다. 그러나 RNA 검사결과가 없는 가운데 스플라이싱에 영향을 미침을 배제할 수는 없다. 그러나, 이 경우에는 다음과 같은 두 번째 증거가 있었다.

[2] Joanne의 부모인 David와 Pauline의 DNA를 검사한 결과, p.F508del와 c2752-15C〉G 모두 David로 부터 유전된 것이었다. 이 두 돌연변이는 모두 같은 유전자 카피 내에 있음이 분명하며, 비록 x.2752-15C〉G 돌연변이가 병인성이라 할지라도 이는 Joanne의 질환을 설명하지는 못 할 것이다. 이유는 Pauline으로부터 받은 유전자도 반드시 돌연변이가 일어나야만 두 대립유전자가 모두 기능을 못하게 되어 Joanne의 질환이 나타날 수 있기 때문이다.

Joanne이 가지고 있는 다른 돌연변이인 c.368G〉A는 엄마인 Pauline으로 부터 유전된 것이었다. 염기 변이가 3번 엑손 내에서 있으며 이것은 tryphtophan 79 (TGG)를 코딩하고 있는 코돈을 정지코돈 (TAG)로 바꾸어 버렸다. 이것은 확실히 병원성 돌연변이이다. 정지 코돈이 유전자의 전방 부위에 생성되었기에 non-sense mediated mRNA decay 기작으로 인하여 이 돌연변이 단백질이 만들어질 가능성은 낮으며 정지 코돈이 염기 변이의 아주 초기에 생겨나므로 생성된 어떤 단백질도 분명 기능을 하지 않을 것이다. 부연적으로 CFTR 돌연변이 데이터베이스 (www.genet.sickkids.on.ca/cftr) 자료에 의하면 이 돌연변이는 다른 CF 환자에서도 발견된 적이 있다.

증례 4 | Davies 가족 | 4 | 10 | 66 | 102 | 151 | 181 | 279 | 376

- Martin(24개월 남아),
- 근위축병(muscular dystrophy)의 가족력
- 가계도는 X-연관 열성유전자 유전을 보임
- DNA 분석을 실시함
- Dystrophin 유전자에서 틀변형 돌연변이

Martin은 Dystrophin 유전자의 44-48번 엑손들의 결핍을 가지고 있다 (4장 참조). 긴 dystrophin 분자는 근육 세포 내에서 마치 끝에 고리를 가진 로프와 같은 역할을 한다 (그림 6.4). 로프의 몸체는 반복단위체들로 이루어져 있는데 이 반복단위들의 정확한 수는 dystrophin 유전자의 기능에 중요한 것은 아니다. 만약 Martin이 단순히 정상의 dystrophin 분자보다 약간 작은 분자를 가지고 있

다면 그는 비교적 양호한 예후(prognosis)를 가질 것이다. 그러나 Table 6.2에 있는 엑손 길이들을 합쳐 보면 Martin이 가지고 있는 결실은 틀변형을 생성한다는 것을 알 수 있다. 어떤 단백질이 만들어지건 틀변형의 하위부위의 아미노산들은 완전히 변형되지만, 실제로 리보솜은 이러한 새로운 틀의 전사체를 읽어가다 곧 정지 코돈을 만나게 된다. 앞서 기술한 바와 같이 Martin의 변이 유전자는 non-sense mediated decay에 의해 짧은 단백질을 생성하기 보다는 아예 단백질 생성을 하지 못한다. 표지된 dystrophin 항체를 이용하여 근육 생검을 실시한 결과 dystrophin 단백질의 결핍이 확인되었다 (그림 1.4 참조). Martin의 경우에는 이것이 새로운 유익한 정보를 보충하지는 않지만 PCR 증폭에서 결실이 발견되지 않은 남자 아이의 경우에는 이는 유익한 진단 방법이다. 매우 커다란 dytrophin 유전자 (엑손 79개, 코딩 염기서열 11 kb, 2.4 Mb의 게놈 DNA) 전체에서 점 돌연변이를 조사하는 것은 불가능할 정도의 노력이 필요하므로 근육 생검법이 훨씬 수월한 진단 방법이다.

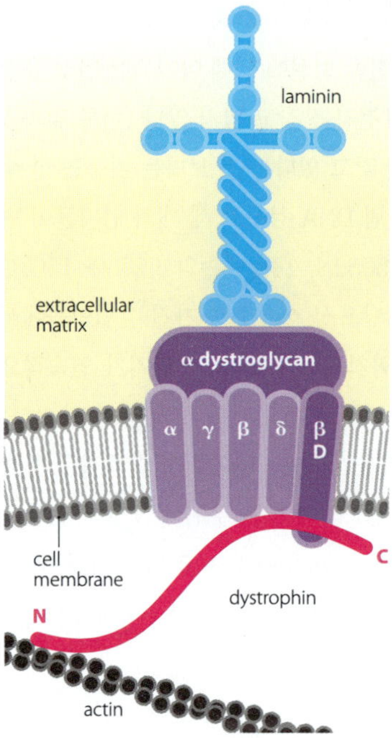

그림 6.4 - Dystrophin 분자가 dystrophin 당단백질 복합체를 형성하여 근육세포의 세포골격을 세포외부 매트릭스에 고정시킨다.
이것은 sacoglycans[지대형 근위축증(Limb-girdle muscular dystrophy)을 유발하는 돌연변이들]과 dystroglycans를 포함한다. Dystrophin 단백질이 결핍된 근육세포들은 기계적으로 유연하며 수년 후에는 끊어져서 진행성의 근 쇠약을 유발한다.

증례 6	Fletcher 가족	5	12	67	131	**152**	376

- Frank 22세 (흐릿한 시력이 악화됨)
- 시각 장애 가족력
- X-연관 열성 유전의 가계도를 보이지만 확실치 않음
- LOHN 의심
- mtDNA 돌연변이 검사를 위해 채혈함
- Pyrosequencing 법으로 검사함
- mtDNA의 G3460 돌연변이

질환의 원인은 미토콘드리아 DNA의 G3460A 돌연변이로 밝혀졌다(5장 참조). 대부분의 미토콘드리아 단백질들은 핵 유전자에 코딩되어 있어서 세포질에서 합성된 후 미토콘드리아로 이동하여 들어온다. 하지만 미토콘드리아에서도 13개의 유전자가 핵 유전자와 유사한 방법으로 전사되어 번역이 된다. 이들은 주로 산화적 인산화 과정의 전자 전달계에 관련된 구성분들을 코딩하고 있다(*그림 3.10b*).

미토콘드리아 돌연변이들도 핵 DNA 돌연변이와 같은 방법으로 구분할 수 있다 (Box 6.1). 큰 단편들의 결실이나 중복이 비교적 흔한 편이고 미토콘드리아 유전자들은 인트론을 가지고 있지 않으므로 스플라이싱 돌연변이는 없다. 미토콘드리아 이종현상(heteroplamsy)은 유전자형과 표현형간의 변이성을 한층 더 생기게 한다. LOHN 돌연변이의 일반적인 세 가지 돌연변이들은 모두 과오돌연변이(mis-sense mutation)로서 전자 전달계에 관련된 세 종류의 단백질에 영향을 준다: ND1 단백질의 p.Ala52Tyr, ND4 단백질의 p.Arg340His, ND6 단백질의 p.Met64Val 등이다. Frank는 이 세가지 중 첫 번째 돌연변이를 지녔다.

증례 11	Kavanagh 가족	81	97	**152**

- 건강한 첫 번째 남자 아이
- Celia; 둘 째 아이로 창백하고 헤모글로빈 레벨이 낮음
- 겸형세포 질환
- 단일염기 돌연변이, Glu-> Val

β-글로빈 유전자의 코딩 부위에서 일어난 단일염기 돌연변이에 의해 6번째 아미노산인 글루탐산 코돈이 밸린 코돈으로 치환된다 (*그림 6.5*). 이 변이의 효과는 아주 상세하게 연구되었다. 글루탐산은 화학적으로 극성 아미노산이다. 이것의 배부에 있는 카르복실기(-COOH)는 산성의 잔기이다. 이것은 쉽게 양성자(proton)을 잃고 $-COO^-$의 음이온이 된다.

	Val	His	Leu	Thr	Pro	Glu	Glu	Lys	Ser
NORMAL	GTG	CAT	CTG	ACT	CCT	GAG	GAG	AAG	TCT
SICKLE	GTG	CAT	CTG	ACT	CCT	GTG	GAG	AAG	TCT
	Val	His	Leu	Thr	Pro	Val	Glu	Lys	Ser

그림 6.5 - 겸형질환에서는 A>T 염기치환이 β-글로빈 단백질의 6번째 아미노산을 글루탐산에서 밸린으로 치환시킨다.

용해성 단백질에 접힘현상이 생기면 이러한 전하를 가진 잔기들은 분자의 외부에 존재하여 수용성의 외부 환경과 접촉하는 경향이 있다. 밸린은 비-극성이며 본래 2차적으로 접힌 형태에서 다른 비-극성 아미노산과 결합하여 물로부터 멀어지려 한다. 돌연변이 β-글로빈 단백질들은 분자의 바깥 부위에 밸린을 가지므로 서로 엉키게 된다. 이렇게 엉킨 단백질은 적혈구 세포의 비틀림을 가져와 겸형 모양으로 만들며 이들이 응집하게 되면 결과적으로 혈관 허혈(vascular ischemia)을 초래한다. 변형 단백질은 확실히 해로운 기능을 가지므로 겸형 세포로의 변형은 기능획득 돌연변이라고도 할 수 있다. 그러나 이러한 기능획득 변이는 유전자를 이형접합으로 가진 경우에만 병인성이라 예상되며 겸형 형질을 가진 사람들은 건강하다.

증례 14 Nicolaides 가족 115 129 153 376

- β-탈라세미아 보인자 가능성
- Spiros; p.Gln39X의 정지 돌연변이
- Elena; c.316-106C>G 돌연변이

Spiros는 p.Gln39X 돌연변이를 가지고 있다. 이것은 전형적인 정지돌연변이이다. 단일염기 변이에 의해 글루타민 코돈 CAG가 정지코돈 TAG로 바뀐 것이다(*그림 6.6*). 돌연변이 유전자는 단백질을 생산하지 못하며 변이 유전자를 동형접합으로 가지면 β^{0}-탈라세미아를 유발시킨다.

INTRON 1	Leu	Leu	Val	Val	Tyr	Pro	Trp	Thr	Gln	Arg	Phe	Phe	Glu
ccacccttagG	CTG	CTG	GTG	GTC	TAC	CCT	TGG	ACC	CAG	AGG	TTC	TTT	GAG
ccacccttagG	CTG	CTG	GTG	GTC	TAC	CCT	TGG	ACC	TAG	AGG	TTC	TTT	GAG
INTRON 1	Leu	Leu	Val	Val	Pro	Pro	Trp	Thr	STOP				

그림 6.6 - β-글로빈 유전자의 2번 엑손 개시부위 근처의 p.Gln39X 돌연변이는 글루타민 코돈을 정지코돈으로 변형시킨다. 소문자로 나타낸 염기들은 인트론이며 대문자로 나타낸 염기들은 엑손이다.

Elena가 가진 돌연변이는 미묘한 것이다(*그림 6.7*). c.316-106c>G 변이는 β -글로빈 유전자의 3번 엑손의 개시 부위로부터 106번째의 전방의 2번 인트론 내에서 일어난 단일 염기 변형이다. 이것은 mRNA를 검사하여야만 알아낼 수 있는 변이의 일종이다. 이와 같이 걸 보기에는 무해할 것 같은 변이가 잠재적 스플라이싱 부위를 활성화 시켜서 이 부위를 정상적인 공여 스플리이싱 부위보다 우선적으로 사용되도록 한다. 그 결과 β^{+}-탈라세미아를 야기한다. 즉, 변이 유전자는 정상적인 -사슬의 단백질을 생성하지만 충분한 양을 생산하지 못하는 것이다.

표 5.2 는 그리스 시프러스인들에게 흔히 나타나는 세 가지의 다른 β-글로빈 유전자 돌연변이를 보여주고 있다. 흥미롭게도 이 세 가지 돌연변이 모두 스플라이싱에 영향을 미치는 것들이다.

- 가장 흔한 돌연변이는 c.93-21G>A 돌연변이인데 이것은 1번 인트론 내에서 일어나서 잠재적 스플라이싱 부위를 만든다. mRNA를 연구한 결과 80% 정도의 mRNA가 변이에 의해 만들어

NORMAL INTRON 2	ctaatagcagctacaatccagctaccattctgct
MUTANT- part handled as exon, with new donor splice site	CTAATAGCAGCTACAATCCAGgtaccattctgct

그림 6.7 - c.G316-105 돌연변이는 β-글로빈 유전자의 2번 인트론 부위 내에 잠재적 스플라이싱 부위를 활성화 시킨다. 소문자는 인트론 염기들이며 대문자들은 엑손 염기들이다.

진 스플라이싱 부위를 이용하여 스플라이싱 된 것들이었으며 오직 20% 정도만이 정상적인 스플라이싱에 의한 mRNA로 나타났다. 많은 유전자들의 경우 기능면에서 20% 정도면 충분하지만 β-글로빈 의 경우는 많은 양을 필요로 하므로 이 돌연변이는 β^+ 탈라세미아를 야기한다.

- 두 번째 돌연변이인 c.92+6T>C는 변이에 의해 정상적인 스플라이싱의 효율이 저하된 경우이다. 변이된 염기는 1번 인트론 개시 부위로부터 6번째의 염기이다. (GGCAGgttggtatcaa…, 대문자는 엑손 염기들이고 변이된 염기는 밑줄로 표시함). T 염기는 모든 엑손들이 5′ 말단에 가지고 있는 보존적 염기인 GT의 T가 아니지만 스플라이싱 부위가 스플라이싱 기구들에 의해 인식되도록 하는데 필요한 염기이다. 그 결과 스플라이싱 효율이 저하되어 β^+-탈라세미아가 유발된다.
- 시프러스 인들에게 세 번째로 흔한 돌연변이는 c.92+1G>A 이다. 이것은 1번 엑손과 1번 인트론의 스플라이싱 부위의 GT 염기를 AT로 변형시킨다. 정상적인 스플라이싱이 일어나지 않으며 결과적으로 β^0-탈라세미아를 유발시킨다.

증례 15 | O'Reilly 가족 | 141 **154** 376

- 근시와 고관절 문제를 가지고 있는 가족력
- Orla: 키가 작고, 고도 근시를 가지고 있으며 고관절에 문제가 있음
- Stickler 증후군 의심
- *COL2A1* 유전자에 틀변형 돌연변이

Orla가 가지고 있는 고도 근시(myopia)와 고관절의 집합적 문제는 상염색체 우성 양상으로 유전을 하는 Type II 콜라젠(간혹 Type XI 콜라젠)에 돌연변이를 가진 사람들에게 나타나는 특징이다. 콜라젠은 인체의 주요한 구조단백질이다. 인간은 적어도 30개의 유전자로부터 코딩된 19개의 콜라젠을 가지고 있다. 각 콜라젠은 세 개의 폴리펩디드가 서로 꼬이어서 만들어진 삼중체의 헬릭스 구조로 되어 있어서 콜라젠의 수보다 유전자 수가 많다. *Box 6.2*는 성숙된 콜라젠이 어떻게 생성되는지 보여준다. 콜라젠 II는 연골조직의 주요한 구조 단백질을 이루는 소섬유를 형성하고, 눈의 유리체(vitreous)와 귀 내부에서도 중요한 역할을 한다. 콜라젠 II 이상은 연골발육부전증(chondrodysplasias)의 원인이며 이는 임상적으로 규명된 150여종의 연골조직 결함에 의한 질환군으로 종종 장골들의 모델링에 결함을 가져온다.

콜라젠 II는 12번 염색체의 12q13에 위치한 *COL2A1* 유전자에 코딩되어 있는 폴리펩디드의 삼중체이다. 이 유전자는 53개의 엑손을 가지고 있는데 이 중에서 8–49번 엑손들이 헬릭스 구조를 이루는 부위이다. Orla는 이들 엑손의 어느 부위에선가 돌연변이가 일어난 것이며 이들 헬릭스 부위 밖에서 일어난 변이는 그녀의 표현형에 영향을 주지 않는다. 콜라젠 유전자는 많은 수의 엑손들로 이루어져 있으므로 돌연변이 검사는 많은 노력을 필요로 하며 이를 수행하기 위해서는 특별한 장비를 갖춘 실험실이 필요하다. Orla의 경우 많은 연구 끝에 40번 엑손의 염기서열을 PCR–증폭 하여 염기를 결

Box 6.2

콜라젠 생합성

인간의 30여 개 되는 콜라젠 유전자들은 인간 게놈 전체에 걸쳐 분포되어 있다. 콜라젠은 커다란 단백질이다. Olra O' Reilly에게서 돌연변이를 일으킨 콜라젠 II는 1418개의 아미노산으로 이루어져 있다. 많은 수의 엑손으로 이루어져 있음에도 불구하고 [*COL2A1*는 53개, 콜라젠 II 유전자인 *COL7A1*는 118개] 유전자는 그다지 크지 않다 [*COL2A1* 40 kb, *COL7A1* 32 kb]. 이 유전자들의 특이한 점 하나는 삼중체 헬릭스 구조를 이루는 단백질의 중앙부위를 코딩하고 있는 모든 엑손들이 틀-중립이라는 것이다. 예를 들면, *COL2A1*에서 이들 엑손들은 대부분 54개 또는 108 bp의 길이이며 두세 개만이 45 또는 99 bp로 되어 있다. 그러므로 이 부위의 엑손 전체의 결실은 틀변형을 유발하지 않고 단지 단백질의 길이가 짧아지기만 한다.

번역의 최초 산물은 아전콜라젠(preprocollagen) 이다. 삼중체 헬릭스를 이루는 부위는 Gly-X-Y의 반복을 가지는데 여기에서 X와 Y는 아무 아미노산이나 가능하지만 대개 lysin과 proline이며 광범위한 번역-후-변형을 거친다.

- 조면소포체(rough endoplasmic reticulum)에서 lysines 과 prolines 아미노산들은 산소, Fe2+, 아스코르빈산, 보조인자를 이용하는 특이한 수산화효소에 의해 수산화된다. 이와 같은 변형은 콜라젠의 성숙에 필수적이다.
- 당 잔기들이 수산기에 부착된다.
- 세 가닥이 C-말단부터 꼬임이 시작되어 삼중체 헬릭스를 이룬다. 많은 종류의 콜라젠 돌연변이들이 이 과정을 훼손시키는데 특히 glycine 아미노산을 커다란 아미노산으로 대체시킴으로써 삼중체 헬릭스 구조를 이루지 못하게 한다.
- 특이한 효소들이 N-말단과 C-말단을 잘라내면 전콜라젠(procollagen)이 분비된다. 이때 어떤 변이 콜라젠은 절단부위를 가지고 있지 않아 성숙단계로 들어가지 못한다.
- 마지막으로 삼중체 콜라젠 분자들이 큰 다중체로 집합되고 lysine 잔기들을 통하여 연결된다. 콜라젠 I, II, III, XI 등은 선형의 콜라젠이지만 나머지들은 막을 지지하는 그물구조를 이룬다.

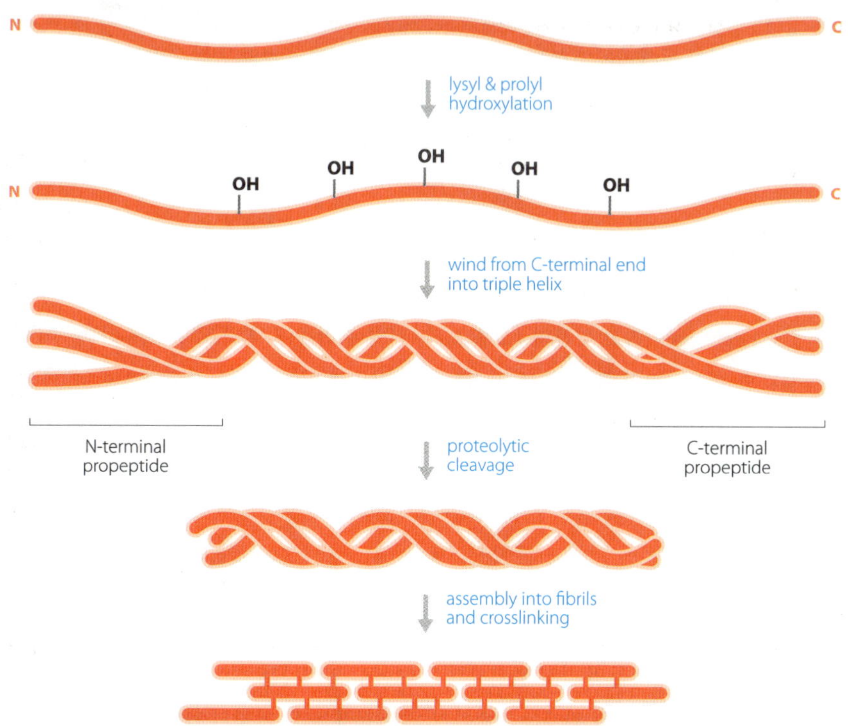

아전콜라젠(preprocollagen) II의 번역 후 성숙

정한 결과 단일염기의 결실이 있음이 밝혀졌다. 이것이 틀변형을 초래하고 미성숙된 정지 코돈을 만들었을 것이고 nonsense-mediated decay 에 의한 mRNA의 분해를 초래하였을 것이다.

COL2A1 유전자의 돌연변이는 상염색체 우성 유전을 하며 콜라젠 생합성을 어떻게 방해하는 가에 따라 다양한 정도의 표현형을 가진다. *COL2A1* 연골발육부전증은 자궁내(intrauterine) 또는 주산기(perinatal)에 치명적 상황인 제 2유형 연골무발생증 (achondrogenesis type II)을 형성하며 이 질환의 범위는 연골형성저하증(hypochondrogeneis), 선천 척추골단 형성이상(spondylo-epiphyseal dysplasia(SED), Kniest 이형성증등의 중증부터 진단이 늦어질 정도의 경증의 Stickler 증후군까지 그 범위가 광범위하다. 흥미로운 사실은 단백질 합성에 가장 강한 영향을 끼치는 돌연변이가 가장 극심한 표현형을 보이는 돌연변이가 아니라는 것이다.

- 가장 극심한 표현형은 삼중체 헬릭스 부위의 Gly-X-Y 단위체에서 glycine이 대체되는 과오 돌연변이에 의해서 일어난다. 아미노산 중에서 가장 분자 크기가 작은 glycine 만이 삼중체 헬릭스 내부에 맞게 들어갈 수 있으므로 이것이 다른 것으로 대체되면 섬유세사의 집합이 적절하게 일어나지 않는다. 삼중체 헬릭스는 일반적으로 C-말단 부위부터 결합되기 시작하는데 N-말단 부위 쪽의 아미노산 치환 보다 C-말단 부위의 아미노산 치환이 더욱 심한 결과를 초래한다.
- 스플라이싱 돌연변이에 의한 어떤 엑손 전체의 결실이나 생략은 비교적 심각한 표현형과 관련이 있다. 이형 접합형의 사람들은 길이가 다른 단백질들을 이용하여 헬릭스를 구성하려고 시도하는데 이는 또다시 헬릭스 구조를 훼손시킨다. N-말단 부위 쪽인 12번에서 24번째까지의 엑손에서 일어난 돌연변이들은 Kniest 이형성증을 유발하는데 이는 사망으로 이르게 하지는 않지만 극심한 저신장, 안구 망막 분리, 귀머거리, 관절이상에 의한 불구 등을 초래할 수 있다.
- 정지 돌연변이와 틀변형 돌연변이들은 Stickler 증후군을 유발한다. 이러한 돌연변이들의 이형접합형에서는 정상적인 가닥들의 조합을 방해하는 비 정상적인 가닥이 없다. 표현형은 저신장부터 정상 또는 큰 신장까지 다양한데 이것은 아마도 콜라젠 II의 양적인 결핍에 의존하는 것으로 보인다.

그림 6.8 - 우성적 부정 효과.
돌연변이 대립유전자로부터 만들어진 비정상적인 단백질은 단백질 다중체 형성을 방해한다. 우성적 부정 대립유전자를 이형접합으로 가지고 있는 사람은 영돌연변이를 가지고 있는 사람에 비해 훨씬 심각한 표현형을 보인다.

이러한 예들은 이형접합형에서는 변이 단백질을 만들지 않는 것이 오히려 유리함을 보여 준다. 만약 돌연변이 산물이 정상 산물의 기능을 방해한다면 이런 종류의 돌연변이를 우성적 부정 (dominant negative)이라고 부른다 (*그림 6.8*). 만약에 삼중체 헬릭스 구조를 이루는데 정상적인 폴리펩디드와 비정상적인 폴리펩디드가 50:50의 비율로 임의적으로 선택된다면 8개의 헬릭스 중 오직 한 개의 헬릭스만이 정상적인 폴리펩디드들로만 이루어질 것이며 이것은 영 돌연변이(null mutation)에서의 정상적인 헬릭스 수준이 50%인 것과 비교된다.

6.4. 요약 및 보충설명

임상유전학자들의 가장 관심사는 DNA에서 일어나는 변이들에 대한 표현형을 예측하는 것이다. 유전자형-표현형의 관계를 정립하기 위한 목표는 두 가지의 과제로 구분 된다.

- 돌연변이가 어떻게 유전자의 기능에 영향을 주는가 - 기능 상실 (부분적 또는 완전 상실), 기능 획득을 가져올지 아니면 아무런 영향을 미치지 않을지?
- 유전자의 기능상실이나 획득이 어떻게 표현형에 영향을 미칠까?

기능획득 또는 기능상실 돌연변이

돌연변이의 효과에 관한 첫 번째 질문은 이 변이가 기능 획득성인가 기능 상실형 인가이다. 달리말하자면 변이 유전자가 정상적인 세포 기능을 수행하는데(부분적으로 또는 완전히) 실패하였는가 또는 이것이 무언가 해로운 효과를 주는가 이다. *표 6.3*에 여러 종류의 돌연변이들의 영향들을 요약하였다.

*표 6.3*에 소개하고 있는 여러 형태의 돌연변이들은 유전자 기능을 파괴하기 쉽다. 과오 돌연변이와 틀변형 돌변이 또는 중복 돌연변이들 중 어느 것은 유전자 산물의 기능을 파괴하기 보다는 저하시

표 6.3 - 흔히 발견되는 돌연변이들과 이들의 영향

돌연변이 형태	유전자에 미치는 영향
큰 단편의 결실이나 역위	기능을 완전히 상실시킬 가능성이 높음
전체 유전자의 중복	유전자 산물을 50% 증가 시킬 수 있음 (유전자의 2 카피에서 3 카피로의 증가);유전자 산물의 정확한 양이 치명적이지 않는 한(dosage-sensitive gene), 대개는 표현형에 영향을 주지 않음; Aitman 등 (2006)을 참조 바람
프로모터나 조절부위의 변이	전사 수준을 높이거나 낮추거나 또는 신호들에 대한 조절 반응을 변화시킬 수 있음; 생산되는 단백질은 모두 정상적인 구조와 기능을 가짐.
인트론 변이	아무런 영향을 주지 않을 가능성이 매우 높음. 그러나 때로는 스플라싱에 영향을 줄 수 있음.
5′ 또는 3′ mRNA 비번역 부위	아무런 영향을 주지 않을 가능성이 매우 높음. 그러나 때로는 mRNA 안정성이나 번역 효율을 저하시킬 수 있음.
스플라이싱 돌연변이	스플라이싱 부위의 보존적인 GT…AG 염기의 변이는 그 대립유전자의 기능을 상실하게 할 가능성이 높음. 이외의 돌연변이들은 스플라이싱 된 mRNA의 비율에 변화를 주거나 대체적 스플라이싱의 패턴을 변화 시키는 등 미묘한 영향을 미칠 수 있음.
틀변형 돌연변이	변형된 대립유전자의 기능을 상실시키기 쉬움. 틀변형이 일어난 부위의 하위에 있는 아미노산들은 정상의 아미노산 서열과 전혀 유사성이 없음. 리보솜은 틀변형된 mRNA를 해독하다가 정지코돈을 만나게 됨. 그러면 이 효과는 정지 돌연변이와 같은 효과를 가짐.
정지 돌연변이	변형된 대립유전자의 기능을 상실시키기 쉬움. 미성숙 정지 코돈을 가지고 있는 대부분의 mRNA들은 번역이 안되어 짧아진 폴리펩디드를 만들지 못함. 대신에 mRNA들은 분해되어 전혀 이용되지 못함 [nonsense-mediated mRNA decay].
과오 돌연변이	돌연변이 효과는 변형된 아미노산의 성질이나 기능에 따라 다양함. 기능 획득, 기능 상실 또는 무 효과 등이 가능함. 화학적으로 매우 유사한 아미노산으로 치환될 경우 변이 효과는 미미함. 어떤 아미노산들은 단백질의 기능에 중요하지만 어떤 아미노산은 전혀 영향을 주지 않는 것들도 있음. 스플라이싱에 영향을 주는 과오 돌연변이는 병원성임.
동의 치환	대부분 아무런 영향이 없음. 그러나 때로는 스플라이싱에 영향을 줌.

키는데 예로서 Becker 근위축증을 유발하는 dystrophin 유전자에서의 엑손 결실이 있다 (*표 6.2*). 과오돌연변이가 단백질에 어떤 영향을 미칠지를 예측하기는 어렵다. 많은 아미노산 치환들은 단백질의 활성화 부위나 다른 직접적인 기능 부위에 영향을 주기 보다는 단백질의 3차원 구조의 안정성에 영향을 준다. 단백질들은 기본적인 폴리펩티드 사슬이 만들어지고 난 후 종종 절단, 당화, 인산화, 또는 다른 종류로 변형이 된다. 이러한 단백질 변형에 영향을 줄 수 있는 과오돌연변이들은 그 단백질의 기능상실을 초래할 것이다. 그러나 *표 6.4*에 보여주는 것과 같이, 과오 돌연변이들은 이외의 광범위한 다른 효과를 가질 수 있다.

표 6.4 - *CFTR* 염소 이온 채널 유전자 돌연변이들은 다양한 방법으로 유전자 산물의 기능을 상실시키거나 저하시킨다. 대립 유전자 두 쌍 모두에 기능상실을 가지면 섬유성 낭포증을 유발한다.

돌연변이 종류	효과	돌연변이 형태	예
I	합성 없음 합성 저하	정지, 틀변형, 스플리이싱 돌연변이 정상적인 스플라이싱 효율에 영향을주는 돌연변이	pGly542X c.3849+10kbC>T
II	단백질 성숙과정 정지	과오 - 또는 틀변형 돌연변이	p.F508del
III	비정상적 염소이온 채널조절	과오돌연변이	p.Gly551Asp
IV	염소채널 전도력 변형	과오돌연변이	p.Arg117His

기능획득은 덜 빈번하다. 여기에서 말하는 기능획득이란 일반적으로 완전히 새로운 기능을 획득하는 경우를 말하는 것은 아니고 기능을 하지 말아야 할 때에 기능을 하는 것을 말한다. 차단하여야 하는 신호들에 둔감하게 되거나 또는 아주 높은 수준의 발현이 일어날 수 있다. 세포 표면의 수용체가 구조적으로 활성화 되어 있을 수 있어 리간드가 존재하지 않는 상황에서도 세포 내부로 신호를 보낸다. Huntington 질환은 독성의 기능획득을 가지는 돌연변이 단백질의 한 예이다. 기능획득의 기전은 돌연변이 대립유전자가 비정상 단백질을 만들도록 한다. 그러므로 기능획득 돌연변이는 과오돌연변이거나 조절부위 돌연변이이며 정지돌연변이나 틀변형 돌연변이는 아니다.

키메라 유전자를 생성시키는 돌연변이들은 특별한 종류의 기능획득 돌연변이이다. 앞서 설명한 대로, 염색체 재배열은 때로는 정상적으로 먼 거리에 존재하는 유전자들의 엑손들을 인접하게 위치하게 하여 새로운 유전자를 생성 시킬 수도 있다. 이러한 키메라 유전자들은 새로운 기능을 가지게 된다. 이러한 엑손의 재조합은 아마도 진화에서 중요한 기능을 하였을 것이다. 많은 단백질들이 제한적인 수와 종류의 기능적 도메인들의 다양한 조합으로 만들어진 것으로 보여질 수 있는데 이러한 기능적 도메인들은 각각 별개의 엑손에 코딩되어 있는 것이다(*Box 3.7*의 그림 참조). 염색체 전좌는 감수분열에서 심각한 문제를 발생시키므로(*2장*), 이러한 재배열이 유전병의 원인이 될 가능성은 희박하다. 그러나 암은 전적으로 염색체 전좌 돌연변이 체세포의 유사분열에 의해 발생되므로 염색체 전좌가 증식되는데 방해물은 없는 것이다. *12장*에서 이에 대해서 자세하게 다룬다.

우성인가 열성인가?

우성과 열성은 유전자의 속성이라기 보다는 형질이나 표현형의 속성이다. 간혹 이렇게 표현하는 것을 피하기가 어려울지라도 '우성유전자' 등등의 표현을 해서는 안 된다. 이형접합형에서 보여지면 특징이 우성인 것이고 보여지지 않으면 특징이 열성인 것이다.

- 기능획득 돌연변이는 우성 형질을 생성한다고 예상된다. 정상적인 대립유전자가 존재함에 관계없이 기능획득은 이형접합에 존재한다.
- 기능상실 돌연변이는 생물체가 특정한 기능의 부분적 상실에 얼마나 민감한가에 따라 우성이나 열성 표현형을 나타낼 수 있다 (*그림 6.9*). 대부분의 유전자들에서 질병을 유발하는 한계는 50% 이하이며 기능상실 돌연변이들은 열성 표현형을 나타낸다. 때로는 단상-불충분형(haplo-insuffciency)이 있는데, 이것은 정상기능의 50%가 기능을 나타내는 충분치 못한 현상을 말한다. 이러한 경우, 이형접합에서의 정상대립유전자가 스스로 충분한 기능을 수행하지 못하므로 기능의 완전 상실 돌연변이는 우성의 표현형을 나타낸다.
- 부정적 우성 돌연변이는 특이한 기능상실 돌연변이로서 이 경우에는 비정상적인 변이 단백질이 정상 단백질의 기능을 방해한다(*그림 6.8* 참조할 것). Long QT 증후군(*Disease Box 5*)이 그 예이다. 이온 채널 유전자들의 간단한 기능상실 돌연변이들은 열성의 Romano-Ward 증후군을 유발한다: 이 경우에는 단백질이 50% 정도만 기능을 하여도 정상적인 표현형을 보인다. 우성의 JLM 증후군은 동일한 유전자들에 부정적 우성 돌연변이가 일어나서 유발되는 증후군이다. 부정적 우성 효과는 매우 심각하며 완전한 길이의 비정상적 단백질들이 특히 위험하다. 이는 nonsense-mediated decay 기작이 일어나도록 하는 원동력을 제공할 것이다.

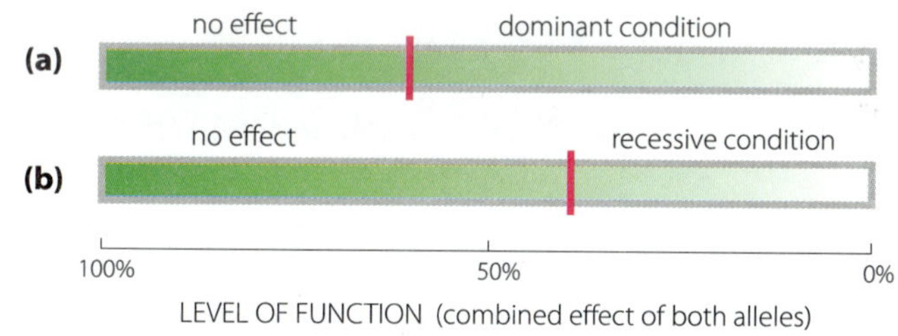

그림 6.9 - 기능상실 돌연변이가 우성인가 열성인가는 생물체가 얼마나 기능상실에 대해서 민감한가에 달려있다. 만약에 정상 기능을 하는 한계점이 (a)와 같다면 50% 정도의 기능을 가지는 이형접합형이 질병을 나타내어 우성의 표현형을 보인다. 이러한 현상을 단상-불충분형이라 한다. 한계점이 (b)와 같다면 기능상실 돌연변이는 열성이다.

표현형 이해하기

세포에서의 유전자 산물의 생화학적 작용과 유전자에서의 돌연변이의 임상적 결과 간에는 간혹 큰 간격이 있을 수 있다. 이 책을 통하여 제시된 많은 증례들이 이러한 사실을 보여주고 있다. 생화학적 구조와 표현형을 알고 있을지라도 어떻게 한 가지가 다른 것에 영향을 주는지는 설명하기어렵다. 여러 증례들 중 하나의 예를 든다면 FMR1 RNA-결합단백질의 결핍이 취약-X 증후군(Fragile-X syndrome)을 가지고 있는 남자에서 왜 지능 저하, 거대 고환증(macro-orchidism), 그리고 길다란 얼굴을 갖게 하는가 이다.

'유전자는 무엇을…' 이란 고지식한 발상은 피하는 것이 중요하다. 희망하건데 여러분은 냉장고를 냉동식품들을 망가뜨리는 기계로 묘사하지는 않을 것이다. 이것은 어떤 일이 나쁜 방향으로 진행될 때 해당되는 것이다. 유사하게 우리는 낭포성 섬유증이나 근위축증에 '대한' 유전자를 갖고 있지는 않다. 많은 수의 인간 유전자들은 이들이 이상하게 변화하여 발생되는 질병의 연구를 통하여 발견되었으므로 그 유전자에 질병의 이름을 붙이는 경향이 있다. 그러나 'Huntington 질환 유전자' 등등에 대해서 얘기하는 것을 버리기가 쉽지는 않겠지만, 질병이 곧 유전자 기능을 규정짓는다고 생각하지 않는 것이 중요하겠다.

유전자형 - 표현형 관계

돌연변이와 표현형간의 관계를 정확하게 예측하는 것은 분자생물학의 성배(Holy Grail)와 같은 것으로 매우 바람직하지만 거의 성취될 수 없는 것이다. 대부분의 경우, DNA 염기 변이와 환자의 문제들 간의 일련의 사건들은 그들간의 상호관계를 깔끔하게 정리하기에는 너무 길다. 유전자들은 진공상태에서 작용하지 않는다. 유전자와 유전자 산물과의 직접적 상호작용자들, 일반적 생화학적 환경, 환자의 병력과 생활 습관, 단순 우발적 사건 등, 이들 모두가 표현형을 단순히 예측할 수 없도록 한다. 지금까지 이 교재에서 다루어 온 멘델식 유전을 하는 질환들은 모든 질환들의 단지 작은 부분일 뿐이며, 모든 질환에서의 단일 유전자 변화의 영향은 다른 유전적 또는 환경적 영향들에 의해 완전히 덮여 가려지지 않도록 일어난다. 심지어는 멘델식 유전을 하는 질환들 조차도 자세히 조사하려면 그다지 간단치 않다. Scriver와 Waters(1999)의 한 우수한 논문에서는 전형적인 멘델식 유전을 하는 질환, phenylkeonuria를 설명하는데 있어서 밀접한 관계가 존재하지 않는 이유를 상세히 설명하고 있다.

이러한 관점에서, 유전자형과 표현형 관계가 잘 정립된 질환들은 일반적인 법칙에 흥미로운 예외들이다.

- 헤모글로빈 관련질환들은 이러한 질환군의 좋은 예이다. 겸형 질환과 탈라세미아는 돌연변이의 먼 하위에서의 효과보다는 글로빈 유전자 산물과 관련하여 규명된다. 그러므로 겸형 세포 질환은 β-글로빈의 p.Glu6Val 변이의 결과이며 예상대로 다른 돌연변이들도 β^{0}-또는 β^{+}-탈라세미아 등을 유발한다.
- 기능획득 돌연변이들은 다른 유전적 또는 환경적 요인들에 의해 쉽게 무시되지 않는 고도의 특이한 효과를 생성한다. Huntington 질환 유전자의 $(CAG)_n$ 확장은 항상 Huntington 질환을 유발하며 반복 길이와 질환의 발병 나이간의 관계에 대한 통계적 자료까지 있다. 아마도 임상유전학에서 유전자형-표현형 간의 밀접한 관계에 대한 가장 좋은 예는 섬유아세포(fibroblast)성장인자 수용체 유전자들에서 일어난 기능획득 돌연변이들에서 볼 수 있을 것이다(*Box 6.3*).

증후군 가족들의 개념은 유전자형과 표현형과의 관계를 규명하는데 생산적인 방법으로 입증되었다. 어떤 유전자가 어떤 질환에 관련되어 있는지를 알기 이전에는, 임상의들은 임상적 특징과 다른

Box 6.3

FGRR 유전자 돌연변이에서 유전자형-표현형 간의 관계

9개의 섬유아세포 성장인자들은 여러 종류의 중간엽(mesenchymal) 세포와 신경외배엽(neuro-ectodermal) 세포의 성장과 분화를 조절한다. 이들은 네 개의 세포외벽 수용체를 통하여 작동한다. 각 수용체는 세 개의 immunoglobin-like 도메인을 가진 세포 외 부분, 세포벽 투과 단편, 그리고 두 개의 tyrosine 인산화효소 도메인과 한 개의 C-말단 트랜스활성화 부위로 구성된 내부 구조로 이루어져 있다 (그림 참조). 리간드에 의해 활성화되면, 수용체가 이중체가 되고 이것은 구조적 변형을 촉발하여 세포내의 tyrosine 인산화 효소를 활성화 한다. 이것은 다시 Stat1 신호 분자의 활성화를 유발하고 최종적으로 세포주기가 정지한다.

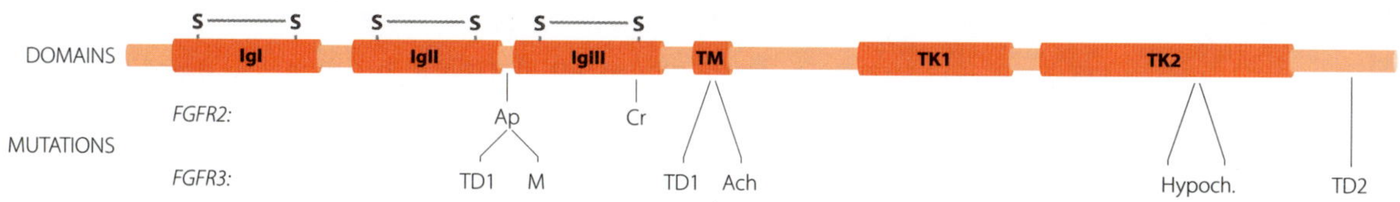

섬유아 세포 성장인자 수용체의 구조와 주요한 돌연변이가 일어나는 위치. TM, 세포벽 투과 도메인; TK, tyrosine 인산화 효소 도메인; Ap, Apert 증후군; TD, Thanatophoric dysplasia; M, Muenke craniosynostosis(두개골유합증); Ach, achondroplasia(연골부형성증); Hypoch, hypochrondroplasia .

네 개의 *FGFR* 유전자 각각은 적어도 12개의 대체적 스플라이싱에 의한 동소체(isoform)를 가지고 있다. 수용체들은 이질이중체(heterodimer)를 이루거나 동질이중체(homodimer)를 이룰 수 있으며 이들은 9개의 FGRs들에 다른 친화력을 가진다. 결과적으로 이들은 여러 종류의 세포에서 다양한 조합의 FGFs들에 대해 매우 다양하고 미묘한 반응을 중재한다. 돌연변이들은 기능획득을 초래한다. 돌연변이 수용체는 항상 활성화를 가지고 있어서 리간드가 없을 때 조차도 높거나 낮은 신호를 전달한다. *FGFR* 돌연변이들은 매우 놀랄만한 유전자형-표현형 관계를 보여준다 (아래 표 참조). 거의 모든 돌연변이들은 *FGFR2*와 *FGFR3* 유전자에서 일어나며 이들은 두개골유합증(craniosynostosis) 이나 골격 이상형성증 (skeletal dysplasia)를 동반한 증후군을 유발한다. 변이는 특히 두 번째와 세 번째 immunoglobin 도메인을 연결시켜주는 짧은 연결부위에서 일어나며 이는 분자의 유연성과 이중체 가능성에 영향을 미친다. 또한 변이는 세포벽 투과 도메인에서 일어나기도 한다. 각각의 immunoglobin 도메인들은 S-S 연결에 의해 서로 결합된다. 다른 일반적 과오돌연변이들은 cytosines을 제거하거나 하나를 더 생성시키며, 이것은 리간드가 없이도 분자들을 더욱 이중체화 시킨다.

FGFR2 와 FGFG3 유전자에 일어나는 주요 돌연변이들과 표현형

유전자	질환 [OMIM번호]	돌연변이
FGFR2	Apert 증후군 [101200]	p.Ser252Trp (65%), p.Pro253Arg (34%)
	Crouzon 증후군 [123500]	p.Cys342Tyr 또는 Arg (50%)
	Beare-Stevenson Curtis Gyrate [123790]	p.Ser372Cys (25%), p.Tyr375Cys (75%)
FGFR3	Achondroplasia [100800]	p.Gly380Arg (97%)
	Hypochondroplasia (146000)	p.Asn540Lys (50%), p.Asn540Thr, p.Ile538Val
	Thanatophoric dysplasia I (187600)	p.Arg248Cys (60%), p.Tyr373Cys (25%)
	Thanatophoric dysplasia II (187600)	p.Lys650Glu (100%)
	Muenke syndrome (134934.0014 참조)	p.Pro250Arg (100%)

가능한 조사 방법들을 이용하여 질환을 분류하였다. 임상의들은 자신들을 '분할자(splitters)' 또는 '분류자(lumpers)'로 구분할 수도 있을 것이다. 분할자들은 병적 상황들의 차이에 초점을 두어 병적 상황들을 아-류(syb-type)로 분류하였으며 이들 아-류들 간에 기저 메카니즘이 다를 것이라 주장한다. 반면 분류자들은 유사성에 초점을 두어 임상적으로 비슷한 징후를 보이는 것들을 통 털어 같이 분류하였으며 이들에는 단일 기저 메커니즘이 있을 거라 주장한다. 두 번째 접근법은 1980년대에 독일의 소아과 의사인 J. Sprangger가 골격 이형성증을 그룹화하기 위해 채택되었다 그는 각각 다르게 명명된 증후군을 징후의 경중이 아닌 방사선학적 양상과 임상적 소견들에 준하여 증후군 가족으로 일괄하였다. 예를 들면, 그는 hypochondroplasia (질환자는 신장이 작은 것 외에는 건강함)와 achodroplasia(질환자는 신장이 작고 심각한 관절 문제가 있으며 지능은 정상임)를 뼈와 늑골의 극심한 미발달로 출생 시 사망하게 되는 thanatophoric dysplasia와 함께 분류하였다. 그가 동정한 다른 증후군 가족으로 Stickler-Kniest 가족(사지 뼈의 길이가 다양한 길이로 짧으며 구개열(clfet palate) 및 심각한 근시를 가짐)과 Oto-palato-digital과 Larsen 가족(관절 기형, 관절의 이상 위치, 구개열을 가짐)이 있다. 우리는 현재 이들 질환들의 분자 메카니즘을 알고 있으며 Spranger의 접근법은 통찰력이 있었던 것으로 보인다. Stickler-Kniest 가족은 모두 *COL2A1* 돌연변이에 의한 것이고 (증례 15, O' Reilly 가족 참조), achondroplasia와 관련된 질환들은 모두 *FGFR3* 유전자 돌연변이에 의한 것이다(*Box 6.3* 참조).

발달 증후군에서 유전자형-표현형 관계에 대한 연구의 통상적 개발 연구와 탐구는 상호간에 호혜적이다. 이들의 상호 협력은 다음의 두 가지 방법에 의해 일어난다.

- 한 유전자의 돌연변이들이 특정한 발달 증후군을 가진 모든 환자에서는 아니지만 대부분의 환자에서 발견됨은 자주 일어나는 일이다. 발달과정 경로에 대한 지식이 이미 있는 경우에는 그 경로에 연루된 놓친 돌연변이가 다른 유전자들에 있는지 조사한다. 새로운 돌연변이를 가진 환자들의 표현형적 스펙트럼이 원래의 증례와 다르게 나타나는 경우가 종종 있는데 이는 좀더 확실한 유전자형-표현형 관계로 이르게 한다. 예로 *Disease Box2* [ATRX], *7* [Rett 증후군], *9* [Rubinstein Taubi 증후군] 등을 참조하라.
- 가끔 한 증후군을 유발하는 유전자가 유전적 분석(유전자 산물의 기능에 대해서는 모르지만 유전자 지도에서 확인하고 클로닝하는 경우)에 의해 동정되는 경우 이러한 규명은 아직 알려지지 않은 경로를 암시하는 것이다. 많은 예 중 하나로 Fragile X-증후군을 야기하는 돌연변이의 규명을 들 수 있겠다(*Disease box 4* 참조). DNA 연구는 새로운 돌연변이 메커니즘을 규명하였고 단백질의 기능에 대한 연구는 mRNA 이동의 새로운 면을 부각시켰다.

이에 대한 자세한 설명과 예들은 Donnai and Read (2003)과 Brunner and van Driel (2004)를 참조하시오.

요약으로 *표 6.5*는 이 책에서 다루고 있는 임상적 증례들의 유전자형-표현형 관계의 정도에 대해서 설명한다.

표 6.5 - 지금까지 다룬 임상적 증례에 대한 유전자형 - 표현형 관계

증례	질환	유전자형-표현형 관계 정도
1	Huntington 질환	모든 Huntington 질환은 Huntington 질환 유전자내의 CAG 반복이 36개 이상임. 반복 정도는 통계학적으로 발병 나이와 상관성이 있음. 반복이 많으면 유소년기에 발병하며 이때에는 표현형이 약간 다름
2	낭포성 섬유증	전형적인 섬유성 낭포증 환자의 심각성과의 관련성은 거의 없음. 그러나 어떤 '경한' 돌연변이들은 선천적 수정관(vas Deferens)의 결핍이나 비용종(nasalpolys) 등과 관련이 있음.
3	귀머거리	Connexin 26 돌연변이를 가진 환자들에서의 가장 흔한 원인으로 생각됨. 과오돌연변이들은 유전자 끝이 잘린 돌연변이들에 비해 통계적으로 청력 상실 정도가 경하지만 개개인마다 이러한 상관성을예측하기는 어려움.
4	근위축증	틀변형 돌연변이는 거의 항상 Duchenne 근위축증을 유발하는 반면, 틀내(in-frame) 결실은 거의 항상 경한 Becker형 질환을 야기함
5	염색체 불균형	관여된 불균형 염색체 단편의 크기에 따라 표현형이 다름.
6	Leber씨 시신경 위축증	이종조직을 고려하여도 별로 관련 없음.
7	22q11 결실	결실된 단편 크기와 표현형의 심한 정도간에 관련성은 거의 없음.
8	21번 염색체 삼염색체성	표현형은 다양하지만 쉽게 구별됨. 모자이크 성인 경우 상태가 경할 가능성이 높음.
9	Turner 증후군	행동상의 차이는 하나만 가지고 있는 X 염색체가 부 또는 모계중 어느 편으로부터 유래되었는지에 따라 다르다고 보고됨.
10	Marfan 증후군	병적 상황이 다양함; 유전자형-표현형 관련성이 거의 없음.
11	겸형 세포 질환	항상 같은 돌연변이; 하위 효과가 다양함.
12	혈우병 A	역위는 중증을 야기함; 과오돌연변이에 의한 혈우병은 경한 질환을 야기함.
13	염색체 중복	증례 불충분함; 결국은 유전형-표현형 관련성이 확립될 것임.
14	탈라세미아	돌연변이 형과 β^{0}-또는 β^{+}-표현형간의 관련성 높음. 임상 결과는 태아 헤모글로빈의 지속성에 따라 달라질 수 있음.
15	Stickler 증후군	*COL2A1* 돌연변이의 성격은 연골형성장애의 스펙트럼에 따른 위치와 연관성이 높음.

표현형 예측: 새로운 과오 돌연변이들의 문제

진단 검사들은 질환 유발 돌연변이를 찾기 위해 일상적으로 질환자들에서 후보유전자 염기서열을 수 Kb씩 결정한다. 정지돌연변이나 틀변형 변이는 확실히 병인성이지만 과오돌연변이를 찾았을 때에는 이에 대한 해석에 애를 먹는다. 과연 이 과오돌연변이는 환자 질환의 원인인지 아니면 무해한 돌연변이 인지? 이러한 문제를 풀기 위해 여러 가지 증거들이 참작된다:

- 이 돌연변이가 질환을 유발한다고 이미 보고된 적이 있는지 조사한다. 만약 그렇다면, 그 보고는 신뢰할 수 있는가?
- 같은 변이를 정상인들도 가지고 있는가? 같은 인종적 배경의 건강한 사람들을 무작위로 몇 백 명 선발하여 검사한 결과 이들에게서 발견되지 않는다면, 이 변이는 적어도 일반적으로 발견되는 다형화 현상은 아니다. 하지만 이 변이는 이전에 보고되지 않은 드문 중립적 돌연변이일 수 있다.
- 만약에 환자의 가족이 대가족으로 대가족 중에 같은 질환을 가진 구성원이 몇 명 있다면, 발견된 돌연변이가 이들 질환을 가진 가족 구성원 모두에게서 발견되는가? 그렇지 않다면 이 돌연변이는 병인성일 가능성이 낮다. 그러나, 가족 중의 질환자들 모두에서 이 돌연변이가 발견될지라도 질환을 유발하는 직접적 돌연변이는 아직 발견되지 않았을 가능성이 있으며, 발견된 돌연변이는 단지 같은 유전자 내에서 일어난 관련성이 낮은 희귀한 돌연변이일 뿐이다. Joanne Brown (증례 2)의 c.2752-15C>G 돌연변이가 질환을 유발하는 돌연변이가 같은 유전자 내에 있는데 아직 찾지 못하였다면 이와 같은 예가 될 수 있다.
- 치환된 아미노산이 그 단백질의 구조나 기능에 중요한 역할을 하는가? 확실한 대답을 하기 위해서는 단백질에 대한 상세한 지식이 매우 불충분하다. 인간이나 다른 동물들 모두 같은 위치에 같은 아미노산을 갖고 있다면(진화적으로 보존적이라면), 이는 입증은 되지 않았으나 이 아미노산이 중요한 역할을 한다는 증거가 될 것이다.

이러한 종류의 의문들에 지극히 많은 노력을 한 후에야 실험실에서는 이들을 '알려지지 않은 중요성을 가진 변이' 라고 표지 해야만 한다. 이는 물론 관련자들에게는 상당히 불만족스러운 것이다.

유전자 양의 민감성과 염색체 이상의 병리학

비록 어떤 큰 스케일의 카피 수 변이가 무해하며 심지어는 집단에서 흔한 다형화 현상인 경우라 할지라도, 대부분의 염색체 불균형 돌연변이들은 병인성이다. 아마도 원인은 유전자 양-민감성(dosage-sensitive)을 가진 특정한 유전자의 수적인 오류일 것이다. 염색체당 평균 1000여 개의 유전자들이 있으므로, 작은 단편의 불균형일지라도 많은 수의 유전자를 포함할 수 있다. 대부분의 유전자들은 양-민감성을 가지지 않는다. 비교적 소수의 기능상실 돌연변이들이 단상불충분성을 통하여 우성 표현형을 보이며, 카피수나 유전자 산물의 50% 증가가 문제를 일으키는 것은 덜 흔한 일이다. 그럼에도 불구하고 상염색체 일염색체성들이나 삼염색체성들은 배아를 유산시키거나 아니면 선천적 기형을 유발한다. 이러한 것들의 원인에 대해서 다음의 두 가지로 설명할 수 있다.

- 어떤 경우에는 단지 두 개 또는 세 개의 양-민감성 유전자들의 불균형이 많은 부분의 병인을 설명하기도 한다. 예를 들면, Down증후군의 주된 문제들은 21번 염색체의 단지 두 유전자(*DSCR1*과 *DYRK1*)에 의해 야기되기도 한다 이 두 유전자의 산물들은 특정한 전사인자들을 조

절하여 많은 유전자들의 발현에 간접적으로 영향을 미친다. 그러나 염색체적 표현형에는 항상 한 유전자 이상의 불균형이 관여한다. 임상의들은 어떤 염색체가 관련되었는지 예측할 수 없을 때 조차도 통상 '염색체 관련' 환자라고 인정한다. 이들의 표현형은 복합적인 독립적발달 이상과 관련이 있고 몇 가지의 특별한 경우를 제외하고는 단일-유전자 비정상을 가진 환자에서는 이러한 표현형들은 보이지 않는다.

- 또 다른 예에서는 여러 개의 약한 효과들이 축적되어 문제가 일어난다. 기능적으로 비슷한 단백질들을 코딩하고 있는 유전자들이 같은 염색체에 인접하여 존재하는 경우는 드물다. 헤모글로빈과 같이 다중-사슬 단백질의 개별적 구성분들은 보통 다른 염색체에 있는 유전자들에 코딩되어 있다. 유사하게 전사인자 유전자와 이들 전사인자의 결합부위는 흔히 다른 염색체에 위치한다. 이것이 우리들이 이해하지 못하는 어떤 원칙에 의한 것인지 아니면 단지 게놈의 무질서한 성격의 예인지는 밝혀지지 않았지만, 이는 염색체 불균형이 거의 언제나 여러 가지 상호작용에 불균형을 가져옴을 의미하는 것이다. 상호작용하는 분자들 중 한 개가 여분으로 50% 더 많이 존재하면 잠재적인 불균형을 초래할 수 있지만 이러한 불균형들이 많이 누적된다면 발달과정을 비정상적으로 이르게 할 수 있을 것이다. 여러 종류의 염색체 불균형을 가진 환자들에서 비정상의 스펙트럼(지능 저하, 성장 지연, 비정상적인 얼굴 모습 등)이 비슷하다는 사실은 이러한 병리학적 관점을 뒷받침한다.

생존 가능한 세 가지 상염색체(13번, 18번, 21번 염색체) 삼염색체성들은 유전자 수도 적고 비교적 하찮은 염색체들을 포함한다는 사실은 주목할 만하다. ENSEMBLE 게놈 브라우저 (release 35, November 2995)에 의하면 이들 세 염색체들은 각각 1 Mb 당 유전자를 3.50, 4.23, 5.77개씩 가지고 있는데 이것은 전체 게놈의 7.32개 보다 적은 수이다. 유사하게, Y 염색체에도 유전자수가 매우 적어 47,XYY 염색체를 가진 사람들은 정상 표현형을 보인다. 그러므로 이들은 진단이 안된 채로 남게 된다. 그러나 X 염색체는 많은 수의 유전자들을 가지고 있다. 그러므로 정상인이 X 염색체를 한 개 또는 두 개를 갖는다는 것은 예기치 못한 일로 이는 특별한 설명이 필요하다. 이에 대해서는 다음 장에서 설명한다.

체세포 돌연변이

본 장에서 학습한 증례들은 모두 대물림 된 돌연변이들에 의해 발병된 것들이다. 그러나 돌연변이는 어떤 세포에서나 일어날 수 있기에 간단한 계산을 해보아도 대부분의 돌연변이는 체세포에서 일어나며 유전되지 않는다. 체세포 돌연변이들은 다음의 두 가지 상황에서 문제가 된다.

- 만약에 체세포 돌연변이가 배아발생 초기에 일어난다면 이 돌연변이 세포는 상당히 큰 클론으로 자라난다. 돌연변이를 가진 사람은 모자이크 상태로 된다. 이 돌연변이가 어떤 세포에서 일어났는가와 무슨 돌연변이인가에 따라 문제가 된다.
- 만약에 돌연변이가 체세포를 조절할 수 없을 정도의 분열을 유도한다면 암세포로 발전될 수 있다. 이런 형태의 돌연변이에 대해서는 *12장*에서 다룬다.

돌연변이는 어떻게 발생하는가?

돌연변이는 DNA 훼손이나 복제 오류로 인해 발생한다. DNA는 매우 안정된 분자이지만 그렇다고 화학적으로 전혀 변하지 않는 것은 아니다. 사이토신 염기는 자연적으로 아민기를 잃기가 쉬운데 이것의 결과에 대해서는 다음 장에서 자세하게 다룬다. 세포 내에서 정상적인 산화적 대사로 발생되는 반응적 산소는 염기들을 화학적으로 변형시킨다. DNA 가닥 절단은 복제 오류, 화학적 변형, 자연적 방사에너지 등으로 인해 항상 일어난다. 이러한 손상의 대부분은 환경적 오염, 핵 발전, 또는 다른 기타 인간활동과는 관계가 없다. 세포는 DNA 손상이 있을 때 이를 수선하는 효소들을 갖추고 있어서 대부분의 손상은 간과되지만 절대적으로 손상이 없는 것은 아니다. 만약에 손상이 DNA의 두 가닥 중 한 가닥에 국한되어 있다면, 상보적인 가닥이 이를 수선하는데 주형으로 이용될 수 있다. 그러나 두 가닥이 절단된 경우에는 더 많은 문제를 내포하며 종종 수선 과정 후 염기에 에러를 남긴다.

DNA 복제 또한 취약한 과정이다. 합성 중에 있는 DNA 가닥으로 염기들을 붙여주는 DNA 중합효소가 잘못된 염기를 중합할 가능성은 단지 중합효소가 정상적인 염기 결합과 비정상적인 결합을 하는 상대적 에너지에 달려있다. 열역학적 계산에 의하면 관찰된 비정상적 염기결합 비율은 정상 결합보다 훨씬 높다. 중합효소가 새로 합성된 DNA 가닥의 비정상적 염기결합 여부를 체크하고 비정상적인 것이 발견되면 중합효소는 중합을 멈추고 돌아서서 DNA 가닥 일부를 분해한 다음 다시 중합한다. 흥미로운 사실은 쥐에서 적은 단위의 DNA 중합효소(미토콘드리아 DNA 복제에 특정적인)의 중합효소 기능이 아닌 proof-reading 기능을 상실하도록 처리하면 노화가 빨리 진행되는 것으로 나타났다 (Trifunovic 등 2004). 노화의 원인에 대한 한가지 설에서는 노화를 돌연변이의 축척으로 설명한다. 중합효소가 중합 후 특이한 효소들이 비정상적으로 결합된 염기 쌍을 발견하면 새로 합성된 가닥을 잘라낸 다음 수선한다. *12장*에서는 이러한 기작이 훼손되면 어떤 일이 일어날 수 있는지에 대해서 자세히 설명한다. 이러한 수선이 잘되었다 하여도, 이따금의 실수는 지속된다. 같은 염기가 계속 반복되는 경우 DNA 가닥의 미끄럼 결합 오류 (slipped-strand mispairing)에 의해 한 개의 염기를 잃거나 첨가되는 일이 일어날 수 있다. *GJB2* 유전자의 35delG 돌연변이가 그 예이다 (*그림 6.2*). 이외에도 메칠화 된 사이토신의 탈아민과 같은 내부적인 원인에 의해 돌연변이가 일어나는데 이에 대해서는 *7장*에서 설명한다.

돌연변이는 어느 때고 DNA의 어느 곳에서나 일어날 수 있다. 코딩 염기에 영향을 주는 돌연변이에 초점을 두어 왔는데 그 이유는 이들이 유전적 질환에 영향을 주며 이 변이들에서 유전적 산물에 주는 영향을 예측할 수 있기 때문이다. 인간 게놈 DNA의 1.5% 정도만이 코딩을 하고 있으므로 이러한 돌연변이들은 전체에서 오직 일부에 해당되는 것이다. 인간과 다른 동물들간에 염기서열의 보존성이 아주 낮다는 것은 진화과정 중에서 선택적인 불이익을 허용하는 돌연변이 없이도DNA들이 돌연변이로 변할 수 있음을 의미하는 것이다.

Disease box 6

남성 홀몬 수용체 유전자 변이의 분자 병리학

인간을 포함한 포유동물들은 애초에는 여성으로 발달된다. 남성으로 발달되려면 일련의 특수한 반응들이 필요하다. 정상적인 발달에서는 이러한 일련의 반응은 Y 염색체에 있는 SRY 유전자부터 개시된다. 이것은 초기에 미분화된 생식선을 고환(정소)으로 발달시킨다. 고환에서는 남성 호르몬인 testrogen을 분비한다. 스테로이드 5-α 환원효소가 tetstosteron을 dihydrotestrosterone [DHT]로 전환시킨다. DHT는 핵 class I 스테로이드 수용체의 일종인 남성홀몬 수용체를 활성화시킨다. 활성화된 남성 호르몬 수용체는 해부학적으로 남성의 특징을 보이도록 하는 유전자들의 전사를 조장한다. 남성호르몬 수용체는 X염색체 장완의 동원체 부위인 Xq11-12에 위치한 AR 유전자에 코딩되어 있다. 이 유전자는 크기가 178 kb이고 8개의 엑손으로 이루어져 있으며 928 개의 아미노산을 코딩하고 있다. 이 유전자에 일어나는 여러 돌연변이들은 놀라울 정도로 다양한 효과를 보인다.

기능상실 돌연변이는 X-연관 남성호르몬 둔감성 증후군 [OMIM 300068]을 보이는데 이 증후군은 이전에는 고환 여성화 증후군이라 불리었다. XY 염색체 구성을 가진 배아는 고환을 정상적으로 발달시키며 고환에서는 testosterone을 정상적으로 분비한다. 그러나 수용체가 완전히 가능을 상실하면 배아의 고환 조직은 남성 호르몬에 반응을 할 수가 없어서 해부학적인 발달이 여성으로 발달되게 된다. 이러한 증후군을 가진 사람은 표현형적으로는 여자로서 여자의 생식기와 가슴을 가지지만 질이 숨어있으며(blind vagina) 자궁이 없다. 고환이 사타구니 부위나 복부에 있으며 환자들은 종종 서혜 탈장 (inguinal hernia)으로 병원을 찾는다. 고환이 악성으로 발전되는 경향이 있으므로 고환의 외과적 제거가 권유된다. 이외에도 이들은 불임이기는 하지만 대부분 여성으로서의 정상적인 삶을 살아간다.

남성 호르몬 수용체의 부분적 기능 상실 돌연변이는 흔히 여성형 유방(gynecosmatia)과 함께 요도하혈(hypospadias) [Reifenstein 증후군; OMIM 312300], 왜소음경증(micropenis) 등 성적으로 모호한 상태를 가져온다. 이러한 위자웅동체성 (pseudohermaphroditism)에는 많은 다른 원인들이 있다. 이러한 것들 중에서 가장 문제가 되는 것은 스테로이드 5-α 환원효소를 코딩하고 있는 SRDA5A2 유전자의 기능상실에 의해 야기되는 열성 유전형질[PPSH, OMIM 264600]이다. Testosterone을 dihydrotestosterone으로 전환시키지 못하므로, 이 돌연변이를 가진 유아는 애매모호한 성기 구조를 가지지만 보통은 여자아이로 성장한다. 그러나 사춘기에 대체적인 스테로이드 5-α 환원효소 유전자인 SRDA1이 남성의 표현형을 나타내도록 한다. 이들은 목소리가 남자 목소리로 바뀌고 수염이 나며 남자처럼 보인다. 이들은 남성으로서 정상 생활을 하는데 이러한 것이 사실이라면 이는 testosterone에 의해 초기에 뇌가 남성화됨이 사람의 성적인 정체성을 결정하는데 적어도 사회적 요인만큼 중요할 수 있음을 시사한다.

AR 유전자 유전자의 1번 엑손에 있는 [CAG]n 반복의 팽창은 매우 다른 효과들을 보인다. 척수와 연수 근위축증 [spinal and bulbar muscular dystrophy, SBMA, OMIM 313200]은 불안정한 반복서열의 팽창에 의해서 일어나는 가족 질환이다 [Disease Box 4 참조할 것]. Huntington 질환처럼 CAG 반복이 코딩 부위에 있어서 수용체 단백질에 glutamine을 연속적으로 코딩한다. Glutamine이 계속 반복됨으로 야기되는 다른 질환과 마찬가지로 이것도 기능획득 돌연변이로서 변이 단백질은 신경에 독성을 가진다. 결과적으로 X-연관 성인-발병의 서서히 진행하는 근위축증을 가져온다. 또한 이외에도 이차적 효과가 있다. 확장된 glutamine 아미노산 반복은 이 단백질의 N-말단 부위에 있는데 이 부위는 활성화된 [남성 호르몬-결합된] 수용체가 타겟 유전자의 전사를 조장하는 트랜스활성화 도메인이다. Glutamine 아미노산 반복의 증가는 트랜스활성화 효율을 낮춘다. 그러므로 SBMA를 가진 남성은 경한 남성 호르몬 결핍증을 보이는데 특히 여성형유방(gynecomastia)의 징후를 보인다.

[CAG]n반복의 통상적인 변이는 남성 호르몬에 대한 반응의 정상적 변이를 중재한다. 반복이 짧으면 반응이 강력하고 반복이 길면 (정상의 범위 내에서) 약한 반응을 보인다. 이는 남성 호르몬 의존성 전립선 암 (prostate cancer) 발생에서 나타난다. 반복 정도는 흔히 중복되는 경향이 있지만 아프리카-미국인들이 가장 낮으며 비-스페인계열 백인이 중간 정도이고 일본인과 중국들이 가장

Disease box 6 - continued

반복 정도가 높다. 이들 그룹들간의 전립선 암의 발생빈도는 반복 길이와 반비례한다. 한편 반복이 높은 그룹 [>27 반복]은 남성 불임의 위험도가 4배 정도 증가되는 것과 관련이 있다.

남성 대머리에 감수성 인자인 남성 홀몬 수용체 변이. 거의 1세기 동안 유전학자들은 중년-남성들의 대머리현상[남성형 탈모증, OMIM 109200]의 유전에 대해서 연구하였다. 한가지 확실한 결론은 대머리는 유전성이지만 단순한 멘델성 유전을 하진 않는다는 것이다. 최근의 연구에 따르면 대머리의 중요한 결정인자의 하나가 남성 홀몬 수용체 유전자에 있다는 것이 밝혀졌다. 이 유전자의 변이성이 대머리의 유전적 감수성의 절반 정도를 설명한다. 어떤 변이가 대머리에 감수성을 보이게 하는지는 아직 밝혀지지 않았지만, 강력한 후보는 1번 엑손의 glycine의 반복성인 것 같다. 위에서 설명한 glutamine 반복과는 달리 glycine 반복은 사람마다 변이를 보이지만 이 변이는 안정적이다. 이러한 안정성의 한 가지 이유는 DNA 수준에서 glycine 반복은 순수한 반복이 아니고 여러가지의 glycine 코돈[(GGN)n]의 반복으로서 여기서 N은 네가지 염기가 모두 해당된다. 이러한 변이는 복제 시 미끄럼 현상의 위험성이 낮다.

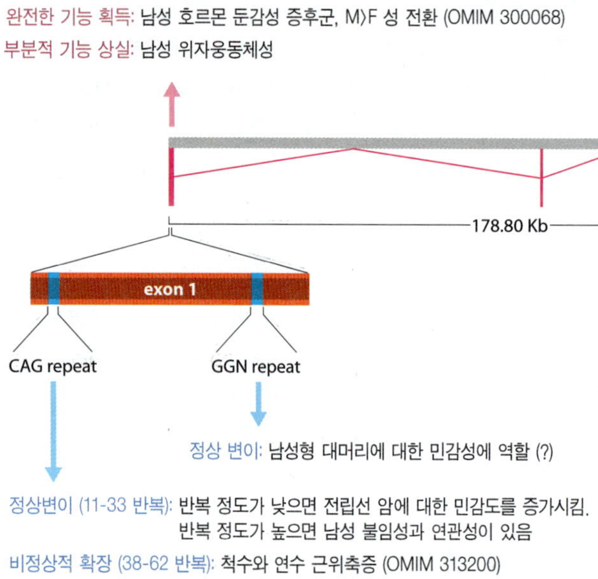

AR 유전자의 여러 가지 변이들은 다양한 효과를 초래한다.
기능 획득이나 기능 상실 돌연변이들은 특징적인 멘델식 유전 현상을 야기하며 정상적인 범위의 변이들은 몇몇 일반적인 비-멘델식 유전 현상의 민감성에 영향을 준다.

6.5. 참고문헌

Aitman TJ, Dong R, Vyse TJ, 등 (2006) Copy numbe polymorphism in Fcgr3 predisposes to glomerulonephritis in rats and humans. Nature 439: 851–855.

Brunner HG and van Friel MA [2004] From syndrome families to functional genomics. Nat. Rev. Genet. 5: 545–551.

Donnai D and Read AP [2003] How clinicians add to acknowledge of development. Lancet 362: 477–484.

Holbrool JA, Neu-Yilik G, Hentze MW and Kulozik AE. [2004] Non-sense mediated decay ap proaches the clinic. Nature Genetics 36: 801-808.

Sciver C and Waters PJ [1999] Monogenic traits are not simple: lessons from phenylketonu ria. Trends Genet. 15: 267-272.

Snead MP and Yates JRW [1999] Clinical and molecular genetics of Stickler syndrome. J. Med. Genet. 36: 353-359.

Trifunovic A 등 [2004] Premature ageing in mice expressing defective mitochondrial DNA polymerase. Nature, 429: 357-359.

유용한 Websites

분자 병리학에 대한 더 자세한 설명은 Strachan and Read (2004, Human Molecular Genetics (3rd edition, Garland)의 *16장*에 수록되어 있다. 2판은 NCBI Bookshelf에서 무료로 search-able text를 이용하여 볼 수 있다: www.ncbi.nlm.nih.gov/entrez/query.fcgi?db=Books.

돌연변이 명명의 설명은 www.hgvs.org/mutnomen을 참조할 것.

6.6 자가 평가 문제들

[1] 낭포성 섬유증은 CFTR 유전자에 코딩되어 있는 염소 이온 채널의 정단 세포막의 부재에 의해서 일어난다. 다음의 돌연변이들 중에서 어느 것들이 낭포성 섬유증을 유발하는가?

(a) *CFTR* 유전자 결실

(b) Arginine-특이적 tRNA를 코딩하고 있는 유전자 돌연변이에 의해 폴리펩디드 생성시 serine 코돈에 serine 대신 arginine을 삽입됨. *CFTR* 유전자에서 serine이 arginine으로 치환되면 기능을 상실함.

(c) *CFTR* 유전자의 프로모터에 돌연변이가 생성되어 RNA 중합효소 및 전사인자들이 결합을 못함.

(d) *CFTR* 유전자의 코딩 부위에서 돌연변이가 생성되어 serine 아미노산이 비기능적인 arginine으로 대체됨.

(e) Spliceosome을 이루는 작은 크기의 비-코딩 RNA 분자들 중 하나에 돌연변이가 생성되어 스플라이싱 기구들이 인트론의 시작 염기와 마지막 염기들을 DT…AG 대신에 GA…AG를 인식함.

(f) RNA 중합효소 II 유전자 돌연변이가 생겨서 중합효소의 기능이 상실됨

(g) CFTR 유전자의 코딩 부위에서 돌연변이가 생겨서 과다한 양의 염소 이온을 전달하도록 이온 채널이 변형됨.

[2] *Box 6.4*는 *PAX3* 유전자의 돌연변이를 찾기 위해 두 개의 엑손 (대문자)과 인접한 인트론 (소문자) 염기들을 PCR 증폭한 염기서열이다. PCR 증폭산물에서 1번 엑손의 5′ -비번역 부위의 일부가 있다. 염기서열은 cDNA의 염기 번호를 따라서 번호를 매겼으며 (개시 토돈의 첫 번째 염기가 +1임), 단백질의 아미노산들은 삼-철자 코드를 이용하여 나타내었다 (*Box 3.6* 참조).

Box 6.4

자기 진단 문제의 *PAX3* 유전자의 부분적 염기서열

Exon 1 (451 nt)

..CCGTTTCGC CCTTCACCTG GATATAATTT CCGAGCGAAG TGCCCCCAGG
1 ATG ACC ACG CTG GCC GGC GCT GTG CCC AGG ATG ATG CGG CCG GGC CCG GGG
1 M T T L A G A V P R M M R P G P G
52 CAG AAC TAC CCG CGT AGC GGG TTC CCG CTG GAA Ggtaagggagg gcctcagcgc..
18 Q N Y P R S G F P L E

Exon 2

..tgacttttcc cttgcttctc tttttcacct tcccacag
86 TG TCC ACT CCC CTC GGC CAG GGC CGC GTC AAC CAG CTC GGC GGC GTT TTT
29 V S T P L G Q G R V N Q L G G V F
136 ATC AAC GGC AGG CCG CTG CCC AAC CAC ATC CGC CAC AAG ATC GTG GAG ATG
46 I N G R P L P N H I R H K I V E M
187 GCC CAC CAC GGC ATC CGG CCC TGC GTC ATC TCG CGC CAG CTG CGC GTG TCC
63 A H H G I R P C V I S R Q L R V S
238 CAC GGC TGC GTC TCC AAG ATC CTG TGC AGG TAC CAG GAG ACT GGC TCC ATA
80 H G C V S K I L C R Y Q E T G S I
289 CGT CCT GGT GCC ATC GGC GGC AGC AAG CCC AAG gtgagcgggc gggccttgcc..
97 R P G A I G G S K P K

아래의 짧은 염기서열들은 *Box 6.4*의 염기서열 일부로서 염기들의 위치를 번호로 나타내었으며 이곳에서 일어난 8가지의 돌연변이를 보여주고 있다. 변이가 일어난 염기들은 밑줄을 그은 붉은 글씨로 나타내었다 (여러 번 염기서열이 바뀌었다면 첫 번째 변형된 것. 이들 돌연변이 각각을 (a) 어떤 종류 DNA 변이 인지와 (b) 어떤 단백질로 변경이 되었는지를 나타내어라.

c.15 CGGCGCTGTGGCCAGGATGATGC
c.43 GGCCCGGGGTAGAACTACCCGCG
c.78 GCTGGAAGTTAAGGGAGGGCCTC
c.86 TGTCCACTCCACTCGGCCAGGGC
c.121 CTCGGCGGCGTTTTATCAACGGC
c.130 GTTTTGATCAACGGCAGGCCGCT
c.180 CCACAGCGCCCACCACGGCATCC
c.248 TCTCCGAGATCCTGTGCAGGTAC
c.283 TCCATTCCTGGTGCCATCGGCGG

[3] *Box 6.4*에 보인 *Pax3* 염기서열을 이용하여 문제 2와 같이 포맷된 것처럼 돌연변이 염기서열을 적어보아라.

p.N47H

c.247_248ins[c]

c.185_202del

p.E61X

c.85+6G>T

c.86−2A>G

p.V29M

[4] *box 6.4* 의 *Pax3* 유전자 염기서열을 이용하여 다음의 각각의 돌연변이들에 해당하는 option을 (1)−(8)에서 하나씩 선택하여라.

(a) 동의 돌연변이

(b) 과오 돌연변이

(c) 정지돌연변이

(d) 틀변형 돌연변이

(e) 비틀변형 염기 삽입/결실

(f) 스플라이싱−부위 돌연변이

(g) 개시 코돈 돌연변이

(h) 정지 코돈 돌연변이

(i) 인트론 돌연변이

(1) c.85+1G>A

(2) c.86T>A

(3) c.86−18T>G

(4) c.101insGCC

(5) c.118C>T

(6) c.172_173delAA

(7) c.216C>G

(8) c.270C>G

(5) 돌연변이의 효과는 단백질 수준 뿐 아니라 DNA 염기서열 수준에서도 분석할 수 있다. 만약에 적절한 항체가 있다면, 돌연변이들은 CRM^+와 CRM^-로 분류할 수 있다. CRM은 cross−reacting material (교차 반응 물질)의 약자이다. Box 6.1에 있는 돌연변이 유형을 CRM에 따라 분류하고 결과를 예측하기가 어려운 경우에 대해서 설명하라.

(6) 낭포성 섬유증의 유전현상에 대한 한 학생의 답변이 다음과 같았다.

'낭포성 섬유증 유전자는 열성이다. 낭포성 섬유증 유전자를 두 카피 가지면 낭포성 섬유증을 보이지만 한 카피만 가지면 이는 이 유전자를 하나도 가지지 않은 사람과 같다'

이 답변에 대해서 설명을 하라.

제 7 장

후성 유전학

7장의 학습 요지

- 후성유전학, 유전자 각인, 편친 이염색체성, CpG 섬 정의 내리기
- DNA 메칠화가 어떻게 생성되며 메칠 패턴은 어떻게 유전하나?
- 메칠화 패턴을 분석하는 방법 두 가지
- X-불활성화와 이에 의한 X-연관 열성 유전자 발현 및 균형 X-상염색체 전좌에 미치는 영향
- 유전자 각인에 따른 가계도 패턴과 간헐적인 증후군들의 예시 학습하기

7.1. 증례 학습

증례 15 | Portillo 가족 | **173** 183 214 376

- Pablo; 병약한 남자아이
- 비슷한 증상의 가족력
- 혈액 검사 결과 X-염색체 연관 중증합병 면역 결핍증 유전자를 가진 것으로 나타남

Pilar와 Pedro Portillo 부부는 근친간으로 이들 가족들은 3대에 걸쳐서 도시의 같은 지역에 살고있다. Pilar와 Pedro는 세 명의 아이가 있었지만 1989년 Pablo를 낳았을 때 기뻐하였다. 하지만 Pablo는 다른 형제들에 비해 매우 병약하였다. Pablo는 기침과 중이염, 또는 설사를 늘 달고 지내는 듯 했고 체중이 늘지 않았다. Pilar의 외조모는 Pablo의 문제들이 한 살도 되기 전에 사망한 자신의 두 아들들의 증상과 매우 비슷하다는 것을 느끼고 Pilar에게 Pablo를 어린이 병원 전문의의 진료를 예약할 것을 권고하였다. Pilar는 Pablo가 앞으로 더 쇠약해지는 것을 정지시킬 치료 방법이 있기를 희망하였다. 진료를 받은 Pablo는 검사를 위해 즉시 입원하였다.

혈액 검사 결과 Pablo는 림프세포 수가 매우 적었다. T 세포와 NK(natural killer) 세포들은 없었으며; B-세포들은 존재하였지만 비기능성이었다. *Box 7.1*은 이들 세포들의 기본적인 세부사항들을 설명한다. 이러한 소견들은 가족력과 함께 X-염색체 연관 중증합병 면역결핍증 [X-linked severe combined immunodeficiency (X-SCID)]을 시사하였다. 이러한 소식은 이 질환이 성공적인 치료법이 없이 예후가 매우 불량한 질환이기에 좋지 않은 소식이었다. 의료진은 Pablo에게 가장 희망적인 것은 골수 이식을 받는 것이라 제안하였다.

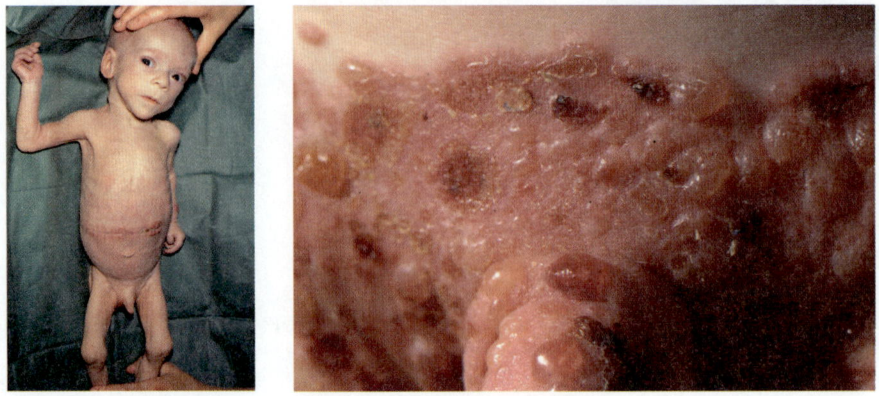

(a) (b)

그림 7.1 - 면역 결핍증의 문제들.
(a) 성장 결핍(failure to thrive)과 피부 문제들. (b) 습진을 동반한 단순 허피스 감염 [Koebner 현상]. 사진.
(a) Department of Medical Illustration, Manchester Royal Infirmary, (b) Dr. Andrew Will, Royal Manchester Children' s Hospital.

Box 7.1

림프세포의 종류와 기능

림프세포에는 세 가지가 있는데 이들은 모두 골수로부터 파생된다. B 세포와 NK 세포는 골수에서 성숙되지만 T 세포는 흉선(thymus gland)에서 성숙된다. B 세포들은 immunoglobins을 분비하는 플라즈마 세포로 발생된다. NK 세포들은 특징적인 형태를 가진 커다란 알갱이 모양의 림프세포로서 혈액 림프세포의 15% 정도를 차지하며 바이러스 침입 시 첫 번째 면역 방어선의 역할을 담당한다. **T 림프세포**는 면역 반응과 세포-중재 면역성을 조절하며 B 세포를 도와항체를 생성한다. 성숙된 T 세포는 항원-특이적 T 세포 수용체와 CD 분자를 발현시킨다. 이외에도 성숙된 T 세포는 CD4나 CD8세포 표면 분자를 발현하여 이들이 세포와 항체-중재 면역성 [CD+]의 기능을 하게 하거나 또는 세포 독성 [CD8+]을 갖도록 한다.

증례 17 Qian 가족 174 185 376

- Kai: 2세 여아, 발달 지연
- 경련
- Angelman 증후군?

Chu-Li와 Chan은 중요한 사업체를 운영하며 열심히 일하는 부부이다. 이들이 첫째 아이인 Kai를 낳았을 때, Chu-Li의 엄마가 홍콩에서 아기를 돌보기 위하여 딸네 집에 왔다. 그녀는 이전에도 여러 명의 손주들을 돌보아 왔지만 Kai는 다른 손주들과 달리 먹이기나 돌보아주기 그리고 잠재우기가 힘들다는 것을 느낄 수 있었다. Kai는 체중 증가와 발달이 느렸다. 그녀는 행복한 듯하였고 자주 웃었지만 매우 불안해 보였다. 2세가 될 때까지 전혀 말할 기미를 보이지 않아 소아과 의사의 진료를 예약 하였다. 그러나 그녀는 의사를 만나기 전에 경련을 보여 소아 병동에 입원을 하게 되었다.

소아과 의사는 Karl이 분명 발달 장애라는 주요 문제를 가지고 있음을 알아차렸다. 소아과 의사는 이제 막 걷기를 배운 Kai가 다리를 다소 뻣뻣하게 걷는다는 것을 주목하였다. 그녀는 경련하는 듯한

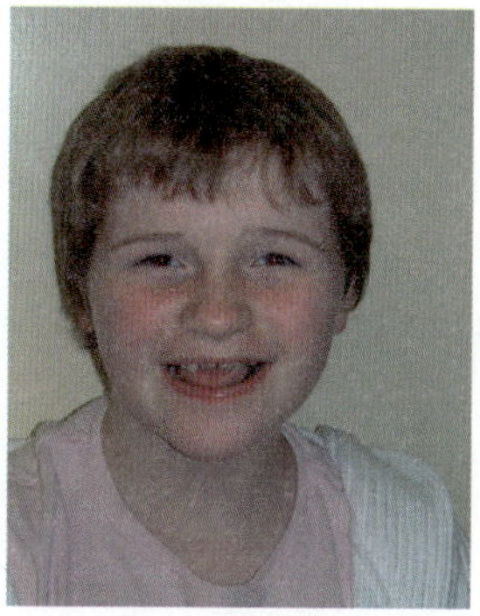

그림 7.2 - Angelman 증후군을 가진 10세 여아.
이 여아는 *UBE3A* 유전자에 돌연변이를 가지고 있다. 사진. Dr. Jill Clayton-Smith, St Mary's Hospital, Manchester 제공.

움직임을 자주 보였으며 특히 팔의 움직임이 더욱 그러하였다. 그녀는 자주 웃었으며 웃을 때 혀를 내밀고 침을 흘리는 경향이 있었다. 그녀의 병력기록에 의하면 그녀의 머리둘레는 출생 시에는 정상이었지만 지금은 3 백분위수(3번째 percentile) 미만이다. 소아과 의사는 Kai에게 EEG 검사를 시행 하였으며 그 결과 소아과 의사가 임상적으로 의심하던 질환을 확인하게 되었다. Kai의 전반적인 EEG의 변화는 간헐적인 spike와 느린 파(wave)를 동반하는 고진폭(high amplitude)의 델타파가 지속되는 소견이었다. 소아과 의사는 부모에게 Kai가 Angelman 증후군을 가지고 있다고 설명하였다. Kai의 부모는 가족 중 누구도 이러한 질환을 가진 사람이 없었으므로 매우 놀라워하였다. 그들은 무엇이 이러한 질환을 가져왔으며 앞으로 이러한 증후군의 아이를 다시 가질 수 있는지를 알고 싶어하였다. Angelman 증후군이 발생하는 이유는 여러 가지가 있으며 때로는 친지의 다른 가족의 아이에게 이 질환이 일어날 수 있으므로 소아과 의사는 이들을 유전학 클리닉에 의뢰하였다.

증례 18 | Rogers 가족 | 175 185 376

- Robert: 남자아기, 고령의 부모로부터 태어남
- 출생 시 늘어지고; 빨지 못함
- 임신 중 유전 검사에서 정상 핵형을 보임
- Prader-Willi 증후군?

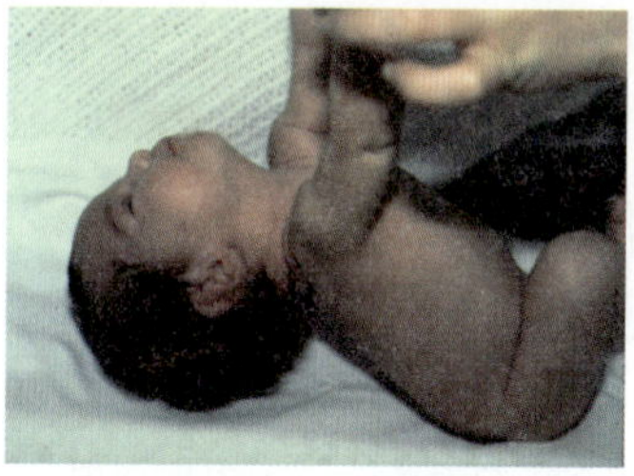

그림 7.3 - Prader-Willi 증후군을 가진 아기.
현저한 저혈압을 주목할 것.

Ralph Rogers 와 Rowena Rogers는 재혼 한 부부로 각각 전 남편과 전 아내로부터의 아이들이 있었다. 결혼 당시 Rowena는 38세 이었지만 그들은 아이를 갖기로 하였고 수 개월 후 임신이 된 것을 알고 매우 기뻐하였다. 이들은 태아가 건강한지를 확인하기 위하여 가능한 한 많은 검사를 받기를 원하였다. 양수검사 (*14장 참조*) 결과 정상 남아의 핵형을 보였으며 여러 가지 검사에서도 아무런 문제점이 발견되지 않았다. Rowena는 임신 중 태아의 태동을 많이 느끼지 못하였으나 단지 그녀가 너무 바빠서라고 생각하였다고 진술하였다. 예정일에 진통이 시작되어 아이가 태어나기까지 꽤 오랜 동안 시간이 걸렸고 태어난 아기는 3.2 kg 의 남자아기였다. 가족들은 아기 이름을 Robert로 지었다. 아기에게 젖을 물리자 Robert는 전혀 젖을 빨려 하지 않았으며 의사는 아기가 매우 늘어져있음을 관찰할 수 있었다. 의사는 이러한 중요사항을 Ralph와 Rowena에게 설명하고 아기의 염색체 검사를 실시하여 Down 증후군 여부를 확인하겠다고 설명하였다 Rowena는 의사에게 양수검사에서 아기는 정상 핵형을 가지고 있었음을 상기시켰고 의사는 좀더 기다리며 Robert의 진행 과정을 지켜보기로 하였다. Robert는 전혀 빨지를 못하였고 몸통의 긴장도가 현저히 떨어져있어 튜브를 통한 수유를 필요로 하였다. 소아과 의사는 유전학 전문의에게 전화로 Robert의 특징들을 설명하였다. 유전학 전문의는 Prader-Willi 증후군을 의심하며 다음 번 클리닉 방문 시 그의 가족을 즉시 만나겠다고 하였다. 유전학과에서 Rogers 가족은 Qian 가족 (증례 17)이 방문한 같은 클리닉에서 검사를 받았는데 이것은 유전학의 특별한 과정을 밟고 있는 의학도에게는 DJESJ 사실을 암시하는 유익한 우연의 일치이었다.

7.2. 배경

후성 유전적 변이는 DNA 염기서열의 변이에 의한 것은 아니지만 유전이 되는 변이이다. 후성적 변이는 DNA의 변형에 의하여 일어나지만 이러한 변형은 A, T, G, C 등의 염기서열은 변화시키지 않는다. 이와 같은 변형들은 염기서열 변이에 의한 돌연변이보다 검사하기가 훨씬 어려우며 인간의 후성 유전학 연구는 아직은 초기 단계라 할 수 있다. 혹자들은 후성 유전에 의해 결정되는 표현형의 많은 부분이 아직 미규명 상태로 있다고 믿고 있다. 또한 어떤 이들은 후성 유전적 변이는 암 발생에는 매우 중요한 반면 이러한 변이들은 유전적 질환에서는 오직 제한적인 역할만 한다고 추측하기도 한다. 암 발생에서의 후성 유전적 변이에 대해서는 *12장*에서 논한다. 본 장에서는 후성적 유전 변이의 주요한 메커니즘인 DNA 메칠화 기작에 대해서 설명할 것이며, 후성적 변이를 설명하기 위해 암 이외의 세 가지의 증례를 보일 것이다.

X 염색체의 양적 보상

정상인이 전적으로 X-염색체를 하나 또는 두 개 가질 수 있다는 사실은 설명이 요구된다. 많은 유전자를 가지고 있는 상염색체를 한 개 더 가지고 있거나 덜 가지고 있는 경우는 치명적이다(아래의 양적 보상에 대한 논의 참조). 이는 X-불활성화나 Lyonization (처음 발견한 과학자 Dr. Mary Lyon의 이름을 따서 이렇게 명명함)이라 불리우는 양적 보상(dosage compensation)으로 설명할 수 있다.

인간을 포함한 포유동물의 발생초기 단계인 배반포세포(blastocyte) 단계에서 각 세포는 X 염색체의 수를 어느 정도는 인식하고 이들 X 염색체 중 한 개만 남기고 다른 X 염색체들은 영구히 불활성화 시킨다. 불활성화 된 X 염색체들은 변성이 되지 않은 채로 남게 되나 그들이 갖고 있는 유전자들은 대부분 발현되지 않는다 (이때 불활성화된 염색체의 유전자들 중 일부는 불활성화를 피해가는 것들이 있다; 이들이 왜 그리고 어떻게 불활성화를 피해가는지는 현재 연구되고 있는 주제이다). 어떤 X-염색체가 남을 것인지는 각 세포에서 임의적으로 선택된다. 그러나 이것이 일단 결정되면 이는 해당 세포의 모든 딸 세포들에게 기억되어 같은 염색체를 불활성화 시킨다 (*그림 7.4*). X-불활성화는 후성적 유전 변이이다: 이때의 유전적 변이는 DNA 염기의 변이는 아니지만 변이 상태는 모세포에서 딸 세포로 전달되며 가계를 통해 유전되지는 않는다. 불활성화 된 X-염색체는 여성 생식세포에서 다시 재활성화 되고 모체의 X-염색체의 불활성화/활성화에 관계없이 태아에게 유전되며 태아에게 초기에는 X-염색체가 모두 활성화 되어 있다.

X-불활성화는 X염색체 장완에서 동원체 근접 부위인 Xq13에 있는 *XIST*라 불리는 유전자에 의해 조절된다. *XIST*는 오직 불활성화된 X 염색체에 의해서만 발현된다. 이 유전자는 단백질을 코딩하지 않는 긴 mRNA를 만들어 불활성화된 X-염색체를 코팅하는데 XIST mRNA가 어떻게 활성화된 X-염색체를 건너 뛰지 않고 불활성화된 X-염색체를 물리적으로 코팅할 수 있는지는 아직 밝혀지지 않았다. 하지만 이러한 물리적 코팅은 염색질 구조를 변형시켜서 염색체를 이질염색질화 시키고 유전자들을 불활성화 시킨다. *그림 2.9*에서 보는 것과 같이 여성의 핵형에서 두 개의 X-염색체들은 구분이 되지 않는다. 이는 핵형에 사용되는 염색체들이 염색체가 가장 응축된 시기인 유사분열 중기 세포에서 유래된 것들이기 때문이다. 세포분열이 완료되면 여성 세포에 있는 다른 염색체들은 응축이 풀리지만 불활성화된 X-염색체는 응축된 상태로 남는다. 이들 불활성화된 염색체들은 여성 세포에서 핵의 끝 자락에 진하게 염색되는 점으로 나타나는데 이 부위를 Barr body 라 부른다. 과거에는 Barr body가 몇 개인지를 보고 X-염색체 수를 계산하기도 하였다 (예로 운동선수들의 성 식별 조사). 정상적인 여성이나 XXY 남성은 세포마다 한 개의 Barr body를 가지며 45,X 여성은 Barr body 가 없고 47,XXX 여성은 두 개의 Barr body를 가진다.

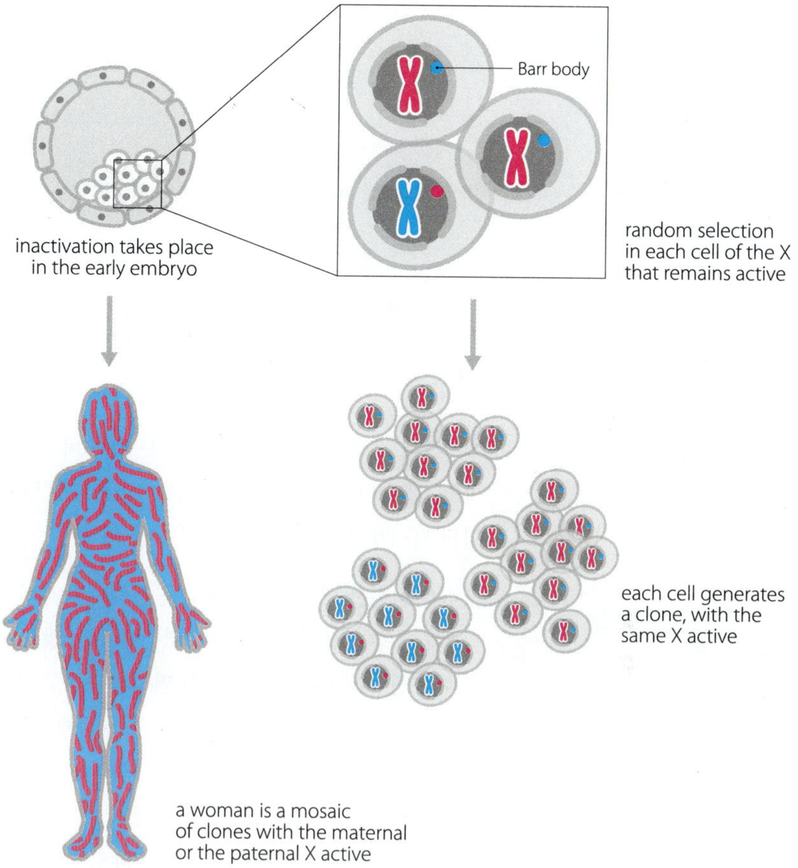

그림 7.4 - X-불활성화는 후성적 유전 과정이다.
모든 여성들은 X-불활성화로 인해 세포마다 다른 활성화 X-염색체를 가진 모자이크이다.

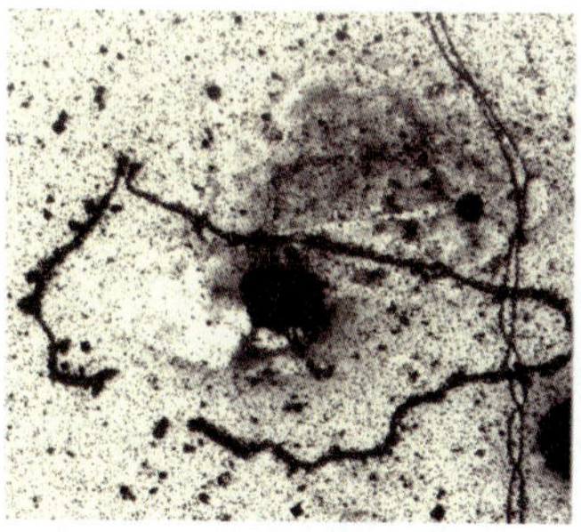

그림 7.5 - 1차 감수분열 전기에서 X 염색체 단완 부위와 Y 염색체의 단완의 위상염색체부위 간의 대합을 보여주는 전자현미경 사진. Conner와 Ferguson Smith [1991] *Essential of Medical Ge-netics*, 3rd edn의 자료 사진을 Blackwell 출판사 허락 후 게재.

X-염색체 단완의 말단 부위에 매우 인접한 2.6 Mb의 부위는 구형의 구조를 이룬다. 이것과의 상동 염기서열이 Y-염색체의 단완에도 존재한다; 이들 두 부위는 감수분열 시 대합을 하며 (*그림 7.5*) 강제적으로 교차한다. 이 부위에 있는 유전자들은 X-불활성화가 되지 않는다. 남자나 여자 모두 이들 유전자들은 두 개씩 카피를 가지고 있으며 이들은 상염색체 연관 유전자들과 같은 양상으로 유전한다. 이러한 이유로 이 부위를 위상염색체 부위 (pseudoautosomal region)라 부른다. 이 부위 외에도 장완의 말단의 300 kb의 작은 부위도 위상염색체 부위이지만 이 부위는 감수분열 시 Y-염색체 부위와 대합 및 교차가 일어나지 않는다.

X-불활성화는 증례 4와 16 (Davies와 Portillo 가족)의 X-연관성 질환의 여성 보인자와 마지막 절에서 다룰 X:상염색체 전좌를 가진 여성 보인자에게는 매우 중요하다. X-염색체 불활성화에 대해 논의하기 위해서는 다음 절의 Ingram 가족 (증례9)의 증례를 참고하라.

유전자 각인 - 왜 우리는 엄마와 아빠가 필요한가?

이형접합 유전자형을 가진 사람들에서는 모계나 부계로부터 유래한 대립유전자들이 다른 표현형으로 나타날 수도 있다. 그러나, 사람의 게놈을 구성하는 부친 유래 염색체들과 모친 유래 염색체들간에는 기능적 차이가 있을 수 있다는 것이 관찰되었다. 수정 시 간혹 실수로 46,XX 의 염색체를 갖는 태아가 두 개의 모친형 또는 두 개의 부친형 게놈을 갖는 경우가 생긴다. 겉보기에는 염색체들이

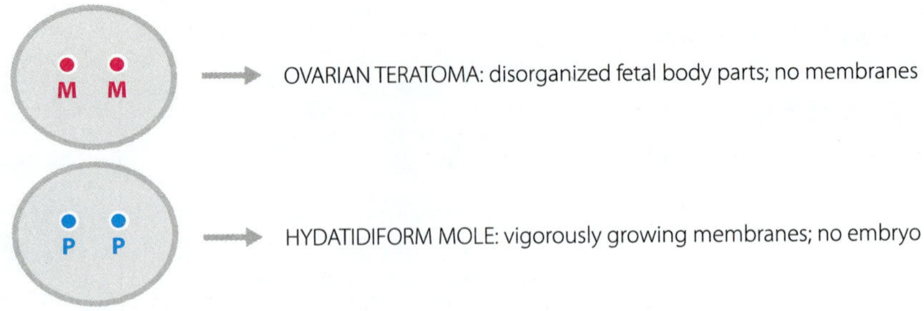

그림 7.6 - 두 개의 모친 유래 게놈을 갖거나 두 개의 부친 유래 게놈을 갖는 태아는 정상적으로 발달되지 못한다.

정상으로 보이지만, 이러한 태아들은 매우 비정상적이며 개체마다 특이하게 다르게 발달한다 (*그림 7.6*). 생쥐 실험에서도 같은 효과를 보임이 관찰되었다. 부친 유래 게놈과 모친 유래 게놈간에는 분명히 차이가 있으며, 정상적인 발달을 위해서는 각각을 한 개씩 가져야 하는 것이다.

생쥐를 이용한 더욱 정교한 실험을 통하여 각각의 염색체들의 이러한 효과에 대한 기여를 조사하였다. 아주 독창적인 조작에 의해 염색체 수는 정상이지만 특정 염색체 쌍이 부모 중 한쪽으로부터만 유래한 생쥐를 만들었다. 이러한 염색체 구성을 갖는 것을 편친형 이염색체성(uniparental disomy, UPD)이라 부른다. 이러한 쥐의 일부 염색체들은 UPD로 존재하여도 정상적인 표현형의 쥐를 보이지만 어떤 쥐들은 비정상이며 문제시 되는 염색체 쌍이 부의 것인지 아니면 모의 것인지에 따라 눈에 보이는 특정한 이상들이 다르다. 인간에서도 UPD의 희귀한 증례들이 우연히 발견되곤 한다. 이하에서 설명하는 것처럼 인간의 특정 증후군은 UPD에 의해 야기될 수 있다고 분명히 밝혀졌다.

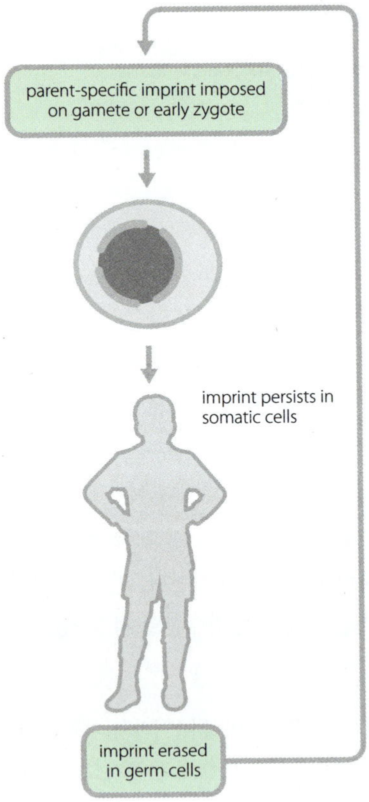

그림 7.7 - **각인은 후성적이며 가역적이다.**

이러한 사실들은 사람 또는 쥐에 부모 중 어느 쪽에서 유래하였는지에 따라 다르게 행동하는 유전자들이 있음을 시사한다. 이들은 그들의 유래를 표지 하도록 일종의 각인(imprint)이 되어 있음이 분명하다. 유전자는 원래 부친 모친이 다르지 않다는 것을 명심하여야 한다. 만약에 한 남자가 자신의 어머니로부터 유래한 각인된 유전자를 자식에게 준다면, 그는 이 유전자를 모친 각인으로 받아서 부친 각인으로 자식에게 주는 것이다. 그러므로 각인은 가역적(reversible)이기에 세대가 진행되면서 지워지기도 하고 재-각인 되기도 한다 (*그림 7.7*). 실제로 각인은 주요한 후성유전 메커니즘의 하나로서 각인된 유전자 발현은 변형되며, 이러한 변형된 상태는 수정란 시기부터 성인이 될 때까지 모든 세포에서 일어나지만 DNA 염기서열 자체가 변하지는 않는다. 인간 유전자들의 각인에 대한 생물학적 이해는 희귀한 증후군 연구로 많이 향상되었는데 특히 증례 17과 18의 Angelman과 Prader-Willi 증후군의 연구로 밝혀지게 되었다.

X-염색체 불활성화와 각인의 공구상자: DNA 메칠화

*Disease box 2*와 *3.4절*에서 유전자 전사가 국지적인 염색질의 주조에 따라 어떻게 조절되는지를 보았다. 두 가지의 주요한 염색질로는 제어적인 이질염색질과 허용적인 진정염색질이 있다. 진정염색질 부위에 있는 유전자 발현은 염색사에 결합하는 단백질들의 종류에 따라 조절되는 염색질 구조의 세부적인 변형에 의해 조절된다. 이는 히스톤의 변형과 DNA 메칠화라는 두 가지의 상호 작용적이

며 상호 보강적인 신호에 의해 일어난다. 히스톤은 뉴클레오좀 코어를 구성하는 단백질로서 이러한 코어 구조로부터 돌출되어 있는 꼬리 부위의 아미노산들은 다양한 변형에 노출되어 있다. Lysine 잔기들의 메칠화와 아세틸화가 주요 변형이지만 인산화와 작은 단백질인 ubiquitin의 부착 및 기타 다른 변형들도 보인다. 이러한 것들이 합쳐져서 '히스톤 코드'를 구성하며 이는 일정한 기본구조의 염색사를 고도로 분화된 구조체로 전환시킨다 [Hendrich and Bickmore, 2001].

히스톤 변형과의 상호작용하는 것이 DNA 메칠화이다. 인간을 포함한 포유동물에서는 사이토신의 5-번 위치에 메칠 그룹이 부착된 5-메칠 사이토신 (5MeC, *그림 7.8*)이 형성된다. 메칠화는 5′-구아닌과 인접한 사이토신에서만 일어나기 때문에 이 부위를 CpG 이염기라 부른다('p'는 두 염기 사이에 있는 인산이다). DNA 메칠화와 히스톤 변형 과정은 상호 의존적이다. 변형된 히스톤은 DNA-변형 효소의 접합장소로 작용하며 메칠화된 DNA는 염색질 재모델 단백질들과 결합한다. Rett 증후군 (*Disease box 7* 참조할 것)은 5MeC-결합 단백질을 코딩하고 있는 *MECP2* 유전자의 기능상실에 의해 생기는 질환이다. 이 단백질은 DNA의 메칠화된 부위에 결합을 하여 직접적으로 유전자 활성을 억제하거나 히스톤 탈아세틸화 효소들과 다른 단백질들을 집합시킴으로서 유전자 활성을 억제시킨다.

5-메칠 사이토신의 메칠기는 이중 나선의 바깥의 주홈에 붙는데 이곳에서는 DNA-결합 단백질들이 결합하지만 내부의 염기쌍을 이루는 것을 방해하지는 않는다. 5MeC 염기는 정상적인 사이토신이 구아닌과 염기쌍을 이루는 것과 같은 방법으로 염기쌍을 이루므로 (*그림 7.8*), CpG 메칠화는 DNA의 코딩 능력에는 영향을 미치지 않는다. 모든 CpG 염기들이 메칠화되는 것은 아니며 메칠화 경향은 세포형이나 세포의 현재 대사 상태에 따라 다르다. 유전자 상위 부위에 있는 CpG 이염기들의 메칠화는 이 유전자의 발현 신호에 중요한 역할을 한다. 일반적으로 메칠화는 유전자 발현을 억제하지만 반대의 예도 있다.

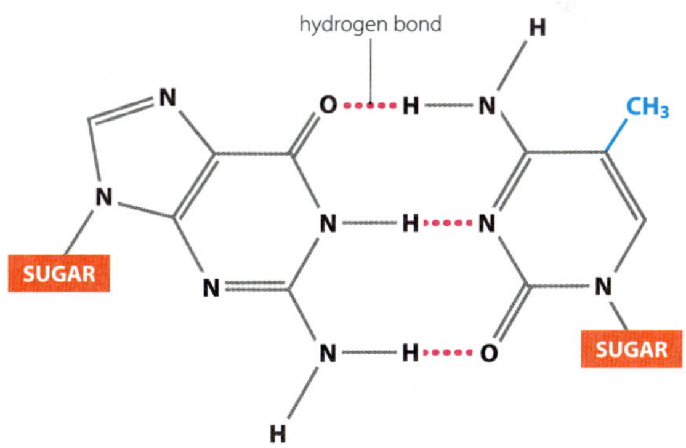

그림 7.8 - 5-메칠 사이토신은 정상적인 사이토신과 같은 방법으로 구아닌과 염기쌍을 이룬다.

CpG 메칠화는 X-불활성화와 다른 후성적 유전 효과에 주요 중재자이다. 후성 유전학에서 메칠화의 중요성은 메칠화 패턴이 유전될 수 있다는데 있다. CpG 이염기는 회문구조 (palindrome structure)로 되어 있다. 즉, 5′->3′ 으로 읽으면 이중 나선의 한 가닥의 CpG는 반대 가닥의 CpG와 파트너 식으로 결합을 하고 있는 것이다. DNA 복제 시 메칠화 효소는 이미 CpG 염기가 메칠화된 가닥을 주형으로 하여 반대방향으로 새로이 합성되는 가닥의 CpG 이염기들을 메칠화 시킨다 (*그림 7.9*). 그러므로 CpG 메칠화는 DNA 염기가 변하지 않더라도 유전자 발현에 있어 다음대로 유전적 대물림의 변화를 하게하는 기전을 제공하는 것이다.

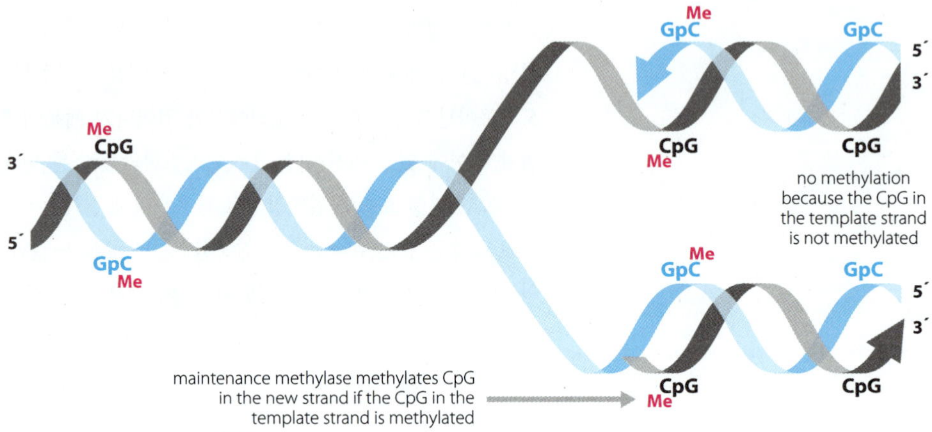

그림 7.9 - 후성적 유전학에서 5-메칠 사이토신의 역할
DNA가 복제 시 유지 메칠화효소는 새로이 합성되는 DNA 가닥에서 주형 가닥의 CpG에 역방향으로 있는 CpG를 만나면 이들을 메칠화 시킨다. 결과적으로 CpG 메칠화 패턴은 유전적이 된다.

DNA 메칠화 연구

DNA 메칠화 패턴은 염기 서열 변이 보다 조사하기가 어렵다. *그림 7.8*에서 보여주는 것처럼, 5MeC는 메칠화 되지 않은 정상적인 사이토신과 마찬가지로 G 염기와 결합하고, 대부분의 테스트에서 정상의 C와 같이 행동한다. DNA 가닥의 분자 교잡 성질도 메칠화에 의해서 영향을 받지 않으므로 분자교잡에 기초한 테스트로는 메칠화를 조사할 수 없다. PCR과 염기서열 결정법은 조사하고자 하는 모든 DNA 염기서열의 카피를 만들어서 검사하므로, 설사 샘플 DNA가 메칠화 되었다 하더라도 카피들은 비메칠화 된다. 그러므로 4장과 5장에서 기술한 방법들로는 DNA 염기들의 메칠화 패턴을 조사 할 수 없다. 메칠화 연구는 주로 다음의 두 가지 방법에 의해 수행된다.

- 메칠화–민감 제한효소를 이용한 절단. 특정한 제한효소들은 CpG 염기들을 인식부위에 가지고 있는 경우가 있는데 이들은 그 부위가 비메칠화 되었을 때에만 절단을 시킨다. 예를 들면, *Hpa*II 제한 효소는 CCGG 부위를 절단하는데 $C^{Me}CGG$ 염기부위는 절단 시키지 못한다. 메칠화에 영향을 받지 않는 제한효소도 있는데 예로 *Msp*I은 메칠화되었건 안되었건에 관계없이 CCGG를 무조건 절단시킨다. 이러한 차이점은 CpG 부위가 메칠화 되어 있는지를 조사하는데 여러 가지 방법으로 이용될 수 있다. Pablo Portillo (증례 16)의 경우, 미리 *Hpa*II로 게놈 DNA를 절단 한 후 PCR로 CpG 부위를 증폭 시킨다. 만약에 이 부위가 메칠화 되어있지 않다면, 주형 DNA는 타겟 부위가 절단될 것이며 따라서 PCR 증폭이 되지 않는다.

- Bisulfite 염기서열 결정법. Dsodium bisulfite를 이용하여 특정한 조건에서 DNA를 조심스럽게 처리하면, 사이토신에서 탈아민 반응이 일어나 사이토신이 유라실로 변환되지만 5MeC는 이 반응이 일어나지 않으므로 그대로 사이토신으로 남는다. 유라실(U)는 DNA 염기가 아니지만 티민(T)처럼 아데닌(A)와 염기결합을 할 수 있다. 만약에 bisulfate-처리된 샘플을 PCR로 카피하거나 염기서열 결정에 이용한다면, 모든 비메칠 사이토신(C)들은 티민(T)으로 대체되어 나타나지만 메칠화 된 사이토신(C)는 그대로 C로 남게 된다. Bisulfite-처리된 샘플과 처리되지 않은 샘플의 염기서열을 비교하면 메칠화 패턴을 검사할 수 있다 (*그림 7.10*).

이러한 방법의 변형으로 대립유전자 특이적 PCR(*그림 5.5*)을 이용하여 특정한 C 염기의 메칠화를 조사할 수 있다. 프라이머의 3′ 말단 부위를 G 또는 A 염기를 갖도록 고안하여 bisulfite 처리된 샘플에 상보적인 가를 검사하는 것이다. G 염기로 끝나는 프라이머는 메칠화된 샘플 만을 증폭시키며; A로 끝나는 프라이머는 비메칠화 된 샘플만을 증폭시킨다. 이 방법은 프라이머가 결합하는 주형의 염기부위가 변이적 메칠 사이토신을 가지고 있지 않은 경우 유용하며 bisulfite에 의해 너무 많은 C 염기가 U로 변환되고 이러한 부위가 프라이머 결합 부위에도 있다면 이 프라이머를 이용하기에는 어려움이 있다.

그림 7.10 - Bisulfite를 이용하여 메칠화 검사하기
Bisulfite 처리는 C를 U로 변경시키지만 5MeC는 변경되지 않는다. PCR 증폭을 하면 증폭산물에서 메칠화된 C는 T로 변경된다.

7.3. 환자 조사하기

증례 4	Davies 가족	4	10	66	102	151	**181**	279	376

- Martin(24개월 남아), 부모 Judith와 Robert
- 걷기가 서투르고 느림
- 근위축병(muscular dystrophy) 가족력
- 가계도는 X-연관 열성유전자 유전을 보임
- DNA 분석을 실시함
- Dystrophin 유전자에서 틀변형 돌연변이

Martin의 친척 중에는 X-연관 열성 질환인 Dystrophin 유전자 돌연변이의 절대 보인자이거나 보인자일 가능성이 있는 여자 친척들이 있었다. Lyonization화 현상에 의해 정상의 XX 여성들은 X-연관 유전자들에 대해 모자이크식의 세포 클론들을 갖게 되는데 어떤 세포 클론들은 부로부터 유래한 X-염색체가 활성화 되어 있지만 다른 세포 클론들은 모로부터 유래한 X-염색체가 활성화되어 있다. X-연관 질환의 보인자들은 정상과 비정상 세포 클론들의 모자이크를 갖는다. 그러므로 그 결과는 어떤 유전자가 질환 유전자이며 이 질환 유전자가 어떤 세포에서 발현되는가에 따라 달라진다.

- 유전자 산물이 확산되는 세포에는 평균적인 효과가 있다. X-연관 혈우병의 보인자들은 절반 수준의 혈액응고인자를 갖게 된다 (혈액응고인자는 보통 개인적인 차이가 있음). 응고 시간이

정상보다 길어지지만 출혈은 여전히 잘 멈춰서 질병을 빗겨가게 된다.

- 유전자 산물이 세포 내에 고정되어 있는 세포에서는 정상과 비정상 조직들이 얼룩 패취처럼 존재한다. 예로서 피부에 땀샘이 결핍되는 외배형 형성이상증 (anhidrotic ectodermal dysplasia) [OMIM 305100]을 들 수가 있다. 질환을 보이는 세포들의 얼룩 패취의 크기는 조직들이 많은 수의 소클론들로 이루어져 있는지 아니면 몇 개의 큰 클론들로 이루어졌는지에 따라 다르며, 특정 조직의 발달 시 어느 정도로 세포 고정이 일어나는지에 따라 다르다.
- Duchenne 근육위축증의 경우는 이와는 달리 복잡하여 근원세포(myoblast)들이 융합되어 근세포들이 다핵화되어 있다. 복잡한 Dystrophin 항체를 이용하여 근육 생검세포를 염색하면 이형접합 여성의 경우 임의적 X-불화성화로 인해 세포들의 패취 분포를 볼 수 있다 (*그림 7.11*). 이들은 명백한 이형접합형 (manifesting heterozygotes)이라고 불리운다. 간혹 발생하는 보인자들은 심각한 근육 쇠약을 보이는데 이는 아마도 불행하게도 정상 X-염색체의 많은 부분이 불활성화되었기 때문일 것이다. 대부분의 보인자들은 높은 혈중 크레아틴 키나제 수치를 보임으로써 무증상적 근육 손상을 생화학적으로 입증한다. *4장*에서 설명한 것처럼 CK 검사가 보인자 여성의 위험도를 측정하기 위해 사용되기도 하지만 이 측정은 확진을 위한 유용한 지침으로서 는 0%에도 100%에도 근접하지 못한다. 오직 DNA 검사만이 이러한 결정(확진)을 내릴 수 있다.

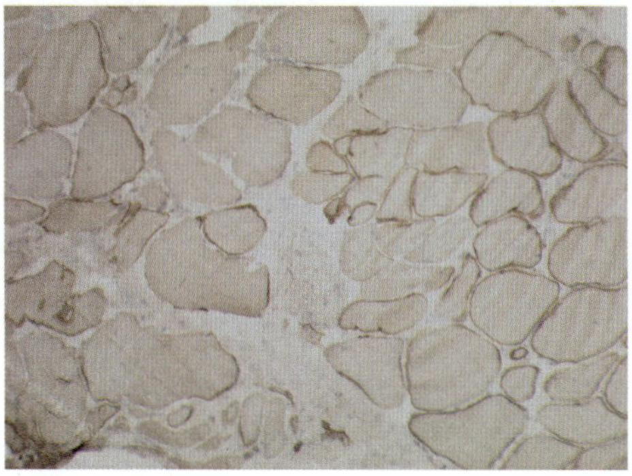

그림 7.11 - Dystrophin 항체를 이용하여 염색한 Duchenne 근위축증 보인자 여성의 근육 세포.
세포들의 외벽 주위에 염색된 패취 분포가 보임.[그림 1.4의 질환자와 정상인의 박편 세포를 비교할 것]. 그림 제공. Dr. Richard Charlton, NewCastle.

증례 9 | Ingram 가족 | 26 | 41 | 68 | 101 | 182 | 376

- Isabel: Irene과 Ian 사이의 첫째 딸
- 부모는 신장이 크나 Isabel은 신장이 작음
- Turner 증후군?
- 핵형 분석으로 확진 됨

Isabel Ingram은 X 염색체를 한 개만 가지고 있으며(45,X) Turner 증후군을 보인다. X 염색체를 한 개 이상 가지고 있는 사람들도 X-불활성화 기작에 의해 정상적으로 발달하므로 Isabel에게 왜 이렇듯 문제가 생겼는지 의문을 가질 수 있다. 이에 대한 해답은 위상염색체(pseudoautosomal) 부위 외에 X 염색체에 있는 모든 유전자들이 X-불활성화 되는 것은 아니라는 것이다. 최근의 포괄적인 유전자 발현 연구에 의하면 X-불활성화에 대한 기존의 양상들로부터 벗어나는 놀라운 현상들이 보고되었다(Carrel and Willard 2005). 위상염색체외의 부위 외에도 X-연관 유전자들의 약 15%

의 유전자들이 완전히 또는 부분적으로 불활성화 되지 않으며, 추가로 10%가 X 염색체 불활성화 정도에 차이를 보인다는 것이다.

그러므로 정상 여성에서는 Turner 증후군을 가진 여성에 비해 최대 25%까지 X-연관 유전자들이 높은 발현성을 갖는다. 기능을 하는 Y-연관 유전자에 상응하는 유전자가 없는 경우 남성에서는 X-연관 유전자들은 Turner 증후군 수준을 보이겠지만 XX 여성에서는 높은 수준을 보일 것이다. 아마도 이러한 배경이 남성과 여성간의 차이를 가져오는 원인일 것이다. 흥미롭게도 모친 유래 X 염색체 만을 가진 Turner 증후군 여자 환자는 주로 남아에서 보여지는 종류의 행동적인 문제들을 보이는 반면, 부친 유래 X 염색체를 가진 Turner 증후군 여자 환자들은 이러한 문제점을 보이지 않는다고 보고된 바 있다. 이것이 사실이라면, 이것은 유전자 각인 때문일 것이다.

증례 16 | **Portillo 가족** 173 **183** 214 376

- Pablo; 병약한 남자아이
- 비슷한 증세의 가족력
- 혈액 검사 결과 X-염색체 연관 중증합병 면역 결핍증 유전자를 가진 것으로 나타남

중증합병 면역 결핍증은 상염색체 열성일수도 있고 X-연관 일수도 있다. 면역결핍이 X-연관임이 분명하다는 사실은 놀라울 수도 있겠다. 왜냐하면 보통 면역결핍은 유전자 2, 14, 22 번 염색체의 돌연변이에 의해 일어난다고 생각할 수 있기 때문이다. 그러나 항체 생산을 위해서는 이들 단백질들의 유전자들이 구조적으로 온전하여야 할 뿐 아니라 B 세포도 적절히 기능을 하여야 하는데 B 세포들의 성공적인 발달은 유전적으로 여러 가지 다양한 조절 단계들을 필요로 한다. 이들 세포들이 항체 분자들을 효과적으로 무한히 만드는 복잡한 세포내의 과정에 대해서는 *8장*에서 자세히 다룬다. 더욱이, 합병 면역결핍증에서는 항체를 생산하는 B 세포들의 기능적 결여뿐 아니라 T-세포의 부재도 함께 존재한다. 면역결핍의 원인은 세포 분화의 초기 단계의 실패임이 분명하다.

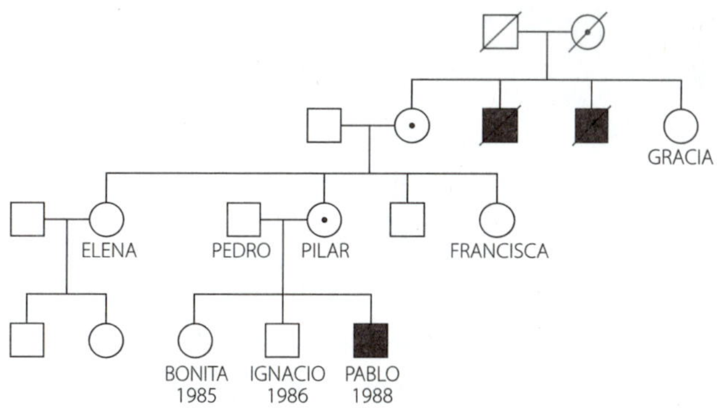

그림 7.12 - Portillo 가족의 중증합병 면역 결핍증 유전 가계도
유전 양상이 X-연관 된 것으로 보인다. 발단자(proband)의 모, 조모, 그리고 증조모는 절대 보인자들이다. 그의 여동생, 두 명의 이모, 사촌들도 보인자일 가능성이 있다.

유전 가계도 (*그림 7.12*)를 보면 Pablo는 X-연관 SCID를 가지고 있음이 분명한 듯하다. 이 가족에게 당면한 문제는 친척들이 이 질환 유전자를 가지고 있느냐를 규명하는 것이다. 상염색체 열성의 유전 양상을 가지면, 보인자인 친척은 보인자들과 결혼을 하지 않는 한 질환을 보이는 아이를 가질 염려는 없다. SCID는 매우 희귀한 질환이므로 근친 결혼을 하지 않는 이들이 다른 가족과 결혼하여

보인자와 결혼할 확률은 매우 낮으므로 이 질환의 위험성은 낮다. 그러나, Portillo의 경우는 X-연관 유전을 보이므로 그녀의 남자형제와 정상인 아들에서의 발병의 위험은 무시할 정도로 낮지만 Pilar의 여자 형제들, 이모, 딸들은 실제로 발병 위험이 있다.

이 가족이 의료진의 주목을 받았을 때에는 X-SCID가 어느 유전자의 결함에 의한 것인지 알려지지 않았을 때였다. 그러나, 위험성이 있는 여성에서의 X-불활성화 패턴을 봄으로써 보인자 검사가 가능하였다. X-SCID 결함는 B 림프세포와 T 림프세포의 발달을 방해하므로 보인자 여성의 모든 림프세포는 결함 X 염색체의 불활성화가 일어난 세포들임이 분명하다. 그러므로 보인자들은 림프세포가 아닌 다른 세포들에서는 정상적으로 X-불활성화가 임의적으로 일어날 수 있지만 림프세포에서는 전적으로 비임의적인 불활성화를 보인다.

메칠화—예민 제한 효소인 HpaII로 X-불활성화의 임의성을 분석 할 수 있다. X 염색체에 있는 남성 홀몬 수용체 유전자는 변이적인 $(CAG)_n$ 삼염기 반복을 가지고 있다 (*Disease box 6 참조*). DI 테스트는 오직 두 개의 X 염색체들간에 삼염기 반복 변이성이 있는 여성에서만 분석이 가능한데 다행히 이 부위는 매우 변이성이 높아서 대부분의 여성들이 반복 변이 X 염색체들을 가지고 있다. 반복 인접한 부위에는 두 개의 CCGG 염기들이 있는데 이 부위는 불활성화 된 X 염색체의 경우 메칠화 되지만 활성화 X 염색체에서는 비메칠화 된다. *Hpa*II로 절단한 샘플과 절단하지 않은 샘플 DNA로부터 $(CAG)_n$ 반복 부위와 두 개의 CCGG 염기를 포함하는 염기서열을 PCR-증폭하였다 (*그림 7.13*).

- 여자로부터 유래한 DNA를 그대로 PCR 증폭하면 활성-X 염색체와 불활성-X 염색체 DNA 모두 증폭한다. PCR은 DNA-메칠화에 의해 영향을 받지 않는다. 어떤 여성에서 $(CAG)_n$ 반복의 차이로 두 X-염색체가 다르다고 가정하면 PCR 증폭 후 증폭 산물을 염기서열 결정기에 전기영동하여 보면 두 개의 피크가 같은 크기로 나타난다 (*그림 7.13b*).
- 두 번째 PCR 반응을 HpaII로 절단한 DNA를 이용하여 수행한다. X-불활성화 염색체는 *Hpa*II가 메칠화된 부위를 절단하지 못하므로 PCR 타겟 부위가 그대로 남게 되어 PCR 증폭으로 온전한 크기의 단편을 얻을 수 있다. X-활성화 염색체는 제한효소가 타겟 부위를 절단하므로 PCR 반응이 일어나지 못한다. 그러므로 *Hpa*II-절단 DNA의 PCR 증폭 양상으로 X-불활성화를 구분 할 수 있다.
- 관행적인 DNA 샘플은 많은 수의 림프세포로부터 유래한 DNA들을 가지고 있다. 만약에 X-불활성화가 임의적이라면 대략 절반의 세포들이 하나의 불활성화 된 X 염색체를 가질 것이며 절반의 세포들은 활성화된 X 염색체를 가질 것이다. *Hpa*II 절단 샘플 DNA를 PCR-증폭하여 염기서열 증폭기에 전기 영동하면 절단시키지 않은 샘플을 이용하여 증폭된 것들과 같은 피크들을 보이지만 각 피크들의 크기는 절반 정도가 된다.
- 만약에 X-불활성화가 임의적이 아니라면, 피크들 중 하나는 미리 제한효소에 의해 절단됨으로써 PCR 산물에서 선별적으로 소실될 것이다. 염기서열 결정기는 이들 피크들의 상대적인 면적을 계산할 수 있으므로 어떤 X 염색체가 불활성화 되었는지의 비율을 정확히 계산할 수 있다. X-SCID의 보인자 여성들은 림프세포의 X-불활성화 경향이 완전히 편향되어 나타난다.

테스트 결과 Pilar와 그녀의 여동생 Elena, 그리고 이들의 엄마는 림프세포에서 X-불활성화가 비임의적으로 되었음이 확인되었다. 270 bp의 PCR 단편이 항상 불활성화 되었으며 이것이 Pilar와

Elena가 그들의 엄마로부터 받은 염색체에 있는 단편이었다. Pilar와 Elena의 또 다른 X 염색체는 273 bp 단편 [아마도 이것은 $(CAG)_n$ 반복을 하나 더 가지고 있는 것임]과 *Hpa*II 제한효소에 의해 완전히 절단되는 염색체를 가지고 있었는데 이 염색체는 모든 림프 세포에서 활성적이었다. 이 염색체는 그들의 부친으로부터 유래한 것이다. Francisca는 부친 유래 273 bp 단편과 모친 유래 285 bp 단편을 가지고 있었다. *Hpa*II 절단 정도를 보면 절반 정도가 절단되고 절반은 안되었으므로 그녀의 X-불활성화는 임의적으로 일어났음을 알 수 있었다. 그러므로 Pilar와 Elena (그리고 이들의 모친)는 면역결핍증 보인자인 반면 Francisca는 아니다. 이 실험이 수행 될 당시에는 결함 유전자가 동정이 안된 시기였으며 비록 이 유전자의 염색체상 위치는 밝혀졌지만 이 데이터는 다소 불확실한 것이었다. 이야기는 *8장*에서 자세히 다룬다.

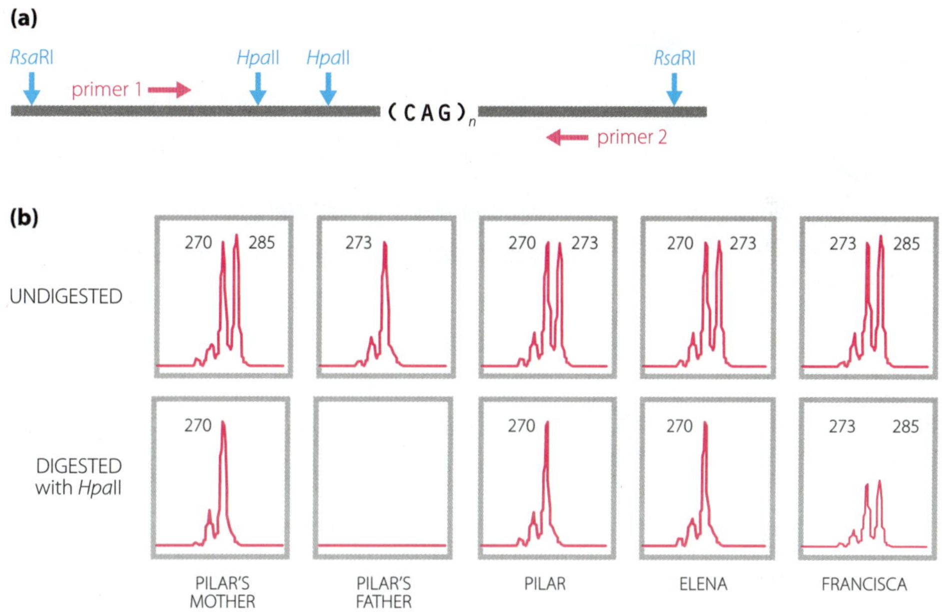

그림 7.13 - 임의적 X-불활성화 검사
(a) 테스트에 이용된 X 염색체의 남성 호르몬 수용체 유전자 부위이다. PCR 프라이머 결합 부위, 삼염기 반복, 그리고 HpaII 부위 등을 나타냈다. (b) 검사 결과. PCR 산물들을 DNA 염기서열 결정기를 이용하여 단편 크기와 양을 측정하였다.

증례 17 & 18
Qian 가족 174 **185** 376
Rogers 가족 175 **185** 376

Qian 가족

- Kai: 2세 여아, 발달 지연
- 경련
- Angelman 증후군?
- FISH 분석을 이용하여 원인 돌연변이 검사

PWS와 Angelman 증후군의 증상은 완전히 다르지만 이들은 공통적인 것이 많아서 같이 설명한다. 각 질환의 3/4 정도는 15q11-13 염색체 단편의 결실에 의해 야기된다. 두 증후군이 너무 다르므로 당연히 두 질환을 야기하는 결실이 다를 거라 생각할 수 있지만 그렇지 않다. 결실은 부적절하게 정렬된 반복 단위들간의 교차에 의해서 일어나는데 이는 Williams 증후군과 Di George-VCFS 증후군에서 공부하였던 같은 기작에 의해 일어난다. PWS와 Angelman 증후군 모두 4 Mb의 단편이 결실된 것이다.

Rogers 가족

- Robert: 남자아기, 고령의 부모
- 출생 시 늘어짐; 빨지 못함
- 임신 중 유전 검사에서 정상 핵형을 보임
- Prader-Willi 증후군?
- PCR 분석으로 원인 돌연변이 검사

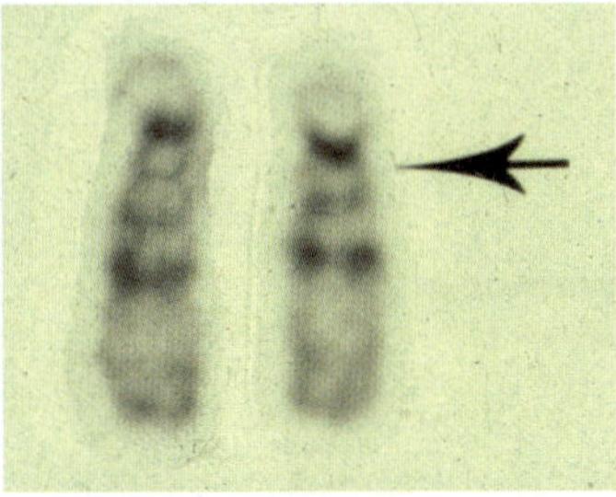

그림 7.14 - Prader-Willis 증후군과 Angelman 증후군 환자들의 15q11-q13 부위의 결실은 때로는 관행적인 세포유전학적 처리를 하여 현미경으로 검사가 가능하다. 하지만 대부분의 경우는 진단을 내리는데 분자유전학적 검사 (FISH 또는 PCR) 방법이 필요하다.

이들 질환들을 이해하는데 큰 성과는 이들간의 차이는 염색체 단편 결실의 크기가 다른 데서 오는 것이 아니라 결실된 염색체가 각각 부모 중 어느 쪽에서 유래된 것인가의 차이임을 알게 된 것이다. PWS는 항상 부친 유래 염색체에 결실이 있는 반면 Angelman 증후군은 항상 모친 유래 염색체에서 결실이 일어난다. 그러므로 15q11–q13 부위에 있는 유전자들의 각인이 병인의 중심인 것이다. 염색체 결실을 동반하지 않는 증후군의 경우는 15q11–q13 부위의 유전자들에 큰 영향을 미칠 수 있는 다른 변이를 갖는다 (아래 설명 참조).

FISH에 의한 결실 검사. 결실은 때로는 일반적인 현미경 검사로 탐지될 수 있지만 (*그림 7.14*) FISH 분석이나 (*4.2절* 참조) MLPA (*5.2절* 참조)을 이용하여 쉽게 분석 할 수 있다. *그림 4.8*에서 보여준 array–CGH 데이타는 PWS 환자를 분석한 것이다. 이 방법은 전형적인 PWS 결실을 검색하는 방법으로는 고가의 분석법이지만 결실 단편의 길이나 위치 등이 불분명한 비전형적인 예에서는 적절한 방법이다. 여기에서 설명하는 두 가지 증례들에서는 15q11 부위의 FISH 프로브로 Kai Qian의 결실을 동정하여 Angelman 증후군을 확진 하였지만 Robert Rogers의 경우는 결실이 발견되지 않았다. 그러므로 PWS이라고 생각하는 잠정적 진단은 여전히 확진 과정을 필요로 하였다.

부친 유래 또는 모친 유래 각인 검사. PWS는 항상 부친 유래 염색체의 15q11–q13 부위의 각인된 카피 결핍에서 유래하지만 이것은 결실 이외의 다른 원인에 의해서도 야기될 수 있다. PCR 검사로 PWS가 어떤 원인에 의해 야기되었는지를 직접 검사 할 수 있다 (Angelman 증후군도 마찬가지로 분석 가능). 15q11–q13 부위에 있는 CpG 이염기들 중 일부는 부친 유래 염색체인지 모친 유래 염색체인지에 따라 차별적으로 메칠화 된다. 이러한 차이가 실제적인 기능적 각인의 원인이 되거나 각인의 결과일 수도 있지만 – 두 가지 모두 각인 상태를 검사 가능케 한다. DNA는 비메칠화된 cytosine을 전환시키기 위해 bisulfite로 반응시킨다. 부친 유래 염색체와 모친 유래 염색체의 각인된 DNA의 차별적 메칠화는 bisulfate 의 반응으로부터 다른 cytosine 염기를 보호한다. 그러므로 동일한 염기서열의 부친 또는 모친 유래로 각인된 카피들은 bisulfite 반응에 의해 다른 DNA 염기로 변경된다. 그런 후 Bisulfite 반응된 부친 유래 또는 모친 유래 염기서열들을 특이적 프라이머를 이용하여 PCR 증폭시킨다. 두 반응은 다른 크기의 단편을 생성하게 되며 이들을 전기영동하여 분석한다 (*그림 7.15*).

DNA 다형화 현상을 이용한 편친형 이염색체성 검사. PCR 검사는 Robert Rogers가 모친 각인을 가지고 있음을 보여 주었다. 비록 FISH 검사에서 결실을 보이지 않았을지라도 이같은 PCR 검사는 PWS을 확진시켜 주었다 FISH는 15q11q13 부위에 프로브로 이용된 하나의 특정 염기서열만이 존재하는지를 검사하므로, 보다 나은 검사를 위해 array–CGH 분석을 실시하였다. 즉 Robert가 흔치 않은 결실을 갖고 있을 경우를 생각하여 PWS를 유발할 수 있는 전체 부위(15q11q13 전체 부위)의 염기서열을 검사하고자 하였던 것이다. 그러나 이 증례의 경우는 다음 검사로 편친형 이염색체성 (uniparental disomy, UPD) 검사가 필요하였다.

PWS 환자의 30% 정도는 완전한 15번 염색체를 두 개 가지고 있지만 이들 두 개가 모두 모친으로부터 유래한 것이다. 편친형 이염색체성은 15번 염색체 DNA의 다형화 현상을 검사하여 확인 할 수 있다. 게놈 전체에 단백질 비–코딩 $(CA)_n$ 이염기 반복들이 산재하여 있다. 미세부수체(Microsatellites)라고 불리는 CA 반복 단위들의 수는 정상인들 사이에서도 변이가 많다. *4.3절*에서 소개한

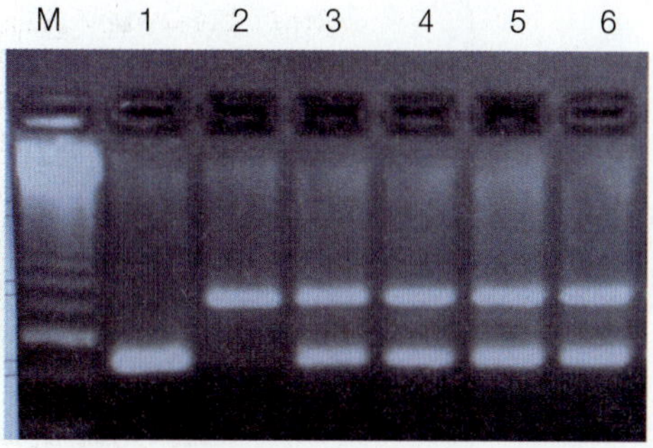

그림 7.15 - 민감 PCR을 이용한 15q11-q13 부위의 각인 상태의 진단.
모친유래로 각인화된 염색체는 313 bp 단편을 생성하며 부친 유래 각인은 221bp 단편을 생성한다. 정상인은 두 단편을 동시에 형성한다 (레인 3-6); Angelman 환자는 313 단편이 없으며 (레인 1), Prader-Willis 환자는 221 bp 단편을 보이지 않는다 (레인 2). 레인 M은 분자 크기 마커들이다. 방법에 대한 자세한 설명은 Zeschnigk 등 [1997]을 참조할 것. 사진 제공. Dr. Simon Ramsden, St Mary's Hospital, Manchester.

Ashton 가족 (증례 1)의 Huntington 질환의 $(CAG)_n$ 삼염기 반복 분석에서와 같이 미세부수체 반복 부위를 PCR 증폭하여 젤 전기영동 하면 반복 단위 수를 측정할 수 있다. 하지만 이번 검사에서 측정하는 반복 수의 변이는 비병인성이지만 염색체의 부 또는 모 유래를 확인하는 마커로서 이용된다. 이러한 DNA 다형화 현상에 대해서는 *9장*에서 자세히 설명한다.

*그림 7.16*은 다형화 현상의 두 가지를 보여준다 첫 번째 경우(*그림 7.16a*)에서는 세 샘플들이 같은 크기의 밴드를 보이므로 이것으로는 Robert가 가지고 있는 두 대립유전자가 부모 중 어느 편의 대립유전자인지 결정할 수 없다. 이들 미세부수체들의 다형화 현상은 PWS 나 다른 질환을 유발하지 않는 비-변인성 다형화 현상으로서 어떤 사람이 어느 대립유전자 밴드를 가지게 됨은 전적으로 우연이라는 것을 명심하라. 이 결과가 보여주는 것은 Robert는 특정한 염기를 두 카피 가지고 있는데, 이 특정한 염기들은 PWS 유발 부위 내에 있는 염기들이므로 FISH 검사로 염색체 결실을 보이지 않았음을 확인할 수 있었다. 두 번째 마커 (*7.16b*)는 이보다 더 좋은 단서를 제공하는 것이다. Robert는 부친 마커 밴드를 가지고 있지 않다. 그는 따라서 모친 대립유전자를 동형접합형이나 반접합형(hemizygous)으로 갖고 있을 수 있겠으며 이 결과는 결실 또는 UPD에 합당하다. FISH에서는 결실이 없었는데 이것은 UPD를 확인하여 주는 것이다. 즉 동이염색체(isodisomy)로서 모친 유래 염색체를 두 카피 가지고 있다는 것이다. UPD는 15번 염색체에 있는 다른 미세부수체 마커를 분석하여 같은 패턴의 결과를 얻음으로써 확인 할 수 있다 (미세부수체 대립유전자는 종종 반복 수가 쉽게 변할 수 있으므로, 두 번째 미세부수체를 이용하여 확인 하는 것이 신중한 분석이다).

Robert는 부친 유래 15번 염색체를 가지고 있지 않다. 현미경 검사에 의한 핵형 분석 결과는 완전히 정상이었지만, 미세부수체 분석에서 그의 15번 염색체는 모두 모친 유래인 것으로 밝혀졌다. UPD에 의한 PWS의 증상은 이 보다 흔한 부친 유래 염색체 단편 결실 PWS와 동일하므로 PWS는 부친 유래 15q11-q13 부위의 부재에 의해 일어나며 15번 염색체의 다른 부위 유전자들은 이외의 효과에는 관여하지 않는다는 것을 보여 준다. 비-결실형 Angelman 증후군들의 몇 가지 증례들도 UPD에 의하여 일어나는 것이 확인되었는데, 이 경우에는 15번 염색체 두 개가 모두 부친 유래이며 모친 유래의 것은 가지고 있지 않다.

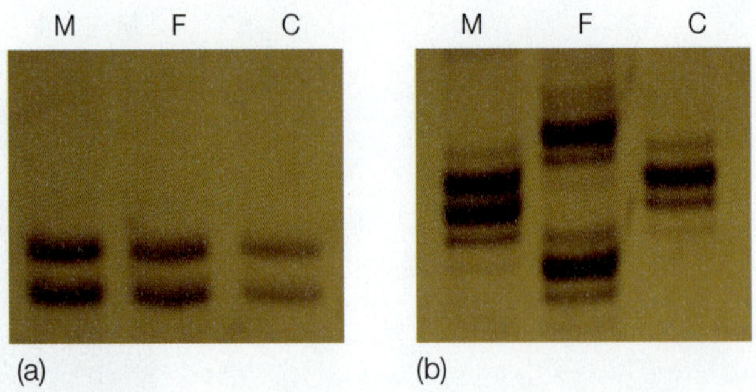

그림 7.16 - **Prader-Willis 증후군을 가진 어린이에서 15번 염색체 마커 satellite의 분리.**
M, 모친; F, 부친; C; 환자 어린이. (a) 이 마커로는 모친 또는 부친 유래 대립유전자를 확인할 수 없다. (b) 이 마커 분리 양상은 환자 어린이는 부친 유래 대립유전자는 가지고 있지 않음을 보여준다. 그림 제공. Dr. Simon Ramsden, St Mary' s Hospital, Mancehster.

편친형 이염색체성의 기원. UPD는 Robert가 왜 PWS를 가지는지는 말해주지만 어떻게 UPD가 일어났는지를 말해주지는 않는다. 첫 번째 UPD 증례가 보고되었을 때 (1988년 낭포성 섬유증 환자 어린이에게서 발견), 문제시 되는 염색체를 두 개 가지고 있는 난자가 염색체 미분리를 통해 운이 좋게도 예외적으로 문제시 되는 염색체를 가지지 않은 정자와 수정이 일어나서 생긴 것으로 생각하였다. 이러한 우연성이 이것의 유일한 원인이라면 UPD는 아주 드문 사건이어야 한다. 실제로 흔하지는 않지만 이러한 드문 우연성으로 설명하기에는 너무 자주 일어난다. 이보다 설득력 있는 원인은 삼염색체성 구조 (trisomy rescue) 현상이다 (*그림 7.17*). 모든 가능한 삼염색체성들이 임신 중에 일어나지만 거의 모든 삼염색체성들은 출생까지 생존하지 못하고 자연 유산된다. 그러나 *그림 7.17*에서 처럼 삼염색체성 태아의 극초기 유사분열에서 염색체 미분리 현상에 의해 정상적인 염색체수를 갖는 세포가 한 개 만들어질 수 있다. 만약에 이러한 사건이 배아 발생 초기에 일어나면 이 세포는 완전한 성체로 발전할 수 있다. 유사분열 염색체 미분리가 임의적으로 일어난다고 가정하면, 세 번 중 한 번은 UPD를 초래할 수 있다. 이러한 사실을 뒷받침하는 것으로 UPD는 PWS 환자들의 29% 정도를 차지하는 반면 Angelman 증후군의 경우에는 전체의 1% 정도밖에 안 된다는 사실이다. 삼염색체의 대부분은 모친의 감수분열 시 이상에 의하여 발생하므로 삼염색체 태아들은 대부분 모친 염색체 두 개와 부친 염색체 한 개를 가진다. 그러므로 삼염색체 구조는 모친형 UPD를 가질 가능성이 부친형 UPD를 가질 가능성 보다 높다. Robert 가 임신될 때 Robert의 엄마가 38세이었다는 사실이 중요할 수 있다.

PWS와 Angelman 증후군의 다른 증례들. 결실이나 UPD로 거의 모든 PWS 증례들과 대부분의 Angelman 증후군환자들이 설명되나 (*표 7.1*) 예외적인 경우도 있다. PWS나 Angelman 증후군이 문제시 되는 염색체 부위에 있는 한 유전자의 기능 상실에 의한 것이라면 유전자(부모의 염색체 중 적절한 염색체)의 점 돌연변이 기능상실도 같은 효과를 가진다. 결실되는 부위에는 여러 개의 유전자들이 있는데 이들 중 여러 개는 각인되어 발현되는 경향을 보인다 (*그림 7.18*). 각인된 부위에서 일어나는 일반적인 경우처럼 어떤 유전자들은 오직 부친 유래에서만 발현하고 다른 것들 은 모친 유래에서만 발현한다. 각 유전자들의 돌연변이 검사 결과 비-결실 비-UPD형 Angelman 증후군 환자들의 절반 정도는 *UBE3A* 유전자의 점 돌연변이를 가지고 있는 것이 밝혀졌다. 흥미롭게도 이 유전

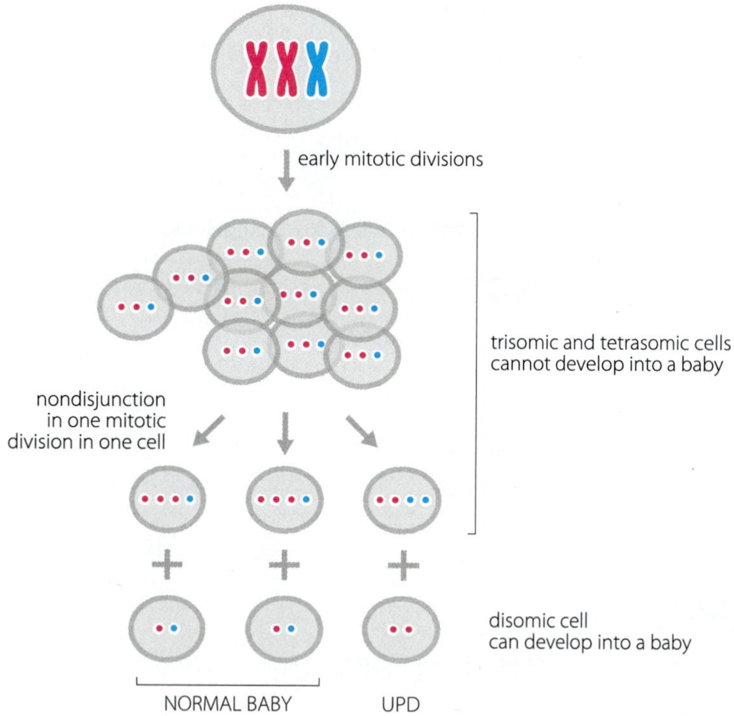

그림 7.17 - 삼염색체 구조를 통한 편친 이염색체성의 생성
초기 배아가 삼염색체성이다. 염색체 미-분리가 유사분열 세포 중 한 개에서 일어나 이염색체성 세포를 생성한다. 이러한 사건이 배아 발달 초기에 일어나면 이 세포는 발달되어 정상적인아기가 될 수 있다. 확률적으로 세 개의 세포 중에서 한 개가 같은 부모로부터 받은 염색체를 이염색체성으로 가질 것이다.

자는 뇌에서만 각인된 발현을 보이고 다른 조직에서는 각인 효과를 나타내지 않는 조직 특이적인 각인으로 밝혀졌다. PWS 에서는 단일 유전자의 점 돌연변이에 의해 야기되는 것은 알려지지 않았는데 이는 아마도 표현형이 한 개 이상의 유전자에 의해 야기되기 때문일 것으로 추측된다.

두 가지 질환들 외의 설명되지 않은 몇몇 증례들에는 각인 메커니즘의 결함이 원인인 것처럼 보이는 것들이 있다. 마커를 이용한 연구에서 양 부모들로부터 받은 온전한 염색체들이 존재하지만 (*그림 7.16*), 메칠화 특이적 PCR 분석 (*그림 7.15 참조*) 결과 두 염색체가 같은 부모형 각인을 갖는 것으로 나타났다. 분명히 각인 메커니즘에 오류가 생겨 부친 유래 염색체가 모친 유래형 각인을 갖

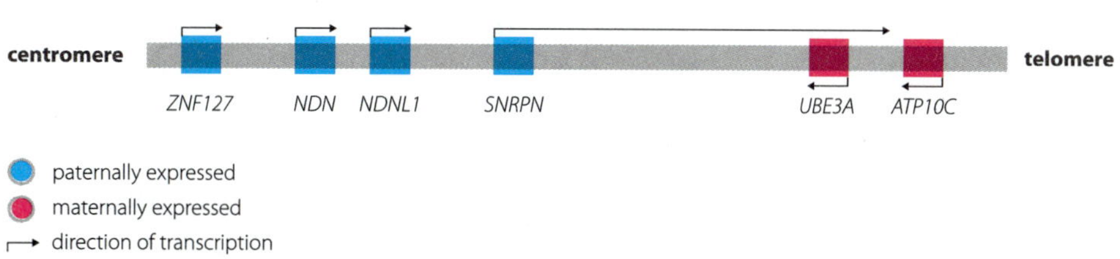

그림 7.18 - Prader-Willi/Angelman 증후군 야기 염색체 부위의 유전자들

게 되어 PWS를 야기시키거나, 반대로 모친형 염색체가 부친형 각인을 가지고 있어 Angelman 증후군을 야기시킨다. 이들은 희귀한 후성적돌연변이 (epimutations)의 드문 예로서 모두 후성유전학적 돌연변이이며 DNA 염기에 일어난 변이는 아니다. 이들은 각인 과정을 연구하는 연구자들에게 중요한 연구 자료이다.

표 7.1 - **Prader-Willi 증후군과 Angelman 증후군의 원인**

원인	PWS	AS
Del15[q11q15]	70% [부친형]	75%[모친형]
편친형 이염색체성	29% [모친형]	1%[부친형]
점돌연변이	-	10% [*UBE3A*]
각인 실패	1%	3%

7.4. 요약 및 보충설명

돌연변이 핫 스팟인 CpG

여러분은 시아토신(C) 염기의 아미노 잔기가 sodium bisulfate에 의해 제거되어 유라실(U) 염기로 변형되는 것을 배웠다. 그러나 DNA의 사이토신 염기는 저절로 탈아민되는 경향도 있다. 세포당 100개의 사이토신 염기들이 매일 아민기를 잃는다. 세포들은 DNA 가닥에서 탈아민에 의해 생성된 유라실을 인지하는 효소가 있어서 유라실을 다시 사이토신으로 대체하여 수선한다. 5-메칠 사이토신은 저절로 탈아민이 일어나 티민으로 된다(*그림 7.19*). 이것은 DNA의 자연적인 성분이므로 변이가 명백하지 않아 항상 수선되지는 못한다. 그러므로 CpG 이염기들은 자연적인 변이에 의해 TpG가 된다. 돌연변이 데이터 베이스를 보면 많은 인간 질환들이 CpG 핫 스팟의 돌연변이 때문인 것을 알 수 있다.

CpG 이염기의 돌연변이성은 진화적인 중요성을 가지고 있다. 인간 게놈의 염기들 중 41%가 C 또는 G 염기이므로 전체 염기들 중 약 4.2% (0.205 x 0.205)가 CpG 이염기일 것으로 예상된다. 이들이

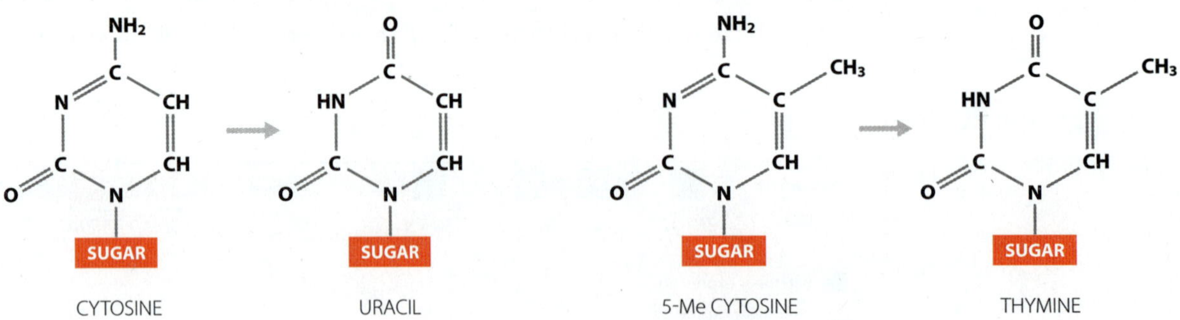

그림 7.19 - 사이토신(C) 염기의 탈아민으로 유라실(U)이 생성되며 5-메칠 사이토신의 탈아민은 티민(T)염기가 생성된다.

관찰되는 빈도는 다섯 중 하나이다. 매우 많은 부분의 인간 DNA에 CpG 염기들이 고도로 소실되어 있는 것을 볼 수 있는데 −이는 이들이 메칠화 되어 진화되는 동안 탈아민에 의해 TpG로 변경되었기 때문이다. 그러나 그래도 약 27000개의 소위 CpG 섬이라 불리는 염기들이 게놈에 산재하여 있다 (CpG 섬의 정확한 수는 어떻게 CpG 섬을 정의하는 가에 따라 달라질 수 있다). 정상적으로 1 kb 또는 이보다 약간 적은 길이에 CpG 염기들이 소실되지 않고 정상적으로 남아 있는 DNA 염기서열들이 있는데 아마도 이들은 메칠화가 안 일어났거나 기능적으로 중요하여 자연선발 과정에서 이들의 소실이 방지 되었기 때문일 것이다.

약 50%의 인간 유전자들이 CpG 섬을 프로모터 부위에 인접한 부위에 가지고 있다. CpG 섬을 가진 유전자들과 가지지 못한 유전자들의 전사 조절이 다르다. CpG 섬은 보통 인접한 유전자가 활성적이거나 비활성적이거나 비메칠화 된 상태로 남아 있다. 이들은 어떤 암세포에서는 비정상적으로 메칠화 되어 있으나 (*12장 참조*) 정상세포에서는 그렇지 않다. CpG 섬을 가지고 있는 않은 프로모터들도 CpG 이염기들은 가지고 있으며 이들의 가역적인 메칠화는 유전자 조절에 중요한 부분이다.

X-상염색체 전좌를 가진 여성에서 X-불활성화는 중요하다.

X 염색체와 상염색체간에도 다른 염색체들과 마찬가지로 전좌가 일어난다. 균형 X:상염색체 전좌를 가진 여성은 정상 여성과 마찬가지로 X 염색체 한 개를 불활성시켜야 한다. 항상 그렇듯이 두 개의 X 염색체 중 한 개가 임의적으로 선택되어 불활성화된다. 만약 구조적으로 정상인 염색체가 선택되어 불활성화 된다면 모든 것이 정상이겠지만 전좌된 X 염색체가 불활성화 되면 문제가 발생한다. 불활성화는 X 염색체 장완의 동원체 가까운 부위에 있는 X−불활성화 센터로부터 시작하여 염색체의 끝 쪽으로 진행된다. 이 염색체는 전좌에 의해 불활성화 센터로부터 물리적으로 떨어진 단편까지 불활성화를 진행시키지 못하므로 전좌된 X 염색체 단편은 활성화가 된 채로 남아있게 된다. 결과적으로 X 염색체의 전좌 절단점으로부터 말단 부위에 있는 유전자들은 모든 X−염색체 유전자들의 활성화된 두 개의 카피를 가질 것이다. 더욱이 전좌 염색체에서 X−불활성화의 진행은 전좌 경계지점에서 정확히 끝나지 않는다. 어떤 경우에는 경계 부위에 있는 상염색체 부위도 불활성화 된다. 결과적으로 배아 발달 시의 세포들에서 유전적 불균형을 초래하여 더 이상의 발달을 정지시키게 된다 (*그림 7.20*). 그러므로 배아가 태아로 발달되어도 태아가 갖고 있는 모든 조직들은 구조적으로 X 염색체가 불활성화된 세포들로 구성되게 된다.

그러므로 X−상염색체 전좌를 가진 여성은 완전히 편중된 X−불활성화를 보인다. 이것은 아무런 문제를 일으키지 않을 수도 있지만 어떤 경우에는 문제가 된다. 여성에 있어 전좌 된 X 염색체에 있는 유전자 중 표현형 유전자는 남성에게 영향을 주는 것과 같이 여성의 표현형에 영향을 주게 되는데 그 이유는 오직 전좌된 X 염색체만이 모든 세포에서 활성화되기 때문이다. 마찬가지로 전좌 절단점이 유전자를 분열시키면 이 여성은 이 유전자의 기능 상실로 남성과 관련된 표현형을 보이게 된다. 예를 들면 전 세계에 혈연적 연관이 없는 약 24명의 여성들이 가족력에 관계없이 중증의 Duchenne 근위축증을 보인다고 보고 되었다. 이들 여성들은 X−상염색체 전좌를 가지고 있다. 각 전좌는 서로 다른 상염색체 절단점을 가지지만 X염색체의 절단점은 모두 Xp21에 있는 dystrophin 유전자 내에 위치한다.

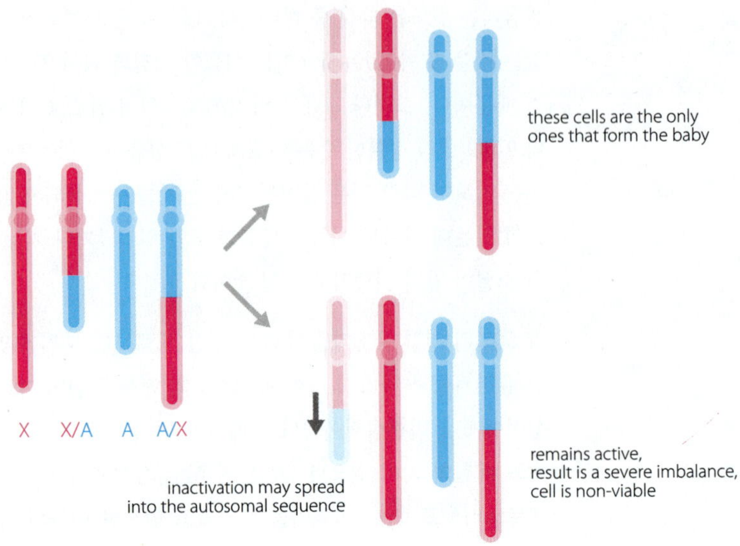

그림 7.20 - 균형 X-상염색체 전좌를 가진 배아의 X-불활성화 효과.

유전자-각인에 의한 기타 질환들

유전자 각인-관련 연구는 인간 유전학의 가장 복잡하고도 이해가 매우 미흡한 분야이며 이에 대한 완전한 설명은 본 교재의 범주를 벗어나는 것이다. 15q11q13 외에도 염색체의 여러 부위들에 각인 유전자들이 존재한다 (*표 7.2*). 대체적으로 각인 유전자들이 집합되어 있는 Prader-Willi/Angelman 부위처럼 어떤 유전자들은 모친 유래 염색체에서만 발현하고 또 다른 어떤 유전자들은 부친 유래 염색체에서만 발현한다. PWS와 Angelman 증후군의 경우에는 모친이나 부친 유래 염색체의 소실이 특정한 증후군을 야기하는 반면 한쪽에서만 유래한 염색체를 두 카피 가지는 경우도 마찬가지이다 (UPD도 표현형적으로는 결실에 의한 증후군과 같은 표현형을 보임). 기타의 각인 유전자 부위는 한 쪽 부모로부터의 염색체를 소실하였을 때 효과를 보이거나, 부모 중 한쪽의 염색체를 두 카피 가졌을 경우 특정한 dosage 효과를 보이기도 한다. *표 7.1*에 보인 증례들처럼 다른 다양한 별개 사건들이 동일한 질환을 야기할 수 있다.

표 7.2 - 유전자 각인-관련 케카니즘이 야기하는 질환들

증후군	OMIM #	염색체 위치	관련 유전자
Prader-Willi 증후군	176270 [PWS]	15q11q13	*SNRPN[PWS]*
Angelman 증후군	105830 [AS]		*UBE3A [AS]*
Beckwith-Wiedemann 증후군	130650	11p15.5	*H19, IGF2, KCNQ10T1*
Silver-Russell 증후군	180860	7p11.2 11p15.5	*GRB10?* *H19, IGF2?*
Carotid body 악성 종양	168000	11q23	*SDHD*
Pseuohypoparathyoidism	103580	20q13.2	*GNAS1*
일시적 신생아 당뇨병	601410	6q24	*ZAC/HYMAI*

유전자 각인은 왜 일어나나?

각인이 어떻게 진화되어 왔는가를 설명하는 여러 가지 설이 제시되고 있다 [Wilkins and Haig, 2003 참조할 것]. 유전자 각인에 갈등을 유발하는 이론은 '이기적 유전자' 라는 용어에서 보이는 것처럼 부모들이 상반되는 효과를 가진 다는 것이다. 남성의 유전자들은 많은 자손을 가짐으로써 최대한 증식된다. 만약에 그의 배우자가 쇠진하여 죽으면, 그는 다른 여성을 찾아서 다시 번식을 시도할 수 있다. 여성의 유전자들은 그녀가 자신을 돌보고 한 명의 자식을 위해 너무 많은 자원을 소모하지 않을 때 가장 많이 증식될 수 있다. 그러므로 모친의 자원을 소비하면서 부모들의 유전자는 태아의 성장을 촉진시키지만 모친의 유전자들은 태아가 너무 많은 것을 모친으로부터 취하는 것을 제한한다. 이러한 설은 포상기태(hydatidiform moles)나 난소기형종(ovarian tetomas)의 예들로 설명될 수 있다. 부친 유래 유전자들은 태반과 막의 증식을 촉진시키며 이 부위들은 산모로부터 태아가 영양분을 취하는 부위이며 모친 유래 유전자들은 이의 반대 효과를 보인다. 그러나 유전자 각인에 의한 모든 표현형들이 이 설에 부합되는 것은 아니다. 이 설에 의한다면 PWS를 가지는 아기들은 작고 Angelman 증후군 아기들은 상대적으로 커야 하지만 실제로는 그렇지 않다. IGF2(insulin-related growth factor)유전자의 각인은 건강한 사람들에서도 다양하며 이는 모든 각인 유전자들이 기능을 가지지는 않음을 의미한다. 어떤 증례들의 경우는 유전자 조절 메커니즘의 우연한 부작용일 수도 있다.

후성적 유전 효과들은 얼마나 중요한가?

세포 내에서의 DNA 메칠화와 이에 수반되는 히스톤 코드와 염색질 구조의 변화들은 유전자 발현 조절의 중심 기작이다. CpG 메칠화는 유전되므로 DNA 메칠화에 기초한 후성 유전학적 변이들은 세포와 조직의 성질을 확립하고 유지하는데 중요하다. *12장*에서 학습하게 되겠지만 후성 유전학적 변이는 광범위하며 암 발생에 중요하다. 그러나, 유전자 각인은 수 십 개 정도의 작은 수의 유전자들에 국한되어 일어나는 듯 하다.

후성 유전학적 프로그램의 중요한 분야 중 하나가 발생 테크닉 분야이다 [Horsthemke and Ludwig, 2005]. 클로닝된 동물들이 종종 비정상임은 일반 실험에서 흔히 경험하는 일이다. 낮은 클로닝 성공률뿐 아니라(조작된 난자들의 일부는 죽는다) 클로닝된 동물은 태어나면 종종 크기가 크며 대부분 출생 후 조기 사망률이 높다. 클로닝에 이용된 체세포 핵은 발달과정에서 후성적 유전적 변경을 겪게 되며 수정된 난자의 핵이 기능을 하려면 이들 변경들이 환원되어야만 한다. 이러한 후성 유전학적 재프로그래밍은 핵을 이식 받는 세포의 세포질에 영향을 받지만 이러한 재프로그래밍은 불완전하고 미완성적이다. 작은 정도로 비슷한 효과들이 인공임신에서 나타난다. 체외 수정에 의해 태어나는 아기들은 Beckwith-Wiedemann 증후군의 위험이 높아진다. 이 위험도는 5000명당 1명으로 그다지 높은 것은 아니지만 이 수치는 자연적으로 임신이 될 때 생기는 확률보다 확실히 높은 수치이다. IVF 임신의 비정상적인 환경은 후성 유전학적인 프로그램을 방해하는 것으로 생각되며 결국 후성 유전자학적인 질환의 위험성을 높이게 되는 것이다.

혹자들은 후성 유전학적인 변이가 환경 변화에 대한 인간들의 적응성을 높인다고 생각한다. 아직 논란중인 학설인 'Barker 학설' 에 의하면 인간의 일반적인 대사 균형은 (비만 또는 고혈압 등의 경

Disease box 7

레트 증후군 (Rett syndrome)

레트 증후군 [OMIM 312750]은 소아기에 발병하는 질환으로 이 증후군은 대부분 여자아이들에게만 나타난다. 이 질환은 오스트리아의 Dr. Andreas Rett에 의해 1966년 처음 보고되었다. 대부분 조기에는 정상적인 발달을 보이다가 6개월에서 18개월 사이에 자기 의지대로 손을 이용하는 능력이 상실되고 손 떨기(hand-wringing), 다른 비정상적인 움직임 등의 퇴행성 특징을 보인다. 일반적으로 과호흡(hyperventilation)과 무호흡(apnea)을 포함한 호흡의 불규칙성이 나타나며 시선을 마주치기가 쉽지 않다. 환아 마다 병의 진행 정도, 발병 연령, 심각성 등에 차이가 있다. 어떤 여자 환아는 말하기와 걷기를 전혀 습득하지 못하며 어떤 아이들은 어느 정도 이러한 기술들을 습득할 수 있다. 비록 척추측만증(scoliosis)과 같은 합병증이 나타날 수 있지만 상태가 수년간 변화없이 정체될 수 있다.

레트 증후군의 대부분은 여자아이에서만 나타나고 가족력 없이 유일하게 한 명에서만 발병한다. 그러나, 엄마는 같지만 아빠가 다른 자매가 질병을 보였다는 보고도 있어서 레트 증후군이 X 염색체에 있는 유전자의 돌연변이에 의해서 발병한다는 설을 뒷받침 한다. 이들 희귀질환 가족들과 전형적인 레트 증후군 환자들의 대부분에서 Methyl-CpG-binding protein 2 [*MECP2*] 유전자 돌연변이가 발견되었다. *MECP2* 돌연변이는 중증 신생아 뇌증 (severe neonatal encephalopathy)을 보이는 남자아이들에서도 발견되었는데 사실 레트 증후군을 가진 여아의 몇몇 친지의 가족에서 이같은 뇌증을 가진 남아가 보고되기도 하였다.

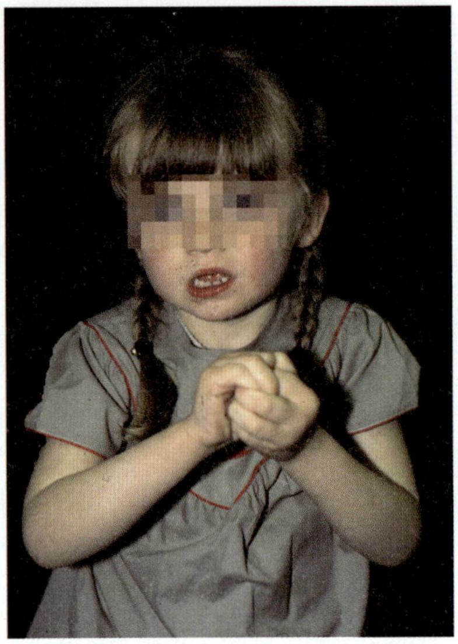

레트 증후군을 가진 여자아이,
손-떨기의 특징을 보이고 있다.

MeCP2 단백질의 기능은 전사 억제와 앞서 설명한 메칠화된 DNA의 후성 유전학적 조절에 관여하는 것이다. 과오 돌연변이를 가진 사람들이 유전자 절단 축소형 돌연변이나 DNA 결합에 영향을 미치지 않는 돌연변이를 가진 사람들보다 증상이 약하다는 것은 유전자형-표현형 상관관계를 암시한다. 그러나 같은 돌연변이를 가지고 있지만 표현형이 다른 환자들도 여러 명 보고 되었다. 그러므로 X 염색체 불활성화와 같은 다른 요인들도 증상의 경중에 영향을 미칠 수 있을 것 이다. MeCP2의 활성에 의해 조절되는 유전자들은 아직 모두 규명되지 않았다. 또한 왜 정상적인 발달이 일정 시기 동안 일어나야만 하는지도 밝혀지지 않았다.

비전형적 표현형은 조기 발병이나 후기 발병 또는 약한 증상이나 심한 증상들로 기술된다 이러한증상들을 보이는 환자의 1/3 만이 *MECP2* 돌연변이를 가지고 있다. 영아연축 (infantile spasm)이 조기에 발병한 환자나 심한 표현형을 보이는 환자들은 *MECP2* 돌연변이 대신에 X 염색체의 다른 유전자인 *CDKL5*에 de novo 과오-돌연변이를 가진다. CDKL5 단백질은 MeCP2 단백질의 인산화 조절에 관련이 있는 것으로 추측된다. 이는 발달 경로의 규명을 개시하기 위해 표현형을 이용하는 한 예가 되겠다 [*6장 참조할 것*].

향) 대개 자궁 내의 시기와 초기 신생아 시기의 영양적 환경에 의해 영향을 받는다고 한다 (Barker 1995). 이 과정에 *IGF2* 유전자는 중요한 역할을 하며 이는 대사를 조절하고 각인 효과를 받도록 하는데 중요한 기능을 한다.

아직 많은 논란의 여지가 있지만 여러 질환의 역학적 고찰은 계세대적(transgenerational) 후성유전학 효과를 뒷받침한다. 이는 검사하기가 어려운 분야이다. 이해가 가겠지만 테스트되고 있는 설들은 새롭고 정확치는 않으며 데이터 세트들은 많은 변수를 내포한다. 이것은 해석에 있어 상당한 문제를 야기한다. 모계 라인을 통한 계세대적 효과는 자궁 내에서 태반을 통한 대사 신호들의 전달이 설명되어야 하므로 해석하기가 어렵다. 부계라인을 통한 세대적 효과를 설명하기 위해서는 후성유전학적인 전달이 강력한 후보이다. 모계 라인의 계세대적 효과의 가능성에 대한 예는 다음과 같다.

- 부친 및 부친 쪽의 증조부의 소년시절 영양공급과 형질발단자(proband)의 수명 또는 당뇨병과 심장질환 사망률과의 연관성을 보인 북 스위덴 인들의 역사적 연구 [Kaati 등 2002; Prembrey 등 2006].
- 부친의 청소년시절 흡연의 시작은 장래 그의 아들이 9세가 되었을 때의 체중 인덱스 증가와 관련성이 있음을 보여준 동시대의 영국인들의 연구 (Prembrey 등 2006).
- 부친이 베텔 넛트 씹는 것과 그의 자손에서 '대사성증후군' 의 초기 발병과 관련이 있음을 보여준 동시대의 타이완 인들의 연구 [Chen 등 2006]. 이러한 '대사성 증후군' 에는 비만, 인슐린 저항성, 혈압상승, 당뇨병 가능성의 증가, 심혈관 질환 등이 포함되므로 [*13장 1절* 참조 바람], 이들 세 가지의 계세대적 반응의 결과는 어떤 면에서는 서로 공통되는 면이 있다.

자신의 환경에 적응하도록 하는 것이 바람직한 것이라면 다음과 같은 의문을 갖게 된다. 즉, 앞서 예로 들은 계세대적 후성 유전 효과는 우리들 자신의 환경에 대한 적응 보다는 우리의 할아버지의 환경에 우리를 적응시키는 것이 아닌가 의문이 생기는 것이다. 후성 유전학적 프로그램에 대한 지지자들은 계세대적 효과는 일반적인 후성 유전학적 효과의 일부일 뿐이라고 말하기도 하지만 이러한 효과들은 반직관적으므로 이들은 후성 유전학적인 설명을 심각하게 받아들일 것을 강조한다.

7.5. 참고문헌

Barker DJP [1995] Fetal origins of coronary heart disease. Br. Med. J. 311: 171–174. 반대의견의 코멘트는 Paneth and Susser [1995] Early origin of coronary heart disease [the 'Barker hypothesis'] Br. Med. J. 310: 411–412. 참조. *두 논문의 전 텍스트는 http://bmj.bmjjournals.com에서 무료로 접속할 수 있음.*

Carl L and Willard HF [2005] X-inactivation [rofile reveals extensive variability in X-linked gene expression in females. Nature, 434: 400–404.

Chen TH-H, Chiu YH and Boucher BJ [2006] Transgenerational effects of betelquid chewing on the development of the metabolic syndrome in the Keelung Community-based Integrated Sequencing Program. *Am. J. Clin. Nutr.* 83: 688-692.

Hendrich D and Bickmore W [2001] Human disease with underlying defects in chromatin structure and modification. *Hum. Mol. Genet.* 10: 2233-2242.

Horsetemke B and Ludwig M [2005] Assisted reproduction: the epigenetic perspective. *Hum. Reprod. Updat,* 11:473-482.

Jones PA and Batlin SB [2003] The fundamental role of epigenetic events in cancer. *Nature Rev. Cancer,* 3: 45-428. *이 종설은 암에 관한 내용이지만 이들이 설명하는 기작들은 일반적인 것들임.*

Kaati G, Bygren LO and Edvinsson S [2002] Cardiovascular and diabetes mortality determined by nutrition during parents' and grandparents' slow growth period. *Eur. J. Hum. Genet.* 10: 682-688.

Pembrey ME, Bygren LO, Kaati G, 등 [2006] Sex-specific male-line transgenerational responses in humans. *Eur. J. Hum. Genet.* 14: 159-166.

Wilkins DF and Haig D [2003] What good is genomic imprinting: the function of parent-specific gene expression. *Nat. Rev. Genet.* 4: 359-368.

Zeschnigk M, Lich C, Buiting K, Doerfler W and Horsthemke B [1997] A single-tube PCR test for the diagnosis of Angelman and Prader-Willi stndrome based on allelic methylation differentiation at the *SNPRN* locus. *Eur. J. Hum Genet.* 5: 94-98.

7.6. 자가 평가 문제들

[1] 6번 염색체에 있는 한 유전자가 각인되어 오직 부친으로부터 받은 염색체에서만 발현한다고 가정하라. 이 유전자의 완전한 발현 부재는 안면의 모습을 기형으로 한다. 만약에 이 유전자 기능 상실 돌연변이가 대 가족에서 유전한다고 가정하고 가계도를 그려 보아라.

[2] 상기 1번 문제에서 모친으로 받은 염색체에서만 이 유전자가 발현한다고 가정하고 가계도를 그려 보아라.

[3] 증례 16에서 Pilar Portillo와 그녀의 여자 형제들에게서 X-불활성화 테스트를 하기 위해 샘플 DNA를 *Hpa*II 제한효소로 처리한 후 PCR 반응을 시키기 전에 샘플을 10분간 끓는 물에서 제한효소 활성을 모두 불활성화 시켜야 한다. 왜 이 과정이 필요한가?

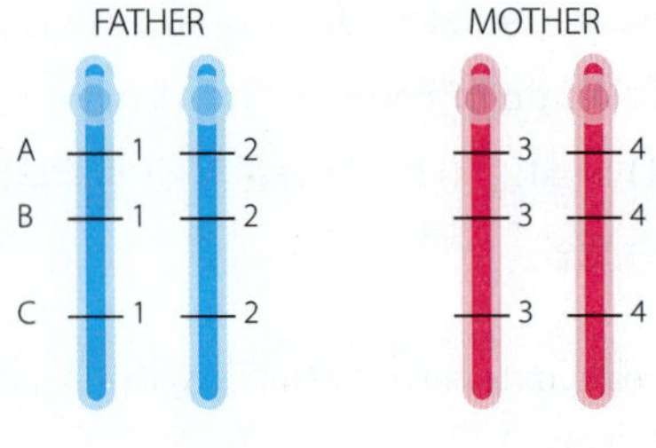

[4] 옆의 그림은 한 가족의 엄마와 아빠의 15번 염색체에 있는 DNA 다형화 마커 세 개를 보여주고

있다. 마커 A는 PWS / Angelman 증후군의 부위에 있지만 다른 두 개의 마커는 이 증후군 부위에서 떨어져 있다. 이 부부의 이이들이 다음의 경우들에서 가질 마커들의 유전형을 써라.

(a) 결실에 의한 PWS
(b) 결실에 의한 Angelman 증후군
(c) 편친형 이염색체성에 의한 PWS
(d) 편친형 이염색체성에 의한 Angelman 증후군
(e) 유전자 각인의 결함에 의한 PWS
(f) *UBE3A* 유전자 돌연변이에 의한 Angelman 증후군

[5] 감수분열 중 남편의 염색체 마커 A와 B 그리고 부인의 염색체 마커 B와 C 사이에서 교차가 일어났다고 가정하고 4번 문제를 풀어보아라. [이것은 전혀 불가능한 케이스가 아니다 – 감수분열 중에는 적어도 한번의 교차가 한 쌍의 상동염색체들 간에 일어난다].

[6] 어떤 DNA 단편의 일부 염기서열이 다음과 같다.

```
             m                    m         m  m      m
5′    CATGCGGCAAACAAGCACGCCTGCGCGGCCGCAGAGGCAG    3′
```

표시된 C 염기들은 부모 중 어느 편에서 유래하였는가에 따라서 모두 메칠화 되었거나 아니면 모두 비메칠화 된다. 이 DNA를 sodium bisulfite로 처리하고 이 단편에 완전히 상보적인 PCR 프라이머를 이용하였다. 사용된 프라이머는 그림의 오른쪽으로 벗어나 있다. 메칠화 단편과 비메칠화단편을 증폭할 수 있는 프라이머를 프라이머 하위부위와 연계하여 고안하고 PCR 증폭 시 예상되는 염기서열을 적어라. [실제적으로 사용하는 프라이머는 길이가 20–40 개 정도의 염기로 고안한다. 이 프라이머들은 사이토신 염기들의 메칠화 정도에 따른 미스매치(mis-match)를 피하기 위하여 보통 PCR 증폭에 사용되는 프라이머들 보다 길이가 길다].

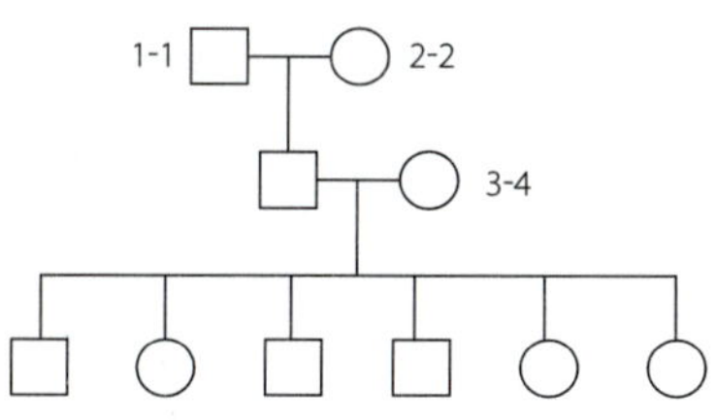

[7] 옆의 가계도는 Xp–Yp 위상염색체 부위에 위치한 다형화 DNA 마커의 유전자형을 나타내고 있다. 가계도에 있는 모든 사람들의 가능한 유전자형을 모두 적어라.

제 8 장

유전자는 어떻게 인체의 대사, 약물에 대한 반응, 면역계에 영향을 미치는가?

8장의 학습 요지

- 선천성 대사장애에 대한 기본원리를 설명하고, 대사차단에 의한 질병 증례들
- 약물반응의 개인차에 대한 예와, 그 중요성을 설명
- 유전자 검사에 기초한 개인맞춤의료의 전망에 대해 토론
- MHC의 일반적인 특성 및 기능과, 장기이식에 있어 HLA 적합성의 역할을 설명
- 모든 외래항원에 대항하여 적합한 면역반응이 일어날 수 있는 이유를 유전 기작의 관점에서 서술

8.1. 증례 학습

증례 19 | Stott 가족 | 199 | 210 | 376

- 두 번째 임신; 남자아이로 예측됨
- 성이 불분명한 생식기를 가지고 태어남
- FISH를 이용한 염색체 검사
- 선천적 부신 이상?

이미 딸을 한 명 가지고 있는 Stott 부부는 최근 임신한 아이가 초음파 검사 결과 사내아이로 판정되자 매우 기뻐했다. 그러나 아이의 출산을 지켜본 간호사는 근심스레 소아과의사를 불렀다. 간호사는 Stott 부부에게 새로 태어난 아이가 hypospadias라고 불리는 남성이나 여성의 생식기로 분류하기에 모호한 생식기를 가진 남아일 수도 있고, 호르몬 문제로 인해 웅성화(雄性化)된 여아일 수도 있다고 설명했다. 그 외의 다른 부분은 이상이 없었지만, 의사는 급히 나트륨과 칼륨에 대한 검사와 염색체 분석을 준비했다. FISH 검사를 수행한 세포유전학 연구실은 곧 그 아이가 염색체상으로 여아임을 밝혀 내었다. 의사는 동료 소아 내분비학자에게 시료를 보내 프로게스테론(17-hydroxy progesterone)과 테스토스테론(testosterone)의 수치를 검사하도록 요청했다. 또한 분자유전학 연구실에도 시료를 보내 선천성 부신과형성증(congenital adrenal hyperplasia)의 여부를 검사하도록 요청했다. 도착한 실험결과들은 Susie라고 이름 붙여진 신생아의 부신이 덜 심각한 – 염류비소실성 선천성 부신 과증식성장 소견을 가지고 있는 것으로 보여주었다. 아이의 프로게스테론과 테스토스테론 수치는 증가해 있었으며, *CYP21* 유전자의 두 copy 모두에 돌연변이가 관찰되었다.

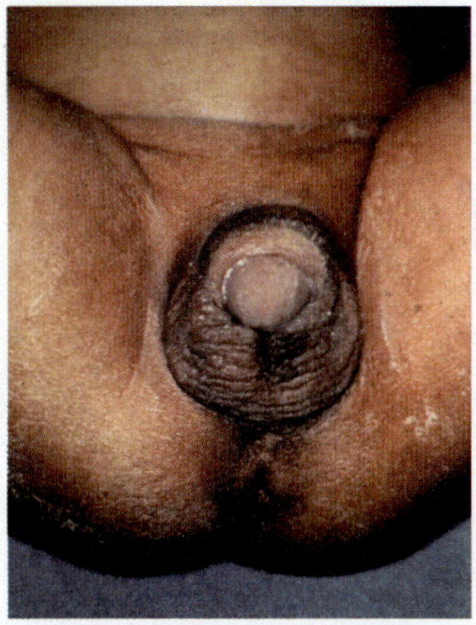

하이드로코르티손(hydrocortisone) 처방이 시작되었고 그 해 말에는 수술이 계획되었다. Stott 부부는 Susie의 생후 첫 주를 돌이켜 볼 때마다, 그들이 아이에 대해 무척이나 걱정스러워 했었음을 기억하곤 한다. 그들은 주변사람들에게 아이가 남아인지 여아인지도 말할 수 없었으며, 심지어 이름조차 결정할 수가 없었다.

그림 8.1 - 선천성 부신 과증식 성장에 의한 단순웅성화 현상을 가진 여아의 모호성기

증례 20 | Tierney 가족 | **200** | 213 | 310 | 376

- Jason, 4세, 남아
- 창백, 광범위한 타박상과 빈맥
- 급성 림프구성 백혈병?

4살 짜리 건강한 사내아이였던 Jason은 2주 전부터 등에 광범위한 타박상과 함께 통증을 느끼게 되었다. 아이를 관찰한 의사는 Jason이 창백하고, 빈맥(tachycardic)이 있지만 뚜렷한 열은 없는 것을 주목했다. 혈액검사 결과 헤모글로빈 수치가 낮고 (빈혈), 백혈구 수치가 높았으며 (리터당 90 × 10^9개, 정상범위는 리터당 4–11 × 10^9개), 혈소판 수치가 낮음을 보여주었다. 그리고 림프구의 숫자가 매우 높아져 있음도 관찰할 수 있었다. 이런 결과는 소아급성림프구성백혈병(childhood acute lymphocytic leukemia)일 가능성을 높여 주었다.

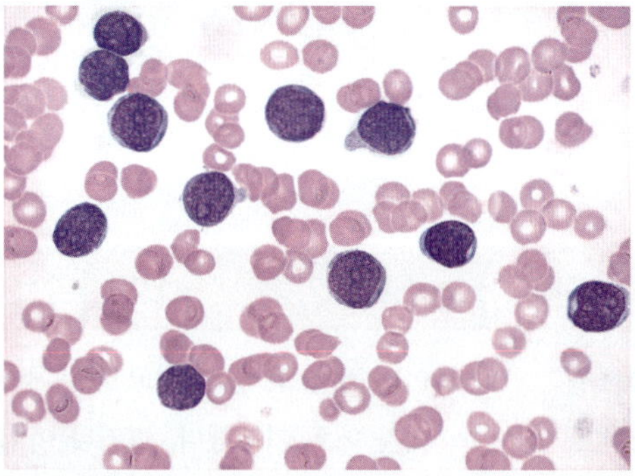

그림 8.2 - **전형적인 급성 림프구성 백혈병의 소견**
높은 핵-세포질 비율을 갖는 작은 세포. 일부는 인이 대부분을 차지하고 있는 것이 보인다.
사진 자료 제공 Dr John Yin, Manchester Royal Infirmary

8.2. 배경

본 장에서는 개인간 유전적 차이를 유발하는 유전학의 세 부분을 다루게 된다.

- 선천성 대사장애
- 약물 반응의 일반적인 다양성 (**약리유전학**)

- 모든 외래항원에 면역반응 할 수 있게도 만들어주고, 경우에 따라서는 이식 거부반응을 야기하기도 하는 체계 (**면역유전학**)

본절과 8.4절은 각각 3개의 파트로 구분되었는데 이것은 이들 세분야를 다룬다.

선천성 대사장애 (Inborn errors of metabolism)

선천성 대사장애에 대한 개념은 임상유전학의 초창기에 정립되기 시작했다 (*Box 8.1* 참조). 대사가 여러 효소가 관련된 일련의 순차적인 반응이이므로, 효소들을 만들어내는 유전자의 돌연변이에 의한 기능소실은 대사과정 차단을 야기한다 *(그림 8.3)*. 차단된 대사과정의 앞쪽에 위치한 기질은 축적될 것이고, 뒤쪽에 위치해 있는 기질은 모자라게 될 것이다.

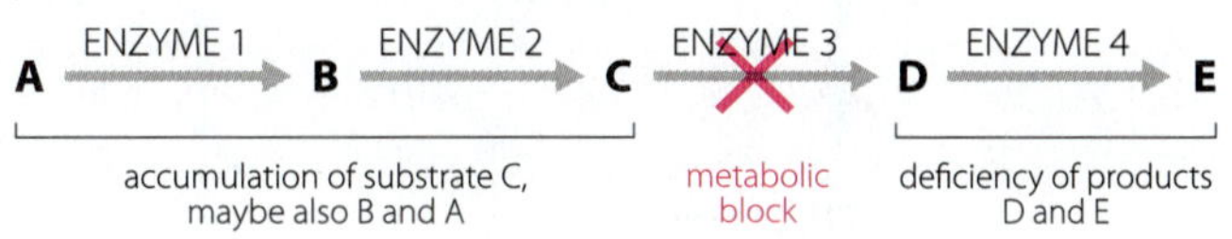

그림 8.3 - 단순 경로에서 대사차단의 영향

- 생합성 과정에서 주목할만한 영향은 최종산물의 부재일 것이다. 예를 들어 멜라닌(melanin) 합성에 중요한 효소인 tyrosinase의 결핍은 알비노증(albinism)을 일으킨다 *(그림 8.4)*.
- 분해과정에서 대사과정의 차단으로 인한 기질의 축적도 문제를 일으키는데, 리소좀 축적질환(lysomal storage disease)이 대표적인 질환이다. 리소좀에는 다양한 고분자화합물질의 분해에 필요한 가수분해 효소가 약 40여개가 들어 있는 세포내 소낭이다. 리소좀은 고분자 물질을 받아들이지만 분해과정에 의해 형성된 작은 물질들만 내보낼 수 있다. 그러므로 하나 또는 그 이상의 리소좀 내 효소가 결핍되면 고분자 물질이 분해되지 않거나, 부분적으로 분해된 고분자화합물이 리소좀 내부에 쌓이게 되고, 이것은 결국 세포를 죽게 만들 수 있다. 리소좀 축적병을 가진 환자는 출생 시에는 정상이지만, 분해되지 않은 물질이 리소좀에 쌓이게 됨에 따라 증상이 점진적으로 악화된다. 예를 들어, Hunter 증후군(OMIM 309900)과 Hurler 증후군(Hurler syndrome, OMIM 607014)등은 점액성 다당류인 glycosaminoglycan 분해에 필요한 효소가 결핍되어 분해되지 않고 리소솜에서 방출할 수 없는 고분자물질 축적으로 야기되는 증후군들이다. *그림 10.1*은 리소좀 축적병의 하나인 Tay-Sachs병의 결과를 보여준다.
- 분해나 합성에 필요한 대사과정에서 차단된 단계의 이전단계 기질의 고농도 축적은 비정상적인 대사물질의 생성을 야기하기도 한다. 예를 들어, 페닐케톤뇨증(phenylketonuria) (*11장 사례22 Vlasi가족* 참고)에서 정상적인 페닐알라닌(phenylalanine) 대사과정의 차단은 혈액과 조직에 페닐알라닌의 축적을 야기하고(*그림 8.4*), 결과적으로 페닐케톤의 생성으로 연결된다.

포르피린증(porphyrias) (본장 후반의 *Disease box 8* 참고)은 차단된 합성과정의 병원성 중간 물질이 축적되어 일어난다.

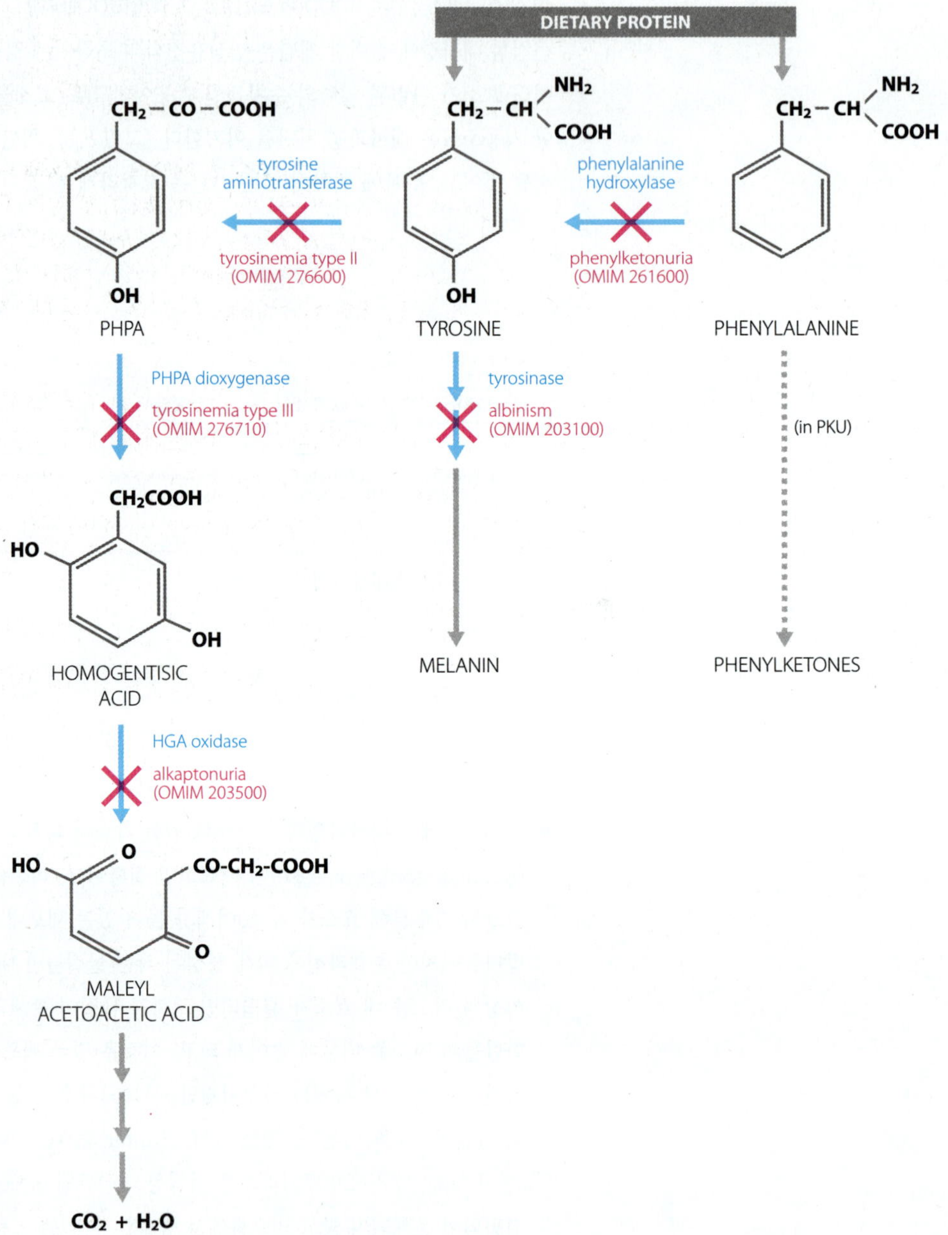

그림 8.4 - 페닐알라닌(phenylalanine)과 타이로신(tyrosine)의 대사

대사차단의 결과는 생성물질의 결손(알비노증), 전단계 대사물질의 방출(알카톤뇨증), 또는 차단된 기질의 대체물질의 방출(페닐케톤뇨증) 등을 유발할 수 있다. PHPA = *p*-hydroxy phenylalanine.

Box 8.1

어떤 역사

선천성 대사장애 (inborn errors of metabolism)의 개념은 인류유전학 연구의 초기로 거슬러 올라간다: 1902년 Archibald Garrod는 'The incidence of alkaptonuria: a study in chemical individuality' 라는 제목의 논문을 발표했다. 알캅톤뇨증 (OMIM 203500 - 그림 8.4)은 homogentisate 1,2-dioxygenase 또는 homogentisic acid oxidase라고 불리는 효소가 결핍된 사람에게서 드물게 나타나는 열성질환이다. 이 질환을 가진 사람의 소변에는 페닐알라닌과 타이로신 이화작용의 중간물질인 homogentisic acid가 과량 함유되어 배출된다. 이 물질은 공기 중에서 흑갈색으로 변하는데, 여기에서 바로 병명이 유래하였다. Garrod는 종종 환자의 부모가 사촌간이거나 환자의 형제자매들도 동일 증상이 나타나곤 한다는 것에 주목하였다. 그는 알캅톤뇨증이 Mendel의 유전법칙상 열성을 나타낸다고 추측하였는데, 이는 Mendel의 연구가 고작 2년 전에 재발견되었다는 것을 고려해볼 때 대단한 통찰이라 아니할 수 없다. 1908년에 연달아 발표한 논문에서 그는 '선천성 대사장애' 라는 용어를 만들고, 시스틴뇨증(cystinuria)과 펜토스뇨증(pentosuria)를 추가적인 예로써 제시했다.

Mendel 처럼 Garrod도 아마도 시대를 앞서 갔던 학자이었다. 당시의 유전학자들은 형질유전의 기본 메카니즘을 이해하는 것에 더 신경을 썼고, 생화학자들은 기본적인 생화학 연구에 더 관심을 쏟고 있었다. 매우 드문 희귀질환을 가진 환자들은 실험연구의 대상으로 거의 받아들여지지 않았다. 이후 30년이라는 시간이 흐른 뒤에야 Beadle과 Tatum이 빵 곰팡이 (*Nuerospora crassa*)에 X-ray를 이용한 돌연변이 야기하고 이들 변이체들을 생화학적으로 분석하는 적절한 실험기법을 고안하였던 것이다. Beadle과 Tatum은 'Genetic control of biochemical reactions in Neurospora' 라는 제목을 가진 1941년에 논문에 그들의 연구에 대한 대표 서술어라 할 수 있는 '1 유전자 - 1 효소(one gene - one enzyme)' 이라는 구절을 쓰지는 않았지만 다음과 같이 서술하고 있다.

> *일반적으로 단 하나의 유전자가 한가지 특정한 화학반응을 직접적으로 조절하는지의 여부는, 생합성의 특정 단계를 수행하지 못하는 여러 돌연변이를 찾아내는 것으로 판명할 수 있을 것이다.*

이로부터 5년이 안되어 Beadle은 1 유전자 - 1 효소설을 공표하고, 그 이론을 당대 유전자 기능의 이해에 있어 중심에 올려놓았다. 그 시대에는 단백질이나 유전자의 구조는 아직 알려지기 전이었다. 1956년 hemoglobin과 hemoglobin S의 차이에 대한 연구를 발표한 Ingram에 의해 더 발전된 이론이 제시되었으며, 1960년대 초기까지 생화학유전학의 모든 기본 개념들이 소개되었다.

생화학적 유전학은 다른 무엇보다 실험방법과 연구자들 자신에 의해 규정되었다. PCR이 일반적으로 쓰여지기 이전인 1960년에서 1990년에 이르는 시기에는 DNA분석을 위한 임상유전학자들의 실험방법은 매우 제한적이었다. 그러나 생화학자들은 대사과정과 효소학에 대한 놀라운 지식을 가지고 있었으며, 이런 지식을 여러 유전질환 연구에 응용하였다. 예를 들어 GC-MS(gas chromatography coupled to mass spectrometry)와 같은 특수한 도구들을 이용하여 혈액이나 소변에 함유된 비정상적인 대사물질을 찾아내었다. 그들은 또한 광범위한 신생아 조사 프로그램을 진행하고, 선천성장애를 가진 신생아들의 조사와 관리에 깊숙이 관여하기도 하였다. 이런 시도들은 그들을 임상유전학의 주류에서 일정 부분 거리를 두게 만들었다. 그러나 오늘날에는 생화학적 유전학자와 임상유전학자들이 다시 유사한 접근 방법을 사용하게 되었다. 생화학자들은 GC-MS 같은 실험방법을 버리지는 않았지만, DNA 분석 방법과 생화학과 세포생물학적 개념들을 사용하는 것이 모든 임상유전학에 공통적으로 사용되게 되었다.

증례 19의 Susie Stott에게 영향을 주었던 선천성 부신 과증식 성장(congenital adrenal hyperplasia, CAH)은 좀 더 복잡한 상황을 보여준다. CAH는 glucocorticoid와 mineralcorticoid 호르몬의 생성을 억제하는 대사차단의 결과로 일어난다. *그림 8.5*의 주요 합성경로에서 보여주는 것처럼, 모든 스테로이드의 합성은 콜레스테롤로부터 시작된다. 이 과정에 관여하는 산화효소의 대부분은 cytochrome P450의 여러 종류 중의 하나이다. P450 효소는 다음에 보게 될 많은 약물의 대사에도 관여하고 있다. 이중 일부는 서로 유사한 여러 기질에 작용하기도 하고, 또 일부는 다수의 반응을 촉매 하기도 한다. 결과적으로 *그림 8.3*과 같은 단순한 경로가 아닌 보다 복잡하고 서로 연관되어 있는 일련의 반응을 보여주게 된다.

그림에서 강조하여 표시된 다섯 가지 효소 중 무엇이라도 문제가 생기면 CAH가 발생할 수 있으나, 그 중 95%에 해당하는 경우는 21-hydorxylase의 결손에 의해 일어난다. 좀 더 심각한 증상을 보이는 염류소실성 CAH에서는 aldosterone의 결핍에 의해 신장을 통해 염류가 소실되고, 생명이 위협받게 된다. Susie는 경미한 '단순 웅성화' 형의 일례이다. Glucocorticoid와 mineralocorticoid 호르몬의 결핍은 ACTH(adrenocorticotrophic hormone)의 분비를 촉진시키고, 이는 안드로젠(androgen)의 생성을 증가시킨다. 자궁 내의 여성 태아에게 안드로젠 과잉은 태아를 다양한 정도의 웅성화를 야기하게 한다. 내부적으로는 정상이지만 외형상의 성기에 문제가 있는 여성의 경우에는 태어난 직후 성형수술이 요구된다. 경증 CAH는 성인 여성에게 불임의 이유가 된다. 21-hydroxylase 유전자에 다양한 돌연변이가 일어나거나 유전자의 수에 변화가 있게 되면 그 정도에 따라 다양한 병리학적 소견이 나타나게 된다. 유전자 결손이나 비정상적인 절단은 기능의 완전한 소실을 일으키는 반면에 과오 돌연변이 등은 일부 기능의 손실만을 가져온다 (아래 참고).

*Box 8.2*에서 설명한 것처럼, 21-hydroxylase 유전자 좌의 돌연변이는 이웃하고 있는 위유전자(pseudogene)와 연관되어 나타나기도 한다. 이런 유전 기작의 실질적인 결과에서 흥미로운 점은, 이렇게 생성되는 돌연변이는 이미 존재하고 있던 위유전자의 서열에 한정된다는 것이다. 모든 돌연변이의 약 75%정도는 위유전자에 이미 존재하고 있는 소수의 특정 변이 유형으로 한정되며, 이는 그 유전자가 원래 가지고 있어야 할 10개의 exon중 일부가 소실되어 있는 형태이다. Stott 가족의 증례(case 19)가 바로 이것이다.

약물유전학 (Pharmacogenetics)

많은 약물이 단지 특정한 사람들에게만 작용하며, 어떤 사람들에게는 원치 않는 효과가 나타나거나 경우에 따라서는 심각한 위험을 초래하기도 한다는 것이 오랫동안 알려져 왔다 (*표 8.1*). 이런 약물 반응의 다양성은 심각한 의료문제이다. 매년 미국에서 10만 명이 이런 약물에 대한 부작용으로 사망하며, 영국에서는 병원 입원환자 15명 중 한 명은 이러한 약물의 부작용에 의한 것이라고 추정된다. 이런 개인간 반응편차의 대부분은 유전적인 이유이다. 유전인자들은 약동학(pharmacokinetics: 약물의 흡수, 분포, 대사, 배설)과 약력학(pharmacodynamics: 약물의 실질적인 효과) 모두에 영향을 미친다. 어떤 약물이 어느 환자에게 적합할 것인지를 유전실험을 통해 결정하는 것에 많은 관심이 쏠리고 있다. 제약회사에서 개발 진행 중인 많은 화합물이 이런 유전 실험과 연관 되어 있다. 일부에서는 제약회사들이 특정 약물의 판매에 제한을 거는 행위에는 아무런 관심을 가지지 않는다고 생각하는 냉소적인 시선도 있으나, 사실 그런 회사들도 심각한 약물 부작용을 피하기 위해 이 부분에 많은 관심을 기울이고 있다. 새로운 약물을 개발하여 판매에 이르기까지에는 약 10억 달러에 이르는 막대한 비용이 소모된다. 그러나 이 약이 시판 후 심각한 부작용을 가지고 있는 것으로 판명되어 되어 폐기처분 된다면 이런 모든 비용과 노력은 아무런 가치를 지니지 못하게 된다. 그러므로 제약회사들은 특이한 부작용의 원리를 이해하는데 많은 노력을 기울이며, 이를 통해 투약방법이나 처방 지침을 변경하여 위험을 최소화 하려 한다.

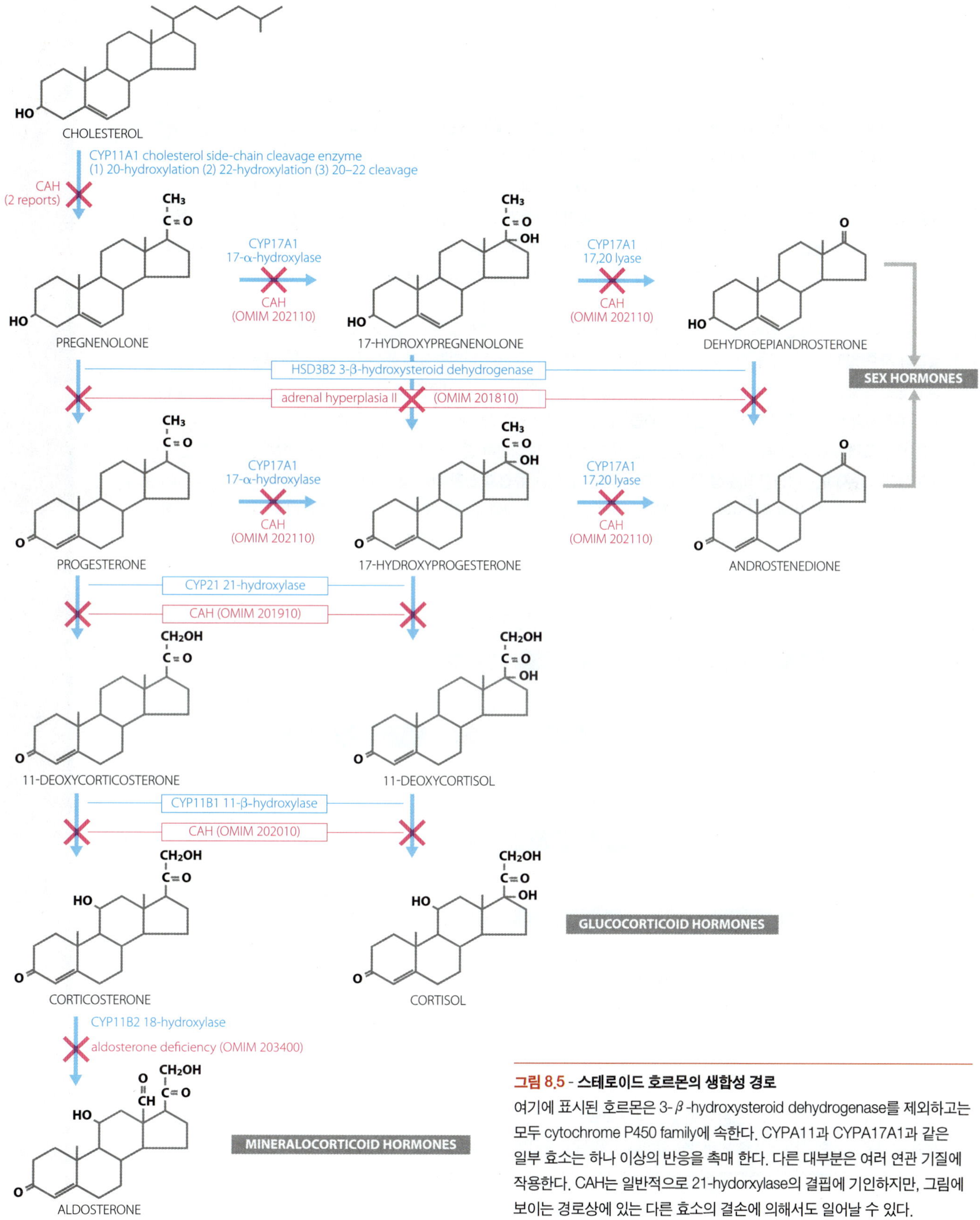

그림 8.5 - **스테로이드 호르몬의 생합성 경로**

여기에 표시된 호르몬은 3-β-hydroxysteroid dehydrogenase를 제외하고는 모두 cytochrome P450 family에 속한다. CYPA11과 CYPA17A1과 같은 일부 효소는 하나 이상의 반응을 촉매 한다. 다른 대부분은 여러 연관 기질에 작용한다. CAH는 일반적으로 21-hydorxylase의 결핍에 기인하지만, 그림에 보이는 경로상에 있는 다른 효소의 결손에 의해서도 일어날 수 있다.

Box 8.2

21-hydroxylase의 결핍을 일으키는 유전자의 결실(deletions)과 전환(conversion)

21-hydorxylase 결핍에 대한 유전학 연구는 흥미로운 돌연변이 기작을 보여준다. *CYP21* 유전자는 염색체 6p21에 있는 MHC(major histocompatibility complex) 유전좌 좌에서 병열로 중복된 유전자 중의 하나이다. MHC의 주요 기능에 대해서는 면역유전학을 다룰 때 다시 살펴볼 것이다. 그림에서 보는 것처럼 30 kb 길이를 가진 병열 중복이 있다. *C4A*와 *C4B* 유전자는 모두 complement factor 4라는 단백질을 만들지만, *CYP21*은 둘 중 실제로는 하나만 기능을 가진 유전자이며 *CYP21P*는 불활성인 위유전자이다. 이 위유전자는 몇 군데의 과오돌연변이들과 스플라이싱 이상돌연변이, 틀변형 또는 및 정지 돌연변이 등과 같은 다양한 돌연변이를 가지고 있는데, 이런 모든 돌연변이가 불활성을 나타내는 이유가 된다. *3장*에서 언급한 바와 같이 이중으로 복제된 유전자는 무작위적 돌연변이의 결과로 종종 위유전자로 변하게 된다.

우리는 이미 이러한 병열 반복 염기서열을 가지고 있는 부위는 감수분열시 잘못된 정렬과 조환 등에 의해 유전자의 중복이나 결실이 자주 일어난다는 것을 학습하였다 (*Disease Box 3*). 결과적으로 비기능적인 생성물은 C4-210H 단위에 30 kb 염기 단편의 결실을 초래한다. 21-hydroxylase 돌연변이의 20-25%는 이런 기작에 의해 일어나는데, 일반적인 집단에서도 기능 유전자와 비기능 위유전자의 다양한 카피를 가지는 복잡한 단상형(haplotype)이 존재하는 것도 바로 이런 기작 때문이다. 그러나 CAH환자의 대부분은 정상적인 중복 유전자가 여전히 존재하지만, 이런 환자들의 정상 CYP21 유전자에는 위유전자에 존재하는 다양한 비활성 돌연변이가 존재한다. 이는 **유전자 전환(conversion)**이 있었다는 증거이다. 즉, 대부분의 경우에서 짧은 DNA 서열이 교차에 의해 조환이 일어나지 않은 상태에서 상동염색체의 연기서열로 치환되는 과정을 말한다. 21-hydroxylase 돌연변이의 분석은 fungi에서 잘 알려진 유전자 전환이라는 기작이 포유동물에도 존재함을 보여준 첫 증거였다.

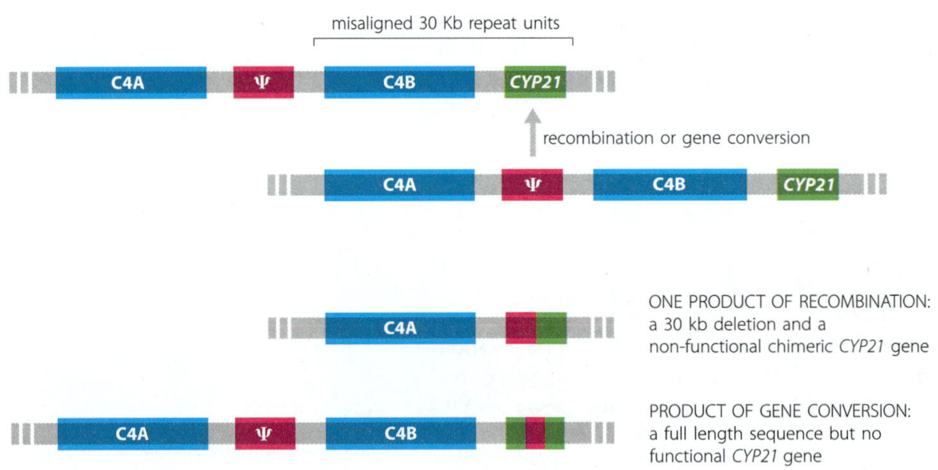

대부분의 21-hydroxylase 돌연변이는 잘못 정열된 C4-210H 반복의 교차로 인해 일어난다. 20-25% 정도에서는 30 kb 정도가 결실된 대립유전자를 가지며, 나머지의 경우엔 완전한 길이를 가진 유전자를 가지고 있으나 정상 유전자 부분에 위유전자(Ψ)에서 유래한 돌연변이 서열이 나타난다.

최종 결과는 다르지만 유전자 전환은 사실 조환 기작의 일종이다. 2장에서 설명한 바와 같이, 재조합은 깨끗하게 절단된 정확히 같은 위치의 상동염색체 부위간에 일어나지 않는다. 오히려 부정확하게 잘린 첫 번째 가닥이 상동염색체의 다른 가닥을 침범하곤 한다. 결과적으로 완전한 조환이 일어나기도 하고, 한쪽 가닥에서 다른 가닥으로 짧은 서열이 치환되기도

Box 8.2 - continued

한다. 그러면 짝짝이 수선 효소 (mismatch repair enzyme)이 공여 염기서열로 수여 염기서열을 치환 수정한다; 경우에 따라 이런 효소의 작용이 일어나지 않으면 다음 번 유전자 복제 시까지 이형이중가닥 (heteroduplex)으로 존재하게 되고, 다음 번의 복제에서 완전히 공여 염기서열로 만 된 이중가닥을 가진 딸세포를 만들게 된다. 유전자 전환을 증명하는 것은 어려운 일이다. 대부분의 경우 100 bp 정도의 매우 짧은 서열이 치환된다. 만약 일부 곰팡이에서 일어나는 것처럼 모든 유전자 전환을 발견하고 정체를 규명할 수 있다면 이런 교환이 한쪽 방향으로만 일어난다는 것을 명확하게 알 수 있겠지만 그렇지 않다면, 이러한 유전자 전환의 결과를 인접한 이중 조환의 결과와 구별할 수 없을 것이다.

표 8.1 - 특정인에게 심각한 부작용을 초래하는 약물의 예

약물	효과
Azathioprine	Thiopurine methyltransferase의 활성이 낮은 사람들에게 일반적인 투여량에서 치명적인 골수억제
Fluorouracil	Dihydropyrimidine dehydrogenase가 결핍인 사람들(1%)에서 표준 투여량에서 치명적인 신경독성
Hydralazine	Slow acetylator들에게 전신의 홍반성 낭창의 위험
Isoniazid	Slow acetylator들에게 말초신경병증의 위험
Succinylcholine	Pseudocholinesterase 결핍인 사람들에게 지속적인 호흡곤란
Warfarin	*CYP2C9* 또는 *VKORC1*의 활성이 낮은 사람들에게서 과다출혈

약물에 대한 반응이 높은 개인차를 보이는 이유의 대부분은 약물대사의 속도에 사람들마다 다양한 차이가 있기 때문이다. 처방 되는 약들 중 약 25~30%은 CYP2C9, CYP2C19, CYP2D6라는 효소 중 하나에 의한 산화작용으로 제거된다. 이 효소들은 많은 멤버를 가진 P450 family의 일원인데, 바로 스테로이드 생합성 과정에 관여하는 효소들이다. 이런 효소들의 다형성(polymorphism)은 효소 활성에 영향을 미치게 된다. *그림 8.6*에서 보는 바와 같이 이들 대사체에 반응하는 속도에 따라 사람들을 일반적으로 네 가지 분류 군(약함, 중간임, 높음, 매우 빠름)으로 나눌 수 있다. 같은 양의 약물이 투여된 경우 약한 대사 반응을 가진 사람에서는 약효가 강하게 나타나며, 이와 반대로 매우 빠른 대사 반응을 가진 사람에게서는 약효가 약하게 나타난다. 이런 차이가 나타나는 이유는 체내에 들어온 약물이 제거되는 속도에 차이가 있기 때문이다. 만약 일반적으로 사용되는 정도의 약물이 투여되면 매우 빠른 속도의 환자에서는 약효를 거의 기대할 수 없는 반면에 약한 속도의 환자는 약물의 과다한 영향으로 고통을 받을 것이다.

일부 약물은 P450에 의해 약효를 나타내기도 한다. 예를 들어 codeine은 P450에 의해 morphine으로 전환되어 활성을 나타낸다. 같은 양의 codeine을 처리해도 약한 반응군의 고통을 제거할 수 없겠지만, 매우 빠른 반응군에서는 호흡곤란이나 진정작용 같은 부작용의 위험성이 높아질 수 있다.

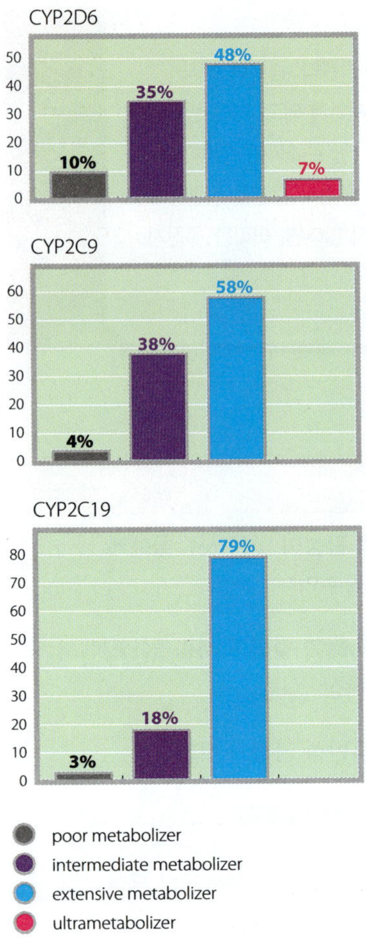

그림 8.6 - CYP2D6와 CYP2C9, 그리고 CYP2C19 유전자의 다형성은 효소활성의 다양한 차이를 일으킨다. 이런 차이는 모든 집단에서 나타나는데 그 빈도는 집단마다 모두 다르다. 본 그림은 북유럽 기원의 백인들에 대한 것이다. [참고: Service(2005)]

약동학적 다양성에는 다른 많은 효소들이 관련되어있다. 오랫동안 언급되는 예로 butyrylcholinesterase(*CHE1*유전자, OMIM 177400)의 변이형을 동형접합형으로 가지고 있는 환자에게 부작용으로 호흡곤란을 야기하는 근육이완제인 suxamethonium이 있다. 아세틸化 과정을 통해 대사되는 다른 약물도 있다. 이에 관여하는 효소인 *N*-acetyl transferase의 활성 정도에 따라 사람들은 fast-acetylator와 slow-acetylator로 구분된다.

Tierney가족(증례 20)의 경우는 TPMT(thiopurine methyl transferase)의 변이형과 관련이 있다. 이것은 염증 성장 질환(inflammatory bowel disease), 염증성 관절염(inflammatory arthritis), 급성 림프구성 백혈병(acute lymphocytic leukemia) 등을 치료하기 위한 목적으로 수행되는 조직이식에 광범위하게 사용되는 면역 억제 약물인 azathioprine과 mercaptopurine의 분해 과정 중 첫 단계에 관여하는 효소이다. 1980년에 적혈구세포에서 TPMT 결핍에 관한 최초의 사례가 보고되었으며, 이후의 연구들을 통해 azathioprine이나 6-mercaptopurine 등과 같은 thiopurine계열 약물에 의해 유도되는 부작용이 적혈구의 TPMT 활성이 억제된 것과 연관이 있음이 밝혀졌다. 영국인의 약 10% 정도는 이렇게 저하된 활성을 가진 대립유전자를 하나 가지고 있으며(heterozygous), 0.3% 정도에서는 저하된 활성을 지닌 대립유전자 만을 가지고 있다(homozygous). 이런 사람들은 이 약물에 대해 감수성이 높으며, 저하된 활성을 지닌 대립유전자만을 가지고 있는 사람들에게는 일반적으로 투여되는 정도의 약물의 양도 골수에 치명적인 독성을 나타내어 조혈 기능을 마비시킬 수도 있다. 이런 TPMT 활성의 정도는 그 효소의 활성을 측정하거나 유전자 분석을 통해 검사할 수 있다.

TPMT검사만으로는 모든 호중구 감소증(neutropenia)을 예측할 수 없으며, 이런 약물과 관련된 다른 부작용들도 마찬가지로 예측할 수 없다. 그러나 미국 FDA는 2004년에 6-mercaptopurine이 들어있는 약품의 포장용기에 TPMT 검사가 가능함을 표시하도록 지시하였다. 현재 영국에서는 대규모의 무작위 추출 통제 실험(randomized controlled trial)이 진행 중이다. 추후에는 이를 통해 thiopurine을 처리하기 전에 TPMT 검사를 항상 실시하는 것이 의료적 측면과 재정적 측면에서 유리한지를 판별할 수 있을 것이다. [참고: McLeod and Siva (2002)].

약리작용에 의한 유전적 효과에 대한 추가적인 논의를 보기 위하여는 Evans and McLeod(2003)와 Weinshilboum(2003)의 review를 참고하라.

면역유전학

면역유전학은 두 가지 주요 관점을 다룬다.

- 1 유전자 1 단백질 설의 명백한 예외로써, 어떻게 무한한 수의 특이적 항체를 만들 수 있는가?
- 우리는 어떻게 자기(self)와 비자기(non-self)를 구별하며, 어떻게 거의 모든 외래 세포 또는 외래 항원에 대해 면역반응 할 수 있는가?

여기서 우리는 인지문제(recognition problem)에 관련된 유전학을 간략하게 다룰 것이다. 다양한 항체를 만들어내는 기작에 대한 것은 *8.4절*에서 다룰 것이다. 면역유전학은 그 범위가 넓으므로 여기서는 꼭 필요한 서론 부분만을 다룰 것이다. 최근의 면역학 교재에는 유전학의 이 흥미로운 분야에 대해 점점 더 자세히 다루고 있다. 인지문제에 대한 배경지식과 더 충실한 내용을 위해서는 NCBI Bookshelf에서도 열람이 가능한 Janeway 등(2001)의 저서인 '*Immunology*' 의 5장을 참고하라.

잘 알려진 바와 같이 이식된 기관은 종종 조직 적합성 문제에 의해 거부되기도 한다. 골수이식이 필요했던 Pablo Portillo (증례 16)에게도 이것이 문제였다 (*8.3 절*). 염색체 6p21.3 지역에 존재하는 MHC의 유전자에서 만들어지는 항원이 이런 거부반응을 일으키는 주요한 결정인자이다. MHC가 완전히 일치하는 경우의 조직이식은 일반적으로 거부반응을 일으키지 않는다. 불행히도 일란성 쌍둥이의 경우를 제외하고는 이렇게 완벽하게 일치하는 경우는 거의 존재하지 않는데, 이는 MHC가 사람 게놈에서 가장 다형적이고 변이가 많은 부분이기 때문이다.

MHC 부분에는 매우 많은 유전자가 조밀하게 존재한다. '고전적인 관점에서의 MHC' 에는 4.1 Mb 길이에 약 200개의 유전자가 존재하며, 확장된 개념의 MHC (*그림 8.7*)은 길이가 7.6 Mb에 달하며 400개가 넘는 유전들이 존재하지만 이중 거의 절반은 발현되지 않는 위유전자들이다. MHC에 있는 유전자들의 대다수는 기능적으로 서로 연관되어 있다. 일반적으로 고등생물의 경우 최근에 중복되고 분화된 유전자 집합을 제외하고는 기능적으로 연관된 유전자라 할지라도 게놈 전체에 임의적으로 산재하여 나타난다. 그러나 MHC의 경우에는 앞서 언급한바 있는 21-hydroxylase유전자와 같은 몇몇 예외를 제외하고는 대부분의 유전자가 면역반응이라는 일련의 반응과 관련이 되어있다. MHC에서 자기와 비자기를 구분하는 중요인자는 HLA(Human Leukocyte Antigen)이라고 불리는 구조적 연관성을 보이는 일련의 유전자들에 의해 만들어지는 세포 표면 단백질들이다.

HLA는 Class Ⅰ과 Class Ⅱ의 두 가지로 나눌 수 있다.

- Class Ⅰ 단백질은 대부분의 핵을 가진 세포의 표면에 존재하는데, HLA 유전자로부터 만들어지는 중사슬(heavy chain) 하나와 15번 염색체에서 만들어지는 β2-microglobulin이라는 경사슬(light chain) 하나로 구성된다. Class Ⅰ에 속하는 유전자는 26개가 있지만 그 중에서 실제로 기능을 하는 유전자는 9개 뿐이다. 이중에서 조직 적합성을 결정하는데 가장 중요한 역할을 하는 것이 HLA-A와 HLA-B 항원이다. 이 두 유전자 모두 매우 높은 다형성을 보이는데, 511개의 대립유전자를 가지는 HLA-B는 사람 게놈에서 가장 높은 다형성을 보이는 부위이다.
- Class Ⅱ 항원은 주로 B-림프구와 대식세포에서 발견되며, MHC에서 만들어지는 alpha 사슬과 beta 사슬로 구성되어 있다. Class Ⅱ에 속하는 유전자 24개 중 15개가 기능을 하는 유전자이다. 이 중 대표적인 유전자는 DR, DP, 그리고 DQ이며 역시 높은 다형성을 가진다. (2001년도에 세계보건기구의 유전자 리스트에는 DRβ 의 경우 323개의 대립유전자가 보고되었다).

이런 매우 높은 빈도의 다양성을 가지는 것은 확실히 유리한 점이 있는 것으로 보인다. 대립유전자들은 암호화하고 있는 폴리펩디드의 아미노산서열의 차이를 보이는데, 이는 유전자의 조환과 전환이 이러한 다양성을 만들어내는데 중요함을 보여준다.

HLA 분자는 외부 단백질의 펩티드를 T-림프구에 제시한다. Class I 분자는 내인성 항원(endogenous antigen)을 CD8$^+$ T 세포에 제시하고, Class II 분자는 외인성 항원(exogenous antigen)을 CD4$^+$ T 세포에 제시한다. T 세포는 자기-HLA 분자(self-HLA molecule)에 의해 제시된 비자기 펩티드(non-self peptide)와 비자기-HLA 분자(non-self-HLA molecule)를 가진 세포에 대해 면역반응을 일으킨다. 자기-HLA 분자에 의해 제시된 자신의 펩티드에 대해 반응하는 T 세포도 존재하지만, 이런 세포들은 'clonal deletion' 이라고 불리는 과정을 통해 발생 초기에 제거된다. 비자기-HLA 분자를 가지고 있는 세포에 대한 반응은 조직이식의 거부반응을 일으킨다. 이상적으로는

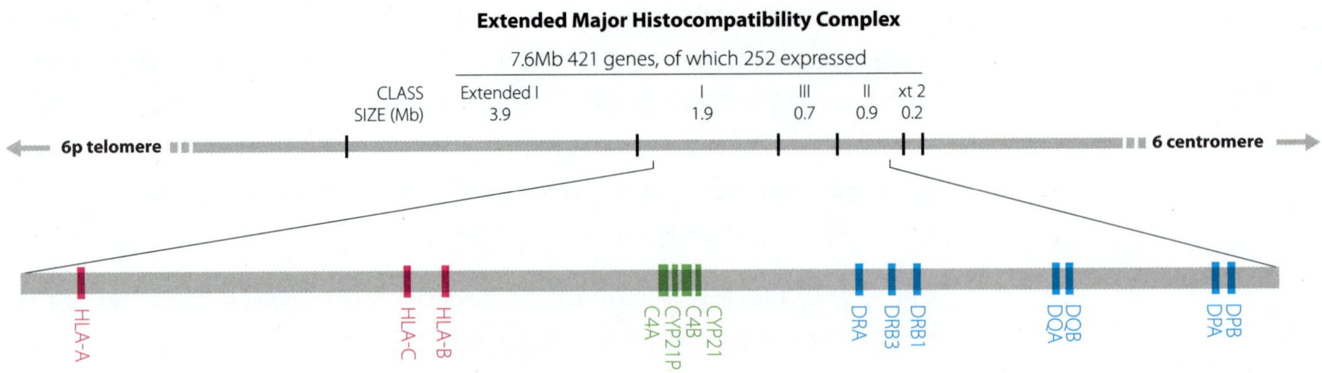

그림 8.7 - 염색체 6p21.3에 위치하고 있는 인간 MHC 유전자좌는 전통적으로 Class Ⅰ, Ⅱ, Ⅲ 지역으로 구분되며 양 끝에 확장된 지역이 있다.
그림은 조직적합성에 가장 중요한 역할을 하는 여러 유전자와 C4/21-hydroxylase cluster를 보여주고 있다. 자료 출처 Horton et al. (2004)

조직이식의 공여자와 수여자는 HLA-A, HLA-B, 그리고 HLA-DR 유전자의 대립유전자들 모두 일치해야 한다. 현대 면역억제 처리를 통해 비적합한 관계에서의 조직이식도 성공하기는 하지만 면역억제는 그 자체의 문제점을 가지고 있다.

8.3. 환자 조사하기

증례 19	Stott 가족	199	**210**	376

- 두 번째 임신; 남자아이로 예측됨
- 성이 불분명한 생식기를 가지고 태어남
- FISH를 이용한 염색체 검사
- 선천적 부신 이상?
- PCR을 통한 돌연변이 검사

CYP21P 위유전자와 실제 기능을 가진 유전자는 염기서열 상동성이 높고 (98%), 그 두 유전자에 여러 변이가 각각 존재한다는 것은 CAH의 분자생물학적 조사를 매우 어렵게 한다. 커다란 유전자 결실은 대개 Southern blotting 방법에 의해 부모와 병에 걸린 아이의 유전자 사이에 분자 교잡 band의 진하기나 크기 변화로 확인된다. 유전자 변환에 의한 돌연변이는 PCR 방법으로 확인 가능하다. 여기에서 사용되는 실험 방법은 6개의 특정 점 돌연변이들과, 3번 엑손에서 8 bp 결실, 그리고 위유전자의 5′ 부분과 정상 유전자의 3′ 부분이 합쳐진 키메라 유전자를 검사할 수 있다. 이것들은 이 유전자의 모든 돌연변이중 70%를 차지하는 것이다. 또한 돌연변이의 확인에는 양 부모와 아이의 PCR 검사 결과를 비교하는 것도 포함된다. 이 검사는 PCR primer의 3′ 말단이 주형 염기서열에 정확하게 들어맞을 때만 PCR 증폭이 일어난다는 사실에 기초하고 있다 (*그림 5.5* 참조).

2-단계 PCR 방법이 사용된다. 실제로 기능을 가진 정상유전자(*CYP21*)와 위유전자(*CYP21P*) 사이에는 여러 부위 점 돌연변이들에 의해 차이가 난다. 그리고 이를 통해 유전자에 특이적인 PCR primer를 제작할 수 있다. 그러므로 첫 번째 단계의 PCR은 정상적인 유전자만 증폭할 수 있도록 한다. 만약 이 첫 반응의 반응산물이 확인되지 않는다면, 이것은 두 번째 PCR을 위한 주형으로 사용된다. 이 두 번째 PCR은 대립유전자 특이적인 프라이머를 사용하는 반응인데, 개별적인 점돌연변이를 검사할 수 있다. 이 두 번째 PCR에서는 돌연변이 특이적인 프라이머와 정상적인 유전자에 상보적인 프라이머를 대체적으로 이용하여 PCR 반응을 동시에 일어나게 한다. 두 번째 PCR의 결과로도 아무런 반응산물이 확인되지 않는다면 애초에 시료에 반응물질이 없었다는 것을 의미한다. 이

것은 첫 번째 PCR에 아무런 반응산물이 없었다는 것이며 최초 시료에는 *CYP21P*만이 존재했다는 것을 의미한다. 각 실험에 정상 대조군에 대한 PCR 프라이머를 넣는 것이 중요한데, 이를 통해 반응산물의 부재가 단순히 PCR 반응의 실패 때문이 아니라 그 자체로 유의미한 결과라는 것을 확인할 수 있기 때문이다. *표 8.2*는 그 결과를 보여준다.

표 8.2 - Susie Stott에게 시행한 21-hydorxylase 돌연변이 검사의 결과

첫 번째 PCR 반응에서 증폭되는 부위	점돌연변이 분석을 위한 두 번째 PCR 반응	검사결과
[1] *CYP21* 1-3번 엑손	89C〉T 돌연변이 655A/C/G 돌연변이	정상 [C] 정상
[2] *CYP21* 3-10번 엑손	999T〉A 돌연변이 1683G〉T 돌연변이 1994C〉T 돌연변이 2108C〉T 돌연변이	오직 돌연변이 [A] 정상 [G] 정상 [C] 정상 [C]
[3] *CYP21*이나 5′ -*CYP21P*-3′ -*CYP21* 키메라 유전자의 3-6번 엑손	8 bp 결실	이형접합형
[4] *CYP21* 3-6번 엑손	8 bp 결실	정상

검사 결과 첫 번째 PCR반응 중 처음 두 가지 돌연변이 검사의 결과는 몇 가지 가능성을 보여줄 수 있다.

- 999T〉A 돌연변이의 동형접합형
- *CYP21* 대립유전자중 하나는 999T〉A의 점돌연변이이고 다른 하나는 증폭되지 않는 키메라 유전자인 복합적 이형접합형
- *CYP21* 대립유전자중 하나는 999T〉A의 점돌연변이이고 다른 하나는 많은 염기들이 결실된 복합적 이형접합형 (증례들에서 대략 25% 정도의 염기 결실 보임)

세 번째 반응은 위유전자에 특이적으로 나타나는 8 bp 결실의 존재 여부를 보여주며, 다음과 같은 가능성이 있다.

- 999T〉A 변이와 8 bp 결실의 복합적 이형접합형으로서 유전자 전환의 결과로 두 돌연변이형이 모두 *CYP21* 유전자에 삽입되어있다.
- *CYP21* 대립유전자중 하나는 999T〉A의 점돌연변이이고 다른 하나는 8 bp 결실과 다른 위유전자에 특이적인 변이를 가진 키메라 유전자인 복합적 이형접합형
- 한 개 이상의 돌연변이 *CYP21* 유전자를 두 가지의 돌연변이가 같은 염색체에 존재 (*CYP21* 유전자 중복, *CYP21P* 유전자 중복, 그리고 *CYP21P* 유전자의 결실 등은 질병을 야기하지 않으며 정상인에서 흔히 나타남); 다른 상동염색에는 *CYP21* 유전자가 존재하지 않음.

네 번째 반응은 8 bp 결실이 키메라 유전자에만 존재하여야 한다는 것을 보여준다. 실험결과는 *그림 8.8*에서 각 젤의 첫 번째 열이다. 여전히 검출된 각 변화가 동일 염색체 상에 존재하는 것인지

에 대한 판단이 필요하다. 이것은 동일한 첫 번째와 두 번째 PCR 반응을 부모에게 시행하여 확인할 수 있다 (*표 8.3*).

표 8.3 - Susie Stott의 부모에게 시행한 21-hydorxylase 돌연변이 검사의 결과

첫 번째 PCR 반응에서 증폭되는 부위	점돌연변이 분석을 위한 두 번째 PCR 반응	부친 검사결과	모친 검사결과
[1] *CYP21* 1-3번 엑손	89C〉T 돌연변이	정상	정상
[2] *CYP21* 3-10번 엑손	999T〉A 돌연변이	정상	이형접합형
[3] *CYP21*이나 5′ -*CYP21P*-3′ -*CYP21* 키메라 유전자의 3-6번 엑손	8 bp 결실	이형접합형	정상
[4] *CYP21* 3-6번 엑손	8 bp 결실	정상	정상

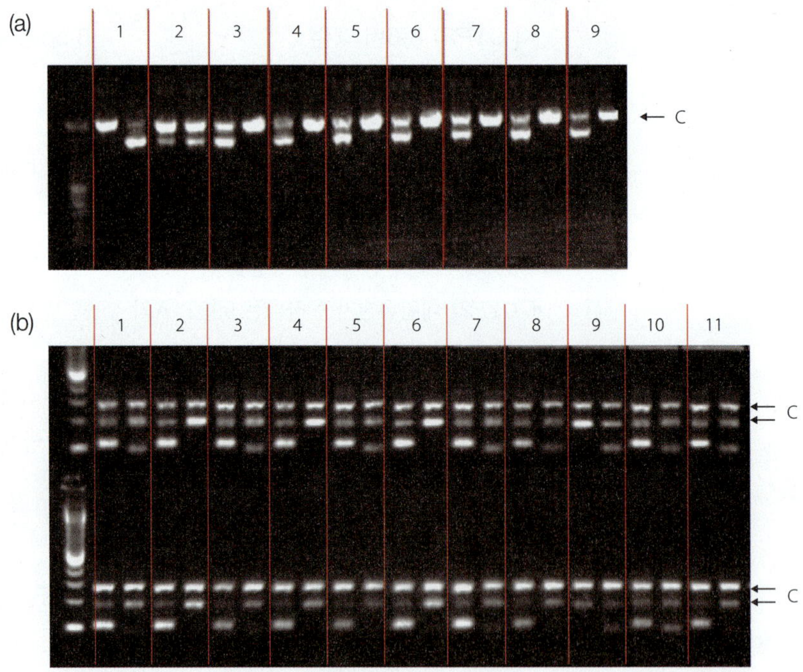

그림 8.8 - 21-hydroxylase genotype의 확인

(a) T(좌측 track) 또는 A(우측 track) 대립유전자 특이적인 증폭을 이용한 999 T〉A 변이 검사 (*표 8.2*의 검사2). 시료 1, 2, 3은 각각 A/A, A/T, T/T이다. (b) *CYP21* 또는 키메라 유전자에서의 8 bp 결실 검사. 각 쌍의 좌측 track은 결실이 없는 대립유전자가 증폭된 것이고, 우측 track은 결실이 있는 대립유전자만 증폭된 것을 보여준다. 우측 track의 경우 산물의 크기가 약간 더 작으므로 더 많이 전개되어 있다. 각 시료에서 위쪽 그림은 *CYP21* 또는 키메라 유전자를 나타내고(*표 8.2*의 검사 3), 아래쪽 그림은 *CYP21*만을 나타낸다(*표 8.2*의 검사 4). C로 표시된 band는 PCR control이다. 사진 제공: Dr Simon Tobi, St Mary's Hospital, Manchester.

양친에게서 각각 하나씩 두 개의 돌연변이가 관찰되었으며, 아이의 6번 염색체의 두 대립유전자에 각각 하나씩 존재하였다. 부친은 8 bp 결실이 있는 키메라 유전자와 정상 *CYP21* 유전자를 하나씩 가지고 있었다.

전체적인 결과는 Susie가 대립유전자 각각에 돌연변이를 가진 복합적 이형접합형을 가진 것으로 나타났다. 유전자 하나는 999번째 염기가 T>A 변화가 되는 위유전자로부터 유래된 유전자 전환이었다. 이 변화로 인해 172번째 아미노산이 전환되었는데(I172V), 이 돌연변이는 21-hydroxylase의 활성을 미약하게 가지고 있다. 다른 하나는 대립유전자 정렬오류와 교차에 의해 5′ 부위 (최소 3번 엑손 이전 포함)는 위유전자로부터 유래하고, 3′ 부위(최소 6번 엑손 이후 포함)는 정상적인 *CYP21*에서 기원한 키메라 유전자이었다. Susie에게 존재하는 미약한 21-hydroxylase 활성은 심각한 염류소실성 소견은 보이지 않을 정도였지만 태아시기의 웅성화를 극복하기에는 충분치 않았던 것으로 보인다.

증례 20 Tierney 가족

200 **213** 310 376

- Jason, 4세, 남아
- 창백, 광범위한 타박상과 빈맥
- 급성 림프구성 백혈병?
- 골수검사와 진단
- 6-mercaptopurine 처리 전의 TPMT 효소 분석

Jason의 혈구검사는 유아 급성 림프구성 백혈병(childhood acute lymphocytic leukemia, childhood ALL)의 가능성이 높은 것으로 나타났다. ALL 진단은 골수검사를 진행한 지역병원 소아과 의사에 의해 확인되었다. 이 검사를 통해 많은 수의 미분화 세포(미성숙된 림프세포, *그림 8.2* 참고)를 관찰할 수 있었다. Jason은 입원하여 prednisolone, vincristine, daunomycin 및 L-asparaginase 등과 같은 화학요법을 받았다. 이런 화학요법은 효과가 좋았으며 methotrexate를 병용하여 투약하기 시작했다. 그 후 6-mercaptopurine과 methotrexate를 투약하기 시작했는데, 향후 3년간 계속해서 투약할 예정이었다.

6-mercaptopurine을 투약하기 전에 TPMT 효소 분석을 위해 혈액 시료를 채취하였다. 이미 기술한 바와 같이, TPMT 활성이 낮은 사람에게는 심각한 부작용을 유발하기 때문이었다. 효소 활성이 낮은 경우의 80-95%는 표8.4에 나타나는 세 가지 변형 대립유전자를 가지기 때문이다. (*표 8.4, 그림 8.9* 참고)

표 8.4 - 낮은 thiopurine S-methyl transferase활성을 보이는 일반적인 대립유전자형

대립유전자	백인에서의 빈도
*TPMT*2*	0.5%
*TPMT*3A*	5%
*TPMT*3C*	0.5%

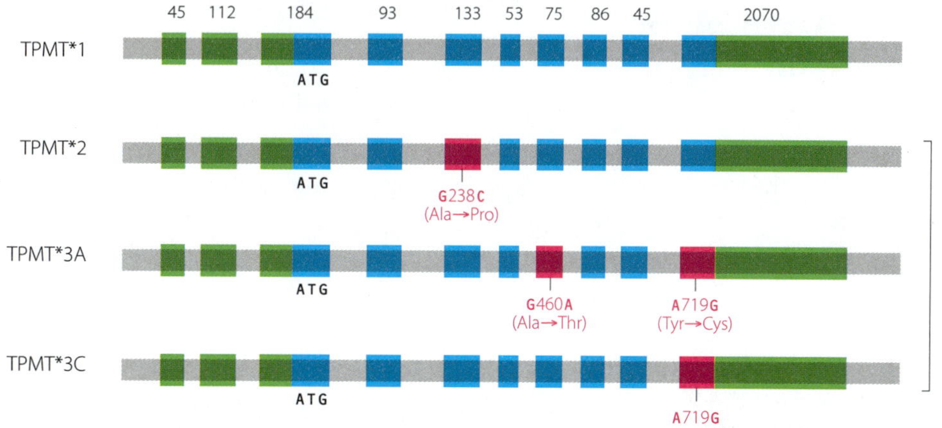

그림 8.9 - 정상활성과 낮은 활성을 나타내는 thiopurine S-methyl transferase 대립유전자의 서열
*TPMT*3A* 서열에 과오돌연변이가 두 곳에 있음을 주목할 것.

TPMT 검사결과 Jason의 효소활성은 정상범위임을 알 수 있었다. 그러나 일단 약물치료가 시작되자 심각한 호중구성 폐혈증(neutropenic sepsis)를 보였는데, 일반적으로 이것은 감염에 의해 유도되며 매우 낮은 호중구 수치를 보이는 특징이 있다. 바로 정맥 주사로 항생제 투여와 그 외 보조적인 처치가 취해졌고 증세는 바로 호전되었다. 의사는 TPMT 검사전에 빈혈을 치료하기 위해 수혈이 이루어졌었음을 주목하였다. TPMT 효소 검사는 적혈구 세포를 대상으로 하는 것이므로, 수혈은 이 검사의 그의 TPMT 결과를 왜곡할 가능성이 있는 것이었다. 결국 혈액시료로 TPMT 유전자 검사를 수행했고, Jason은 *TPMT*3A* 대립유전자를 동형접합형으로 가지고 있음이 밝혀졌다. Jason에게는 적은 양의 6-mercaptopurine을 처리하기로 결정되었고, 마침내 질병으로부터 자유롭게 되었다.

증례 20 Portillo 가족

173 183 **214** 376

- Pablo; 연약한 남자아이
- 비슷한 증세의 가족력
- 혈액 검사 결과 X-염색체 연관 중증합병 면역 결핍증 유전자를 가진 것으로 나타남
- 골수이식이 적합한지 여부를 확인

이전 장에서 우리는 이 가족의 가계도를 보았다 (*그림 7.10*). 아기 Pablo는 SCIDX1으로 진단 되었다. 골수이식은 Pablo와 같은 중증 면역결핍 환자에게 선택 가능한 치료방법이다. 단순하게 생각하면 면역결핍환자는 조직이식 수여자로서는 이상적인 것처럼 보이기도 한다. Pablo는 T-세포의 기능이 없으므로 이식된 조직을 거부하지 않기 때문이다. 그러나 이런 경우에 있어서 골수이식의 문제점은 이식편대 숙주질환(GvHD, graft-versus-host disease)이다. 이식된 골수가 성공적으로 면역계를 재구성하게 되면 수여자의 신체 조직을 외부항원으로 인식하여 면역반응이 일어나고 결국 죽음에 이르게 된다. 적합한 조직을 수술에 사용한다면 이런 위험을 줄여준다. Pablo와 가족의 HLA 유형 검사결과는 *그림 8.10*과 같다.

형제자매 간에 두 MHC 단상형을 동일하게 가질 확률이 1/4이다. 그러나 불행히도 Pablo의 형인 Ignacio와 누나인 Bonita는 완전하게 일치하지는 않음이 밝혀졌다. 물론 양친은 단상형의 하나씩 만 공유한다. 비혈연 관계의 공여자중 적합한 사람이 있는지 조직이식 공여자 목록을 조사하였으나, 완벽한 경우는 고사하고 심지어 적절한 적합조직도 확인하지 못하였다. *표 8.5*는 무르시아(Murcia) 지역에 살고 있는 스페인 사람 중에서 Portillo 집안에 존재하는 단상형이 나타날 확률을 보여주고 있다. 이 가족의 단상형이 그 집단에서는 매우 일반적으로 나타나는 것임에도 불구하고, 집단내의 구성원을 무작위로 선택할 때 Pablo이 가지고 있는 두 단상형과 일치할 확률은 1/1,500에 불과하다.

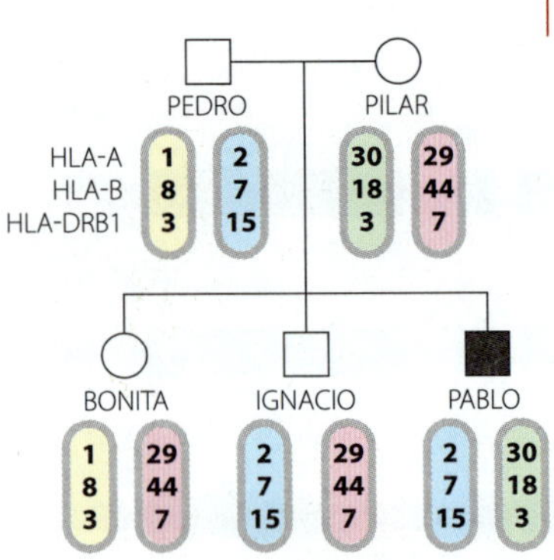

그림 8.10 - Portillo 가족의 HLA 유형검사 결과. HLA-A, HLA-B, HLA-DR 유전자들은 6번 염색체상에서 인접하여 있으므로 일반적으로 하나의 단상형(haplotype) 블럭으로 유전된다.

시간이 흐르고 결국 어머니 Pilar의 조직을 Pablo에게 이식하기로 결정하였다. 새로 개발된 기술이 GvHD를 최소화할 희망을 품게 하였다. 공여 골수의 T-세포가 문제를 일으키게 되는데, 1980년대에 인체골수의 T-세포를 제거하는 기술이 개발되었다. 이 기술은 이론적으로 환자에게 아무런 SCID를 야기하지 않으면서 골수 이식에 의해 면역계를 재구축하는 것이 가능한 것이었다. 필연적으로 일부 T-세포가 여전히 존재하게 되므로 최고의 적합한 조직을 사용하는 것이 선호되었지만, 조직적합성의 불일치는 더 이상 중요한 문제가 아니게 되었다. 그녀의 거주지역 조직이식 센터에서 그 새로운 기술이 최근에 사용 가능하게 됨에 따라 어머니인 Pilar의 골수에서 T-세포가 제거되어 Pablo에게 이식되었다. 그러나 결과는 만족스럽지 못하였다. 조직이식은 성공적이지 못하였으며, 아이는 낮은 정도의 T-세포 기능만을 가지게 되었다. 어머니로부터 추가로 조직이식을 수여 받았으나, 결국 생후 14개월 만에 거대세포바이러스(cytomegalovirus) 감염에 의해 사망하게 되었다.

표 8.5 - 스페인 사람에서 Portillo 가족의 대립유전자와 haplotype이 나타날 확률

유전자좌	대립유전자	빈도	
HLA-A	1	0.095	
	2	0.230	
	29	0.083	
	30	0.107	
HLA-B	7	0.056	
	8	0.052	
	14	0.071	
	44	0.179	
HLA-DRB1	3	0.123	
	7	0.179	
	15	0.052	
단상형		**관찰된 빈도**	**예측 빈도**
A1-B8-DR3		0.023	0.00011
A2-B7-DR15		0.019	0.00067
A29-B44-DR7		0.051	0.00066
A30-B18-DR3		0.035	0.00093

HLA 유전자는 특정한 조합비율로 나타남을 주목하라. 각 단상형의 관찰된 빈도는예측빈도로 표시된 각 개인의 대립유전자의 결과에 비해 매우 높다. 이것은 연관불균형의 한 예이다. 이에 대해서는 *13장*을 참고하라. www.allelefrequencies.net의 자료를 참고하였으며, 용어는 간략하게 표시하였다.

그간의 시도를 통해 생후 약 3.5개월 이후에 시행되는 조직이식의 성공률은 매우 낮음을 알게 되었다. 2004년에 Buckley는 SCID의 골수이식에 관한 중요한 논문을 발표하였다.

Pablo는 1989년에 사망하였다. 그 당시 가족병을 일으키는 유전자는 동정되지 않고 있었다. Pablo의 부모가 더 많은 아이를 원하고, 또한 산전검사를 바랬다면 가능했었을 방법들이 그들에게는 제한적이었다. 태아의 성을 선별하여 남자아이는 낙태시키고 여자아이만 가진다면 출생하는 아이의 절반은 정상적이었을 것이다. 그러나 이런 것은 Pilar와 Pedro에게 용인할 수 없는 것이었다. 유전학자들은 *9장*에서 설명하는 것처럼 표지 유전자를 이용하여 남자아이의 X-염색체가 Pilar의 X-염색체중 정상을 물려받았는지 또는 비정상을 물려받았는지를 검사할 수 있다. 문제점은 그 당시 X-SCID의 유전자위치가 정확하게 판명되지 않았다는 것이다. 문제가 되는 유전자는 아마도 Xq12-13위치의 장완의 동원체 인근 부위에 위치할 것으로 여겨졌지만, 모든 경우에 그러할 것인지는 아직 의문으로 남아있었다. 즉, 잘못된 유전자표지를 이용하여 잘못된 결과를 얻을 위험이 존재하였다. Pedro와 Pilar는 이런 위험을 감수할 용의가 없었다. 그리고 이미 건강한 두 아이가 있었으므로 더 이상 아이를 얻기를 원치 않았다. Pedro는 정관 절제술을 시술 받았다.

1993년에 X-SCID를 일으키는 문제의 유전자가 *IL2RG*라는 이름으로 동정되었다. 이 유전자는 여러 cytokine (interleukin 2, 4, 7, 9, 15) 수용체의 일부를 구성하는 단백질의 감마 단위체를 암호하고 있다. Cytokine 신호가 없게 되면 T 세포와 NK 세포의 형성이 되지 않으며, B 세포의 경우

엔 존재는 하지만 항체생성을 하지 못하게 된다. 이 유전자는 Xq13에 위치해 있고 길이가 매우 작으며(4.2 kb) 8개의 엑손으로 이루어져 있다. 현재까지 남성에게 영향을 미치는 기능상실 돌연변이들이 이 유전자에서 보고되어 있다.

동결 보관된 Pablo Portillo의 DNA 시료를 검사한 결과 7번 엑손에서 C〉T 치환 돌연변이가 확인되었다. 즉, 293번째 아미노산인 arginine을 만드는 CGA 코돈이 TGA로 치환되어 정지 코돈이 된 것이다 (*그림 8.11*). 이 돌연변이는 CpG 서열과 관련된 것이며, 5-methyl cytosine의 탈메칠화의 결과로 일어날 수 있다는 것을 주목하자. 독립된 여러 보고를 통해 이 특이적인 CpG 서열이 돌연변이가 빈번하게 일어나는 경우 중 하나임이 확인되었다. *7장*에서 살펴본 것처럼 Pilar의 누이인 Francisca와 Elena는 비임의적 X-불활성화를 통하여 해당 유전자의 보유 여부를 검사하였었다. 그들에게 다시 연락을 취하여 확실한 돌연변이 검사를 권하였고 승낙을 얻을 수 있었다. PCR 증폭을 통한 해당 유전자의 7번 엑손 지역의 서열 분석을 통해 Elena는 문제의 돌연변이를 가지고 있으나, Francisca는 정상적인 유전자를 가졌음을 확인하였다. Pilar의 딸인 Bonita와 Elana의 딸이 약 16세가 되면 다시 접촉하여 그녀들이 해당 돌연변이를 가졌는지에 대해 검사할지 여부를 결정할 수 있도록 하는 서류가 작성되었다.

```
NORMAL SEQUENCE    CGGACGATGCCCCGAATTCCCACCCTGAAG
                     R  T  M  P  R  I  P  T  L  K
MUTANT SEQUENCE    CGGACGATGCCCTGAATTCCCACCCTGAAG
                     R  T  M  P  X
```

그림 8.11 - Pablo Portillo에게 X-SCID를 일으킨 IL2RG 유전자의 돌연변이.
돌연변이 서열에서 X는 정지 코돈을 의미한다.

몇 년 후 동일한 증상을 가진 아이가 그 집안의 다른 친척에게서 태어났으며, 이번에는 치료를 할 수 있는 더 많은 가능성이 존재하고 있었다. 이 이야기는 *14장*에서 다시 다루어질 것이다.

8.4. 요약 및 보충설명

선천성 대사장애

하나의 유전자 - 많은 효소?

모든 경우에 들어 맞는 것은 아닐지라도, 1 유전자 1 효소설은 생화학적 유전학에 있어 중요한 지배이론이다. 그렇다면 하나의 유전자에 이상이 생겼음에도 여러 효소에 영향을 주는 것을 어떻게 설명할 수 있을까? 번역 후 변형 과정에서의 이상현상이 어떻게 여러 효소의 활성이 없어지게 만드는지에 대한 두 가지 예가 있다:

- **점액지질증** II (Mucolipidosis II, OMIM 252500)환자는 Hurler 증후군(OMIM 607014)에서처럼 불균등한 신체비율을 갖는 왜소증, 거친 얼굴피부 및 정신지체 등을 보인다. 이 두가지 질

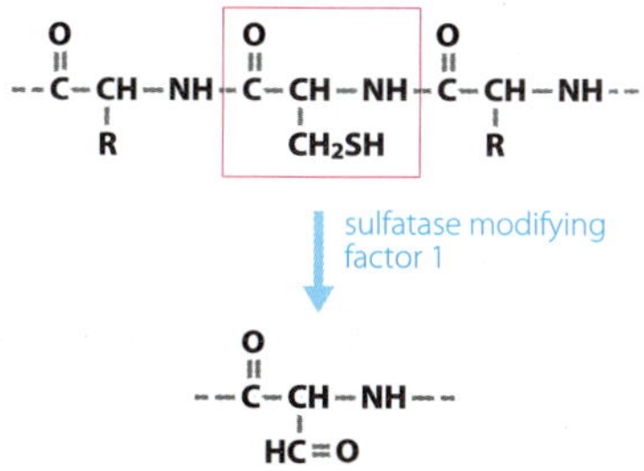

FORMYL GLYCINE

그림 8.12 - 몇몇 황산화 효소의 활성부위에 있는 cystein은 SUMF효소의 도움으로 formyl glycine이 존재해야 한다. SUMF의 활성이 없어지면 다양한 황산화 효소의 기능도 없어진다.

병은 모두 리소좀의 효소에 문제가 생겨 발생하는 것이다. 그러나 Hurler 증후군이 α-L-iduronidase 하나에 이상이 생겨 발생하는 질병인데 비하여, ML II 또는 I-cell disease라고 불리는 질병에서는 해당하는 과정에 관여하는 모든 효소들에 문제가 발생하여 일어나는 점이 다르다. ML II는 탄수화물 결핍 당단백질 질환(carbohydrate-deficient glycoprotein disease)의 일종이다. 리소좀에 존재하는 효소들은 세포질에서 합성된 후 특정 탄수화물에 의해 신호를 받아 리소좀으로 들어가게 된다. ML II에서는 그 신호에 문제가 발생하여, 리소좀에는 효소들이 거의 존재하지 않고 대부분 혈류로 방출된다. 그 신호는 만노즈당(mannose sugar)에 결합된 N-acetylglucosamine-1-phosphate에 의한 것이며, 이 당은 결국 리소좀의 많은 효소에 있는 폴리펩티드 사슬에 결합하게 된다. ML II에서 일어나는 주요 문제점은 신호전달 물질을 생성하는데 필요한 하나의 전이효소 (GNPTAB)에 관련되어 나타난다.

- **복합 황산화 효소 결핍(multiple sulfatase defiency, OMIM 272200)**은 각각 한 가지씩의 황산화 효소 결핍에 의해 일어나는 여섯 가지의 멘델식 유전하는 유전병이 결합된 것이다. 이때 각각의 효소에 대한 mRNA는 정상적으로 생성되지만, 단백질 합성 이후의 번역 후 과정에 문제가 발생하는 것이다. 이런 황산화 효소의 활성부위에는 formylglycine이라는 비정상적인 아미노산이 존재하는데, 이 아미노산은 단백질 합성 후 cysteine 아미노산이 전환되어 들어지는 것이다(*그림 8.12*). 이런 전환을 일어나게 하는 효소인 SUMF I(sulfatatase-modifying factor I)을 암호화한 유전자에 돌연변이가 생겨 SUMF I의 활성이 없어지면 복합 황산화 효소 결핍이 일어나게 된다.

하나의 효소 – 하나의 질병?

효소와 질병 사이에는 1:1의 관계가 명확하지 않다. 대사과정을 나타내는 표에서 각각의 과정에 선천성 대사장애이 생겼을 때 이에 해당하는 질병을 정확하게 병기하는 것은 불가능하다. 여러 과정에 이상이 생겼을 때 발생하는 질병은 그 대사과정의 특정한 부분에만 문제가 생긴 경우에도 발생한다.

Box 8.3

비타민C 합성 장애 - 모든 사람에 나타나는 선천성 이상

개나 고양이의 사료에는 비타민C가 들어있지 않다. 그러므로 사람이 이런 것들만 먹고 산다면 괴혈병에 걸리게 된다. 그렇다면 어째서 개나 고양이는 따로 과일을 먹지 않아도 건강하게 지낼 수 있는 것일까? 대부분의 동물에게는 ascorbic acid를 생성하는데 필요한 효소를 가지고 있으며, 이 때문에 외부의 공급이 필요 없다는 것이 밝혀졌다. 이런 효소가 없는 동물에는 사람과 다른 고등 영장류, 기니피그, 과일을 먹는 박쥐 그리고 나이팅게일 새의 일부 종 등이 있으며, 모두 L-gulono-gamma-lactone oxidase(GULO)라는 ascorbic acid 생합성의 최종단계에 관여하는 효소가 결여되어있다. 사람의 염색체에서 이 유전자는 8p21 위치에 존재하는데 정상적으로 작동하는 쥐의 *gulo* 유전자와 비교해 보면 엑손이 몇 군데 소실되어 있고 그 외의 다른 돌연변이가 존재하기도 하는 위유전자로 되어 기능을 잃고 있다. 쥐의 *gulo* 유전자를 사람의 세포에 주입하면 정상적으로 ascorbic acid가 생성된다. 이 유전자에 문제가 있는 동물은 아마도 과일을 충분히 섭취할 수 있는 종들로 생각되며 *GULO* 유전자의 기능소실이 생존에 어떠한 압박도 주지 못할 것이라 예상할 수 있다.

D-glucuronic acid → L-gulonic acid → L-gulonolactone —X→ 2-keto L-gulonoloactone → L-ascorbic acid

Ascorbic acid의 생합성.

최종과정은 효소가 관여하지 않고 자연적으로 일어나는 반응이다. X는 인간의 대사과정에서 차단된 부분을 표시한다.

그러므로 여러 가지 별개의 선천성 이상은 동일한 질병을 일으킬 수도 있는 것이다. 이는 여러 서로 다른 유전자의 이상으로 인해 유전성 청력소실일 야기될 수 있는 것과 비슷하다. 또한 많은 효소들은 대치 가능하기 때문에 특정 반응이 일어나지 않는 경우에도 주목할만한 장애가 일어나지 않을 수도 있고, 또는 동일한 기능을 획득할 수 있는 다른 경로가 존재할 수 있다. 그러므로 어떤 효소는 그것이 결실되어도 질병을 유발하지 않기도 한다. 흥미로운 예로 비타민C의 생합성을 들 수 있다. 모든 사람은 선천적으로 이 부분에 대사이상을 가지고 있지만 단지 특정한 경우에만 질병을 야기한다 (*Box 8.3*). 경우에 따라서는 특정한 이상징후를 가져오지만 질병으로는 구분하지 않는 경우도 있다. 유당 불내증이 그 예이다 (*Box 8.4*). 마지막으로, 특정 효소의 기능 소실이 서로 다른 정도로 일어나는 경우 서로 다른 질병으로 분류되기에 충분한 여러 가지 증상을 유발하기도 한다. DTDST 결핍이 이에 대한 예가 될 수 있다.

유전자형과 표현형의 상관관계 (genotype-phenotype correlations)

대부분의 선천성 대사장애은 기능 소실을 일으키는 돌연변이를 포함하며, 또한 그 자체로 광범위한 대립유전자의 이질성이 나타나는 기능 소실을 나타내는 돌연변이인 경우도 많다 (*6장* 참고). 생화학적인 방법으로 효소의 활성을 정량적으로 측정하는 것이 가능하기 때문에 선천성 대사장애은 유전자형과 표현형간의 관계를 밝히기에 좋은 분야이다. 어떤 질병에 관계된 효소 기능의 일부만을 소실

Box 8.4

유당 불내증 - 일반적인 대사 다형화 현상

북유럽 기원의 대부분의 성인들은 유당 분해능에 대한 우성 형질을 가지고 있으며, 이 때문에 과량의 우유를 섭취하는데 아무런 문제를 일으키지 않는다. 이와는 반대로 동아시아와 열대 및 아열대 지역에 뿌리를 둔 사람들의 경우에는 유당 분해효소의 생성이 어린아이일 때에 중단된다. 일반적으로 이런 사람들이 신선한 우유를 먹게 되면 복부팽만, 통증, 설사 등의 고통을 겪게 된다. 치즈나 요구르트처럼 유당이 적게 들어있는 유제품은 경미한 증상을 보이게 된다. 베두인족(Bedouin)이나 수단의 Beja족 사람들처럼 우유를 마시는 유목민족들은 유당분해효소를 가지고 있지만 그 외의 아프리카 사람들은 이 효소를 가지고 있지 않다. 전세계를 통틀어 볼 때 우유의 섭취와 유당분해효소를 가지는 것 사이에는 밀접한 상관관계가 있는 것으로 보여진다.

이처럼 성인에서 유당 분해효소의 유무는 선천적인 이상(inborn error)은 아니지만, 일반적인 다형현상의 하나이다. 즉, 유당 분해효소의 유무라는 두 상태는 모두 정상인에서 나타나는 것들이다. 대부분의 포유류에서 보이는 것처럼 인간도 원래는 성인이 되어서는 이 효소를 가지지 않았던 것이 확실해 보인다. 목축업을 통해 우유를 생산한 집단에서 이런 효소를 가지게 되는 강력한 선택이 작용했다는 증거를 찾을 수 있다. 이것은 약 9000년 전에 일어난 현상이며, 인류 역사에 있어 비교적 최근에 일어난 강력한 선택중의 한 예이다.

최초의 DNA 변이가 무엇이었는지를 결정하는 것은 어려운 일이었다. 최근의 연구는 그것이 염색체 2p21지역에 있는 유당 분해효소 유전자 개시 코돈의 14kb 앞쪽에 있는 C/T 다형성 임을 보고하고 있다. 핀란드인, 프랑스인, 유럽계 미국인, 아프리카계 미국인 등으로 구성된 236명을 대상으로 한 연구에서, 이 대립유전자의 해당 부위가 하나라도 T로 되어있다면 유당분해효소를 가지게 되며, 두 대립유전자 모두에 C만 존재하는 경우에는 그렇지 않음을 알 수 있었다. 이런 변이는 *13장*에서 다루는 일반 질병에 대한 감수성 인자처럼 다루어지는 변이의 일종이다. 일반적으로 멘델식 유전하는 유전병은 유전자의 돌연변이로 인한 기능의 소실이나 획득에 의한 결과이다. 그러나 우리는 여기에서 유전자 산물 자체에는 영향을 끼치지 않고 유전자 발현의 시기만이 변하는 경우에 대한 예를 볼 수 있다.

시키는 돌연변이는 기능이 완전히 소실되는 돌연변이에 비해 경미한 증상을 보일 것이라 예측된다. 많은 경우에서 이런 추측은 사실이다. CAH를 예로 들어보자. 효소의 활성이 완전히 소실되면 심각한 염류 소실성 증상이 나타나고, 2% 정도의 활성이 남는 경우에는 단순웅성화가 나타나며 10–20%의 활성이 유지되는 경우에는 알려진 이상 징후가 없다는 보고가 있다 (OMIM 201910 참고). 그러나 다른 많은 경우에서는 유전자형과 표현형간의 상관관계가 완벽하다고 보기에는 무리가 많다. 황산염 전달 효소(sulfate transporter enzyme)의 돌연변이는 다른 예를 제시한다. 고분자 황산화 다당류는 결합조직의 필수 구성성분인데, *DTDST* 효소 기능의 소실을 일으키는 돌연변이는 골 형성 장애를 유발한다. 의학적으로 구분되는 네 가지의 다른 열성의 상염색체 골 형성 장애증이 DTDST의 변이에 의한 것으로 밝혀졌다. 심각한 증상순으로 정렬하면 다음과 같다.

- 다발성 골단이형성증 4 (multiple epiphyseal dysplasia 4) (MED4, OMIM 226900)
- 이영양성 형성이상 (diastrophic dysplasia) (DTD, OMIM 222600)
- atelosteogenesis type II (AOII, OMIM256050)
- 1B 형 연골 무발생증 (achondrogenesis type 1B) (ACG1B, OMIM 600972)

DTDST 유전자에는 많은 돌연변이가 보고되고 있다. Karniski의 2001년 논문은 효소활성과 임상 증상간의 관계에 대한 흥미로운 내용을 소개하고 있다.

대립유전자에 대한 일련의 보고된 돌연변이에 대한 효소활성이 측정되었다 (*그림 8.13*). 대부분의 환자는 이형접합형이며, 생리학적 차이를 가져오는 것은 두 대립유전자에 의해 생성되는 전체적인 효소 활성의 수준 차이에 의한 것임을 상기할 필요가 있다. Karniski는 활성의 정도를 없음(0), 낮음(L), 중간(M)으로 나누면서 아래와 같은 환자의 유전자형을 설명하였다.

질병	각각의 경우에 관찰된 유전자형
MED, DTD	M/M, L/L, L/L, M/0
AOII	L/0 L/0, L/0, M/0
ACG1B	0/0, 0/0, L/L, M/0

결과를 보면 일반적으로 유전자형과 표현형 간의 상관관계는 존재하지만 그 정도는 낮다고 판단할 수 있다. Scriver와 Waters의 주목할 만한 1999년 논문은 왜 이러한 지를 설명하고 있다.

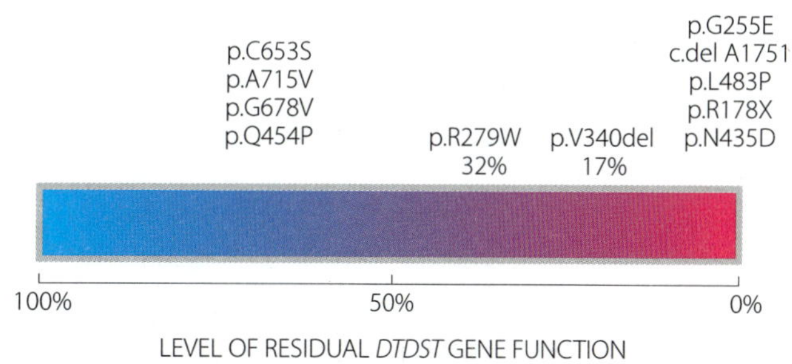

그림 8.13 - DTD 황산염 전달효소의 기능 소실에 의해 야기되는 골형성 장애에서 나타나는 유전자형과 표현형의 상관 관계

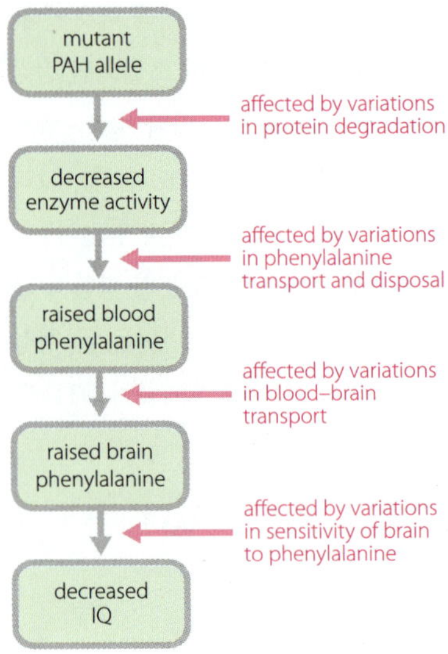

그림 8.14 - 페닐캅톤뇨증에서 여러 인자들이 유전자형과 표현형의 상관관계를 약화시킨다. PAH: phenylalanine hydroxylase 이 그림은 Scriver와 Waters의 1999년 연구를 요약한 것이다.

*11장*의 증례 22에서 살펴보게될 페닐케톤뇨증(PKU, OMIM 262600)은 페닐알라닌 수산화효소(phenylalanine hydroxylase)의 부재로 인해 발생하는 선천성 대사장애 질환이다. 차단된 대사과정의 이전 단계에 페닐알라닌이 고농도로 쌓이게 되면 발생과정 중인 뇌에 손상을 주게 된다. 그러므로 PKU로 인한 임상학적 주요 문제는 정신지체이다. 다양한 정도의 기능 소실을 야기하는 여러 돌연변이가 보고되었다. Scriver와 Waters의 의문은 알고 있는 돌연변이로부터 얼마나 정확히 환자의 지능을 예측할 수 있는가?였고, 결과적으로 그다지 상관관계가 없다고 결론지었다. *그림 8.14*는 왜 그런지에 대한 그들의 주장을 요약하여 보여준다.

약리유전학 (Pharmacogenetics)

Tierney 가족의 증례 20과 *8.2절*에서 논의된 예들은 약물 대사의 개인간 차이, 즉 약동학(pharmacokinetics)에 대한 것이었다. 약리유전학의 다른 분야는 약물과 반응하는 단백질에 유전적 변이가 생겼을 때 나타나는 약물의 주요 작용의 차이를 다루는데 이를 약력학(pharmacodynamics)이라고 한다. 약물의 대상에 자연적인 다양성이 있는 경우에도 약물 반응의 개체 간의 차이가 나타날 수 있다. 특정한 유전형을 대상으로 하는 약품들이 현재 준비 중이다. 잘 알려진 예로 Herceptin과 Gleevec을 들 수 있다.

- Herceptin(trastuzumab)은 HER2 (ERBB2) 단백질의 단클론 항체이다. 많은 유방암에서 종양형성 중에 유전적 변이가 일어나 이 유전자가 많이 증폭됨에 따라 이 세포표면 수용체 단백질도 과발현 되게 된다. 이런 종류의 종양은 Herceptin에 반응을 하지만 HER2 단백질을 과발현하지 않는 다른 종류의 유방암에는 효과가 없다.
- Gleevec(imitanib)은 비정상적인 인산화 효소인 Bcr–Abl을 억제하는 작은 물질이다. 이 단백질은 염색체 재배열 결과 생성되는 *Bcr–Abl* 유전자에 의해 만성 골수성 백혈병에 특이적으로 생성된다(*12장* 참고). Bcr–Abl 단백질의 활성은 이 질병의 발생에 매우 중요한 역할을 하므로 Gleevec은 이 종류의 암환자 대부분에게 증상의 완전한 호전을 보이는 매우 효과적인 약물이다.

다른 특정 유전자형에 특이적인 약물들이 계속해서 개발되고 있는데, 이에 대한 논란이 있다. 2005년 6월에 미국 FDA는 아프리카계 미국인들에서 나타나는 심각한 심장질환의 치료제로 복합약인 BiDil을 허가했다. 이 약은 낮은 혈중 NO 농도를 가진 사람들에게 적합한 것이며, 백인들에 비해 아프리카계 미국인 즉, 흑인들에서 흔히 나타나는 현상이다. 이때 인종의 구별은 약물을 복용하는 환자 스스로의 판단에 따른다. 이 때문에 BiDil의 복약지침서는 이런 결정을 둘러싼 많은 논쟁을 야기한다 (*참고문헌* 참조).

개인맞춤 의학에 대한 많은 논의에도 불구하고, 실질적으로 처방을 위한 유전학적 검사를 진행하고 있는 경우는 놀랄 정도로 매우 적다. 이런 이유중의 하나는 제약회사들이 P450 대사 경로를 거치지 않는 약을 만들려고 하기 때문이다. 이렇게 된다면 알려진 많은 약동학적 부작용을 일으키지 않게 된다. 그러므로 제약회사들이 현재 약리유전학적으로 검사하고 있는 약물의 대부분은 이미 개발된, 그러나 아직은 특허를 인정받지 못하고 있는 것들이다. 약물을 새로 개발하는 산업은 큰 소득을 가져다 주지 않으며, 또 이런 약물에 대한 시장조사를 하는 것 역시 큰 이익이 남는 사업이 아니다.

두 번째 문제점은 많은 변이형을 만들어내는 유전인자를 완전하게 이해하고 있지 못하다는 것이다. 우리는 여기서 두 가지 예를 들어 볼 것이다.

- 악성고열(malignant hyperthermia, MH; OMIM 145600)은 상염색체성 우성 질환이다. 이 질환은 마취제에 대해 생명을 위협할 정도로 매우 심각한 비정상 반응을 보인다. 많은 MH 환자들은 ryanodine 수용체 유전자에 돌연변이를 가지고 있지만 일부는 그렇지 않은 사람들도 있다. 연관 분석을 통해 최소한 5개 이상의 MH 유전자좌가 있음을 알 수 있었다. 그러므로 MH 가족력이 있는 사람들은 마취를 하기 전에 유전자 검사 보다는 근육조직의 생검을 통한 근수축 검사를 하게 된다.
- 사람의 간에서 CYP3A4는 가장 많은 양을 차지하는 P450 효소이다. 이 효소는 모든 처방약의 거의 절반에 해당하는 대사에 관련되어 있다(OMIM 124010 참조). 개인에 따라 간 효소의 활성은 최대 30배까지 차이가 난다. 그러나 이런 변이의 극히 일부만이 *CYP3A4* 유전자의 변이에 의한 것이다. 나머지 대부분의 경우도 물론 유전자의 변이에 의한 것이겠지만, 그것은 CYP3A4의 발현을 조절하는 동정되지 않은 인자들의 변이에 의한 것이다.

유전학에 대한 적절한 이해가 있다고 하더라도, 유전형을 적절하게 예측하는 것은 쉬운 일이 아니다. 항응고제인 warfarin이 이러한 복잡성의 한 예이다. Warfarin은 관상동맥 질환이나 정맥에 혈전이 생기는 환자들에게 수술 후에 광범위하게 사용된다. 이것은 *VKORC1* 유전자에서 만들어지는 비타민 K 에폭시드 환원효소에 작용하며, CYP2C9 P450 효소에 의한 대사과정을 거친다 (*그림 8.6* 참고). *CYP2C9*와 *VKORC1* 유전자 모두 혹은 그 중 하나에 변이가 생겨 효소활성이 낮은 사람에게는 적정한 양의 wafarin이 처리된 경우에도 심각한 출혈 문제를 야기할 수 있다. 그러나 이 외에도 환자의 나이, 질병의 유무, 다른 약물의 동시복용 등과 같은 여러 인자들이 인체반응에 영향을 준다. 그러므로 일반적인 경우에는 환자에게 wafarin을 저 농도부터 처리하기 시작하여 원하는 정도의 항 응고 반응이 얻어질 때까지 점차 양을 늘려가게 된다. 설령 기존 검사를 통해 환자의 *CYP2C9*과 *VKORC1*의 유전자형을 알고 있는 경우 일지라도 이와 같은 접근 방법을 따르는 것이 현명한 행동이다.

최종적인 난관은 일상적인 의료 행위에 유전자 검사를 삽입하는 것이다. 연관된 많은 유전인자를 빠른 시간 안에 발굴해 내는 microarray 방법을 이용한다면 이런 모든 문제들은 변할 수 있을 것이다. 그리고 저렴하고 간편하게 이 검사를 수행할 수 있다면 개인맞춤 의료가 마침내 일상적인 의료행위에 실질적으로 사용하게 될 수 있을 것이다. 궁극적으로 개인의 일생 동안 한 번의 microarray 분석을 수행한다면, 그것은 모든 약물에 대한 그 개인의 반응을 예측하는데 유용하게 사용될 수 있을 것이다. 이런 분석을 통해 얻어진 정보는 개인의 기본적인 의료기록의 일부가 될 것이다.

면역유전학

*8.2절*에서 우리는 면역유전학의 두 가지 도전적인 측면에 대해 언급했다. 즉, '어떻게 항원이 자기

와 비자기를 인식하는가'와 '어떻게 사실상 무한한 다양성을 가지는 항체 분자가 만들어지는가'에 대한 것이다. 인식의 문제에 MHC가 어떤 역할을 하는지는 위에서 살펴 보았다. 여기에서는 항체의 다양성에 관련된 놀라운 유전 기작에 대해 살펴볼 것이다.

항체는 중사슬(heavy chain)과 경사슬(light chain)으로 구성된 면역단백질(immunoglobulin, Ig)이다. 중사슬과 경사슬은 조합되면서 여러 가지 분류 군으로 나뉘는 항체를 형성하는데, IgA, IgD, IgE, IgG 그리고 IgM이 그것이다. 각각의 분류 군은 특정한 중사슬과 κ 와 λ 라고 불리는 경사슬로 구성되어 있다. 다섯 가지 중사슬은 모두 14번 염색체에 있는 IGH 유전자좌에서 만들어지며, 경사슬은 2번 염색체의 *IGK* 유전자좌와 22번 염색체의 *IGL* 유전자좌에서 만들어진다. 이 각각의 유전자좌들은 *그림 8.15*에서 볼 수 있는 것처럼 매우 다양한 서열의 폴리펩티드를 만들 수 있다. 주어진 분류 군에서 각 Ig 사슬의 C-말단 지역은 동일하지만, 항원결합부위가 존재하는 N-말단 지역은 매우 높은 다양성을 지니고 있다. 완성된 면역단백질 유전자는 여러 개의 엑손을 가지는 일반적인 구조이다. 여기에는 다양성을 띄는 N-말단 부위를 만드는 엑손 하나와 불변지역을 만드는 여러 개의 엑손이 들어있다. 그러나 다양성을 나타내는 부위를 만드는 엑손은 B 세포 성숙과정 동안 매우 높은 수준의 DNA 재배열을 통해 만들어진다.

*그림 8.15*에서 설명한 것처럼, 각각의 다양성을 나타내는 부위를 만들어내는 서열은 V(variable), J(joining) 그리고 중사슬에서는 D(diversity)라고 이름 붙여진 부분들에서 하나씩 택해진 것들이 결합하여 만들어진다. 이 과정과 *3장*에서 학습한 스플라이세오솜(splicesome)에 의해 만들어진 전사된 RNA 수준에서 나타나는 엑손과 인트론의 접합(splicing)은 다른 것이다. Ig 유전자의 접합은 DNA 수준에서 – 특히 B 세포에서 일어난다. 그 결과 여러 개의 엑손을 가진 유전자가 만들어지고, 이 유전에서 만들어진 RNA는 일반적인 접합 과정을 거치게 된다.

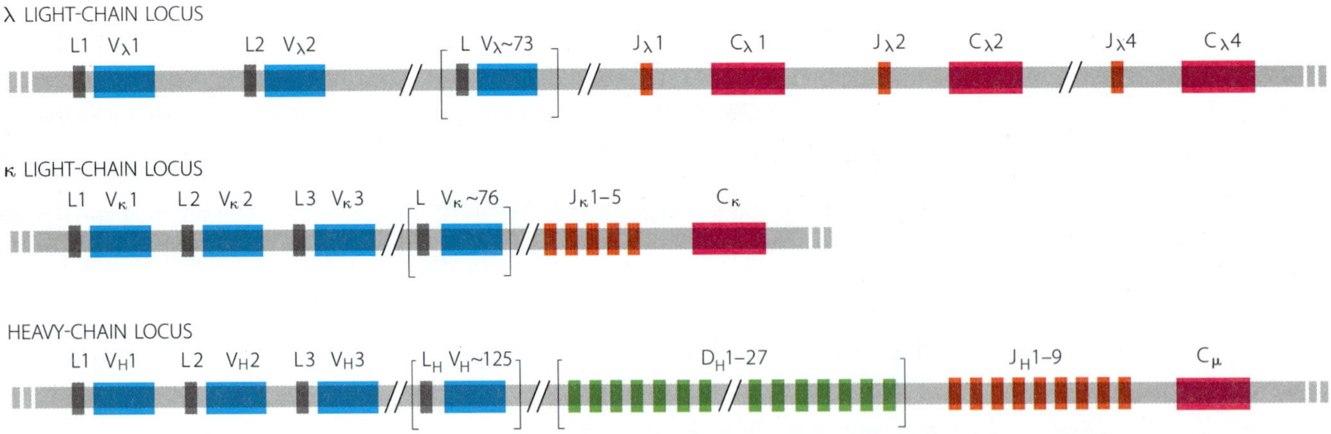

그림 8.15 - 면역단백질 유전자의 각 종류는 B 세포에 특이적으로 나타나는 DNA 재배열을 조합된다. 경사슬은 73개의 λ 나 76개의 κ 부위 중의 하나와 5-11개로 된 J 부위 중의 하나가 결합되어 총 365-836 가지 조합이 만들어 진다. 중사슬의 경우에는 D부위 27개 중의 하나와 J 부위 9 개중의 하나가 결합되고 다시 약 125개의 V 부위 중 하나와 결합하여 약 30,000개의 조합이 발생한다. 이런 조합에 의한 다양성은 B 세포가 거의 무한한 수의 면역단백질을 만들 수 있는 이유중의 하나이다. Janeway 등 (2001)의 그림을 Garland Science 허가 후 게재.

항체의 전체적인 다양성은 결정하는 기작을 몇 가지 더 있다.

- 일반적인 유전자 재조합과 달리 V, D, J 부위의 결합 시에는 결합부위에 적은 수의 뉴클레오티드가 임의적으로 더 붙거나 제거되거나 한다. 이를 통해 틀변형이 발생하면, 생성되는 유전자가 기능을 갖지 않게되지만, 전체의1/3의 경우에는 코돈 틀이 정상적으로 유지되게 되며 결과적으로 새로운 다양성을 갖는 유전자가 만들어지게 된다.
- 유전자 재조합이 끝나면 활성화된 B 세포의 V 부위에 매우 높은 상염색체상의 돌연변이가 임의적으로 발생한다.
- IgA, IgD, IgE, IgG, IgM의 각 중사슬은 특이적인 재조합 기작이 추가로 작용한다. 각각의 재배열된 IgH 유전자의 3-말단 위치에는 다섯 가지 형태의 C 부위(constant region)가 있다. *그림 8.15*에는 이중 C_μ 만 표시되어 있고 나머지는 이것보다 뒤에 위치해 있다. VDJ 엑손의 가장 가까이에 있는 C 부위만 사용되게 되는데, 각 C 부위 사이에 재조합이 일어나게 되어 VDJ에 인접한 C 부위가 달라지게 된다.
- 마지막으로 항체의 중사슬과 경사슬의 조합 역시 추가적인 다양성을 제공해 준다.

이러한 다양성을 만드는 것과 비슷한 기작이 T 세포 수용체 유전자(T cell receptor gene)에도 작용한다. 이러한 모든 과정에 대한 자세한 설명은 Janeway et al. (2001, *reference* 참고) 등과 같은 면역학 교재를 참고하라.

Disease box 8

포르피린증

포르피린증(porphyrias)은 헴(heme) 생합성에 이상이 생겨 발생하는 질병이다. 헴이 전혀 생성되지 않는다면 이론의 여지없이 치사를 일으킨다. 모든 포르피린증은 헴 생합성에 문제가 생겨 일부 또는 전체의 기능 이상을 일으키는 경우에 발생한다. 헴 생합성의 첫 단계는 glycin과 succinyl CoA로부터 δ-amino levulinic acid synthase(ALAS)에 의한 δ-amino levulinic acid를 합성하는 것이다. 여기에서 전체과정의 속도가 결정된다. 포르피린증을 유발하는 특정 효소의 결함은 그림의 여섯 가지 과정 중 하나로 알려져 있다.

모든 포르피린증은 대사경로 차단에 의한 그 이전 합성 중간물질의 축적에 의한 다양한 비정상적인 포르피린의 순환과 분비로 귀결된다. 의료적 처치가 필요한 문제를 일으키는 것은 헴의 결핍이 아니라 바로 이런 중간물질의 존재이다. 모든 포르피린증은 피부증상과 신경내장증상(neuro-visceral symptom)의 소견을 보인다. 피부증상은 광감성(感光性)을 가진 비생리적인 포르피린인 uroporphyrin I의 집적에 의해 발생한다. 급성 간헐성 포르피린증(acute intermittent porphyria), 발문상 포르피린증(variegate porphyria) 또는 코프로포르피린증(coproporphyria) 환자들은 일반적으로 건강하지만 여러 환경인자, 호로몬의 문제 또는 대사인자 등에 의해 이 질병의 발병이 촉진될 수 있다. 어떤 요인에 의해 간에서 ALAS활성이 높아지게 되면 기능이 약화된 생합성 경로에 부담을 주게 되고 병원성 중간물질이 방출된다. 알코올과 여러 약물이 이런 현상을 촉진 시킬 수 있으며, 남녀성비는 1:5로 여성에게 주로 나타난다. 질병이 발작하면 환자는 심한 위통증과 경우에 따라서는 정신장애를 겪게 된다. 그러나 발작과 발작의 사이에는 고통이 없이 건강한 상태가 유지된다. 포르피린이 benzodiazepine 수용체의 리간드로 작용한다는 사실은 주목할 만하다. 빈센트 반 고호나 영국왕이었던 조지 3세 등의 역사적으로 많은 유명한 사람들에게 나타난 '미친' 증상은 바로 이 포르피린증에 걸린 결과라는 주장이 있다.

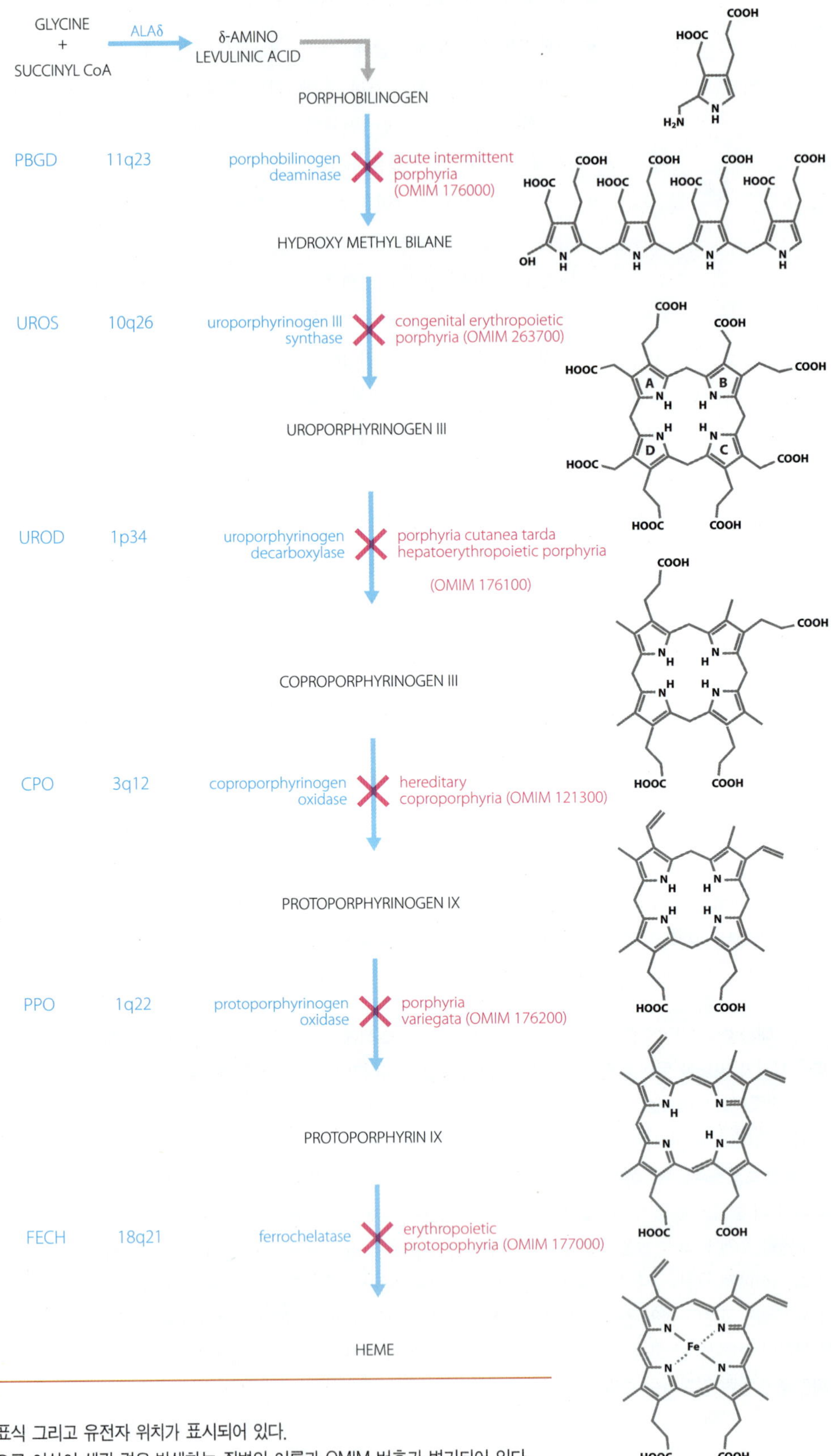

생합성 경로

그림에는 효소의 이름과 표식 그리고 유전자 위치가 표시되어 있다.
그리고 각 단계에 선천적으로 이상이 생긴 경우 발생하는 질병의 이름과 OMIM 번호가 병기되어 있다.

Disease box 8 - *continued*

포르피린증에 대한 유전학적으로 흥미로운 몇 가지 측면이 있다.

- 기능적으로 연관된 효소를 만들어내는 여러 유전자들은 박테리아에서 처럼 하나의 오페론(operon)에 존재하는 것이 아니라, 염색체 상의 다양한 위치에 산개되어 분포하는데 이것은 고등 생물에서 일반적으로 나타나는 현상이다.
- 대부분의 포르피린증은 우성으로 작용한다. 그러나 돌연변이에 의해서는 기능소실이라는 결과를 가져온다. 그러므로 병리학적으로 이 질병은 반수체기능부전(haplo-insufficiency)에 의해 발생하는 것이다. 열성으로 작용하는 한 가지는 선천성 조혈기성 포르피린증(congenital erythropoietic porphyria)이다. 이 질환은 해당 효소에 생긴 변이로 기능의 일부가 저해 되었을 때 나타난다. 선천성 조혈기성 포르피린증의 의료적 심각성은 잔존 효소활성과 큰 관계가 있다. 잔존 효소활성이 매우 낮으면 태아수종(hydrops fetalis)을 일으킨다.
- 만발성 피부 포르피린증(porphyria cutanea tarda)는 포르피린증 중에서 가장 일반적인 질환이지만 유전학적인 이유에 의한 발병은 전체 사례의 20%에 불과하다. 이 질환을 유발하는 환경요인은 다양한데 특히 알코올이 잘 알려져 있다. 또한 원발성혈색소침착증(hemochromatosis, OMIM 235200)과 관련이 있는 *HFE*유전자의 돌연변이를 가진 사람에게서는 높은 감수성을 보인다.
- 조혈기성 프로토포르피린증(erythropoietic protoporphyria)은 우성으로 나타나지만 *FECH* 대립유전자의 하나만 이상이 생긴 사람들 중 대다수는 아무런 문제없이 건강하게 활동한다. 정상적인 효소활성의 단지 35%만 존재하여도 이 질병을 극복할 수 있다. 그러면 이 질환에 걸린 사람들이 정상적인 ferrochelatase 활성의 50%이하를 보이는 이유는 무엇일까? *6.4절*에서 다룬 우성장애효과(dominant negative effect)가 이에 대한 해답이 될 수도 있을 것이다. 그러나 *FECH* 유전자에 동일한 돌연변이가 생긴 어떤 사람은 건강하고 또 어떤 사람은 질병이 야기된다는 점을 고려해보면 그것은 적절한 설명이 될 수 없는 것으로 보인다. 조혈기성 프로토포르피린증 질환자의 대부분은 드물게 나타나는 비활성 대립유전자와 일반적으로 나타나는 일부만 기능하는 대립유전자의 복합 이형접합형인 것으로 밝혀졌다. *FECH* 유전자의 3번 인트론의 3′-말단에서 48번째 핵산에 나타나는 T〉C 치환(SNP rs2272783)은 일부 인종(일본인 43%, 동남아시아인 31%, 프랑스인 11%)에서는 많이 나타나는 반면에 다른 인종(서아프리카흑인 1% 미만)에는 드물게 나타난다. 이 SNP의 빈도는 조혈기성 프로토포르피린증의 발생빈도와 상관관계가 있다. 이 다형현상은 splicing의 효율에 영향을 준다. C 대립유전자에 의해 생성된 RNA의 대부분은 비정상적으로 splicing되어 있으며 NMD(nonsense-mediated decay)에 의해 분해된다 (*6장* 참조). 아마도 이 기작이 다른 우성 표현형의 다양성을 설명해 줄 수도 있을 것이다.

8.5. 참고문헌

Buckley RH (2004) Molecular defects in human severe combined immunodeficiency disease and approaches to immune reconstitution. *Ann. Rev. Immunol.* **22**: 625–655.

Evan WE and McLeod HL (2003) Pharmacogenomics: drug disposition, drug targets and side effects. *New Engl. J. Med.* **348**: 538–549. *무료로 다음 사이트에서 검색 가능* http://content.nejm.org/cgi/content/extract/348/6/538

Horton R, Wilming L, and Rand V, *et al.* (2004) Gene map of the extended human MHC. *Nat. Rev. Genet.* **5**: 889–899.

Janeway CA, Travers P, Walport M and Shlomchik M (2001) *Immunology*, 5th edn.Garland Science, New York. *NCBI Bookshelf* http://www.ncbi.nlm.nih.gov./books*에서 무료로 검색 가능함.*

Karnisiki LP (2001) Mutations in the dystrophic dysplasia sulfate transporter (DTDST) gene: correlation between sulfate transport activity and chodrodysplasia phenotype. *Hum. Molec. Genet.* **10**: 1458–1490.

McLeod C and Siva C (2002) The thiopurine S-methyltransferase gene locus – implications for clinical pharmacogenomics. *Pharmacogenomics*, **3**: 89–98.

Scriver C and Waters PJ (1999) Monogenic traits are not simple: lessons from phenylketonuria. *Trends Genet.* **15**: 267–272. *(이 참고문헌은 숙독 강력 추천)*

Service RF (2005) Going from gene to pill. Science, **308**: 1858–1860.

Weinshilboum R (2005) Inheritance and drug response. *New Engl. J. Med.* **348**: 529–537. *무료로 다음 사이트에서 검색 및 다운로드 가능* http://content.nejm.org/cgi/content/extract/348/6/529

유용한 websites

BiDil archive: http://nottingham.ac.uk/igbis/bidil.htm

Personalised medicines: 희망과 실제 – 왕립학회 보고서 2005: http://www.royalsoc.ac.uk/displaypagedoc.asp?id=17570

8.6. 자가 평가 문제들

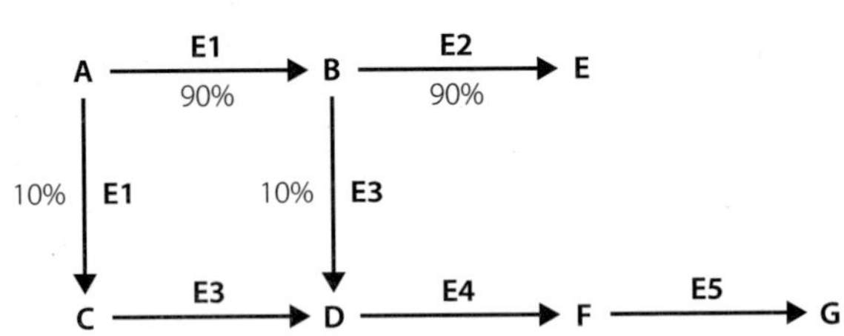

[1] 그림은 전구체 A로부터 E와 G 산물을 만들어내는 과정을 보여준다. 효소 E1–E5는 이 반응에 관여한다. E1은 A의 90%를 B로 변환하고 나머지 10%는 C로 변환한다. B의 90%는 일반적으로 E2에 의해 E로 바뀌지만 10%는 E3에 의해 D로 변환된다. 다음의 각 경우는 어느 효소가 결실되어야 나타나는 현상인가? (a) E와 G가 모두 없음, (b) G만 없음, (c) E가 없어지고 G의 양이 증가함.

[2] 다음의 조건에서 효소의 기능소실이 결과적으로 Mendelian condition을 유도하는 과정을 서술하라. (a) 혈연관계가 없는 각 환자가 각기 서로 다른 특정한 효소 하나의 기능만 잃어버린 경우, (b) 각 환자들에서 모든 효소의 기능이 없어지는 경우.

[3] 급성 간헐성 포르피린증(acute intermittent porphyria)은 우성 유전이다. 그럼에도 불구하고 이 질환의 원인이 되는 *PBGD* 변이를 이형접합으로 가지고 있는 사람의 80%는 평생 동안 그 사실을 인지하지 못하며, 그 질병으로 고통을 받지도 않는다. 이 질병이 이처럼 낮은 확률로 발병하는 타당한 이유를 설명하라.

[4] 괴혈병(scurvy)이 유전질환으로서 다루어지는 경우를 서술하라. 비슷한 논쟁이 다른 예에도 적용될 수 있는가?

[5] Arthur과 Bridget 그리고 그들의 세 아이인 Charles, Daniel, Eliza의 HLA−A, −B, −DR 유전자좌를 조사하였다. 그 결과는 다음과 같다.

Arthur	3,23;	B7,27;	DR3,4
Bridget	A2,23;	B15,27;	DR3,4
Charles	A3,23;	B15,27;	DR3,4
Daniel	A2,23;	B7,27;	DR3,4
Eliza	A2,3;	B27;	DR4

조환이 일어나지 않았다고 가정하여 각 개인의 A, B, DR 대립유전자가 하나의 단상형 처럼 유전되었다고 한다면, 이 가족의 단상형은 무엇인지 밝혀라.

[6] 어떤 질병에서 유전자의 위치나 다양한 돌변변이의 어떤 특징이 유전자 전환이 돌연변이에 있어 주요한 기작임을 의심케 하는가?

[7] *그림 8.8*의 두 사진상의 6, 8, 9열에 보여지는 시료의 유전자형은 무엇인가?

제 9 장

멘델식 유전양상 유전병의 유전자들을 과학자들은 어떻게 찾아낼까?

9장의 학습 요지

- 인간 유전자 지도 작성의 원리를 설명하기
- 간단한 가계도에서 조환형과 비조환형 찾아내기
- 유전자 지표로 쓰이는 미세부수체(microsatellite)와 단일염기다형(SNP)에 대해서 설명하기
- 인간 질병 유전자들이 동정에 이용되는 방법들을 설명하기
- 인간 게놈 프로젝트의 정보가 임상 문제들을 해결하는데 어떻게 이용되는지 보여주기
- 가계도를 통해 질병 유전자를 추적하는데 있어서 연관 지표가 어떻게 사용되는지 보여주기

9.1. 증례 학습

유전적 대측성 색소이상증 229 238

이 질병(OMIM 127400)은 아주 희귀한 질환으로 특별한 임상적 문제를 야기하지는 않는다. 하지만 유전자 동정의 일반적인 모든 과정들이 한 개의 논문에 설명되어 있어서 독자들에게 쉽게 설명할 수 있으므로 이 질병을 선택하여 설명한다. 이것은 실제 가족 이야기로서 임상 이야기를 꾸미지 않았다.

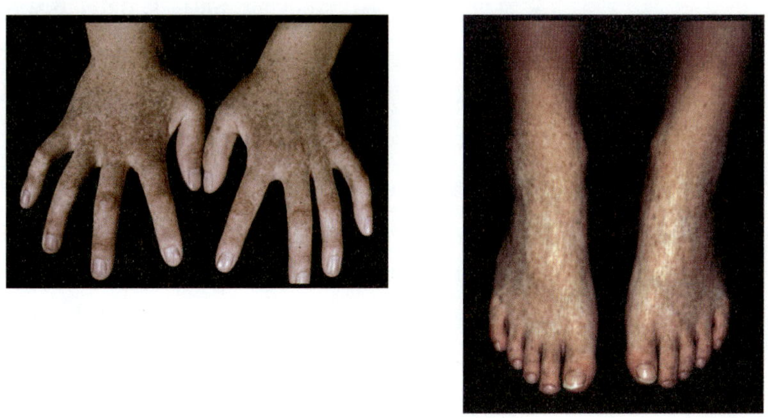

그림 9.1 - 유전적 대측성 색소이상증

이 병을 가진 환자들은 그들의 손등과 발등에 작은 고색소 침착과 저색소 침착을 가지고 있다. 이 이상의 징후가 없고 일반 건강에는 영향을 끼치지 않으며, 우성 유전이다. 사진은 나고야 대학의 Tamio Suzuki 박사와 Yasushi Tomita 박사 제공.

9.2. 배경

유전자는 두 가지 방법으로 정의된다:

- 멘델식 유전 형질의 결정자 ('헌팅톤 질환 유전자 등')
- DNA의 기능적 단위

궁극적으로 위 두 정의는 일치해야만 하며, 이 장에서 우리는 어떻게 이 상응하는 두 정의가 일치하는지 살펴볼 것이다. 인간 게놈 프로젝트와 그와 관련된 프로젝트들은 우리에게 기능적 DNA 단위인 유전자의 목록을 제공해 주었다. 각각의 유전자에 대해 우리는 염색체의 끝에서부터 얼마나 떨어져있는지 염기 쌍으로 측정된 정확한 물리적 위치를 알 수 있게 되었다. 그러나 아직 유전자 목록이 완전한 것은 아니다. RNA로 번역되지 않는 유전자들은 아직 발견되지 않은 상태로 남아 있으며, 단백질을 만드는 많은 유전자들에 대한 상세한 내용도 불완전한 상태이다. 그럼에도 불구하고, 적어도 단백질을 만들어 내는 유전자에 한해서는 현재 우리가 알고 있는 유전자 목록과 물리적 지도는 대단한 자료이다.

그러나, 인간 게놈 서열을 아는 것 그 자체가 우리에게 헌팅턴병 유전자 – 그것의 염기서열이나 염색체상 위치 – 에 대해서 알려주는 바는 아무 것도 없다. 표현형을 통해서 정의된 유전자들을 발견하기 위해서는 다른 방법들이 필요하다. 만약 그 유전자가 발견된다면, 그것은 이미 DNA 단위로 정의되어 있었던 상태였을 것이다 – 그러나 찾기 전에 미리 어떤 DNA 단위가 찾는 유전자와 일치한다고 말하기는 불가능하다. 1985–2000년 사이에 임상 유전학의 가장 큰 성과는 멘델식 유전하는 유전병의 유전자들을 발견한 것이었고, 형질과 DNA서열을 서로 연결시키는 것이었다.

멘델식 유전형질들의 유전자를 동정하는 데에는 여러 가지 방법이 있으며 다음은 이러한 방법들의 리스트 이다.

- 만약 단백질의 아미노산 서열을 알고 있다면, 유전코드 표를 이용하여 cDNA 서열을 알아낼 수 있다. 그 서열에 맞는 올리고 뉴클레오티드 탐침자(primer)를 합성할 수 있고, cDNA 도서관으로부터 맞는 cDNA를 가진 클론을 선별할 수 있다 (*Box 9.1* 참조).
- 한 유전자 군(gene family)에 속하는 유전자가 특정 질병을 야기할 때, 같은 유전자 군의 다른 유전자들도 관련 질병에 대해 후보 유전자가 될 수 있다. 예를 들어, 마판 증후군(Marfan syndrome)(증례 10, 존슨 가족 참조)이 fibrillin 유전자의 돌연변이에 의한다고 밝혀진 후에, 관련 유전자인 fibrillin 2는 관련 질병인 선천성 수축성 거미 손가락증 (congenital contractural arachnodactyly, OMIM 121050)의 유력한 후보 유전자였다.
- 만약 동물에서 한 유전자가 어떤 표현형을 보인다면, 그것의 인간 상동 유전자는 인간의 비슷한 표현형의 후보가 될 수 있다. *Sox10* 유전자는 생쥐의 우성 거대결장(*Dominant megacolon*) 돌연변이에 의해 야기된다고 알려져 있다. 그러므로 그것의 인간 상동유전자인 *SOX10*은 비슷한 질병인 인간의 4형 바덴부르그 증후군 (Waardenburg syndrome)(OMIM 277580)을 일으키는 후보 유전자가 되었다.
- 어떤 유전자의 생산물이 발생학적, 조절적 또는 물질대사의 경로의 한 부분일 경우, 그리고 그 유전자의 돌연변이가 어떤 특정 질병의 일부에게서만 발견된다고 할 때, 그 경로의 다른 유전자들은 나머지 사례에 있어 후보자가 될 수 있다. *Disease box 7*에 나와 있는 레트 신드롬(Rett syndrome)의 *CDKL5*가 좋은 예이다.

- 질병이 확실히 예상할 수 있는 상황이라면 (즉, 점점 악화되거나 각각의 후손 세대에서 조기 발병이 있는 경우, *Disease box 4* 참조), 그것은 DNA 반복이 불안정하게 확장되어서 생긴 결과일 가능성이 높다. 그러한 반복 확장된 환자의 DNA를 확인할 수 있는 방법이 있다. 만약 특정 유전자의 확장이 발견된 경우, 다른 환자의 DNA를 검사하여 같은 확장에 대한 판단을 내릴 수가 있다.

그러나 이 방법들 중 일반적으로 아무 것도 모든 멘델식 유전병에 적용 가능하지는 않다. 어떠한 경우라도, 일반적으로 유전형-표현형의 일치가 상당히 낮고, 예측하기도 까다로우며, 표현형을 기본으로 정확히 유전자를 예측하는 것은 가능성이 매우 낮기 때문이다. 돌연변이 조사에 많은 노력을 쏟기 전에, 많은 과학자들은 올바른 지역에서 찾고자 하는 더 많은 확실한 증거를 원한다. 이러한 확실한 증거는 형질의 지도 작성으로부터 구할 수 있다.

따라서 대부분의 멘델식 형질을 동정하는데 기본적인 논리를 이용하여, 형질의 지도 작성으로 그 유전자의 염색체 위치를 동정하며 시작하는 것이다. 게놈 이전 시대(Pre-genomic days)에서는 후보 지역의 위치가 일단 알려지면, 그 지역의 모든 DNA를 클로닝해서 그 지역의 모든 유전자를 찾고, 질환을 가진 사람들로부터 각각의 유전자에 대한 돌연변이를 조사했어야만 했다. 이러한 접근 방법을 **위치 클로닝(positional cloning)**이라고 하며, 과감하고 모험적인 시도였지만 현재의 포스트 게놈 시대 (post-genome era)에서는 이러한 모든 절차가 훨씬 간단해졌다. 유전자를 지도화하고 나서, 데이터베이스로부터 그 지역에 위치한 유전자들의 목록을 다운로드 받아서 적절한 후보 유전자들에

Box 9.1

단백질로부터 유전자를 발견하기

이 방법은 질병 유전자를 발견하는데 있어서 초기에 성공적으로 사용되었다. 1970년대 후반까지는 단백질을 정제하고 그 특성을 연구하는 것이 인간 DNA를 정제하고 연구하는 것보다 앞서 있었기 때문이다. 다음은 이에 대한 예이다:

- α-글로빈과 β-글로빈 유전자 - 인간 유전자 중 가장 먼저 클로닝되었던 것들로서 적혈구의 전구 세포에 있는 단백질 대부분이이 두 글로빈 사슬이라는 사실을 바탕으로 발견되었다. 이 세포들에서 분리한 RNA에는 글로빈 mRNA만 순수하게 있는 것이 아니므로 알맞게 일치하는 DNA를 가진 클론을 유전자 도서관에서 조사하여야만 했다.
- *Factor VIII* (F8)- 이 유전자는 만들어지는 단백질에 대한 정보를 토대로 1984년에 발견되었다. 당시에 혈우병 A는 혈액응고 F8의 결핍으로 인해 야기된다고 알려져 있었다. 돼지 혈액으로부터 F8 단백질을 충분히 분리하여서 부분적 아미노산 서열을 확보한 다음, 유전 코드 표를 이용해서 mRNA 서열을 거꾸로 유추하였다. 하지만 유전 코드 표로 mRNA 서열을 예상하면 여러 가지가 나올 수 있다 -예를 들어, 세린(serine)은 서로 다른 6개의 코돈으로부터 만들어 질 수 있다. 반면에, 트립토판(tryptophan)과 메티오닌(methionine)은 각각 단 1개의 코돈으로부터 생성된다. 다양성을 최소화 할 수 있는 15개의 아미노산을 선택해서, 모든 가능한 염기 서열에 대한 올리고 뉴클레오티드 혼합물을 합성했다. 이 혼합물이 돼지 게놈 DNA 도서관에서 일치하는 서열을 찾기 위한 탐침자로 사용되었다. 돼지 *F8* 유전자를 분리하고 나서, 그 클론으로 인간 게놈 도서관을 조사하여 인간 *F8* 유전자를 발견하는 데 이용하였다.

현대 의 기술은 단백질 목록의 변화를 조사함으로써, 질병을 야기하는 유전자의 결함을 발굴하는데 더 유용하게 이용될 것이다.

대해서 돌연변이 조사를 수행하면 된다. 이러한 방법을 **후보 유전자 접근법** (positional candidate approach)라고 부른다.

우리는 인간의 표현형을 야기하는 유전자를 어떻게 지도화하는지, 후보 지역에서 어떻게 올바른 유전자가 발견되는지를 살펴볼 것이다. *9.3절*에서는 실제 예를 통해서 후보 유전자 접근법에 대한 각각의 과정에 대해 알아 보는데 여기에서 설명하는 유전자는 DSH를 야기한 유전자를 동정하는 것이다.

유전자 지도 작성의 기본 원리

모든 유전자 지도는 감수 분열시의 염색체 행동에 의해 결정된다 (*그림 2.7*). 비상동 염색체들은서로 독립적으로 분리한다. 이 말은 다른 염색체에 있는 유전자들의 대립 유전자들은 50%의 확률로 같은 배우체에 위치할 수도 있고 (비조환형), 50%의 확률로 다른 배우체에 위치 (조환형) 할 수도 있다는 것을 의미한다. 같은 염색체에 있는 유전자 좌는 교차에 의해 이들을 갈라놓지 않는한 같이 이동한다 (*그림 9.2*). 두 유전자 사이에 교차가 일어난다면 그 두 개는 갈라지게 된다. 이렇게 분리되는 현상은 멀리 떨어져 있는 유전자들 사이에서는 빈번하게 발생할 것이고, 가까이 붙어있는 유전자들 사이에서는 아주 드물게 발생할 것이다. 감수 분열 중 1%의 확률로 조환이 발생하는 유전자들을 1 센티모건 (cM) 떨어져 있다고 한다.

이러한 방법에 의해 cM으로 정의된 유전적 거리는 DNA의 bp, kb, Mb으로 측정한 물리적 거리와는 다르다. 이 두 개념이 일치하려면 교차가 일어날 확률이 염색체의 모든 부위에서 같아야만 하는데, 실제로 어떤 지역은 다른 지역들보다 더 높은 비율로 교차가 일어난다. 유전자들의 순서는 유전적, 물리적으로 여전히 똑같을 수 있지만, 그 유전자들의 간격은 달라질 수 있다. 어림잡아서, 1 cM은 약 1 Mb에 해당하지만, 유전자 마다 상당한 차이가 있다.

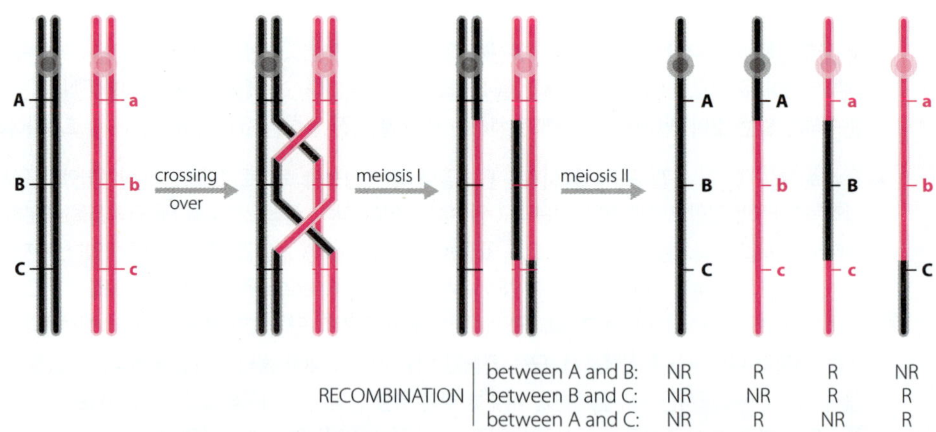

그림 9.2 - 제 1 감수분열에서 일어나는 상동염색체 쌍 사이의 교차는 유전자들의 조환형을 만들어낸다. 이 그림은 4개의 염색 분체 중 3개의 염색 분체들 사이에서 두 번의 교차가 일어나 세 개의 유전자 A, B, C의 재조합 결과를 보여주고 있다. 이중 교차는 염색 분체 2개, 3개 또는 4개까지 관여해서 일어날 수 있다. R: 유전자들간의 조환형

유전자 지도 작성은 두 개 이상의 유전자 사이에 재조합이 일어나는 감수 분열의 확률을 계산함으로써 결정된다. 만약 재조합 확률이 50%보다 훨씬 낮다면, 그 유전자들은 유전적으로 연관되어 있다라고 말하며, 같은 염색체에 존재하는 것들이다. 연관되어 있지 않은 유전자들은 서로 다른 염색체에 존재하게 되거나, 같은 염색체에 있더라도 서로 멀리 떨어져 있게 될 것이다. 일련의 연관된 유전자들과 이들을 한 벌씩 쌍으로 재조합 되는 조환 비율을 계산해서 유전자 지도에 유전자들을 정렬한다 (*그림 9.3*). 이 그림은 1910–1920 년 동안 TH Morgan에 의해 개발된 초파리 유전자 지도 작성에 사용되는 초파리의 육종 실험을 보여주고 있다. 이와 같은 실험들은 유전 지도 작성의 한 방법론을 확립하였고, 이 개념을 인간에게 적용하기 위해서는 정교한 통계법칙이 요구된다.

Three recessive characters were studied:

Vermilion (v)	vs. normal (red, v^+) eyes
Crossveinless (cv)	vs. normal (cv^+) wings
Cut (ct)	vs. normal (ct^+) wing border

The available fly stocks were:

red eyes, crossveinless and cut wings (v^+/v^+, cv/cv, ct/ct)
vermilion eyes, normal wings (v/v, cv^+cv^+, ct^+/ct^+)

(a) *Two lines were produced for the mapping experiment:*
Triply recessive v/v, cv/cv, ct/ct with vermilion eyes, crossveinless and cut wings
Triply heterozygous, v/v^+, cv/cv^+, ct/ct^+ with an all normal phenotype

(b) *Triple heterozygotes are crossed with flies homozygous for all three recessive characters and the offspring phenotyped:*
The male parent contributed the three recessive alleles, so the phenotype of each progeny fly gives a direct readout of the genotype of the maternal gamete that produced it.

(c) *For each pair of loci recombinants are identified and the recombination fraction calculated*
Gametes are recombinant if they contain a combination of alleles different from the parental combinations (v^+, cv, ct) and (v, cv^+, ct^+) - see the way the triply heterozygous females were obtained. Results were:

v	v^+	ct^+	580	non-recombinant (*n* = 1172)
v^+	cv	ct	592	
v	cv	ct^+	45	recombinant between (v, ct) and cv loci (*n* = 85)
v^+	cv^+	ct	40	
v	cv	ct	89	recombinant between v and (cv, ct) loci (*n* = 183)
v^+	cv^+	ct^+	94	
v	cv^+	ct	3	recombinant between (v, cv) and ct loci (*n* = 8)
v^+	cv	ct	5	
			1488	

Note that only 316 of the 1488 gametes (21%) are recombinant. Clearly the three loci are linked.

(d) *Combining the data establishes the order and genetic distances of the loci*
The rarest class must be those that require a double recombination to produce them. This establishes that the gene order must be v - ct - cv.

Next, we count recombinants in each interval:

Between v and ct:	183 + 8	= 191/1488 = 13.2%	
Between ct and cv:	85 + 8	= 93/1488 = 6.4%	
Between v and cv:	183 + 85 + (2 × 8)	= 284/1488	= 19.6%

The map established by this experiment is: v - 13.2 cM - ct - 6.4 cM - cv.

그림 9.3 - 초파리의 유전 지도 작성
거리는 cM에 의해 정의되는 유전적 거리를 의미한다. Griffiths와 저자들에 의해 제공된 정보 (1999).

인간 유전자 지도 작성에 있어서의 문제점들

표지 유전자 이용의 필요성

인간 유전자 지도 작성에 필요한 것은 초파리의 지도 작성의 경우와 같지만, 사용되는 방법은 전형적인 인간 가계도에 맞게 적용되어야만 한다. 지도 작성은 두 유전자(또는 그 이상)를 분석한다. 두 유전자 사이에 교차는 감수분열 세포 어느 것에서도 일어날 수 있지만, 교차가 일어났는지를 확인하기 위해서는 오직 두 유전자 모두를 이형접합으로 가지고 있을 때에 만 가능하다. *그림 9.3*에서 쓰인 초파리의 경우에는 연구자가 필요한 만큼의 충분한 교배를 얻어낼 수 있었지만 인간의 경우에는 우리가 찾는 가계가 있어야만 한다. 유전 분리되는 질병을 두 개를 동시에 가진 이중 이형접합형의 가족들을 찾기란 매우 어렵다. 대신에, 분석하고자 하는 질병이 유전 분리하는 가족을 찾고, 표지 유전자 그들을 구분해야 한다. 이러한 목적을 위해 유전자 지표는 다음의 4가지 특성을 가져야 한다:

- 표지 유전자들은 멘델 유전의 법칙에 맞게 유전되어야 한다.
- 분석 받는 사람은 그 질환 유전자를 이형접합으로 가지고 있으며, 표지유전자들의 다형화 현상은 매우 풍부하여 분석되는 사람의 유전자형이 그 표지 유전자를 이형접합형으로 가지고 있어야 한다.
- 가족 구성원들이 기꺼이 제공된 정보를 이용하여, 표지 유전자들은 쉽게 분석 가능하여야 한다.
- 표지 유전자들은 전체 게놈 상에 충분히 가까운 간격으로 존재해야 한다. 가까운 간격이라고 하는 정도는 가족 구성원들에 따라 달라진다. 만약 많은 감수 분열을 분석할 수 있다면, 전체 게놈을 40 cM 간격으로 떨어진 표지 유전자들로도 연구가 가능할 것이다. 현실적인 가계도 수집 자료는 10 cM의 간격을 초과하지 않는 표지 유전자들이 있어야 한다. 따라서 결론적으로 전체 게놈을 커버하기 위해서는 300−500개의 표지 유전자들이 필요하다는 계산이 나온다.

과거에는 혈액형, 단백질 전기영동에 따른 다형이나 조직 형태를 표지 유전자로 사용했지만, 모두 한 가지 이상이 기준에 충족되지 못했다. 오직 DNA 염기다형만이 지표의 기준을 모두 충족시킬 수 있었다. 일반적으로 두 종류의 염기 다형이 이용된다 (*그림 9.4*).

- 미세부수체(microsatellites)는 짧은 서열의 반복 [예를 들어, $(CA)_n$ 서열]로서 이들은 모든 사람의 염색체에 같은 위치 존재하지만, 서열의 반복 개수는 개개인마다 다른 것을 말한다. 인간 게놈 프로젝트의 초기연구는 대부분 적절한 미세부수체를 찾는 것에 할애하였다. 현재는 20000개가 넘는 미세부수체가 알려져 있다. 미세부수체는 그것을 포함한 DNA 단편을 PCR로 증폭한 다음, 전기영동의 크기로 확인할 수 있다 (종종 형광 부착 후 DNA 서열분석기로 확인하기도 한다). 미세부수체는 많은 종류의 대립 유전자를 가질 수 있으므로 (예를 들어 사람들은 5, 6, 7…, 개의 반복 서열을 가질 수 있다) 감수분열에서의 유용한 정보를 줄 가능성이 높아진다.
- **단일염기다형 (SNP, single nucleotide polymorphisms)**은 미세부수체에 비해 덜 유용한데, 그것은 대부분의 다형화 현상이 두 종류의 대체 염기이기 때문이다. 하지만 단일 염기 다형은 매우 많고 (천만 개 이상이 데이터 베이스에 등록되어있다, *참고문헌 참고*), 전기영동이 아닌 다른 방법으로 확인 가능하다. 이것은 고효율의 실험인 마이크로어레이 ('SNP-chips')나 초소형 비드 분류에 기초한 방법 등을 이용할 수 있게 한다는 데서 매우 중요한 의미를 갖는다.

그림 9.4 - DNA 염기 다형의 일반적인 유형
[a] (CA)$_n$ 미세부수체
[b] A/C SNP
[c] C/T 단일 염기 다형으로서 제한효소 단편 다형화의 발생 (이 경우, CpG -> TpG 변화로 인해 *Eco*RI 위치 손실). *Eco*RI 제한효소는 GAATTC 서열을 인식한다.

(a)
```
ctctcacagt agccacacac acaccgctgc acagcggcct                n=5
ctctcacagt agccacacac acacaccgct gcacagcggc ct             n=6
ctctcacagt agccacacac acacacaccg ctgcacagcg gcct           n=7
```
(b)
```
tttttg tttcccttcc atgggtgata ttgcttcttg aaatacggac         A
tttttg tttcccttcc atgggtgatc ttgcttcttg aaatacggac         C
```
(c)
```
tgcacagtga tgtggaattc gaaagctgac tgca         EcoRI site present
tgcacagtga tgtggaattt gaaagctgac tgca         EcoRI site absent
```

어떤 단일 염기 다형은 제한 효소에 의해 인지되는 지역을 만들어 내거나 또는 없앨 수 있어서, **제한효소 단편 다형화**(RFLP, Restriction Fragment Length Polymorphism)를 만들어 낸다. RFLP는 미세부수체로 대체되기 전에 먼저 이용되었던 DNA 표지 유전자로서, 쉽고 간편한 방법이기 때문에 현재에도 실험실에서 이용되고 있는 방법이다.

모든 DNA 염기다형화 현상은 표지 유전자로서 큰 장점을 가지고 있다: 그것들은 특정 염색체 지역에 위치를 확인할 수 있다. 이것은 이전에는 FISH (*4.2절* 참조)와 같은 실험으로 확인되었다; 하지만 현재는 인접한 특정 염기 서열을 찾기 위해서는 단순히 게놈 데이터베이스를 찾는 것만으로 가능해졌다. 따라서 현재의 유전자 지도는 매우 조밀하고 다양한 표지 유전자들로 구성되어 있으며, 이들은 상대적인 거리 이미 정의된 염색체 위치에서의 지도 등이 가능하다.

조환형 찾아내기

*그림 9.5*는 조환형과 비조환형이 확실히 구분되는 가계도를 보여주고 있다. 우성의 질병이 이 가족에서 분리되고 있으며, 가족 구성원들은 대립유전자 1, 2, 3, 4에 대한 DNA 다형화 분석을 받았다. 질병 유전자와 표지 유전자 사이의 재조합은 가계도 어디에서나 일어날 수 있지만, 이중 이형접합형(double heterozygotse)인 II-2 개인의 자손들에서만 그 여부를 확인할 수 있다. 그녀는 그녀의 어머니로부터 질병 유전자와 표지 유전자의 2번 대립유전자를 받았고, 아버지로부터 비질병 정상 유전자와 표지유전자의 4번 대립유전자를 받았다. 이 두 조합 중 어느 것을 가지고 있으면 비조환형이다; 질병 유전자와 표지 유전자의 4번 대립유전자를 가지고 있거나, 정상 유전자와 표지 유전자의 2번 대립유전자를 가지고 있으면 조환형이다. 10개의 감수분열 중에서 두 개의 조환형이 있었다.

만약 *그림 9.5*의 가족 중에서 밑의 두 세대로부터만 DNA를 얻을 수 있었다면 (그 위의 세대가 죽었거나, DNA 제공을 거부했을 경우), 자손들 중에서 누가 비조환형인지 알아낼 수 없다. 2명이 한 유형이고, 나머지 8명이 또 다른 유형이라서, 아마도 2명이 조환형일 것이라고 추측은 할 수 있었

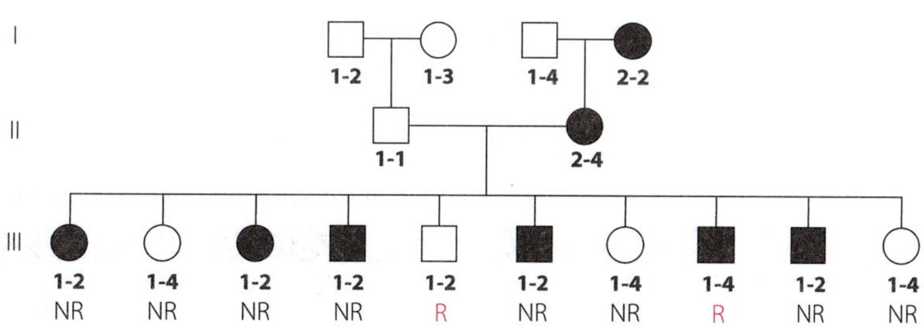

그림 9.5 - 가계도에서 조환형과 비조환형 찾아내기
NR, 비조환형. R, 조환형.
설명은 본문 참고.

겠지만 확신할 수는 없는 것이다. 8명의 조환형과 2명의 비조환형이 나올 경우라면, II-2 개인은 질병 유전자와 표지 유전자의 4번 대립유전자를 물려받았을 것이다. 희귀한 유전병에 대한 가족력을 조사할 때에는 *그림 9.5*와 같이 분석에 이상적인 구성의 가족에 한해서만 국한할 수는 없다. 우리는 아마도 명백하게 조환형을 알아낼 수 없는 가족 구성에 의존해서 조사를 마무리해야 하는 경우도 있을 것이다.

이러한 문제를 해결하기 위해서, 인간 유전자 지도 작성은 컴퓨터 프로그램을 이용하게 된다. 이것은 개인의 조환형을 정확하기 알아내기 위한 것이 아니고, 두 유전자 좌가 연관되어 있는지 (구체적인 조환율을 가지고), 연관되어 있지 않은지에 대한 가정을 전제로 하여 전체적인 가계도 정보를 통해서 가능성을 계산하는 것이다. 두 가능성에 대한 비율은 유전적 연관이 있는지 없는지에 대한 증거가 될 수 있다. 만약 비율이 연관일 가능성이 높다면, 가장 가능성이 있는 조환은 가장 가능성이 높은 조환 비율을 보이는 것이다. 이 분석으로 얻은 통계는 가능성에 대한 비율을 로그 값으로 나타낸 lod score (lod 값)이다. 이 통계법을 쓰는 이유와 그 특성에 대해서는 Strachan and Read(2003) 또는 Ott(1999) 에 잘 설명되어 있다.

충분한 감수분열을 확보하는 것

조사하기에 아주 좋은 조건이라 할지라도 −비조환형이 없는 이상적인 가계도− 연관에 대해 통계적으로 유의한 결과를 얻기 위해서는 최소 10개의 감수분열이 필요하다. 질병에 대한 유전자 지도를 작성하려면, 먼저 우리가 찾는 질병을 가지는 가족을 찾아야 한다. 유전 분석에 적합하도록 이상적인 가족 구성원으로 된 가계를 찾기는 매우 어렵다; 살아있는 사람은 지표에 대해 동형 접합체일 수 있고 (오직 이중 이형접합형의 감수분열만 유용하다는 것을 유념할 것) 조환형이 몇몇 있을 수도 있다. 이러한 요인들 때문에 20개 이하의 감수분열로 하는 연관 분석은 거의 성공하기 힘들다. 이 말은 다수의 가족들이 연구에 포함되어야만 한다는 것을 의미한다. 그들이 동일한 유전자 돌연변이에 의해 야기된 동일한 질병을 가지고 있다는 것이 확실하여야 한다는 것이 중요하다. 이러한 면에서 유전자 좌의 이질성은 아주 큰 장애물이다.

연관 조사를 위한 실험계획

일반적인 유전자 지도 작성 프로젝트는 관심 있는 질병을 가지고 있는 가족들을 수집함으로써 시작한다. 이 단계에서 최상의 의료지원이 성공여부에 대단히 중요하다. 가족들에게 진단에 대한 권리를 주어야 하고, 확실히 같은 질병을 가지고 있고 질병에 걸린 개인에 대한 분류가 정확하게 되어있는지를 확인하는 것이 필수적이다. 질병이 다양하게 표출되는 경우에는 (*Disease box 1* 참조), 분석이 매우 까다롭다. 질병이 유전적으로 분리되는 가족을 확인한 경우에는, 연구를 목적으로 혈액과 같은 샘플을 제공하도록 가족들을 설득해야 한다. 다행히, 대개 유전병이 있는 가족 중 대부분의 사람들은 연구를 위해 기꺼이 제공하지만, 강제로 해서는 절대 안 된다. 초파리와는 달리 개개인들은 샘플 제공을 거부할 권리를 가지고 있다.

실험실에서 DNA를 추출하고 각 개인들은 일련의 표지 유전자들의 유전자형이 밝혀진다. 지난 수년 동안 이 과정은 훨씬 간편해졌다. 과거에는 Southern blot을 이용하여야 하는 번거로운 작업으로 분석에 수 년이 걸렸지만; 지금은 실험과정이 자동화되었고 몇 주 내로 결과를 확인할 수 있게 되었다. 표지 유전자들은 PCR을 이용하여 분석하여 지는데, 상업적으로 시판되는 미세부수체들의 프라이머를 이용하거나, 한번의 실험으로 많은 수의 유전자들의 유전형을 알 수 있는 SNP 칩으로 분석한다. 각 표지 유전자에 대한 유전자형은 가계도에 대응하여 질병과 함께 분리되는지 확인한다. 이 과정은 lod 스코어를 계산하기 위해서 컴퓨터 프로그램을 사용한다.

앞서 언급했듯이, 연관의 통계적 결과는 lod 값이다. 이 값은 연관에 대한 비연관값의 로그 값(logarithm of the odds)으로 구해진다. Lod 값에서 기억해야 할 점은 다음과 같다:

- 각각의 lod 스코어 값은 특정한 조환을 계산한다; 각각의 표지 유전자들의 조환율을 계산하고 이들의 lod 값으로 환산하여 표로 나타낸다 (*표 9.1* 참조).
- Lod 값 +3은 통계학적으로 유의한 한계 값이다 (p=0.05).
- Lod 값이 높을수록 연관되어 있을 가능성이 높다; Lod 값은 로그 값이라서 4의 lod 값은 3보다 보다 연관의 가능성이 10배 많다.
- Lod 값이 −2 이하이면 조환율이 확실하게 연관을 나타내지 않는 값이다.

연관조사는 표지 유전자들을 하나씩 서로서 검사를 계속하여 확실히 연관된 lod 값이 나올 때까지 계속된다. *표 9.1*은 실제 예를 보여주고 있다.

다음 단계는 후보지역을 줄여 나가는 것이다. 초기 분석으로 질병 유전자가 인접한 표지 유전자와 10 cM의 거리에 있다는 사실을 알아낸다. 유전적 거리와 물리적 거리는 염색체 위치에 따라 조금씩 다를 수 있지만, 평균적으로 10 cM 떨어져 있는 것은 대략 표지 유전자와 질병 유전자가 10 Mb만큼 떨어져 있다는 것을 의미한다. 후보 유전자들에 대한 돌연변이 여부를 조사하기에 앞서 후보 지역을 1 Mb 보다 줄이는 것이 좋다 −그렇지 않으면 가능한 후보 유전자들이 너무 많아진다. 후보 지역을 줄이기 위해서는 게놈프로젝트나 SNP 데이터베이스를 이용해 그 위치 내의 새로운 표지 유전자(미세부수체 또는 SNP)들을 선택해야 한다. 이 단계에서는 컴퓨터를 이용하기 보다는 눈으로 결과를 살펴보는 것이 더 좋다. *그림 9.7*은 실제 예를 보여주고 있다.

마지막 단계: 후보 유전자들의 돌연변이 검사

연관 분석을 통해 작은 후보지역이 결정되고 나면, 그 안에 위치하는 모든 유전자의 목록을 뽑아낸다. 과거에는 이 적업은 유전자를 발견하기 위해 숙련된 박사 연구원들이 수 년 걸려 하던 일이었다; 그러나 현재는 유전자 목록을 인간 게놈 프로젝트의 데이터베이스로부터 다운로드 받기만 하면 된다 (비록 목록 자체가 불완전하지만). 유전자들은 몇 가지 기준에 의해 우선 순위가 정해지고 돌연변이 검사에 적용된다.

- **기능** − 유전자 기능에 대한 정보가 특정 질병에 대한 가능성 있는 후보 선정에 도움이 될까? 대부분의 경우에는 생화학적 기능과 질병의 증상과의 관계는 크게 관련이 없다는 것을 유념하라. 예를 들어, *FMR1* 유전자는 RNA 결합 단백질을 암호화한다; 이 유전자의 기능 상실 돌연변이는 Fragile−X 증후군을 야기하고(OMIM 309550, *Disease box* 4 참조), 주요 임상 증상은 정신 지체, 특이한 얼굴 모습 그리고 거대 고환증이다.
- **발현 양상** − 질병에 의해서 영향을 받는 조직에서 관련 유전자가 발현될까? 유전자 발현 정보는 cDNA 도서관을 통해서 얻을 수 있다. 해당 조직의 cDNA 도서관은 그 조직에서 발현되

는 유전자만 포함하고 있을 것이다.

- **관련 유전자들** – 관련 유전자들이 게놈상의 다른 위치에도 존재하는가? 만약 그렇다면 이들 유전자들의 돌연변이도 비슷한 질병을 유발하는가?
- **동물 모델** – 그 유전자의 돌연변이가 동물에도 있는가? 만약에 있다면 동물도 그 유전자 돌연변이는 같은 표현형을 보이는가? 정확히 일치하지 않더라도, 어느 정도 유사한 점이 있을 수 있다.
- **크기와 복잡성** – 다른 모든 조건이 똑같다면, 엑손이 2개로 된 유전자가 67개의 엑손으로 된 유전자 보다 훨씬 쉬울 것이다.

우선 순위 목록을 정한 다음에, 서로 친척관계가 없지만 질병을 가진 사람들에서 각각의 유전자에 대한 돌연변이 여부를 검사한다. 이때 이들이 가진 질병 유전자의 위치가 알려진 것이면 좋다. *5.2절*에서 나오는 방법(*유전자의 서열 변화 조사하기 방법*)들 중 어느 것을 이용하여 분석한다. 하지만 이것이 쉽지만은 않은 과제이다 – 데이터베이스에 있는 모든 유전자의 모든 엑손이 정확히 일치하는 것은 아니며, 어떤 돌연변이는 인트론 내에 존재하기도 하고 어떤 경우는 위치를 찾기가 매우 힘들다. 그럼에도 불구하고 불운만 없다면 이 모든 과정은 한 과학자가 몇 달 안에 마무리 할 수 있을 것이다. 현재로서는 조사에 필요한 가족과 샘플을 구하는 것이 가장 힘든 부분이다.

기능 상실 질병일 경우에는 친척관계가 아닌 사람들로부터 과오 돌연변이, 스플라이싱 돌연변이, 틀 변형 돌연변이 등에 의한 다양성을 찾도록 노력해 볼 수 있다. 그러한 발견은 확실히 그 유전자가 정답이라는 결론을 내릴 수 있다. 만약 친척관계가 아닌 여러 질환자 들로부터 오직 한 가지의 변이 만을 찾았다면 (종종 기능 획득 질병들에게서 관찰되는 경우임), 이것이 특별한 비병원성 다형화 현상인지 조사하여야만 한다. 이 조사는 같은 인종의 건강한 사람들의 유전자형을 검사함으로써 확인할 수 있다. 찾는 유전자가 맞다 라는 것을 최종적으로 확신하기 위해서는 유전자 적중 또는 RNA 간섭 등을 이용해서 동물 모델을 만들어 확인하는 것이다 (Bantounas *et al.*, 2004; Iredale, 1999).

9.3. 환자 조사하기

유전적 대측성 색소이상증 229 238

일본의 몇몇 가족들에서 이 질병이 유전 분리되고 있다는 것이 확인되었고, 여러 가족 구성원들은 DNA 추출을 위해서 혈액을 제공하였다 (*그림 9.6*). 세 가족으로부터 받은 DNA 샘플을 인간 게놈 전체에 골고루 분포하는 343개의 미세부수체 표지 유전자들을 이용하여 분석하고 연관을 lod 값을 이용하여 찾아냈다. 대부분의 지표들은 음의 값의 로드스코어가 나왔지만, 1번 염색체에 연속적으로 존재하는 몇 개의 표지 유전자들이 *표 9.1*에서 보는 것과 같은 lod 값을 보였다.

이 표에서 주목할 점은 다음과 같다.

- Lod 값이 3 이상인 몇 개의 표지인자들은 이들이 분석하는 질병 유전자와 연관되었다는 것의 강력한 증거이다.
- 조환율 0에서 lod 값은 모든 표지 유전자들이 부(–)의 무한대 값이 나오게 되는데, 이것은 모든 표지 유전자들이 질병 사이에 어떤 값의 조환을 가진다는 것을 의미한다. 다시 말하면,

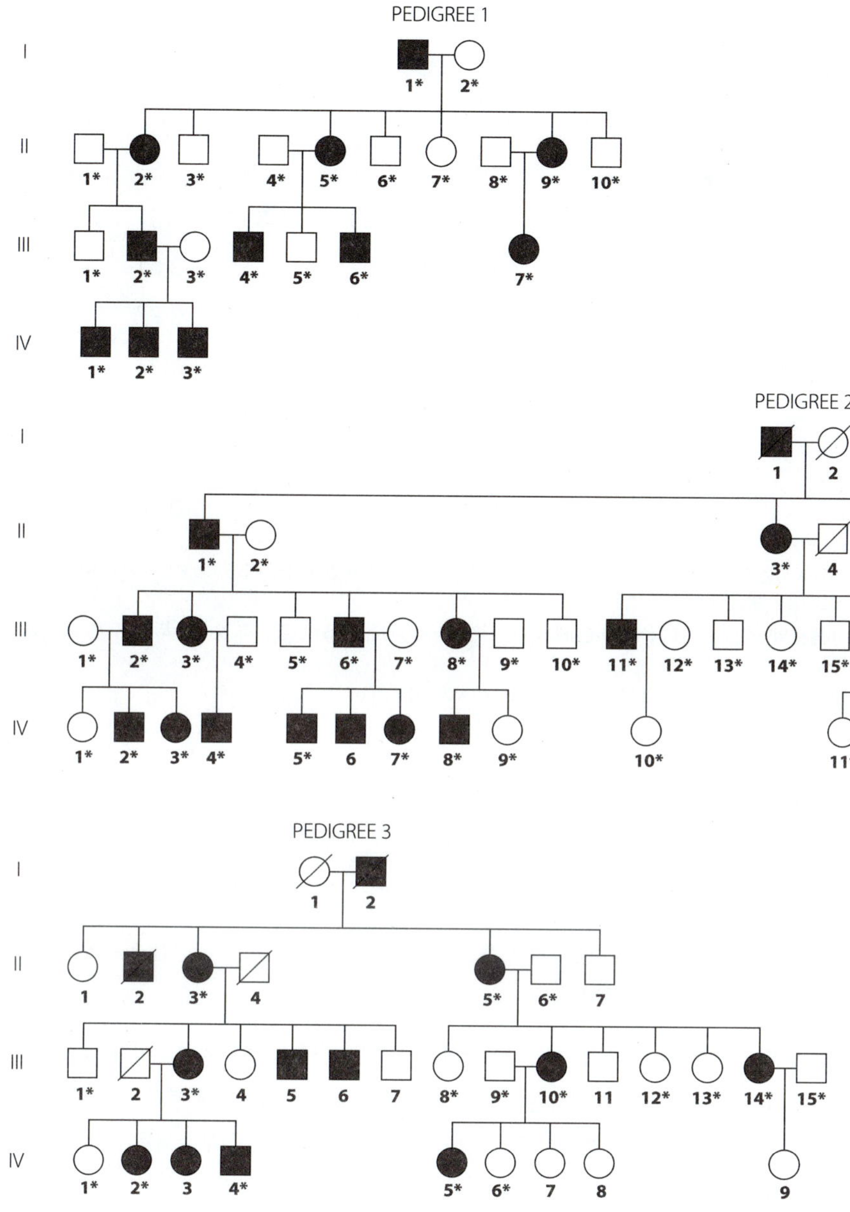

그림 9.6 - 색소 이상증 유전자 지도 작성을 위해 Miyamura et al(2003)등이 분석한 세 가족의 가계도. 별표한 개인들이 DNA 샘플을 제공한 사람들이다. University of Chicago 출판사의 허가 아래 Miyamura 등(2003)의 자료 인용.

어떤 표지 유전자도 질병 유전자 좌와 아주 가깝게 위치하지는 않는다.

- 표지 유전자들이 염색체에서의 순서대로 열거되어 있다. 표의 중간에 있는 표지 유전자들의 lod 값이 맨 위나 아래에 존재하는 표지유전자들의 lod 값보다 훨씬 높다. 이것은 질병 유전자가 이들 표지 유전자가 커버하는 염색체 부위의 중간 쯤에 위치한다는 것을 의미한다.
- 매우 높은 정(+)의 lod 값을 가지는 표지유전자들의 구체적인 값에 너무 연연할 필요는 없다. 한 표지유전자의 lod 값이 인접한 지표보다 낮은 것은 그 지표만 동형 접합체이고 인접한 지표

표 9.1 - 그림 9.6에서 나타낸 가족들에 대한 연관 분석

표지 유전자	LOD at q =:						
	0	0.05	0.1	0.15	0.2	0.3	0.4
D1S424	-inf.	0.17	1.15	1.51	1.59	1.30	0.66
D1S206	-inf.	-1.21	0.56	1.29	1.59	1.51	0.90
D1S502	-inf.	3.81	4.88	5.02	4.75	3.51	1.68
D1S252	-inf.	5.46	5.96	5.78	5.29	3.77	1.79
D1S498	-inf.	4.49	4.43	4.09	3.62	2.42	1.06
D1S484	-inf.	1.80	2.99	3.34	3.31	2.62	1.42
D1S196	-inf.	-0.76	0.46	0.99	1.21	1.17	0.72
D1S218	-inf.	-7.17	-4.03	-2.40	-1.41	-0.36	0.02

1번 염색체의 장완에 있는 미세부수체 표지유전자에 대한 lod 값을 컴퓨터로 계산한 값을 나타내고 있다. θ 는 조환 비율을 의미한다. 자세한 내용은 본문 참고.

미세부수체의 이름은 일반적인 기준에 의해 붙여진다(D=DNA 단편, 1= 염색체 번호; S= 단일 카피; 숫자는 각 표지유전자들이 처음 밝혀진 순서이다).

University of Chicago 출판사의 허가 아래 Miyamura 등의 (2003) 자료 인용.

는 이형 접합체이기 때문일 수도 있다. 동형 접합체는 유전자 지도 작성 과정에서 어떤 정보도 제공할 수 없으므로 lod 값이 낮다. 하지만 종합적인 양상은 해당 지역에서 중간 부분에서 연관되어 있다는 것을 강력히 시사하고 있다.

*표 9.1*의 표지들은 1번 염색체 장완의 60cM 이상의 유전적 거리에 해당하는 부분이다. 이 지역을 조금 더 줄이기 위해서 이 지역에 존재하는 더 많은 위성부수체들을 이용하여 검사를 확대하였다. *그림 9.7*은 *D1S498*과 *D1S484* 사이의 13 cM 지역에 위치하는 11개의 위성부수체들과 *D1S498* 대한 중요한 정보를 보여주고 있다. 그림에는 12개 위성부수체들이 가지고 있는 다른 대립 유전자들은 임의의 숫자로 나타냈고, 7명의 유전자형에 대해서 각각 두 개의 단상형을 나타냈다. 단상형은 부모들의 유전형으로부터 추론했다. Lod 값을 계산하기 보다는(이 지역이 질병 유전자 좌와 연관되어 있다는 사실을 이 단계에서는 이미 알고 있기 때문에), 연구자들은 개개인들 중 누가 조환형인지를 검사하기 위해 단상형 분석했다.

이 가족에서, 질병을 가진 대부분의 사람들은 질병 유전자와 함께 인접한 표지유전자를 가진 단상형을 유전받았다 – 즉, 질병 유전자를 물려 준 부모의 감수분열 중 그 지역에서 어떤 교차도 일어나지 않았다는 뜻이 된다. 1번 가족 중 질병에 걸린 사람들은 1–I1의 초록으로 표시한 염색체의 질병 연관 단상형을 가지고 있었다. 마찬가지로 2번 가족 중 질병을 보이는 사람들은 청색의 단상형을 가지며, 3번 가족의 질병을 가진 사람들은 노랑 색의 단상형을 가진 염색체를 가지고 있었다. 하지만 몇몇 사람들은 *그림 9.7*에 부분적으로 색깔을 나타낸 조환형의 단상형을 가지고 있었다. 이들도 질병

INDIVIDUAL	1-I1	1-IV3	2-II1	2-IV4	2-IV5	3-III3	3-IV4
D1S498	5 2	5 4	2 3	2 2	2 5	3 2	2 4
D1S2347	1 4	1 1	4 1	4 1	4 1	1 3	3 1
D1S2345	4 4	4 8	7 2	7 1	2 1	2 2	2 1
D1S2858	2 1	2 2	1 1	1 2	1 2	2 2	2 2
D1S305	6 6	6 7	6 5	6 1	6 6	6 8	8 2
D1S2715	5 6	5 5	1 1	1 5	1 3	6 3	3 1
D1S2777	1 4	4 3	3 3	3 3	3 3	5 3	5 3
D1S2624	3 3	3 3	5 1	4 3	5 1	4 2	4 4
D1S506	6 6	5 4	5 5	5 4	5 5	5 2	5 5
D1S2635	7 8	8 8	7 8	8 7	7 7	7 7	7 8
D1S2771	3 1	1 1	1 1	1 3	1 1	1 1	1 3
D1S2707	6 2	2 6	4 6	2 6	4 6	5 6	5 2

그림 9.7 - *그림 9.6*에 있는 세 가족의 7명 구성원들의 단상형
설명은 본문 참고. University of Chicago press의 허가 아래 Miyamura 등 (2003)의 자료 인용.

을 가지고 있었기 때문에 역시 질병 유전자를 가지고 있다고 봐야 한다. 그러므로 질병 유전자는 색깔로 된 부분 안에 위치하거나 바로 인접한 부분에 있어야 한다. 따라서 1번 가족의 IV-3을 통해서 우리는 질병 유전자가 표지유전자 *D1S2777* 보다 위에 위치한다는 것을 알려준다. (색깔로 된 단상형 중 *D1S2715*가 제일 밑에 있는 표지유전자 이지만 질병 유전자는 그 지표와 그 다음 지표 사이에 위치하게 된다 - *D1S2777* 보다 밑에 위치하지는 않는다.) 3번 가족의 IV-4를 통해 질병 유전자가 표지유전자 *D1S2715* 보다 밑에 위치한다는 것을 알 수 있다 (노랑 색 안에 있는). 결론적으로 질병 유전자는 이 두 표지유전자 사이에 위치한다. 다른 조환형 개인들의 결과도 이 위치와 일치한다.

이 분석을 통해서 후보 지역을 염색체 1q21.3 부위의 500 kb까지 줄일 수 있었다. 인간 게놈 프로젝트 데이터베이스에서 이 위치를 게놈 브라우저 프로그램으로 확인한 결과 그 지역에는 7개의 유전자 만이 있다는 사실을 알 수 있었다. 각 가계도에서 질병을 갖고 있는 사람들의 (또는 가족이 아닌 같은 질병의 사람들의) DNA로 각 유전자들의 돌연변이 조사를 실시하였다. 단일 가닥 구조 다형성 실험(SSCP, single strand conformation polymorphisms, *그림 5.7, 5.10* 참고)으로 각 유전자의 엑손에서 돌연변이를 검사하였다. 후보 유전자 중에서 *DSRAD* 유전자 (double-stranded RNA specific adenosine deaminase)에서 변화가 관찰되었다. 가족들 중에서 질병을 가진 구성원들에서 공통적으로 그 유전자에서 같은 변화가 있었지만, 다른 가족끼리는 변화 양상이 달랐고 같은 엑손의 변화도 아니었다 (친척 관련 없는 4명의 증례에서 각각 엑손 2, 10, 10, 15번의 이상).

이제 남은 일은 발견된 변화가 실제로 질병을 일으키는 돌연변이인지 증명하는 일이다. 핵심은 다음과 같다.

- 4개의 돌연변이 중 2개는 정지 돌연변이이며, 이것은 일반적인 다형성과는 거리가 멀다.
- 나머지 2개의 돌연변이는 인간 외의 11개의 조사된 다른 동물의 단백질에서 모두 보존적인 아미노산이 바뀐 과오 돌연변이였다. 보존적인 아미노산은 매우 중요한 역할을 할 가능성을 내포하고 있고, 이 위치의 돌연변이는 흔한 다형성이라고 보기는 힘들다.

- 116명의 친인척 관계가 없는 정상적인 일본 성인들의 DNA로부터 같은 유전자에 대한 돌연변이 조사를 하였지만 한 건의 돌연변이도 발견되지 않았다. 이 결과는 해당 돌연변이가 질병과 관련 있을 가능성을 강력히 시사한다.

놀랍게도 *DSRAD* 유전자를 생쥐에서 유전자 적중실험으로 넉아웃시키거나 이형접합체로 만들었을 때, 이들은 배아 치사가 관찰되었다. 예상하지 못한 결과이긴 하지만, 이것이 *DSRAD*가 색소이상증 유전자가 아니라는 증거는 될 수 없다. 인간과 생쥐에 많은 유사점들이 있긴 하지만 차이도 분명 존재하기 때문이다. 이 경우에는 반수체기능부전(haplo-insufficiency) (50% 정도의 유전자 활성으로 정상 기능이 충분치 않은 것)으로 인한 결과일 가능성이 있다. 하지만 왜 이 유전자의 50% 활성 감소가 손과 발의 피부에서만 색소 이상을 야기하는지에 대한 연구 결과가 아직 없다는 것도 역시 주목할 점이다. 종종 유전자의 발견은 그 기능이 무엇을 하는지에 대한 연구의 시작점이 되기도 한다.

증례 3 Choudhary 가족

3 9 66 **242** 260 376

- Nasreen (8개월 여아), 부모는 Aadnan과 Mumtaz
- 귀머거리
- 부모가 사촌지간
- 가계도에 의하면 귀머거리 문제는 상염색체 열성질환으로 보임

우리가 이 가족을 마지막으로 만났을 때 (*3장*), Nasreen의 귀머거리 증세가 상염색체의 열성질환이거나, 이것이 전혀 유전적이지 아닐 것이라는 것은 가설에 불과했는데, 그 이유는 청력 상실은 여러 가지의 다양한 원인에 의해서 일어나기 때문이다. 삼촌 두 명이 귀머거리이었고, 더욱이 모두 같은 혈족 간의 결혼에서 생긴 자손들이라는 사실은 이 사례가 유전적 열성 때문이라는 가설을 더욱 뒷받침 할 수 있었지만, 확실한 방법은 유전자의 돌연변이를 확인하여 증명하는 것이다. 3장에서도 설명했듯이, 청력 상실은 상염색체에 있는 50여 개 유전자의 열성 유전자에 의하므로 청력 상실을 유전학적으로 규명하는 것은 매우 어렵다.

50 개의 유전자 중에 어떤 것이 관여할지는 예측할 수 없지만, 대부분 *GJB2* 유전자에서의 돌연변이에 의해 청력 상실이 야기된다. 이 유전자는 connexin 26라는 단백질을 암호화하는데 이 단백질은 귀 안쪽 세포 사이의 협간극 결합(gap junction)을 형성한다. 이 단백질들은 칼륨 이온의 순환에 매우 중요한 역할을 하는데 이들은 귀 내부의 털 세포로 들어가 소리에 반응하도록 한다. *GJB2*는 간단한 유전자로서 엑손이 2개 있고, 단백질 암호 서열은 두 번째 엑손에만 있다. 특정한 이종 집단에서는 특정한 돌연변이들이 많이 발견되는데, 예를 들면 유럽인들에서는 c.35delG 변이가, 그리고 중국인들에서 c.235delC (*그림 6.2* 참조) 변이가 많이 발견된다. 따라서 환자가 속한 인종에서 일치하는 돌연변이를 검사하거나, 유전자 전체 서열을 확인하는 것은 간단하기 때문에 종종 행해진다. 검사 결과 전체 환자의 절반 이상이 확실한 해답을 얻을 수 있다. 하지만 이 검사에서 양성 결과가 나오지 않아도, 연구에 더 진전할 필요가 없다.

Nasreen의 *GJB2* 유전자의 전체 서열을 조사했을 때, 돌연변이가 발견되지 않았다. 보통은 이 단계에서 연구가 중단되지만, 유전학자들은 좀 더 분석하기로 결정하였다. 그 이유는 가족들이 Nasreen의 청각 상실 원인을 알고 싶어 하기 때문이었는데 *1장*에서 설명한 Nasreen의 삼촌인 Waleed와 숙모 Benazir가 (*그림 1.9*의 가계도 참고) 결혼 할 계획을 가지고 있었으므로 이들에게 같은 장애가 나타날 가능성에 대한 정보를 주고자 했기 때문이다. 그러므로 가족 구성이 연구가 더욱 진행되는 것을 허락하였기 때문이었다.

Nasreen, Waleed와 그의 형제인 Mohammed 등 셋이 전부 같은 청각 상실의 상염색체 열성유전자를 가지고 있다고 가정하면, Nasreen의 고조 할아버지들 중 한 명이 이형접합형으로 돌연변이를 가지고 있었고, 세 명의 귀머거리들은 친족 결혼으로 인해 돌연변이를 동형접합형으로 갖게 되었을 것이다. 만약 그들이 조상의 돌연변이 유전자를 두 벌 가지고 있다면, 돌연변이 유전자 주위에 있는 표지 유전자들도 동형접합형으로 갖게 될 것이다. 그러한 현상은 우연히 일어나기는 힘든 일이다. 그러므로 그들에게 청각장애 유전자들 근처에 있는 다형성이 심한 미세부수체들을 최대한 많이 검사하였다. 유전적인 청각장애 홈페이지(The Hereditary Hearing Loss Homepage, *9.5 절* 참조)를 통해서 청각 장애 유전자와 가깝게 연관되어 있는 미세부수체들의 목록을 제공받을 수 있다. 이 홈페이지와 인간 게놈 프로젝트 데이터베이스를 참고하여 유전학자들은 미세부수체 목록을 정하고, 이 세 명의 이들 표지 유전자 유전자형을 밝혀냈다. 근친간의 결혼이 있는 가족에 적용되는 이 과정을 자가접합성 지도 작성(autozygosity mapping)이라고 한다. 자가 접합성은 동일한 조상으로부터 같이 물려받은 동형접합형을 의미한다.

*D2S174*와 *D2S158* 등 두 표지유전자가 귀머거리 유전자인 *DFNB9*과 밀접하게 연관되어 있어서 일관된 양상으로 유전되는 것으로 나타났다 (*그림 9.8*). 이 결과는 2번 염색체의 2q22에 부위에 밀집하여 존재하는 일련의 표지 유전자들을 검사함으로써 재확인할 수 있었다. Nasreen, Waleed 그리고 Mohammed는 *DFNB9* 유전자 좌 주위의 표지유전자들을 모두 동형접합형으로 가지고 있음을 알 수 있다. 관련된 유전자인 *OTOF* (Otoferlin)은 48개의 엑손으로 이루어져 있다. 연관 분석에 의해서 제공된 이와 같은 결과가 없었으면, 이와 같은 거대한 유전자에 대한 돌연변이 검사를 실시할 가치가 있다고 말할 수 없었을 것이다. 이 경우에는 그 검사가 정당했으며, 결과적으로 세 명 모두 *OTOF* 유전자의 8번째 인트론과 9번째 엑손의 접합 부분에서 A〉G 돌연변이를 동형접합으로 가지고 있었다. 이것은 인트론 – 엑손 접합부위의 매우 보전적인 AG 염기 변이로서 인트론 스플라이싱의 실패로 유전자의 기능이 상실되었을 것으로 추정되었다. 흥미롭게도 *OTOF* 유전자 돌연변이는 매우 높은 대립유전자 이질성을 가지고 있으며, 이것은 기능 상실 돌연변이에서 많이 발견되는 사실이지만, Nasreen의 가족과 같은 돌연변이가 인도에서 보고 된 적이 있었다. 두 가족이 과거의 공통

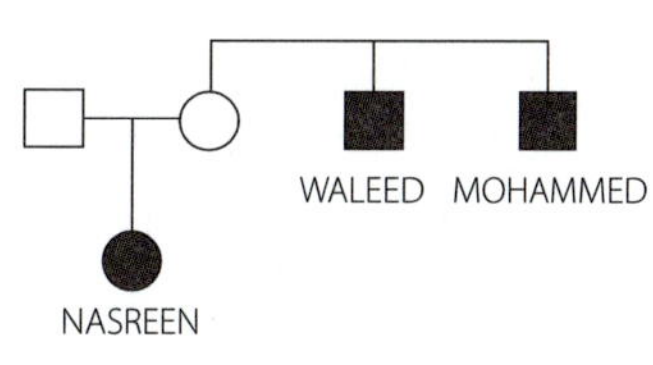

GENOTYPES FOR:

	NASREEN	WALEED	MOHAMMED
D10S537	**2-4**	**4-4**	**4-1**
D10S1432	**2-1**	**2-1**	**4-2**
D2S174	**6-6**	**6-6**	**6-6**
D2S158	**2-2**	**2-2**	**2-2**

그림 9.8 - 자가접합성 지도 작성 (Autozygosity mapping)

Choudhary 가족의 3명의 귀머거리들을 다른 청각상실 유전자들과 연관된 일련의 표지 유전자들로 유전자형을 분석하였다. 검사 결과 10번 염색체의 귀머거리 유전자 *DFBB12*에 연관된 표지유전자 *D10S537*과 *D10S1432*는 연관이 되어 있지 않으며 2번 염색체의 2p22-p23에 있는 귀머거리 유전자 *DFNB9*과 표지유전자 *D2S174*와 *D2S158*은 일관성 있게 서로 유전적으로 연관되어 있음을 알 수 있다.

된 한 조상으로부터 동일한 돌연변이 유전자를 물려받았는지를 알기 위해서는 인도에 있는 가족의 DNA를 확보할 수 있다면 검사가 가능하다. 이러한 인도의 사례가 같은 조상의 염색체 단편에 의한 것이라면, 이들은 그 돌연변이에 인접한 SNPs들의 단상형을 공유할 것이다.

9.4. 요약 및 보충설명

염색체 이상을 이용한 후보 지역과 후보 유전자 탐색

연관 분석에서 lod 값 3(유의성을 가지는 최소값)을 가질 수 있으려면 최소한 10개의 감수분열로부터 정보를 얻어야 한다. 실제로는 합리적인 성공 가능성을 위해 최소 20개의 감수분열이 필요하다고 할 수 있다. 감수 분열은 우리가 질병과 표지유전자가 서로 조환형인지 아닌지를 분석하여 연관 정도를 알 수 있는 정보를 제공해 준다. 가장 기본적인 것이 부모의 질병 유전자와 표지유전자 모두가 이형접합이어야 하며, 이를 통해 각 유전자의 대립유전자를 양친 중 누구로부터 유전 받았는지를 분석하게 하며, 이것이 다음 세대로 어떤 대립유전자를 물려 주는지 유추할 수 있다.

어떤 질병과 함께 염색체 이상을 동시에 가진 희귀한 환자들은 때로 연관 분석을 할 필요가 없으며 대신에 후보 지역의 유전자들을 직접 분석할 수 있다. 이것은 특히 자손을 생산할 수 있는 나이까지 생존하지 못하는 경우의 우성 유전질환 환자에게는 매우 중요하다. *2장*에서 언급했듯이, 염색체 전좌나 역위의 절단 지점이 유전자 내부에 있는 경우 유전자를 망가뜨린다. 만약에 질병를 야기하는 유전자의 한 카피가 소실된다면, 그 사람은 질병에 걸리고 만다. 따라서 임상학자들은 환자가 멘델식 유전병인지 염색체 이상인지 항상 관심을 가지고 주목을 할 필요가 있으며, 어떤 환자는 이러한 돌연변이가 새로이 나타나는 수도 있다. 어떤 경우에는 우연히 일치할 수도 있지만 그런 각각의 사례들이 종합적으로 한 질병 유전자를 발견하는데 중요한 정보를 제공하는 경우가 종종 있다. 루빈스테인 테이비 증후군(Rubinstein–Taybi syndrome, *Disease box 9* 참조)이 이에 해당하는 좋은 예이다. *표 9.2*에는 다른 예들을 설명해 놓았다.

유전자 추적: 연관된 표지유전자를 가계도에서 유전적 위험도 측정하기

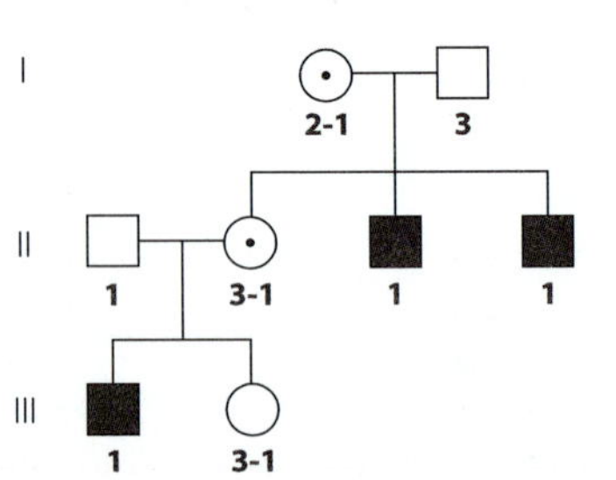

그림 9.9 - 유전자 추적을 이용하여 유전적 위험성 예측하기.
교재의 내용을 참조할 것. NB, 남자들은 X-염색체 표지 유전자의 대립 유전자를 한개만 가진다는 것을 유념하라.

색소 이상증을 가진 가족에서 연구자들은 질병에 걸린 개인과 걸리지 않은 개인을 구분해서 많은 표지유전자를 검사하고 질병과 함께 공통으로 유전 분리되는 표지 유전자를 찾아내었다. 그러나 일단 질병과 함께 공통으로 유전 분리하는 표지 유전자를 찾아내고 나서, 이 표지유전자를 이용해서 가족 구성원 중에서 누가 질병 유전자를 가지고 있고, 누가 가지고 있지 않은지를 예측 가능하기도 하다. 이러한 과정을 **유전자 추적**(gene tracking)이라고 한다. *그림 9.9*는 가설적인 예를 보여주고 있다. 그림의 가계도는 X-연관 열성질환과 이 질환과 근접하게 연관된 표지유전자의 유전자형을 보여주고 있다. 확실히 질병 유전자가 있는 염색체는 1번 대립유전자를 가지고 있는 것을 알 수 있다. III-2는 보인자인 어머니로부터 3번 대립유전자를 받았기 때문에 보인자일 가능성이 매우 낮다. 하지만 어머니의 감수분열 중 질병 유전자와 표지유전자 사이에 교차가 일어나 조환이 있었을 가능성도 있으므로 그녀가 보인자가 아닐 가능성은 완전한 0%는 아니다. 표지유전자만을 이용하여 위험도를 예측하는 것에는 위험성이 있을 수 있다는 것을 명심하여야 한다 (예, III-2는 보인자 어머니와 같은 표지유전자의 유전자형을 가지고 있지만, 그녀의 경우 그것이 그녀가 보인자가 아니라는 것을 의미한다). 따라서 염색체가 분리되는 것을 가계도에서 꼼꼼히 해석해야 한다.

표 9.2 - 임상학자들이 질병 유전자를 찾는데 결정적인 단서를 제공한 사례들

질병	염색체 위치	결정적인 임상 관찰들
Duchenne 근육위축증 (DMD)	Xp21.3	[a] 염색체 Xp21.3에 결실을 가진 DMD 소년 [b] X;21 상호 균형 전좌를 가진 DMD 여인. 위치 클로닝법이 개발된 초창기에 연구자들은 Xp21.3 지역에 변이가 있는 두 환자의 후보 지역의 DNA를 분석하였다.
1형 와덴부르그 증후군 (Type I Waardenburg syndrome)	2q35	가족력에서 질병의 흔적이 없는 어떤 소년에게서 이 병이 나타났고 그는 2q35-q37.3 부위의 역위가 있었으므로 이 지역의 연관 분석을 실시하였는데, 이 소년을 분석할 당시에는 하나의 표지 유전자 검사에 몇 주 이상 소요되던 때였다.
윌리암스 증후군(Williams-Beuren syndrome)	7q11.23	판상부대동맥협착증(Supravalvular aortic stenosis)과 t(6;7)(p21.1;q11.23)의 균형전좌가 공통으로 유전 분리하는 한 가족(*Disease box 3* 참조)
소토스 증후군(Sotos syndrome)	5q35	질병과 함께 t(5;8)(q35;q24.1)의 상호 균형 전좌를 가진 환자. 절단점에 의해 *NSD1*유전자가 파괴되었으며, 이 증후군의 다른 사례에서도 이 유전자가 돌연변이 되거나 결실된 것으로 나타났다.

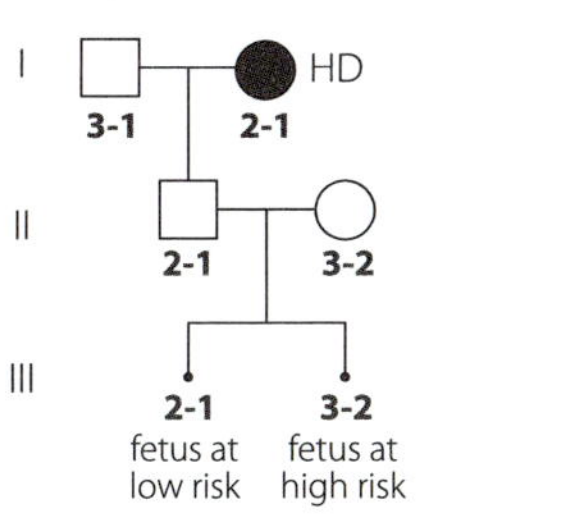

그림 9.10 - 헌팅톤 질환의 태아 배제 검사 숫자는 HD 유전자에 근접하게 연관된 표지 유전자의 대립 유전자를 나타냄. 자세한 설명은 교재 참조 바람.

중요한 질병 유전자들의 유저자 지도를 작성하던 시기에는 표지유전자는 알려져 있었지만, 질병유전자는 아직 확인이 안된 상태로서 유전자 추적은 임상 유전학에서 아주 중요한 부분을 차지했다. 일단 질병 유전자가 동정이 되면 이 유전자의 돌연변이 검사가 일반적으로 시행된다. 많은 수의 엑손을 가진 큰 유전자를 분리하는데 유전자 추적이 여전히 이용되곤 하는데, 이러한 유전자 전체의 돌연변이를 조사하는 것이 비용이 많이 든다. 이에 대한 특별한 예가 **태아 배제 검사 (fetal exclusion test)** 이다. *그림 9.10*에서 II-1은 어머니가 헌팅턴 질환을 가지고 있으므로 50%의 확률로 헌팅턴 질환 유전자를 가지고 있다. 그는 그 자신에 대해 검사 받는 것을 거부하긴 했지만, 그와 그의 부인은 자녀들이 일생 동안 자신들이 가지고 있는 고민거리로 고생하기를 원치 않았다. 헌팅턴 병을 산전 검사로 [$(CAG)_n$ 반복 서열의 팽창, *그림 4.18* 참조), 태아가 헌팅턴 질환 유전자를 가지고 있는지 직접 확인 할 수 있지만, 만약 양성으로 나온다면 II-1도 그가 헌팅턴 병 유전자를 갖고 있다는 것을 알게 되는 것이고 이것은 그가 알고 싶지 않은 결과였다. 따라서 이 방법 대신에 연관 표지유전자가가 이용되었다. 태아 III-1은 II-1로 부터 받은 염색체는 II-1이 그의 아버지로부터 물려받은 정상의 염색체이다. 그러므로 그는 헌팅턴 질환으로부터 자유롭다고 할 수 있다 (부계 감수분열의 재조합 경우만은 제외하면). 태아 III-2는 헌팅턴 병을 가진 할머니의 염색체를 물려받았으므로 헌팅턴 유전자를 가질 확률이 50%가 된다. 이들 부부는 임신을 모두 중단하기로 결정했다. 그 이유는 오직 정상인 아이만을 그들이 원했기 때문으로, II-1의 확률이 완전하지 않았기 때문이다. 뒤집어 보면 낙태한 태아들은 완전히 정상일 가능성이 50%나 되었다.

유전자 추적에서 개인의 표지유전자 유전자형 그 자체만으론 아무 것도 말해 줄 수 없다는 것을 기억해야 한다. 중요한 것은 질병과 표지유전자가 가계도에서 유전 분리되는 양상이다. *그림 9.10*에서 질환의 할머니가 가지고 있는 2-1 표지유전자의 유전자형이 태아에게서 발견되면 그 태아는 위험도 확률이 낮은 것을 의미하는데, II-1의 2-1 유전자형은 그가 질환 유전자를 가지고 있는지에 대해서는 단서를 제공하지 않는다. 표지유전자는 질병 유전자가 아니다; 이것은 질병 유전자와 같은 염색체에서 아주 근접하게 존재하는 비질환 변이인 것이다.

Disease box 9

루빈스테인 테이비 (Rubinstein-Taybi) 증후군 (Omim 180849)

루빈스타인-테이비 증후군 (RSTS)는 임상학적 소견이 잘 알려져 있다. 환자들은 지능이 낮고 특징적인 얼굴 형태를 가지고 있으며 넓은 엄지손가락과 큰 엄지 발가락을 가지고 있다. 대부분의 경우는 발병이 산발적으로 일어나며; RSTS의 형제나 자매가 같은 증후군을 가질 가능성은 거의 없다 (형제에게서 발견 가능성 c. 0.1%). 그러나, 일란성 쌍둥이가 RSTS를 동시에 가지고 있는 증례가 12건 보고되었으며, 거의 예외 없이 쌍둥이 모두 증후군을 였다 (다시 말하면 이들은 완전히 일치하는 거이다). RSTS를 가진 사람이 자식을 낳았다는 보고는 거의 없으며 아이를 갖는다면 위험도는 높아서 50% 정도의 확률로 나타난다. 결국 RSTS는 상염색체 우성 유전형질이며; 거의 모든 증후군 환자들은 자식을 갖지 않으므로 거의 모든 증례들은 환자들에게서 나타나는 새로운 돌연변이에 의한 것이다.

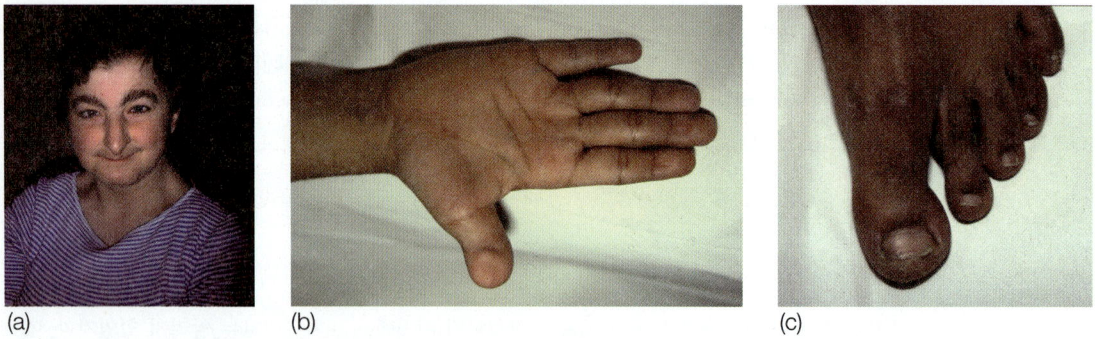

루빈스테인 테이비 (Rubinstein-Taybi) 증후군. 그림 설명
(a) 전형적인 얼굴, (b) 넓은 엄지 손가락, (c) 큰 발가락

적절한 가계도가 없는 상황에서 RSTS 유전자를 연관분석으로 염색체 위치를 찾아낼 수는 없는 것이다. RSTS 환자가 균형 전좌를 가진 경우가 두 건 보고 되었는데 이것이 단서가 될 수 있다. 한 환자는 2;16 전좌, t(2;16)[p13.3;13.3]이었으며 다른 한 사람은 7;16 전좌로서 t[7;16][q34;p13.3]이었다. 두 경우 모두 우연한 발견이었으며 두 사람 모두 전좌 절단점으로 16p13.3을 갖는다는 것은 중요한 단서이다. 네델란드의 과학자들이 환자들의 케이스를 수집하고 16p13.3 부위로부터 클로닝된 일련의 표지유전자들을 형광 in situ 분석법으로 분석하였다 (FISH, *4.2절* 참조). 24명의 환자 중 6명이 미세 결실을 가지고 있었는데 이들의 결실 절단점 부위는 150 kb 정도의 범위로 좁혀졌으며 이곳으로부터 이들 과학자들은 *CREBBP* 유전자를 클로닝하였다. 이 유전자로 비결실-증후군 환자들에게 검사한 결과 두 개의 정지 돌변변이가 발견되었다. 그러므로 RSTS 유전자는 연관분석법을 이용하지 않고서 분리할 수 있었던 것이다.

CREBBP 유전자가 암호화 한 단백질은 CREB 결합 단백질로서 이것은 히스톤 아세틸 전이효소 활성을 가지는 큰 핵단백질이다. 그 기능은 염색질 리모델링과 많은 하위 유전자들의 전사 조절 등이다. 이 부분은 *ATRX* 유전자 단백질을 상기시키는 대목이다 (*Disease box 2*). ATRX처럼, RSTS도 염색질 관련 질병이다. 목표하는 유전자들에 대한 상세한 지식이 없이 유전자 결함과 임상적인 특징을 연관시키기는 힘들다. RSTS 증례들의 40% 정도에서 *CREBBP* 유전자의 변화가 발견되었는데 (최근의 연구에서 36/92의비율); 3/92의 경우는 밀접하게 관련된 히스톤 아세틸 전이효소인 *EP300* 유전자의 돌연변이가로 판명되었다. 이것은 임상 증후군에 대한 연구가 생화학적 경로를 이해하는데 도움을 주는 한 예이다(*6.4절* 참조). 나머지 환자의 경우는 CREB 결합 단백질의 기능에 영향을 주는 미묘한 변화가 있는지 또는 CREB 결합 단백질과 상호작용하는 단백질들을 만들어내는 여타 유전자들에 돌연변이가 있어서인지를 조사해 볼 수 있을 것이다.

Disease box 9 - continued

RSTS는 정확히 따지자면 염색체의 미세결실에 의한 증후군은 아니다. 윌리암스 증후군(Williams-Beuren syndrome, *Disease box 3*)과 같이 진정한 미세결실 증후군은 일부 연속된 유전자의 반수체기능부전으로 생기는 표현형이다. RSTS는 *CREBBP* 단일 유전자의 반수체기능부전으로 생긴다. RSTS 원인 중 한 기작이 미세결실일 뿐으로서 기능 손실을 유발하는 다른 변화들 역시 같은 표현형을 만든 것이다. 비슷한 예를 알라질 신드롬(Alagille syndrome) (OMIM 118450)에서 볼 수 있다: 알라질 신드롬 환자의 7%는 *JAG1* 유전자를 포함하는 20p12 지역의 미세결실을 가지고 있다; 나머지 환자들은 *JAG1* 유전자에 다른 형태의 돌연변이를 가지고 있다. 미세결실이나 다른 염색체 재배열은 질병 유전자를 찾는데 아주 중요한 단서를 제공하지만, 그것이 발병 필수적인 것은 아니다.

자녀를 생산하지 못하는 우성 조건들은 관련 유전자를 찾는데 있어서 매우 힘이 든다. 연관 분석은 불가능하고, 후보 지역을 알려주는 염색체 이상이 없다면, 유일한 대체적인 방법은 인간이나 다른 동물들에서 생기는 유사한 질병의 원인 유전자를 바탕으로 후보 유전자를 추측하는 것이다.

9.5. 참고문헌

Bantounas I, Phylactou LA, and Uney JB [2004] RNA interference and the use of small interfering RNA to study gene function in mammalian systems. *J. Mol. Endocrin.* 33: 545–557. *무료로 다음 사이트에서 다운 받을 수 있음.* http://jme.endocrinology-journals.org/cgi/content/full/33/545.

dbSNP 일반 공개 사이트: http://www.ncbi.nlm.nih.gov/snp

청력 상실 홈페이지: http://webhost.ua.ac.be/hhh

Iredale JP [1999] Demystified … gene knockouts. *Mol. Pathol.* 52:111–116. *무료로 다음 사이트에서 다운 받을 수 있음.* http://mp.bmjjournals.com/cgi/reprint/52/3/111

Miyamura Y, Suzuki T, Jono M, 등 [2003] Mutations of the RNA-specific adenosine deaminase (DSRAD) gene are involved in dyschromatosis symmeterica hereditaria. *Am. J. Hum. Genet.* 73: 693–699.

Griffiths AJF, Gelbart WH, Lewontin RC and Miller JH [1999] *Modern Genetic Analysis.* WH Freeman, New York.

일반적 기초 참고문헌

Ott J [1999] *Analysis of Human Genetic Linkage* 3rd edition. Johns Hopkins University Press, Baltimore. *인간 유전자 지도 작성의 기초에 대해서 상당히 잘 설명하고 있음.*

Strachan T and Read AP [2003] *Human Molecular Genetics,* 3rd edition. Garland Science, New York. *여기에는 본 장에서 다룬 일부 내용에 대해서 자세하게 설명하고 있음. NCBI Bookshel에서 열람 가능한 2판의 11장을 살펴보거나 3판의 13장을 볼 것.*

9.6. 자가 평가 문제들

[1] 다음은 완전 침투율을 가진 상염색체 열성 질환에 대한 가계도이다. 대립 유전자 1과2의 DNA 다형화 유전자형이 표시되어 있다.

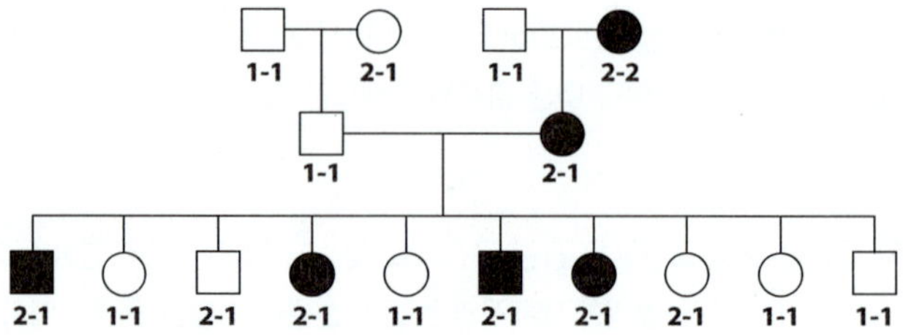

[a] 각각의 감수분열에 대해 확실한 조환형과 비조환형, 조환형의 가능성이 있는 것, 명확치 않은 것 등으로 분류하라.

[b] 조환율은 얼마인가?

[c] χ^2을 이용해 50% 조환율 (연관되어 있지 않음)의 귀무가설(null hypothesis)로부터 유의한 편차값을 구하라. 결과는 유의한가?

[d] 표지 유전자와 질병 유전자가 유전적으로 연관되어 있다고 가정하면 III세대에서 관찰된 표지유전자의 분리 양상을 가질 가계도의 비율은? 이 값을 L1이라고 하고 계산하라.

[e] 표지 유전자와 질병 유전자가 유전적으로 연관되어 있다고 가정하면(조환율 θ), III세대에서 관찰된 표지유전자의 분리양상을 가질 가계도의 비율은? 이 값을 L2라고 하고 계산하라(L2는 θ의 함수).

[f] L1, L2, L2/L1 그리고 θ에 대한 $\log_{10}$(L2/L1)= 0, 0.05, 0.1, 0.15, 0.2…0.5에 대한 값을 표로 나타내라.

[g] $\log_{10}$(L2/L1)이 lod 값이다. Lod 값의 최대값은 얼마인가? 그리고 이 값이 유의한지에 대해 설명하라.

[2] 아래의 가족에서 완전 침투율을 가진 상염색체 우성인 질환이 분리되고 있다. 질병 유전자는 이전 연구를 통해 염색체 2q35에 위치해 있다고 밝혀졌다. 다음 가계도에 후보 지역에 있는 4개의 DNA 다형화 표지유전자들을 유전형을 염색체에 배열된 순서대로 나타내었다. 이 정보를 토대로 질병 유전자 좌의 위치를 더 줄일 수 있을까?

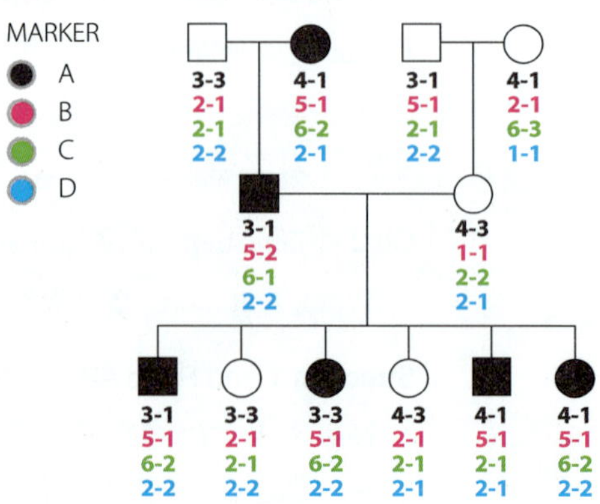

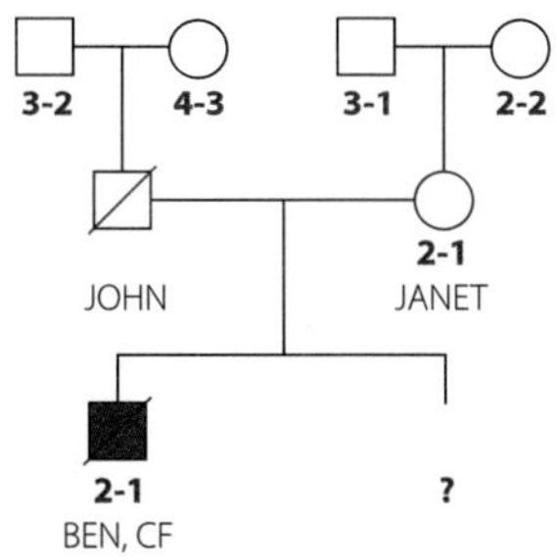

[3] Janet은 남편 John과 14살 아들 Ben을 교통사고로 잃었을 때 둘째 아기를 임신한 상태였다. 아들 Ben은 낭포성 섬유증을 가지고 있었다. Janet은 둘째 아기를 꼭 낳기를 원했지만 그 아이 역시 낭포성 섬유증을 가진다면 그 비극을 감당할 수 없을 것 같았다. 남편과 아들의 장례식이 끝나고 Janet은 의사와 상의했다. 의사는 산전 태아 검사를 위해서 화장한 Ben과 John의 DNA 샘플이 필요하다고 했다. John의 연로한 부모와 연락해 그들의 상피세포를 돌연변이 검사를 위해 제공받았다. 초기의 다양한 OLA 검사에서 그들 부모 DNA에서 어떤 돌연변이도 발견되지 않았기 때문에, 1주 후에 연구실에서는 많은 부분의 DNA 염기서열을 분석하기 위해 혈액 샘플을 요구했다. 하지만 그 시기에 그 부모들은 슬픔을 잊기 위해 먼 여행을 떠난 상태였고 연락이 닿지 않았다. 오래된 파일들을 조사하면서 Ben의 신생아 검사 때 쓰던 거스리 혈액 카드 (Guthrie blood spot card)를 우연히 발견하게 되었다. 그 샘플은 돌연변이 검사를 하기에는 너무 변형이 심했지만, 연구실에서는 낭포성 섬유증과 아주 가까운 거리에 연관된 표지인자의 DNA 다형성을 검사할 수는 있었다. 모든 가능한 DNA 샘플을 이용하여 표지유전자에 관한 유전형 검사를 실시하여 결과는 다음과 같다. 만약 산전 태아검사를 한다면 태아가 가질 수 있는 수 있는 유전자형과 그에 대해서 설명하라.

[4] 연관 분석을 통해서 멘델식 유전 양상의 유전병을 야기하는 유전자가 2 Mb 내에 위치한다는 사실을 알아냈다. 데이타베이스를 조사 결과 이 위치에 존재하는 유전자의 목록은 다음과 같다:

- 간에서 해독작용에 관여하는 효소
- 인산 운반자
- 리보솜의 큰 서브유닛의 구성 단백질
- 핵에 암호화 된 미토콘드리아 전자 이동 체인을 구성하는 단백질
- 길이 변이가 있는 긴 글루타민 반복으로 되어 있는 기능이 알려지지 않은 모든 조직에 존재하는 단백질
- TCA회로의 한 과정에 작용하는 효소
- 성인의 중추신경계와 망막에서 발현하는 기능이 알려지지 않은 단백질
- 초기 배아에서 특정 지역에서만 발현되는 전사 인자
- 어느 조직에서나 발현되는 전사 인자
- DNA 손상 복구에 관여하는 구성 단백질

다음과 같은 질병에서, 위의 후보 유전자 중 첫째로 돌연변이를 실시하여야 하는가?

(a) 성인에서 발병하는 신경 퇴행성 질병이 예상될 때.
(b) 구루병과 비슷한 골격 이상
(c) 뇌하수체 결실
(d) 노화 증후군의 가속화
(e) 귀머거리와 당뇨병 동시 발병

제 10 장

왜 어떤 질환은 흔하고 어떤 질환은 희귀한가?

10장의 학습 요지

- 유전자 빈도, 동계교배, 창시자 효과, 개체간 유연관계 계수 정의하기.
- 하디-와인버그공식을 이용하여 상염색체 열성유전질환과 성염색체 열성유전질환의 보인자 빈도 계산하기.
- 동계교배의 질적인 효과를 기술하고 시월 라이트 경로 계수법(Sewall Wright' s path coefficient method)을 이용하여 친족간의 유전자의 공유를 계산하기.
- 이형접합자 이점에 의한 효과를 기술하고 예시 들기.
- 의료적인 개입 의해서 집단의 유전자 빈도를 변화시키는 것이 어렵다는 것을 설명하기.

10.1. 증례 학습

증례 21 | Ulmer 가족 | **251** 259 281 376

- Hannah; 6 개월 된 여자 아기
- 아쉬케나지(Ashkenazi) 유대인 혈통
- 테이삭스(Tay-Sachs)질환

Rachel과 Uzi Ulmer 가족은 동유럽출신으로서 이쉬키나지 유태인으로서 종교적이지는 않았으며 유대인 회당에 다니지도 않았다. Hannah는 그들의 3째 아이다. 5살과 3살짜리 건강한 아이를 낳은 후에 Hannah가 태어났다. 갓 태어났을 때 Hannah는 아주 좋아 보였고 웃기도 하고 정상적으로 고개를 들었다. 그러나 6개월이 되어 건강검진을 받을 때 의사는 Hannah의 머리 움직임이 좋지 않음을 주목하고 4주 후에 검진 약속을 다시 잡았다. 의사는 Hannah의 머리 움직임이 더 나빠지고 무감각해진 것에 대해 더 염려를 하였다. 결국 신경검사를 수행하게 되었고 양쪽 눈의 흑점에서 테이삭스 질환에서 흔히 볼 수 있는 황반 앵두 반점을 발견하였다. 의사는 Hannah가 테이삭스 질환(OMIM 272800)을 가진 것으로 추측하여 혈액을 채취하여 hexosaminidase A 의 수치를 측정하였다. 안타깝게도 수치가 매우 낮았고 테이삭스 질환임이 재확인되었다. 이로 인해 Rachel과 Uzi와 그의 가족은 망연자실하였다. 그러나 그들은 Hannah의 남은 삶을 가능하면 편안케 하고자 결심했다. 그 후 3년간 Hannah는 점점 악화되었다. Hannah의 사지는 경직되었고 시력과 청력을 잃었다. Hannah는 4살 반의 나이로 죽었다.

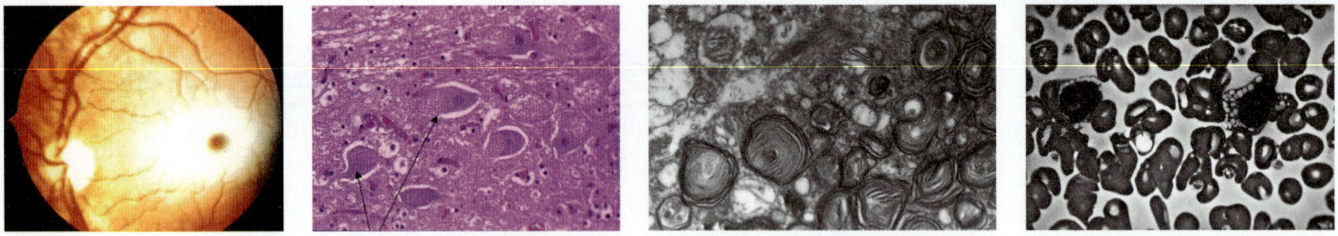

(a) (b) (c) (d)

그림 10.1 - (a) 테이삭스질환을 가진 아이의 망막에 보이는 앵두반점의 특성. (b)중추신경계에서 나타나는 풍선처럼 부푼 신경세포(화살표). (c) 전자형미경상에서 보이는 비정상적인 세포들. (d) 액포화된 림프구. 이러한 것들은 라이소좀의 축적으로 인한 질병에서 보이는 전형적인 특징이다.

10.2. 배경

이번 장은 **유전자 빈도**에 관한 부분이다: 무엇이 유전자 빈도를 결정하는지, 어떻게 유전자빈도를 변화시킬 수 있는 지, 그리고 유전자 빈도를 이용하여 여러 다양한 상황에서의 유전적인 위험성을 해결하는 방법에 관한 것이다. '유전자 빈도' 라는 말은 사실 잘못된 명칭으로서 사실은 *대립유전자 빈도*를 의미한다. 하지만 '유전자 빈도' 가 유전용어로 너무나 확립되어 있어서 변화시키는 것이 어렵다. 유전자 빈도는 0과 1사이의 수치이며 전통적으로 이것은 p 그리고/또는 q로 나타낸다.

유전자 빈도는 **유전자 풀(gene pool)** 개념에 의존한다. 유전자 빈도는 정의된 특정 집단 내에서 특정 유전자 좌(locus)의 모든 대립유전자로 구성된다. 여기서 집단은 작은 공동체집단도 되고 전인류적인 공동체도 가능하다. 유전자 풀 안에서 대립유전자 A의 유전자 빈도는 모든 대립유전자에서 대립유전자 A가 차지하는 비율이다. 유전자 빈도는 유전자 풀에서 무작위로 어떤 유전자를 선택했을 때 그 유전자가 A일 확률을 의미하기도 하다. 대립유전자들은 각각의 목적에 따라 다양한 방식으로 정의될 수 있다. 질병에 관련해서 유전자 빈도에 대한 대부분의 논의들은 특정 유전자 좌의 모든 대립유전자를 정상 대립유전자와 질병 대립유전자의 2개 범주로 분류한다. 여러분이 DNA 염기서열을 분석하면 아마도 상당히 다양한 변이들을 볼 수 있을 것이고 특정한 목적을 위해서 각각의 변이들을 개별적인 대립유전자로 집계하고 싶을 수도 있다. 그러나 대립유전자를 어떤 목적을 가지고 분류하든지 한 집단 내에서 모든 대립유전자의 빈도는 합해서 1이 되어야만 한다.

임상 유전학자들은 보통 유전자 빈도보다는 유전자형(genotype)의 빈도에 더 관심을 갖는다. 임상유전학자들은 무작위로 선택된 사람의 특정 질병의 대립유전자가 동형접합일지 이형접합일지의 확률을 알고 싶어한다. 하디-와인버그 분포는 유전자 빈도와 유전자형의 빈도와의 관련성을 기술한다. 하디-와인버그 분포는 많은 사람들을 샘플하여 실험실에서 그들의 유전자형을 조사하지 않고도 한 인구집단 내에서 열성유전질환의 보유율을 계산할 수 있게 해 준다. 멘델의 법칙과 함께 하디-와인버그 분포는 유전적인 위험도를 평가하는데 핵심 도구이다.

하디-와인버그 분포를 유도하기 위해 *Box 10.1*에서 사용한 콩-봉지 모델은 분포의 중요한 전제조건이다. 두 번째 콩이 A이거나 a일 확률은 첫 번째 콩이 A이거나 a일 확률과 전적으로 독립적이다. 유전학 용어에서 유전자형(genotype) 분포는 **무작위교배(random mating)**가 일어날 때에만

Box 10.1

하디-와인버그 분포

한 인구 집단 내에 A와 a 2개의 대립유전자가 있다고 가정하자 (또 다른 형태의 대립유전자가 있든 있지 않든 문제가 되지 않는다). A의 유전자 빈도를 *p* 라하고 a의 유전자 빈도를 *q*라 하자. 만약 이 집단 내의 모든 대립유전자가 A와 a라면 *p*와 *q*의 합은 1이 된다. 그리고 만약 다른 형태의 대립유전자가 있다면 *p*와 *q*의 합은 1보다 적게 된다. 하디-와인버그 분포는 3가지 가능한 유전자형의 분포를 예측한다.

AA	Aa	aa
p^2	$2pq$	q^2

어떤 책에서는 이것을 $p^2+2pq+q^2=1$로 기술한다. 그러나 이것은 잘못이다. 하디-와인버그 분포는 방정식이 아니다. 이것은 유전자 빈도와 유전자형의 빈도간에 관계를 나타낸다. 한 인구집단내의 모든 대립유전자가 A와 a로 이루어진 경우에만 p^2, $2pq$ 그리고 q^2의 합이 1이 되고 모든 사람은 AA 또는 Aa 또는 aa 이어야만 한다. 만약 인구집단이 3가지의 대립유전자들로 구성되어 있다면 (즉 A, a, a_1 이고 그 빈도는 *p*, *q*, *r* 일 때) AA, Aa, aa의 빈도는 역시 p^2, $2pq$ 그리고 q^2이다. 그러나 또한 인구 집단 내에는 다른 유전자형도 존재한다. 전체 분포는 다음과 같다.

AA	Aa	aa	Aa_1	aa_1	a_1a_1
p^2	$2pq$	q^2	$2pr$	$2qr$	r^2

하디-와인버그 분포의 기본은 조금만 생각을 해보면 쉽게 알 수 있다. 한 유전자 풀 안에 있는 모든 유전자들을 하나의 봉지 안에 들어있는 다량의 콩알 더미라고 상상해보자. A형태의 콩일 비율은 *p*이고 a 형태의 콩일 비율은 q라고 하자. 눈을 감고 봉지 안의 콩 하나를 집어보자. A일 확률은 *p* 이고 a일 확률은 *q* 이다. 2번째 콩을 집어보자. 이번에도 A일 확률은 *p* 이고 a일 확률은 *q* 이다 (이때 봉지 안에는 첫 번째 콩을 빼내도 *p*와 *q*에는 특별한 영향을 주지 않을 만큼의 충분히 많은 콩이 있다고 가정하자.) 2번 모두 A일 확률은 p^2 이다. 2번 모두 a일 확률은 q^2이다. 첫 번째 콩이 A이고 두 번째 콩이 a일 확률은 *pq* 이다. 이와 유사하게 첫 번째 콩이 a이고 두 번째 콩이 A일 확률은 *qp*이다. 전체적으로는 A와 a를 집을 확률은 $2pq$가 된다.

하디-와인버그 분포를 따른다. 무작위 교배가 속박이 없는 사랑을 의미하지는 않는다. 여기서는 단지 당신이 청혼을 하기 전에 상대방의 유전자형을 묻지 않는 것을 의미한다. 이것은 아주 억지스러운 것은 아니다. 사람들이 부분적으로나마 유전자형에 기초해서 배우자를 선택할 경향성은 여러 가지로 있다. 키, 지능, 난청 등과 같이 부분적으로나마 유전적인 요인이 관여된 표현형들에 의해 **선택교배**(assortative mating)가 이루어진다. 선택교배의 효과는 하디-와인버그의 예측에 대비해 볼 때 인구집단 내에서 각각의 대립유전자의 동형접합체의 비율을 증대시키고 이형접합체의 비율을 감소시킨다.

선택교배는 임상 유전학에서는 동계교배의 관점에서 주로 중요하다. 친인척들은 유전자를 공유한다. 그래서 만약 당신이 혈연이 무관한 사람과 결혼하지 않고 친인척과 결혼을 한다면 배우자의 대립유전자가 당신의 것과 일치하는 확률을 높이게 된다. 만약 당신이 열성유전 질환의 대립유전자를 보유하고 있다면 당신의 배우자도 열성유전 질환의 대립유전자를 보유할 확률이 높아진다. 따라서 당신의 자녀가 열성유전질환자일 위험성은 혈연이 무관한 배우자간에 태어난 아이와 비교할 때 높아진다. 이것은 Choudhary 가족 (증례 3)와 관련하여 *10.3절*에서 더 논의할 것이다.

하디-와인버그 공식을 이용하여 보인자 위험성(carrier risks) 계산하기

낭포성 섬유종이 있는 소년의 누이가 결혼을 한다고 가정해보자. 소년의 누이는 이 질병이 유전적이라는 것을 알고 있고 그녀가 장차 낳게 될 아이가 낭포성 섬유종에 걸릴 위험도를 알고 싶어한다. 그녀는 건강하지만 그녀가 낭포성 섬유종 보인자일 가능성은 매우 높다 (정확한 확률은 아래를 참조하라). 그녀가 보인자라는 사실은 그녀 자신에게는 아무런 의미가 없지만 만약 그녀의 배우자도 낭포성 섬유종 보인자라면 그녀의 아이는 이 질병에 걸릴 위험성이 높아진다. 그녀의 배우자가 낭포성 섬유종 보인자일 위험성을 계산하는 것은 인구 집단 내에서 무작위로 한 사람을 선택했을 때 그 사람이 보인자일 확률을 계산하는 것과 동일하다. 하디-와인버그 공식을 이용해서 이것을 계산할 수 있다.

만약 낭포성 섬유종 돌연변이의 광범위한 대립유전자 이질성(heterogeneity)을 무시하고 나서 모든 대립유전자를 A(기능적인)와 a(비기능적인) 대립유전자로 분류하고 그 빈도를 p와 q라 하면 유전자형의 비율은 다음과 같다.

AA	Aa	aa
p^2	$2pq$	q^2

낭포성 섬유종은 북유럽 태생의 미국인들 가운데 출생아 2000명당 1명이 걸린다 (Hispanics, African-Americans, Asian Americans 들은 이 빈도가 훨씬 낮다). 그러므로 q^2 은 1/2000 이다. q는 1/2000을 제곱근한 수치이므로 약 1/45이다. *CTFR* 유전자좌에서 45개중의 1개는 a이다; 나머지 44/45는 A가 되어야만 한다 (우리는 모든 대립유전자가 A 또는 a라고 가정했다. 그러므로 이 경우 $p+q=1$이다. 이제 보유율을 계산할 수 있다. 보유율: $2pq = 2 \times 44/45 \times 1/45 = 1/23$(대략). 무작위 결혼(random mating)을 가정하면 그녀의 배우자가 보유자일 확률은 1/23이다.

성염색체 질환의 보유율을 계산하는 것은 더 간단하다. 만약 혈우병 A (4장, 증례12, Lawton 가족 참조)가 어떤 인구집단에서 5000명당 1명의 소년에게서 발생한다고 하면 여성이 보인자일 확률은 어떠한가? 남성은 A이거나 a이다. 그러므로 이 질병의 대립유전자 빈도는 이 질병에 걸리는 남성의 비율과 동일하다.

여성			남성	
AA	Aa	aa	A	a
p^2	$2pq$	q^2	p	q

여성들 중에 보인자 빈도는 $2 \times (4999/5000) \times (1/5000)$으로 대략 1/2500 이 된다.

희귀한 질환에 있어서 정상 대립유전자의 빈도는 대략 1에 가깝다고 할 수 있는데 이 경우 계산하기가 더 쉬워진다. 그러나 상염색체성 희귀한 열성유전질환의 경우 근친결혼자의 자녀들이 상당 부분의 사례들임을 주목하는 것이 중요하다. 미국이나 영국에서 낭포성 섬유종의 경우 근친결혼이 중요한 요인은 아닌데 그 이유는 이 질환은 다소 흔한 질병이다. 그러나 질환이 희귀할수록 근친결혼에 의한 사례비율이 많아지고 이것이 중요한 요인이 된다. 이것을 무시하고 단순히 하디-와인버그 분포를 가정하면 매우 희귀한 질병의 보유율을 심각하게 과대평가 하게 된다(아래를 참조).

유전자 빈도의 변화

유전자 빈도는 세대가 지남에 따라 여러 가지 이유로 변화될 수 있다:

- 새로운 돌연변이는 유전자 풀에서 질병을 일으키는 대립유전자의 수를 증가시킨다. 질병을 일으키는 대립유전자를 정상 대립유전자로 변화시키는 복귀돌연변이(back mutation)도 가능하다. 그러나 기능상실(loss of function) 돌연변이의 경우 진행과정이 주로 단일방향적(uni-directional)이다. 상당히 많은 염기서열 중에 어느 하나라도 변화되면 이것이 정상기능을 하는 유전자의 기능을 소실시킬 수 있다. 그러나 매우 특이한 복귀 돌연변이의 경우에만 비정상적인 대립유전자의 기능을 회복시킬 수 있다. 전진돌연변이(forward mutation)대 복귀돌연변이의 비율 가능성은 1000:1 정도가 예상된다. 비기능적인 대립유전자에도 돌연변이들이 일어날 수 있지만 이 대립유전자는 비기능적이 된다.
- 중립적 선택은 질병에 걸린 사람들이 다음세대 번식을 하지 않게 됨으로 인해 유전자 풀에서 질병을 일으키는 대립유전자를 제거하게 된다. 인위적 선택도 유사한 효과를 나타낸다 (*10.4절* 참조).
- 상당히 다른 유전자 빈도를 가진 인구집단으로부터 많은 수의 이주자 유입이 있으면 유전자 풀이 변화할 수 있다.
- 집단 내에서 생식율이 매우 낮다면 무작위 효과가 세대간에 유전자 빈도를 변화시킬 수 있다. 작은 수의 배우체들이 다음 세대를 이루는데 기여한다면 이들은 부모의 유전자 풀을 정확하게 대표하는 선택이라고 할 수 없을 것이다. 이러한 유전적 **부동(genetic drift)**은 재생산 인구집단의 수가 100명 가량이거나 또는 개개인에 한정될 때 유전자 빈도의 급격한 변화를 초래할 수 있다.

인구집단 내에서 초기 유전자형의 빈도가 어떠했을지라도, 무작위 결혼 후 한 세대 만에 하디-와인버그 분포의 확립을 가능하게 한다. 만약 한 인구집단을 설문 조사했을 때 그 분포가 하디-와인버그 분포와 매우 다르다면 이것은 다음과 같은 여러 가지 이유 중에 하나일 것이다.

- 설문조사방식에 문제가 있다. 이것은 새로운 DNA 다형성을 확인할 때 매우 자주 나타난다. 하디-와인버그 분포가 아닌 유전형들은 유전자형 분석법(genotyping)에 잘못이 있다는 것을 의미하며 신뢰할 수 있도록 개선해야 한다.
- 선택(selection)이 이미 일어났다. 어떤 한 유전자형이 출생 전 사망이나 유아 사망을 야기하는 경우 생존 인구에서의 샘플링은 그 집단의 유전자형을 낮게 평가되도록 한다.
- 선택결혼이 현저하다. 이것은 단순한 근친 번식일 수도 있다. 혹은 인구 집단 내에서 다른 혈연간에 번식이 자유롭지 못하고 유전자 빈도가 다른 2개 혹은 몇 개의 인구그룹으로 나뉘어 져서 그 그룹 안에서만 주로 번식이 일어나서 일 수도 있다 (인구집단의 계층화).

만약 당신이 두개의 대립유전자를 이용하여 유전자형의 수가 하디-와인버그 분포에 적합한지를 확인하기 위해서 카이-제곱 검정(chi-squared test)을 실시한다면 관측치와 기대치가 3개일지라도 2개의 대립유전자간에는 자유도(degree of freedom)가 1이라는 것을 유념하라. 그 이유는 q를 고정했다면 기대치의 다른 모든 것은 저절로 이에 따르기 때문이다.

유전자 빈도를 결정하는 요인들

사람들은 종종 우성형질은 흔하게 일어나야 하고 열성형질은 희귀하게 일어나야 한다고 생각한다. 실제로는 한 대립유전자의 유전자 빈도와 그것이 우성표현형과 열성표현형을 나타내는 것과는 전혀 관련성이 없다. 헌팅턴 질병은 매우 희귀한 우성질환 중의 한 예가 된다. O형 혈액형은 흔히 일어나는 열성질환이다.

선택이 아무런 역할을 하지 못하는 중립형질의 경우, 유전자 빈도는 그 인구집단 창시자들의 빈도를 반영한다. 그리고 만약 그 번식집단이 어느 시기에 작은 수로 줄어든다면 유전적 부동에 의해 조절된다. 가장 중립적인 DNA 다형성(SNP 또는 미세부수체들, *9장* 참조) 이 범주에 속한다. 가끔씩 일어나는 돌연변이는 한 대립유전자를 또 다른 대립유전자로 변화시키면서 무작위적인 변이를 형성한다. *7장*에서 설명했듯이 진화 기간 동안에 걸쳐 메틸화된 사이토신에서 탈아미노화 현상으로 인해 CpG서열이 TpG서열로 바뀌는 경향이 있다. 그러나 이러한 효과는 매우 오랜 시간 척도에서만 주목할만하다.

질병에 있어서 유전자 빈도는 추가적인 요인들을 반영한다. 반복 돌연변이(recurrent mutation)는 기능소실 대립유전자의 풀을 증가시키는 경향이 있다. 반면 선택은 인구집단으로부터 질병 대립유전자를 제거한다. 우성 유전질환이나 성염색체 질환의 경우 선택은 매우 효과적인데 그 이유는 질병 대립유전자를 보유하고 있는 모든 사람이(우성유전질환인 경우) 또는 모든 남성이(성염색체질환인 경우) 질병에 걸리게 되고 따라서 모두 선택의 대상이 되기 때문이다. 상염색체 열성유전질환의 경우 선택은 매우 느리게 작용하는데 그 이유는 질병 대립유전자의 대부분은 건강한 이형접합체인 사람들이며 이들은 선택의 대상이 되지 않는다. 이러한 이유로, 열성유전질병을 일으키는 대립유전자는, 비록 그 질병이 매우 중증이라 하더라도, 한 인구집단에서 매우 많은 세대에 걸쳐 지속될 수 있

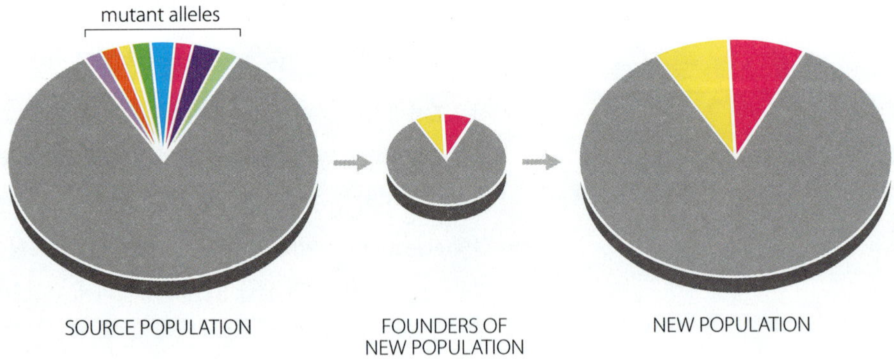

그림 10.2 - 창시자 효과.

다. 이것은 많은 인구집단에서 중요한 **창시자 효과**를 초래한다. 아무리 오늘날의 인구수가 많을지라도, 만약 이것이 소수의 창시자들에 의해서 기인했다면 또는 소수의 개인들만이 다음 세대를 이어가는데 기여했다면, 창시자들에게 있었던 어떠한 열성유전 대립유전자도 현대의 인구집단에서 높은 빈도를 나타낼 가능성이 있다. 마찬가지로 만약 일반적으로 흔히 일어나는 열성유전질환이 창시자들의 작은 풀 안에 없었다면 이 질환은 현대의 인구집단에서 없거나 희귀하게 나타나게 될 것이다. 창시자 효과는 많은 인구집단에서 보여진다. 위에서 설명한 바와 같이, 창시자 효과는 열성유전질

표 10.1 - 아마도 창시자 효과에 기인한 특정 인구집단에서 흔하게 나타나는 질환

질환	OMIM	유전 모드	발병 집단	특기사항
이영양성 형성이상 (Diastrophic dysplasia)	222600	AR	핀란드인	핀란드인 환자 90%가 1번 인트론 공여부위 돌연변이를 가짐
아스파르틸글루코스 아민뇨증 (Aspartylglucosaminuria)	208400	AR	핀란드인	보인자 빈도 1:30; 98%는 p.Cys163Ser 돌연변이를 가짐
Neuronal ceroid lipofuscinosis	256730	AR	핀란드인	단일돌연변이, p.R122W, 핀란드인 환자의 97%
헤르만스키-푸드랙 증후군 (Hermansky-Pudlak syndrome)	203300	AR	푸에르 토리코인	보인자 빈도 1:21; 다른 인종 집단에서는 매우 희귀함
바뎃-비들 증후군 (Bardet-Biedl syndrome)	209900	AR	베두인	두 개의 비 대립유전자 BBS2와 BBS3, 두개 모두 비교적 흔함
근육 긴장 퇴행 위축증 (Myotonic dystrophy)	160900	AD	퀘백 샌구이네이	만연도 1:500,
부티릴콜린에스테라제 결핍증 (Butyrylcholinesterase deficiency)	177400	AR	알래스카 에스키모	결핍 대립유전자 빈도 0.1.이 집단에서는 3개의 다른 대립유전자가 보고됨
1C형 어셔 증후군 (Usher syndrome type 1C)	276904	AR	루지아나의 프랑스	43/44 경우가 c.216G〉A 돌연변이 동형접합형 이었음
롬형 유전성 운동 및 감각 신경 장해 (Hereditary motor and sensory neuropathy, Lom type)	601455	AR	불가리아 집시	OMIM 번호에 흥미로운 코멘트가 있음

근육 긴장 퇴행 위축증 외의 다른 질환들 모두 상염색체 열성질환(autosomal recessive, AR)임을 주목하라.

환의 빈도에 영향을 미치지만 우성유전질환이나 성염색체 질환에는 미치지 않는 것이 보통이다. *표 10.1*은 몇 가지 예들과 질병을 보여주고 있고 Disease *box 10*에서는 Ashkenazi 유대인들의 인구 집단에서 나타나는 몇 가지 질병의 형질을 상세하게 기술하고 있다.

이형접합체의 이점

열성유전질환이 인구집단 내에서 왜 흔하게 일어나는지에 대한 2번째 이유가 있다. 겸형 혈구 질병이 전형적인 예이다. 이 질병은 열대열(falciparum) 말라리아가 있거나 또는 최근에 풍토병이 있었던 지역의 인구집단에서 흔하게 나타난다. 그러나 말라리아가 자주 일어나지 않는 지역에는 없다. 이것의 원인은 이형접합체가 상대적으로 말라리아에 저항성을 나타내기 때문이다. 그러므로 오랜 세월 동안 정상적인 동형접합체는 말라리아에 의해 자주 죽고, 겸형적혈구 동형접합체는 그 빈혈로 죽었으며, 결국 이형접합체가 다음 세대에 불균형적으로 분포하게 되었다 (*그림 10.3*).

이형접합체 이점이 매우 작은 정도일지라도 이것이 많은 세대에 걸쳐 지속된다면 이것은 유전자 빈도에 크게 영향을 미칠 수 있다. 만약 Aa인 이형접합체에, aa의 비율이 s_1이고 AA의 비율이 s_2인 동형접합체가 재생산을 하지 못하게 되면, 평형상태일 때의 유전자 빈도는 q/p는 s_2/s_1이다. 낭포성 섬유종의 경우 s_1은 효과적으로 1이다(우리는 현재가 아닌 과거의 질환에 대해 말하고 있다). 반면 북유럽태생의 사람들 중에는 q/p는 $1/45$이다. 그러므로 s_2는 약 $1/45$가 되어야 한다. 다시 말해서, 북유

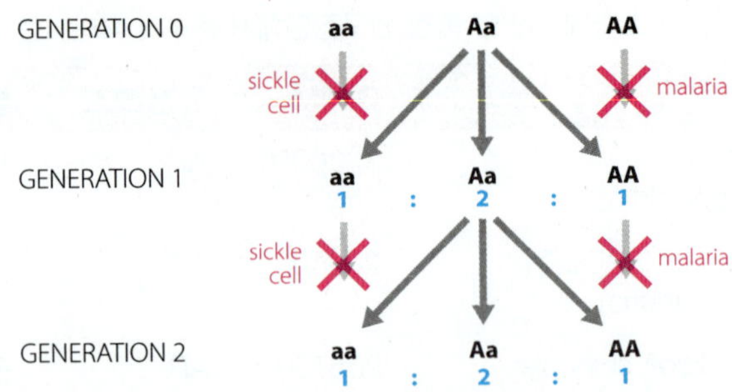

그림 10.3 - 이형접합형의 이점
극단적으로 가설설정의 예로 겸형적혈구 질병에 걸린 모든 사람(aa)은 재생산을 할 수 없고 모든 정상의 동형접합체의 사람(AA)은 말라리아에 걸려서 재생산 할 수 없다. 오직 이형접합체 x 이형접합체의 결혼이 있을 때만 다음 세대에 기여할 수 있다. 선택이 얼마나 많은 세대에 걸쳐 일어나든지 상관없이 모든 세대는 출생 시에 25%의 겸상적혈구 동형접합체, 50%의 이형접합체, 그리고 25%의 정상 동형접합체로 구성된다. 실제 이와 같이 극단적인 경우는 없다.

럽태생의 사람들 중에서 낭포성 섬유종의 보유자의 비율이 많은 것을 설명하기 위해서는 지난 수세기 동안에 낭포성 섬유종 보인자들이 정상적인 동형접합체의 사람들보다 2%의 재생산 이점을 가졌어야만 한다. 이와 같은 이점은 너무 작은 정도여서 설문조사 자료에서는 쉽게 확인이 안 될 수 있고 이와 같은 성질에 대해서는 논란이 되고 있다.

이형접합체의 이점 혹은 창시자 효과?

만약 어떤 질병이 창시자 효과로 인해서 특정 인구 집단에 흔하게 일어난다면, 우리는 질병에 걸린 사람들의 대부분이 동일 조상에서 나타나는 돌연변이와 같은 돌연변이를 가지고 있을 것을 기대할 수 있다. 이와 반대로, 만약 이형접합체 이점으로 인해 어떤 질병이 특정 인구 집단에 흔하게 일어난다면, 전반적인 범위의 돌연변이들이 흔하게 나타날 것이다. Kurdistan 유대인에게서 나타나는 β –thalassemia가 좋은 예이다. 이 질병의 보인율은 20%나 되지만 13개의 다른 β –globin 돌연변이들이 이 작은 그룹에서 보여지고 있다. 명백히 이형접합체 이점(아마도 말라리아에 대한 저항성에)이 여기에서 작용하였음을 알 수 있다. 유전자 빈도가 0.07인 희귀한 열성유전질환인 Ellis–van Creveld 증후군 (OMIM 225500)이 펜실베니아의 Lancaster 주의 Amish인들 중에는 상대적으로 흔하게 나타난다. 아홉 가족에서 질병에 걸린 모든 사람들을 조사한 결과 이들은 4번 염색체상의 *EVC* 유전자 두벌 모두에 동일한 서열의 변화가 있었다. 이들의 가계를 조사한 결과 이들은 모두 1744년에 이주해 온 Samuel King과 그의 아내로부터 유래하였다. 이것은 창시자 효과의 한 예이다. 이 특별한 사례에서 창시자는 비교적 최근이어서 공통조상이 계보상으로 설명이 가능하다. 대부분의 경우는 돌연변이 유전자를 포함하는 염색체 단편상에 있는 비병원성 유전자의 다형성 단상형(haplotype)을 공유하는지 확인함으로 추정해야만 한다. 공교롭게도 Amish 가계에서 *EVC* 돌연변이는 *EVC* 유전자 내에서 질병을 일으키는데 무관한 서열의 변화를 동반한다. 이 서열변화는 돌연변이가 없는 다른 염색체에서는 발견되지 않는다. 이것은 동일 선조의 염색체를 두벌(상동염색체쌍) 가지고 있다는 것을 추가적으로 재확인하는 것이 된다.

몇몇 고립된 인구집단의 예를 살펴보면 1개 이상의 돌연변이에 의해서 특정 열성유전질병이 발생하는 것이 상대적으로 흔하다. 이형접합체 이점으로 설명할 수 있을 것이다. 그러나 이것은 관측오차

일 수도 있다. 돌연변이는 일반적으로 모든 인구집단을 조사한 것이 아니라 질병에 걸린 사람들만 조사함으로 확인한다. 만약 한 질병대립유전자가 상당히 흔하다면 이 이형접합의 대립유전자를 가지고 있는 사람의 수도 많을 것이다. 그러한 이형접합의 대립유전자를 가진 사람이 추가적으로 질병대립유전자를 얻게 될 때마다 질병대립유전자 양쪽 모두가 확인이 되어 진다. 그러므로 흔히 발생하는 열성유전질병의 대립유전자는 한 인구집단의 희귀한 대립유전자를 의학적 관심으로 이끄는 메커니즘이 된다. *Disease box 10*에서 보여지는 몇몇 유대인들의 질병은 어떤 경우는 이형접합체에 의한 효과이고 어떤 것은 창시자효과이고 또 어떤 것은 유전자 부동에 의한 효과여서 풀어내는 것이 쉽지 않다.

10.3. 환자 조사하기

증례 21 Ulmer 가족 251 **259** 281 376

- Hannah; 6 개월 된 여자 아기
- 아쉬케나지(Ashkenazi) 유대인 혈통
- 테이삭스(Tay-Sachs)질환
- 형제 자매 검사

테이-삭스 질병은 hexosaminidase A 의 결핍으로 인해 생기는 라이소좀 축적질환이다 (*8장* 참조). 이 효소가 없음으로 인해 G_{M2} ganglioside가 망막의 ganglia와 다른 신경세포에 있는 라이소좀에 축적되는데 이로 인해 보통은 2-4살 경에 죽게 된다. 이 질병은 모든 인종 그룹에서 알려져 있는데 다른 인종 그룹에 비해 아쉬케나지 유태인들은 100배나 더 흔하게 발병한다. 대부분의 다른 인구집단에서는 아마도 300명 중에 1명이 보인자인데 반해 북부 아메리칸 유대인들의 경우는 약 1/30이 보인자이다. 이로 인해 *11장*에도 기술되어 있듯이 미국과 몇몇 다른 나라에서 유태인 공동체에는 보유자 검진 프로그램을 특별히 마련하고 있다. Rachel과 Uzi 가족은 유태인 공동체에 소속되어 살지 않고 전적으로 공동체 외부에서 살았기 때문에 검진에서 누락되었던 것이다.

테이-삭스 질병에 대해 들었을 때 Rachel과 Uzi는 그들의 건강한 아이들도 보인자인지 알고 싶어 하여 아이들을 검사 받게 했다. 유전학자들은 어린아이들을 검사하는 것이 비윤리적이라고 주장했다. 어떠한 검사 결과도 아이의 건강이나 건강관리에는 의미가 없을 것이다. 검사를 받아야 할 시기는 아이가 검사에 의해 제공된 사실을 독립적으로 선택할 수 있는 나이였다. 아이들은 알고 싶지 않을 수도 있을 것이다. 그리고 아이를 검사해서 아무런 보상이나 이점이 없을 때 아이들에게 그러한 가능성을 차단하는 것은 잘못된 것이다. 유전학자들은 아이들이 보인자일 위험성은 2/3라고 강조한다(1/2이 아니라 – Disease *Box 10.2* 참조).

Rachel과 Uzi는 아이들을 더 낳을지도 모른다고 생각했고 만약 그렇다면 출생 전 진단을 받고 싶어했다. 이러한 가능성을 준비하기 위해 두 사람 모두 구강세척 샘플을 채취하고 *HEXA* 유전자를 확인하였다. *HEXA* 유전자의 3곳의 돌연변이는 아쉬케나지 유대인들의 모든 테이-삭스 돌연변이의 90% 이상을 차지한다 (*표 10.2*). Rachel과 Uzi는 각각 이에 해당하는 돌연변이를 보유했다. Rachel은 인트론 12번의 스플라이싱 자리에 돌연변이가 있었고 Uzi는 엑손 11번에 4개의 염기 쌍이 삽입되어 틀변형 돌연변이가 있었다. Hannah는 이들 2개의 기능 손실 돌연변이에 의한 복합 이형접합체였다.

*표 10.2*는 아쉬케나지 유대인들의 테이-삭스 보인자들 중에서 나타나는 3개의 대표적인 돌연변이에 대한 조사결과이다. 비유대인 인구집단에서는 이러한 돌연변이가 특별히 흔하지는 않으며 다른 연구조사에서는 개개인마다 희귀한 돌연변이 대립유전자가 넓게 분포하고 있는 것이 예상되는 결과를 보인다. 아쉬케나지 유대인들의 경우는 흥미롭다. 위에서도 설명했듯이 테이-삭스 질병에서 보

Box 10.2

건강한 자녀들이 보인자일 위험성

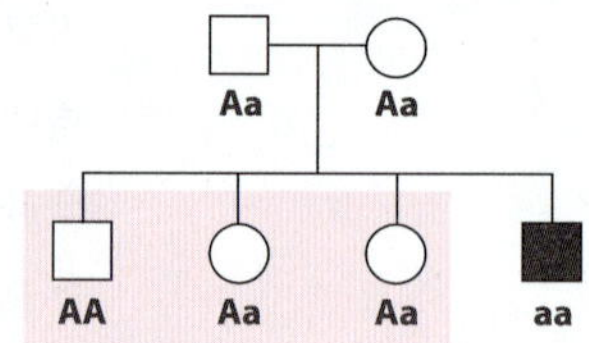

만약 상염색체성 열성유전질환의 보인자인 부부가 아이를 낳을 때 아이가 질병에 걸릴 확률은 1/4이고 아이가 보인자일 확률은 1/2이고 정상적인 동형접합체일 확률은 1/4이다. 그러나 건강한 아이들 중에서 한 아이가 보인자일 확률은 1/2이 아니라 2/3이다. 그림에서 보듯이 아이들은 질병에 걸리지 않아야 한다는 것을 알기에 분홍색으로 음영이 처리된 3명 중 1명이 보인자가 된다.

이것은 잘못된 질문에 대해 정답을 줄때 오류가 무엇인지를 찾는 것이 얼마나 어려운지를 보여주는 흥미로운 예이다.

- 옳은 질문은 건강한 형제(또는 자매)가 보인자일 가능성은?이다. 이 질문의 정답은 3분의 2이다.
- 잘못된 질문은 보인자 부부의 자식이 보인자가 될 가능성은?이다. 이 질문의 정답은 2분의 1이지만, 이것이 부부가 알고 싶어 하는 것은 아니다.

이는 높은 유전자 빈도가 단지 창시자 효과에 의한 것이라면 우리는 1개 이상의 돌연변이를 예측할 수 없다. 이것은 이번 장의 마지막에 있는 *Disease box 10*에서 더 논의할 것이다.

표 10.2 - Hexosaminidases A 돌연변이의 분포

돌연변이	아쉬케나지 보인자 비율 (*n*=156)	비유테인 보인자 비율 (*n*=51)
11번 엑손에 4 bp 삽입	73	16
12번 인트론의 스플라이싱 부위 변이	15	0
7번 엑손의 p.Gly269Ser	4	3
미확인 변이	8	81

OMIM entry 272800에 있는 Paw 등 (1990)의 자료 인용.

증례 3 Choudhary 가족 3 9 66 242 260 376

- Nasreen (8개월 여아), 부모는 Aadnan과 Mumtaz
- 귀머거리
- 부모가 사촌지간
- 가계도에 의하면 귀머거리 문제는 상염색체 열성질환으로 보임

이와 같이 아주 가깝게 근친 번식한 가족에서, Nasreen의 청력 상실이 상염색체성 열성유전질환인지, 그리고 Nasreen의 삼촌인 Waleed와 Mohammed가 청력 상실과 동일한 원인에 의한 것인지 아니면 다른 원인에 의한 것인지가 의문시 되었다. 이 문제는 결국 자가접합성 지도작성을 수행하여 가계구조를 분석함으로 해결되었다 (*9.3 절*). 이 방식은 돌연변이를 분석함으로 후보 유전자인 OTOF를 부각시켰다. 원인 돌연변이가 밝혀졌고 원하는 모든 가족 구성원은 검사를 받고 정확한 상담을 받을 수 있게 되었다. 이것은 결혼을 계획하고 있는 Waleed와 그의 사촌인 Benazir에게 있어서 매우 중요한 것이었다.

자가접합성 지도작성을 위해서는 실험실의 상당히 많은 재원을 필요로 하였고 Benazir가 이검사를 의뢰하기에 앞서 유전학자들은 이 추가적인 조사로 인해 그녀를 상담하는데 특별하게 달라지는 것이 있는지를 계산하기를 원했다. 그녀 가족의 모든 귀머거리는 상염색체성 열성유전질환임을 가정하고 유전학자는 Waleed와 Benazir 사이에 태어날 아이가 귀머거리가 될 가능성을 계산하고자 하였다. 유전학자는 이 가족의 질환자들이 우연히 같은 질환을 가지는 경우라면 두 명이 동시 가

질 수 있는 낮은 확률과 결과를 비교하고자 했다. 열성유전질환이라는 가정하에서 Benazir의 오빠 Aadnan (*그림 10.4*에서 Nasreen의 아버지–개체 Ⅰ)은 보인자였다. 그러므로 Benazir와 Aadnan의 부모 중 한 명은 보인자였다. 아마도 그들의 어머니가 보인자일 텐데 그 이유는 그녀가 질병을 보유하는 가계의 일원으로 연결되어 있기 때문이다. 그러므로 Benazir가 보인자일 위험성은 1/2이고 그녀와 Waleed 간에 태어날 아이가 귀머거리가 될 위험성은 1/4이다. 이 계산은 위험성에 있어서 상당한 불확실성을 보여준다. 만약 가족의 질환이 유전적이고 열성유전인 경우에는 위험성이 높고 그렇지 않다면 상당히 낮을 것이다. 그러므로 이 불확실성을 해결하기 위해서는 실험실에서 어느 정도의 노력을 들이는 것이 합당해 보였다.

근친 결혼하는 사람들의 좀더 넓은 일반적인 유전적 상담을 위해서는 개체간 유연관계계수와 근친번식의 관계계수를 계산할 필요가 있다.

- 두 사람의 개체간 유연관계계수는 정의할 수 있는 1명 또는 그 이상의 공통된 조상들에 의해 공유되어지는 그들의 유전자들의 비율이다.

Box 10.3

근친 번식의 효과 계산하기

친인척 간에 공유하는 유전자 비율은 얼마인가?

- 부모와 자녀는 그들 유전자의 절반을 공유한다. (항상)
- 같은 부모로터 태어간 형제 자매 간에는 그들 유전자의 절반을 공유한다(full sibs). (평균적으로)
- 한쪽 부모만 같은 형제자매 간에는 그들 유전자의 1/4을 공유한다(half sibs). (평균적으로)
- 삼촌/숙모와 조카/조카딸 간에는 그들 유전자의 1/4을 공유한다. (평균적으로)
- 일차적 사촌간에는 그들 유전자의 1/8을 공유한다. (평균적으로)

만약 이러한 모식도가 직관적으로 분명하지 않다거나 관계가 더 복잡하다면, 시월 라이트 경로 계수법 (Sewall Wright' s path coefficient method)이 이해하기 쉽고 신뢰할 만 하다:

[1] 오직 공통 조상과 그와 연결된 사람들의 가계도만 그린다.
[2] 공통 조상 전체에 걸쳐서 2명의 친척간에는 하나의 경로만을 선택하고 연결한 수를 센다.
[3] 만약 그 경로에 n개의 연결(link)이 있다면 개체간 유연관계계수의 $[1/2]^n$ 만큼 기여한다.
[4] 만약 가능한 경로가 1개 이상 이라면 각각의 경로에 대해서 동일하게 작성한다.
[5] 각각의 경로에 기여한 것을 합친다.

시월라이트 경로계수법이 정확한 해답을 제공해 준다는 것을 설명하기 위해 친형제자매의 경우와 사촌 간의 단순한 사례가 아래 설명되어 있다. 좀 더 복잡한 예가 *그림 10.4*에 있다.

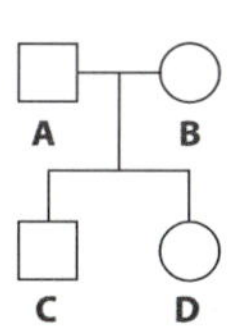

완전 형제(자매)(full sibs):

경로	**기여도**
C-A-D	$(1/2)^2=1/4$
C-B-D	$(1/2)^2=1/4$
합:	1/2

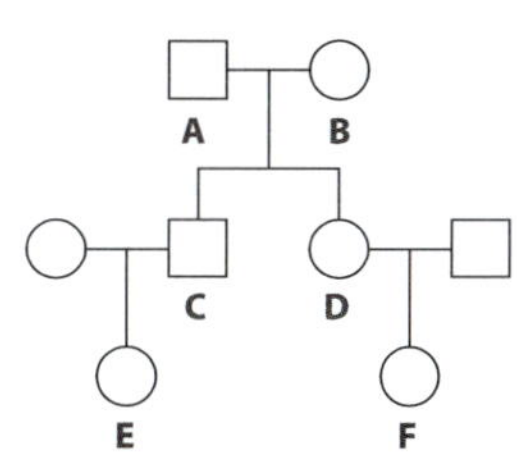

일차적 사촌(first cousins):

경로	**기여도**
C-A-D	$(1/2)^4=1/16$
C-B-D	$(1/2)^4=1/16$
	1/8

- 한 사람의 근친 번식 관계계수는 부모의 혈연으로 인해 한 개인에서 기대되는 동형접합의 유전자좌들의 비율이다. 이것은 부모의 개체간 유연관계계수의 $1/2$이다. 이것은 어떤 주어진 유전자좌에서 한 개인이 유전에 의해 동일한 2개의 유전자를 받게 될 확률과 동일하다.

개체간 유연관계계수와 근친번식의 관계계수를 계산할 때 가장 쉬운 방법은 시월라이트 경로 계수법이다 (*Box 10.3*). *그림10.4*는 어떻게 Nasreen의 근친번식 관계계수를 계산할 수 있는지 보여준다. 경로계수법을 이용하여 Aadnan과 그의 아내 Mumtaz의 개체간 유연관계계수를 계산하면 $10/64$인데 이것은 사촌 지간의 수치인 $1/8$보다 조금 더 가깝다. 그러므로 Nasreen의 근친번식의 관계계수는 $5/64$이다. 아주 가까운 근친번식의 가계도이지만 근친번식의 관계계수가 상대적으로 보통인 것을 주의하자. 근친상간인 경우를 제외하면 한 아이의 근친번식의 관계계수가 $1/4$이 될 만큼 가계도를 작성하는 것은 어려운 일이다. 쥐 유전학자들은 많은 세대에 걸쳐서 형제-자매간 번식을 반복시켜서 높은 동형접합의 계통을 만든다. 인류역사에서는 고대 이집트의 파라오만이 이와 같은 시도를 했다고 기록되어 있다.

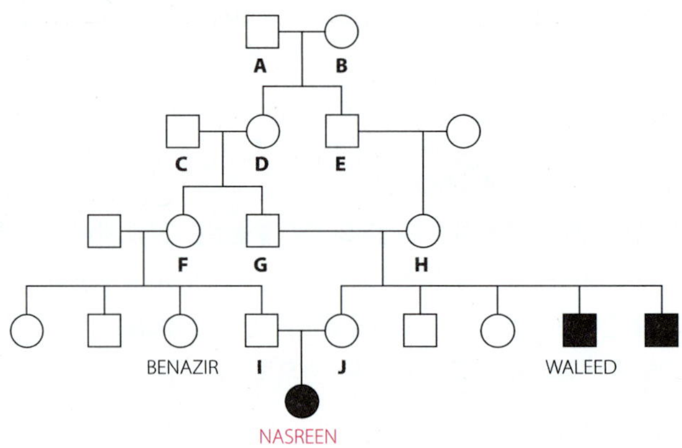

COEFFICIENT OF RELATIONSHIP OF I AND J:

PATH	STEPS	CONTRIBUTION
I - F - C - G - J	4	$(1/2)^4 = 1/16$
I - F - D - G - J	4	$(1/2)^4 = 1/16$
I - F - D - A - E - H - J	6	$(1/2)^6 = 1/64$
I - F - D - B - E - H - J	6	$(1/2)^6 = 1/64$
		coefficient of relationship: **10/64**

coefficient of inbreeding of Nasreen
= 1/2 coefficient of relationship of her parents = **5/64**

그림 10.4 - Nasreen Choudhary(증례 3)의 근친번식 관계계수 계산하기.
하나 이상의 근친번식 고리(loop)가 있기 때문에 직관적으로 이것을 계산하는 것은 쉽지 않다. Nasreen 부모의 개체간 유연관계계수를 계산하기 위해 경로 계수법을 이용하였다.

10.4. 요약 및 보충설명

한 인구집단에서 유전적인 질병의 빈도는 초기 창시자 인구집단에서 있었던 질병의 빈도와 상관없이 돌연변이와 선택의 서로 반대되는 효과에 결정된다.

우성유전질환과 X-연관 질환의 돌연변이는 일반적으로 짧은 반감기를 가진다.

- 치사적인 우성유전질환과 같은 극단적인 경우에는 모든 사례가 반드시 새로운 돌연변이여야만 한다. 만약 그들이 이 질환이 있다면 결혼한 배우자는 부모가 되지 않을 수도 있다. 유전적인 치사성은 다음대로 자신의 유전자를 전달하지 못하는 것으로 신체적인 치명성을 의미하는 것은 아니다.
- 돌연변이는 만약 이것이 재생산을 완전하게 불가능하게 하는 것이 아니더라도 자신의 유전자를 다음 세대에 전달할 기회를 감소시키는 우성유전질환을 초래하는 경우라면, 주로 한 세대나 몇 세대에 걸쳐서만 유지된다. 일반적이지 않은 모습이나 미약한 장애만으로도 이들의 성공적인 결혼기회를 감소시키기에 충분할 수 있다. 연골무형성증(achondroplasia, OMIM 100800)의 고전적인 설문조사는 이에 대한 완벽한 설명을 제시해준다. 1941년에 ET MØorch는 덴마크에서 태어난 94075명의 출생아를 조사하여 그 중 10명의 연골무형증 질환이 있는 아이들을 주목했다. 이들 중 오직 2명만이 그들의 부모가 연골무형성증 질환자 였다. 그래서 그는 80%의 경우가 새로운 우성유전 돌연변이라고 가정했다. 그는 또한 덴마크의 성인들 중에서 연골무형성증 질환자를 조사했는데 이들 질환자들은 모두 아이를 출산할 수 있지만 실제 자녀수는 정상인들의 자녀 출산수에 평균 20%밖에 되지 않았다. MØorch의 데이터는 그의 출산 설문 조사에서 의도하지는 않았지만 연골무형성증 질환과 유사한 근골격 열성유전 형성장애를 포함시켰을 수도 있기 때문에 의문시 되어왔다. 아마도 그의 계산은 사고 실험(thought experiment)으로는 최고의 것으로 여겨진다. 그 원리는 선명하고 타당하다. 신경섬유종증 (neurofibromatosis Ⅰ) (*Disease box 1*)은 이것을 설명한다: 약 50%의 증례들이 새로운 돌연변이이다.
- X-연관 열성유전 질환의 경우, 선택은 질병이 있는 남성의 경우에 대해서만 효과적이다. 만약 한 인구집단이 동일한 수의 XX의 여성과 XY의 남성으로 이루어졌다면, 남성은 모든 X 염색체의 1/3을 가지고 있게 된다 (*그림 10.5*). DMD와 같이 유전적으로 치명적인 질환의 경우에 이것은 모든 DMD 돌연변이 대립유전자의 1/3이 각 세대에서 사라지는 것을 의미한다. DMD는 현재도 있기 때문에 이러한 손실은 새로운 돌연변이들에 의해 대략적으로 균형이 맞추어져야만 한다. 만약 돌연변이와 선택의 비율이 균형을 이룬다면 DMD 사례의 1/3은 새로운 돌연변이일 것이다. 이것은 위험성을 예측하는데 있어서 주요하게 의미를 가진다. 우리는 DMD에 걸린 소년의 어머니를 보유자라고 상정할 수 없으며 확률이 2/3 이다. 오직 그녀의 형제나 그녀의 친척 중에 DMD 질환이 있는 경우에만 보유자가 된다 (증례 4의 Judith Davies의 경우에 해당됨).

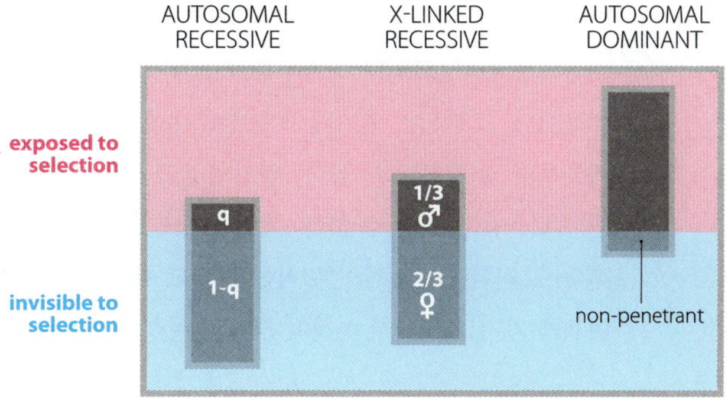

그림 10.5 - 다른 유전 양식을 가지는 질환들은 자연적인 선택에 노출되는 정도도 다르다.

열성 형질의 경우 선택은 돌연변이 대립유전자가 동형접합의 형태일 때만 선택의 기능을 한다. 동형접합 유전자의 이형접합 유전자에 대한 비율은 $2q^2:2pq$이다(각각의 동형접합자에는 2개의 돌연변이 대립유전자가 있으므로 $2q^2$이 된다). p가 1에 매우 가깝다고 가정하면 비율은 q로 단순하게 된다 (*그림 10.5*). 다시 말해서 q=0.01인 전형적인 열성유전의 경우 돌연변이 대립유전자는 단지 1%만이 드러나게 된다. 진화되는 동안 선택은 효과적이지만 돌연변이 대립유전자는 수십 세대에 걸쳐 쉽게 유지될 수 있다.

이렇게 서로 다른 선택의 역학 결과, 심각한 우성유전과 X-연관 유전질환은 새로운 돌연변이와 광범위한 대립유전자의 이형접합의 높은 비율을 보일 가능성이 있다. 대부분의 열성유전의 경우, 한 인구집단에서 돌연변이를 가진 가족이나 개인이 매우 흔한 경우를 고려하면 돌연변이는 무시되기 쉽다. 이러한 고려는 대체로 광범위하게 대립유전자의 이형접합이 있을 수 있는 곳에서 유전자 기능 상실에 의한 질환에 적용이 잘 된다. 우성유전 질환은 기능 획득 돌연변이의 결과라고 할 수 있는데 이 경우 단지 한 개 또는 몇 개의 특정 돌연변이에 의해서도 질환이 야기될 수 있다.

임상 유전학자들은 당연히 아주 흔하면서도 심각한 질환에 대해서 매우 염려를 한다. 이러한 모든 질환은 자연적인 선택에 의해서 제거되지 못하였던 것이 분명하기 때문이다. 가능한 메커니즘은 다음과 같다.

- 매우 높은 돌연변이 비율. DMD가 한 예이다. Dystrophin 유전자 (*3장*)의 독특한 구조가 이것에 기여할 것이다.
- 열성유전질환의 이형접합체 장점. Thalassemia (증례12, Lawton 가족)가 좋은 예이다. 위에서 언급했듯이 낭포성 섬유증 (증례2, Brown 가족)도 이형접합체의 이점을 어느 정도 가져야만 한다. 그렇지 않다면 이 질환은 현재처럼 흔히 발생할 수 없다. 실제로 CAH (증례19, Stott 가족)와 같이 높은 돌연변이 비율이 있다는 증거가 있지 않는 한, 대규모의 인구집단에서 대부분의 흔한 심각한 열성유전질환들의 경우에도 아마도 약간이나마 이형접합체의 이점을 가질 것이다.
- 증상들은 대부분 재생산이 가능한 나이를 지나서 나타난다. *12장*에 기술되어 있는 가족성 유방암과 대장암과 마찬가지로 Huntington 질병(증례1, Ashton 가족)은 고전적인 예이다.
- 정자형성(spermatogenesis) 과정의 선택. 위에서 언급했듯이 연골무형성증은 대부분의 경우 새로운 돌연변이이다. 그러나 이 질환은 상대적으로 흔하게 일어난다. 이것을 설명하기 위해서는 돌연변이의 비율이 상당히 높을 것이다. 이것은 FGFR3 단백질의 단 하나의 특정변화인 p.Gly380Arg에 의해서 연골무형성증이 발생한다는 것을 기억하면 특별히 놀라운 일이 아니다 (*Box 6.3*의 그림 참조). 대부분의 A→a 돌연변이 비율은 수백 개의 단일 염기들의 돌연변이 비율의 합이다. 그러나 연골무형성증의 경우 전체 돌연변이의 비율은 이 하나의 특정 변화의 비율이다. 고려되는 염기의 돌연변이 비율은 전반적인 유전체에서 다른 특정 염기의 돌연변이 비율보다 몇 배수나 더 높다. 염기서열 조사로는 연골무형성증에서와 같이 특이하게 높은 돌연변이 비율을 설명할 수 없다. 해답은 돌연변이 비율이 실제로는 특별히 높지는 않을 것이라고 본다. 그러나 남성의 돌연변이를 지니고 있는 생식계열(germ-line)의 세포들이 선택적으로 이점을 가지고 있어서 이것이 정자의 형성 시에 불규칙적으로 기여함으로 나타난다 보여진다.

근친결혼에 의한 후손들이 열성유전질병을 가질 확률은 어떠한가?

사촌 간인 Jack과 Jill을 고려하여 보자. 한 질병 유전자의 유전자 빈도가 q라고 하면 Jack이 보인자일 가능성은 $2pq$이다. 희귀한 질병에 대한 p는 사실상 1이므로 Jack의 보인자 가능성은 거의 $2q$이다. Jill은 그들의 혈연관계상 Jack이 가지고 있는 유전자의 $1/8$을 공유한다. 다시 말해서 Jack이 지니고 있는 유전자 들 중에서 $1/8$은 Jill의 유전자와 동일하다. 그러므로 만약 Jack이 보인자라면 Jill이 보유자일 가능성은 $1/8$이 된다. 만약 그들 모두 보인자라면 태어날 아이들이 질병에 걸릴 확률은 $1/4$이다. 전체적으로 위험성은 $2q \times 1/8 \times 1/4 = q/16$이다. *표 10.3*은 질환이 희귀할수록 일반인에 비해 사촌지 간의 상대적 위험성이 더 크다는 것을 보여준다.

표 10.3 - 근친 번식과 열성 유전질환의 위험성

질병 유전자 빈도	친족관계가 아닌 부모의 자식들의 위험도	사촌지간 부모의 자식들이 가지는 위험도	사촌들의 상대적 위험도
q	q^2	$q/16$	$1/16q$
0.01	1 in 10000	1 in 1600	6.25
0.005	1 in 40000	1 in 3200	12.5
0.001	1 in 1000000	1 in 16000	62.5

이 계산은 희귀한 질병에 한해서만 타당하다. 왜냐하면 정상적인 대립유전자의 빈도를 사실상 1로 가정하기 때문이다. 그리고 이 계산은 만일 두 사촌 모두 공통선조로부터 유전된 한 질병의 유전자를 지니고 있을 것이라 가정한다.

이것을 보는 또 다른 방식은 열성유전질환이 더 희귀할수록, 근친결혼에 의한 후손들의 증례에 대한 비율이 높아진다. 앞에서도 언급했듯이 하디-와인버그 공식으로 희귀한 열성유전질환에 적용하여 보유율을 계산하는 것은 오류를 범할 수 있음을 의미한다.

유전적인 질병을 퇴치할 수 있을까?

임상 유전학자들은 그들의 목적이 유전적인 질병을 제거하는데 있지 않음을 분명히 한다. 그리고 그들의 노력이 비정상적인 임신의 수를 종결하는 것으로 평가되어서도 안 된다. 그들의 목적은 유전적인 질병을 가졌거나 또는 이러한 위험성을 가진 사람들로 하여금 가족을 이루는 것을 포함하여 가능한 한 정상적인 삶을 살 수 있도록 돕는 것이다. 그럼에도 불구하고 만약 유전적인 서비스의 부산물이 유전적인 질병의 빈도를 감소시키는 것이라면 건강 계획자들(planners)에게는 이것이 매혹적일 지도 모른다.

위에서 언급한 돌연변이와 선택의 논의들은 유전적인 질병을 제거하는 것이 일반적으로 현실적인 목표가 아니라는 것을 보여준다. 매우 심각한 우성 유전질환들은 새로운 돌연변이가 높은 비율을 차지한다. 반면 열성유전질환의 경우 돌연변이 유전자들의 상당한 부분이 건강한 이형접합체이다. 만약 한 나라의 독재자가 심각한 유전적인 질병을 지닌 모든 사람들을 불임시킬지라도 다음 세대에 새롭게 나타나는 유전질환은 막지 못한다. 심지어 여러 세대를 지속시킨다 하더라도 이와 같은 프로그램은 그 목적을 달성할 수 없다. 헌팅턴 질병과 같이 늦은 나이에 발생하는 몇몇 우성유전질환의 경우는 상당히 예방할 수 있을 것이다. 그러나 열성 유전질병을 방지하는 유일한 방법은 모든 보인자들을 불임시키는 것이다. 이로 인해 독재자와 그 가족에게 그 악영향이 되돌아오게 될 것이다. 비록 개인적인 열성유전질환의 보인율이 전형적으로 100명당 1명 발생한다 할지라도, OMIM상에는 수천 개의 서로 다른 질환목록들이 있다. 그리고 우리 모두는 여러 가지의 치명적인 열성 유전질환들의 보유자이다. 불임에 의한 단종 프로그램은 모든 인류와 함께 독재자를 단종시키므로서 유전적인 질병을 방지할 수 있다.

약간 다른 질문은 의료 행위는 자연적인 선택과 효과적으로 싸워서 장기간의 문제를 축적하느냐 하는 것이다(*box 10.4* 참조).

Box 10.4

치료받은 사람들은 자녀를 출산하지 않음으로 사회에 진 빚을 갚아야 하는가?

Phenylketonuria [PKU; 증례22, Vlasi 가족]와 같이 치료 가능한 유전적인 질환의 경우를 생각해보자. 치료받지 못한 phenylketonuria 환자들은 심각한 정신장애를 일으키고 보호기관에서 그들의 삶을 보내게 될 것이다. 치료를 받으면 당사자들은 아이를 가지는 등의 정상적인 삶을 살 수 있다. 유전적으로 그 사람은 여전히 돌연변이에 대해 동형접합형이다. 그리고 이 사람의 아이는 필수불가결하게 돌연변이 대립유전자를 유전 받게 된다. 치료는 매우 비싸다 -여기에 흥정이 있을 수 있는가? 우리가 이 치료를 후원해 주기로 동의해 주고 대신에 치료받은 사람은 자신의 돌연변이 대립유전자를 다음세대로 전달하지 말도록 협정할 수 있는가?

대부분의 임상학자들에게 이와 같은 제안은 매우 불쾌할 것이지만 그들의 마음 한구석에는 책임 있는 의사로서 불편한 감정을 가질 것이다. 아마도 그들은 이 질문을 당면해야만 한다. 이 문제는 확실히 다루어져야 한다. 왜냐하면 이 문제를 살펴봐야지 문제가 사라지기 때문이다. 우리는 위에서 열성유전질환의 경우, 현재 질병에 걸린 사람의 모든 돌연변이 대립유전자의 비율을 q라고 했는데 이때 q는 유전자 빈도이다. 영국에서 PKU는 10000명 당 1명이 걸린다. 그러므로 q는 0.01이다. 다시 말해서 치료받은 phenylketonurics가 그의 유전자를 다음세대에 전달할 권리가 있는가 없는가에 대해 괴로워하는 것은 나머지 99%는 무시하고 1%만이 문제에 대해서 고민하는 것이다. 우리는 99%에 대해서는 아무런 영향력이 없다는 것을 알고 있기 때문에 1%에 대해 걱정하는 것은 무의미하다. 물론 치료받은 phenylketonuria 환자가 출산에 실패하지 않고 돌연변이 대립유전자를 다음세대에 전달할 때마다 다음세대에서 돌연변이 대립 유전자 빈도를 미약하게 나마 증가시킨다. 이와 같이 100 세대를 지속한다면 치료프로그램으로 인해 돌연변이 유전자의 빈도가 2배로 증가할 것이다. 대부분의 사람들은 다음 2500년 동안 당면해야 할 좀더 심각한 문제는 PKU의 돌연변이 대립유전자의 빈도가 2배로 증가하는 것이라기 보다 인간애가 더 심각한 문제라고 할 것이다.

Disease box 10

유대인과 핀란드인의 질병들

애쉬키나지 유태인과 핀란드인은 강한 창시자 효과를 보이는 인구집단으로 연구가 가장 잘 되어 있는 두 집단들이다. 두 집단 모두 교육수준이 높고 유전적인 질병의 범위와 빈도에 대한 좋은 데이터를 제공하는 의료 서비스가 잘 발달되어 있다. *표10.1*은 핀란드인들의 몇 가지 질병목록이다. 이 섹션의 표에는 몇몇 Ashkenazi 유태인의 질병을 보여준다. Motulsky[1995]는 유대인의 질병들에 대한 간결하면서도 좋은 총설을 제공해준다.

유태인들과 핀란드인 들 두 집단은 공히 적은 수의 창시자들로부터 시작되어 인구가 많이 불어났다.

Disease box 10 - *continued*

애쉬키나지 유태인들에게 예외적으로 만연하고 있는 질환들

질환	OMIM number	유전 양상	보인자 빈도	특기사항
테이-삭스 질환	272800	AR	1/30	애쉬키나지 유태인들에게 흔한 세 가지의 돌연변이 - 21장 증례 21 [Ulmer 가족]과 *21장* 참조
가족성 신경실조증	223900	AR	1/30	비-유태인들에게는 매우 희귀함; 유태인 질환자들의 99.5%는 동일한 부위 스플라이싱 변이임
고셔병	230800	AR	1/15	유태인들에게 흔한 두 가지 돌연변이 p.Asn380Ser [75%]와 c.84insG [15%]; p.Leu444Pro도 흔함
카나반 질환	271900	AR	1/40-1/60	애쉬키나지인들에게 흔한 두 돌연변이 p.Glu285Ala와 p.Tyr231STOP
휀코니 빈혈 보완 그룹 C	227645	AR	1/90	애쉬키나지인 질환자 대부분은 4번 인트론 스플라이싱 부위 변이를 가짐
리맨-팩 A 형	257200	AR	1/80	세가지 돌연변이가 애쉬키나지인 환자들의 65% 정도를 야기함
블룸 증후군	210900	AR	1/200?	애쉬키나지 환자들의 대부분은 같은 돌연변이로 2281번째 염기부위에 ATCTGA 결실과 TACATTC 삽입을 가짐
가족성 유방암	113705 (*BRCA1*); 600185 (*BRCA2*)	AD	Total 2.5%	애쉬키나지 환자들에게 흔한 세가지 돌연변이: *BRCA1*에서 c.185delAG [1%], c.5382insC [0.15%]; *BRCA2*에서는 c.617delT [1.5%]
Torsion dystonia 1	128100	AD	1/1000-1/300 affected	유전적으로 이질질적임; 애쉬키나지 환자와 비-유태인 모두 같은 3 bp 결실을 가짐

- 전세계에 있는 1300-1400만의 유대인들 중 80%가 애쉬키나지 유태인들인데, 이들은 19세기에 독일 Rhineland로 이주해온 사람들의 후손들로서 이들은 후에 폴란드, 리투아니아, 벨라루스와 그 인근지역으로 이동했다. 애쉬키나지 유태인들은 세파딕(Sephardic) 유태인들과 구별되는데 세파딕 유태인들은 1000년이 넘는 동안 스페인, 포르투갈, 그리고 북아프리카등에 퍼져 있는 유태인들이다. 수백 년 전까지는 세파딕 유태인이 유태인들의 다수를 차지하였으며, 스페인이나 포르투갈 세파딕 유태인들은 로마시대로부터 그곳에 거주하여왔다. 애쉬키나지 유태인 집단은 그리 멀지 않은 과거에 아마도 수 천 명의 애쉬카애쉬카지부터 유래되었을 것이다. Motulsky의 견해에 의하면 상업적으로 번창한 소수의 그룹이 다음세대에 불균형적으로 인구 증가에 기여함으로 인해 매우 강한 창시자효과를 초래했다고 본다.

Disease box 10 - continued

- 핀란드에서는 강한 창시자 효과를 초래했을 법한 두 번의 팽창시기가 있었다. 한 번은 역사 이전의 시기로 핀란드 남부지방에 최초로 정착한 직후이고 다른 하나는 대부분이 텅 비어있던 북부지방을 개척한 그룹에 의해 거주하기 시작하던 17세기이다 [De la Chapelle, 1993].

애쉬키나지인 질병들의 대립유전자들의 분포가 인구 집단 역사에 의해서만 설명될 수 있는지에 대해서는 논란이 되고 있다. 한 가지의 단순한 창시자 효과를 가지고 특정한 단상형 표지 유전자에 있는 한 개의 돌연변이 대립유전자가 어떤 질환의 매우 많은 증례[다른 집단에서 발견되는 빈도에 비해]들을 설명할 수 있으리라고 기대할 수도 있는데, 예로 가족성 자율신경실조증 (dysautonoimia)인 휀코니 빈혈 (Faconi anemia)와 블룸 증후군 (Bloom syndrome) 등을 들 수 있다. 그러나 테이-삭스 (Tay-Sachs), 고셔병 (Gaucher), 리만-팩 질환 (Niemann-Pick), 카나반 질환 (Canavan disease) 등은 두개 혹은 그 이상의 대립유전자들이 더욱 잘 발견된다. 이것은 이형접합형의 이점에 대한 증거로 채택되기도 한다. 여기에서 예로 들은 4가지의 질환 중 3가지가 리소솜 (lysosome) 질환 [테이-삭스, 소셔병, 리맥-팩 질환 등]이라는 것을 주목할 필요가 있으며, 실제로 또 다른 리소솜 축적 이상의 질환인 mucolipidosis IV 가 애쉬키나지 유태인들에게 흔한 질환이다. 이러한 사실이 단순히 우연에 의한 것인지 아니면 이 유태인 집단의 역사에서 리소솜 질환 유전자를 이형접합형으로 가지는 것이 어떤 장점이 있었던 것일까?

자연적인 관찰에 의한 선입견이 몇몇 증례들을 설명할 수 있다. 예를 들면 *BRCA1/2*에서 3가지의 별개의 돌연변이들이 애쉬키나지 유태인들에서는 매우 높게 나타나지만 다른 그룹들에서는 이들 돌연변이들은 매우 드문 것들이다 [*12장* 참조]. 이것은 놀라운 사실이지만 이것은 단지 초기에 아주 임의적인 돌연변이에 의한 유전자 변동이 발생하고 후에 강한 인구팽창으로 이것이 증폭된 것일지 모른다. 특별한 설명을 요구하기 전에 우리가 먼저 기억해야만 하는 것은 애쉬키나지인들의 돌연변이에서 일반적으로 발견 못하는 여러 다른 유전자들을 염두에 두어야 한다는 것이다. 아마도 천 개의 유전자 중에서 하나의 유전자에서 일어난 돌연변이가 현재의 유전자 분포를 생성하기에 충분한 임의적 유전자 변동을 초래하였다는 것도 놀랄만한 것이 아닐 수도 있다.

10.5. 참고문헌

De la Chapelle A [1993] Disease gene mapping in isolated human populations: the example of Finland. *J. Med. Genet.* **30**: 857–865.

Motulsky AG [1995] Jewish diseases and origins. *Nat. Genet.* **9**: 99–101.

Paw BH, Tieu PT, Kaback MM, Lim J and Neufeld EF [1990] Frequency of three Hex A mutant alleles among Jewish and non-Jewish and non-Jewish carriers identified in a Tay-Sachs screening program. *Am. J. Hum. Genet.* **47**: 698–705.

10.6. 자가 평가 문제들

[1] 200명의 서로 무관한 사람들에 대해 C와 T인 대립유전자를 단일염기다형성(SNP)을 확인했다. 87명은 CT였다. 93명은 TT 그리고 20명은 CC였다. C와 T 대립유전자의 유전자 빈도는 어떠한가? 이 인구집단은 하디-와인버그 평형상태에 있는가?

[2] 어셔 증후군 Type 1은 인구 10만 명당 1명이 걸리는 상염색체 열성유전 귀머거리 신드롬이다. 비록 모든 경우 임상적으로는 구별하는 것이 불가능하지만, 유전적인 분석에 의해 몇 가지 다른 유전자들에 의해 어셔 증후군이 발생하는 것이 밝혀졌다 (유전자좌 이형성). 다음과 같은 경우에 각각 보인율은 얼마인가, (a) 만일 모든 경우가 단일 유전자좌에서의 돌연변이에 기인

할 때 그리고 (b) 만일 10개의 서로 다른 유전자들이 동형접합으로 이들이 각각 전체적인 발병률에 동등하게 기여할 때?

[3] Phenylthiourea나 어떤 종류의 양배추와 같이 약하게 쓴맛을 내는 물질의 맛을 구별하지 못하는 것은 주로 상염색체 열성유전 형질이다. 사람들은 맛을 구별하는 그룹과 맛을 구별하지 못하는 그룹으로 나눌 수 있다. 한 인구집단에서 64%의 사람들은 spring green을 싫어하고 먹지 않는데 그 이유는 맛이 쓰기 때문이다. 이때 맛을 구별하는 사람들의 대립유전자 빈도를 구하시오.

[4] *Disease box 8*에서 언급했듯이, erythropoietic protoporphyria는 낮은 침투율을 가진우성 유전 질환처럼 유전된다. 그러나 분자적 인 분석결과 이 질병에 걸리는 사람들은 모두 하나의 기능을 소실한 희귀한 대립유전자와 하나의 기능이 미약한 흔하게 존재하는 대립유전자 (프랑스인의 빈도 q=0.11)를 가진 복합적인 이형접합체이다. 이 질환이 프랑스에서 30,000명 당 1명 꼴로 발생한다고 가정하자. 이때 기능 손실 대립유전자의 빈도를 구하시오. 이 질환에 걸린 사람이 이 질환에 걸리지 않는 사람과 결혼했을 때 질환에 걸린 아이를 출산할 위험성을 구하시오.

[5] 한 여성의 독자 아들이 Duchenne 근육위축증 환자이다. 이 여성은 형제 자매가 없고 나머지 가족들 중에도 이 질환에 대한 가족력이 없다. 이 여성의 딸이 보인자일 가능성을 구하시오.

[6] 낭포성 섬유종을 가진 한 소년의 누이가 자신과 친척관계가 없으며 가족력에서 이 지환 기록이 전혀 없는 남성과 결혼을 한다. 이들 모두 덴마크인이다. 이 여성이 임신 중이다. 여성의 아이가 낭포성 섬유종일 위험성을 구하시오. 이 여성이 아이를 갖기 전에 여러분에게 의뢰를 한다면 여러분은 자녀를 갖지 말도록 조언하겠는가?

[7] 상염색체 열성유전 질병이 40,000명당 1명에서 발병한다. 어떤 여인이 유전질환을 앓고 있는 아이를 양육하는 스트레스로 인해 이혼 했다. 이 여성은 동정심이 있는 사촌으로 인해 위로를 받고; 마침내 이들은 서로 결혼을 하고 여성은 아이를 잉태하였다. 이들의 자녀가 발병할 위험성을 구하시오.

[8] Fred는 매우 희귀한 상염색체 열성유전 질병을 가지고 있다. 그의 할아버지와 외할아버지가 모두 보인자일 가능성을 계산하시오.

[9] Waleed와 Benazir (*그림 10.4*)는 결혼을 해서 한 명의 귀머거리 아들(Aziz)이 있다. 귀머거리인 사람들은 귀머거리인 사람과 결혼하기를 선호하는 경향이 있다. Aziz는 Nasreen Choudhary와 결혼을 한다. 그들의 첫 째 아이가 귀머거리가 될 가능성을 구하시오. 이 아이의 근친번식 관계계수를 계산하시오. 귀머거리와 무관하게 이 아이가 다른 열성유전질환에 걸릴 높은 위험성이 있는가?

제 11 장

유전자 검사는 언제 유용한가?

11장의 학습 요지

- 유전자 검사와 진단의 차이
- 유전자 검사 프로그램 실행을 정의하기 위해 공통적으로 사용되는 변수들
- 유전자 검사가 이루어지기 위한 기술적, 사회적, 윤리적 조건들.
- 이제시된 태아기, 신생아기, 출생 후 유전자 검사 프로그램들의 예시와 이들 각각 프로그램들이 개인과 사회에 주는 장점과 단점 논의하기

11.1. 증례 학습

증례 22 | Vlasi 가족 | **271** | 276 | 376

- Valon ; 6살 소년
- 심각한 지적 장애
- 작고, 이상 소두에 파란 눈, 살결이 희고 금발이며, 습진이 있음; 지나치게 활동적임
- 페닐케톤뇨증 의심

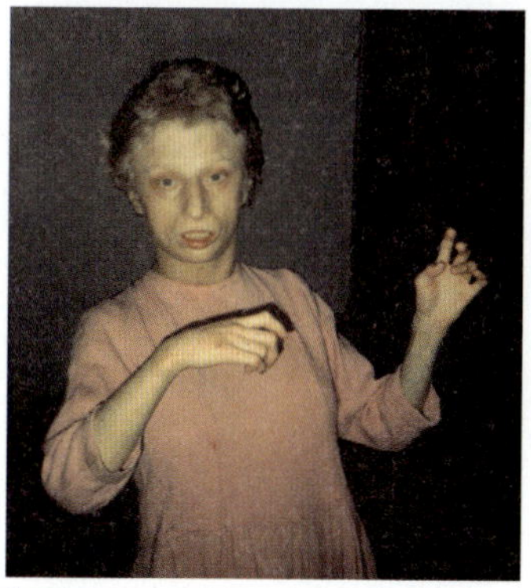

그림 11.1 - 치료받지 않은 PKU 환자

6살된 Valon은 Adem과 Flora Vlasi의 유일한 자식이다. 그들은 매우 비 정착된 삶을 살아왔고 난민 지위로 호주에 이주하였다. Valon은 Kosovo에서 태어났으며, 그 가족은 기본적인 의료 행위만을 이용 할 수 있는 외딴 시골지역에서 살았다. 그가 태어난 후에 곧 정치적인 상황은 불안정하게 되었고, 가족은 난민으로 호주에 오기 전에 몇 차례 이사하였다. 수 년간, Adem은 Valon의 발달에 관해 걱정되었으나, Flora는 자주 이주하는 생활과 그가 학교에 다니지 않기 때문에 문제가 되는 것 같다고 말하였다. 그들이 안정적으로 정착하여 Valon이 학교에 입학하였을 때, 선생님은 곧 그가 심각한 지적 장애를 지닌다고 인식하였다. 그들은 교육심리학자와의 상담을 주선하고 그들의 가족에게 Valon을 소아과 의사에게 진찰을 받도록 소견서를 써달라고 하였다. 진료소에서 의사는 Valon이 오로지 교과서를 읽을 줄만 아는 상태를 보고 놀랐다. Valon은 작고, 머리가 작은 이상 소두 (microcephalic)에, 파란 눈과 살결이 매우 희고 금발일 뿐만 아니라 습진을 가지고 있었으며, 그는 지나치게 활동적이고 억제되어졌을 때에는 몸을 흔들어댔다. 또한 소아과 의사는 Valon이 그의 부모에 의해 잘 돌봐 졌음에도 불구하고 그에게서 케케묵은 냄새가 난다고 생각했다. 의사는 Valon이 페닐케톤뇨증을 가지고 있다고 강하게 의심하였고 소변 샘플에서 페닐피루브산과 혈액 샘플에서 페닐알라닌을 측정하도록 조처하였다.

11.2. 배경

검사 대 진단테스트

'검사 (screening)'이란 단어는 종종 테스트 (test)와 유사한 단어로 막연히 사용되지만, 진정한 검사의 본질은 전체적인 집단에 적용된다는 것이다. 질환을 가진 환자를 임상적으로 테스트하는 진단 테스트와는 대조적으로, 검사는 일반적으로 커다란 집단(나이, 성별, 인종적 태생에 의해 정의되는)과 같은 어떤 조직에 의해 제공되는 하향식 분석이다. 어떤 유전적 검사프로그램에서도, 윤리적인 고찰들은 적어도 기술적인 문제만큼 중요하다. 본 절에서는 기술적인 문제들을 고려하고, 본 장의 마지막 절에서는 조금 더 일반적인 문제들로 되돌아 갈 것이다.

대부분의 검사 테스트들은 명확한 진단을 내리지 않지만, 이후 최종적인 진단 테스트를 받아야 하는 높은 위험성을 가진 그룹의 사람들을 정의 내리는데 쓰이는데 cut-off point을 설정하는 것은 항상 경우에 따라서 임의적이다 (*그림 11.2*). 너무 높게 cut-off을 설정하는 것은 대상 그룹의 많은 사람들을 놓치게 되며, 반면에 그것을 너무 낮게 설정하는 것은 너무 많은 사람들이 조사를 받게 되지만 그들의 대부분은 결국 질환자들이 아님이 드러날 것이다. 멘델식 유전 질환의 돌연변이 검사시 1차 검사에서 양성 오류 결과들이 생성되지 않고 최종적인 진단을 내리는 일은 드물다. 그러나, 이러한 타입의 검사 프로그램은 처음부터 돌연변이 분석을 실시하는 경우는 드물고 초반부의 검사 단계들에서 양성 오류 결과의 가능성을 가져올 수도 있다; 어떤 경우에서도 음성 오류가 발생하는데 그 이유는 어떤 DNA 검사도 유전자에서 모든 가능성 있는 변이를 밝힐 수 없기 때문이다. *Box 11.1*은 어떤 측정들은 검사의 정확성을 정의하기 위해 이용되는 측정치의 예를 보여 준다.

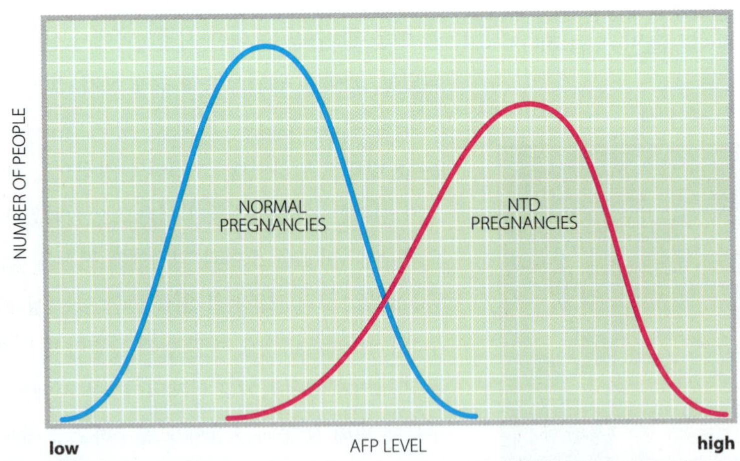

그림 11.2 - 전형적인 유전 검사

많은 병원에서는 임신한 여성들에게 태아가 신경관이 결손(척추 피열 혹은 무뇌증)되었는지에 관한 위험성을 추정할 수 있도록 모계 혈청 알파-페토프로테인(MSAFP) 검사를 제공한다. 임신모의 혈액에서 높은 수치의 AFP 레벨은 위험군으로 분류되지만, 정상과 고위험군 간의 중복된 지역이 존재한다. 임의적인 cut-off point에서 약 5% 정도의 임신모가 향 후 검사를 받도록 임의적인 cut-off point 가 설정된다. 이러한 검사로 세밀한 초음파 조사와 혹은 양수 검사 등을 실시한다 (14 장 참조). 높은 수치의 AFP을 가진 대부분의 임신 여성들도 결과적으로 정상적인 아기들을 낳는다.

Box 11.1

검사 테스트의 매개변수들

그림 11.2에서 보여준 MSAFP 테스트를 고려하면, 여성들은 양성 혹은 음성이 될 수 있고, 신경관 결손(NTD)을 가지거나 가지지 않은 태아를 가질 수 있다. 표에서, a, b, c 그리고 d는 각각의 범주에서 실재적인 여성의 수이다.

	신경관 결손을 가진 태아	신경관 결손이 아닌 태아
테스트 결과 양성	a	c
테스트 결과 음성	b	d

테스트의 민감성 = 병에 걸렸다고 영향을 받은 비율 = a / (a+b)

테스트의 특이성 = 참된 음성으로서 결손을 갖지 않은 태아를 가질 여성의 비율 = d / (c+d)

양성 오류율 = 양성 오류 결과를 주는 모든 검사의 비율 = c / (a+b+c+d);

또는 = 오류인 양성 검사의 비율 = b / (b+d)

음성 오류율 = 오류인 음성 검사의 비율 = b / (b + d)

양성 예상율 = 양성으로서 결손을 가진 태아를 가질 여성 양성의 비율 = a / (a + c)

상대적인 위험성 = 일반적인 집단의 위험과 비교하여 양성 검사 후의 위험성

= [a / (a + c)] / [(a + b) / (a + b + c + d)]

검사는 언제 수행되는가?

유전학적인 검사는 3 가지 그룹으로 나뉜다.

- **태아기 검사** – 예로써, 영국에서는 임신한 여성에게 종종 신경관 결손과 다운 증후군에 관한 검사가 제공된다. 지중해성 빈혈과 겸상 적혈구성 질병에 대한 검사 프로그램들이 일반적으로 실시된다. 또한 좀더 일반적인 태아의 비정상성 조사로 태아의 구조적인 기형들을 찾기 위해 세밀한 초음파 검사를 실시한다. 이 검사로 대부분의 신경관 결손을 찾아내며, 추가적으로 다른 비정상적인 현상을 검사하기 위해서 별도로 MSAFP 검사를 수행할 필요는 없다. 다운증후군 검사는 *11.3 절*에서 증례 8 (Howard 가족)을 설명하며 논의한다. 여러 가지의 멘델식 유전 질환들과 염색체의 상태들 또한 태아 검사에서 발견할 수 있으나 이것은 집단 검사 테스트가 아니고 가족력 때문에 높은 위험성을 가지고 있다고 의심되는 부부에게 제공된다.
- **신생아 검사** – 다음 절에서 설명하는 것처럼, 많은 나라들에서 모든 신생아들을 대상으로 페닐케톤뇨증 검사를 실시하며 이외의 다양한 다른 검사들도 역시 일상적으로 실시하기도 한다 (*11.4 절* 참조). 그 목록은 나라마다 그리고 종종 한 국가 내에서도 병원마다 다르다. 영국에서는 신생아 검사로 혈색소병증 (hemoglobinopathies), 선천적 갑상선 저하증 (congenital hypothyroidism), 낭포성 섬유증 등을 실시하며, 큰 규모의 새로운 검사 프로그램으로 MCAD (medium chain acyl–CoA dehydrogenase) 결핍에 대한 검사를 실시하고 있다.
- **성인 검사** – 이것은 대체로 열성 형질 유전자의 보인자 검사로서, 예를 들어 애쉬키나지 유대인들의 테이–삭스 질병의 보인자 검사이다 (*11.3 절*, 증례 21, Ulmer 가족 참조). 특정한 그룹들도 다른 유전적인 위험 요인들에 대하여 검사를 받게 되는데 이러기 위해서는 일반적으로 집

단 검사보다는 종종 가계도 조사를 통해 수행된다. 예를 들어, 유방암에 대한 강한 가족력을 가진 사람은 *BRCA1/2* 유전자의 변이 검사를 받고 (*12 장* 참조), 높은 콜레스테롤 수치를 지닌 사람은 과다콜레스테롤(hypercholesterolemia)에 대하여 검사를 받는다 (*Disease box 11* 참조). *8 장*에서 묘사된 것처럼, 약물유전체적 변이를 가진 사람들은 약물 대사의 영향에 대한 검사를 실시하며, 이러한 검사들은 향 후 흔하게 될 것이다.

어떤 경우에는 다양한 검사 방법들로 테스트 할 수 있다. 열성 질환에 대한 보인자 검사는 신생아들, 학교 졸업생들, 일반적인 직장인으로 출산 가능한 부부들, 임신한 여성과 그들의 남편들, 혹은 임상 클리닉을 방문하는 사람들을 대상으로 누구든지 실시될 수 있다. 각각에 대한 분석은 서로 장점과 단점을 가지므로 다음과 같은 점을 고려해야 한다;

- 검사 대상자들의 동의를 받았는가?
- 검사 대상자들을 얼마나 쉽게 구할 수 있는가?
- 검사 받는 사람에게 결과를 알려 주는 시기가 적절한가?
- 양성 결과에 대한 실용적이고 윤리적인 의미는 무엇인가?
- 검사 프로그램은 얼마나 비싸며, 이때 얻어지는 이점은 드는 비용에 대해 적당한가?

이러한 고려는 테이-삭스 보인자 검사와 관련하여 잠시 후에 논의된다.

누가 유전자 검사를 받아야 하는가?

유전자 검사는 집단의 전체 구성원이나 혹은 특정 그룹들을 대상으로 실시할 수 있다. 특정 그룹에게 유전자 검사를 실시하는 것은 검사가 안전하다 할지라도 경우에 따라서는 난처하게 될 수도 있다. 나이 든 임산모는 다운 증후군 위험도가 높으므로 이들에게 다운 증후군 검사를 실시하는데 (*표 2.1* 참조), 다운 증후군을 가진 아기를 임신한 젊은 여성들은 자신들이 불공평하게 차별대우를 받았다고 불평하기도 한다. 특정 인종 집단에게 유전자 검사를 실시하는 것은 종종 문제를 야기한다. 영국에서는, 비록 토착 백인의 영국 사람들은 겸상 적혈구성 질병 위험도가 매우 낮지만 모든 아기들을 대상으로 겸상 적혈구성 질병 보유 여부를 검사하고 보인자 검사가 임신 초기의 모든 여성에게 제공된다; 그러나, 분석 방법이 지역 주민들의 위험 수준에 따라 다르게 적용된다.

다른 경우로 유전자 검사를 가족력에 기초하여 실시한다. 이에 대한 부분적인 이유는 검사 비용 때문이다. *BRCA1* 과 *BRCA2* 유전자의 전 부위를 돌연변이 검사를 하려면 비용이 매우 많이 들기 때문에, 가족력에 기초하여 위험군에게 우선적으로 실시된다. 이러한 검사와 일련의 검사들은 (*Disease box 11* 참조) 가족에 기초한 임상적 유전학과 일반적인 검사와의 사이에서 타협점을 나타낸다.

어떻게 검사가 수행되는가?

DNA 테스트가 가장 좋은 검사 테스트인 경우는 드물다. 경제적이고 신속한 DNA 테스트는 특정한 돌연변이들을 큰 규모로 검사하는데 적합하다 (*5 장* 참조). 그러나, 우리가 종종 알기를 원하는 것은 단지 어떤 특정한 돌연변이를 찾는 것이 아니고 돌연변이 존재 여부이다. 대립유전자들이 높은 이질성을 가진 기능 상실과 같은 조건에서는 큰 규모 검사를 실시하기 위해 기능적인 검사가 더욱 효율적이다. 보인자 검사에서는 DNA 검사를 실시할 필요가 있지만, 페닐케톤뇨증 검사는 혈액 내의 페닐알라닌의 수치를 측정하고; 테이-삭스 검사는 관련이 있는 효소가 인위적인 기질을 분해하는 능력을 측정하며; 낭포성 섬유증 검사는 면역 반응성 트립신의 수치를 측정한다.

11.3. 환자 조사

증례 8 | Howard 가족 | 26 | 38 | 68 | 100 | **275** | 376

- Helen: Henry (아버지)와 Anne (엄마) 사이의 갓난 여자 아기
- Down 증후군
- 이들 부부가 아기를 더 가질 경우 Down 증후군 아기를 가질 위험성?

다운 증후군에 관한 (그리고 다른 염색체 상의 변화) 임산부 검사는 오랜 동안 시행되어 왔다. 1980년대까지는 검사 때 산모의 나이를 물었다. *표 2.1*에서 보는 바와 같이 다운 증후군 아기를 가질 위험성이 나이든 여성에게는 급격하게 증가한다. 일정한 cut-off(일반적으로 35-38세 범위 내)을 넘는 여성들은 태아의 진단 테스트가 필수적으로 시행되었다. 검사는 태아의 세포 샘플을 양수 또는 융모막에서 생검 채취하여 세포 유전학적인 분석을 실시한다. 이런 검사 절차는 여성에게 침해적이고 불쾌하며 0.5-2% 정도로 유산을 야기할 위험성을 지닌다. 또한 이러한 검사는 비용이 많이 든다. 이러한 검사는 오직 가장 높은 위험성을 지닌 여성에게 알맞은데 이러한 고 위험군은 cut-off의 연령대에 있는 여성들의 5% 정도이다.

산모 나이 만으로 선별하는 것은 민감성이 낮다. 비록 38세 이상의 여성들이 매우 높은 위험성을 가질지라도, 임신을 하는 대부분의 여성들은 젊은 여성들이므로 다운 증후군 아기들의 대부분도 사실상 젊은 산모로부터 태어난다. 검사의 민감성을 높이기 위해 산모의 혈액에 있는 몇 가지 물질들이 측정된다. 이러한 물질들은 다운 증후군 임신(모친의 몸무게와 잉태적 나이에 대한 조절 후)과 정상적인 아기를 임신한 경우와 수치상 다소 차이가 있다. 태아가 다운 증후군을 가질 경우 정상아이 AFP 수치가 70%이며 결합하지 않은 에스트리올(estriol)의 수치는 약 75% 수준이다. 그 반면, 다운 증후군 임신에서 융모성 고나도트로핀(gonadotrphin) 수치가 증가하는 경향을 보인다. 모든 수치들이 다운 증후군과 정상의 분포에서 중복되는 부분이 있으므로, 어떠한 수치도 그 자체만으로 진단 할 수 없으며, 모친의 나이를 포함하는 이러한 3중의 test가 나이 하나에 의한 것보다 훨씬 더 예견적으로 복합적인 위험도 수치를 제공한다. 어떤 경우에는 추가적으로 태아의 목덜미 부위의 피부 아래쪽 체액을 초음파를 사용하여 검사한다; 다운 증후군을 가진 태아의 경우 체액이 더 많이 있는 경향이 있어 목 투명대가 더 부풀어 있다.

복합적인 위험성이 미리 결정된 cut-off보다 큰 여성은 진단 테스트를 받는다. 어떤 cut-off을 사용할지 결정 하는 것은 검사의 민감도와 양성 오류율을 절충하여 결정한다. 민감도의 증가와 특이성의 감소가 동시에 일어날 수 없다. 테스트의 실행은 절충 조건이 어떻게 변경되느냐에 따라 부분적으로 평가될 수 있다. *그림 11.3*은 3중 테스트에 대한 절충 조건이 얼마나 다양한 cut-off 위험성이 될 것인지에 관해 이론적 계산 결과를 보여준다. 역사적인 이유로 그와 같은 곡선들은 Receiver Operating Characteristic (ROC) 곡선이라고 불린다. 2007년 4월부터, 영국에서는 75% 이상의 검출율과 3% 이하의 양성 오류율을 갖는 모든 임신한 여성들에게 검사 테스트가 실시되고 있다.

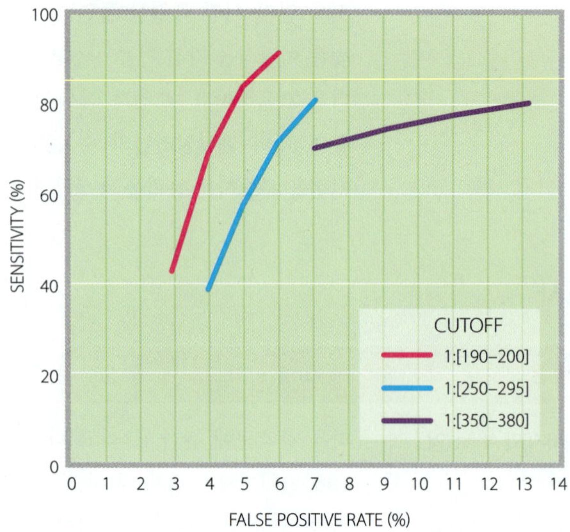

그림 11.3 - 검사 테스트로서 다운 증후군 3중 테스트 실행에 관한 receiver operating characteristic (ROC) 곡선 민감도(다운 증후군을 가진 임신 선발이 가장 높은 것) 와 음성 오류율(너무 많은 정상 임신 산모들을 침해적인 테스트를 받게 하는 것) 사이의 교환 조건이다. Lippincott Williams와 Wilkins의 동의에 의해서 Conde-Agudelo와 Kafury-Goeta (1990) 자료 인용.

다운 증후군을 가진 아이를 임신한 적이 있는 Helen의 엄마 Anne과 같은 여성은 그들의 나이 혹은 객관적인 위험 수치에 관계없이 통상적으로 진단 테스트가 제공될 것이다. 비록 젊은 여성으로서 재발의 위험이 낮을지라도, 그들의 걱정 수준은 다운 증후군을 아기를 가졌었던 뒤에 자연적으로 매우 높으므로, 그들에게 테스트를 받지 못하게 하는 것은 잔인한 짓이다.

일단 태아의 세포를 추출하고 나면 어떤 분석이 가장 적절한가를 결정하는 것이 중요하다 (*Box 11.2 참조*). *4장*에서 소개한 것처럼 Anne Howard는 간기 세포의 FISH 분석을 실시하여 2일 이내에 정상적인 결과를 받아 안심하게 되었다. – 그러나 그녀는 이것이 그녀의 태아가 염색체 상으로 완전히 정상적이라는 것을 의미하는 것이 아니고, 단지 13, 18, 21번 염색체들을 이수성으로 가지고 있지 않는 것을 이해해야만 했다.

증례 22 Vlasi 가족

271 **276** 376

- Valon ; 6살 소년
- 심각한 지적 장애군
- 작고, 이상 소두에 파란 눈, 살결이 희고 금발, 습진이 있음 ;지나치게 활동적임
- 페닐케톤뇨증 의심
- 다음 아기의 유전자 검사 여부?

가족이 시드니에 왔을 때, Flora는 이미 임신 6주째였다. Valon이 심각한 유전적 질병을 갖고 있다는 것을 잘 알기 때문에, 그녀와 Adem은 태어날 아기가 병에 걸리게 될 위험에 대하여 극심하게 걱정이 되었다. 그들의 다른 문제 모두를 가지고, 그들은 그들이 2번째로 병에 걸린 아이에 대해 잘 대처할 수 없다고 생각했고, 그들은 낙태에 대한 그들의 일반적인 제한에도 불구하고 임신을 중단할 것을 논의하였다. 그들 가족의 의사가 비록 아기가 병에 걸렸을 지라도 (1/4의 위험) 그것은 치료될 수 있다고 설명하였을 때, 그들은 Valon을 치료해 줄 것을 즉시

Box 11.2

다운 증후군 태아 진단 테스트로 가장 적절한 방법은 무엇인가?

3중 테스트와 태아의 목 투명대에 의한 태아 검사 후, 다운 증후군 아기를 임신할 위험성이 cut-off보다 높은 여성에게는 진단 테스트가 제공된다. 태아의 세포는 *14장*에서 묘사되는 것처럼, 양수 천자 혹은 융모막 융모 생검에 의해 얻는다. 이러한 태아 세포를 분석하는 가장 좋은 방법은 무엇인가?

- *2장*에서 설명한 것처럼, 관행적인 염색체 분석으로 모든 염색체의 기형을 검출할 수 있으나, 이 방법은 바람직하지 않다. 상염색체의 3염색체성은 항상 병리학적이지만, 어떤 다른 기형을 검출하는 것이 차라리 그들이 직면하지 않아야 할 지 모르는 매우 어려운 결정과 연결되어 나타날 것이다. Turner 증후군이나 XYY와 같은 어떤 것은 잘 알려져 있지만 상대적으로 적은 중요성을 가지는 반면, 신규로 생성되는 균형 전좌 또는 작고 확인 안된 여분의 염색체 ('marker') 모자이크 현상과 같은 것들에 의한 결과는 예측할 수 없다. 아마도 모르는 것이 더 낫지 않을까? 그림은 핵형 분석에 의해 발견된 염색체 이상의 자료를 보여준다.
- 분자 유전학적 테스트로 흔히 발견되는 13, 18, 21번 염색체의 3염색체성을 특이적으로 확인한다. 이러한 방법으로 간기 세포의 FISH (*4장* 참조) 혹은 quantitative PCR 등이 있다. 이 두 가지 방법은 태아 세포를 배양하여 분석하여야 하는 기존의 세포유전학 분석에 비해 배양 세포를 이용하지 않아도 되므로 분석 소요 시간이 짧다.

3영국의 한 조사에서, 한 사람의 핵형 분석을 완료하는데 12일이 소요되고 253파운드의 비용이 드는데 비해 quantitative PCR은 24시간이 소요되고 30파운드가 들었다. 그러나 신속한 테스트에 의해 검출 실수의 10% 정도는 좋지 않은 예측을 가지게 된다. 이들 중 일부는 일상적인 초음파 검사에서 발견될 것이고, 일부는 자연적으로 유산될 것이지만, 일부는 기형적인 아기로 태어나 살아가게 될 것이다.

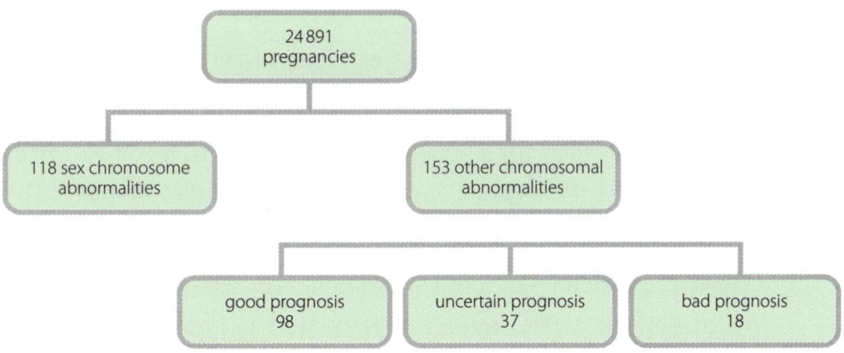

분자 유전학적 3염색체 검사에서 검출되지 않았던 태아 샘플을 핵형분석으로 염색체 이상을 발견하였다. 다운 증후군 위험성도 높아서 검사한 24891명의 여성에 대한 자료, 출처 Ogilvie 등 (2005).

요청하였다. – 그러나 의사는 치료가 태어난 후 매우 일찍 시작된 경우에만 효과적이라고 설명하였다 (*14 장* 참조). 그래서 그들은 만약 태어날 아기가 태어나자마자 검사받을 수 있다면, 병에 걸릴 것인지를 확신할 수 있도록 부탁하였다.

Flora는 건강한 딸을 출산하였고, 엄마와 아기는 퇴원하였다. 며칠 후에 조산사가 그들의 집을 방문하였다. 엄마와 아기의 건강과 추이를 살펴볼 뿐 아니라, 그녀는 아기의 발 뒤꿈치에서 혈액을 한 방울 채취하여 특수 카드(Guthrie card)에 떨어트렸다. 이것은 가족력에 상관없이 많은 나라에서 태어난 모든 아기에 대한 표준 관습이다. 카드는 중앙 연구소로 보내지고 이곳에서 혈액 내 페닐알라닌의 수치가 측정된다. 비록 아기가 여전히 병원에 있었더라면 혈액 샘플을 채취하기가 더 쉬웠을 지라도, 태아가 자궁 내에 있을 동안에, 페닐케톤뇨증 아기의 페닐알라닌은 엄마(유전적인 표현형이 정상인 이형접합체 일거라고 생각되는 사람)의 태반을 통해 제거되므로 퇴원 후에 채취하는 것이다 - *그림 11.4* 참조. 오직 태반의 연결이 절단된 이후에만 페닐케톤뇨증 아기의 페닐알라닌 수치는 증가하기 시작한다. 쉽게 식별이 되도록 증가된 수치가 되기 위해서는 며칠이 소요된다. 최적의 기간은 5일이며, 통합된 건강 관리 시스템이 없는 나라일지라도, 가장 좋은 추세는 엄마와 아기가 여전히 병원에 있는 동안인 24-48시간일 때 혈액 채취가 이루어지는 것이다.

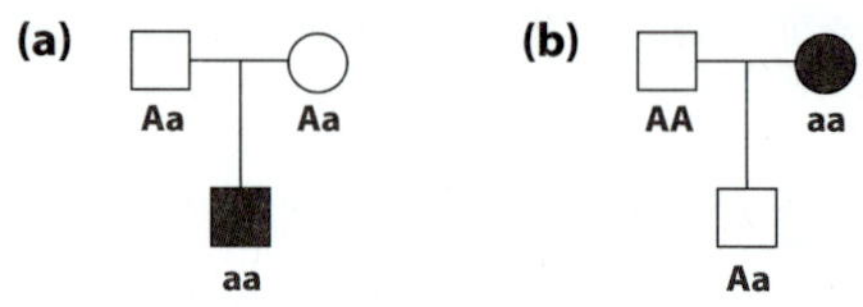

그림 11.4 - 태아의 페닐알라닌 수치는 자궁 내에 있을 동안에는 본인 스스로가 아닌 모친의 유전자형에 의해 결정된다.
페닐케톤뇨증 태아는 자궁 내에서 엄마가 태반을 통해 과도한 페닐알라닌을 제거하기 때문에 정상적으로 발달한다. (b) 태반과 서로 교차하는 엄마의 혈액 순환 내에 페닐알라닌의 수치가 높기 때문에, 페닐케톤뇨증을 가진 임산부의 정상적인 태아는 그녀의 임신 기간 내내 낮은 페닐알라닌 식이요법을 계속 하지 않는 한 심한 뇌 손상과 이상 소두를 가진 채 태어나게 될 것이다.

실험실에서는 페닐알라닌 수치를 측정하기 위해 세균의 성장 분석, 크로마토그래피, 형광광도법 (fluorimetry), 혹은 이중 질량분석법 (double mass spectrometry)를 포함하는 다양한 방법들을 사용할 수 있다. 이중 질량분석법은 다수의 다른 물질들을 동시에 분석 측정할 수 있다는 장점을 가지고 있다 (*표 11.3* 참조). *PAH* 유전자에는 여러 종류의 변이들이 가능하므로 때문에 DNA 테스트는 이 단계에서 사용되지 않는다. 직접적인 효소 분석도 간의 생체 검사를 필요로 하기 때문에 사용되지 않는다. 방법이 무엇이든지, 이는 진단 테스트가 아닌 검사 테스트이다. 검사 테스트에서는 페닐알라닌 cut-off 수치는 대개 약 120 μM (정상범위 58±15 μM)로 설정된다. 혈액 내 수치가 cut-off보다 높은 아기들은 좀더 특수적인 테스트를 실시하여 혈액 내 페닐알라닌 수치를 좀더 주의 깊게 측정한다. 페닐케톤뇨증(PKU)에서는 페닐알라닌 수치가 보통 1000 μM 이상을 보인다. 양성의 hyperphenylalaninemia인 아기들은 이보다 낮은 수치이지만, 여전히 높은 수치를 보이는데 이러한 아기들은 치료 없이도 정상적으로 자란다. 검사 테스트의 PKU 민감성은 출산 후 너무 일찍 검사를 수행하지만 않는다면 약 98-99% 정도이다. PKU을 가진다고 판명이 된 아기들은 14장에서 설명하는 것과 같은 특수한 식이요법이 제공된다. 식이요법을 철저히 수행하면 PKU 아이도 최소한의 정신적인 장애를 가지거나 정상 상태로 성장한다.

페닐알라닌 수산화 효소는 tetrahydrobiopterin (BH4)이라는 필수적인 보조 효소가 필요하다. 페닐케톤뇨증인 아기들 중 일부는 *PAH* 유전자의 변이라기 보다, BH_4의 생산 혹은 재순환에 있어서 유전적인 결함에 의하는 경우도 있다. 이런 경우에는 BH_4가 몇 가지 다른 아미노산 수산화 과정에 필요하기 때문에 다른 치료법이 필요하다. 실험실에서는 PKU의 다양한 형태들에 대해서자세히 조사하고, PAH 유전자 변이를 동정하기 위해서 DNA 분석을 실시하는 경우도 있다.

증례 4	Davies 가족	4	10	66	102	151	181	**279**	376

- Martin(24개월 남아), 부모 Judith와 Robert
- 걷기가 서투르고 느림
- 근육위축병(muscular dystrophy) 가족력
- 가계도는 X-연관 열성유전자 유전을 보임
- DNA 분석을 실시함
- Dystrophin 유전자에서 틀변형 돌연변이
- 모든 신생아들에게 근육위축병 검사 실시?

Martin은 느리고 서투른 걸음걸이가 분명하게 나타난 2살이 될 때까지 병이 진단되지 못했다. 어떤 가족들에게서는, 태어난 남자아이가 병에 걸린 것으로 진단이 될 때 이미 병에 걸린 두 번째 사내 아이를 출산하는 수도 있다. 이 때문에 새로 태어날 모든 남자 아이들에게 근육위축병 검사를 실시하여야 한다는 당위성을 제시되기도 한다. 기술적으로 근육취축병에 걸린 남자 아이들은 혈청의 크레아틴 키나아제 (serum creatine kinase)가 높게 나타나므로 경제적으로 검사를 실시할 수 있다 (*4 장* 참조). 높은 수치의 크레아틴 키나아제를 가진 남자 아기들은 다중 PCR 결실 검사를 실시하는데 이 과정에서 증례의 2/3정도가 발견된다. 그 밖의 사람들은 dystrophin 단백질 결핍을 측정하기 위해 근육 생검법을 실시할 수도 있다.

이러한 제안은 상당한 논쟁이 되어왔다. 소수의 반복 증례들은 피해야 하며; 다른 한편으로는, 치유가 가능하지 않은 질병에 대한 조기 진단은 부모들에게서 아기와의 행복한 시간을 보내는 기간을 단축시킬 수도 있다. 또한 크레아틴 키나아제의 수치가 설명할 수 없는 이유로 높지만 병에 걸리지 않은 많은 남자 아이들이 근육 생검법의 고통을 겪게 해야 하고, 초기에 양성으로 검사되었지만 결국에는 병에 걸리지 않았다고 판정된 아기를 가진 부모가 얼마나 심각한 정신적 외상을 받게 될 것인지가 의문이다. 신생아의 DMD 검사는 여태까지 작은 규모로 예비 프로그램으로 제한적으로 실시되어져 왔다.

증례 2	Brown 가족	2	8	65	126	151	**279**	376

- Joanne (6개월, 여아)
- 아빠 David/ 엄마 Pauline
- 낭포성 섬유증 (Cystic fibrosis) 의심
- 분자유전학적 검사
- *CFTR* 유전자 돌연변이
- 신생아들에게 보편적으로 실시?

Joanne의 부모 David와 Pauline 둘 다 꽤 커다란 가족 출신이다 (*그림 1.8*). 그들의 친척들은 낭포성 섬유증 보인자일 가능성이 확실하다. David와 Pauline에게 어떤 돌연변이가 있는지를 확인하였으므로 (*5 장*), 친척들 중 누구도 낭포성 섬유증에 대해서 검사 받고자 한다면, 확인된 두 유형의 변이들을 검사하면 되므로 비교적 간단하게 검사를 수행 할 수 있는데 이런 검사가 **cascade screening**의 한 예이다 (Disease box 11 참조). 낭포성 섬유증 돌연변이는 일반적인 집단에서 빈번하게 나타나므로 David나 Pauline이 가지고 있는 돌연변이 제공자들의 돌연변이를 아주 우연히 동시에 갖게 된다. 그러므로 보인자가 되었는지를 검사하기 위해 가장 빈번하게 발견되는 돌연변이들을 검사하는 것 또한 신중하게 시도하여야 한다.

유럽에서 유래한 많은 백인 혈통 집단들의 가장 흔한 열성 유전질환으로서, 낭포성 섬유증은 일반적인 집단의 구성원들의 일반적인 검사 할 뿐 아니라 cascade screening도 고려되고 있다. 이는 신생아 검사로 병에 걸린 아기를 검색하거나 성인들을 검사하여 이들 중 누가 보인자인지를 검사하는 방법 등이다. 신생아 검사를 주장하는 이유는 초기 치료가 질환의 예후를 개선 시킬 수 있다는 것이다. 예측의 개선을 통한 초기 치료에 대한 것이다. 영국에서는 국립 검사 위원회에서 이러한 주장을 받아 들여 신생아 검사를 보편적으로 실시하도록 권장하고 있다. 검사 방법은 낭포성 섬유증에서 증가되는 면역 반응성의 트립신(immunoreactive trypsin, IRT)의 측정을 하는 것이다. 그림 11.5는 낭포성 섬유증 검사 계획에 대한 순서도를 보여준다.

보인자가 생화학적으로 아주 정상적이기 때문에 이들에게 DNA 검사를 이용하는 것은 필수적이다. 이것의 문제점은 이미 동정된 돌연변이의 수가 1000개 이상으로 매우 많다는데 있다. *5.4절*에서 지적한 것처럼, 특정 돌연변이를 검사하는 것은 쉬운 일이지만 어떤 유전자에서 모든 가능한

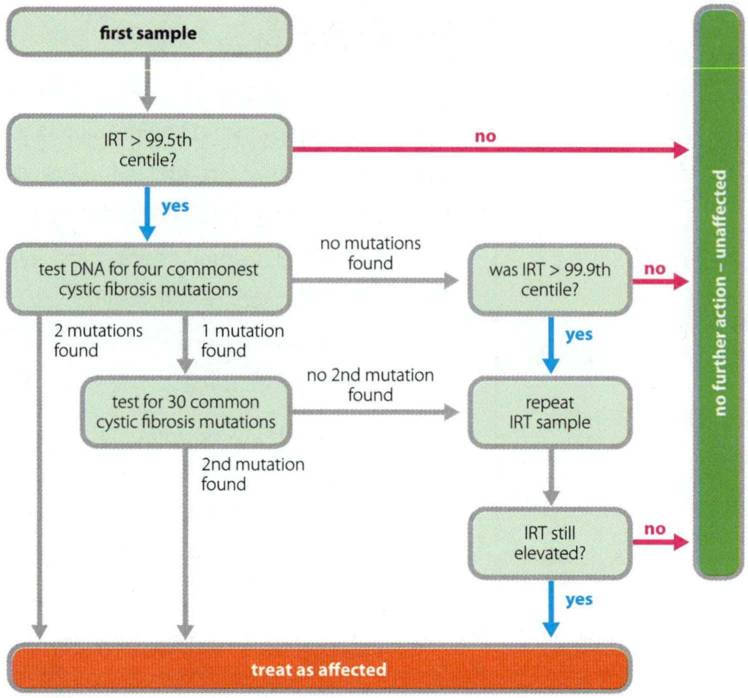

그림 11.5 - 영국에서 낭포성 섬유증 신생아 조기 진단 및 치료를 위하여 제시된 검사 계획의 순서도. IRT는 면역 반응성 트립신을 말함.

변이들을 검사하는 것은 어렵다. *CFTR*유전자는 27개의 엑손을 가지며 (*그림 3.8* 참조), 이러한 큰 유전자를 집단 구성원 전체에게 경제적으로 검사할 방법은 현재에는 없다. 창시자 효과 (*10장*) 때문에 소수의 특정 변이들은 어떤 특정 집단에서 모든 낭포성 섬유증 변이의 대부분을 이룬다. 그러므로 모든 보인자 검사 방법들은 비용과 감수성 사이의 타협점을 찾아야 한다. 가장 공통된 소수의 변이에 대한 검사는 비용면에서 경제적이지만, 보인자의 일부분을 간과할 가능성이 있다. 많은 변이들을 검사하는 것은 비싸며 여러 가지의 돌연변이를 검사할 수가 있지만 감수성은 결코 100%가 될 수 없다. *표 11.1*은 영국의 큰 규모의 한 실험실에서 실시한 *CFTR* 변이 결과의 분포를 보여준다.

음성으로 판명된 부부들은 모두 보인자로서 4분의 1의 확률로 병에 걸린 아기를 갖게 된다. 이들의 거의 모두는 대부분 부부 중 한 명은 보인자이지만 다른 한 명이 희귀한 변이를 가지고 있어서 검사에서 오류적인 음성으로 판명된 부부들이다. 만약 보인자의 빈도가 23명 중에 1명 (*10장*)이고 검사 테스트의 감수성이 0.9이면, 약 25명 중에 1명이 보인자로써 발견될 것이다. 초기에 검사된 수와 비교하여 적은 수의 사람들을 검사한다면, 오류적 음성 판단율을 최소화하기 위하여 배우자에게 여러 가지 돌연변이 검사를 실시할 수 있다. 결국, 검사 프로그램에 대한 하나의 기준은 양성-음성 부부에 대한 위험성이 검사 받기 전의 어느 부부에 대한 초기 위험성보다 커질 수 없게 된다는 것이다. 이것은 이 검사 프로그램이 검사 받기 전보다 검사 후에 위험성이 더 높게 나타나는 경우가 없게 된다고 항변될 수도 있다. 보인자 빈도가 23명 중에 1명이면 보인자로 이미 판명된 사람의 배우자를 검사하는 데 있어서 99.8%의 감수성을 요구한다 (그러므로 오류적 음성 판단율의 위험성은 500명 중에 1명이 된다). *표 11.1*에 있는 숫자는 99.8%의 감수성에 도달하는 것이 매우 어렵다는 것을 보여준다.

표 11.1 - 영국의 맨체스터에서 분석된 1754개의 낭포성 섬유증 염색체에 대한 CFTR 유전자 돌연변이의 분포

돌연변이	엑손	개수	낭포성 섬유증 (%)	누적 %
p.F508del	10	1420	81.0	
p.Gly551Asp	11	62	3.5	84.5
p.Gly542X	11	20	1.1	85.6
c.621+1G>T	4번 인트론	17	1.0	86.6
c.1898+1G>A	12번 인트론	16	0.9	87.5
p.Arg553X	11	13	0.7	88.3
p.Arg117His	4	13	0.7	89.0
p.Arg560Thr	11	11	0.6	89.6
c.3272-26A>G	17a 인트론	10	0.6	90.2
c.3659delC	19	9	0.5	90.7
p.Asn1303Lys	21	8	0.5	91.2
c.1717-1G>A	10번 인트론	7	0.4	91.6
c.2711delT	14a	7	0.4	92.0
Other detected		114	6.5	98.5
Unknown		27	1.5	
Total		**1754**		**100.0**

90%의 감수성을 가지려면 가장 흔한 돌연변이 9개를 검사하여 도달할 수 있다; 95% 감수성을 가지려면 26개의 돌연변들을 검사하여야 함.
자료 출처: 맨체스터 St. Mary' s Hospital Dr. Martin Schwartz.

증례 21 | **Ulmer 가족** 251 259 281 376

- Hannah; 6 개월 된 여자 아기
- 아쉬케나지(Ashkenazi) 유대인 혈통
- 테이-삭스(Tay-Sachs)질환
- 형제 자매 검사
- 테이-삭스 질병 검사?

애쉬키나지 유대인들의 테이-삭스 질병에 대한 보인자 빈도는 30명 중에 1명이다. 이것 때문에, 보인자 검사 프로그램이 1970년대 초기에 시작되어 미국과 다른 많은 나라에서 확립되어 왔다. *표 11.2*는 약간의 통계치를 보여준다. 애쉬키나지인들이 대다수인 나라에서는 테이-삭스 검사 프로그램을 열광적으로 받아들여서 이제는 병에 걸린 아기들 대다수는 비 유대인이 부부들에게서 태어난다.

검사법은 생화학적 방법을 이용하여 혈청 내에 있는 헥소스아미니다아제(hexosaminidase)가 인위적인 기질 MUG (*N*-acetyl glucosamine derivative of 4-methyl umbrelliferone)을

표 11.2 - 1971-1998 사이에 실시한 애쉬키나지 유대인들의 테이-삭스 검사

나라	검사수	보인자	보인자-보인자 부부
미국	925876	35372	795
이스라엘	302395	7277	380
캐나다	65813	3301	62
남아프리카	15138	1582	52
유럽	17725	1127	37
브라질	1027	72	20
멕시코	655	26	0
아르헨티나	84	5	0
호주	3334	102	4
전체 수	**1 332 047**	**48864**	**1350**

McGraw-Hill 출판사의 허락 취득 후 Gravel RA emd (2001) 자료 인용.

가수분해하는 능력을 측정한다. 모든 보인자들이 애쉬카지인들이 가지는 가장 흔한 돌연변이를 가지는 것이 아니므로 집단 검사에서는 DNA 테스트를 실시하지 않는다 (*표 10.2* 참조). 검사 결과 양성으로 나타나면 좀더 명확한 진단 테스트를 실시한다. 유대인의 약 2%와 비유대인의 약 35%가 검사 테스트에서 보인자로 나타났지만 이들은 실제로는 허위결실(pseudodeficiency) 대립유전자를 가지고 있는 것으로 나타났다. 그러한 대립 유전자들은 검사 테스트에서 사용되는 인위적인 기질에 대하여 비활성을 띄나, 비병원성인 G_{M2} ganglioside에 대해서는 충분한 활성을 유지하는 효소를 다양한 형태를 암호화하고 있는 대립유전자들이다. 테이-삭스 질병을 위한 검사는 종종 *Disease box 10*에 목록화된 '유대인의 질병들' 이외의 다양한 돌연변이들을 선택하여 실시한다.

검사 프로그램을 실시하는 데에는 여러 가지 방법들이 있으며 양성으로 판명 된 후에는 여러 가지 조치가 따를 수 있다. 이러한 선택 중에서 어느 것을 선택하여 실시할지는 관련된 공동체의 문제이다. 어떠한 방법이 이용되던지 간에 검사는 검사자의 자발적인 의지와 이들의 완전한 동의 후에 실시하여야 한다.

- **아기 혹은 아이를 검사**하는 것은 비윤리적이고 비효율적이다. 아이는 자기의 의지로 동의를 할 수 없고 결과는 여러 해가 지날 때까지 어떠한 영향도 끼치지 않고, 그때쯤 되면 그것은 쉽게 잊혀지게 될 것이다.
- **학교 졸업생(school leavers)을 검사**하는 것은 그들의 동의가 어느 정도 진정으로 자발적인 것인지에 대한 논쟁을 불러일으키고, 보인자라는 비난을 피하게 하기 위해 조심스러운 운용을 요구한다. 어떤 그리스 정교회 사회에서는 이러한 민감한 면을 해결하기 위해 개인들에게는 결과를 알려주지 않고 개별적으로 검사되지 않고 중매장이에게 결과를 알려준다 (아래 참조).
- **젊은 독신의 성인 지원자를 검사**하면 동의의 문제는 최소화 되지만 목표 그룹의 어떤 단편을 놓

칠 수 있게 된다.

- **부부 검사**는 보인자가 아닌 배우자와 결혼한 수 많은 보인자 부부들 중에서 소수의 위험성 있는 부부를 확인하여 준다 (*표 11.2*에 있는 마지막 두 줄을 비교). 그러나 그것은 보인자와 결혼해서는 안 된다는 선택의 가능성을 없앤다. 배우자가 이미 결혼 전에 어느 정도 미리 정해진 그리스 정교회 사회에서 중매장이는 유전자를 열성 상태에 있는 젊은 독신들의 결과를 가지고 있어서 만약 정혼된 결혼이 유전적으로 위험하다면 이를 가르쳐준다.

11.4. 요약 및 부연설명

어떤 질환들에 대해 유전 거사를 실시하여야 하나?

기술적으로 유전적인 검사의 가능성은 거의 제한이 없다 – 확실히 이러한 가능성은 매우 광범위하고, 매년 증가하고 있다. 그러나, 실제로 제공하는 것은 매우 제한적이다. 새롭게 개발한 것을 서비스하는데 드는 불가피한 시간적인 지체는 별개의 문제로 하고, 왜 유전적인 검사가 좀 더 널리 보급되지 못하는 데에는 다음과 같은 4가지 주요한 기술적인 이유가 있다 (사회적 그리고 도덕적인 요인은 나중에 고려하겠다).

- 만약 자가 평가 질문 1–3을 풀었다면, 테스트가 실험실에서 잘 수행된 경우에도 검사의 양성 예정 값이 매우 낮다는 것을 볼 수 있었을 것이다.
- DNA 변이가 질병에 대하여 위험성 증가와 명백하게 관계되었을 지라도, 전체적인 위험 중 단지 작은 부분만이 이에 의해서 일어난다. 위험성이 높은 집단은 (*Box 11.3*) 어떤 검사 프로그램도 중요한 고려사항이다. 만약 변이가 전체 위험의 5% 만을 설명한다면, 검사의 목적이 무엇인가? 만약 5%가 매우 높은 위험을 가진 소수의 사람에게 집중된 것이라면, 그러한 사람들을 아는 것은 가치 있는 것일 수 있다 – 그러나 이는 검사가 주로 가족력에 기초된 멘델식 유전 질환의 경우 접근할 수 있다. 만약 변이가 일반적이어서 특별이 높은 위험성이 집단의 많은 사람들에게 전파된다면, 위험성에 대해서 아는 것은 별로 가치를 가지지 못하는 것이다.
- 단지 상대적인 위험성이 아니라 절대적인 위험성을 고려하는 것은 중요하다. 만약 높은 상대적인 위험성도 절대적인 위험성이 낮다면 그것은 그리 염려하지 하지 않아도 될 것이다. 예로써 Factor V Leiden (OMIM 227400)이 있다. 이는 예를 들어 장거리 항공 승객과 경구 피임약 사용자들 사이에서 정맥 혈전 색전증에 대해 잘 증명된 위험 요인이다. 경구 피임약 사용자들 사이의 상대적인 위험성은 높지만 (약 15), 절대적인 위험성은 경구 피임약 사용자들이 일반적으로 낮은데 그 이유는 경우 피임약을 복용하는 사람들이 일반적으로 젊은 사람들로 색전증의 위험성은 나이에 따라서 위험성이 증가하기 때문이다.
- 일반적으로, 양성 결과가 어떤 유용한 결과를 초래하지 않는 한 검사에는 아무런 의미가 없다. 이는 생활 양식의 변화와 위험을 감소시키기 위한 예방약들을 의미하거나, 예로써 암 발병의 위험성이 있는 지역과 초기 진단이 예후를 향상시키는 증가된 감시일 수 있다. 때때로 유전적인 검사는 사람들에게 헌팅턴 질병을 예언하는 검사와 같은, 그들의 미래를 계획하기 위한 정보를 제공하기 위해 단순하게 사용된다. 그러나 정상적으로 검사 테스트는 어떠한 실제적인 결과를 가져와야 한다.

Box 11.3

위험에 기인하는 집단 (The Population Attributable Risk)

이것은 문제의 원인에 기인하는 사람들에 대한 전체 질병 위험의 정도이다. 그것은 때때로 일부분에 기인하는 집단(Population Attributable Fraction, PAR) 이라고 불린다. 만약 PAR이 낮으면, 요인에 적합한 검사의 가치에 대해 의문이 제기된다.

집단에서의 전체적인 위험성을 *r*이라고 하고, 집단의 크기 *p*가 다양성을 지녀서 일반적인 위험성의 외에 그들에게 추가적인 위험성 R이 주어짐으로, 다양성에 관해 PAR은 *pR*/*r*이 된다.

미국의 질병 통제 및 예방 센터에 있는 유전적 질병 예방 부서에서는 단지 screening test가 아닌, 다른 혹은 어떤 유전적인 테스트를 평가하기 위해 사용될 수 있는 체제를 제공하고 있다. ACCE 체제는 test가 4가지 일련의 기준에 대해서 평가되도록 제안한다.

- **분석적 타당성**: 검사가 측정하여야 할 것들을 얼마나 정확히 측정하는가? DNA 검사에서는 유전자에 있는 모든 변이에 대해서 어느 정도가 테스트하는 방법에 의해 발견 가능한가를 고려해야 하는 것이다.
- **임상적 타당성**: 검사가 질병의 존재 여부를 얼마나 정확히 검출 혹은 예견하는가? 예를 들어, 유전적인 혈색소 침착증(OMIM 235200)을 가진 대부분의 사람들은 그들의 *HFE* 유전자의 돌연변이를, 통상 p.Cys282Tyr그리고/혹은 p.His63Asp, 두 벌 가지고 있다. 그러나 이러한 변이에 대한 테스트는 돌연변이를 동형접합형이나 복합적 이형접합형으로 가지는 대부분의 사람들이 혈색소 침착증을 가지지 않기 때문에 낮은 임상적 타당성을 갖는다.
- **임상적 유용성**: 테스트 결과가 임상적인 이득을 제공하는데 있어서 얼마나 유용한가? Type 1 바덴부르그 증후군(Waardenburg syndrome)(OMIM 193500)을 지닌 모든 사람은 *PAX3* 유전자에 변이를 갖는다. 테스트는 분석적 그리고 임상적 정당성이 높지만 돌연변이를 검색하는 것은 대부분의 환자에게 그들의 호기심에 대한 만족 외의 명백한 임상적인 이득을 주지 못한다.
- **윤리적, 법률적 그리고 사회적인 밀접한 관계**

집단에 기초한 검사 프로그램은 가입된 곳보다 개별적으로 다소 독립된 지역에서 정부 혹은 보험 회사에 의해 자금이 제공될 필요가 있다. 투자자들은 어떠한 제안된 계획서를 기술적, 재정적 그리고 윤리적인 기준에서 엄하게 평가할 수 있다. 사용되는 기준은 종종 세계 보건 기구에 1968년 보고된 Wilson과 Jungner에 의해 공식화 된 것에 기초된다 (참고문헌 참조). *Box 11.4*는 영국 국립 검사 위원회에 의해 사용되는 기준에서 발췌한 것을 보여준다. 직접적인 시장경제면에서 이러한 주장들은 이상하게 보일지도 모른다. 회사들은 그것이 유용한 효과 혹은 장기적 이득을 초래할 것인지 아닌지는 상관 없이 이익이 되는 시장처럼 보인다면, 유전 검사를 제공할 것이다. 이것은 여러 회사들이 어떤 일반적인 질환의 높아진 위험성과 관련이 있는 돌연변이 검사와 높아진 위험성을 경감시키는 조언을 제공하는 '생활양식' 유전적 검사를 제공하는 회사들이 생겨나게 하였다 (*Box 11.5* 참조). 그러나, 수익성은 비용의 일부분을 다른 누구에게 전가할 수 있는 능력에 달려 있다. 영국에서 인터넷에 기초한 회사로부터 불안한 검사 결과를 받은 사람은 아마도 그들의 가족의와 상담하거나 NHS에서 유전자 검사를 받을 수 있다.

Box 11.4

영국 국내 screening 위원회에 의해 사용되는 기준

22개 전체 목록에 대해서는 www.nsc.nhs.uk/pdfs/criteria.pdf 를 보시오.

조건:

[1] 병이 중요한 건강 문제가 되어야 한다.

[2] 전염병학과 질환 조건의 일반적 이력 등이 충분히 이해되어야 한다.

[3] 모든 비용 절감적인 일차적 예방 간섭들이 실용적으로 실시되어야 한다.

[4] 만약 돌연변이 보인자들 검사 결과 밝혀진다면, 이 질병을 가진 사람들의 일반적 이력 등에 대해서 이해가 되어야 하는데 여기에는 정신적인 것들도 포함된다.

검사:

[5] 검사는 간단, 안전, 정밀하고 타당한 것이어야 한다.

[7] 검사는 집단이 수용할 수 있는 것이어야 한다.

[9] 검사가 돌연변이 테스트라면, 검사에 의해 커버되는 돌연변이들과 커버하지 못하는 돌연변이들을 선발하는 기준들이 제시되어야 한다.

치료:

[10] 치료는 조기치료가 후기치료보다 나은 결과를 보인다는 증거를 가지고 조기 동정으로 확인된 환자들에게 효과적인 치료나 간섭들이어야 한다.

검사 프로그램:

[13] 검사 프로그램이 사망률 혹은 질병율을 감소시키는 데 효과적으로서 무작위적으로 통제된 수준 높은 시도로부터 증거되어야 한다. 검사 받는 사람이 '정보에 입각한 선택' (예로써, 다운증후군, 낭포성 섬유증 보인자 검사)을 할 수 있도록 정보를 제공하는 것이 유일한 목적인 검사에서는 검사가 위험성을 정확하게 측정할 수 있는 수준 높은 시도라는 증거가 반드시 있어야 한다. 검사와 검사 결과에 관해서 제공되는 정보는 검사 받는 사람이 쉽게 이해하고 가치가 있는 것이어야 한다.

[14] 완전한 검사 프로그램(검사, 진단, 절차, 치료 / 간섭)은 임상적, 사회적 그리고 윤리적으로 건강 전문가와 일반 사람들이 받아들일 수 있도록 증명되어야 한다.

[15] 검사 프로그램으로부터의 이득은 신체적 그리고 정신적인 손해(검사, 진단절차 그리고 치료에 의해 야기된)보다 중요해야 한다.

[16] 검사 프로그램(검사, 진단 그리고 치료, 관리, 교육과 품질보증을 포함하는)의 기회비용은 전체적으로 건강 관리상의 소비량과 관계되어 경제적으로 균형 잡혀야 한다 (즉, 돈의 가치).

[19] 상황을 처리하기 위한 다른 모든 선택들은 그 이상 비용 효율이 높은 간섭이 도입되지 않도록 확실하게 하기 위해 고려되어야만 한다. (예로써, 치료제의 향상, 다른 서비스의 제공)

[20] 검사와 조사, 치료의 중요성을 설명하는 정보에 기초한 증거는 정보에 입각한 선택을 하도록 잠재적인 관계자들을 돕기 위해 그들이 이용할 수 있도록 만들어져야 한다.

[22] 돌연변이를 검사는 것이면, 프로그램은 보인자로 판명된 사람들과 다른 가족 사람들에게 용인될 수 있어야 한다.

Box 11.5

'생활 양식' 유전 검사

인터넷을 찾아보면, 가장 건강한 생활 양식을 결정하기 위한 목적으로 어떤 공통적인 DNA 변형에 관한 자신의 유전자형 검사를 제공해주는 회사를 쉽게 찾을 수 있다. 이러한 모든 제공들은 공통된 DNA 다형화 현상과 특정 질병의 위험성 간의 연관성에 관한 보고에 기초된다. 보고들은 전문가 그룹들이 엄격히 심사하는 과학 잡지에 투고된 논문들 같은 것들이다. 참고 문헌의 목록은 강한 인상을 보여줄 수 있지만, 물어볼 필요가 있는 몇 가지 질문들이 있다.

[a] 다형화 현상과 질병과의 관련성이 확실한가? 독립된 연구에서도 관련성이 반복되는 보고의 비율은 매우 낮다. - 이 문제에 대한 그 이상의 논의는 13장 참조.

[b] 관련성이 모든 인종 집단에 적용 할 수 있는 것인가? 규명된 많은 위험 요소들 중 많은 것들이 특정 인종 집단에 대하여 특이적이다.

[c] 위험률은 얼마인가? 즉, 변이가 20, 5, 2 혹은 1.1의 요인에 의해 위험성을 증가시키는가? 위험이 10% 증가한 것에 관해 걱정이 되는가? 통계적인 유의성과 효과의 크기를 구분하는 것은 중요하다. 많은 표본을 조사한 값은 아주 높은 신뢰도로서 매우 높은 유의성을 찾을 수가 있다 (다시 말해서, 얻어진 결과가 사실이라는 것에 의심할 여지가 없다). 초기의 위험 비율은 거의 항상 그 후의 연구에 의해 심지어 위험성이 확인됐을 때에도 낮아지는 것은 잘 알려진 것이다.

[d] 위험성에 기인하는 집단은 무엇인가?

이러한 모든 기준에 의해 검사가 만족스럽다고 가정한다면, '그래서 어떻다는 것인가?' 란 질문이 남는다. 일반 대중들의 건강에 대한 관점에서, '생활양식' 유전 검사들은 현명하게 음식을 먹을 필요가 있고, 약간의 운동을 하며 금연을 해야 한다는 일반적이며 효과적인 생각을 단순하게 약화시킬 위험이 있다. 시장에서의 기회를 추구하는 회사들은 그러한 생각들에 대해 별로 관심을 두지 않지만, 검사 결과 위험성이 낮다는 것을 고지하여 고객이 건강에 해로운 생활양식을 즐기며 탐닉하도록 하는 회사는 없다. 불가피하게 일이 발생할 수 있는 것처럼, 어떤 사람들이 위험성이 낮다고 기록된 병에 걸리게 되면 변호사들이 이를 조사 할 수 있다. 위험성은 결코 0이 되지 않으므로, 단지 다른 사람들 보다 위험도가 다소 낮은 것이다. 그러므로 실제적 결과에도 불구하고, 유전 검사 회사가 단지 높은 위험성의 사람들에게 하는 충고는 똑 같은 일상의 건강 생활에 대한 조언을 좀 더 강조하게 되는 것이다. 그렇기에 그러한 검사들은 어떠한 윤리적인 관련성을 갖지 않는다고 주장될 수 있다. 똑같은 충고는 모두에게 공짜로 이용가능 할 수 있으나, 어떤 사람들이 $250을 지불하고 검사하여 종이에 적힌 과학적인 것처럼 보이는 결과를 받는다면 결과에 대해서 좀더 주의를 보이게 될 뿐일 것이다. 낮은 위험에 대한 충고를 받아 부적당하게 행동할 수 있는 사람과 높은 위험에 대하여 충고를 받음으로써 적절하게 행동하도록 동기화 될 수 있는 사람 사이의 균형은 무엇인가? 는 대중의 건강 문제이다.

생활 양식 검사 제안자에 의해 보통 무시되어서 분리된 별개의 과학적인 질문은 특정 질병의 위험이라기 보단 전체적인 건강에 대한 검사 결과와의 관계이다. 이러한 모든 검사들은 특정 질병은 가지고 있는 사람들의 집단에서 어떤 DNA 변이에 대한 빈도를 그러한 질병을 가지지 않는 사람들을 대조구로 한 그 빈도와 비교한 연구에 기초된다. 변이가 그 질병에 대한 위험성을 증가시킬 수 있지만 어떠한 다른 질병의 위험성에서는 상쇄적인 감소가 될 수 있을지 모른다. 이는 들리는 것처럼 부자연스러운 것은 아니다. 우리의 모든 대사 환경은 다양한 환경에 대처하기 위해 수천이 넘게 발생하는 것을 균형잡고 최적화하고 있다. 그러한 균형들은 절충과 관계된다. 균형을 변화시키는 변이는 단지 절충들을 변화시킬 수 있다. 어떤 집단의 구성원들이 가지고 있는 변이들이 전체적으로 모두 나쁠 수 없으며 그렇지 않으면 자연적인 선택으로 그것들이 집단에서 제거되었을 것이다. 변이가 당뇨병 감수성의 '무성한 유전자형' 이론 (Hales and Barker, 2001)에서 제시된 것처럼 단지 원시인들의 환경에서는 이득을 줄지 모르는 유전자형이 풍족한 서구 사회 사람들의 삶에서는 전적으로 나쁘다는 것은 물론 가능하다. 그러나 오늘날 우리는 전반적인 건강에서의 어떠한 변이의 영향력에 대한 정보가 거의 없다. 이는 특히 보험회사들이 그들의 보험회사들이 공통된 DNA 변이에 대한 자료를 이용하기를 원할지 모른다는 걱정과 관련되지만, 또한 건강한 삶의 지표로써 유전적인 검사의 가치에 대한 조심스러운 언급과 관계된다.

신생아 검사는 표적이 치료할 수 있는 상황이고 치유 불가능한 손상을 피하기 위해 초기 치료를 확실하게 하기 위한 것이기 때문에 집단의 검사프로그램에서 윤리적으로 가장 적게 논쟁을 불러 일으키는 부분이다. 미국 의·유전학 대학협의회 (American College of Medical Genetics)에서는 모든 신생아들이 *표 11.3*에 있는 29개의 병을 모두 검사 받아야 한다고 권장하고 있으며 이들의 권장은 광범위하게 받아들여 지고 있다. 이러한 검사들을 수행하는 것은 주마다 불가피하게 다를지라도, 2006년에는 미국 전역에 있는 신생아의 거의 2/3가 적어도 20개의 병에 대해서 검사받을 수 있었고 이는 그 전 해와 비교하였을 때 2배에 가까운 증가이다. *그림 11.6*은 미국 각주에서의 신생아 검사 프로그램 수행 상황을 보여준다. 대부분 다른 나라에서의 신생아 검사는 주로 비용에 관한 이유로 미국에서 수행하는 검사항목 보다 적다.

태아 검사나 아이 검사, 성인들의 보인자 여부 검사, 차후에 발병할 위험도 검사 등에 대한 태도들은 지역문화로 좀더 스며들게 된다. 영국 국립 검사위원회의 검사 기준 7, 14, 15, 20, 22번 등은 윤리적 그리고 사회적인 문제를 커버하고 있다. 검사는 검사가 수행되는 사회의 요구의 표현이자 사회의 가치관이다. 산전 검사와 낙태는 서로 필연적으로 연결된 것은 아니지만 산전 검사는 낙태가 허용되지 않는 사회에서는 존재할 수 없는 것이다. 어떤 사회는 비정상적인 사람들을 쉽게 수용하거나 기

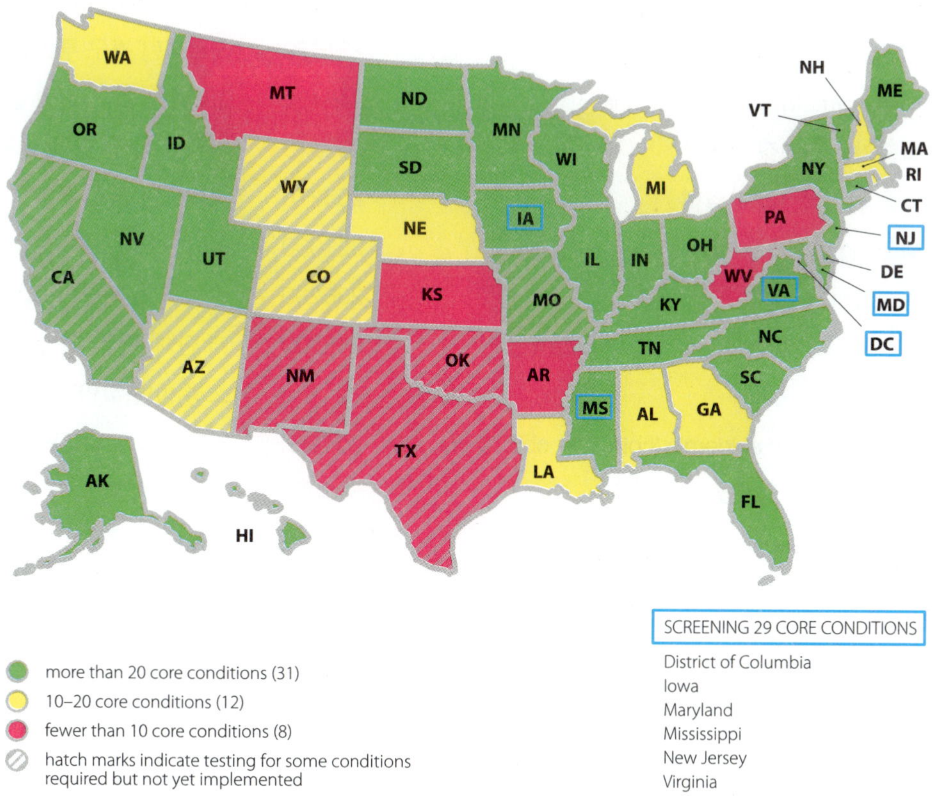

그림 11.6 - 2006년 6월 현재 신생아 검사에 대한 미국의 유전학 대학협의회 권장 목록의 실행 상태
자료: March of Dimes Birth Defects Foundation

표 11.3 - 미국 의·유전학 대학협의회 권장하고 있는 신생아들의 검사 목록 29가지

질환	OMIM	처리번호
Acyl-CoA 탈수소효소 중간 사슬 결핍	201450	영양 보충; 금식 금지
선천적 갑상선 기능저하증	**	갑상선 호르몬 경국 투여
페닐케토뉴리아	261600	저-페닐알라닌 음식
바이오틴분해효소 결핍	253260	매일 바이오틴 투여
겸형 빈혈	603903	신중한 의료 치료, 감염 금지
선천성 부신과형성증	201910	성기 수술; 호르몬 대체 요법
Isovaleric acidemia	243500	저단백 음식, 영양 보충
Acyl-CoA 탈수소효소 최장 사슬 결핍	201475	고탄수화물, 저지방 음식, 영양보충; 금식 금지
단풍 당뇨증	248600	저 단백 음식
갈락토스혈증	230400	우유 및 낙농 제품음식 절제
HbS/β 탈라세미아	141900	겸형 빈혈과 같음
HbS/C 질환	141900	겸형 빈혈과 같음
Acyl-CoA 탈수소효소 긴 사슬 결핍	609016	고탄수화물, 저지방 음식, 영양보충; 금식 금지
Glutaric acidemia 1 형	231670	카르니틴 경구 투여와 함께 저단백 음식
Hydroxymethylglutaric aciduria	246450	고탄수화물, 저지방 음식, 영양보충; 금식 금지
삼중기능 단백질 결핍	609015	저지방 음식; 영양 보충; 금식 금지
다중 카르복실라제 결핍	253270	바이오틴 경욱 투여
Methylmalonic acidemia (mutase 결핍)	251000	비타민 B_{12} 와 기타 영양 보충; 저 단백 음식
호모히시티뇨증	236200	음식조절, 비타민 B_6와 B_{12} 보충
3-methyl crotonyl-CoA carboxylase 1 결핍	210200	저 단백 음식
청각 상실	**	소통 방법 고안, 청력 보완, 보청기 착용
Methylmalonic acidemia (cblA 또는 cblB 결핍)	251100	비타민 B_{12}, 저단백 음식
Propionic acidemia	606054	저단백 음식, 영양 보충
Carnitine — acylcarnitine translocase 결핍	212138	카르니틴 공급
β-keto thiolase 결핍	203750	신중한 의료 치료, 저단백 음식
Citrullinemia	215700	저단백 음식, 영양보충
Argininosuccinic aciduria	207900	저단백 음식, 영양보충
Tyrosinemia Type I	276700	NTBC (*14.4절* 참조)
낭포성 섬유증	219700	신중한 의료 치료

치료의 빈도, 엄격, 유효성과 검사의 실용성에 기초하여 순위화하여 목록화 되었다. 어떤 희귀한 질병들은 다중 직렬 질량 분석기 혹은 고성능 액체 크로마토그래피 검사등이 매우 적은 추가 비용으로 될 수 있기 때문에 높은 순위를 부가하였다. **선천적인 갑상선 저하증과 청력 상실은 여러가지 원인들에 의해 야기되며 이들 원인들이 모두 유전적인 것은 아니다.

형에 대해서 좀더 숙명적으로 받아들이는 반면 다른 사회에서는 정상적인 아이에 대한 욕구가 매우 강하다. 개인적인 책임감과 개인의 자유에 대한 상대적인 가치 그리고 대중의 건강에 대한 견해 등은 특이한 검사 프로그램을 수용하는데 영향을 미친다. 아이들에 대한 태도는 중요하다 – 얼마나 부모가 그들의 아이와 그들의 유전적인 구성을 아는 것에 대한 권리를 갖는지 혹은 아이들의 자율성이 얼마나 존중되어야만 하는지, 그리고 어떤 검사들도 아이가 동의를 하기에 충분하게 나이들 때까지 수행되어서는 안 되는지? 검사는 자발적인 행위가 되어야 하고 고지에 입각한 동의가 필요한 것이 일반적인 원칙이지만, 심지어 이것조차 논쟁은 뚜렷하지 않다. 아기는 자신의 페닐케톤뇨증(PKU) 검사에 대하여 동의할 수 없다. 만약 부모가 반대한다면, 이러한 부모들을 그들의 아이들이 일생을 특정 시설에서 보내야 할지도 모르는 위험성에 대하여 비난을 하여야 할지 또 이러한 아이들이 그러한 시설에 있으므로 하여 공공 자금을 사용하게 된다면 이들 부모를 비난하여야 할까? 그럼에도 불구하고, 만약 그들이 원한다면 검사를 받지 않도록 자유로운 사회 속에 있어야 한다. 이는 그들이 검사하는 것을 단순히 거절하는 것을 의미하지 않으며 산전 검사를 거절 한 후의 질병을 가진 아이를 가지는 경우 그들을 비난하거나 곤란을 주어서는 안된다는 것을 의미한다.

영국 내에서 그리스 키프로스 출신 주민 공동체는 열의를 가지고 β −thalassemia (지중해성 빈혈)에 대해 검사를 받는 반면 파키스탄 출신 공동체에서는 또한 높은 위험성을 보이나 그것을 크게 원하지 않는다. 이스라엘에서는 가능한 모든 검사에 대해 대중의 강한 요구가 되고 있는 반면 영국에서는 그 접근법이 매우 조심스럽다. 예를 들어, '생활양식' 검사가 점성술보다 더 해롭지 않으며 기껏해야 약간의 돈을 낭비하는 것일지라도 여러 가지 내재된 함축성에 대한 대중의 불안감으로 영국의 큰 번화가에 있는 검사소들은 대중들에게 '생활양식' 검사 중지했다. 이들 검사소에 의하면, 검사를 중단하는 이유가 대중의 낮은 호응도로서 이것이 만약 사실이라면, 영국 대중의 이러한 검사에 대한 생각을 잘 나타내는 것이라 할 수 있다.

검사의 경제적 측면을 고려하면 영국 국립 검사 위원회의 목록에 있는 기준 16가지가 얼마나 조심스러운 말로 표현하는지를 보는 것은 흥미롭다. 검사 프로그램의 재정적인 이윤을 평가하는 것은 종종 오랜 기간 동안 쌓여 청구된 것에 대한 검사의 즉각적인 비용들 간의 균형과 관계된다. 정책의 많은 부분 중에 극히 중요한 방침임에도 불구하고 이는 어려운 부분이다. 그것은 현금 수지 할인을 이용하여 다루어진다. 10년간 쌓인 것과 현재의 비용을 비교하기 위해, 현재 비용은 투자 금액으로 다루어지고, 10년 간 그것의 가치는 복리로 계산된다. 사용된 이자율(어음 할인율)은 결과에 두드러진 영향을 끼치지만, 다른 형태의 재정은 먼 미래에 잠정적으로 쌓인 금액의 관련성에 대하여 다른 견해를 가져올 수 있다. 더욱이 이러한 계산 결과는 가격 변동에 대한 도표로써 한계성을 가진다. 정상적인 분만에 적용된다면, 현금 수지 할인 방법은 생식이 경제적으로 사회에 피해를 일으킨다고 제시한다: 사회인으로써 세금으로 사회에 주는 개인적인 기여는 그의 출산, 양육, 교육에 대한 할인된 비용으로 항상 돌려받을 수 있다는 것은 매우 가능성이 없다.

만약 비용 계산이 합당하다면, 검사 프로그램이 수단인지 아닌지에 대한 결정은 대중의 수요와 사회적인 용인성 주변에서 맴돈다. 대중의 견해가 그런 문제에 대해 결코 일치하지 않기 때문에, 결정은 결국엔 정치적인 것이다.

Disease box 11

가족성 과콜레스테롤혈증(hyperchlesterolemia)

우리는 모두 건강하지 못한 식습관의 신호로써 고 콜레스테롤 수치에 익숙하다. 그러나 약 500명 중에 1명은 식습관에는 상관없이 유전적인 질병의 결과로써 매우 높은 콜레스테롤 수치를 갖는다. 가족성 과콜레스테롤혈증 (FH; OMIM 143890)은 상 염색체 우성 유전 질병이다. 이것은 대부분의 집단에서 임상적으로 중요한 모든 멘델 유전 질병들 중 가장 공통적인 것이다. 이형 접합체는 전형적으로 혈청 콜레스테롤치와 LDL-콜레스테롤치를 각각 250-450과 200-400mg/dl 정도로 갖는다 의 LDL-콜레스테롤 수치를 갖는다 (정상 범위는 혈청 콜레스테롤 150-250이며 LDL-콜레스테롤이 75-175mg/dl 임). 그들은 힘줄 황색종 (피하에 있는 콜레스테롤 침전물)이 생기고 중년에는 관상동맥질환으로 고생하며 많은 사람들이 심근 경색으로 사망한다. 동형 접합형은 드물게 나타나지만 이들은 더 극심한 수준의 이러한 특징들을 보인다.

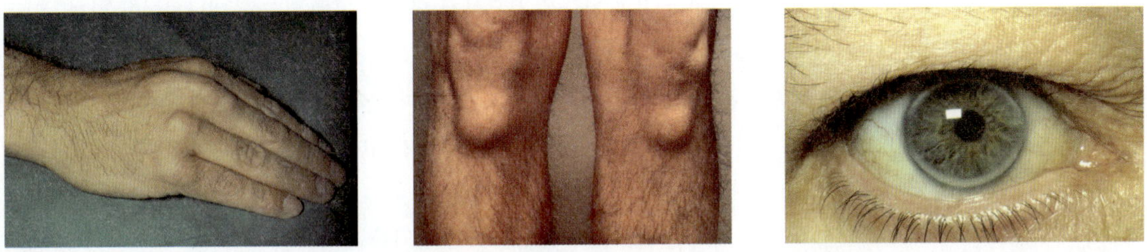

(a) (b) (c)

가족성 과콜레스테롤혈증 유전자를 이형 접합형으로 가진 환자에서의 콜레스테롤 침전. (a, b) 힘줄 황색종, 그리고 (c) 각막 아치운. 사진제공: Dr Paul Durrington, Manchester Royal Infirmary

Michael Brown과 Hoseph Goldstein은 콜레스테롤 항상성에 대하여 자세한 이해를 가져온 가족성 고콜레스테롤혈증 (FH)에 관한 그들의 업적에 대해서 1985년 노벨 의학상을 수상하였다 (더 많은 정보는 참고문헌 참조). 그들은 FH가 종종 저밀도 지질단백질 수용체 (low density lipoprotein receptor, *LDLR*) 유전자의 돌연변이에 의해 야기된다고 주장하였다. 세포 표면에 있는 저밀도 지질단백질 수용체는 LDL을 함유한 콜레스테롤을 간 세포로 이동시키는데 (수용체에 의해 매개된 endocytosis의 예시) 간에서는 항상성 방법의 일부로써 세포 내 콜레스테롤의 합성을 억제하는 곳이다. *LDLR* 유전자 돌연변이는 변이 종류에 따라 수용체를 생산하지 못하거나 있어도 LDL과의 결합을 못하므로 콜레스테롤의 세포 내 생성을 조절할 수 없게 된다. 간혹 FH는 두 개의 서로 다른 유전자 어느 한쪽이든 변이에 의해 야기될 수 있다:

- 어떤 사람은 지질단백질의 비정상적인 형태를 코딩하고 있는 돌연변이 *APOB* 유전자 때문에 LDL 수용체에 의해 인식되지 않는 LDL을 생성한다.
- 가끔 환자들은 항상성 메커니즘의 일부인 단백질 공정화 효소를 코딩하고 있는 *PCSK9*의 과오 돌연변이에 의한 기능획득 변이를 가진 경우도 있다.

세포 내로 흡수된 LDL의 정상적인 기능은 콜레스테롤 합성에서 속도를 제한하는 단계의 촉매인 3-hydroxy-3-methylglutaryl coenzyme A (HMG CoA) 환원 효소를 억제하는 것이다. FH 환자에게 지질저하제인 statin 약들이 효소를 억제하기 위해 사용된다. 이는 매우 효과적인 임상 처리 능력으로, 콜레스테롤 수치와 건강의 위험성을 낮출 수 있다. 과콜레스테롤혈증이 흔한 심각한 질환이지만 효과적으로 치료할 수 있으므로 FH는 전체 집단을 대상으로 검사를 실시하는 좋은 예이다. 그러나, 자원 함축성을 중요하게 고려해야 한다. 콜레스테롤 수치와 힘줄 황색종에 기초한 검사는 효율이 낮으며, 특히 젊은 사람일수록 검사결과에 더욱 둔감하다. 19p13.2에 위치한 *LDLR* 유전자는 18개의 엑손을 가지고 수 백 가지의 돌연변이들이 보고되어 있으므로 DNA 검사는 비용이 많이 든다.

우성 질환은 크게 확장된 가계에 영향을 주기 때문에, 많은 수의 병에 걸린 사람들을 확인하는 매우 가격적으로 효과적인 방법이 질병에 걸린 것으로 알려진 친척들을 조사하는 방법으로 이러한 방법을 **cascade screening** 혹은 cascade testing이라고 부른다. 원리는 낭포성 섬유증의 돌연변이에 대한 Joanne Brown (Case 2)의 친척들의 검사를 설명하며 이전에 언급되었다. 네델란드에서는

FH에 관해 가장 잘 개발된 cascade screening 프로그램이 1994년 이후로 시행되고 있다. 유전적 분야의 연구자들이 직접 환자 친척들에게 연락한다. 가족 검사는 매우 철저하여 발단자 한 명당 평균 25.7의 친척들이 검사를 받는다. 병에 걸렸다고 판명된 사람들 중 단지 39%만이 이미 statins이 처방을 가지고 있었다. 이것과 다른 프로그램에 관한 자세한 것은 Hadfield and Humphries (2005)에 의해 기술되었다.

네델란드의 program 연구는 매우 명백한 임상적인 이점들을 보여주고 있다: 프로그램을 통해 병에 걸린 것으로 확인된 사람들의 93%가 후에 statins를 처방 받으므로서 이들의 조기사망 위험율이 감소되었다. 다양한 윤리적인 문제들이 일어날 수 있다. 친척들을 직접 접촉하는 것이 몇몇 나라에서는 윤리적인 문제시 되므로 발단자가 친척들에게 유전학자들과 상담하는 것이 도움이 될 것이라고 제안하도록 하기도 한다. 이것은 문제점들을 회피시키지만 발단자 당 검사 받게되는 친척의 수를 크게 감소시킨다. 병에 걸린 아이들을 확인하는 것에 관한 질문들이 있다 – 조기 치료의 이점이 그 아이의 이미지 손상이나 오점 등 보다 높은 것인가? 느닷없이 접촉한 사람들을 위해 보험 관련사항들을 생각하는 것 또한 필수적이다. 어떤 보험회사들은 적어도 보험 인수가 유전자형이 아닌 실제 치료된 환자에서의 콜레스테롤 수치인 표현형에 기초되어야 한다는 주장을 받아들였다. Statins 치료가 효과적인 이후로 보험적인 이슈들이 줄어들었다. 네델란드 프로그램의 신중한 연구는 예견된 좋지 못한 효과들 중 어느 것도 보여주지 않았는데 이는 네델란드 사회의 질적인 우수성을 반영하는 것이라 할지라도 다른 곳에서 그렇게 쉽게 재현되지 않을 지도 모른다.

Disease box 11 – continued

11.5. 참고문헌

Conde-Agudelo A and Kafury-Goeta AC (1990) Triple marker test as screening for Down syndrome: a meta-analysis. *Obstet. Gynecol. Survey* **53**: 369–376.

Hadfield SG and Humphries SE (2005) Implementation of cascade testing for the detection of familial hypercholesterolaemia. *Curr. Opin. Lipidol.* **16**: 428–433.

Hales CN and Barker DJP (2001) The thrifty phenotype hypothesis. Type 2 diabetes. *Br. Med. Bull.* **60**: 5–20.

Ogilvie CM, Lashwood A, Chitty L, Waters J, Scriven PN and Flinter F (2005) The future of prenatal diagnosis: rapid testing or full karyotype? An audit of chromosome abnormalities and pregnancy outcomes for women referred for Down syndrome testing. *Br. J. Obstet. Gynae.* **112**: 1369–1375.

Wilson JMG and Jungner G (1968) *Principles and Practice of Screening for Disease.* World Health Organization, Geneva.

기초

UK National Electronic Library website (http://www.library.nhs.uk/screening/) 도 유전 검사에대해 좋은 섹션을 제공한다:

영국 신생아 유전 검사 프로그램 센타 http://www.newbornscreening-bloodspot.org.uk/.

산전 검사에 대해 좋은 예 (특히 다운 증후군과 낭포성 섬유증)를 UK Leeds Antenatal Screening Service(http://www.leeds.ac.uk/lass/Index.htm)에서 제공함.

UT Southwestern Medical Center의 Brown–Goldstein 실험실 website (http://www4.utsouthwestern.edu/moleculargenetics/pages/brown/past.html) 는 콜레스테롤

조절에 대한 연구로 노벨상을 받은 매혹적인 이야기를 제공함.

11.6. 자가 평가 문제들

[1] 가상의 질병이 *IGNO* 유전자의 변이에 의해 야기된다. 100명의 보인자들 중에 1명이 돌연변이를 가진다. 모든 돌연변이의 80%를 검출하는 유전 검사 프로토콜을 가지고 있으며, 신생아들의 10,000개의 혈액 샘플들을 받았다 – 하지만 샘플의 1%는 오염된 tube 내에서 이루어져서 검사 결과에 양성 오류를 준다. 이때 검사에서 양성 예상 값은 얼마인가?

[2] 한 과학자는 어떤 약에 대해 심각한 부작용을 보이는 사람들을 연구하고 있다. 일반적인 집단에서 10,000명에 1명은 이러한 부작용으로 고통을 겪는다. 그는 그 위험성과 강하게 연관된 DNA 다형화 현상을 찾아냈다. 실험실의 블라인드 테스트에서, 약 반응의 역효과를 보이는 100명 중 99명 (99/100)이 그 변이에 양성으로 검사되었고, 반면에 약 복용 후 부작용이 없는 사람들은 100명 중 1명 (1/100)이 양성으로 검사되었다. 이 과학자는 도시 전체인 100만명의 사람들을 검사하도록 제안하였다. 그의 검사에 대한 양성 예상 값을 계산하라.

[3] 이전 질문의 계산을 반복하여, 부작용 비율이 1/10,000이라기 보다는 1/10 사람에게서 발생한다고 가정하라. 이것이 우리에게 검사의 일반적인 잠재성에 대하여 말하는 것은 무엇인가?

[4] 임신부 검사에서 1:100의 비율로 신경관 결핍의 발생률로 가정하고 MSAFP 검사의 감수성과 양성 예상 값을 측정하기 위해 *그림 11.2*의 곡선들을 이용하여 다음의 cut-offs 값은 얼마인가?

(a) 모두가 정상적인 평균 값 위에 있을 때
(b) 모두가 최소한의 비정상적인 수치 위에 있을 때
(c) 모두가 최대한의 정상적인 수치 위에 있을 때

[5] 낭포성 섬유증 보인자 검사에서, 어떤 부부가 한 명의 배우자는 양성이고 다른 한 명은 음성이다. 아무런 검사도 받기 전에 그러한 부부들이 정말로 둘 다 보인자라는 위험율이 없다고 확신하기 위해 검사에서 요구되는 감수성을 계산해라. 이러한 집단에서 보인자의 빈도는 1/40으로 가정한다.

[6] 당신이 낭포성 섬유증 보인자에 대한 일반적인 유전 검사 프로그램을 확립하는데 있어서 보건 행정관이다 (이 집단에서 낭포성 섬유증 보인율은 1/25명 임).

(a) 삶의 어떤 단계와 어떤 환경 아래에서 사람들이 검사되어야 하는지에 대하여 당신이 내린 선택에 대한 정당성을 간략하게 서술하시오.

(b) 매우 빠른 속도와 효율로 유전자형을 검사를 실행할 수 있는 2개의 회사로부터 제의를 받았다. 한 회사는 모든 돌연변이의 70%을 포함하는 변이의 제한된 부위를 검사하는 제안서를 제출하였고; 다른 회사는 모든 돌연변이의 90%을 포함하는 더 큰 부위를 검사한다는 제안서를 제출하였다. 당연히 두 회사간에 비용에 차이가 있지만, 결정을 내리기 전에 있음 직한 결과들을 생각할 필요가 있다. 각 조건에 대하여, 둘 다 보인자가 아닌 부부에게서 낭포성 섬유증 아기의 출생과 낭포성 섬유증 아기의 출생을 예방한다는 점에서 100만 명의 사람들을 검사하는 것의 결과를 계산하여라.

제 12 장

암은 유전적인가?

12장의 학습 요지

- 개체 내에서 진화적 절차로서의 발암(發癌)현상을 설명하기
- 종양유전자와 종양억제유전자를 정의와 실례들
- 암세포에서 발견되는 유전적 불안정성의 실례를 묘사하고, 이를 회피하는 세포 주기 점검점의 역할을 설명하기
- 악성종양으로 이르는 필수적인 특징을 적고, 체세포 돌연변이에 의한 종양유전자의 활성화 혹은 종양억제 유전자의 불활성화, 후성유전학적 변화, 이형접합의 소실을 유도하는 결실, 융합 유전자를 이끄는 염색체 재배열을 포함한 그들의 발생을 유도하는 체세포 유전학적 돌연변이 유형을 설명하기
- 적어도 3개의 유전성 암 증후군을 설명하고, 그들과 보통의 산발성 암과의 상관관계에 대하여 논의하기
- 암의 진단, 치료, 예방에서의 유전학의 역할을 설명

12.1. 증례 학습

증례 15 | Wilson 가족 | **293** | 311 | 376

- 가족성 유방암

Wendy Wilson은 유방암의 가족력에 대한 텔레비전 프로그램을 보았다. 그것은 그녀 자신의 가족력에 대한 우려를 증가시켰다. 몇 년 전에 그녀는 이러한 우려에 대해 자신의 가족의와 이야기한 바 있지만 다시 염려가 되었다. 그녀의 모친인 Wanda는 42세에 질병이 발생하여 44세가 되던 해에 슬프게도 사망하였다. 뉴질랜드에 살고 있던 그녀의 이모인 Amy도 40대에 유방암이 발병하였으나 외과 수술과 화학치료로 7년 후 건강해졌다. 지난 크리스마스에 Wendy는 이모로부터 그녀의 손자들 중 한 명이 유방암으로 치료를 받고 있는 중이며 남자도 유방암에 걸릴 수 있다는 사실에 매우 놀랐다는 내용의 카드를 받았다. Wendy는 그녀의 남동생인 William과 여동생인 Veronica와 연락을 주고 받았다. 그리고 그들은 더 자세한 것을 알아봐야 한다고 결정했다. Veronica는 가계의 족보를 연구하는 사람으로서 곧바로 오랫동안 연락이 없었던 여러 친척들에게 연락을 하였다. 그들은 Wanda의 사촌 중 한 명이 유방암으로 어린 나이에 죽은 사실을 발견했다. 그 텔레비전 프로그램은 가족성 유방암을 위한 검사는 유전학 진료소를 통해서 이용 가능하다고 언급해왔다. 그래서 Wendy는 다른 병원으로 추천을 요청하기 위해 그녀의 주의치와 약속을 잡았다. 외과에서 Wendy는 의사에게 가능한 많은 상세한 설명을 받았고 그는 유전학 센터가 제공하는 온라인 지침서에 대해 조언을 해주었다.

Wendy의 가족은 높은 위험성에 대한 기준에 충족되었기에 소개장을 받을 수 있었다. 약속을 잡기 전 센터의 유전 상담가는 Wendy에게 연락하여 가계도를 작성 했다. 또한 그녀는 Wendy에게 어머니의 대해서 자세히 질문을 하고 그녀의 상세한 병력을 얻기 위해 어디에서 치료를 받았는지 물었다. 1960년대에 Cyprus에서 태어난 Christos는 Xavier와 Demi Xenakis의 세 아이들 중 하나이다.

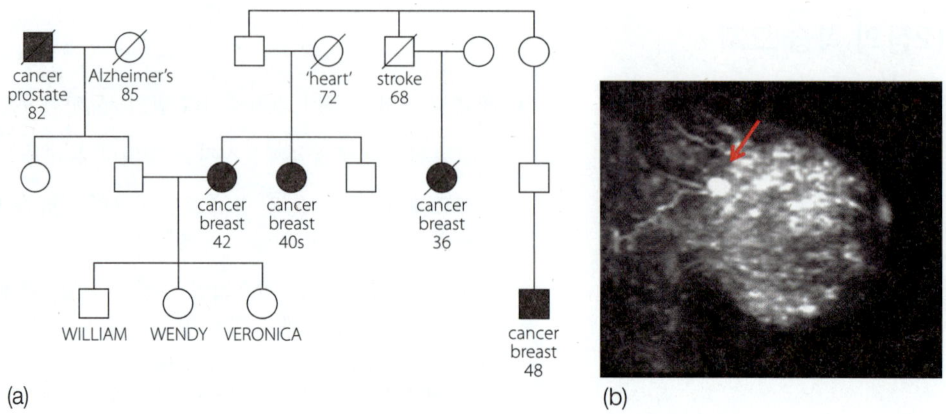

그림 12.1 - (a) Wilson가의 가계도는 진단에서 연령과 암의 유형을 보여주고 있다.
(b) 40세의 여성의 유방 암종이 자기공명화상 촬영법에 의해 발견되었다. 이 여성은 *BRCA1* 돌연변이를 갖고 있다. 사진제공 Dr Gareth Evans, St. Mary's Hospital Manchester.

증례 24 Xenakis 가족

294 315 376

- 가족성 장질환
- ? FAP

Xavier는 41세가 되던 해에 장(腸)에서 어떤 증상이 나타나기 시작했지만 몸이 정말로 안 좋아지기 전까지 의사를 찾아가지 않았다. 병원에서 간으로 전이된 장암을 진단받았으며 진단 당시에는 완화요법 만이 가능했다. 그는 다음해에 죽었고, 그 후 Christos는 그의 아내와 어린 아들, 딸과 함께 레스토랑을 열기 위해 시애틀로 이사를 갔다. Demi는 그들과 함께 살기 위해 시애틀로 갔다. 삶은 매우 바빴지만 레스토랑은 잘 되었다. 몇 년 후 보험 건강 진단에서 Christos는 최근 아마 치질 때문인 것으로 생각되는 약간의 직장 출혈이 있었다고 말했다. 가족력 때문에 의사는 그가 S자결장경(sigmoidoscopies)을 받을 것을 추천했고, 모든 이의 우려와 같이 다발성 폴립이 발견되었다.

외과의사는 Christos가 가족성 선종성 용종증(FAP, Familial adenomatous polyposis)에 걸린 것으로 추측되며, 하나 혹은 여러 개의 폴립에서 발생되는 암을 피할 수 없기 때문에 오직 신중한 치료만이 결장을 제거할 수 있다고 설명했다. Christos가 병원에 머무는 동안, 외과의사는 그의 아이들에게 행여 닥칠 수도 있는 위험을 발견하기 위해 그가 유전자 진료소에 다닐 것을 조언했다. 몇 달 후 가족들은 유전적 치료를 시도했다. 카운슬러는 우성 유전을 설명했고, 그들은 각각의 아이들이 돌연변이 유전자를 유전 받을 50%의 위험성이 있다는 것을 이해했다. 만약에 Christos에게 돌연변이가 발견되면 유전 검사가 가능하고 돌연변이 보인자로 확인되거나 위험성이 있는 아이는 10세부터 정기적인 S자 결장경 검사가 10세부터 제공된다는 것을 알았다.

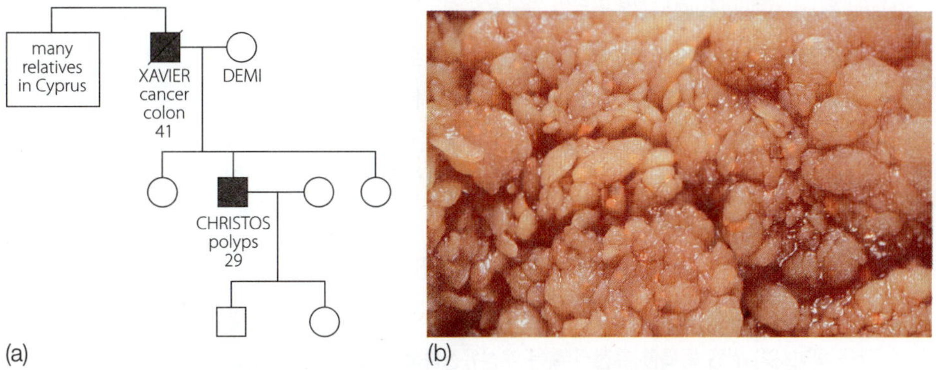

그림 12.2 - 가족성 선종성 용종증

(a) Xenakis 가족의 가계도. (b)외과적으로 절제된 용종이 생긴 대장의 절편. 사진은 Medical Illustration Department, Manchester Royal Infirmary에서 제공

12.2. 배경

자연선택과 암의 진화

들쥐의 개체군이 살고 있는 격리된 숲을 한번 상상해보라. 들쥐 개체 한 마리가 다른 들쥐들보다 더 빠르게 번식할 수 있는 능력을 지닌 유전성 돌연변이가 생겼다. 우리는 그 숲을 100세대가 지난 후에 방문하면, 아마 들쥐들의 대부분이 더 빠른 번식을 하는 돌연변이를 가진 것의 자손일 것이라고 기대할 것이다. 이와 같은 단순한 진화론적인 주장이 정확히 우리 몸의 세포에도 적용된다. 세포 분열은 유전적 조절 하에 이루어진다. 만약 한 세포에 다른 것들 보다 더 빠른 분열을 할 수 있는 돌연변이가 생겼다면 모든 세포들은 한가지가 되어, 그 세포의 자손은 우리의 몸을 이어받을 것이다. 따라서 암은 하나의 원인에 의해 생기는 질병이 아니고, 아직 발견되지 않은 한가지의 치료법에 의해 치유되는 그러한 질병이 아니다. 모든 것과 마찬가지로, 암은 단순히 다세포로 이루어진 생물체의 체내에서 일어나는 진화의 자연적인 종착점이다.

다행히도, 모든 것이 다 같은 것은 아니다. 만약 체세포의 진화를 조절하고, 억제하기 위한 메커니즘을 갖고 있지 않는다면 다세포 생물체들은 그들의 생식주기가 끝날 때까지 생존할 수 없다. 그들이 진화하는 수십 억년 동안, 다세포의 생물체들은 변이 개체의 세포에 대항하도록 정교하고 겹겹이 쌓인 방어벽을 발달시켜왔다. 세포성장은 빈틈없이 조절된다. 대부분의 체세포는 무기한적으로 분열할 수 있는 능력을 갖지 못한다. 부적절하게 행동하고, 치료될 수 없는 반사회적 행동을 하는 어떤 세포는 그 스스로를 죽일 수 있다 (apoptosis, 세포 사멸). Hanahan과 Weinberg(2000)는 악성종양이 생존과 발생을 위해 획득할 필요가 있는 6개의 기능적 능력을 한 중요한 논문에서 목록화했다 (*Box 12.1*). 각 능력을 획득하는 것은 분열된 조절적 기작을 극복하거나 개체의 방어선을 극복하는 것을 의미한다. 이와 같은 관점에서, 보통 노화-특이적 상피암의 발생률에 대한 고전적인 연구 결과 4-7개의 독립적인 사건에 의해 악성 종양을 생성된다는 것을 보고하였다.

Box 12.1

악성종양으로 발전되는 6가지의 필수적인 특징

Hanahan과 Weinberg(2000)에 따르면 악성종양으로 발전되기 위해서 세포는 다음의 6가지 특징을 획득하여야 한다.

- 외부 성장 신호에 비의존적으로 분열할 수 있는 세포의 능력
- 외부의 반-성장 신호를 무시할 수 있는 세포의 능력
- 세포 사멸을 피하기 위한 세포의 능력
- 노화 없이 무기한으로 분열할 수 있는 세포의 능력
- 지속된 혈관생성을 자극할 수 있는 능력
- 조직에 침투할 수 있는 능력과 2차 종양을 확립하기 위한 능력

종양은 다양한 세포를 포함하며, 이 능력은 대개는 오직 작은 개체군의 암 줄기세포에만 속해있다. 각 능력을 획득하는 것은 조절 기작을 회피하기 위해 독특한 유전적 혹은 후성유전학적 변화를 요구하기 쉽다. 만약에 기본적인 세포가 이미 줄기세포로부터 출발한 것이던가 아니면 전이성을 가지고 있다면 가능성이 있는 예외성으로 무한히 분열할 수 있는 능력이 있다. 이러한 것이 특별히 습득된 능력이고 얼마나 자주 다른 5가지의 능력들의 빈번한 습득 결과인지는 논란거리이다.

방어의 극복

전형적인 돌연변이 발생 비율을 고려하면 어떤 사람의 한 세포에서 여섯 개의 특정 돌연변이가 우연히 연속적으로 일어날 확률은 무시해도 좋을 만큼 낮을 것이다. 돌연변이의 발생 비율이 세포 당 10^{-6}이라고 가정하면, 여섯 개의 성공적인 독특한 돌연변이에 걸릴 확률은 10^{-36}이다. 한 사람의 몸은 10^{14}의 세포로 이루어져 있으므로 암 발생에 대항하는 방어 기작들은 난공불락인 것이다. 그럼에도 불구하고 3명 중의 하나는 암으로 고생하므로 이러한 방어 기작을 넘어서는 어떤 방법이 있는 것이다.

이 비결은 돌연변이는 과정의 초기에 어떻게 하여서든지 차후의 돌연변이 개연성을 크게 증가시켜야 한다는 것이다. 그러기 위해서는 아래의 두 방법 중 한 가지이다.

- 그들은 세포성장의 이점을 줄 수 있다. 만약 돌연변이 세포가 1000개의 돌연변이 딸 세포를 생산할 수 있다면, 하나의 돌연변이 세포가 다음 돌연변이를 획득할 기회는 1000배나 증가된다. 병리학자들은 종양이 성장 가능성을 증가시킬 수 있는 확실한 단계를 통해 발생하며, 급격하게 분열하는 조직이 종양으로 발전할 가능성이 높다는 것을 주지하여 왔다. 많은 종양의 기본세포는 줄기세포와 같은 특성을 가지므로 이러한 세포들은 이미 비정상적인 성장 잠재성을 가지고 있는 것으로 보여진다 (Pardal 등 2003).
- 그들은 유전체를 불안정화 시킴으로써 일반적인 돌연변이 비율을 증가시킬 수 있다. 모든 암세포는 유전체적 불안성의 두 형태 중 하나를 보인다.
  - [i] **염색체의 불안정성** – 대부분의 종양 세포는 심할 정도의 비정상적인 수의 염색체와 많은 구조적 재배열 가진 이상한 핵형을 갖고 있다 (*Box 12.2*);
  - [ii] **미세부수체 불안정성** – 몇몇의 종양은 염색체는 정상이지만, DNA 검사를 해보면 DNA 복제시의 정확성을 검증하는 체크포인트들이 결실되어 있음을 볼 수 있다.

이 변화의 결과로 종양형성의 초기 단계는 차후의 발달에 호조건을 제공하여 매우 다양한 무작위적 돌연변이를 가진 성장하는 세포의 집단을 생산하기 쉽다. 이런 초기 단계에 돌연변이가 되는 유전자들은 종양유전자 혹은 종양 억제유전자로 분류된다. 이들은 기본적으로 기능 상실 혹은 기능 획득을 야기하는 돌연변이의 형태에 의하여 분류되지만, 이것은 다시 유전자의 보통 기능에 달려있다. 대체로 종양 억제유전자의 정상기능이 세포 분열을 저지한다는 것에 비하여 종양유전자는 세포 분열을 자극하는 보통 역할을 가진 유전자이다.

Box 12.2

암세포에서 염색체의 불안정성

암세포는 유전자 획득, 손실 그리고 재배열을 가진 매우 비정상적인 핵형을 가진다. 고형 종양은 보통 전통적인 세포 유전학적 기술을 사용하여 분석하는 것이 난해하거나 불가능하다. M-FISH와 SKY는 염색체 페인팅의 다양한 컬러 버전으로서 각 염색체들이 다른 색으로 나타나게끔 하여 분석하는 방법이다 (4.4 절 참조). 이 방법은 암세포를 상세한 세포 유전학적 분석을 가능케 했다. 예를 들어 여기에 Dr T Reid에 의해 성립된 사람의 HT29 대장암 세포주의 핵형 분석 결과가 있다:

67-71,XX,del[X][p11.2][19], del[3][p21][11[, der[3]ins[3;12][p12;?][16], der[3]del[3][p25]ins[3;12][p12;?][5], der[3]t[X;3][?;qter][11], i[3][q10][21]. De;l[4][q31.3][21], +der[5]t[5;6][q11;?][10], del[6][q12][9], t[6;14][q21;q13][15], der[6]t[6;14][q21;q13][5], +del[7][p15][17], -8[20], der[8]i[8][qter->10::q10->q24::hsr::q24->qter][21], +11[20], -13[9], der[13]i[13][q10]del[q14][11], der[13]t[5;13][p13:p11.1][12], i[13][q10][18], -14{21}, -14[4], +15[20], der[17]t[17;19][p11;p11][21], i[18][p10][19], -19[13], i[19][q10]dup[19][q13.1q13.4][19], +i[20][q10][21], der[?22]t[17;?22;17][20]

21개의 세포가 분석되었으며 염색체 수의 변이는 67-71 이었다. 모난 괄호 안의 숫자는 각각 특정한 비정상성을 가진 세포의 수이다. 이것과 비슷한 다른 사례는 the National Cancer Institute website http://www.ncbi.nlm.nih.gov/sky/에서 'Skygram' 핵형 도표에서 볼 수 있다.

영원한 삶 : 텔로미어의 중요성

암 세포는 죽지 않는다: 그들은 *Box 12.1*에서 설명한 능력들 중 4번째의 능력을 획득했다. 실험실 세포배양에 주로 이용되는 HeLa 세포는 반세기 동안 배양기에서 자라왔다. 평범한 사람의 세포는 이를 해낼 수 없었을 것이다. 정상세포들은 수십 번 정도 분열 후 분열을 정지하는데 이러한 사태를 세포의 노화라 부른다. 암-관련 돌연변이(*TP53*과 *RB1*)를 갖고 있는 세포는 노화를 피할 수 있다. 몇 번 더 분열한 후에 그들은 고비(crisis)라 불리는 단계에 도달한다. 고비의 단계에서 대부분의 세포는 사멸한다. 사멸을 회피한 일부의 세포들은 여러 가지의 염색체 재배열을 갖게 되어 불멸의 암세포가 된다.

이런 사건은 염색체의 말단의 복제와 관련이 있다. 두 가닥의 DNA 이중 나선은 역-평행하고, DNA 가닥은 오직 5′ 에서 3′ 방향으로 신장된다는 것을 기억하라 (*Box 3.2*) 이중 나선의 한 가닥은 자유로운 5′ 말단을 갖고 있다. 이 가닥이 상보적 가닥의 합성을 위한 주형으로서 작용할 때, 폴리머라아제는 그 가닥의 끝 방향으로 이동한다. 주형의 끝에 새로운 가닥을 확장하는 것은 문제없다 (*그림 12.3a*). 그러나 자유로운 3′ 말단을 가진 다른 가닥은 문제가 생긴다. 이 가닥이 주형으로 사용될 때, 폴리머라아제는 복제분기점의 이동방향과 반대되는 방향, 즉 주형의 내부에서 끝 쪽으로 진행하게 된다. 이 새로운 가닥은 불연속적으로 100–200개의 뉴클레오티드로 구성된 조각을 생성한다 (**오카자키 절편**). 각각의 절편들은 짧은(10nt) RNA primer를 가지고 시작한다. 마지막 primer가 염색체 맨 끝의 뉴클레오티드에서 시작할 수는 없고, 만약 그렇다 하더라도 오카자키 절편이 모두 연결될 때 primer 들이 제거되기 때문에 그에 상응하는 10개의 뉴클레오티드를 잃게 된다. 따라서 선형의 DNA 이중나선은 불가피하게 복제될 때마다 끝 서열 일부를 잃는다.

박테리아는 원형의 염색체를 가지는 것으로써 이 문제를 해결한다; 진핵세포는 **텔로미어**를 사용한다. 인간 염색체의 말단은 약 10kb의 반복서열$(TTAGGG)_n$을 가지고 있다. 매 번의 세포 분열 마다 텔로미어는 50–100 뉴클레오티드씩 짧아진다. 텔로미어성 반복은 유전적인 정보를 포함하고 있지 않기 때문에 어느 정도의 텔로미어 반복 단축은 기능에 지장을 주지는 않는다. 하지만 반복된 분열로 반복의 단축이 심하여 져서 결국 텔로미어의 완전한 상실로 이른다. 텔로미어의 기능은 끊어진 DNA를 인식하고, 그들을 연결하기 위해 노력하는 DNA 수선 기작에 대항하여 염색체 말단을 보호하는 것이다 (*그림 12.3b*). 이것은 노화–후 위기의 세포에서 발생되는 것이다.

우리 몸의 모든 세포들은 우리 부모로부터 생성된 접합체로부터 연속된 세포분열을 통해 이어져 온 수정란이 계속적인 세포 분열에 의해 생성된 것으로서, 세대를 통해 영속적으로 이어져 온 것으로서 세대를 거슬러 올라가면 생명의 시초까지 이어진다. 그렇다면 어떻게 아직도 우리는 텔로미어를 갖

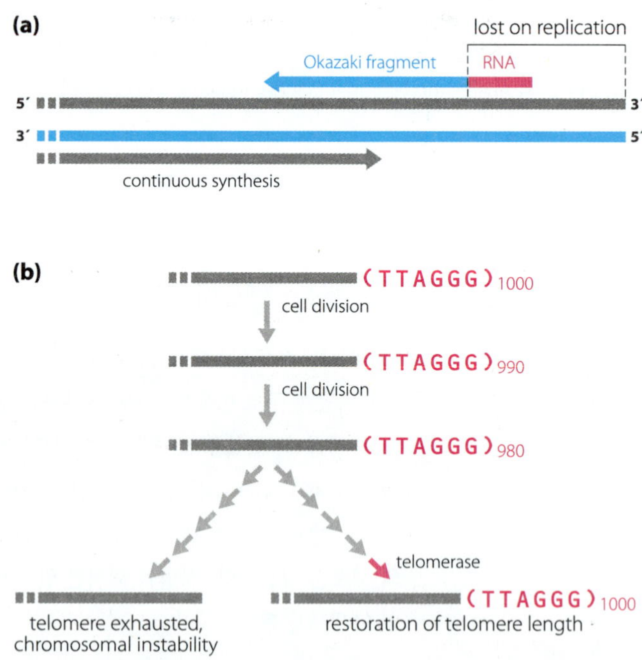

그림12.3 - [a] DNA 복제 기작은 최후의 3′ -말단의 분자는 복제할 수 없다. [b] 인간 염색체의 텔로미어는 직렬로 반복된 TTAGGG 단위체를 포함하고 있다. DNA 복제 사이클 마다 반복단위를 몇 개씩 잃는다. 배양 세포에서 텔로미어 반복단위체 연속적인 소실은 염색체성 불안정성으로 이르게 한다. 생식선(germ-line)과 암세포에서 텔로메라제(telomerase)는 텔로미어를 완전한 길이로 복구시킨다.

고 있는 것일까? 그 해답은 세포가 텔로메라제라는 효소를 포함하고 있기 때문이다. 이 효소는 텔로미어를 원래의 길이로 복구시킬 수 있는 능력을 갖고 있다. 텔로메라제는 자신의 내부에 가지고 있는 RNA 주형을 이용하여 TTAGGG 단위를 추가하기 대문에 외부의 주형에 의지하지 않을 수 있다. 텔로메라제는 각 세대의 생식 세포에서 텔로미어의 길이를 복구시킨다. 정상의 체세포는 텔로메라제가 결핍되어있다 (유전자는 존재하지만 발현되지 않는다). – 그러나 대부분의 암세포들은 텔로메라제를 가지고 있다. 텔로메라제의 재활성은 무기한적으로 분열할 수 있는 능력을 획득하는 데에 중요한 단계이다. 텔로메라제는 항암제의 딱 좋은 표적인 것처럼 보이지만 결과는 실망적이다.

종양유전자(Oncogenes)

종양유전자 이야기는 1970년대에 종양 바이러스의 연구와 함께 시작된다. 바이러스가 독감을 야기하는 것처럼 암을 유발하는 것은 결코 아니다. 암은 전염성이 아니며 바이러스에 감염된 모든 사람들에게서 암이 유발되는 것도 아니다. 그럼에도 불구하고, 인간과 동물에서 몇 종류의 암들은 특정한 바이러스와 관련이 있다. 예를 들어, 자궁경부암은 인유두종 바이러스(Human Papilloma Virus)와 관련이 있다. **연급성 형질전환 역전사바이러스(Acute transforming retrovirus)**가 특정 동물의 종양으로부터 실험실에서 분리되었는데, 이 바이러스는 비전염성이지만 배양세포에 바이러스를 접종하면 배양세포를 암세포로 효과적으로 형질전환 시킬 수 있다. 역전사바이러스는 단지 3개의 전사단위로 구성된 매우 단순한 RNA 유전체를 갖고 있다 (*그림 12.4*). 급성 형질전환 역전바이러스의 유전체를 분석해보면, 자신의 유전자 외에 여분의 종양유전자들을 포함하는 것을 볼 수 있다. 지금까지 수십 개의 종양유전자들이 바이러스의 연구를 통해 밝혀졌으며, 바이러스 분리 시 사용된 동물의 이름을 따라 바이러스들을 명명했다 (*표 12.1*). 여러 가지 다른 종양유전자들이 조직배양에서 생쥐 세포를 형질전환 시킬 수 있는 종양 세포로부터 DNA 절편을 확인하므로써 발견되었다. 그것은 조직을 종양 세포와 유사한 경우에서 자라게 한다.

이런 발견들은 모든 암이 종양유전자–운반 바이러스들에 의한 감염의 결과이므로 백신으로 예방할 수 있을 것이라는 기존의 견해에 대한 혼란을 이끌었다. 하지만 이러한 생각은 바이러스성 종양유

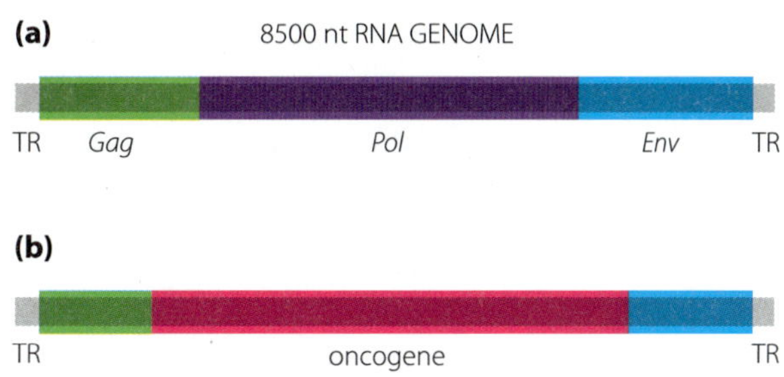

그림 12.4 - [a] 역전사바이러스. RNA 유전체는 세 개의 전사 단위인 *gag, pol, env*을 포함하고 있다. 이들은 짧은 말단 반복[TR]을 가지고 있다. [b] 급성 형질전환 역전사바이러스. 무작위의 진행 오류에서 바이러스 유전체의 일부분이 세포성 원-종양 유전자로 대체되었다. 과발현 혹은 무작위성 돌연변이는 바이러스가 숙주세포에 들어왔을 때 세포성 유전자를 종양유전자성으로 만든다. 이 바이러스성 유전자는 부분적으로 결실이 있으며 복제를 할 수 없다.

표 12.1 - 바이러스성 종양 유전자와 그들의 세포성 상대 유전자

Gene 유전자	분리된 동물	세포성 원-종양 유전자	
		위치	기능
ABL	Abelson murine leukemia	9q34	신호전달 [타이로신 키나아제]
ERBB2	Avian erythroblastic leukemia	17q21	신호전달 [수용체 타이로신 키나아제]
FES	Feline sarcoma virus	15q26	신호전달 [타이로신 키나아제]
FMS	Friend murine leukemia	5q33	M-CSF 수용체 타이로신 키나아제
HRAS	Harvey rat sarcoma	11p15.5	신호전달 [작은 GTPase]
KRAS	Kirsten mouse sarcoma	12p12	신호전달 [작은 GTPase]
MYB	Avian myeloblastosis	6q22	신호전달 [핵 단백질]
MYC	Avian myelomacytosis	8q24	신호전달 [핵 단백질]
SIS	Simian sarcoma virus	22q12	혈소판 유래 성장인자 B 체인
SRC	Rous chicken sarcoma	20q12	신호전달 [타이로신 키나아제]

전자와 상동성을 가진 유전자들을 정상 세포도 가지고 있다는 것이 발견되어 빛을 잃었다. 몇몇 복잡한 바이러스들은 실제로 바이러스-특이성 종양유전자를 포함하고 있지만, 급성 형질전환 역전사 바이러스들은 사실 형질도입 벡터이다: 그들은 감염된 세포로부터 무작위로 유전자를 선발하고, 그들을 그들이 감염시킨 다음 세포에 전달한다. 형질 도입된 유전자는 정상 바이러스성 유전체의 일부로 대체되고, 그 바이러스는 복제-결함성 바이러스가 된다.

형질 전환 된 세포의 바이러스 종양유전자와 그렇지 않은 정상 세포성 유전자 사이에는 확실한 몇 가지의 차이가 있다. 바이러스성 종양유전자는 세포성 유전자(**proto-oncogene**, **원종양유전자**)의 활성화된 버전이다. 원종양유전자란 용어는 종종 현대의 연구 문헌에서는 무시되어 보통 간단하게 종양유전자로 불린다. 그러나 활성화된 그리고 비활성화된 형태 사이의 구분은 어렵다.

종양유전자의 기능과 활성화

발암현상의 분자적 이해에서 가장 중요한 큰 진전은 1980년대에 세포성 종양유전자의 정상적 기능이 밝혀졌을 때 이루어졌다. *표 12.1*에서와 같이 이 유전자들은 정상, 즉 비활성 상태일 때 세포의 증식을 조절하는 역할을 한다. 정상의 기능을 할 때, 병원성으로 활성화된 버전의 이들 유전자들이 종양성을 갖게 됨을 완전히 이해할 수 있다. 활성화는 기능의 획득(gain of function)을 포함한다. 이는 다양한 방법으로 이루어질 수 있다.

- *점 돌연변이(point mutation)* – 언제나 그랬듯이, 기능 획득은 특별한 돌연변이를 요구한다. 예를 들어 방광암은 *HRAS* (원)종양유전자의 p.Gly12Val의 돌연변이에 의해 유발된다. 세 개의 인간 *RAS* 유전자(*KRAS, HRAS, NRAS*)들이 유전자 발현의 변화를 유도하는 세포 내 단계적 신호전달(RAS→RAF→MEK→MAPK)을 활성화 시키는 작은 GTPase를 암호화한다. 기능 획득 돌연변이는 목표 유전자의 과도한 발현을 유도하는 고활성화 버전의 GTPase를 생산한다.
- *증폭(Amplification)* – 몇몇 종양들은 대부분 종양유전자가 직렬로 반복된 복제본(tandemly repeated copies)을 가지고 있으며, 어떤 때는 작은 여분의 염색체를 갖기도 하고, 종종 염색체 내의 단편의 중복을 일으킨다. 예를 들어 *MYC* 종양유전자는 종양에서 빈번하게 증폭된다.
- *염색체 재배열(chromosomal rearrangements)*는 새로운 혼합 유전자(chimeric gene)를 만들기 위해 두 개의 멀리 떨어진 유전자의 엑손(exon)을 인접하게 붙일 수 있다. 위에서 언급한 것과 같이, 암세포는 일반적으로 많은 염색체 비정상성을 갖는다. 대부분의 고난도 연구들이 개개의 종양유형들의 특정한 변화를 증명하고 많은 양의 무작위적 변화로부터 그들을 구별하는 데에 전념해왔다. 이런 변화들에 대한 연구는 고형종양보다 연구하기가 수월한 백혈병에서 대부분 확인되어왔다. *표 12.2*에 이러한 예를 들었으며, *Box 12.3*은 잘 알려진 사례 하나를 설명하고 있다. 이런 재배열은 염색체 절단점 부위를 클로닝하여 혼합 유전자를 찾아내고, 여러 가지 종양유전자들을 발견하도록 하므로 예외적으로 흥미롭다. 몇몇 유전자는 많은 다른 재배열을 포함한다 – 11q23에 위치한 *MLL* 유전자는 백혈병 환자에서 30가지 이상의 다른 결합 파트너로 주목되고 있다. 특이하게 재배열된 유전자들을 테스트하는 것은 암의 분자적 진단의 중요한 부분이다. Tierney family(증례 20)의 경우와 같이 종종 혼합 종양유전자를 정의하는 것은 예후와 치료를 위한 지침을 제공한다. 또한 혼합 유전자의 기능의 연구는 종양생물학을 이해하기 위한 중요한 단초를 제공한다.
- *염색체 재배열은 전사적으로 고도로 활동적인 지역의 염색사로 종양유전자를 이동함으로서 발현을 증가(up-regulate expression)*시킬 수 있다. 고전적인 사례로 턱에 영향을 끼치는 유년기 종양으로 아프리카에서 주로 발견되는 Burkitt' s lymphoma가 있다. 이것의 발생률은 말라리아와 Epstein-Barr virus의 감염과 관계 있다. 종양 세포는 체세포에서 생기는 특이한 균형 상호전좌 t[8;14][q24,q32]를 보인다. *그림 12.5*의 전좌 효과는 8번 염색체로부터 *MYC* 종양유전자를 14번 염색체에 있는 *IGH* 면역글로불린 H사슬 유전자와 이웃하도록 이동시킨다. 대부분의 종양-특이적 재배열과 다르게 이 이동은 혼합 유전자를 만들어내지 않는다. 그러나 림프구에서 IGH는 매우 높은 수준으로 발현되므로 전좌된 *MYC*가 높게 과발현되어 림프종이 된다. 때때로 교호 전좌(alternative translocation)는 *MYC*를 2번이나 22번 염색체의 면역글로불린 L사슬(Immunoglobulin light chain)로 이동시킨다.

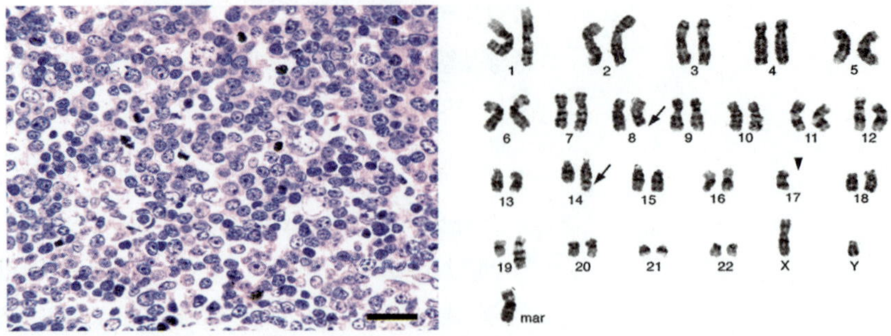

(a) (b)

그림 12.5 - Burkitt의 림프종.

(a) 조직학적 사진, (b) 특징적인 8;14 전좌가 있는 핵형. 추가적인 염색체의 비정상성이 또한 존재하는데 이것은 보통 신생종양에서 흔한 사례이다. *Molecular Cancer*로부터 제공, **2**: 30; ⓒ 2003 Duensing *et al.*; licensee BioMed Central Ltd.

표 12.2 - 혼합 유전자를 만드는 종양-특이적 염색체 균형재배열

재배열	유전자	질환
t(1;22)(p13;q13)	*RBM15/MKL1*	급성거핵모세포백혈병 [FAB-M7]
t(2;13)(q35;q14)	*PAX3/FKHR*	포상 횡문근육종
t(3;8)(p21;q12)	*PLAG1/CTNNB1*	다형성 침샘 아데노마
inv(3)(q21q26)	*RPN1/EVI1*	성숙이 안되는 AML [FAB-M1]
t(4;11)(q21;q23)	*MLL/AFF*	ALL/림프모세포 림프종
t(6;11)(q27;q23)	*MLL/MLLT4*	AMML (FAB-M4)
t(9;11)(p22;q23)	*MLL/AF9*	ALL/림프모 림포종
t(11;19)(q23;p13)	*MLL/MLLT1*	ALL/림프모 림프종
t(7;11)(p15;p15)	*NUP98/HOXA11, HOXA13, HOXA9*	성숙이 안되는 AML [FAB-M2]
t(9;22)(q34;q11)	*BCR/ABL1*	만성 골수성 백혈병
t(11;14)(q13;q32)	*IGH/CCND1*	만성 림프모 백혈병 Mantle 세포 림프종
t(15;17)(q22;q12)	*PML/RARA*	급성전골 백혈병 [FAB-M3]
t(12;16)(q13;p11)	*FUS/DDIT3*	지방육종
inv(16)(p13q22)	*CBFB/MYH11*	AMML[FAB-M4]
t(X;18)(p11;q11)	*SS18/SSX1, SSX2, SSX4*	활액막육종
t(14;18)(q32;q21)	*IGH/BCL2*	여포형 림프종
t(12;21)(p13;q22)	*ETV6 (TEL)/RUNX1 (AML1)*	ALL/림프모 림프종
t(8;21)(q22;q22)	*RUNX1/ETO*	성숙이 안되는 AML [FAB-M2]

Dr. Felix Mitelman이 기초한 염색체 재배열 데이터베이스 (http://cgap.nci.nih.gov/Chromosomes/Recurrent/Aberrations) 참조 바람.

백혈병과 림프종들은 단일 클론으로부터 유래하고 고형 종양보다 세포유전학적인 연구에 적합하여 이들 질환에 대한 염색체 재배열을 설명함. ALL, acute lymphoblastic leukemia (급성 림프모 백혈병); AML, Acute myeloblastic leukemia (급성 골수모세포 백혈병); AMML, acute myelomonocytic leukemia (급성 단핵구성 백혈병).

Box 12.3

필라델피아 염색체와 키메라 BCR-ABL 유전자

만성 골수성 백혈병(chronic myeloid leukemia, CML)의 환자 90% 이상은 림프세포들이 비정상적인 작은 염색체인 필라델피아(Ph[1]) 염색체를 가지고 있다 (*그림 1*). 필라델피아 염색체가 존재하지 않는 CML이 의심되는 환자들의 진단에는 충분히 일관적인 질환의 특징을 이용한다. Ph[1] 염색체는 9번과 22번 염색체간의 균형상호전좌인 t[9;22][q32.1;q11.2]의 결과 생성된다. 전좌 연접은 9번 염색체로부터 *ABL* 유전자의 3'을 22번 염색체의 *BCR* 유전자 5 '에 연결함으로써 Ph[1] 염색체에 새로운 키메라 유전자를 창조한다. 그 결과 *BCR-ABL* 유전자는 *BCR*의 엑손 1번을 항상 포함하고, 다음 10번 혹은 *ABL*의 엑손 2-11번에 연결된 그 엑손을 흔히 포함한다 (*그림 2*).

ABL는 종양유전자로서 Abelson 생쥐 육종에서 분리된 급성 형질전환 레트로바이러스에서 처음으로 분리되었다 (*표12.1*). 이 유전자 산물은 세포의 성장을 조절하는 신호전달 체계의 한 부분인 타이로신 키나아제이다. 타이로신 키나아제의 활성은 1번 엑손에 의해 암호화되는 도메인 부근의 한 부분에 의해 타이트하게 조절된다. 이 키메라 유전자는 전사되고, 번역되어 항상 활성을 갖는 타이로신 키나아제를 생성한다. 이러한 기능 획득 돌연변이 같은 것은 중요한 성장 조절에서 세포분열 조절이 안되도록 세포를 변화시킨다.

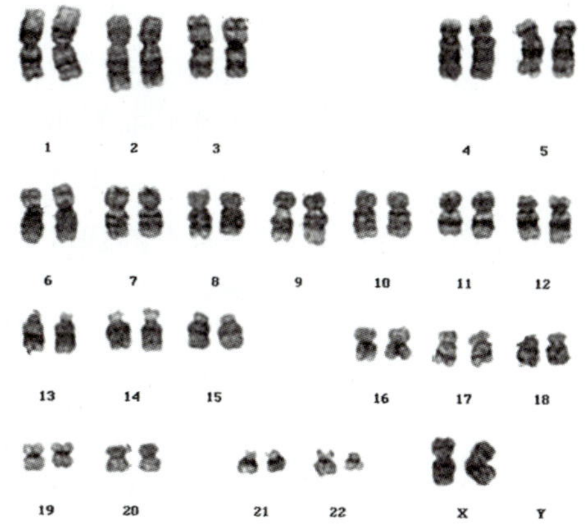

그림 1 - t[9,22]를 갖는 중기 세포의 핵형
비정상적인 9번과 22번 염색체(필라델피아 염색체)는 각 쌍의 왼쪽에 있다. 사진제공; Dr Christine Harrison, University of Southampton.

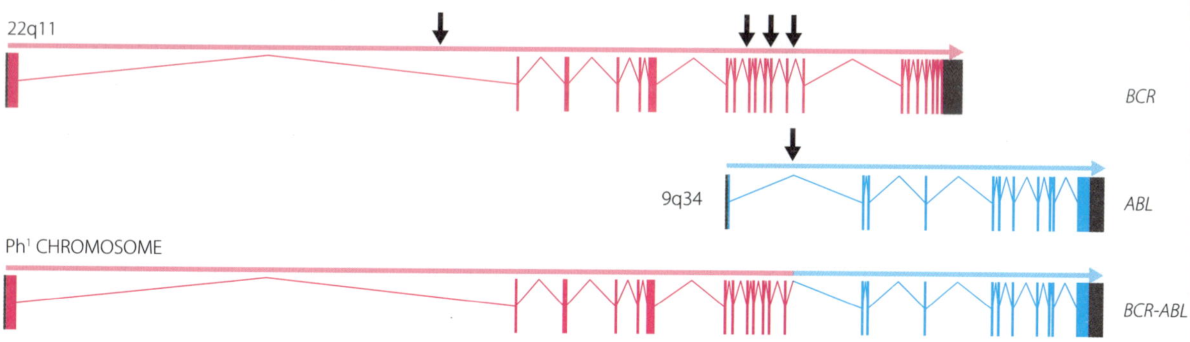

그림 2 - *BCR*과 *ABL*유 전자가 결합하여 *BCR-ABL* 키메라 유전자를 만든다. *BCR*의 절단점은 다른 인트론들에서 일어날 수도 있다.

이미 *8장* 에서 언급했듯이 비정상적인 타이로신 키나아제가 CML의 매우 특징적인 부분이기 때문에 이를 특이하게 목표로 하는 약품은 CML 환자에게서 증상의 완화시키는데 매우 효과적이라는 것이 알려졌다.

종양 억제 유전자

드문 형태의 유전성 암은 우리의 암 발생을 이해하는데 매우 중요하다. 1971년 Alfred Knudson은 유전성 암과 비유전적인 돌발성 암 사이의 관계에 대한 가설을 제시하였다. 그는 종양 형성을 결정하는 초기 단계는 종양개시 세포에서 두 개의 'hits'에 의해 결정된다고 가정하였다 – 이러한 'hits'는 간단한 돌연변이 이거나 별개의 유전적 변이이다. 돌발성 암에서 두 개의 hits는 각각 낮은 개연성을 가지고 우연히 발생한다. 가족성 암에서 하나의 hit는 유전되는 것이다. 암에 걸리기 쉬운 사람은 모든 세포들에서 하나의 hit를 가지고 있으므로, 이들이 종양세포로 발전하기 위해서는 추가적인 hit에 의해서 암이 발생하게 되는 것이다. 가족성 민감성은 우성 인자로서 양친 중 한 명으로부터 유전된다. 어떤 세포가 종양으로 발전되는 세포적인 표현형은 열성으로서 두 번의 hits에 의해서 종양세포가 된다 (이것은 우성과 열성이 표현형의 특성으로서 유전자 또는 돌연변이의 표현형이 아니라는 것을 암시하는 유익한 예이다. *그림 1.13* 참조).

Knudson은 그의 가설을 희귀 소아종양인 망막아종(RB)과 관련하여 설명했다. RB는 한쪽 눈이나 혹은 양쪽 눈 모두에서 발병할 수 있는데, 추가적인 설득력있는 관측으로 가족성의 형태는 양쪽성인 반면, 급성 RB는 항상 한쪽 성이라는 것이다. 유방암 발생도 이와 비슷하다. 가족성 RB에서 때때로 다발성 비의존적 종양이 한쪽 눈에서 일어날 수 있다. 분명히 가족성 RB를 가진 사람들에서 망막아종은 악성으로 발전될 가능성이 매우 높다 – 하지만 표적 세포의 집단 크기를 고려해 보았을 때 형질 변환 등과의 개연성이 전형적인 돌연변이 비율과 모순되지 않는다 (*그림12.6*)

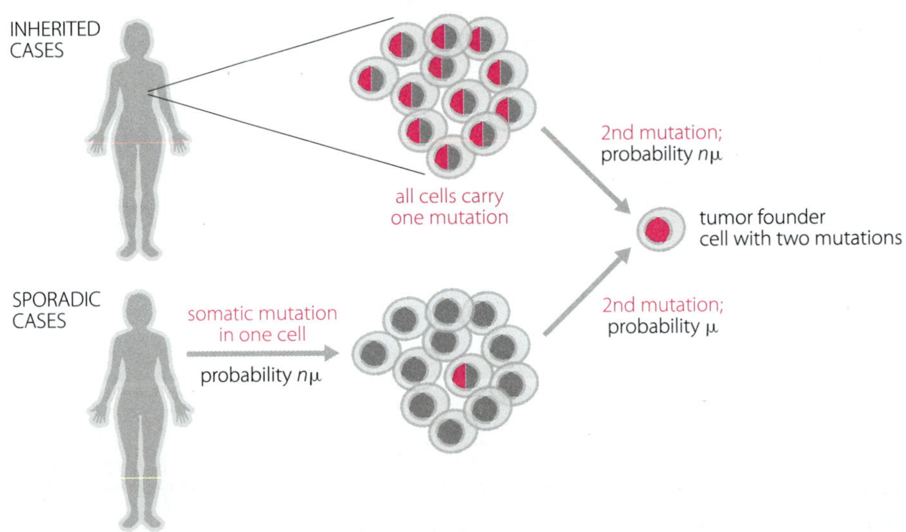

그림 12.6 - 동일한 종양에서 우발적 형태와 유전적 형태의 종양들간 관계
타겟 조직은 n개의 세포를 가지고 있으며 한 개의 세포에서 종양 억제 유전자의 기능 상실성 돌연변이가 일어날 확률은 μ이다.

두 hit 가설의 증명

1983년 Cavenee 등에 의해 발표된 세미나 논문은 RB에 관한 Knudson의 가설이 어떻게 증명될 수 있는지를 보여주었고, 그 후 20년 동안의 가족성 암에서의 연구를 위한 의제를 제시했다. RB에서 'hit'은 13번 염색체의 비정상성과 가족성 RB가 함께 유전되므로 13번 염색체에 있으리라고 추측되었다. Cavenee와 그의 동료들은 산발성 RB를 가진 환자들의 종양으로부터 세포와 DNA를 모았다. 세포유전학적 분석과 13번 염색체로부터의 프로브를 이용하여 Southern blotting을 수행한 결과 그들은 같은 환자로부터 유래한 종양세포와 정상세포 간의 차이가 있음을 발견했다. 세포유전학적 분석은 종양 세포에서는 13번 염색체가 결핍되거나 여분의 복제본을 갖는 것을 보였다. Southern blotting은 몇몇 경우에서, 환자의 정상 [혈액] DNA가 다형성(polymorphism)이 이형접합형이고, 종양 세포에서는 동형접합임을 보여주었다. 종양세포들의 세포 유전학적 관찰과 이형접합 소실 간에 관련성이 있는 것을 보고, 연구자들은 Knudson의 'hits' 중 한 개가 발생하는데 있어서의 염색체적 메커니즘에 대한 설득력있는 설명을 제공하였다 (*그림12.7*).

이후의 연구는 유전적 증례들에서 두 번째 hit가 항상 정상적인 서열을 제거하는 것으로서 활동한다는 것의 추가적인 증거들을 보여 주었다. 환자들은 망막아세포종을 가진 가족으로부터 유전 받은 DNA 서열만을 종양세포들에서 가지고 있었다. 몇 년 후, *RB1* 유전자가 클로닝되고, PCR로 돌연변이를 검사하는 것이 가능해졌을 때, 다양한 기능 상실 돌연변이들이 유전되는 RB-민감성 대립유전자에서 확인되었다. 획득된 체세포성 돌연변이는 적절한 염색체 비정상성이 없는 종양의 야생형 유전자에서 증명될 수 있다.

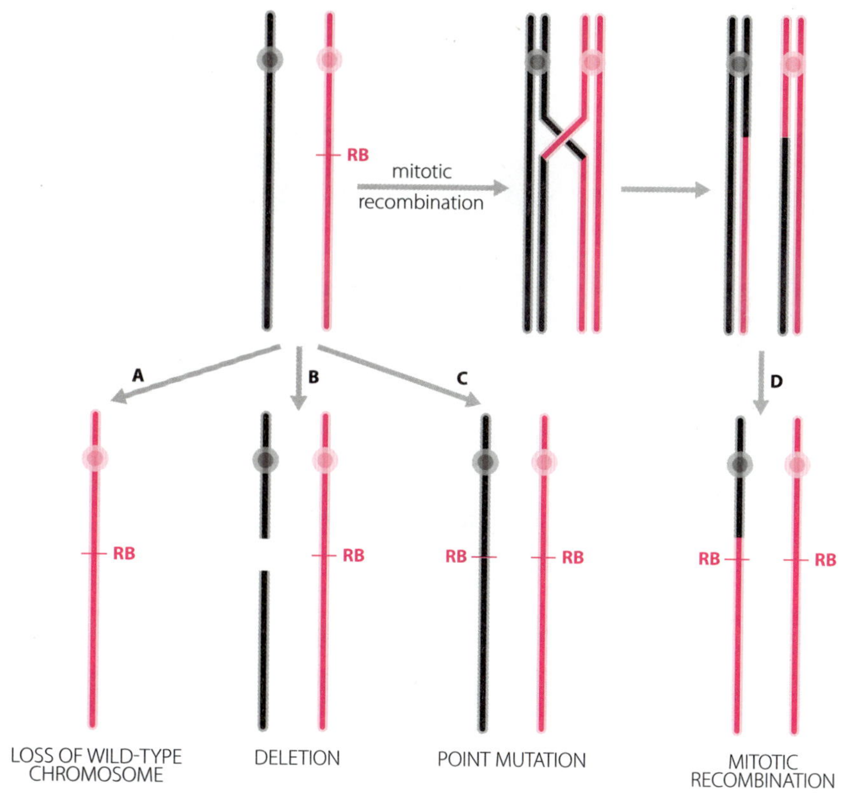

그림 12.7 - 망막아세포종 발생 기작

초기의 돌연변이는 유전성이거나 체세포성이다. 기작 A, B, D는 이형접합의 손실을 초래한다. (B에서는 표지 유전자가 RB와 가까운 위치에 존재, D에서는 *RB*로부터 말단의 표지유전자 교차). Cavenee의 최초의 연구에서 몇몇 종양은 기작 A에 의해 야생형 염색체가 소실된 후 염색체 13의 남은 복제본이 중복되었다.

RB 연구는 종양억제 유전자의 존재를 증명하고, 가족성 암 증후군의 기초를 설명하는 '두 개의 hit 가설'을 보여주었다. 이것은 종양 억제 유전자를 확인하는 두 가지 방법에 대해 제안하였다:

- 같은 환자에서 얻은 종양과 조직의[혈액] DNA를 비교함으로써 산발성 종양에서 염색체 지역에서의 이형접합 소실을 확인.
- 가족성 암에서 유전자의 돌연변이의 mapping 과 위치적 클로닝

이형접합 소실 분석은 많은 양의 연구로부터 실망스러운 결과를 낳고 있다. 문제는 종양으로 완전히 발전된 세포들이 너무 많은 염색체적 변화를 가진 이종적인 세포들의 집합으로서 어떤 특정한 염색체 부분의 소실을 확실하게 동정하는 것이 매우 어렵다는 것이다. CGH array의 도입(*그림4.7* 참조)은 종양 세포에서의 유전적인 변화에 대한 폭넓은 유전체 분석을 가능하게 하므로 이와 같은 연구를 더 생산적으로 만들게 할 수 있다. 한편 가족 연관분석법으로 여러 가지 가족성 암 증후군에서 유전적 민감성을 확인할 수 있게 하였다. 일단 원인이 되는 유전자가 확인이 되면 산발성 종양은 같은 유전자에서 돌연변이를 확인할 수 있다. 이런 방법으로 많은 수의 종양 억제 유전자들이 확인되었다 (*표 12.3.*)

표 12.3 - 종양 억제 유전자에서 유전되는 돌연변이를 가진 가족성 암 증후군

증후군	OMIM number	유전자	위치
망막모세포종	180200	*RB1*	13q14
가족성 선종성 용종증	175100	*APC*	5q21
유전성 비용종증 대장암	120435 120436	*MSH2* *MLH1*	2p22 3p21
가족성 유방암	113705 600185	*BRCA1* *BRCA2*	17q21 13q12
리-프라우메니 증후군	151623	*TP53*	17p13
고르린 증후군	109400	*PTC*	9q22
모세혈관 확장성 운동실조증	208900	*ATM*	11q23
신경섬유종증 1	162200	*NF1*	17q11
신경섬유종증 2	101000	*NF2*	22q12
히펠-린도병	193300	*VHL*	3p25
다발성 내분비 신생물 1	131100	*MEN1*	11q13
다발성 내분비 신생물 2	171400	*RET*	10q11
가족성 흑색종	155601	*CDKN2A*	9p21

종양 억제 유전자의 전형적인 기능

종양억제 유전자는 세포 성장을 억제하는 역할을 하고 세포분열의 다양한 점검점(checkpoints)과 조절에 관여한다. 중심 영역의 두 형태는 세포 주기 점검점과 세포 사멸(apoptosis)의 조절이다.

연속적인 세포 성장의 세트에서 세포 주기는 4개의 단계로 나눌 수 있다 (*그림12.8*). 그 주기를 통한 진행은 일련의 점검점들에 의해 조절 되어진다. 이러한 점검점들은 다음과 같다.

- *G1–S 점검점* – 세포는 모든 손상된 DNA가 수리될 때까지 복제를 시작하지 않는다; 수선될 수 없는 DNA를 갖고 있는 세포는 세포사멸에 의해 자멸된다.
- *S–기 점검점* – DNA가 복제하는 동안 점검점은 다음과 같이 진행된다; 다른 복제 개시점은 S기 동안 다른 시기에 활성화되며, 점검점은 DNA 손상이 있으면 새로운 개시점에 복제가 개시되는 것을 막는다.
- *G2/M 점검점*은 수선되지 않은 DNA손상이 있을 때 세포가 체세포분열을 개시하는 것을 방지한다.
- *방추사 점검점*은 분열 후기에 모든 염색체 동원체에 방추사가 부착될 때까지 염색 분체의 분리를 막는다.

앞의 세 점검점은 특히 두 가닥 절단(double–strand break)에 의한 DNA손상을 탐색하는 기구에 다른 하류 반응(downstream response)을 갖는다. 이 기구는 몇몇의 종양억제유전자를 포함한다. 점검점 메커니즘은 진화를 통하여 강하게 보존되었다. 우리가 이해하고 있는 사람의 세포주기 조절에 대한 대부분의 연구자료는 모델 생물들 특히 효모의 연구로부터 왔다. 이 조절을 해명한 업적으로 Leland Hartwell, Tim Hunt 그리고 Paul Nurse등이 2001년 노벨 의학상을 수상했다. (그들의 연구는 다음의 웹사이트에서 볼 수 있다 http://nobelprize.org/medicine/laureates/2001/). 세포주기의 진행은 사이클린(cyclin)에 의해 부분적으로 조절된다. 세포 내에서 사이클린 단백질 family의

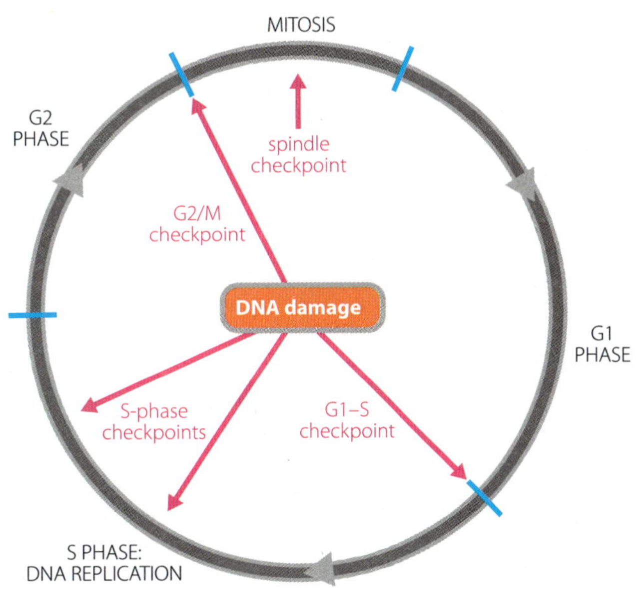

그림 12.8 - 세포주기와 점검점들

수준은 주기의 각 단계에 따라서 변동한다. 사이클린은 사이클린-의존 키나아제를 연속적으로 활성화 시킴으로써 작동한다. 특정한 CDK 저해제는 사이클린을 방해한다.

특히 G1-S 점검점은 종양 억제 유전자의 중요한 포인트이다 (*Box 12.4*).

- *RB 단백질(pRB)*은 G1기를 지나 S기에 들어갈 때 필요한 여러가지 유전자의 발현을 유도하는 전사단백질인 E2F와 결합하여 그의 기능을 저해한다. CDK에 의한 pRB의 인산화는 그것을 불활성화 시키며 활성화된 E2F를 방출시킨다.
- *TP53 유전자*의 산물인 *p53*은 보통 MDM2에 의해 결합하여 분해된다. p53은 *MDM2*의 전사를 촉진하고, 그에 의해 매우 낮은 수준으로 p53스스로의 활동을 조절한다. p53의 수준을 높이므로서 다양한 신호들이 *MDM2*를 불활성화 시킨다. 상황에 따라서 이것은 p21의 활성에 의해 세포 주기를 정지시키거나 세포를 사멸로 이르게 한다. p53은 모든 암세포에서 높은 비율로 체세포 돌연변이에 의해 불활성화 된다; 유전성 돌연변이들이 Li-Fraumeni 가족성 암 증후군을 야기시킨다.

Box 12.4

G1-S 점검점

세포 주기를 통한 세포분열은 독특한 사이클린 단백질들의 효용성에 의해 일차적으로 조절된다. 이들은 CDKs를 활성화시킨다. 키나아제들은 하위의 신호전달 체제의 타겟트들을 인산화시킴으로서 조절자 역할을 한다; 그들은 동족의 사이클린들의 효용성과 다양한 저해제에 의해 조절된다. G1기를 통해 S기로 들어가는 과정은 그들의 키나아제를 가진 사이클린 D와 E에 의해 좌우된다. 상류의 복잡한 신호망 조절자들은 그들의 활성도를 조절한다. 아래 그림은 복잡한 신호망의 일부만을 보여주며, 더 자세한 것은 세포 생물학 교재에서 확인할 수 있다.

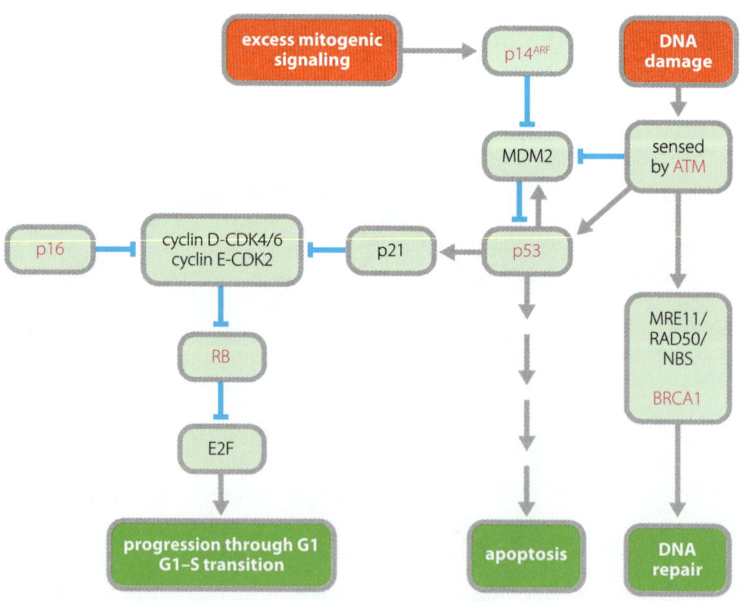

G1-S 진행을 조절하는 상호작용들과 조절자들. 가족을 통하여 유전되는 종양억제 유전자들은 붉은 글씨로 나타내었다. ─┤ 은 억제 행동을 나타내며 ──▶ 은 조장 행동을 나타낸다.

EXON 2 OF p16/INK4A

GT	CAT	GAT	GAT	GGG	CAG	CGC	CCG	AGT	GGC	GGA	GCT	GCT	GCT	GCT
Gly	His	Asp	Asp	Gly	Gln	Arg	Pro	Ser	Gly	Gly	Ala	Ala	Ala	Ala

EXON 2 OF p14ARF

GTC	ATG	ATG	ATG	GGC	AGC	GCC	CGA	GTG	GCG	GAG	CTG	CTG	CTG	CTC
Val	Met	Met	Met	Gly	Ser	Ala	Arg	Val	Ala	Glu	Leu	Leu	Leu	Leu

그림12.9 - *CDKN2A* 유전자는 세포 주기 조절 기능을 가진 완전히 다른 두 개의 단백질, p16과 $p14^{ARF}$, 를 암호화한다.
*CDKN2A*는 빈번하게 종양 세포에서 결실이 일어난다. ARF; alternate reading frame (대체적 해독틀)

- P16과 $p14^{ARF}$는 모두 동일한 유전자 *CDKN2A*의 산물이다 (*그림12.9*). 대체적 프로모터들에 의한 첫 번째 엑손이나 두 번째 엑손의 사용으로 다른 해독틀이 만들어지고 해독됨으로 아미노산 서열의 상동성이 높은 두 가지의 폴리펩디드를 생산한다. 놀랍게도 이들 두 개의 단백질들은 모두 세포주기를 조절한다. 이 유전자의 결실은 세포주기의 조절을 매우 효과적으로 혼란시키며, 이와 같은 사건은 종양 세포에서 흔히 발생된다. P16은 사이클린-의존 키나아제 저해제이다. 유전성 p16 돌연변이들이 종종 가족성 흑색종(melanomas)에서 발견된다; 이들 돌연변이들은 오직 p16 생산물에만 영향을 끼친다. $P14^{ARF}$에만 영향을 끼치는 유전성 돌연변이는 매우 흔치 않지만 p14 프로모터는 종종 종양에서 후성유전학적으로 침묵(silencing) 된다.
- *ATM 단백질*은 DNA 이중 가닥 절단의 일차적 감지기이다. 활성화된 ATM은 MDM2(비활성된 형태), p53, CHK2, BRCA1과 MRE11/RAD50/NBS DNA 수리 복합체를 포함한 여러 가지 단백질을 인산화 시킨다 (이 모두는 인산화로 인해 활성화된다).

종양 억제 유전자들 중 일부는 극도로 큰 단백질을 암호화하고 있다는 것은 주목할만하다. *APC* (2843 아미노산 잔기), *ATM* (3065 잔기), *BRCA1* (1863 잔기), *BRCA2* (3418 잔기), *NF1* (2835 잔기)에 의해 암호화되는 단백질이 이러한 종류의 종양 억제유전자들에 포함된다. 모든 종양억제 유전자가 큰 단백질을 암호화 하지는 않으며 (*CDKN2A* 유전자의 두 가지 산물은 156과 173개의 아미노산을 가진 폴리펩디드 잔기들이다), 큰 단백질이 모두 암 발생에서 어떤 역할을 하는 것도 아니다 [가장 큰 단백질로 알려진 단백질 중 몇몇은 3685개의 잔기를 가진 디스트로핀(dystrophin)과 19946개의 잔기를 가진 티틴(titin)과 같은 근육 구조성 단백질이다]. 그럼에도 불구하고, *표12.3*은 매우 큰 비-구조성 단백질을 암호화하는 유전자의 기능상실이 암 발생에 빈번하게 연루되어 있음을 보여준다. 사실 이런 단백질은 종종 비록 현미경에서 관찰되지는 않지만 분자적 수준에서 구조적 역할을 갖는다. 그들은 다른 많은 단백질들과 상호작용하며, 여러 가지 세포적 작업을 실행하는 거대한 다중-단백질 장치를 조립하기 위한 뼈대구조(scaffold)를 제공된다. 세포 내의 상호작용의 정보망에서 교점과 같은 곳에 기능의 상실이 생긴다면 아마도 이것은 정상적인 세포 기능을 저해하는 강력한 방법이 될 것이다.

자포자기의 해결법: 세포 사멸

세포 사멸은 정상적인 발생(예, 배 발생과정 중에 손의 손가락의 분리 시키는 것 등)에 중요한 역할을 할 뿐 아니라, 다양한 비정상적인 세포 상태에 의해 자극되는 특수한 활동적 과정이다. 이 기작은 caspase라 불리는 단백질분해효소의 단계적 반응 활성화를 포함한다. Caspase는 미토콘드리아의 혼란을 통해 cytochrome C을 방출하거나 자살 수용체(death receptor)라 불리는 수용체에 연결된 FAS 단백질의 활동을 통해 활성화될 수 있다. 유력한 자살 기작은 엄격한 조절 하에 자연스럽게 유지될 필요가 있으며, 세포 사멸을 위한 조절 회로는 극도로 복잡하다.

세포사멸을 유도할 수 있는 조건들 중에는 회복 불가능한 DNA 손상과 과도한 성장 신호가 있다. p53 단백질은 이 과정들에 중심적인 연결고리이다. 이것은 특정 잔기들의 인산화 또는 그것의 저해제인 MDM2의 불활성화에 의해 활성화 된다. *Box 12.4*에서 보듯, p53은 세포 주기 정지를 촉진하는 p21 단백질의 발현을 자극한다. P53 단백질은 또한 미토콘드리아와 FAS-매개를 통한 세포 사멸 경로에 포함된 몇몇 단백질의 발현도 유도한다. 모든 이 과정들에서 p53의 주요한 역할로 인해, p53은 '유전체의 보호자' 라는 꼬리표를 받았다. *TP53*은 모든 암에서 가장 빈번하게 돌연변이가 일어나는 유전자중의 하나이다.

12.3. **환자 조사하기**

증례 20 | Tierney 가족 | 200 | 213 | **310** | 376

- Jason; 4살 소년
- Pale; 광범위한 빈맥(tachycardia)과 타박(bruising)을 가짐
- ? 급성 림프성 백혈병
- 골수 검사와 진단
- 6-mercaptopurine 치료에 전에 TPMT 효소 분석

유년기 급성 림프구성 백혈병(Childhood acute lymphoblastic leukemia,cALL)은 B-세포 전구체 혹은 줄기세포의 신생종양이다. 약 25%의 증례들은 21q22.3과 12p13에서 절단점을 가지는 상호의 12;21 상호 균형 전좌를 갖는다. 전좌 접합점에서 *TEL* (*ETV-6*) 유전자의 5' 부분과 *AML1* (*RUNX1* 혹은 *CBFA2*) 유전자의 거의 대부분이 연결된 융합 유전자가 생성된다. 생쥐에서 유전자 기능상실 변이 실험 결과 *TEL*과 *AML*은 혈액공급을 위한 특정한 유전자들이라는 것이 알려졌다. 이들은 전사요소를 암호화하고 있다. *AML1*은 조혈성 줄기세포 형성의 중심 조절자인 핵심 결합 인자의 알파-소단위를 암호화한다. 이 융합은 정상적 AML-매개 전사 활성도를 저해하여, 조혈성 줄기세포가 자기재생과 분화하는 능력에 변이를 준다. 이들 두 유전자는 림프성 백혈병과 골수성 백혈병에서 키나아제나 전사 요소를 암호화하는 다양한 다른 유전자를 가진 융합 파트너로서 발견되었다. *TEL-AML1* 융합은 B-세포 전구세포 ALL에서 독특하게 나타난다.

염색이 열게 되는 선단 말단립 염색체 지역에 있는 *TEL/AML1* 절단점은 관행적인 방법에 의한 핵형분석에 의해 전좌를 동정하는데 어려움을 준다. 이때에는 FISH 방법으로 진단한다. Jason으로부터 얻은 간기 세포에 *TEL*과 *AML1* 유전자를 다른 형광색으로 표지하여 분자교잡 시킨다. *TEL* 유전자로 표지된 형광이 항상 *AML1*을 표지한 형광과 인접하여 나타나면 *TEL/AML1* 융합 유전자가 있다는 것을 보여주는 것이다 (*그림 12.10*). 이 것은 *TEL* 재배열을 가진 환자들은 보통 화학요법에 뛰어난 반응을 보이기 때문에 좋은 소식이다. 8장에서 설명한 것과 같이, 유도와 통합 치료가 성공적이지만, Jason은 6-mercaptopurine을 사용하는 약들 중 하나에 매우 민감하게 만드는 티오퓨린

메틸트랜스퍼라아제(TPMT) 결핍을 갖고 있기 때문에 그의 장기간 지속 치료에는 초기부터 문제가 있다. 그는 적당히 낮은 양의 약을 복용하므로서 건강하고 질병에서 해방되었다.

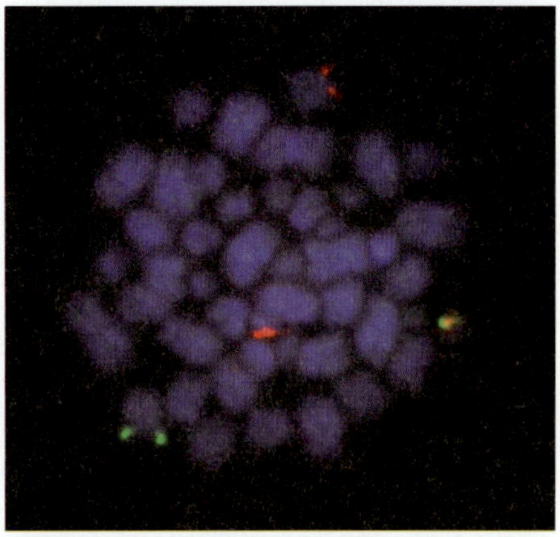

그림 12.10 - *TEL-AML1* 혼합 유전자를 가진 중기 세포
녹색 신호는 정상 염색체 12번에 있으며, 붉은 신호 한 쌍은 정상적인 21번 염색체에 있으며 한 쌍은 파생된 12번 염색체에 있다. 노란색 *TEL-AML1* 혼합 신호는 파생된 21번 염색체에서 나타난다. 사진. Courtesy of Dr Christine Harrison, University of Southampton.

증례 23 Wilson 가족 293 311 376

- ? 가족성 유방암
- 돌연변이 검출을 위한 DNA 검사

미국과 영국에 사는 여인 8명 중 한 명은 일생 동안 유방암을 가지게 되므로 한 명 이상의 유방암 환자를 가진 가족을 보는 것은 흔한 일이다. 유방암 환자들 중에 5-10%는 자매나 엄마가 유방암을 가지고 있으며 이보다 두 배 정도의 비율로 일차적 또는 이차적 친척들이 유방암을 가지고 있다. 이러한 증례들 중 많은 것들은 우연히 같이 나타나기도 하지만 약 5-10% 정도의 가족들에서 이 질환은 유전적이다. 1990년에 여러 명의 유방암 환자를 가진 가족들의 증례들을 대규모로 수집하여 연관 분석을 실시한 결과 초기-발생 유방암의 감수성 대립유전자가 17번 염색체에 존재함이 밝혀졌다. 4년 동안의 집중적인 연구로 위치 클로닝 방법으로 *BRCA1* 유전자를 분리하는데 성공하였다. *BRCA1*-네가티브 가족들을 이용한 차후의 연구에서 *BRCA2* 유전자가 13번 염색체에 존재한다는 것이 밝혀졌다.

*BRCA1*과 *BRCA2*는 커다란 유전자들이다 (그림12.11). *BRCA1*은 24개의 엑손으로 이루어져 있고 1863개의 아미노산을 암호화하고 있으며, *BRCA2*는 28개의 엑손으로 이루어져 있고 3418개의 아미노산을 암호화하고 있다. 앞에서 언급했듯이, 큰 단백질들은 여러 가지 기능을 가지며 다른 많은 인자들과 상호작용을 한다. 세포에서 이런 단백질들의 역할에 대한 이해는 여전히 매우 불완전하다. 주요 역할의 하나는 DNA 손상을 탐색하고 이것을 세포 주기 점검점에 전달하는 것이다. 이 단백질이 또한 전사 조절에서도 역할을 한다는 증거도 있다. *BRCA1*과 *BRCA2*는 종양억제 유전자로서 행동하며, 몇 몇 가족 증례들의 경우에서 유전성이 있는 기능상실 돌연변이로 행동하고 가족성 종양의 증례에서는 남아있는 야생형 대립유전자의 상실 혹은 불활성화를 보인다. 그러나 희한하게도, 비록 10-15%의 산발적 유방암에서 *BRCA1*이 후성유전학적으로 침묵하고 있을지라도 좀처럼 *BRCA1/2* 돌연변이를 갖지 않는다. 비록 두 개의 *BRCA1/2* 돌연변이를 가진 세포가 종양을 형성하게 될 가능성이 크다고 해도, 단일의 돌연변이를 가진 세포들이 정상세포를 초월하도록 가능성을

높일 수 없다. 이러한 경우에서 산발성 종양을 유도하는 더 높은 개연성을 갖는 다른 경로가 있다. 놀랍게도 발현 어레이 연구(expression array studies)는 *BRCA1*에 의하지 않는 돌발성 유방암에서 유전자 발현이 *BRCA1*의 침묵이나 돌연변이와 비교하여 다른 양상의 유전자 발현을 나타냈다.

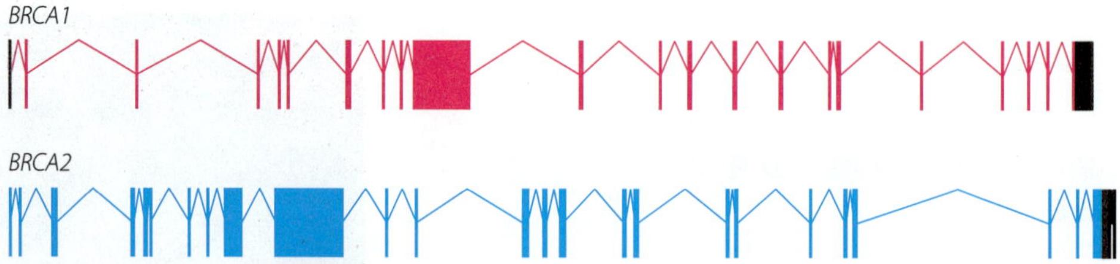

그림12.11- *BRCA1, BRCA2* 유전자들의 엑손 구조
두 유전자와 단백질은 상동성이 없으며 *그림 12.16*에서 보여주는 발현 array 연구는 그들이 세포 내에서 다른 경로들에 연루되어 있음을 나타내고 있다. 두 유전자 모두 하나의 매우 큰 중심 엑손(3426 bp와 4932bp)들을 갖고 있다.

The breast Cancer Information Core of the National Human Genome Research Institute (Http://research.nhgri.nih.gov/bic/)는 약 1500개의 *BRCA1* 유전자에 1500개 *BRCA2* 유전자에 1800개의 염기 서열 변이를 목록화 하였다. 알려지지 않은 수많은 변이들이 비병원성 변이와 공통적으로 발견되었다. 대부분의 분명한 병원성 변이들은 작은 틀변형 결실이나 삽입, 스플라이싱 지역의 돌연변이, 혹은 하나 혹은 그 이상의 엑손의 결실이 있다. 그들은 유전자를 검색해 내는 표준적인 어떤 방법이나 염기서열 분석을 통해서 동정될 수 있다 (*5장* 참조). 어떤 엑손 전체가 결실되는 경우는 MLPA에 의해 가장 잘 검출된다 (*그림5.8*). 대부분의 미성숙 종결 돌연변이와 같이, 이러한 변이들은 mRNA의 nonsense-mediated decay (NMD)을 유도하는 것으로 예상된다. 그 결과 돌연변이는 끊긴 단백질(truncation protein)을 생성하지 않으므로 (혹은 매우 적은 양의 단백질을 생산하므로) 대립유전자가 없는 것처럼 행동한다.

아슈케나지 유태인(Ashkenazi Jews)은 특별한 사례이다. 세 개의 독특한 틀변형 돌연변이(*BRCA1* 유전자의 c.19delAG, c.5382insC와 *BRCA2*에서의 c.6174delT)가 이 집단에서 흔하게 발견되는데 이것은 아마 유전적 창시자 효과 때문일 것이다 (*10장*). 5318명의 건강한 아슈케나지 여성에서 조사에서 120 명(2.2%)이 3개의 돌연변이 중 하나 혹은 그 밖에 다른 돌연변이의 보인자로 발견되었다. 이 빈도는 USA 혹은 U.K의 비-아슈케나지 백인여성들의 *BRCA1/2* 돌연변이의 빈도인 0.2%와 대조적이다. 높은 빈도의 이 독특한 돌연변이는 아슈케나지인들에서 이 유전자 돌연변이가 매우 높게 나타나므로 이들에게 이 돌연변이는 매우 중요하다. 다른 인종 집단, 예로 프랑스-캐나다인, 아이슬란드인과 파키스탄인들도 또한 그들 스스로의 독특한 창시자 돌연변이를 갖고 있다.

돌연변이 보인자의 평생 동안 암발생 위험은 어림잡아 30%에서 85% 사이이다. 이러한 사실은 감수성 검사에서 흥미로운 특징들을 보여준다. 초기의 평가는 돌연변이가 처음으로 발견된 많은 수의 다중-증례 가족들을 대상으로 만들어져 졌다. 그러나 이러한 가족들은 여러 명의 유방암 환자들을 가지고 있어서 선발되었으므로 초기의 위험성 평가는 통계적으로 공정하지 않은 지우친 가족들을 대상으로 된 것이다. 집단을 기초로 하는 조사는 낮은 위험성을 보인다. 그럼에도 불구하고, 위험성은 돌연변이를 가지지 않는 사람들의 집단에 비해 확실히 높으며 높은 가족력을 가진 여성에게는 더욱 그러하다. 그러므로 돌연변이 검사에 대하여 높은 요구가 있다. 하지만 이들 유전자들은 크기가 커서 기능상실 돌연변이들이 유전자 내의 어느 곳에서나 일어날 수 있으며, 이러한 돌연변이 검사는 많은 노동이 필요하고 경비가 많이 든다. 임상의는 검사를 위한 가족을 중요시 하여야 하며 이러한 검사는 가족력에 기초하여 대개 이루어진다.

BRCA1/2 돌연변이의 표지 마커들로는 다음과 같은 것들이 있다;

- 비정상적인 초기 발병 증례들
- RB 처럼 양 쪽으로 발병하는 경우
- 남성 유방암의 증례들 (이 경우는 특히 BRCA2 돌연변이에 해당됨)
- 유방암과 난소암을 동시에 가지는 환자가 있는 가족의 증례들 (이 경우는 특히 *BRCA1* 돌연변이에 해당)

이러한 특징들의 어느 것도 *BRCA1/2*에 완전히 특이적이지는 않지만, 위험성 지수들이 위와같은 요인들에 기초하여 개발되었다. *표12.4*는 이러한 지수들을 보여주고 있다 (Evans 등 2004). 이러한 지수들은 의사가 어떤 증례들을 다룰 때 어느 정도의 확률로 *BRCA1/2* 돌연변이를 가질 지를 평가하는데 도움을 준다.

표 12.4 - 가족구성원 안에서 *BRCA1*혹은 *BRCA2* 돌연변이가 발견될 가능성을 평가하기 위한 점수 체계

암이 진단되었을 때 나이	*BRCA1* 점수	*BRCA2* 점수
유방암 여성, 〈30	6	5
유방암 여성, 30-39	4	4
유방암 여성, 40-49	3	3
유방암 여성, 50-59	2	2
유방암 여성, 〉59	1	1
유방암 남성, 〈60	5 *BRCA2*를 배제한 경우	8
유방암 남성, 〉59	5 *BRCA2*를 배제한 경우	5
난소암, 〈60	8	5 *BRCA1*을 배제한 경우
난소암, 〉59	5	5 *BRCA1*을 배제한 경우
췌장암	0	1
전립선암, 〈60	0	2
전립선암, 〉59	0	1

우성 유전하는 감수성을 가진 가족의 증례들의 점수들을 모두 합산한다. 총합 점수는 돌연변이를 찾을 수 있는 확률을 나타내는 %로 나타낸다. 자료는 Evans 등 (2004)과 BMJ Publishing Group의 허락을 득한 후 게재함.

Wilson 가족의 경우, *표12.4*의 득점 체계를 가계도(*그림 12.1a*)에 적용하면 *BRCA2* 돌연변이 확율이 18%이고 *BRCA2*이 음성일 경우 *BRCA1* 돌연변이 확율이 15%이다. 전립선 암의 경우 Wendy의 친가 쪽 조부모에서 득점을 얻지 못한다. 왜냐하면 만약 이 가족적 문제가 유전성 *BRCA1/2* 돌연변이에 의해 야기된다면, 이 가계도는 Wendy의 외가 쪽에서 야기되는 문제를 보여주기 때문이다. 남성 유방암의 존재와 난소암의 부재는 Wendy 가족이 *BRCA2* 돌연변이를 가지고 있다는 것을 강하게 시사한다. 이 가족이 얻은 점수는 이들이 DNA 분석을 실시하는데 있어서 당위성을 높여준다.

Wanda의 종양으로부터 적출한 절편을 병리학 실험실 자료로부터 회수하여 DNA를 추출하였다. 검사 결과 종양조직에서 *BRCA2*의 18번 엑손에서 단일 염기 결실이 있는 것으로 나타났다. 2766 번째 코돈을 형성하는 8424번 째의 염기 결실은 코돈 틀변형을 야기하였고, 2776 번째 코돈은 정지 코돈으로 변했다. Wanda의 정상 (혈액)DNA가 없었기 때문에 정상 조직과의 비교는 불가능하였지만 이형접합의 소실을 체크할 수는 없었을지라도, 종양 조직에서 두 번째 돌연변이는 발견되지 않았다. 산발적 종양에서는 *BRACA2* 돌연변이가 드물게 나타나므로, 종양 조직에서 이러한 돌연변이의 존재는 이들 가족이 *BRCA2* 변이를 가진다는 것을 강하게 시사하고 있다.

가족 구성원들에게 돌연변이 검사를 수행하기 전, 종양에서 발견된 돌연변이가 첫 번째 hit인지 두 번째 hit인지 발견할 필요가 있었다. 만약 그것이 두 번째 hit라면 그 일가의 돌연변이는 미확인으로 남게 된다. New Zealand에 살고 있는 Amy와 연락을 하여 Wendy와 논의하여 검사를 위한 혈액 시료를 제공할 것에 동의했다. DNA는 Amy가 살고 있는 지역의 한 유전학 서비스 기관에서 추출하였다. 혈액과는 달리 DNA는 안정하므로 일반 편지로 전 세계로 보낼 수 있다. Wendy의 유전학 센터에서 Amy의 시료로 D.8525delC에 대해 검사하는 것은 쉬운 일이었다. 결과는 양성이었다. 이제 이 가족 구성원들에서 돌연변이가 확인되었으므로 Wendy, William, Veronica는 검사를 위해 DNA시료를 제출하였다. 이 시료들은 단지 가족의 돌연변이를 확인하기 위해 검사되었다. 검사 결과 Veronica와 William은 돌연변이를 가지고 있지만 Wendy는 아니라는 것을 보여주었다.

Wendy는 위와 같은 결과를 알고 매우 안심하였지만, 그녀에게 여전히 자신이 산발성 유방암의 발생 위험이 있다는 것을 이해시키는 것이 중요하고, 그녀가 적정한 나이가 되었을 때에는 관행적인 유방암 X선 촬영 검사 프로그램에 참여하는 것이 좋다고 충고하였다. 이는 또한 유방암 위험성이 생활 양식에 의해 강하게 영향 받으며 여성들(*BRCA1/2* 돌연변이를 포함하는 보인자)이 체중 감량과 적당한 운동에 의해 약 40% 가까이 그 위험성을 줄일 수 있다는 것을 그녀에게 조언하였다. Veronica는 돌연변이 보인자이기에 높은 발병 위험을 갖고 있다. 아무것도 하지 않는 그녀를 위해 정기적인 유방암 X선 촬영 검사를 이용한 모니터링을 하고, 발생 위험을 줄일 수 있는 Tamoxifen 복용과 생활 양식의 변화 등과 함께 이보다 더 급진적 단계인 예방성 유방절제의 선택권을 주었다. 남성에서는 유방암이 드물기 때문에 William은 발병 걸릴 위험이 낮다(그의 상대적인 위험은 매우 높지만 절대적인 위험은 그래도 낮다). 반면 비록 *BRCA2* 돌연변이 보인자들이 전립선암이 발병할 위험은 보통 수준이지만 절대적인 위험도는 높으므로, 그는 규칙적인 검사를 받으라는 조언을 들었다. 그의 딸도 또한 유방암의 실질적 위험에 대해 상담을 받을 필요가 있다.

증례 24 | Xenakis 가족 | 294 | **315** | 376

- 장질환의 가족력
- ? 가족성 용종증 (FAP)

염색체 5q21-22에 있는 *APC* 유전자 (OMIM 175100)는 FAP를 야기하는 유전자로서 5q의 내부적 결실을 가진 사람들이 발병한다는 보고를 통해 위치 클로닝에 의해 분리되었다. *APC*는 전형적인 종양 억제 유전자(TS 유전자)로서 작용한다. 가족 증례들은 하나의 *APC* 돌연변이를 유전하고, 종양 조직에서 체세포적 변이로 정상적인 대립 유전자를 비활성화 시킨다. 또한, 유방암에서 *BRCA1/2*가 가진 상황과 대조적으로, *APC*의 두 대립유전자들의 돌연변이 또는 손실은 산발성 결장암의 발병 초기에서 흔한 경우이다.

APC 단백질은 2843개의 아미노산으로 된 커다란 다기능 단백질이다. APC 단백질은, 세포골격에서 일어나는 Wnt 경로, 세포 접착과 상호작용 속에서 신호 전달 등 세포 내에서 몇 가지 다른 과정에 관여하는 것으로 보인다. 암과 가장 밀접하게 연관된 기능은 β-catenin 수준의 조절이다 (*그림 12.12*). β-catenin은 전사 보조 활성인자로서 세포핵에서 전사인자 TCF4와 결합하여 사이클린 D1과 *MYC* 종양유전자를 포함하여 다양한 표적 유전자들의 전사를 촉진한다. 이것은 Wnt 신호 시스템에 의해 조절되는데, Wnt 신호가 없을 때에는 APC 단백질은 β-catenin을 분해시키는 Axin과 GSK3 등과 결합하여 복합체를 형성한다. Wnt 신호는, 핵에 들어가기 위해 β-catenin을 자유롭게 하면서, 그 복합체의 형성을 억제한다. *APC* 돌연변이는 Wnt 신호에 무관하게 β-catenin 수준이 상승하도록 한다. *APC* 돌연변이가 결여된 상태로 발생하는 결장암은 β-catenin의 기능 획득 돌연변이이거나 axin의 기능 소실에 의한 결과일 수 있다.

유전성 돌연변이는 거의 모두 정지 돌연변이(30%) 이거나 틀변형 돌연변이(68%) 들이다. 이러한 돌연변이들은 코딩 서열의 앞부분의 절반 어디에서나 일어날 수 있으나, 1061번과 1309번 코돈 사이에서 매우 잘 일어난다. 체세포 돌연변이에 의한 두 번째 hits는 대립유전자소실 또는 점 돌연변이들이다. 유전적이거나 산발적인 대장암에서 체세포 점 돌연변이들은 1286-1513번 codon 사이의 소위 돌연변이 다발지역에서 많이 일어난다. 생식세포와 체세포 변이 간에는 매우 흥미로운 관계가 있다. 두 번째 hit의 위치나 유형은 모두 생식세포 돌연변이의 위치에 달려있다. 다른 가족성 암 증후군에는 유사한 것이 없다.

APC 단백질은 세 개의 β-catenin 결합 모듈과 β-catenin 수준을 하향 조절하는 20개의 아미노산으로 된 유사한 구조를 가진 일곱 개 모듈을 가지고 있다. 첫 번째와 두 번째 hits의 관계는 다음과 같이 요약될 수 있다 (Albuquerque 등 2002):

- 만일 생식세포 돌연변이가 일곱 개의 모든 β-catenin 조절서열 모듈이 결핍된 단백질을 만들어낸다면, 체세포의 두번째 hit는 하나 혹은 드물게 하나 또는 두 개의 모듈을 가진 단백질을 생성시킨다.
- 만일 생식세포 돌연변이가 하나의 모듈을 가진 단백질을 생성하면, 체세포 돌연변이는 일반적으로 절단 또는 대립유전자의 소실에 의해 그것들 모두를 제거한다.
- 생식세포 돌연변이에 의해 두 개의 모듈만을 가진 환자에서 대부분의 종양 세포에서 두 번째 hit는 모든 모듈을 제거하는 점 돌연변이였다.

분명하게 알 수 있는 것은 β-catenin 조절기능의 '정확히 적당한' 수준에 대한 선택이 있다는 것이다. 아마도 완전한 소실은 상대적으로 정상적인 세포들이 세포사멸을 유발하기 위해 충분히 비정상적인 정도의 β-catenin 수준을 생산한다는 것이다.

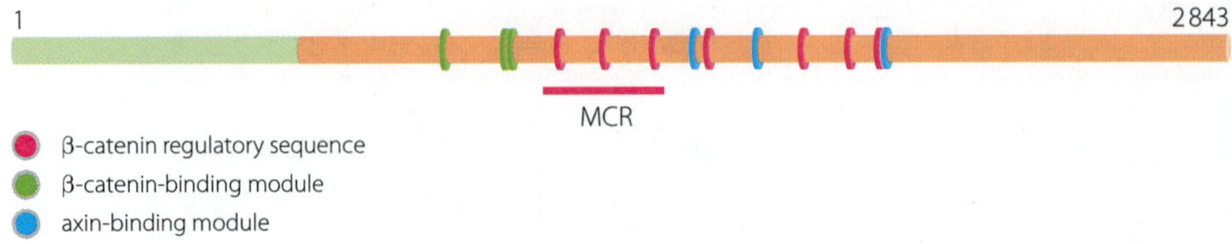

그림 12.12 - APC 단백질과 β-catenin 수준을 조절하는데 있어서의 APC 단백질의 역할
APC 단백질은 2843 아미노산 잔기를 가지고 있다. 세 개의 15-아미노산 모듈들은 β-catenin과 결합하고 일곱 개의 20-아미노산으로 이루어진 7개의 모듈은 그 수준을 하향 조절한다. APC는 axin과 GSK3β 등과 결합하여 복합체를 형성하여 기능한다. 체세포 돌연변이들은 변이 집중 영역(MCR)에 밀집하여 존재한다. *APC* 유전자의 비정상적인 엑손-인트론 구조로 인해, 녹색으로 나타낸 부위의 짧아진 단백질 부분은 NMD에 의해서만 제거될 수 있다. 대부분의 돌연 변이는 끝이 잘린 APC 단백질을 생산하는데, 이 단백질은 axin 결합 할 수 없지만 β-catenin과는 여전히 결합 할 수 있으며 이것은 제한적으로 하향 조절 능력을 갖고 있다.

복합성은 APC 유전자의 비정상적 구조에 의존한다 (*표 12.5*). 매우 큰 3′ exon은 전체 8538 bp 코딩 염기들 중 6580 bp를 차지한다. 통상 난센스 돌연변이와 틀변형 돌연변이는 NMD에 의해 변이에 의한 절단 단백질을 전혀 생성시키지 않는다 (*6장*). 하지만, 유전자의 마지막 exon이나 최종 접합 부분에 있는 조숙한 정지 codon들은 일반적으로 위의 NMD 조절을 받지 않는다 (*그림 6.3*). 돌연변이 밀집 부분과 모든 β-catenin 결합 및 조절 모듈들은 마지막의 큰 exon에 의해 코딩되어 있다. *APC* 유전자의 640 번째 코돈 전의 정지 codon들 만이 NMD를 받을 것으로 예상된다. 유전자의 5′ 말단의 돌연변이들은 상대적으로 적은 수의 폴립을 보이는 약한 표현형과 관련이 있다. 아마도 이것들은 진정한 영(null) 돌연변이일 것이다. 적어도 약간의 절단된 단백질이 생성되는 세포들이 있고 이것의 성질은 두 번째 hit의 선택적 이득을 결정할지도 모른다.

Christos Xenakis로부터 혈액 샘플을 채취하여 *APC* 돌연변이 검사를 위한 DNA가 추출되었다. 이 검사로 Christos는 APC 유전자의 1309번 째 codon이 정지 돌연변이의 이형 접합상태라는 것이 밝혀졌다 (p.Glu1309X). 이러한 형태는 FAP에서 흔히 일어나는 돌연변이 증상이다. 이 증상은 침투율이 매우 높으며, 돌연변이 보인자는 치료하지 않을 경우 대장암으로 발전할 위험이 거의 100%에 이른다. 가족들 중에도 이런 위험 인자를 가지고 있는 사람이 있는지 검사해 볼 필요가 있다. Christos의 어머니 Demi는 사이프러스에 있는 죽은 남편의 친척들에게, 근래에 밝혀진 이러한 가족력 질병에 대한 위험을 알리고, 검사를 받고 싶은 사람들을 위해 현지 유전학 기관에 시애틀 유전학자의 연락처를 알려 주도록 하였다. 한편 Christos의 어린 두 자녀를 고려하여야 했다. 이들은 50% 발병 위험이 있고, 10살부터 매년 폴립으로 발전하는 것을 확인하기 위한 항문결장경검사를 실시할 필요가 있었다. 만약 DNA 검사 결과 돌연변이가 유전되지 않았다는 것이 밝혀지면, 이런 검사들이 필요 없어진다. 이제 검사를 지금 하느냐 아니면 좀 더 미루느냐의 문제이다. 지금 한다면, 위험 인자를 가진 아이는 매년 장 검사를 해야 한다는 것을 알고 자라나므로, 어느 날 갑자기 이런 사실을 알고 놀라지는 않게 된다. 검사를 미루면, 10살 나이 정도에는 검사 절차를 더 잘 이해하고 동의할 수 있게 된다는 의미가 있다.

이 가족의 경우처럼 어린이에게 DNA 검사를 하는 것에 대한 윤리적인 논란이 있기는 하다. 정상적으로는 어린이들에게 유전적 발병 요인을 검사하는 것은 부적절하게 여겨진다. 증례 21의 Hunnah

표 12.5 - 비정상적인 APC 유전자 구조

엑손	크기 (bp)	인트론	크기 (bp)
1	39	1-2	947
2	153	2-3	300
3	85	3-4	778
4	202	4-5	8238
5	109	5-6	5052
6	114	6-7	542
7	84	7-8	8749
8	105	8-9	111
9	99	9-10	3372
10	379	10-11	2551
11	96	11-12	5116
12	140	12-13	681
13	78	13-14	849
14	117	14-15	5978
15	215	15-16	2387
16	8686		
Total	**10701**		

ORF는 2843 아미노산 단백질을 암호화하는 8538nt 로 되어있다. 대부분의 용종증 돌연변이들은 틀변형이나 난센스 돌연변이이지만, exon 1-15에서만 NMD를 유발하는 것으로 여겨진다. 자료 제공: ENSEMBL(June 2006).

Ulmer의 부모들은 다른 자녀에게는 Tay-Sachs 병 유전자 보유 검사를 시키지 않도록 설득하였다. 그러나 이번 경우는 열 살에 검사를 받아도 된다는 이점이 있다. 50%의 가족성 선종양 폴립증 발병 위험을 가진 어린이에 대한 매년 항문결장경 검사는 이 정도 나이에서부터는 시작할 필요가 있다. 가족력인 돌연변이 인자를 다행히 가지고 있지 않음이 밝혀진다면, 이러한 불쾌한 과정을 어린이가 겪지 않아도 된다는 장점이 있다. 비록 검사는 부모의 동의만을 필요로 하지만, 어린이에게도 이에 대한 설명을 해 주고 가능한 한 어린이의 동의도 구하는 것이 좋은 실행 방법이 될 것이다.

12.4. 요약 및 보충설명

유전성 비폴립성 대장암

Xenakis 가족 (증례 24)이 가지고 있는 FAB만이 오직 유전적으로 대장암에 걸리기 쉬운 형태인 것은 아니다. 어떤 가족들은 우성 유전하는 조기 발생 유전적 대장암 가족력을 확실히 가지지만, 폴립을 가지고 있지는 않다. 대장암 민감성 유전자가 어떤 가족은 염색체 2p22에 위치하고, 또 다른 가족에겐 3p21.3에 자리하기도 한다. 종양의 이형 접합의 결여에 대한 연구는 분자적 성과에 대한 첫 번째 단서를 제공한다. 미세부수체 마커를 이용하여 분석하여 보면 아주 예상치 못한 결과들이 나타나기도 한다: 특정 염색체 위치의 이형 접합 결여 대신에, 종양 조직은 가끔 추가적인 새로운 표지 유전자가 나타나곤 한다. 더욱이 이러한 미세부수체 대립유전자가 하나의 특정한 염색체 위치에 한정된 것이 아니라, 게놈 전체에 걸쳐 나타난다.

미세부수체는 $(CA)_n$와 같이 짧은 염기서열이 반복되는 DNA 염기서열이다 (*9장* 참조). DNA 중합효소가 이러한 염기들을 복제할 때 자주 시행착오를 일으켜서 추가로 반복 단위를 첨가하거나 하나를 빠뜨리거나 한다. 이러한 복제 미끄럼 착오는 PCR 증폭 중에 일어나고, 미세부수체를 전기영동 할 때 여분의 밴드('stutter bands')가 나타나는 원인이 된다 (*그림 7.15b* 참조). 똑같은 현상이 세포 DNA 복제 중에도 일어날 수 있으나, 생체 내 교정기구가 새로이 합성된 가닥과의 잘못된 결합을 감지하고, 착오를 교정한다. 유전성 비용종성 대장암 [hereditary non-polyposis colon cancer(HNPCC)]에서 나타나는 미세부수체 불안정성은, 이러한 **결합 교정** [**mis-match repair** (MMR)] 기능의 실패에 따른 결과이다.

MMR 기작은 대장균에서 인간에 이르기까지 아주 보존적으로서, 인간의 MMR 유전자들을 클로닝하는 한 방법으로 효모의 소위 'mutator' 라 불리는 유전자의 동종 유전자를 인간에게서 찾는 일이다. 여섯 개의 MMR 유전자들이 인간에서 분리되었다 (*표 12.6*). 이들 중 *MSH2*와 *MLH1* 유전자의 돌연변이는 HNPCC을 일으키는 일반적인 요인이다. 이것들은 TS 유전자로 활동한다: 한 개의 기능 상실 돌연변이는 유전될 수 있고, 나머지 기능상실 대립 유전자는 체세포 돌연변이나 후성 유전학적으로 종양 세포에서 비활동성이 된다 (아래 참조). 산발성인 경우에는 양쪽 유전자 복사본 모두 돌연변이나 촉진인자 메틸화에 의해 체세포에서 침묵화된다.

MMR 같은 일반적인 메카니즘의 결함이 왜 특별히 대장암의 원인이 되는가? 실제로 그것이 다른 암들도 일으키는 요인이라는게 해답의 일부가 되겠다. 미세부수체 불안정은 때로는 다른 종양, 특히 위와 자궁 내막 종양에도 가끔 나타난다. 위의 질문에 대한 해답을 MMR 결함에 의해 일어날 수 있는 결과들을 살펴봄으로써 찾을 수 있다. 변환 성장인자 B [transforming Growth Factor B (TGFβ)]는 대장에서 세포 증식의 강력한 억제인자이다. 이것은 TGFBR2 (TGFβ receptor 2) 단백질이 일부를 구성하는 세포 표면 수용체를 통하여 활동한다. *TGFBR2* 유전자는 3번 엑손에 10개의

표 12.6 - Mismatch repair에 관여하는 유전자들

유전자	OMIM number	위치	HNPCC 비율
MSH2	609309	2p22p21	60%
MLH1	609310	3p21.3	30%
MSH6	600678	2p16	5% (비정상)
MLH3	604395	14q24.3	드물거나 부재
PMS1	600258	2q31q33	드물거나 부재
PMS2	600259	7p22	드물거나 부재

MSH6(GTBP) 돌연변이는 대장암보다는 주로 여성의 자궁 내막암에서 많이 기술되어 왔다.

연속적인 A 뉴클리오티드를 가지고 있다 (*그림 12.13*). MMR-결핍 세포는 하나 또는 그 이상의 A를 끼워 넣거나 빠뜨리기 쉽다. 이것이 틀변형을 야기하고 비-기능적인 대립유전자를 생성한다. 한 연구에서 체세포 *TGFBR2* 돌연변이를 가진 대장암 환자 111 명 중 100명이 미세부수체 불안정을 가진 것으로 나타났다. 이외 몇 개의 다른 관련된 마커들도 감지되었는데, 미세부수체 염기를 가진 적절한 기능을 가진 유전자가 바로 그것 들이다.

그림 12.13 - *TGFBR2* 유전자의 3번 exon 염기서열의 일부.
10개의 연속적인 A가 복제 시 mismatch repair의 결함에 취약하도록 한다.

다소 비슷한 효과가 *APC* 유전자에서도 제시 되어졌다. 과오 변이인 p.Ile1307Lys는 아슈케나지 유태인의 약 6%가 보유하고 있는데, 다른 민족의 경우 극히 적은 보유율을 보인다. 이러한 변이는 대장암에 대하여는 낮은 침투율을 가진 취약성 대립유전자로서, 정상적인 위험도의 대략 2배 정도다. DNA 염기서열 변화는 A 염기들로 연속적인 염기들을 만드는데 (*그림 12.14*), 이것은 MMR 결함을 유발하기 쉽다는 것을 암시한다. 그러나 *TGFBR2*와는 달리, 이 경우는 HNPCC에서 선택적인 돌연변이가 일어난다는 증거가 없으므로, 민감도 효과는 단백질 수준에서 작용한다고 볼 수 있다.

GCA GAA ATA AAA GAA AAG → GCA GAA AAA AAA GAA AAG
Ala Glu Ile Lys Glu Lys → Ala Glu Lys Lys Glu Lys

그림 12.14 - *APC* 유전자의 p.Ile1307Lys 대장암 민감도 대립유전자.
돌연변이에 의하여 생성된 8개의 A들에 유의할 것.

암의 순차적 진전 단계

병리학자들은 오래 전부터 악성 종양은 계속적인 증식과 비 분화를 나타내는 단계를 거쳐서 진행된다는 것을 알고 있었다. FAP는 이러한 진행 과정을 연구하는데 매우 좋은 기회를 제공한다. FAP 환자로부터 대장을 외과적으로 제거하면 종양의 모든 단계적 진전을 보여주는 병변을 나타내는 경우가 있다. Vogelstein과 그의 동료들은 산발성 대장 종양과 함께, 후보 유전자와 이형 접합 결여의 돌연변이에 대한 이러한 일련의 과정을 분석했다 (Kinzler와 Vogelstein, 1996에 요약됨). 그들은 초기 단계와 말기 단계에서 나타나는 여러 가지 변형을 발견하고 관찰을 종합해서 *그림 12.15*에 보이는 FAB 진행 도표를 만들었다.

돌연변이들이 세포의 방어기능이 온전한 채로 있는 상대적으로 정상적인 세포에 불안정성이나 세포 성장의 이점을 유발하므로 최초 단계가 가장 중요하다. 처음에는 이런 증상이 몇 가지 방법으로만 진전되지만, 초기 단계가 잘 진행되면 다양한 방법으로 발전되어 간다. HNPCC 돌연변이를 가진 세포가 다양한 경로를 거쳐 암으로 발전하지만, 이때 많은 공통적인 요인들이 관여를 한다. APC 돌연변이가 결핍된 종양세포들도 종종 같은 경로의 구성 요소를 갖는 경우가 있는데 이러한 것의 예

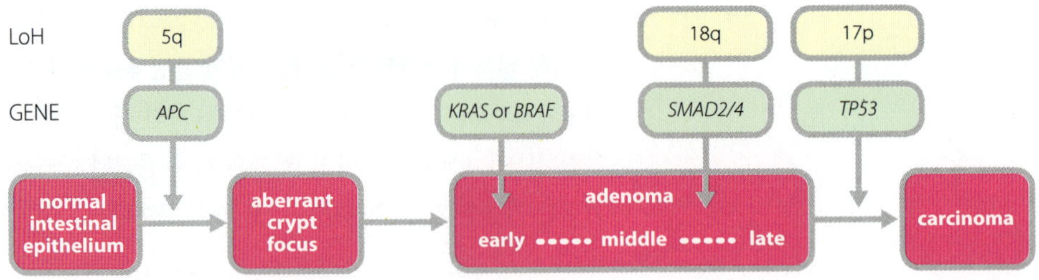

그림 12.15 - 대장암 진행의 예상되는 일반적인 경로
도해(Kinzler와 Vogelstein, 1996 참조)는 어떤 유전자는 초기 병변에서 비 활동성인 경우도 있고, 또 다른 유전자들은 말기 병변에서만 비활동적일 때도 있다. 이 도해를 보편적으로 적용하는 데는 다소의 논란이 있고, 또한 모든 대장암이 정확히 이런 방법으로 진행된다는 시사도 없다.

로 β-catenin이나 axin 같은 것들이 있다. *RAS* 돌연변이가 결핍된 종양세포들은 *BRAF* 유전자 돌연변이를 공통적으로 가지는데, 이것도 비슷한 기능을 가지고 있다. 이미 설명한 것과 같이, TGFβ 신호는 대장 세포 성장에서 중요한 음성적 조절자 역할을 한다. TGFβ 수용체 세포 내에서 SMAD 단백질의 세린이나 트레오닌 잔기들의 인산화에 의해 신호를 보낸다. 이 경로는 대장암 세포에서 파괴되는데 그 원인 MMR 결함에 의한 *TGFBR2* 돌연변이나 비-HNPCC 성 암에서 *SMAD4* 유전자가 위치하는 염색체 18의 결실이다.

이러한 접근 방법을 확대하여, Vogelstein은 세포의 생성과 사멸 사이의 균형에 대해 고찰하였다. 성숙한 생체 조직과 기관은 일정한 크기를 유지하므로, 이러한 균형을 조절하는 어떤 메카니즘이 존재하고 있음이 틀림없다. Vogelstein은 각 조직에는 균형을 통제하는 결정적인 유전자가 한 개 있다는 것을 제시했다. 그는 이러한 유전자를 'gatekeeper' 라고 명명했다. 조직 특이적인 gatekeeper에 돌연변이가 일어나면, 그 특정 조직에 암의 조짐이 일어날 것이다. 일단 종양이 생기기 시작하면, 그 진행 경과는 비정상적으로 성장하는 병변 성장을 막아주는 세포의 능력에 좌우될 것이다. 그는 이러한 역할을 하는 유전자를 'caretaker' 라고 이름 지었다. 그리하여 종양은 gatekeeper에서 돌연변이를 일으키기 시작하여, caretaker의 변이로 진행되는 것이다. 이러한 그림은 대장암을 가장 적절하게 들어 맞는다; 얼마나 일반적으로 이것을 적용하느냐는 논의의 여지가 있다. 하지만 적어도 발암 현상을 생각해 볼 수 있는 좋은 도구임에는 틀림없다.

암의 후성유전학

7장에서 살펴본 바와 같이, 유전병에 후성 유전적인 메카니즘이 얼마나 광범위한 역할을 하는지는 분명하지 않다. 하지만 암에 대한 그 역할의 중요성에는 이견이 없다. 종양 세포의 DNA 메틸화에 관한 연구는 일견 모순된 현상을 보여 준다. 한편으로, 일반적인 메틸화 수준은 많은 종양 세포에서 정상적인 세포에 비해 감소된 상태에 있다. 또 한편으로는 많은 CpG islands들이 과도하게 메틸화되어 있다. 모든 유전자의 약 절반이 그들의 촉진인자와 관련된 CpG island를 갖고 있다(7장 참조). 정상적인 세포에서는 이러한 islands는 관련된 유전자가 활동적이던 그렇지 않던 가에 무관하게 메틸화되어 있지 않다. 촉진인자 메틸화(격리된 CpG dinucleotides의)는 CpG islands가 결핍된 유전자의 발현을 조절하지만, islands를 갖고 있는 유전자에게는 통제력이 없다. 암세포에서는 CpG island 촉진인자를 가진 유전자들이 메틸화에 의해 자주 비 활동성이 된다. 종양은 종양이 개시되는 세포들의 islands가 메틸화되어 개시된다는 설과 메칠화 되지 않은 것에서 유래한다는 설 두 가지 있는데, CpG islands가 비정상적으로 메틸화되었을 때 개시된다는 설이 더욱 호응을 얻고 있다. 또한 islands의 메틸화가 아주 높은 종양들은 임상적으로 또는 병인학적으로 이러한 특징을 가지고 있지 않은 종양과는 구별된다는 주장도 있다.

종양억제 유전자들은 돌연변이에 의해 촉진유전자가 메칠화되어 발현이 안 된다. 이러한 두 가지 방법에 대한 상대적인 중요성은 유전자에 따라 다르다. 돌연변이에 의해 침묵화되지 않고 후성유전학적으로 침묵화 되는 여러 가지 유전자들이 알려져 있으며 어떤 유전자들은 이와는 반대의 메커니즘으로 침묵화 되는 것으로 알려져 있지만 두 메커니즘이 모두 작용하는 유전자들이 더욱 일반적이다. 예를 들면 *MLH1*은 보통 후성유전적으로 침묵화 되어 있는 반면 *MSH2*는 정 반대이다. Jones와 Baylin (2003)은 이러한 주제에 대해서 총설 논문을 발표하였는데 이 논문에는 이들 메커니즘에 대한 여러 가지 가설들을 설명하고 있다. 이러한 가설 중의 하나는 동원체를 구성하는 염기들의 과소메칠화는 염색체 불안정에 의한 암세포로 전환되기 쉽게 한다는 것이다. 이러한 주장은 부분적으로 ICF 증후군 [OMIM242860]에서 *DNMT3B* DNA 메칠전이효소의 결핍이 동원체 이질염색체들이 변형적으로 페키징되는 현상에 기초한다.

가족력 유방암과 대장암은 실제적으로 다인성 질환인가?

Wilson 가족 (증례 24)의 경우, 돌연변이 검색 결과는 돌연변이의 가족력을 강력하게 뒷받침하고 있다. 한 명 이상의 유방암 환자를 가진 가족들 중 많은 수가 *BRCA1/2* 두 유전자 어느 곳에도 변이가 없었다. *BRCA1*이나 *BRCA2*의 돌연변이는 전체 가족력 유방암 경향의 약 25%정도에만 해당될 뿐이다. 나머지 증례들에 대한 주요 해당 사항을 설명할 수 있는 *BRCA3* 유전자를 찾기 위해서 계속적으로 탐색하였지만 헛수고였다. 이들 가족력 경향은 침투율이 낮은 몇 개의 유전자들의 복합적인 효과로 만들어지는 다양한 인자 때문인 것 같다 (Antoniou et al., 2002). 컨소시움이 결성되어 이와 같은 유방암 취약성에 대해 낮은 침투율 효과에 대한 후보 유전자를 검사하고 있다 (National Cancer Institute Breast and Prostate Cancer Cohort Consortium, 2005).

이러한 유전자 중 하나가 확실하게 분리되었다. *CHEK2* (OMIM 604373)는 DNA 손상을 감지하고 신호를 주는 데 관여하는 유전자다. 결실에 의한 틀변형 돌연변이, c.1100delC,는 무작위 수집된 유방암 환자 10860명 중에서 201명 (1.9%)에서 *CHEK2* 유전자가 발견되었는데 이것은 비교군에서 9065명 중 64 명 (0.7%)만이 발견된 것과 대조를 이룬다. 이것은 위험도가 2.34배라는 것을 말해준다. 또한 자료는, 이 유전자 변이는 다른 요인에 의해 위험성이 두 배로 증가한다는 것을 암시하고 있다. 일반적으로, 평생에 유방암에 걸릴 확률이 1100delC 돌연변이를 가진 여성은 그렇지 않은 여성의 6.1%에 비해 13.7%로 높았다. 하지만 유방암 사례 전체 숫자의 단 0.7%만이 변형 때문이라고 본다면, 이 숫자는 체중이나 육체적 활동 같은 많은 라이프 스타일에 의한 요인보다도 낮은 수치다. 그래서 어떤 경우에 변형에 대한 검사를 할 만한 가치가 있는지 명확하지가 않다. 다른 가능성 있는 낮은 침투 요인들은 *STK15*와 *PTPRJ* 유전자 돌연변이들이다 (Lesueur et al., 2005). 이런 낮은 침투율 취약성 요인을 찾고, 그것이 밝혀졌을 때 어떻게 할 것인지를 결정하기 위해, 우리는 일반적인 다인성 질병에 대한 민감성에 관하여 다음 장에서 주제로 다루고자 한다.

약간 비슷하지만 덜 인상적인 상황이 대장암에서 나타난다. 미국의 경우, 평생 동안 대장암에 걸릴 확률은 5-6% 정도다. 모든 대장암 환자의 약 20%는 둘 이상의 부모, 형제, 조부모, 삼촌 등의 근친이 대장암 환자였다. 5-10%의 경우는 다소간의 멘델성 유전을 나타냈다. 가족성 선종양 폴립증과 HNPCC는 전체 대장암의 약 4%정도가 해당됐다. 그 나머지 가족력 경향은 저침투율 민감성 대립유전형질 요인 때문인 것으로 추정된다.

종양의 발현 분석

모든 종양은 유전학적으로 각기 독특하다. Hanahan과 Weinberg(2000)가 밝힌 바와 같이, *Box 12.1*에 기술된 6가지의 능력을 달성하기 위한 많은 다른 방법들이 있다. 한 경로 상에 다른 유전자들이 점 돌연변이, 후성적 변화나 염색체 사고에 의하여 활동성이 되거나 비 활동성이 될 수도 있다. 많은 유전자 산물들이 다기능적이라서, 자연 선택의 목표라는 요인에 더하여 다른 온갖 종류의 우연적인 요인들이 있을 수 있다. 적절하고도 우발적인 돌연변이를 일으킬 수 있는 다양함에 처해있는, 유전적으로 불안정한 세포들의 바다에서, 종양들은 계속적으로 진화한다. 치료의 실제적 목표는 줄기 세포와 같은 특성을 가진 종양 내 암세포의 아주 작은 부분이어야 한다. 의사가 환자에게 최상의 관리와 예후를 보장하기 위해서는, 관련 변화에 대한 요약 일람표가 반드시 필요하다. *TEL-AML1* 유전자를 가진 것으로 판정된 Jason Tierney (사례 20)에게도 이러한 정보가 주어졌다. 유방암 환자들을 위하여, *HER* 수용체의 확대를 모색하는 것은 치료의 시작으로, 그것은 치료약 Herceptin에 대한 반응을 의미하기 때문이다. 하지만 이것은 종양에 대한 모든 유전적 정보를 사용한다는 측면으로 볼 때, 아직 갈 길이 먼 상태다.

종양 발현 분석은 이런 일에 대한 희망을 품게 한다. 종양세포로부터 추출한 mRNA나 cDNA를 형광 색소로 표지하고 microarray에 분자 교잡시키는 것으로, 연관된 정상 조직의 mRNA 목록과 비교하여 경쟁적인 분석법이라 할 수 있다. Microarray는 게놈의 모든 유전자의 cDNA의 독특한 영역과 모든 스플리이싱 변이체에 상응하는 oligonucleotides를 가지고 있다. 유타 대학의 유전자 과학 교육 센터(Genetic Science Learning Center) (*참고 참조*)는 암에 관한 발현 분석의 원리를 기초부터 설명해 주는 아주 훌륭한 동영상 웹사이트를 운영하고 있다. 이러한 실험들은 엄청난 양의 자료를 만들어 낸다. 연구자들은 예후나 항암제에 대한 종양의 반응을 나타내는 한정된 숫자의 유전자 발현 '징후' 나 패턴을 추출하기 위해 노력해야 한다. *그림 12.16*은 발현 징후의 예를 보여주고 있다. 더 광범위한 상황에서의 실험 요약도 얻을 수 있다 (Hedenfalk, 2002).

*그림 12.16*에서 보는 바와 같은 계층적 군집에 의한 통계적 분석으로, 몇 가지 사례에서 약의 반응이나 예후를 예견할 수 있는 징후를 추출해 낼 수 있다 (예로써 Glinsky *et al.*, 2005을 참조). 이런 징후가 유용한 의료적 수단으로 해석될 수 있는가는 숙제로 남아 있다. 여기에서 극복해야 할 두 가지 문제점이 있다. 첫 번째는, 단 한번의 microarray 실험으로 많은 방법으로 분석되어 질 수 있는 방대한 양의 자료가 생성된다는 점이다. 이런 점은 어떤 보고된 징후의 중요성을 알아보기 어렵도록 만든다. 두 번째 문제점은 매우 흔한 사례로, 연구 성과를 실제 치료에 적용하는 일이다. 실험을 효과적인 두 그룹으로 구분한다는 것이, 한 개체를 정확하게 적절한 그룹에 할당한다는 의미는 아니다. 어떤 발현 징후는 통계적인 예측을 가능하게 하고, 좋거나 나쁜 예후를 가진 종양 그룹들을 식별

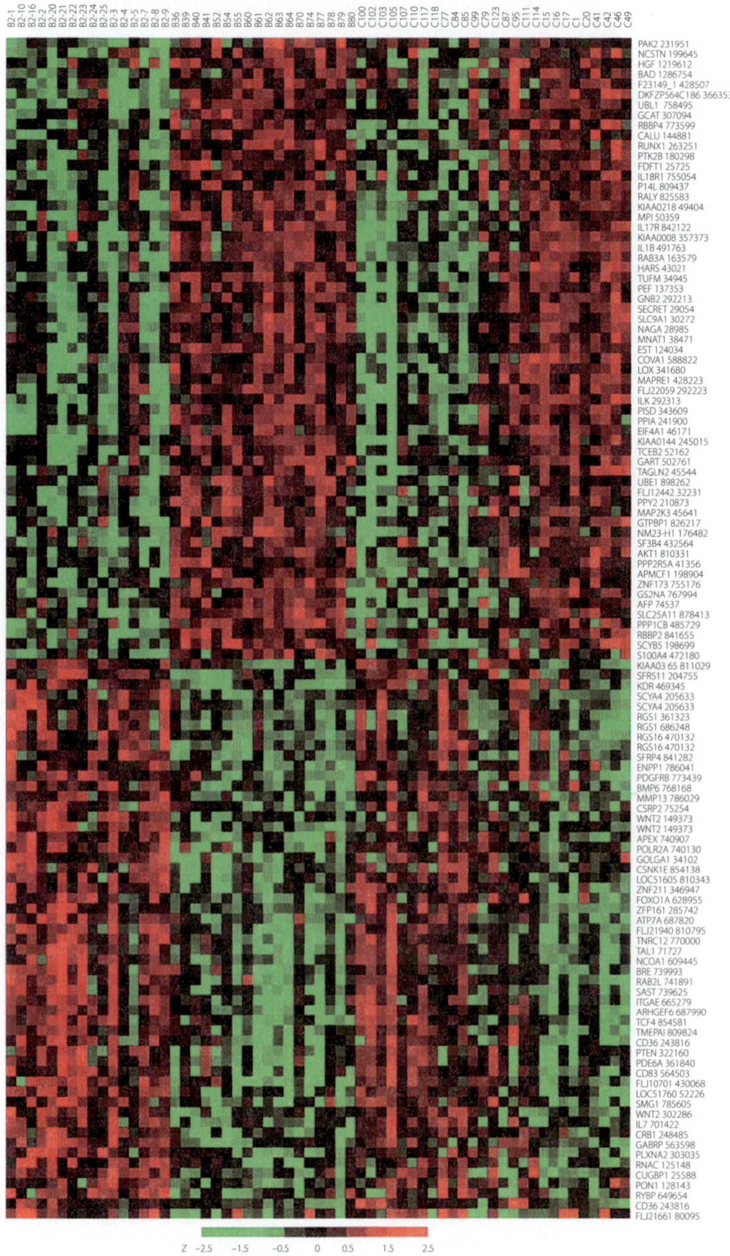

그림 12.16 - 난소 종양의 발현 분석.

이것은 microarray의 그림이 아니다; 그림은 61개 개별 난소 종양의 microarray 7651에서 골라 낸, 110개 유전자의 발현 패턴을 보여주는 대형 도표다. 각 난은 한 개 종양으로부터 나온 데이터이며, 각 열은 하나의 유전자로부터 나온 데이터이다. 발현 수준은 색으로 표시되어 있다 (녹색은 현저하게 감소된 발현, 적색은 현저히 증가된 발현). 결과는 일반적인 패턴을 보여주는 방법으로, 통계적인 분석에 의해 수집되었다. 종양 중 18개는 *BRCA1* 변이를 지녔고, 16개는 *BRCA2*변이를, 그리고 27개는 둘 다 없었다('산발성'). 발현 분석은 *BRCA1*와 *BRCA2* 패턴을 식별하고, 다른 산발성 종양은 이들 두 패턴 중 하나에 적합함을 나타냈다. *BRCA1*와 *BRCA2*의 변이가 분명하게 다른 경로에 의해서 난소암을 일으키며, 산발성 종양은 이 경로 중 하나를 따른다. [옥스포드 대학 출판부의 허가로 Jazaeri 등 (2002)을 복사함]

해 낼 수 있다. 그러나 의문점은 그것들이 개별 환자를 위한 유용한 예측을 줄 만큼, 충분히 특정적인 징후이냐는 것이다. 일부 연구자들은 단백질 유전 기술을 사용하여, 종양의 총 단백질 목록을 연구하는 것이 보다 바람직하다고 느끼고 있다 (2차원 겔 전기영동, 질량 분석 등).

Disease box 12

von Hippel-Lindau 증후군

von Hippel-Lindau 증후군 [OMIM 193300] 환자들은 다양한 종양으로 발전할 위험을 안고 있다 (*표 1*). 가장 흔한 사망 원인은 중추 신경계의 신장 세포 종양 혹은 hemangioblastomas 때문이다. 이 병은 상염색체 우성 질병으로, 발병률은 35,000-45,000명중에 1명꼴이다. 유전자 보인자의 95%가 65세에 이르기 까지 하나 혹은 그 이상의 특징적인 종양으로 발전했다. 질병의 다른 증상을 각기 다른 의사들이 치료했으므로, 그들 간에 연결이 항상 신속하게 이루어지지 않았고, 이로 인해 병의 진단도 지연되었다. 임상유전학자의 역할 중 한 가지는 환자 가족의 중심점에 위치하여, 가족 구성원에 대한 각기 다른 관찰 프로그램을 협력적으로 작동하는 일이다.

표 1 - von Hippel-Lindau 증후군 환자들은 다양한 종양을 가지게 됨으로, 주의 깊은 관찰이 필요하다.

종양	빈도	발병 평균 나이	검사	검사 시작 나이
중추신경 혈관모세포종	60-80%	33세	연례적 뇌척수 MRI	11세
망막 혈관모세포종	60%	25세	연례적 검안	유아
내림프낭 종양	11%	22세	CT 또는 MRI	증세가 나타날때
망막 암종	24-45%	39세	복부의 연례적 CT 검사	18세
크롬친화세포종	10-20%	30세	연례적 혈청 검사 또는 24시간 카테콜아민	2세

Lonser et al. (2003)의 자료

VHL 유전자는 3p25-26에 위치하며, 유전자는 위치 클로닝에 의하여 분리되었다. 이 유전자는 전형적인 종양 억제 유전자의 행태를 보인다. 환자들은 한 개의 기능 결함 대립유전자를 유전 받고, 그들 종양 가운데서 두 번째 대립유전자는 돌연변이, 삭제 혹은 메틸화되어 비 활동성이 된다. 산발적 망막 투명 세포암의 70-80%에서 대립 유전자 쌍 모두 비 활동성을 나타낸다. 이 유전자는 크기가 작으며 (3 exons으로 되어있고 213 아미노산을 코딩함), 돌연변이 감지는 비교적 간단하다.

병의 발현은 가족들 간에도 다양하게 일어난다 (*표 2*). 어떤 가족들의 경우 발병 환자는 크롬친화 세포종으로는 결코 발전되지 않는데, 다른 가족들에게는 흔히 크롬친화 세포종 일어난다. 이러한 현상으로 이 병은 Type 1과 2로 나눠진다. Type 2는 또 2A, 2B와 2C로 세분된다. 이들 모든 질병들은 *VHL* 유전자 변이로 발생한다. 유전자형과 표현형 상호 의존 관계가 느슨하여 결실이나 일부 절단 돌연변이가 Type 1을 발병시키는 반면, Type 2 가족들은 미스센스 돌연변이에 의해 발생한다. 특히 미스센스 돌연변이는 또 다른 Type 2의 세부 분류 질병과 관련이 있다. 망막 세포 암은 Type 2 가족보다 Type 1 가족에게서 더 자주 발병한다.

표 2 - von Hippel-Lindau 증후군의 임상적 세부 형태는 가족 내에서 그 형질을 그대로 전하는 경향이 있다.

Type	Pheo.	RCC	Hem.
1	−	+	+
2A	+	−	+
2B	+	+	+
2C	+	−	−

Pheo, pheochromocytoma (크롬친화 세포종); RCC, renal cll carcinoma (망막세포 암); Hem, hemangioblastoma (혈관모 세포종).

병원성 메카니즘의 연구는 VHL 단백질과 HIF-1α (hypoxia-inducible factor 1α) 단백질의 관계에 집중되어 왔다. VHL 단백질은 E3 ubiquitin ligase complex (VCB-Cul2)의 일부분인데, 이것은 산소 수준이 정상일 때 HIF-1α를 분해시킴으로써, HIF-1α의 수준을 조절한다(*그림*). HIF-1α는 산소 의존 반응에 따른 특정 proline 잔기의 수산화에 의해 분해된다. VHL 단백질은 ubiquitin ligase의 인지 구성분으로 역할을 한다; VHL 단백질은 수산화된 HIF-1α에 직접 결합한다. VHL의 병원성 미스센스 변이는 단백질의 HIF-1α-binding 영역에 밀집한다. 저 산소 상황 하에서 HIF-1α는 안정된다. 이것은 다기능 전사 활성인자로 활동한다. HIF-1α의 여러 가지 타깃 중 하나는 신생 혈관 형성의 강력한 촉진인자인 VEGF (vascular endothelial growth factor)이다. von Hippel-Lindau 증후군의 종양은 모두 특별히 혈관이 잘 발달되어 있다는 사실에 주목해야 한다. HIF-1α의 다른 타겟트는 성장 인자인 TGFα와 당화를 증진시키는 효소들과 포도당 운반에 관련된 효소들이다.

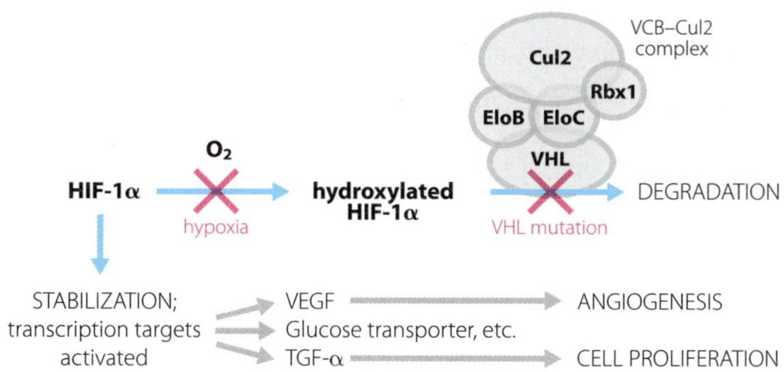

저 산소-유도 인자인 1α는 저 산소에 대한 세포 대사를 조절하는 주요한 요인이다.
Cul2, cullin-2; EloB, elongin B; EloC, elongin C; Rbx1, cullin 조절 단백질. VHL 세포에서, HIF는 구조적으로 활동적이다.

VHL 단백질은 HIF-1α와는 독립적으로 다른 기능을 갖는 것으로 나타났다 (Barry and Krek, 2004). 비록 이 단백질이 다른 종양 억제 유전자에 의해 암호화된 거대 스카폴드 단백질보다 훨씬 작지만, 놀랄만한 많은 수 결합 파트너들이 있다는 것이 밝혀졌다. VHL 단백질은 cyclin D1을 결합하여 세포 주기에 영향을 준다. Fibronectin에 결합하여 세포 밖 매트리릭스에 영향을 미치고, 미세 소관과 결합하여 세포 골격에도 영향을 미치며, 종양세포의 침투와 전이에 주요한 요인이 될 수 있다. 추가로, VHL 단백질은 직접적으로 p53에 결합하여, MDM2 매개에 의한 분해를 방해하여 p53을 안정화시키는 것으로 최근에 밝혀졌다.

12.5. 참고문헌

Albuquerque C, Breukel C, van der luijk R, *et al.* (2002) The 'just right' signaling model: *APC* somatic mutations are selected based on a specific level of activation of the β–catenin signaling cascade. *Hum. Molec. Genet.* **11**: 1549–1560.

Antoniou AC, Pharoach PDP, McMullen G, *et al.* (2002) A comprehensive model for familial breast cancer incorporating BRCA1, BRCA2 and other genes, *Br. J. Cancer,* **86**: 76–83.

Barry RE and Krek W (2004) The von Hippel–Lindau tumor suppressor: a multi faceted inhibitor of tumorigenesis. *Trend Mol. Med.* **10**: 466–472.

Cavenee WK, Dryja TP, Phillips RA, *et al.* (1983) Expression of recessive alleles by chromosomal mechanism in retinoblastoma. *Nature,* **305**: 779–784.

Evans DGR, Eccles DM, Rahman N, *et al.* (2004) A new scoring system for identifying a *BRCA1/2* mutation outperforms existing models including BRCAPRO. J. Med. Genet. **41**: 474–480.

Glinsky GV, Berezovska O and Glinskii AB (2005) Microarray analysis identified a death–form–cancer signature predicting therapy failure in patients with multiple types of cancer. *J. Clin. Invest.* **115**: 1503–1521.

Hanahan D and Weinberg RA (2000) The hallmarks of cancer. Cell, **100**: 57–70. *Readers who are not strong on cell biology may need to skip the detail, but this is an excellent introduction to a modern view of cancer.*

Hedenfalk IA (2002) Gene expression profiling of hereditary and sporadic ovarian cancers reveals unique *BRCA1* and *BRCA2* signatures. *J. Natl. Cancer Inst.* **94**: 960–961. *Free full text at* http://jncicancerspectrum.oxfordjournals.org/cgi/content/full/jnci;94/13/960

Jazaeri AA, Yee CJ, Sotiriou C, *et al.* (2002) Gene expression profiles of BRCA1–linked, *BRCA2*–linked, and sporadic ovarian cancers. *J. Natl. Cancer Inst.* **94**: 990–1000.

Jones PA and Baylin SB (2003) The fundamental role of epigenetic events in cancer. *Nature Rev. Cancer,* **3**: 415–428.

Kinzler KW and Vogelstein B (1996) Lessons from hereditary colorectal *cancer. Cell,* **87**: 159–170.

Lesueur F, Pharoah PD, Laing S, *et al.* (2005) Allelic association of the human homologue of the mouse modifier *Ptprj* with breast cancer. *Hum. Molec. Genet.* **14:** 2349-2356.

Lonser RR, Glenn GM, McClellan W, *et al.* (2003) Von Hippel-Lindau disease. *Lancet,* **361:** 2059-2067.

National Cancer Institute Breast and Prostate Cancer Cohort Consortium (2005) A candidate gene approach to searching for low-penetrance breast and prostate cancer genes. *Nature Rev.* Cancer, **5:** 977-985.

Pardal R, Clarke MF and Morrison SJ (2003) Applying the principles of stem-cell biology to cancer. *Nature Rev. Cancer,* **3:** 895-902.

유용한 웹사이트

암 유전체 해부 프로젝트 교육 자원:
http://cgap.nci.nih.gov/info/EducationResources
유타 대학 유전자 과학 교육센터 암 발현 분석과:
http://gslc.genetics.utah.edu/units/biotech/microarray/

12.6. 자가 평가 문제들

(1) 종양 형성과 관련하여, 아래의 각 설문들 중 진실을 가려보자.

(a) 종양 유전자와 종양 억제 유전자, 둘 다가 진실이다.
(b) 종양 억제 유전자는 아니고, 종양 유전자가 진실이다.
(c) 종양 유전자는 아니고, 종양 억제 유전자가 진실이다.
(d) 종양 억제 유전자와 종양 유전자, 둘 다 아닌 것이 진실이다.

(1) 정지 돌연변이가 산발성 암에서 나타날 수도 있다.
(2) 암호화된 단백질은 세포 주기 조절에 관여할 수도 있다.
(3) 가족성과 산발성 암에는 자주 변이가 일어난다.
(4) 산발성 암에서 이형 접합의 소실에 가끔 관여하기도 한다.
(5) 가족성 암에는 변이가 자주 일어나지만, 산발성 암에는 그렇지 않다.
(6) Telomerase를 비 활동성으로 만들기 위해 간접적인 역할을 하기도 한다.
(7) 산발성 암에서 염색체의 재배열에 가끔 관여하기도 한다.
(8) 가족성 암에서 유전성 미스센스 돌연변이가 나타나기도 한다.
(9) 산발성 암에는 돌연변이가 흔히 나타나지만 가족성 암에는 그렇지 않다.
(10) 가족성과 산발성 암에서 유전자 증폭이 나타날 수도 있다.

(2) 망막모 세포종을 가진 서로 연고가 없는 두 어린이로부터 혈액과 종양 DNA를 채취하고, *RB1* 유전자에 근접해 있는 2-allele DNA marker를 분류했다. 한 어린이는 망막모 세포종의 가족력이 있는 반면에, 다른 어린이는 산발성 단독 종양이 있다. 유전자형은 상기 표와 같다.

	어린이 A	어린이 B
혈액	이형접합형	1번 대립 유전자 동형접합형
종양	2번 대립 유전자 동형접합형	1번 대립 유전자 동형접합형

아래 각 설문에 예, 아니오를 표시하라.

(a) 결과는 어린이 B가 산발성 질병을 갖고 있다는 것을 가리킨다.

(b) 결과는 어린이 A가 가족성 질병을 갖고 있다는 것을 가리킨다.

(c) 결과는 어린이 B의 종양은 표지유전자에 대하여 동형 접합이거나 이형 접합, 둘 중 하나임을 가리킨다.

(d) 결과는 만약 어린이 A가 유전성 질병을 갖고 있다면, 이 아이는 대립 유전자 2 표지유전자를 가진 염색체에 그 유전병을 유전시킨다는 것을 가리킨다.

(3) 신경 섬유종증 2 (OMIM 101000)는 *NF2* 종양 억제 유전자에 유전된, 또는 체세포 돌연변이의 결과이다. 유전시 NF2는 90%의 침투도를 보인다. 변이율을 세포 당, 유전자 당 $2x10^{-4}$로 가정하면, 목표 세포집단의 크기는 얼마인가? 산발성 NF2의 예상 발병률은 얼마인가?

(4) 그림은 몇 종류의 암을 가진 두 가족을 보여 주고 있다(B: 유방, O: 난소, P: 전립선). 물음표 표시가 된 두 여성 중 누구에게 우선적으로 *BRCA1/2* 변이 검사를 실시해야 하겠는가?

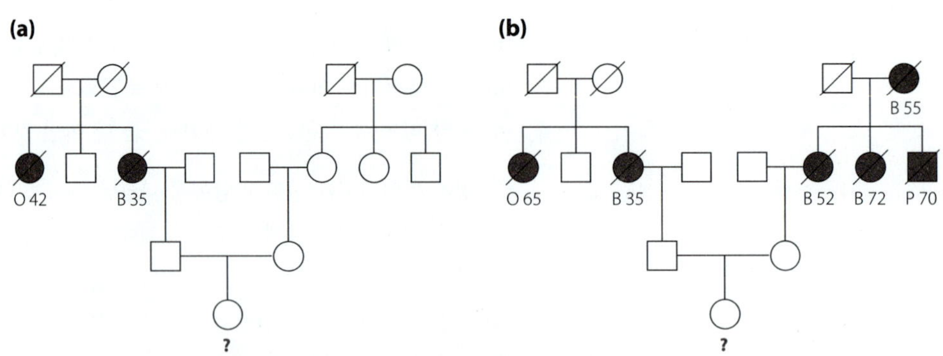

제 13 장

공통된 질병들에 대한 유전적 감수성을 검사해야 하는가?

13장의 학습 요지

- 변경유전자 그리고 확률적, 다면발현성 효과들이 다양한 발현과 불완전한 유전자의 침투율 및 멘델 유전 법칙 조건에 어떠한 결과를 가져오는지 설명하기
- 유전자들이 질병을 포함한 표현형을 나타내기 위해 어떻게 다른 유전자들과 상호작용하고 또한 다양한 환경적 요소들과 상호작용하는지 설명하기
- 인간들이 가지는 대부분의 정상적이거나 비정상적 특징에 대한 다원적인 본질 그리고 다원적인 유전적 성질에 대한 원리들을 설명하기
- 양적 유전 형질 설명하기
- Falconer의 한계점 이론과 이를 이용하여 질병의 위험을 정성적으로 예측하기
- 질병 형제 쌍 분석의 원리를 설명하기
- 표지 유전자와 질병간의 유전적 연관(linkage)과 연관성(association) 정의 및 비교하기
- 인간 유전체의 단상형 유전자 블록구조를 묘사하고 설명하기
- 연관성 분석을 통해 감수성요소들을 동정하기 위해 문제점과 가능성을 설명하기

13.1. 증례 학습

증례 25 | Yamamoto 가족 | **329** 341 376

- 치매의 가족력
- Alzheimer 질병?
- ApoE4에 대한 테스트

Bill Yamamoto씨의 어머니는 더욱 더 건망증이 심해지기 시작했다. 그녀가 오븐 위에 냄비를 방치하여 주방에 화재를 일으킨 일 등을 포함하여 일련의 사고들이 있은 후, 그녀는 자기자신이 혼자서 생활을 할 수 없다는 것이 명백해 졌다. 그녀는 Bill과 그의 아내가 살고 있는 캘리포니아의 타운에 있는 보호시설로 옮겨졌다. 그녀는 새로운 환경에 적응할 수 없었고 거주간호가 필요했다.

3년 넘게 그녀의 치매 증상은 계속되어 그녀가 Bill을 좀처럼 알아볼 수 없을 때까지 깊어졌고 그녀 자신은 아무것도 할 수 없을 정도로 심해졌다. 그러나 71세의 나이로 그녀가 죽었을 때 그것은 오히려 Bill에게 위안이 되어서 '나의 진정한 어머니는 몇 년 전에 돌아가셨다'라고 그는 말했다.

그의 아내의 친구가 Alzheimer 질병은 유전이라고 말했을 때, Bill은 걱정하기 시작했다. Hawaii에는 그의 어머니의 동생인 이모 Yumiko가 친정집에서 살고 있었는데 그녀도 67

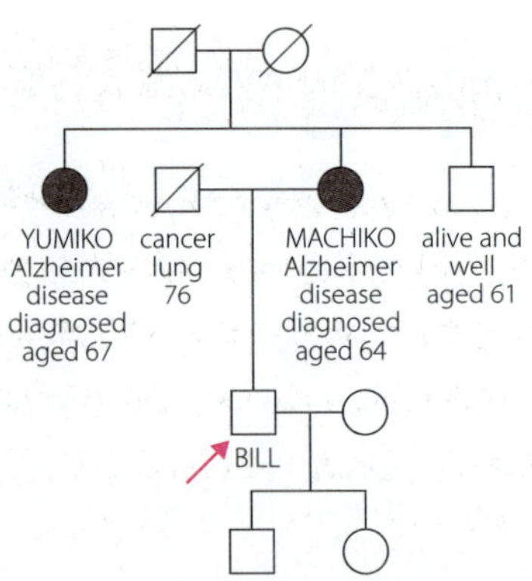

그림 13.1 - Yamamoto 가족의 가계도

세의 나이에 Alzheimer 질환을 진단받았다는 사실을 알고 있었다. 그의 아내는 그도 그의 담당의사와 상담을 할 것을 제안했다. 의사는 60세 이전에 증상이 나타나는 희귀한 경우의 Alzheimer 질환만이 유전성이라고 Bill에게 말했다.

인터넷을 통해 그 질병에 대해 찾아보면서, 그는 유전요소인 ApoE4가 그 질병의 공통적인 후발성 Alzheimer 질환의 감수성과 관련되었다라는 것을 발견했고, 그는 ApoE4에 대해 검사를 실시하는 회사들을 찾아갔다. 그는 자신이 그 검사를 받아야 하는지 의심스러웠고 유전학자와 상담 하기로 결정했다. 그는 그 시험이 그 자신처럼 일본인의 뿌리를 가진 사람에 대해서 신뢰성이 있는지, 그 결과가 긍정적이라면 어떻게 해야 하는지 알고 싶었다.

증례 26 Zuabi 가족

330 345 376

- 여성 나이 52세, Zafira
- 과체중; 앉아서 일하는 생활 방식; 만족할 줄 모르는 갈증
- 제2형 당뇨병
- 아들 테스트

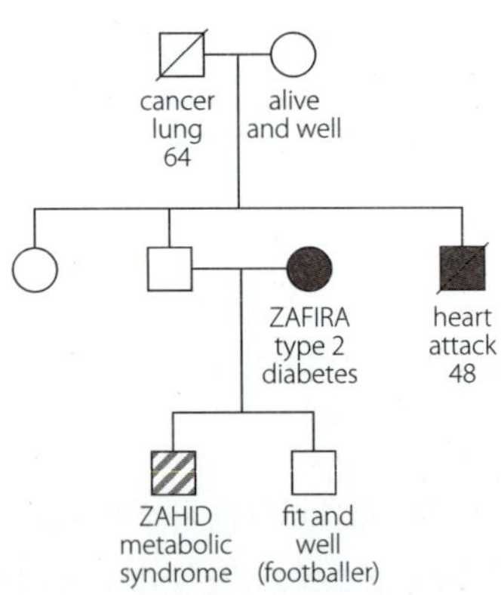

그림 13.2 - Zuabi 가족의 가계도

Zafira는 52세의 여인으로 담당의사에게 지난 3개월 간에 겪은 현기증, 두통 그리고 흐릿한 시야 등에 대해 상담을 받았다. 그녀는 또한 심각한 갈증 현상이 악화되어 매일 많은 양의 물을 마시게 되었고 그에 따라 많은 양의 소변이 생겼다는 것을 언급했다. 그녀의 소변에는 당이 포함되어 있었고 금식 포도당 시험에서는 9mmol/l의 당수치가 나왔다. 이것은 제2형 당뇨병(T2D)이라는 진단을 확증시켜주는 수치였다. 그녀는 우선적으로 thiazolidenedione이라는 약물을 투여 받았다. 그녀는 전체적으로 앉아서 일하는 생활양식을 가지고 있었고 BMI(body mass index)가 30 이었으며 등급별 적당 운동 프로그램에 등록하였다. 운동자체와 체중감소 모두 제2형 당뇨병에 의한 사망률을 낮추는데 도움을 준다.

그 진단에 대한 충격으로 인해 Zafira는 그녀의 가족에 대해 생각하게 되었다. 그녀의 남동생은 48세 때 심장마비로 사망하였다. 그는 몹시 과체중으로서 매우 비활동적이었지만 그가 특히 많은 양의 물을 마셨는지에 대해서 그녀는 기억하지 못하였다. 그녀는 T2D환자의 직계가족 1등친들이 T2D를 가질 위험성이 높다는 것을 알았을 때 (그녀의 담당내과의사는 질병을 가진 부모의 자식들이 38%의 위험을 가진다는 사실을 인용하며 설명하였다), 그녀의 첫째 아들인 Zahid에 대해서 생각을 하게 되었다. 그는 명백한 질병을 가지고 있지는 않지만 몇몇 위험요소들을 가지고 있었다. 그는 차를 타고 일하러 가고, 엘리베이터를 타고 사무실로 올라가고, 하루 종일 책상에 앉아서 시간을 보내고 좋은 식사를 즐기고 나서 저녁에는 TV를 보는데 시간을 보낸다. 그가 과체중이라는 것은 놀라운 것이 아니었다. 그는 몇 가지 테스트를 받는데 동의를 하였다. 그는 허리치수가 99 cm라는 사실과 함께 BMI 지수가 30이 되었고 금식 플라즈마 포도당 수치는 6.4mmol/l로 T2D에 대한 한계치인 7.0보다는 아래였지만 정상보다는 높았다. 그는 고혈압이었고 (혈압 142/90mmHg), 고지혈증(트리글라이세라이드 1.9mmol/l)을 가지고 있었다. 그는 비만과 함께 손상된 포도당 내성, 고지혈증 그리고 고혈압 등 여러 가지 현상으로 '신진대사 증후군'을 가진 것으로 정의되었다 (*표 13.1*). 이것은 오히려 막연히 정의 내려진 것이지만 T2D로의 발전되는 잘 알려진 전구체들이며 심혈관 질환에 대한 주요한 위험요소이기도 하다 (Eckel 등., 2005 총설 논문). 그는 운동 및 항고혈압성 약물 처방을 받았다.

표 13.1 - WHO 신진대사 증후군에 대한 정의 (1999)

증세	측정
당뇨병	공복시 글루코스 수치 〉 7.0 mmol/l
또는 공복혈당이상	공복시 글루코스 수치 6.1−7.0 mmol/l
또는 공복혈당불내성	
또는 인슐린 저항성	저혈당증
PLUS 2또는 그 이상	
비만	BMI〉30 또는 허리 대 히프 비율이 〉0.9 (남성), 0.85 (여성) (비-백인들은 다른 수치가 적용될 수 있음)
	트리글라이세리드 〉1.7 mmol/l
이상지질혈증	HDL 콜레스테롤 〈0.9 mmol/l (남성), 1.0 mmol/l (여성)
Hypertension	〉140/90 mm Hg
Microalbuminuria	배뇨시 알부민 분비 〉20 μ/min

다른 사람들은 약간 다르거나 중복된 정의를 만들어낸다. 목록은 제2형 당뇨병과 심혈관 질환에 감수성을 나타내는 상호 작용하는 특징의 복합성을 보여준다. 이러한 질환들은 빈도가 나이에 따라서 증가하는데 미국 성인들 중 20세에서 29세는 7%가 증세를 보이지만 60세에서 69세는 44%가 증세를 보인다. 극도 비만인 미국 청소년들 중에서 50%가 이들 질환을 보이며, 이것은 나이에 따라서 증가하는데 이러한 경향은 모든 나라에서 동일하다.

13.2. 배경

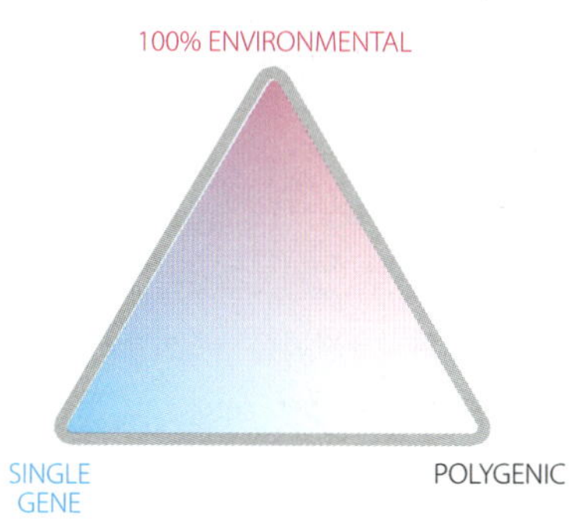

그림 13.3 - 질환의 병인(病因)학
어떤 조건에 대해 유전적 그리고 환경적 결정자의 전체 균형은 삼각형안 어딘가에서 점으로 표현될 수 있다.

유전적 결정의 두 가지 모델

전통적으로 유전적 특징들은 Mendelian과 폴리진(polygenic)으로 나눠어진다. 폴리진의 조건들은 매우 많은 유전적 요소들의 조합된 행동에 의존하고, 이들 유전적 요소 각각은 단지 최종 표현형에 매우 작은 공헌을 할 뿐이다. Mendelian과 폴리진의 두 가지 범주들은 개념 모델이고 유전적 성질에 관해 생각하기에 유용한 도구들이다. − 그러나 현실성 면에서는 모든 조건들은 두 가지 모델들의 사이에 있다. 특정한 형질에 대해서 어떤 식의 두 개념적 모델의 혼합이 가장 적합하게 적용되는지를 결정할 필요가 있으며 여기에 환경적 요인들을 첨가하여야 할 필요가 있다. *그림 1.15*은 유전적 표현형의 직선형 스펙트럼을 보여주고 있다. 환경적 효과들을 감안하여 어떤 질병의 전체적인 병인학은 *그림 13.3*의 삼각형 내부의 어느 지점에 의해 설명될 것이다. '다인성' 혹은 '복합성'은 삼각형 내부에 존재하는 조건들에 대한 유용한 특징이 없는 정의들이다.

유전자의 분리는 멘델의 법칙을 따르지만, 유전 형질들은 완전히 단일 유전자 좌에 있는 유전자형에 의존하는 것은 아니다. 어떤 멘델식 유전법칙의 질병을 자세히 살펴보면 단순히 유전하는 것처럼 보이는 것도 실제로는 단순하지 않다. *6장*과 *8장*에 기술한 것처럼, 유전자형−표현형 간의 관계는 예상했던 것과 같이 확실한 결과를 보여주지 않는다. DNA 염기서열 변형과 관찰할 수 있는 표현형 사이의 관계는 많은 부가적인 인자들, 환경적, 유전적 그리고 단순히 기회(확률론적)등에 의해 표현형이 결정되는 것을 보여준다. *침투율*이라는 개념으로 이러한 부가적인 요인들이 설명되어 그들을 각각 분석하지 않아도 되도록 한다. 멘델식 유전하는 어떤 형질 발현에 영향을 주는 유전자들을 변경유전자라고 부른다.

이분법형질 대 양적형질

인간의 모든 유전형질들은 다음의 두 가지로 나눌 수 있다:

- 질병이나 기형과 같이 있거나(걸렸거나) 또는 없거나(안걸렸거나)와 같은 이분법적 혹은 비연속적 형질
- 모든 사람이 형질을 보이는데 각각은 다른 정도로 보이는 것으로 연속적 혹은 양적 특징; 예) 키, 몸무게 혹은 혈압

연속적인 형질들은 멘델의 법칙으로 설명할 수 없지만 두 종류 형질 모두 유전적으로 결정되는 것이다. 연속적 형질을 결정하는데 관련된 유전자좌는 QTL(quantitative trait loci)라 불린다. QTL은 우유를 많이 생산하도록 젖소를 개량한다던가 높은 수량을 보이는 옥수수 품종을 육성하는 등 농업에서 중요한 분야이다. 몇몇 QTL은 대부분 멘델식 유전 법칙으로 유전하는 형질들에 연루된 단순한 기능상실 또는 기능획득 돌연변이와 같은 것들의 결과일 수 있다. 그러나, 많은 경우 QTL 변이체들은 유전자 기능에서 더 미묘한 효과들을 가지는 것 같다. 프로모터 혹은 다른 조절인자들에서 일어난 변이들은 표현형 발현 수준에서 작은 차이들을 나타낼 수 있다. 염기서열 변화는 mRNA 안정성 혹은 스플라이싱 동형체(isoform)들의 균형을 약하게 변화시킬 수 있다. 장(腸)에 있는 젖당분해효소의 존속을 초래하는 젖당분해효소 유전자 변이체는 전형적인 예가 될 수 있다. 같은 유전자라도 주동 효과를 보이는 돌연변이는 멘델식 유전을 보이지만 미동 효과를 보이는 돌연변이는 QTL로서 행동할 수 있다. 마찬가지로, 어떤 한가지의 유전적 변화가 어떤 한 형질에 주동효과를 보이지만 다른 형질에는 미동 효과를 보여 QTL이 될 수 있다.

폴리진 이론

폴리진 유전 모델 많은 수의 유전적 요인들의 통합된 행동에 따라 나타나는 유전형질을 고려하는데 이때 요인들 각각은 단지 최종적인 표현형에 작은 공헌을 할 뿐이다. 인간 유전학에서 이러한 모델의 주요한 사용은 예측을 하는데 이용되지 않지만 복합적 유전적 조건에 대해 생각하게 되는 뼈대를 제공한다. 어떤 실제적 조건에 대해 뼈대는 경험적인 유행병학적 자료에 의해서 생각될 필요가 있다. 임상 유전학과 가장 관련된 구성의 두 가지 요소는 아래에서 언급했듯이 유전력과 그리고 한계치(threshold)의 개념이다.

*유전력*은 일반적인 집단에서 유전자형을 가진 사람들 중 표현형을 보이는 사림들의 비율이다. 연속적 형질에서 유전력은 친척들 사이에 있는 상관성으로부터 추정할 수 있다. 그것은 0(유전적 연루 없음)과 1 혹은 100%(비유전적 요소 없음) 사이에 있는 숫자이다. 유전력은 h^2로 표시되고, 관계성 계수로서 폴리진 이론의 근원을 반영한다. 유전력의 개념은 종종 잘못 이해되는 경우가 있어서 사회적 행동에 의한 조건을 예방할지 안할지에 관한 정책적 주장에 잘못 사용되기도 한다. 유전력의 한계를 이해하는 한, 유전력은 연구자가 복잡한 조건들을 조사하는데 유용한 방법인데 그 이유는 유전력은 어떤 상황에서 만영하고 있는 유전적인 요인들의 상대성에 대한 지침을 주기 때문이다.

질병의 유전력은 어떻게 한 개인에게서 생리학적 혹은 생화학적으로 그러한 조건이 일어나는지를 재는 척도는 아니다. 사실, 유전력은 개인이 아닌 집단에 대한 표현법이다. 수학적으로, 유전력은

유전적 변이에 기인하는 표현형 변이의 비율이다. 유전력이 답해줄 수 있는 것은 특정한 장소와 시간에서 사람들 간의 차이점 중 어느 정도가 유전적인 것이며 어느 정도가 환경적인 영향에 의한 것인 가이다.

유전력은 한 조건의 고정된 성질은 아니다. 만약 조건의 발생이 유전적 그리고 환경적 요소 모두에 의해 영향을 받는다면, 유전력은 집단에서 대부분의 구성원들이 상대적으로 균일한 환경 요인을 공유한다면 높아질 것이고, 각 개인들이 경험하는 환경이 다르다면 낮아진다. 예를 들면, 가난과 사회적 빈곤과 관련된 부분–유전적 조건은 거대한 불균등을 가진 사회보다 평등주의 사회에서 더 높은 유전성을 가질 것이다. 예를 들면, 100년 전에는 페닐케톤뇨증 정신 지체는 완전히 유전적인 것이었지만 신생아 검진과 식이요법 치료가 허용되는 현대 사회에서 페닐케토뇨증의 원인들은 거의 전체적으로 환경적인 요인에 의하며, 가족력을 추적하기 어렵거나 확실하지 않은 가족력을 가진 경우에는 페닐케토뇨증 유전자를 동형접합으로 가진 아이는 엄격한 식이요법을 이용하는 수 밖에 없다. 이러한 예는 유전력은 유전자의 고유한 성질이 아니고 특정 장소와 시간에서 나타나는 형질의 특징이라는 것을 강조하는 것이다.

*유전력*의 한계점(threshold)은 이분법적 유전형질들이 어떻게 폴리진에 의해 설명하는데 사용되는 개념이다. 간단한 형태로, 폴리진 유전 이론은 집단에서 정규분포를 보여주는 연속적 변이의 양적 형질 적용된다. 유전학자인 DS Falconer는 폴리진의 유전이론이 이분법적 분리 형질과 같은 방법으로 분석할 수 있는지를 보여주기 위해 특징들에 확장될 수 있는지 보여주기 위해 한계점의 개념을 이용하였다 (*Box 13.1*). 임상 유전학에서, 한계점에 대한 개념은 멘델식 유전 형질의 위험성과는 달리 복잡한 유전양상의 형질들에 대한 위험성이 가족력에 의존적이라는 것 이해하는데 도움을 준다.

복합성 질병들의 유전에 대한 연구

복합성 질병에서 유전적 요인들에 대한 요구는 증거에 의해 뒷받침 될 필요가 있다. 이것은 세 가지 형태의 연구에서 기인한다.

- 가족 연구는 질환을 보이는 발단자의 가족들을 분석하여 이들을 친족 관계에 있지 않은 사람들과 비교하여 질환을 보일 가능성이 얼마나 높은지를 분석한다. 질환이 나타날 위험 지수는 λ로 표시하며 이 기호에 아래 첨자는 발단자와의 친척관계를 나타낸다. 예를 들면, λ_s는 발단자의 형제들의 상대적 위험지수를 나타내는 것이다 (*표 13.2*). 높은 λ값은 유전적 인자들을 나타내지만 이것은 가족들은 같은 환경을 공유하므로써 같은 효과가 나타날 수도 있다는 것을 명심 하여야 한다. 왜냐하면 자식들은 부모로부터 유전자뿐만 아니라 부모들과 같은 환경을 공유하기 때문에, 가족 연구에만 의존하는 것은 바람직하지 않은데 특히 행동적 특성에 대한 분석에서는 더욱 그러하다.
- 양자연구는 유전자의 효과와 가족 환경을 분류한다. 예를 들면, 정신분열증을 보이는 부모로부터 태어난 아이들이 정신분열증을 보이지 않는 양부모에게 태어나자 마자 입양된 아이가 양부모의 다른 자식들보다 정신분열증을 보일 가능성이 훨씬 높다면 정신분열증은 양육 환경보다는 유전적 요인에 의해 발생한다는 것을 보여주는 것이다.

Box 13.1

질병에 대한 폴리진 감수성

질병은 비록 이분법적 형질(어떤 사람들은 질병을 가지고 있고 다른 사람들은 가지고 있지 않음)이지만, 한계점 이론은 질병에 대한 민감성은 계속적인 특징이라는 것을 보여 준다. 민감성은 많은 유전자들의 작은 효과들의 조합에 따라 발생하는 양적 특성이다. 질병의 감수성은 집단에서 종 모양의 분포를 보여준다. 대부분 사람들은 중간치의 민감성을 가지고 있다; 몇몇 사람들은 매우 높거나 혹은 매우 낮은 민감성을 가지고 있다. 단지 민감성이 특정 한계점을 초과한 사람들은 질병이 발생한다 (그림의 상단부분을 볼 것).

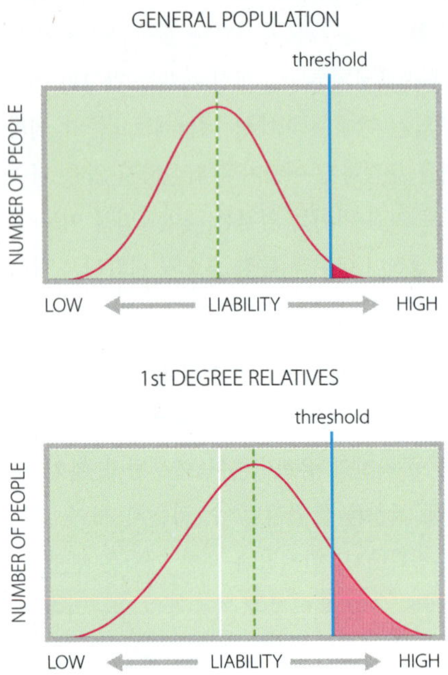

한계점을 가진 일반 집단의 민감성 분포(위)와 가족들의 분포(아래).

만약 당신이 질병을 가진 친척이 있다면, 그 사람은 높은 유전적 감수성을 가져야만 한다. 그들은 높은 감수성 유전자의 '나쁜 대립유전자'를 가지고 있다. 당신은 당신의 친척들과 유전자를 공유한다 (*Box 10.3* 참조). 당신은 다행히 친척의 높은 감수성 유전자들 중 오직 몇 개만을 공유할 수 있지만, 운이 나쁘면 이러한 나쁜 유전자들을 많이 공유할 수 있다. 전체적으로, 질병을 가진 사람들의 친척들의 민감성은 폭 넓게 분포할 수 있지만 곡선이 일반 집단에 비해 민감성이 높은 쪽으로 치우쳐 나타난다 (위 그림 중 아래에 있는 곡선의 우측 색 칠한 곳을 참조할 것). 질환자의 친척들은 서로 친척관계가 아닌 사람들의 한계점보다 높은 한계점을 가진다. 친척관계가 가까우면 가까울수록 이러한 경향은 더욱 높다. 그러므로 복잡한 질병들은 가계를 따라 나타나는 경향이 있지만 이러한 경향은 폴리진이 멘델식 유전 형질들 보다 약하다 (*표 13.2*).

이런 개념은 몇 가지 방법으로 확장될 수 있다.

- 환경적 요인들을 고려하기 위해, 하나의 고정된 한계점을 사용하기 보다는 높은 민감성의 어떤 범위에 걸쳐서 질병이 증가하는 위험이 있다는 것을 추정할 수 있다.
- 한계점은 성(性) 특이적일 수 있다. 이의 고전적 예는 유문 협착(pyloric stenosis)이다. 이것은 여자아이들보다 남자아이들에서 더욱 빈번하게 일어난다 (5M: 1F). 몇몇 생리학적 이유로 인해서 이 질병에 대한 남자아이들의 한계점은 여자아이들의 한계점 보다 낮다. 여자아기가 질환자가 되기 위해서는 그녀의 민감성은 매우 높아야 한다. 평균적으로, 병에 걸린 여자아이들은 남자들보다 더 높은 감수성 유전자를 가진다. 그러므로 병에 걸린 여자아이의 친척들은 병에 걸린 남자아이의 친척들보다 유문 협착 위험도가 훨씬 더 높다.

비록 이러한 모델은 수학적으로 전개할 수 있으나, 그런 모델들은 재발 위험에 대해 생각해 볼 때 질적 도구로서 주로 사용된다. 그것들은 일반적 법칙을 따른다:

복합질환에서 공교롭게도 (병에 걸린 사람들이 많음: 병에 걸린 같은 성의 환자 적음) 한 가족이 과거에 질환을 보인 적이 있으면 이들은 재발 위험이 더욱 더 크다.

이러한 관점에서 복합적인 질병과 멘델리안식 질병 사이에는 완전한 반대라는 것을 주의해라. 당신의 세 자녀가 불행하게도 모두 낭포성 섬유증을 가지고 있다 하여도 이들 다음에 태어나는 자녀가 병에 걸린 위험도는 아직도 1/4정도이다. 그러나 당신의 아이들 중 신경관 결손아가 한 명인 것과 두 명인 경우에는 다음 아기가 신경관 결손을 가질 위험은 1/25에서 1/12로 높아진다. 병에 걸린 두 번째 아이의 위험율을 변경시키지는 못하지만 그것은 당신이 항상 가졌던 위험에 대한 이해를 변화시켰다.

Box 13.1 — continued

표 13.2 - 멘델식 유전 질환과 다인성 유전질환들의 발생 위험율의 예

질환	λ_s	평생 동안 발생율
섬유성 낭포증	500	0.05%
헌팅톤 질환	5000	0.01%
셀리악 병	60	3%
다발성 경화증	25	1%
제1유형 당뇨	15	6%
제2유형 당뇨	4–6	7–35%
고환암	8	2%
Alzheimer 질환	4	35%
유방암	2	14%

λ는 발단자 형제들이 친척관계가 아닌 사람과 비교했을 때의 상대적 위험이다. 멘델리안 유전질환(그늘진 부분)과 다인성 복합적 질환을 비교해 보아라. 이러한 것들은 **경험적 위험(empiric risks)**으로서 이론적 계산으로부터 유래된 것이 아닌 가족 통계조사로부터 유래되었다. 경험적 위험은 집단간에 차이가 나며 또한 시간에 따라서도 차이가 날 수 있다 (시간에 의한 변화는 아마도 환경적 변화 때문임). 상담을 위해서 그러한 위험성을 가지고 이용하여 상담할 때 상담자의 배경으로부터 유래하는 자료를 기본으로 산출한 위험성을 이용하는 것이 중요하다. 데이터 출처; 캠브리지 대학의 Alison Stewart 박사.

- *쌍둥이 연구*는 쌍둥이를 가진 병에 걸린 사람들을 분석한다. 쌍둥이 연구는 일란성 쌍둥이(MZ)와 이란성 쌍둥이(DZ)를 비교하여 이들 쌍둥이들이 얼마나 자주 병에 걸리는지를 분석한다. 일란성 쌍둥이는 그들의 모든 유전자를 공유하는 반면 이란성 쌍둥이는 평균적으로 그들 유전자의 반 정도를 공유한다; 쌍둥이는 일란성이건 이란성이건 같은 환경을 공유 한다. 그러므로 일란성 쌍둥이들의 높은 유사성은 유전적 요소에 대한 증거이다. 일란성 쌍둥이가 태어나자마자 다른 환경에서 양육된 경우에는 아주 좋은 자료를 제공할 수 있으나 이러한 쌍둥이들의 수가 너무 적어서 흥미로운 이야기 거리 외의 정보를 얻기가 어렵다.

가족, 쌍둥이 혹은 양자연구의 마지막 결과는 그 형질의 유전력의 평가이다 (*그림 13.4 참조*)

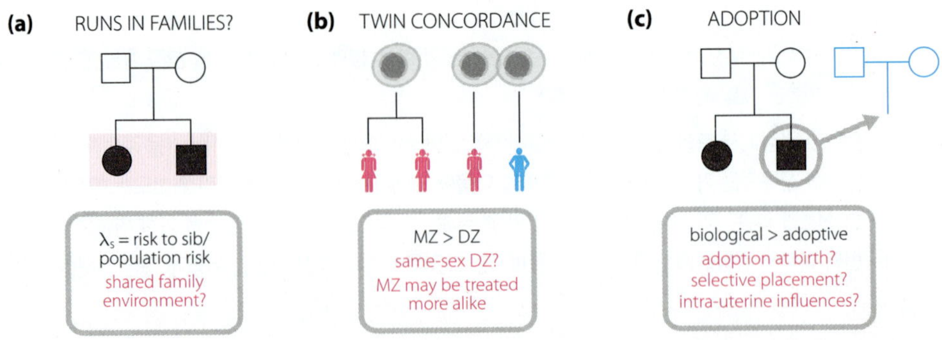

그림 13.4 - 복합성 질환에서 유전적 효과를 증명하는 방법들과 결과를 해석하는데 있어서 주의를 하여야 할 이유들

감수성 요인들을 동정하기 위한 유전 연관 연구

유전적 요인이 분석하고자 하는 질병에 대한 감수성에서의 역할을 알아보기 위한 다음 단계는 이러한 요인들을 동정하는 일이다. 이것은 거대한 일이며 실제로 연구하는 것보다 말하는 것이 쉽다. 멘델리안 유전 질병 연구에서 우선 행하는 것이 연관분석이다 (*9 장*). 실험실 분석도 같은 방법이다: 유전적으로 흥미로운 가족 구성원들을 많은 수의 표지 유전자를 이용하여 분석하고 자료를 분석하여 질병과 함께 유전하는 표지 유전자를 찾는다. 그러나, 그 분석은 다르다. 표준적 lod 값 분석을 하기 위하여 연구자는 각 유전자형의 침투율, 유전자 빈도 그리고 돌연변이 비율 등을 알아야 한다. 멘델리안 유전 질병에서는 이런 매개변수에 관해서 보통 적절한 값을 추정하지만 복합적 질환에서는 추정하여 분석할 수 없다. 그러므로 **비모수적 연관 분석**이 필요하다.

비모수적 연관분석은 질환자가 한 명 이상인 가족을 선택하고 걸린 가족 구성원들이 유전자를 어느 정도 공유하는지를 고려한다. 형질과는 달리 유전자들은 항상 멘델식 유전분리를 하므로 친척들 사이에 유전자를 어느 정도 공유하는지는 쉽게 계산 할 수 있다. 병에 걸린 친척들은 유전방식과는 매우 무관하게 그 질병을 일으키는데 관련된 어떤 유전자 혹은 표지의 공유가 상당할 것이다. 가장 일반적인 분석방법은 병에 걸린 형제 쌍을 이용하는 것이다.

질병 형제 쌍 분석 (Affected sib pair analysis, ASP)

ASP 분석의 원리는 형제가 질병에 걸린 증례를 수집하는 것으로서 통상 100~500 쌍 정도를 수집하여 이들을 대상으로 전체 게놈을 커버할 수 있는 표지 유전자들을 이용하여 분석하는 것이다. 멘델식 유전을 하는 열성 질환을 가진 형제를 생각해보자. *그림 13.5*는 그들이 어떻게 표지 유전자 좌의 대립유전자들을 공유하는지 보여준다. 이때의 표지유전자는 질병 유전자와 밀접하게 유전적으로 연관이 될 수도 있고 되지 않을 수도 있으며 *표 13.3*은 이것들을 일반화한 것이다. 유전 방식과는 무관하게, 감수성 유전자와 연관된 표지 유전자는 질병에 걸린 형제들에서 공통으로 나타나는데 이러한 비율이 우연히 나타났다기 보다는 더욱더 빈도가 높게 나타나는 것이다.

ASP 분석은 비모수적 연관분석의 매우 신빙성 있는 방법이다. 틀렸다라는 것을 입증할 만한 고유의 가설은 없다. 그러나, 연관된 염색체 부위는 매우 크다. *9 장*에서 볼 수 있듯이, 멘델식 유전 질환에서 많은 구성원으로 이루어진 가계를 연관분석으로 하여 최후의 연관형까지 추적하여

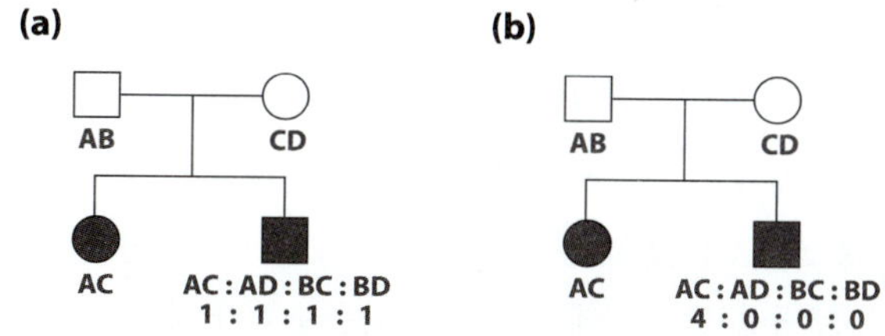

그림 13.5 - 멘델리안 열성 질환을 가진 형제 자매들의 표지유전자의 대립유전자 공유
[a] 질병 유전자와 표지 유전자가 각각 다른 염색체에 있는 경우. [b] 질병 유전자가 표지유전자와 가깝게 연관된 경우. A, B, C, D는 표지 유전자의 대립유전자들을 나타낸다.

표 13.3 - **질병에 걸린 형제 자매의 표지유전자의 대립유전자 공유 기대치**

표지유전자	형제 자매 대립유전자 비-공유	형제 자매 대립유전자 1쌍 공유	형제 자매 대립유전자 2쌍 공유
질병유전자와 연관되어 있지 않음	1/4	1/2	1/4
희귀 멘델리안 우성질환과 밀접 연관	0	1/2	1/2
희귀 멘델리안 열성질환과 밀접 연관	0	0	1
흔한 감수성 유전자와 연관	〈 1/4hg	〉 1/2	〉 1/4

멘델리안 집단에서 질병대립유전자가 희귀하다면 질환을 가진 형제 자매들이 질병유전자의 같은 대립유전자를 가지고 있을 것으로 추정한다. 흔한 질병의 감수성 유전자에서는 정확한 비율을 예측하기 어려워서 단지 그 비율이 임의의 기대치에서 벗어난 지점이다.

염색체의 후보지역에 오직 서너 개 정도의 유전자를 가지도록 좁혀갈 수 있다. 그러나 복합성 질환 감수성 요인들은 각각이 질환으로 발전되기에 필요하거나 충분한 것도 아니다. 결과로써, 대단한 결과를 밝혀내어도 후보 영역의 길이가 20에서 50Mb 정도가 된다. 그러한 긴 염색체 영역은 돌연변이 분석을 이용하지 않아도 좁혀질 수 있는데 이러한 연구로 이상적인 연구가 연관성 분석(association analysis)이다.

연관성 분석에 의한 감수성 인자 동정

조상 전래 염색체 단편

1차 감수분열 전기 (전기 I) 동안 염색체 교차가 세포당 남자는 평균 60번 여자는 평균 90번 일어난다. 염색체는 평균 두 개 혹은 세 개의 단편으로 분열된다. 그러므로 형제 자매들은 염색체 단편을 공유할 때, 이 공유 단편을 많이 가지게 된다. 형제 자매에서 촌수가 먼 친척으로 갈수록 공유하는 조상 염색체 단편의 길이나 수가 줄어든다. Bob과 Carol이 먼 친척관계에 있다고 가정하고 이들이 한 선조로부터 유래한 염색체 단편을 공유하는 것을 생각해보자 (*그림 13.6*).

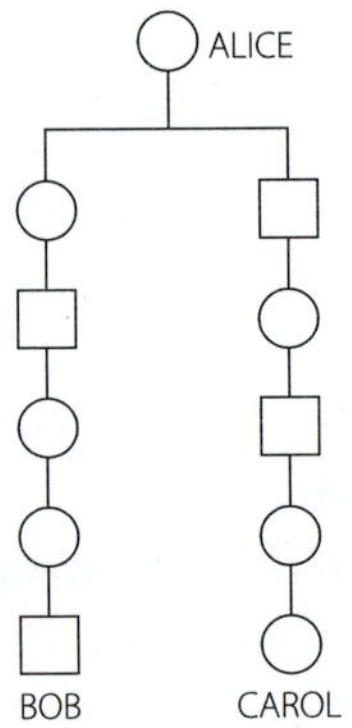

그림 13.6 - Bob과 Carol은 그들의 6대 증조모인 Alice로부터 염색체 단편을 유전 받았다. 열 번의 감수분열에서 조환에 의해 Bob과 Carol이 공유되는 단편의 크기가 감소되었다.

Bob과 Carol을 분리 시킨 열 번의 감수 분열 중 한번 혹은 그 이상에서 10cM 정도의 염색체 단편이 조환에 의해 절단되지 않을 가능성은 단지 1%에 불과하다.

Bob과 Carol은 아마도 그들이 친척관계인지도 모르고 있었을 것이다. 그들에게는 32명의 증조부모가 있으며, 비록 그들이 모두 열광적인 족보 역사가라 할지라도 32명 모두와 그들의 자손들을 알기는 매우 어렵다. 같은 논리가 모든 사람들의 모든 염색체의 모든 단편에 적용된다. 그들 자신들이 혈연관계에 있지 않다라고 생각하는 사람들도 먼 공통된 조상으로부터 유전된 작은 염색체 단편들을 공유한다. 촌수가 멀면 멀수록 공유하는 단편들은 점점 작아질 것이지만, 공유하는 사람의 수가 많아진다. *N* 세대 전에는 당신은 2^N 조상을 갖는다(그림 13.7). 만약 집단의 크기가 일정하게 유지된다면 각각 조상들은 평균 2^N의 자손들을 갖게 된다. 20세대 전으로 간다면(500년에서 1500년까지를 말함), 220이 되어 백만 명이 넘는다. 결국에는 우리는 모두 혈연관계에 있다. 유전학의 다른 분야에서처럼 '혈연이 없는'이라는 단어가 여기서 사용되는데 이것은 증조부모를 공유하지 사람들을 의미한다.

상대적으로 공유된 조상은 가장 최근의 공통된 조상이다. 이 조상은 큰 이계결혼 집단에서 보다작은 고립된 집단의 더욱 최근의 조상으로서, 공유하는 염색체 단편은 상응적으로 더 커지거나(최근의 조상) 혹은 더 작아질 것이다(먼 조상). 다른 염색체 단편들에서는 공통된 조상이 다른 사람들이며 단편을 공유하는 사람들은 다른 사람들인 것이다. 각 염색체 단편은 그 염색체의

그림 13.7 - *N* 세대 전 한 사람은 2^N의 조상을 갖는다. 이 숫자는 몇백년 전 대부분 나라들의 인구 수보다 더 많다. 자식열세와 공동체의 고립 등을 고려한다면, 우리 모두는 먼 공통된 조상들을 통한 친척인 것이다 (Dr Bryan Sykes의 의견).

특정한 대립유전자 변이를 가진 다형화 표지유전자들을 가지게 된다. 조상의 염색체 단편이 어떤 표지유전자들의 대립유전자 세트를 가지고 있다 하여도, 돌연변이가 없는 한 이러한 같은 대립유전자들은 그것을 물려받은 현재 모든 사람들에 의해 공유될 것이다.

공유하는 염색체 단편들과 질병 연관성 분석

공통 조상으로부터 유래하여 공유하고 있는 염색체 단편 하나에 당뇨병 감수성을 나타내는 유전자들이 있다고 가정하여 보자. 현재에는 혈연관계에 없는 일군의 당뇨병 환자들도 이 염색체 단편을 공유할 수 있다. 이 유전자는 당뇨병을 일으키는데 필요하거가 충분한 능력을 가지고 있지 못하여 모든 당뇨 환자들이 이 염색체 단편을 공유하지 않으며 비당뇨병의 정상인들도 이 단편을 가지고 있을 수 있지만 이 단편을 가지고 있으면 당뇨병에 걸릴 가능성이 높아져서 당뇨환자들은 정상인들에 비해 이 조상으로부터 유래한 단편을 가지고 있을 가능성이 높다.

이러한 공유 단편을 찾는 것이 복합적 질환의 연관성 연구의 기초이다. 친척 관계가 없는 몇 백 또는 몇 천의 환자들의 증례를 수집하고 이들의 유전적인 다형화 현상을 분석한다. SNP들이 우선적으로 분석되는 다형화 현상인데 그 이유는 SNP은 그 수가 대단히 많고 이들의 정보를 쉽사리 얻을 수 있어서 다량의 정보를 종시에 분석 가능하기 때문이다. SNP를 이용하는 다른 이유 중의 하나는 같은 표지 유전자인 미세부수체(microsatellite)에 비해 돌연변이율이 낮기 때문이기도 하다. 미세부수체는 *12.4절*에서 설명한 것과 같이 DNA의 복제시 돌연변이가 일어날 가능성이 높으며 이러한 돌연변이 빈도는 멘델식 유전을 하는 질병에서는 연관 분석에 이용 가능할 정도로 낮지만 백 세대 이상을 대 이어온 염색체 단편을 추적하는 데에는 SNP가 더 유용하다.

이미 기술한 바와 같이 공유 단편은 길이가 작다. HapMap 프로젝트(아래 참조)는 이러한 공유 단편은 보편적으로 수 kb 정도 밖에 되지 않는다. 그러므로 개체들간의 공유 단편을 놓치지 않기 위해서는 수 kb 마다 위치하는 표지유전자를 이용하여야 할 필요가 있다. 만약 이러한 공유 단편이 질환의 감수성 유전자를 가지고 있다면, 이러한 표지유전자는 대조군에 비해서 질병을 가지고 있는 사람들에서 더 높은 빈도로 나타나게 될 것이다.

감수성 인자들을 찾기 위한 연관성 분석

연관성 연구로 복합성 질환의 감수성 인자들을 찾는 방법으로 세 가지가 있다. 분석 방법의 난이도에 따라 이들 세 가지 방법은 다음과 같다.

- *후보 유전자들의 검사.* 질병의 병리학적인 정보나 모델 동물의 정보를 이용하여 후보 유전자들을 선발한다. 후보 유전자 내에 있는 SNPs들이나 혹은 주변 염기들의 SNPs들을 질병과 연관성이 있는지 종종 테스트한다. SNPs의 선택은 후보 유전자 주변에 있는 단상형(haplotype) 블록 구조에 대한 정보에 의해 이루어진다 (아래 설명 참조).
- *후보유전적 연관(linkage)과 연관성(association)을 통합.* 유전적 연관은 가까운 친척들에 의해 공유되는 비교적 커다란 염색체 단편으로서 게놈에 존재하는 표지유전자 수백 개를 이용하여 탐지할 수 있다. 연관성은 '친척관계가 없는' 사람들이 공유하는 아주 짧은 염색체 단편을 분석한다. dbSNP 데이터베이스에는 천만 개 SNPs 들이 있으며 이들은 평균 300bp당 한 개씩 존재한다. 그러므로, 대개의 경우 단지 수 kb 정도의 염색체 단편을 공유하고 있다 하여도 이 안에

는 분석하기에 충분한 SNPs들이 있다. 그러므로 일반적 전략은 유전적 연관 분석으로 큰 후보 영역을 밝히고 고밀도 SNPs 유전자형 분석을 통하여 후보 영역을 좁혀나간다.

- *전체 게놈의 연관성 연구.* 대량 유전자형 분석 기술의 발달로 전체 게놈에 대한 연관성 연구 수행이 가능하다. 5kb 혹은 1kb 마다 하나의 SNP로 모든 공통 조상으로부터 유래하여 공유하는 모든 염색체 단편들의 분석이 가능하다. 이것은 600,000 에서 3,000,000 개의 SNPs를 분석하는 것이다. 아래에 기술했듯이, 많은 수의 잠재적인 연관성을 연구하기 때문에 통계학적 유의성 수준을 매우 높게 시용하여서 분석한다. 이것은 역으로 샘플 크기가 매우 커야 함을 의미한다. 연구에 대한 결과 수준은 연구자금이 매우 풍부한 연구소나 공동연구의 모든 방법들을 이용하여도 부족할 정도이다. 규모를 줄이는 한 방법으로 고립되어 형성된 작은 집단을 분석하는 일이다. 왜냐하면 이러한 고립된 집단의 사람들은 대부분 상대적으로 최근의 공통된 조상들로부터 유래하여 공유하는 염색체 단편들이 평균적으로 크며 이들은 적은 수의 표지유전자들로 분석이 가능하기 때문이다. 이와 같은 분석의 예를 들면, 아일랜드 국민 전체를 연구하는 DeCode 프로젝트 (www.DeCode.com)이다.

Alzheimer 질환과 제 2형 당뇨병에서 이러한 접근방법들의 결과는 다음 절에 기술되어 있다. 마지막 절에서 우리는 복합성질환에서 연관과 연관성 연구의 전망과 한계를 일반적인 관점에서 설명한다.

연관성 해석하기

성공적인 연관성 연구로 표지유전자 Y의 대립유전자 X가 질환 Z를 가진 사람들이 대조군보다 20% 정도 더욱 빈번하게 나타난다는 것을 보여줄지도 모른다. 이것은 X가 질병 Z의 감수성을 만든다는 것을 의미하는 것은 아니다. 대체적 설명은 다음과 같다:

- 연관성은 통계학적 오류(유형 1 오류)이고 두 번째 독립적 샘플에서 발견되지 않는다.
- 증례와 대조군의 일치 정도가 매우 낮다; X는 질환과 무관하지만 증례들이 대조군보다 X의 빈도가 우연히 높은 빈도를 가지는 하위 집단에서 얻은 것이다.
- X 자체는 질환 Z에 어떠한 감수성도 제공하지 않지만 X는 진정한 감수성 인자처럼 같은 조상의공유 염색체 단편에 존재하는데 이것은 **연관 불균형**의 한 예이다 (*Box 13.2*를 보아라).

*13.4절*에서는 연관성의 실제적인 원인을 동정하는 것과 이러한 가능성을 어떻게 구분하는가를 논의할 것이다.

13.3. **환자 연구**

다인성 질환에 대해 *개개인의 환자*들에 대한 유전적 연구에서는 어떠한 이득도 얻어낼 수 없다 – 향후에 더 많은 이득이 있을까에 대해서 마지막 절에서 논의할 것이다. 그러나 *환자 집단*에 대한 연구는 모든 복합성 질환에 대해 유전적 감수성을 알아내는 연구에서 매우 중요하여, 이러한 집단 연구는 현재 임상유전학 연구의 주류이다. 그러므로 이 장에서 언급한 증례 25와 26에 기술된 두 가지 질환에 대해 유전학자는 초조해 하고 있는 친척에 줄 수 있는 조언을 기술할 것이고,

Box 13.2

유전적 연관(linkage)과 연관성(association)

연관은 대립유전자 사이가 아닌 **유전자 좌** 사이의 관계이다. *표9.1*에서 보여준 예시에서 *D1S252* 유전자 좌는 색소이상증(dyschromatosis) 유전자와 연관되어 있는데 그것은 어떤 대립유전자를 질병 유전자와 표지유전자를 특정한 염색체에 가지고 있는지에 상관없는 일이다.

연관성(유전적 예시에서)은 **대립유전자** 혹은 표현형 사이의 관련성을 의미한다. 표지유전자가 아닌 특정한 대립유전자가 질환과 연관성이 있는 것이다. 연관성이 실제적 질환(표현형)과의 관계이며, 높은 위험성과 낮은 위험성을 가지는 대립유전자를 가진 질환 감수성 유전자 좌와의 관계는 아니다. 한 표지유전자 좌에 있는 대립유전자는 다른 표지유전자 좌에 있는 대립유전자와 연관을 가질 수 있다.

유전적 연관은 집단에 기초한 연관성을 의미하지 않는다. 예를 들면, *그림 9.7*에서, 정상인의 염색체와 질환자의 염색체 모두에 존재하는 각 표지유전자들은 여러 개의 대립유전자들을 보여주고 있다. 가족 내에서 연관성이 있다 - 예를 들면, 가족 1에서 10명의 질환자 중에서 한 명을 제외하고 모두 질환 염색체상에 *D1S2777* 유전자의 1번 대립유전자를 가지고 있다. 그러나 연관성은 단지 그 가족 내의 일이다. 다른 가족들에서 질환을 가진 사람들은 이 표지의 3번 혹은 대립유전자를 가진다.

연관과 연관성은 가족과 일반적 집단이 중복될 때 또한 중복된다. 현재의 집단을 구성하는 많은구성원들이 공통 조상의 염색체 단편을 공유하는데, 어느 정도는 모두 큰 규모로 보면 이들은 가족의 구성원으로 볼 수 있으며, 이러한 공유된 염색체 단편과 연관된 유전자들은 관련성있는 대립유전자들간에 연관성이 있는 집단을 만들 것이다. 이러한 현상을 **연관 불균형(linkage disequilibrium)**이라고 부른다. 엄격히 말해서, 연관 불균형은 다른 진화론적 원인들을 야기할 수 있는 현상이다. 그러나, 인간 유전학자들이 연관 불균형에 대해 얘기할 때, 그들은 항상 공유된 조상 염색체 단편 때문에 발생하는 대립유전자들의 연관성을 일컫는다.

병에 걸린 개개인의 집단을 대상으로 실시하는 연구에 대해 기술할 것이다. 마지막 절에서는 더 일반적인 관점에서 이러한 예시들을 보여줄 것이다.

증례 25 Yamamoto 가족 329 **341** 376

- 치매의 가족력
- Alzheimer 질병?
- ApoE4에 대한 테스트

Bill Yamamoto씨가 유전학자와 상담했을 때, 유전학자는 단지 조기 발병 Alzheheimer 질환만이 높게 유전된다는 Yamamoto씨의 담당의사의 의견을 확인시켜주었다. Bill의 어머니와 이모가 가진 조건은 후기 발병형에 나타나는 공통된 형태이다. 이 두 명은 사후검시에서 다량의 세포 밖 노년기 플라크와 세포 내 신경 섬유 덩어리를 가진 것으로 나타났지만 (*그림 13.8*), 후기 발병형은 단순히 유전되지 않는다. Bill은 ApoE4에 대한 의견을 유전학자에게 강요했다. 그녀는 후기 발병 Alzheimer 질환과 통계학적으로 연관성이 있다는 것을 확인하여 주었으며, 이러한 통계적 연관성은 일본인들뿐 아니라 유럽에서 이주한 사람들에게도 있다고 하였다. 많은 연구에 따르면, Alzheimer 질환을 가진 일본인 환자에서는 E4 대립유전자 빈도가 0.25에서 0.3이며 대조군에서는 0.10로 차이가 난다. 그러나 유전학자는 Bill에게 E4 대립유전자 받지 말도록 하였다. 그녀는 그에게 '..현재는 일상적인 임상 진단을 사용하거나 증상 전 진단을 사용하는 것을 추천하지는 않는다'라고 결론지은 미국 의학유전학 대학과 미국 인간유전학 협회(1995)의 특별 조사 위원회에서 발표한 ApoE 테스트에 대한 진술을 보여주었다.

Bill이 이러한 태도는 선심성이라고 제안하자, 유전학자는 Bill에게 만약 검사 결과가 긍정적이라면 그는 어떻게 할 것이냐고 물어 보았다. 그는 '그 질병이 발병하는 것을 막기 위하여 내가 어떻게 해야만 하는지 당신에게 질문할 것'라고 대답했다. 그녀는 '하지만 내가 당신에게 말해줄 것은 없습니다. 비록 질환이 진행되는 것을 늦춰주는 약물이 있기는 하지만, Alzheimer 질환을 억제하는 방법으로 입증된 것이 없지요. 당신이 할 수 있는 최선의 방법은 마음을 활기차게 가지라고 조언할 수 있지만 이와 같은 조언은 환자들이 처한 환경과는 무관하게 어느 누구에게도 말해줄 수 있는 것이지요. 그리고 검사 결과가 음성이라면 당신은 어떻게 하지요?' '좋아하겠지요!'. '하지만 당신은 틀렸습니다. ApoE4-음성으로 나타난 사람들도 많은 수가 Alzheheimer 질환에 걸리니까요. 연관성은 단지 통계학적 수치일 뿐이다. 그것으로 한 개인에 대해서 예측을 할 수는 없지요.' 인터넷상에서 떠도는 몇몇 그럴듯한 주장에 대하여 주의하라고 하며, 그녀는 유전자 검사에 관한 Holzman의 논문을 한편 주며 읽어보라고 권했다 (Holzman 1999). 유전학자와의 상담은 Bill이 Alzheimer에 걸릴 가능성이 얼마나 높은지에 대해서는 확인하여 주지는 못하였지만, 돈을 들여서 검사를 하여도 그가 원하는 정보를 얻을 수 없다는 사실을 알 수 있게 하여 준 것이었다.

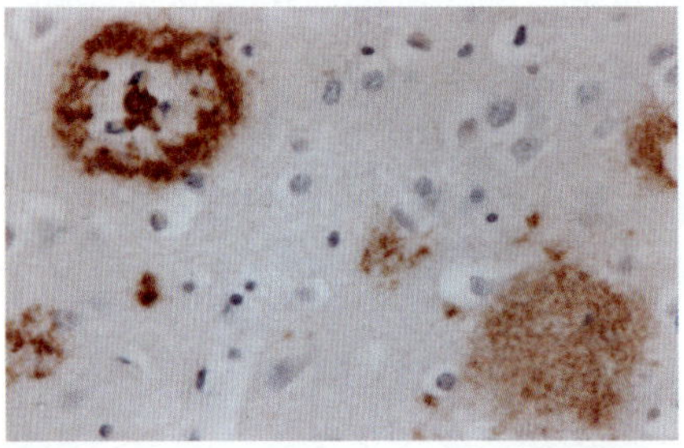

(a)

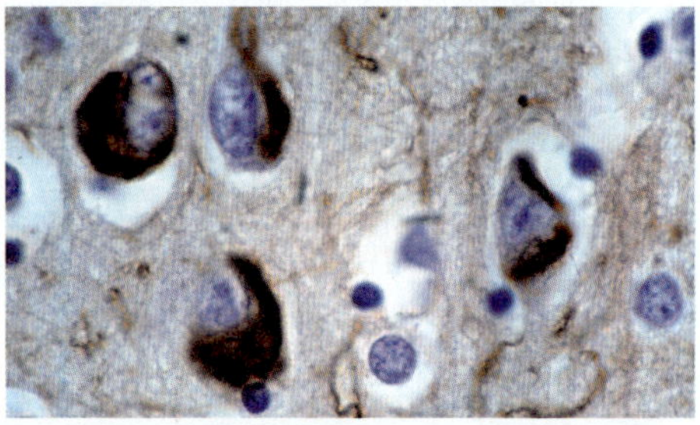

(b)

그림 13.8 - Alzheimer 질환의 뇌 병리학적 특징
[a] Amyloid 플라크와 [b] 신경 섬유 덩어리. 사진 제공: Dr. Simon Lovestone (런던의 정신 의학 연구소)

Alzheimer 질환자들의 1%정도는 60세 이전에 발병한다. 이러한 조기 발병 증례들은 가족성인 경우가 종종 있으며 이 증세는 멘델식 우성 형질로 유전한다. 이러한 증례들은 관행적인 연관 분석이나 위치 클로닝으로 분석 가능하며 연구 결과 3개의 Alzheimer 유전자들을 분리했다 (표 13.4).

표 13.4 - 조기 발병 Alzheimer 질환 원인 유전자

유전자	OMIM no.	위치	기록된 가족 수	산물
APP	104760	21q21	39	Amyloid 전구 단백질
PSEN1	104311	14q24	258	γ-secretase subunit
PSEN2	600759	1q31	15	γ-secretase subunit

기록된 가족들의 전체 숫자는 Bertram과 Tanzi (2004)의 결과임. 전체적으로 이러한 원인들은 모든 Alzheimer 질환 중 작은 일부만을 설명해준다; Alzheimer 증례의 대부분은 후기-발병으로 이것은 비가족성이다.

Alzheimer 질환의 노인성 플라크는 대부분 β-amyloid 단백질로 이루어져 있으며, 신경섬유 덩어리는 타우(tau) 단백질 덩어리로 이루어져 있다. β-amyloid는 단백질분해 절단에 의한 amyloid 전구체 단백질(APP)로부터 생긴다. APP는 695개의 아미노산으로 이루어진 뇌 단백질인데 γ-secretase에 의해 절단되어, $A\beta_{40}$과 $A\beta_{42}$ 펩타이드를 생성하는데 $A\beta_{42}$는 병원성의 변이로 생각되어 진다. γ-secretase는 PSEN1과 PSEN2 유전자 생성물를 포함하는 다섯 개 폴리펩타이드로 이루어진 복합체이다. Alzheimer 질환 중 희귀한 멘델리안 유전 형태는 amyloid가 명백히 병리의 원인임을 보여주며, 다른 원인에 대한 부작용으로 생기는 것은 아닌 것을 보여준다.

유전학자들은 조기 발병 Alzheimer 질환을 가지는 가족 구성원들에게 많은 제안을 가지고 있다. 연관과 돌연변이 탐색은 원인이 되는 돌연변이를 식별하는데 사용될 수 있다. 만약 한가지가 발견되면, 예측 실험을 Huntington 질환에서 하는 것과 유사하게 실시할 수 있다. 이때 사용하는 프로토콜은 다음 장에 기술되어 있다 (*Box 14.2*). 그러나, Bill Yamamoto씨의 예에서 볼 수 있듯이, 후기 발병형은 아직도 연구 단계에 있으며 현재로는 유전적 서비스로 유용한 것을 제공할 것이 없다. 많은 연관 연구와 연관성 연구가 감수성 인자들을 찾기 위해 진행되고 있지만, 아래에서 기술하는 것과 같이 *ApoE*4* 외에는, 질병의 예측이나 새로운 약물 타겟을 아직 발견하지 못하였다.

연관 분석을 하는데 있어서, ASP(affected sib pairs)는 매우 유용하다. 병에 걸리지 않은 것으로 분류된 사람들도 나중에 Alzheimer 질환으로 발전할 수 있으므로 그러한 연구는 병에 걸린 사람들에게만 제한으로 실시한다. 여러 세대로 구성된 가족들은 찾기가 쉽지 않으므로, 조기 발병 환자 가족들을 샘플링 하는 경향이 있는데 이러한 것은 전형적이지 않은 것이다. 많은 수의 전체-게놈 연관분석 연구들이 보고되어 있으나, 그런 연구들 모두는 낮은 lod 수치를 보인다. *Box 13.3*에는 전체-게놈 검사의 유의성 있는 한계점을 보여준다. 이러한 기준을 충족하는 *고도의 유의성* 있는 결과를 아직 찾지 못했다. 유의성이 있거나 암시적인 결과들 중, 한 연구에서는 연관된 것으로 보이는 염색체 단편이 다른 연구에서는 그렇지 않은 경우가 많다. 이런 다소 실망스러운 결과는 복합성 질환의 연관연구에서는 흔히 있는 일이며 왜 이런 결과가 나오는지에 대한 이유는

Box 13.3

전체-게놈 연관 분석에서 유의적 한계점

*9장*에서 우리는 lod 수치 3.0이 유의적 한계점이라는 것을 배웠다. 실제적으로 표지유전자가 연관이 되어 있지 않으면서 이토록 높은 lod 값을 보일 확률은 0.05이다. 몇백 개의 표지 유전자들을 이용하여 전체-게놈을 분석한다면 어떤 표지유전자가 오류 양성적 결과를 가질 기회는 표지유전자 하나만 가지고 분석할 때 보다 명백히 높을 것이다. 얼마나 높은가에 대한 질문은 통계적으로 답하기가 곤란한 것이다. Lander 와 Kruglíak (1995)는 전체-게놈을 연관분석을 다음과 같이 분류하였다:

- 고도의 유의성으로 연관 (lod 값〉 5.4)
- 유의성 있을 정도의 연관 (lod 값〉 3.6)
- 연관되었을 가능성 있음 (lod 값〉 2.2)

이와 같은 lod 한계치는 전체-게놈 분석에서 연관이 아니라는 귀무가설을 가질 가능성이 각각 0.001, 0.05 그리고 1의 가능성으로 정한 값이다. 낮은 범주에 있는 lod 값은 별개의 독립적 연구에서도 같은 결과를 보이지 않는 한 별로 관심을 가질 필요가 없다.

*13.4절*에서 설명하였다. Bertram과 Tanzi (2004)의 총설 논문에 한번 이상의 연구에서 연관을 보이는 12개의 염색체 부위를 보이고 있으며 이들 각각에 대한 증거를 설명하고 있다. 전체적으로 이러한 연구는 향후 연구를 진행시킬 필요가 있는 몇 개의 염색체 영역을 제시하였지만, *APOE 유전자*가 위치한 19q13 지역 이외의 다른 지역에 존재하는 명확한 감수성 요인들을 아직 찾아내지 못하였다.

약 100개의 유전자들을 Alzheimer 질환과 연관된 변이체에 대해 검사를 실시한다. 연구방법으로는 연관 분석에 의해 제시되는 후보 표지유전자의 위치를 결정하거나 Alzheimer 질환의 병리학적 소견에 따라 제시되는 후보 유전자 등을 분석하는 것이다. 많은 유전자들의 연관성에 대한 보고가 있지만 *APOE*4* 외에는 Alzheimer와 관련성이 있다는 것이 신빙성있게 제시되지 못하고 있다. Bertram과 Tanzi(2004) 등의 총설 논문에서 이러한 증거들에 대한 고찰을 다루고 있다. *APOE*4*와는 무관하게, 많은 연구를 통한 발견은 향후 연구에 대한 흥미로운 정보를 제공하였으나, 어떤 연구도 명확한 Alzheimer 질환 감수성 요인들을 동정하지 못했다. 그러나 *APOE*4*의 관련성은 많은 연구에서 확인이 되었으며 명백해졌다.

염색체 19q13에 위치한 *APOE* 유전자는 apolipoprotein E를 코딩하고 있다. ApoE는 많은 돌연변이들이 기술되어 있으나(OMIM 107741 참조) 단지 3가지가 흔하게 발견된다. E2, E3와 E4는 ApoE 단백질의 112와 158 번째 아미노산을 cysteine 혹은 arginine를 코딩하고 있는 변이체들이다(*표 13.5*). 이러한 아미노산의 차이에 의해 지질 조절능력의 기능적 차이점을 만들어 낸다. E4 변이체는 E3 동형접합체에서 보다는 전체 원형질 콜레스테롤과 LDL 콜레스테롤의 높은 농도와 연관되어 있다. 유전자 빈도에 대해서 많은 집단을 대상으로 연구되었는데 E4는 인간이 아닌 영장류에서도 발견되는 오래된 조상의 대립유전자이고 수렵채집이 아직도 성행하는 집단에서는 아직도 높은 빈도로 나타난다. 하지만 정착된 농경사회에서는 E4의 빈도는 낮다.

표 13.5 - 가장 흔한 apolipoprotein E 변이체들과 다양한 집단에서 이들의 빈도

	112번 잔기	158번 잔기	스페인인	영국인	중국인	일본인	미국원주민	Khoi San
E2	Cysteine	Cysteine	0.052	0.089	0.105	0.048	0.0	0.077
E3	Cysteine	Arginine	0.856	0.767	0.824	0.851	0.816	0.553
E4	Arginine	Arginine	0.091	0.144	0.071	0.101	0.184	0.370

자료: Corbo와 Scacchi (1999) *Ann. Hum. Genet.* **63**: 301~310

E4는 서구화 환경에서 사는 사람들 사이에서 나타나는 관상 동맥 질환과 후기-발병 Alzheimer 질환에 대한 위험요소이다. 유럽 사람들과 유럽 유래 북미 사람들 중 *APOE*4* 유전자를 이형접합이나 혹은 동형접합으로 가진 사람들은 상대적으로 Alzheimer 질환의 위험도가 각각 3배와 15배가 증가한다; *APOE*4*는 전체 위험의 20~30%를 차지한다. 그것은 증세의 높은 발병 위험과 조기-발병 두 가지에 모두 관계되어 있다. 그러나, 왜 위험성이 증가하는지에 대해서는 밝혀지지 않았다.

Bertram과 Tanzi(2004)는 그들의 총설 논문에서 '우리는 환자들에게 무엇을 얘기해줘야 하는가?' 라는 질문을 내리며 결론을 내렸는데 그들이 내린 대답은 아직은 잘 모른다는 것이었다. 그들은 임상 목적으로 ApoE 혹은 다른 주장된 위험 요소를 사용하는 것에 반대적인 충고를 하는 몇몇 전문가들의 관점을 되풀이 하였다. ApoE4는 Alzheimer 질환에 대해 필요하지도 그리고 충분하지도 않다. ApoE 유전자형 분석은 Alzheimer 질환이 발병될 가능성이 있는 사람을 진단하는데 아무런 도움이 되지 않고, Alzheimer 질환이 진행하고 있는 사람의 가능성을 예측하는데도 유용하지 못하다. 영국에서 수행된 한 연구에서는 예측력은 너무 낮아서 보험 계약에 영향을 미칠 수 없으며 장기간 보호 보험에서 조차 이용하지 못한다고 결론지었다. (Warren 1999) ApoE는 이상지혈증 연구의 부분적으로 꽤 적절히 시험될 수 있는데 이것은 지질 문제와는 아무 관련이 없고 혼란만 야기하는 결과를 검사자에게 알려야 하는 묘한 문제를 남긴다. ApoE 테스트는 또한 인터넷을 통하여 가능하지만 그 결과를 심각하게 받아들이는 사람들에게 잘못된 낙관이나 잘못된 비관을 초래할 수 있다.

증례 26 Zuabi 가족 330 **345** 376

- 여성 나이 52세, Zafira
- 과체중; 앉아서 일하는 생활 방식; 만족할 줄 모르는 갈증
- 제2형 당뇨병
- 아들 테스트

당뇨병은 공복시 혈당이 7mmol/l 이거나 비공복시 혈당이 11mmol/l 인 고혈당증, 혹은 포도당 내성 테스트 등의 여러 가지 조건에 의해 진단된다. 여러 종류의 미세 형태의 당뇨병에 부가되어, 다음과 같은 두 가지 형이 있다:

- Type 1 (T1D)– 젊은 사람에게서 나타나는 급격히 발병하는 형, 췌장β–세포에 자가면역 공격의 결과로 생기며 비만과는 관련 없음.
- Type 2 (T2D)– 일반적으로 성인들에게서 발병하며, 비만과 물리적인 비 활동성과 관련이 있으나 자가면역 이상과는 관련이 없음, 부적절한 인슐린 분비와 그 효과에 대한 저항성의 복합적 결과

이 두 가지의 별개의 당뇨질환은 모두 유전적 감수성과 환경적 요소를 수반한다. T2D가 환경적 요인들에 의하여 발병이 된다는 증거로 최근의 당뇨병 유병률이 놀라운 속도로 증가(미국에서 1990에서 1999기간 동안 성인들 사이에서 40% 증가, 1999이래로 계속 증가)하고 있으며 체중조절과 운동 등에 의하여 조절이 가능하다는 것으로 나타난다. 유전적 요인이 관여하고 있다는 증거들은 가족이나 쌍둥이 연구 등에 의해서 나타나기도 하며 특정 인종에서 특히 만연하는 등의 결과로도 유전적임을 보여준다. λ_s가 4–6이고 많은 연구에서 이란성 쌍둥이와 일란성 쌍둥이들의 발병율 일치를 비교한 결과 일란성에서 더 높은 일치율이 보고가 되었다. 가족 중 당뇨병이 있을 시에는 발병 위험이 2.4배 증가된다; T2D환자들의 일촌 친척의 15~25%가 손상된 포도당 내성이나 명백한 당뇨병으로 발전한다. 병의 만연도는 인종간에 차이가 있으며, 이것은 인종들이 섞여 사는 다인종 사회에서도 특정 인종에서 높은 이병율을 보인다. T2D의 어떤 변이들은 (MODY와 미토콘드리아 T2D, 아래 설명 참조) 단일–유전자 조건으로서 유전되지만, 이것은 전체 당뇨병 중 10% 미만이다.

유전적 조언을 고려해 보면, Zuabi 가족은 상당히 전형적이다. 중복된 문제점들은 – T2D, 심혈관 질환, 관상 동맥 질환 – 가족 내에서 약하게 밀집되어 나타난다. 신진대사 증후군은 당뇨병 위험성의 확실한 예측인자로서, 신진대사 증후군을 야기하는 개개의 구성분들도 마찬가지이다.

가족사가 당뇨병 위험도를 강하게 예측하게 할지라도, 특별한 유전적 조언에 대한 범위는 없다: 가족사와는 무관하게 과체중과 비활동성을 모두 가진 사람에 대한 일반적 조언은 운동을 하고 체중을 줄이라는 것이다. 여러 가지 가능한 약물들은 유전학이 아닌 생리학적인 면에 따라 처방된다.

많은 나라에서 T2D 당뇨병이 최근 유행적으로 증가하므로 증가의 원인을 이해하기 위해서 많은 노력을 하도록 하였다. 유전적 요인을 고려하면, 50 가족 혹은 형제 자매 쌍 이상의 연관연구와 이외에도 많은 수의 연관성 연구가 보고되었다. T2D 연구 결과들은 이것이 여러 가지 복합적 질환의 전형적인 것으로 나타났다.

***유전연관 연구 (linkage analysis)*:** Lander-Kruglyak 기준을 충족하는 (*Box 13.3*), 높은 유의성이 있는 결과는 아직 없었다. 단지 몇 개의 염색체 영역들이 한 연구에서 유의성이 있는 증거를 제공하고 이러한 결과는 다른 연구에서도 일관되게 재현되었다. 대부분의 연구에서 얻은 결과들의 lod 값은 연관에 대해 간신히 암시적인 수치에 불과하였으며, 다른 연구에서 제시되는 염색체 영역들과 일치하지 않았다. 거의 모든 염색체 영역들이 하나 혹은 다른 연구에서 연관된 것처럼 나타나 이러한 결과들은 전혀 재현성이 없었다. *표 13.6*에서는 이 많은 결과들 중 가장 긍정적인 결과들을 요약하였다.

표 13.6 - 연관 분석에 의해 T2D 감수성 유전자와 연관되었을 가능성이 있는 유전자 위치

초기 연구			부가적인 확인 연구	
집단	**위치**	**Lod**	**집단**	**Lod**
미국 인디언	1q25.3	4.1	미국 백인	4.3
			프랑스 백인	3.0
			영국 백인	1.5
멕시칸-미국인	2q37.3	4.1	미국 백인	2.2
			중국인	2.1
멕시칸-미국인	3p24.1	3.9	멕시칸-미국인	1.3
			멕시칸-미국인	2.7
			핀랜드 백인	1.1
프랑스 백인	3q28	4.7	일본인	1.4
			호주 원주민	1.8
멕시칸-미국인	10q26.13	3.8	영국 백인	2.0
핀랜드 백인	12q24.31	3.6	미국 백인	1.5
			태평양 섬주민	3.7
			핀랜드 백인	1.9
핀랜드 백인	18p11.22	4.2	미국 백인	2.4

위의 자료들은 위의 위치에서 유의성이 낮은 lod 값을 보여는 많은 연구로부터 발췌하였다. Florez 등 (2003)의 지료를 하가 후 게재. ©2003 Annual Reviews www.annualreviews.org

연관성 연구 (association analysis) : 앞 절에서 말한 두 단계 전략에 의해 단지 하나의 추정적인 감수성 요인이 확인되었다. 2q37 부위에서 연관이 가장 높게 나타나는데 이 지역을 위치적 클로닝한 결과 calpain-10 (*CAPN10*) 유전자임을 알아냈다. Calpain-10은 어느 누구의 연구에서도 감수성 요소로 보고되지 않았는데, 이것은 위치적 클로닝이 병인(病因)에 대한 새로운 관점을 만들 수 있음을 보여주는 결과이다. 기존 연구에서, 감수성은 기능적 중요성이 확실치 않은 비-암호화 지역에 있는 3개의 SNPs의 조합에 의하는 것으로 여겨졌다. 그러나, 많은 후속 연구에서 감수성 결정소의 성질을 규명하는데 실패했고, 모든 연구에서 감수성 결정소의 존재에 대해 확인한 것도 아니었다. 두 번째로 가능한 사례에서, 1q25 연관 피크에 존재하는 calsequestrin (*CASQ1*) 유전자에 있는 SNPs들이 잠정적으로 T2D의 증가와 연관되었음이 보고됐다.

대부분의 연관성 연구에서 선택되는 유전자들은 연관 분석에서 제시되는 유전자들이기보다는 병인에 관계된 것이라고 생각되는 유전자를 선택하여 분석한다. *그림 13.9a*는 고혈당과 T2D의 유리 지방산 증가를 야기하는 자가 강화 병원성 단계적 반응을 보여주는 반면, *그림 13.9b*는 인슐린 신호 기작을 제어하는 복잡한 반응을 보여준다. 확실히 분석 가능한 후보 유전자의 목록이 매우 긴 것을 알 수 있다.

이러한 연구들은 감수성 변이를 가지는 30개 이상의 유전자들을 보고하였으나, 연관 분석에서처럼 이들 중 매우 적은 수의 유전자들만이 재현성있는 연관성을 보인다. 25,000 건 이상의 증례를 포함하는 거대한 메타-분석(meta-analysis)에서 핵 호르몬 수용체를 암호화하는 *PPARG* 유전자에서 오류 돌연변이 변이체 (p.Pro12Ala)에 의해서 임이 확인 되었다. 일반적으로 Pro 대립유전자 (유럽인의 빈도 85%)는 중간 정도의 위험성 증가를 예시하지만 (위험률 1.27), 이 변이는 흔한 것이기 때문에, 이것이 T2D에 대한 집단의 위험 수준은 약 25%정도 만을 설명할 수 있을 뿐이다 (11장 참조). T2D를 치료하는데 일반적으로 사용되는 약물의 두 가지 타겟의 변이들이 질환 감수성에 연루되었음이 상당히 설득력있다 (*ABCC8* 와 *KCNJ11*)

단일 유전자와 복합적 질환 형성 사이의 관계: 복합성 질환의 감수성에 대한 일반적 의견은 관련된 경로에 있는 유전자들이 멘델리안 질환을 일으키는 주요한 돌연변이를 가질 것이고 미미한 변이체들은 복합성 질환에서 감수성 요소로서 작용한다는 것이다. T2D의 멘델리안 형은 잘 알려져 있다. MODY(maturity-onset diabetes in the young, 젊은 사람에게서 나타나는 성숙증세 당뇨병)는 조기 발병하는 것으로 상염색체 우성으로 유전한다. 비만 혹은 생활스타일과는 연관성이 없지만, 다른 면에서 그것은 성인 발병 당뇨병과 유사한 점들이 있다. 연관, 위치적 클로닝 그리고 후보 유전자 접근으로 MODY를 일으킬 수 돌연변이를 가지는 7개의 유전자를 동정했다 (OMIM 606391를 보아라). 이들 유전자들의 동정은 포도당 항상성과 인슐린 반응을 통제하는 메커니즘을 연구하는데 많은 도움을 주었다. 이것이 또한 T2D 감수성을 대해 이해하는데 도움을 줄 수 있는가? 현재 그 질문에 대한 대답은 '아주 약간' 이다. 단지 MODY 유전자중 (*HNF4A, MODY1*) 하나가 T2D 연관 피크에 재현되어 나타난다 (20q13, 너무 약해서 표 13.3에 넣지 않았지만 핀란드인과 중국인에서 lod 값이 2.2와 2.9로 연관성이 약하게 있음이 밝혀졌다). 초기 연구에서 성인 발병 당뇨병과 연관성이 없다고 밝혀졌지만, 몇몇 최근 연구들에서 HNF4A SNPs 들이 T2D 감수성에서 어떤 역할을 하리라는 것을 조심스럽게 보여 주었다.

미토콘드리아 DNA에 있는 몇몇 다른 돌연변이들은 당뇨병과 관련되어 있고 종종 난청과 같은 다른 특징들과도 연루되어 있다. 전형적인 T2D의 미토콘드리아 장애에 대한 몇 가지 증거가 있으나, 미토콘드리아 DNA 변이체 중 어느 것도 T2D의 일반적인 형과 유의성있게 관련 있는 것은 없다.

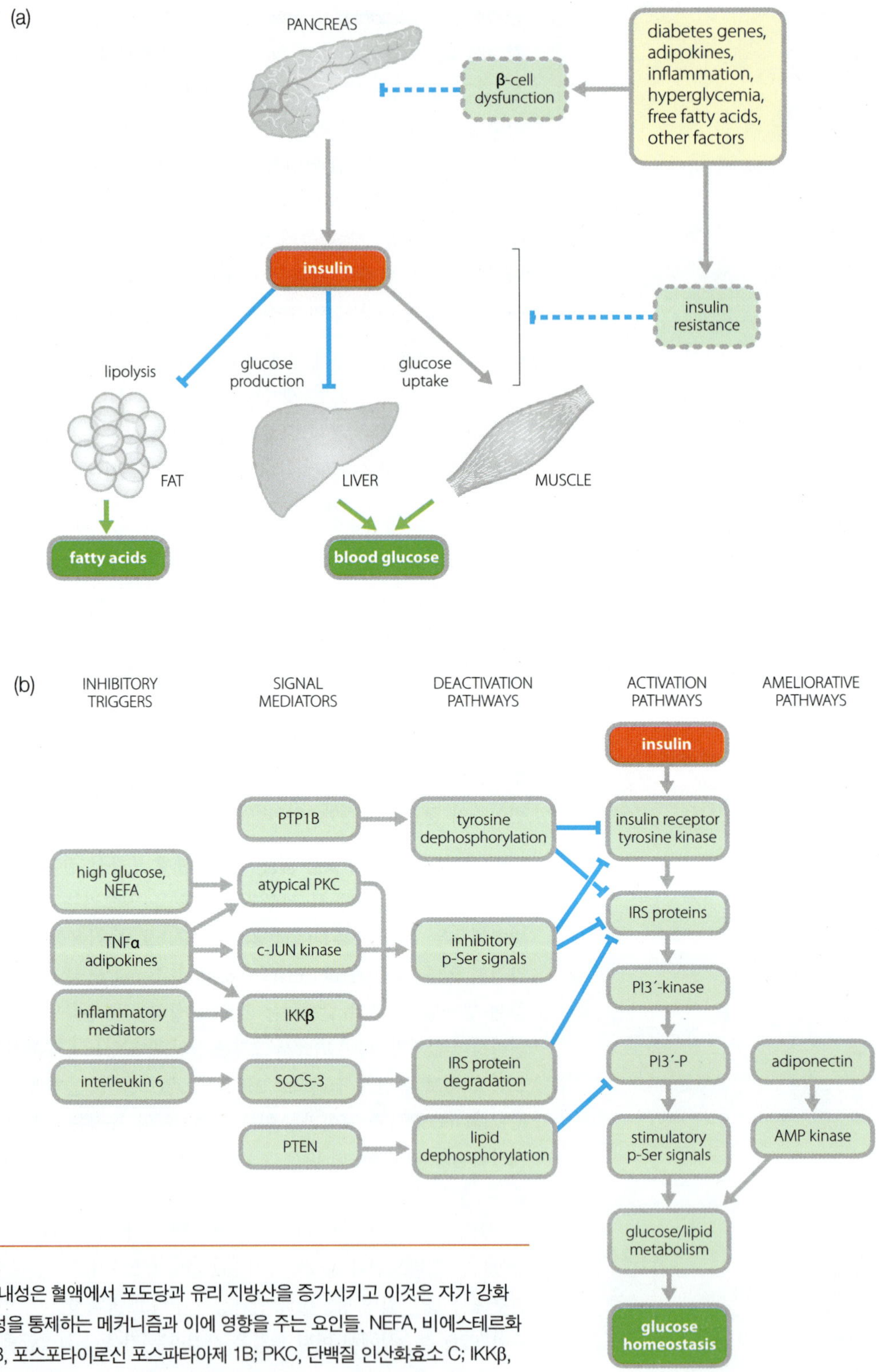

그림 13.9 - 제 2형 당뇨병의 병인 생리학.
[a] 인슐린 분비 감소와 종말-기관 인슐린 내성은 혈액에서 포도당과 유리 지방산을 증가시키고 이것은 자가 강화가 될 수 있다. [b] 인슐린이 포도당 항상성을 통제하는 메커니즘과 이에 영향을 주는 요인들. NEFA, 비에스테르화 지방산; TNF-α, 종양 괴사 인자 α; PTP1B, 포스포타이로신 포스파타아제 1B; PKC, 단백질 인산화효소 C; IKKβ, NFκB 억제단위 인산화효소 (NFκB 활성자); SOCS-3, 사이토카인 신호-3 억제자; IRS, 인슐린 수용체 기질; PI, 포스포이노시톨. 두 그림은 Elsevier의 허락 후 Stumvoll 등(2005)의 자료를 게재함

전체적으로 성인 발병 T2D에 대한 유전적 연구는 막대한 자금과 시간을 들여 연구한 것에 비해 결과는 매우 빈약하다. 몇몇 사람들은 이것은 잘못된 가설에 의한 연구를 강력하게 추구하였기 때문이라고 주장하고, 7장에 기술된 것과 같이 T2D는 후성유전학적 프로그래밍의 장애라는 사실을 주장하고 있다. 그러나, 당뇨병 병인에서 매우 많은 수의 가능한 인자들이 있는 것을 감안하면 (그림 13.9를 보아라), 문제는 병인에 주동적인 효과를 가지는 유전자 변이체들이 없으며 병의 원인이 대규모의 유전적 이질성에 의한다는 가능성이 매우 크다. 사실에 입각한 설명은 아니지만 그것은 이 분야에서 명확한 결론에 도달하는데 극도의 어려움이 있다는 것을 잘 설명하여 주는 총설 논문으로 Florez 등 (2003)의 평론은 추천할만한 논문이다.

13.4. 요약 및 보충설명

Alzheimer 질환과 T2D는 복합성 질환의 유전학 연구의 어려움을 보여주는 아주 전형적인 사례이다. 초기 연구의 대부분이 대부분 사람들이 예상했던 것보다 더 어렵다는 것이 입증되었다. 1990년대 초반에 일반화 되어 있는 질환들에 대하여 유전학계에서 ASP연구를 착수하였을 때, 많은 사람들은 대부분의 인자들을 동정하는 데에는 수 백명의 질환 형제쌍을 분석하면 충분하리라 믿었다. 하지만 실험 결과 lod 수치가 일반적으로 낮으며 모든 질병에 대한 연구 결과를 재현시키는데 어려움이 있다는 것이 널리 알려지게 되었다.

어떤 발견을 하고 이를 재현하는데 실패하였다고 이것이 틀렸다는 것을 의미하는 것은 아니다. 전체-게놈 연구 초기에서 유의성이 있을 것 같은 특정한 염색체 영역을 발견하면 반복 연구로 이 지역에서 높은 유의성있는 lod 값을 보여야만 하는데 이것은 확실히 큰 노력을 요하는 일이다. 만약에 십여 개 이상의 감수성 유전자들이 있지만, 연구가 단지 그들의 어떤 효과를 감지하는데 분분적으로 충분한 정도라면, 한 연구에서 발견된 것이 다른 연구에서도 반복될 것 같지는 않다. 이러한 것이 이해할 수 있는 것일지라도, 유의성 없는 무수히 많은 결과들 중에서 확실한 연관을 찾는데 있어서 연구자에게 도움이 되지는 않을 것이다. 비록 ASP방법은 확실한 방법이지만, Risch와 Merikangas(1996)에 의한 계산은 단지 매우 가능성이 있는 감수성 인자들만 감지할 수 있다는 것을 보여준다 (*표 13.7*). 15년간의 노력에서 나온 결론은 대부분의 흔한 질환들에 대한 감수성은 몇몇 강한 인자들에 의해 야기되기 보다는 많은 수의 약한 인자들의 누적된 결과라는 것이다.

Risch와 Merikangas가 발표한 논문은 문제점이 무엇인가와 함께 해결책도 제시하였기 때문에 매우 영향력이 있는 것이다. 그들은 연관성 연구는 적절한 수 정도의 대상을 분석하므로 연관분석에 비해 아주 약한 감수성 인자들도 감지할 수 있다라는 것을 보여주었다. 그들의 계산들은 많은 분석을 연관분석 연구에서 연관성 연구 쪽으로 연구 방향이 선회되도록 하였다. 보통 이러한 것들은 문제가 되는 질환의 생화학이나 생리학적 지식에 의해 제시되는 후보 유전자들의 다형화 현상을 증례-컨트롤 형식으로 연구한다. 하지만 연관성 분석도 많은 문제점을 가지고 있다.

표 13.7 - 감수성 인자를 동정하기 위한 분석에서 필요한 질환을 가진 형제 자매쌍 수

이 유전자로 인한 질병에 걸릴 상대적 위험도	5x	3x	2.5x	2x	1.5x
질환을 가진 형제들이 대립유전자를 공유할 확률	0.634	0.556	0.536	0.518	0.505
효과를 동정하는데 필요한 질환 형제 쌍의 수	94	559	1366	5379	67 805

질환 형제 자매쌍들은 위험도 지수가 3 이상으로 증가할 인자들을 찾아내는데 강력하게 이용된다. 질환 형제 자매쌍 분석의 빈약한 관리 체계는 대부분의 위험 인자는 위의 수치보다 더 작은 효과를 가진다라는 것을 제시한다. 자료: Risch와 Merikangas (1996).

연관연구의 문제점

다중 테스트

연관성 연구에 의해 많은 수의 긍정적인 결과들이 쏟아졌지만 이들 중 확인 된 것은 매우 적다. Florez 등(2003)의 총설 논문은 한 영역에서 자료의 좋은 특징을 보여준다. 한가지 문제점은 다중 테스트이다. 많은 수의 SNPs를 질병에 대한 연관성을 테스트할 때, 통계학적 유의성의 한계치에 대해서 생각할 필요가 있다. 두 가지 가능한 한계값을 고려해보자;

- *한 특정 SNP*가 임의의 기대로부터 큰 편차를 보여주는 기회가 0.05임
- 검사한 1000개의 SNP들 중 어떤 하나가 임의의 기대로부터 큰 편차를 보여주는 기회가 0.05임

더욱 높은 한계치를 이용하여 유의성이 있는 결과가 명백히 더 믿을 만하다. 이것은 *Box 13.3*에서 보여준 연관 분석의 한계값과 유사하다. 다중 검정에 대한 가장 엄격히 높은 보정 (Bonferroni 보정)은 각 개별적인 질문의 기대값 *P*에 우리가 묻는 질문 수로 곱하는 것이다. 그러므로 1000개의 SNP 들을 가지고 각각 0.00005의 *P* 값을 가지려면 전체의 *P* 값은 0.05이다. 일반적으로 연구자들은 만약 이것이 수개월간에 걸쳐 열심히 일한 연구로부터 얻어진 최상의 결과의 *P* 값이 0.0001라면 이것이 연관성이 있다고 절대로 보고하지 않는다.

반복되는 긍정적 발견

만약 어떤 질병에 20개의 실제 연관성이 있는데, 그러나 단지 하나가 연구에서 감지된다면, 그 하나는 아마도 특정 견본에서 사용된 유전자형의 운 좋게 일어나는 조환에 의하여 유의성 한계치를 넘어선다. 연관성이 사실이라 하여도 재연 실험이 첫 번째 실험 보다 통계적으로 훨씬 강력하지 않으면 아마도 같은 결과를 찾지 못할 것이다. 높은 통계학적 파워를 갖는 한 방법은 질문의 수를 제한하는 것이지만 당신의 실험실의 모든 장비와 자원이 또 다른 전체-게놈 연구를 위해 사용 있을 때 재현 샘플을 모으고 이들을 몇 개의 표지유전자로 분석을 하는 것은 매우 어려운 일인 것이다. 그러나 몇몇 질병에서 연관성 연구의 메타 분석(Lohmueller 등 2003)은 신중한 낙관론에 대해 몇 가지 근거를 제공한다. 이를 위해서 T2D와 양극성 장애(bipolar disease) 그리고 정신분열증에

대해서 보고된 연관성 연구가 고려 되었고 여기에 다른 무작위적으로 선택된 연관성 연구를 모두 추가된다. 다 합쳐서, 특정 질병에 대해 특정 유전자형의 연관성에 대해 보고한 25개의 연구들이 분석되었다. 이 25개중 8개에 대한 메타-분석은 실제적으로 연관성이 있음을 지원하나 다른 17개에 대해서는 연관성의 결론에 이르지 못하거나 부정적이다. 8개의 확인된 연관성에 대한 위험비율은 1.07에서 2.28이다. 전체적 결론은 초기에 보고된 연관성은 사실이지만, 이것을 확인하는 것은 일반적으로 수행하는 연구보다 더 큰 규모의 연구가 필요하고, 초기에 보고된 위험비율은 위에서 설명한 이유로 인해 항상 높다.

증례들과 대조군의 비교하기

연관 연구에서 어려운 것의 하나가 증례와 대조군을 비교하는 하는 일이다. 이때 성(sex)과 나이는 중요하지 않다 - 표지 대립유전자의 빈도는 그러한 변수에 의존적이지 않다- 그러나 대조군으로서 같은 인종 집단과 국가의 사람들을 사용하는 것이 충분한가? 또는 그들이 같은 지역에 있는 사람들이어야 하는가? 등은 중요하다. 같은 지역 사람들은 대부분 커다란 가계의 일부분일 가능성이 있으므로 많은 집단들은 미세 수준의 구조를 나타낸다. 높은 연관성은 표지 대립유전자 빈도수에서 작은 지역적 변이에 민감하지 않지만, 최근에 실시된 큰 규모의 연구에서는 꽤 미묘한 효과를 찾아내서 더 신중한 대조군 비교를 필요로 하게 되었다. 한가지 해결책은 내부 대조군을 사용하는 것이고 여기서 한 부모의 두 염색 중 다음대로 전달되지 않은 염색체를 대조군으로 사용한다 (전달 불균형 시험, TDT).

전달 불균형 테스트: TDT는 대조군으로 부모의 비전달 염색체를 사용하여 증례와 대조군 사이의 불일치 위험도를 낮춘다. 연구 샘플은 증례들과 부모로 이루어져 있다. 부모가 병에 걸렸는지 안 걸렸는지 관계 없다. 표지유전자의 특정 대립유전자와 연관성을 보기 위하여 그 표지유전자를 이형접합체를 가진 부모를 이용하는 것이 훨씬 효과적이다. 테스트는 단순히 이형접합형 부모로부터 문제가 되는 대립유전자가 질환을 보이는 자식에게 유전되었는가를 검사하는 것이다 (*그림 3.10*). 유의성은 간단한 χ^2 테스트로 검정한다.

TDT는 아동 질환에 적합하지만 후기-발병 Alzheimer 질환에는 적용하기가 어려운데 그 이유는 Alzheimer 환자의 부모들은 이미 오래 전에 사망하였기 때문이다. TDT의 변이체는 이러한 문제점을 피하기 위해 형제 또는 자매를 사용한다.

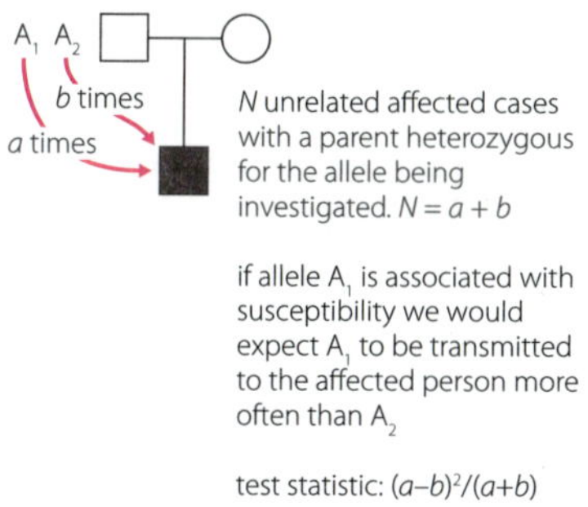

그림 13.10 - 전달 불균형 시험. 시험 통계치는 χ^2분포를 가진다.

실제적으로 원인이 되는 돌연변이 발견

만약 연관성이 반복적으로 재연되고 대조군이 만족스러워 보이면, 다음 질문은 실제 감수성 인자를 동정하는 일이다. 위에서 언급했듯이, 실제적으로 원인이 되는 변이는 연관성 분석에 이용된 SNP가 아닐 수 있지만, 연관 불균형에서는 무언인가가 존재할 것이다. 멘델리안 조건에서, 후보유전자의 염기서열 분석으로 원인이 되기에 가능성이 높은 돌연변이를 찾는다. 복합성 질환들에서 감수성 요인들은 장내 유당분해효소의 지속성과 같은 경우처럼 명백한 변이체들을 훨씬 적게 가지고 있다 (*Box 8.4*). 그것은 차이점을 찾기 위해 많은 수의 환자들과 대조군에서 공유하는 염색체 단편들의 염기서열을 결정할 필요가 있다. 그러나 공유 염색체 단편에 있는 관련이 없는 변이들이 모든 케이스에서 발견될 것이며 대조군과 환자군의 간단한 비교 만으로는 어떤 변이가 원인이 되는 변이인지를 확실히 확인할 수가 없다. 기능에 대한 어떤 생물학적 관점이 필요한데, 예를 들면 유당 분해 효소의 경우 개시 코돈으로부터 14kb 정도 상위에 있는 C/T 다형화현상이 유당분해효소 유전자의 발현에 어떤 효과를 주는지를 알기는 매우 어려운 일이다. 또한 이 마지막 장애물은 멘델리안 질환의 경우보다 훨씬 더 어려운 도전인 것이다.

연관성 연구를 위한 수단: HapMap 프로젝트

인간 게놈에 걸쳐 나타나는 정상적 변이의 형태를 생각해보자. 아주 드물게 변이가 나타나기는 하지만 대부분의 뉴클레오티드는 변하지 않으며, 모든 인간 집단이나 혹은 여러 집단을 비교하면 300개의 뉴클레오티드 당 한 개 정도씩 서로 다른데 이때 변이 패턴은 단지 네 개의 염기들 중 두 가지 이다. 무엇이 이러한 변이 패턴을 만드는 것일까? 이때 돌연변이 뉴클레오티드가 주변의 다른 뉴클레오티드들 보다 내재적으로 더욱 변이를 보일 가능성이 있는 것은 아니다. 오히려, 다른 변이들은 다른 조상 염색체 단편이기 때문이다. 변이를 보이는 뉴클레오티드는 돌연변이가 먼 조상 세대에서 한번 무작위적으로 일어난 것으로 현존하는 사람들의 많은 수가 이 변형된 버전의 뉴클레오티드를 가지며 또한 이들 이외의 많은 수의 사람들은 변형되지 않은 원래 버전의 뉴클레오티드를 가지는 것이다.

고밀도 SNP 유전자형 분석은 흥미 있는 상황을 나타낸다. 만약 매 300bp가 하나의 SNP가 있다면, 10kb의 단편에는 30개 혹은 그 이상의 SNPs들이 있을 것이다. 이들 SNP들이 만약 각각 두 개의 대립유전자를 가지고 있다면, 2^{30}가지의 단상형(haplotype)을 가지게 된다. 그러나 실제로 모든 인간 집단에서 대부분의 그런 염색체 단편들에 대해 4–6개의 단상형들 만이 일반적으로 나타나는데 이것은 이들이 어떤 공통의 조상에서 유래된 염색체 단편들이라는 것을 시사하는 것이다. 그것은 모든 인간들이 어떤 특정 염색체 단편에 대해 4–6명의 조상을 가지고 있다는 것을 뜻한다. 하지만 이것은 우리 모두가 4–6의 원시인으로부터 유래하였다는 것을 의미하는 것은 아니다. 또 다른 염색체 단편들도 4–6 명의 조상으로부터 유래하였는데 이들은 앞에서 설명한 염색체 단편을 공여한 조상들과는 다른 조상들인 것이다.

국제 HapMap 프로젝트는 여러 인종 그룹들이 공통으로 가지고 있는 보존적인 단상형을 정의하는 것을 목표를 두고 있다 (www.hapmap.org/ 참조). 백 만개 이상의 SNP 유형을 분석한 결과 우리들은 그러한 공통 조상 염색체 블록들의 모자이크라는 것이 밝혀졌다 (그림 13.11). 이들 블록들은 통계적인 실체로서 명백하게 식별할 수 있는 게놈의 형태는 아니다. 그림에서 보듯이, 블록 구조는 확연하지만 블록의 정확한 경계는 명백하지 않다: 블록의 정확한 숫자, 크기 그리고 본질은 통계학적 기준에 의존적이다. 블록들은 크기가 다양하며 평균적으로 5~15 kb 정도이다. 게놈의 몇몇 산발적인 영역은 쉽게 식별할 수 있는 블록 구조를 가지고 있지 않다. 이러한 부위들은 조환율이 매우 높은 곳이거나 유전자 변환(gene conversion)이 빈번한 영역일 것이다. 이러한 보존성에도, 조상의 염색체 블록을 찾는 것이 연관성 연구 설계에 중요한 특징이다.

블록들은 두 개 혹은 세 개의 SNPs를 선택하여 이들의 유전자형으로 확인 할 수 있다 ('표지 SNPs, tagging SNPs'). 표지 SNPs들을 이용하여 염색체의 각 부위에 존재하는 4–6개의 대체적 염색체 블록의 리스트를 종합하여 어떤 사람의 게놈을 묘사할 수 있을 것이다. 감수성 인자의 염색체 위치를 찾는데 있어서 이러한 연구의 타당성은 위에서 설명한 것과 같은 염색체 블록을 어떤 질환을 가진 사람들과 그렇지 않은 사람들을 비교하여, 우리는 그들이 공유하는 공통의 조상 염색체 블록을 쉽게 찾을 수 있을 것이다. 공유 염색체 블록들은 질환에 감수성을 주는 오래된 공통 돌연변이를 가지는 단편의 강력한 후보자가 된다. 반면에 ASP 지도작성은 공유 염색체 단편의 길이가 20–50 Mb 정도인데 이것은 염기서열 변이를 찾기에는 너무 크며 공유 단상형 블록의 길이가 수 kb 정도가 이러한 목적으로는 적당하다.

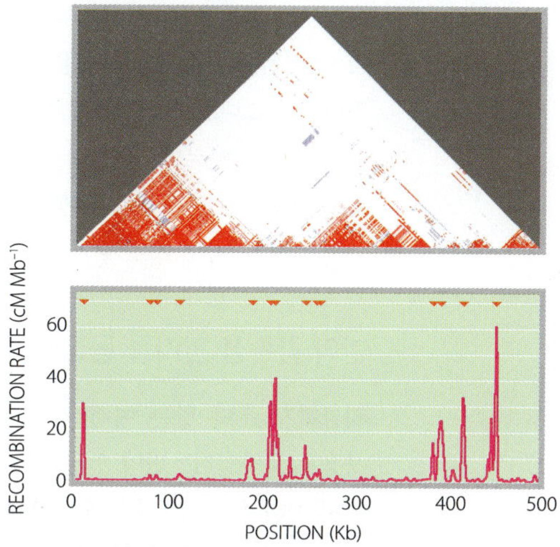

그림 13.11 - HapMap프로젝트에 의해 밝혀진 인간 게놈의 단상형 블록의 한 예
염색체 2q37의 500 kb 영역에 있는 SNPs의 들이 순서대로 삼각형 도면의 비스듬한 중심선을 따라 나열돼 있다. 오른쪽 사선과 왼쪽 사선에 배열된 SNP 쌍 간에 완전한 연관 불 균형을 보이는 곳은 그들 좌표의 교차점에 붉은 색으로 표시하였다. 수평 축으로 읽어가며 염색체 영역을 따라 있는 단상형 블록들의 지도로서 해석할 수 있다. 아래에 있는 그림은 분석한 염색체 영역을 재조합 빈도수를 나타낸다. 비록 전체-게놈의 평균 조환율은 1cM/Mb이지만, 거의 모든 조환은 붉은 삼각형으로 표시한 몇 군데의 핫스팟에서 일어난다. 조환 핫스팟은 일반적으로 단상형 블록의 경계와 일치한다. Macmillan 출판업자로부터 허가 후 국제 HapMap 컨소시움(2005) 결과 각색함.

연관성 연구의 위험: 모든 것은 공통 질환 – 공통 돌연변이설에 의존적

HapMap 프로젝트와 대량 유전자 분석 기술들의 조합은 이 어려운 분야의 연구에 실질적인 진보 가능성을 준다. ASP연구가 미약한 감수성 인자들을 어떻게 식별하는지를 보여준 Risch와 Merikangas의 계산은 연관성 연구가 꽤 적합한 샘플 사이즈를 가지고 매우 강력한 힘을 가진다는 것을 증명했다. 그러나, 연관(linkage)과 연관성(association) 사이에는 한가지 중요한 차이점이 있다. 연관은 유전자들간의 관계를 분석하는 반면 연관성은 대립유전자와 표현형사이의 관계 분석하는 것이다 (*Box 13.2* 참조). 여러 가족들이 동일한 유전자에서 돌연변이를 가지면, 그들은 인접한 표지유전자와 연관을 보여 줄 것이다. 실제로 각 가족마다 같은 유전자 내의 각각 다른 돌연변이를 가지고 있다면 이것은 맞지만 위와 동일한 가족들이 모두가 같은 조상의 염색체 단편상에서 동일한 조상의 돌연변이를 가지지 않는 한 인접한 표지유전자에서 동일한 대립유전자를 가지지 않는다.

공통 질환–공통 돌연변이 가설은 대부분의 공통된 질환 감수성 인자들은 현재 집단들의 공통된 다형성들이 오래된 돌연변이들이라는 것이다. 5장과 6장에서 학습한 것과 같이, 대부분 멘델리안 질환은 높은 대립 유전자 이질성을 보여준다. 여기에도 예외는 있지만 대개 이들 이질성은 비교적 최근에 생긴 별개의 돌연변이들의 집합이라는 것이다. 만약 공통된 질환의 감수성 인자들도 마찬가지라면, 여기서 기술하고 있는 모든 접근법들이 실패한다. 멘델리안 질환을 야기하는 돌연변이들은 자연적 선택에 의해 지속적으로 제거되므로 멘델리안 돌연변이는 원래의 상태로 돌아가는 환원율은 이러한 돌연변이들이 재발적인 돌연변이에 의해 유지되는 것이라고 보여주는 것이다. 반면 감수성 인자들은 자연선발에 의해 영향을 받지 않으므로 오래된 공통의 돌연변이들이 집단에서 그대로 유지되고 있다고 보여진다. 그 논쟁은 우성질환을 야기하는 돌연변이들의 원래의 회귀 속도는 빠르게 진행되는 반면 열성 질환을 야기하는 돌연변이들은 이에 비해 느리게 원래로 회귀한다는 10장에서의 논쟁의 연장이다. 이것은 전체적으로는 그럴 듯 하지만 이러한 주장이 맞는지 또는 어느 정도가 사실인지에 대해서 더욱 많은 연구가 필요하다.

만약 감수성 인자를 동정할 수 있다면, 그 후는 어떻게 하나?

지금까지 흥미 있는 여러 가지 과학을 희망적으로 기술했다- 그러면 이러한 과학의 실용적인 사용은 무엇일까? 만약 연구가 성공적이면, 이렇게 동정된 감수성 인자들을 이용하여 임상의들은 현재의 환자들과는 다르게 앞으로의 10년 혹은 20년 후의 환자들을 다루게 될까? 그리고 이러한 연구가 어떤 다른 가치는 없는가?

감수성 인자들에 대한 지식이 임상적 치료에 영향을 주건 아니던 간에 한가지 희망은 이러한 지식이 제약 연구에 대한 계기를 제공해야 한다는 것이다. 당뇨병에 대한 새로운 감수성 인자를 동정한다는 것은 새로운 약물에 의해 대상이 되는 병인의 새로운 부분을 아는 것이다. 20년 전에는 알려진 작은 수의 약물 타겟들이 약물 개발에서 제한된 요소라고 비추어졌다. 현재 제약 회사들은 많은 수의 약물 타겟들에 의해 매우 당황하고 있으며 이들 타겟들을 더 중요하게 우선시하게 되었다. 약물 개발은 긴 시간이 소요되므로 유전적 감수성 연구가 효과적인 새로운 약품 개발로 이르게 되는지를 보기에는 아직 이르다. 한 가지 주의할 점은 대부분의 회사에서 이윤은 매우 적은 수의 '블록버스터' 약품에서 온다는 것이다. 물론 이것들은 많은 사람들에게 처방될 수 있는 약물들이다. T2D와 같은 공통된 질환에 대해 가장 유망한 타겟들은 모든 환자에게 영향을 주는 마지막 공통된 대사 경로에 있어야 한다. 그러나 이러한 것들은 이미 질환생리학 연구에 의해 잘 조사된 것이다. 환자의 2%에게만 중요한 감수성 인자 개발은 개발하기에 흥미 있는 분야는 아니다.

실질적인 임상적 치료에 관하여는 여러 가지의 의견들이 있다. 낙관적인 의견에 의하면 21세기의 의학은 진단-치료 모델에서 예측-방지 모델로 변한다는 것이다. 더 이상 사람들은 아파서 담당의사에게 진찰을 받을 때까지 기다리지 않는 다는 것이다. 대신에 사람들은 자신의 혈액을 여러 가지 질환을 검사하여 주는 회사에 보내어 검사를 받는다. 컴퓨터는 그들이 특별히 걸리기 쉬운 공통적인 질환을 동정하고 담당의사는 사람들에게 이 위험성을 어떻게 방지할 수 있는지를 조언한다.

이 관점은 많은 저명한 인간 유전학자들의 지지를 받는다. *Box 13.4*는 이러한 관찰의 한 예를 보여준다. 저명도가 비슷한 또 다른 일군의 유전학자들은 진단에서 예측, 예방으로의 도약에 덜 낙관적이다. 그들은 다음과 같은 세 가지의 관점을 주장한다:

- 감수성 인자를 동정하여 내리는 대부분의 예측은 음식, 흡연, 운동 등과 같은 것에 기초하여 만들어지는 예측에 비해 약하다는 것이다. 만약에 어떤 질병에 대해서 20가지의 위험성인자를 알고 있다고 하면 20개 위험인자를 모두 가진 사람과 위험인자를 하나도 가지지 않은 사람 사이에서는 강한 예측이 가능하다. 하지만 이러한 경우는 매우 드물고 대부분의 사람들은 강한 예측을 할 수 있을 정도로 고위험 또는 저위험인자들의 조합을 가지지 않는다. 그러므로 낙관론적인 관점은 쉽게 조절 가능한 생활 습관에 비해 유전적 요인들을 과대 강조하는 것이라는 것이다.
- 당신이 내리는 생활습관에 대한 조언은 예측에 기초를 두고 하는 것은 아니며, 예를 들면 폐암 위험요인이 낮은 사람에게 위험요인이 낮으니 걱정하지 말고 마음껏 담배를 피우라고 조언을 주지 않는다. '생활습관' 유전자형 분석의 한계점에 대해서는 11장에서 이미 설명했다. 간섭이 테스트 결과에 따라 달라지지 않으므로 테스트를 하는 진정한 이득은 무엇인가? [낙관론자들은 이러한 관점에 대해서 고 위험성 사람에게 더욱 강하게 충고를 하고 철저하게 감시하며 과외의 방지적 방법을 행하고, 그러한 사람에게 본인이 고 위험군에 있으므로 더욱 신중하게 행동하도록 동기를 부여할 수도 있다고 대답할 수도 있다.]
- 예측이 자동적으로 예방으로 이르는 것은 아니다. 종종 예방할 수 있는 방법이 없는 경우도 있다; 예방할 수 있는 방법이 있는 경우에도 예측이 매우 강하며 예방책이 행하는 데 있어서 불편하지 않고 비용도 들지 않는 한 예측의 충고를 따르지 않는다. 폐암과 T2D에 대해서 매우 우수한 예측인자들이 있고 모든 사람들이 예방책을 알고 있으며 이를 행하는데 아무런 비용도 들지 않지만 이들 질병은 공적으로 매우 중요한 질환으로 계속 남아서 공공의 건강에 위협을 준다. 왜 상대적으로 미약한 예측인자들이 더욱 성공적인 것일까?

위험성 요인들의 예측에 두 가지 관점을 설명하였다. 요즘의 의학도들은 어느 것이 옳은지 알아낼 것이다.

Box 13.4

2010년의 가상 사례

이 내용은 미국 국립 인간 게놈 연구소의 소장인, Francis Collins가 1999년도 제공한 Shattuck Lecture 로부터 발췌한 것이다. Collins (1999)의 동의 아래 여기에 다시 게재한다. © 1999, Massachusetts Medical Society.

유전자에 근거한 미래 의학에 대하여 일반적인 전망은 유용하지만, 많은 의학 전문가들은 1차적 진료 세팅에서 매일의 의료 행위에 유전자에 근거한 의학이 어떤 영향을 미칠지에 대해서는 아직도 의문을 가지고 있을 수 있다. 2010년에 당면할 가상 의료 현실을 여기에서 소개하고자 한다.

대학을 졸업한 23살의 John은, 취업을 위한 건강 검진 과정에서 데시리터당 혈청 콜레스테롤 수치가 255mg을 기록하여 의사로부터 상담을 받고 있다. 그는 건강하지만, 6년 동안 하루 한 갑의 담배를 피워왔다. 상호작용 컴퓨터 프로그램의 도움으로, 담당 의사는 John의 가족력을 입수하여 부계에 강한 심근경색 병력이 있으며, John의 아버지가 48세의 나이로 사망한 사실을 알게 됐다.

향후 관상동맥 질환과 다른 병에 걸릴 위험에 대한 보다 정확한 정보를 얻기 위해, John은 2010년에야 가능한 유전자 종합 검사에 대해 고려해 보기로 했다. 상호작용 컴퓨터 프로그램을 통하여 이러한 테스트의 이점과 위험을 알아본 뒤, John은 예방 조치가 가능한 질환에 대한 위험 정보를 제공하는 15개 유전자 검사를 받는데 동의하였다(그리고 동의서에 사인한다). 그는 아직 임상적으로 승인된 예방 조치가 가용하지 않은 질환에 관련된 10개의 추가 테스트는 받지 않기로 하였다.

테스트를 위하여 볼 안쪽에서 채취한 DNA 표본을 실험실로 보내면 일주일 뒤에 결과가 나온다(*표 1*). 이후 그는 의사와 유전자 전문 간호사와 상담을 하여 자신의 위험 정도가 일반인들과 실질적으로(두 개 이상의 요인에 의한) 다른 조건들에 대해서 집중적으로 초점을 맞춘다. 대부분의 환자들처럼 John도 그의 상대적인 위험성과 절대적인 위험성 두 가지에 관심을 가지고 있다.

John은 유전자 검사가 항상 나쁜 소식만을 안겨 주는 것이 아니라는 것을 알고는 기뻐하였다. 2010년에 밝혀 진 전립선 암과 Alzheimer 병 등에 관여하는 몇 개의 유전자에 대하여 John은 위험성이 낮은 변이를 가지고 있으므로 그가 이러한 병에 걸릴 가능성은 낮다는 것을 알았다. 그러나 John은 관상 동맥 질환, 대장암, 폐암에 걸릴 위험이 많다는 사실을 알고는 진지해졌다. John은 자신의 유전자 자료의 현실을 마주하고서야 건강 관련 행위에 대한 평생에 걸친 변화와 특정한 위험 요인을 줄이는데 중점을 두어야 한다는 아주 중요한 '가르침의 순간' 을 맞이하게 된 것이다. 그리고 대처할 방법도 많다. 2010년경에는, 약리 유전체학 분야가 활발해져서, John의 개인적 유전자 정보 지식에 근거한 질병 예방 약품이 정확하게 처방되고, 그의 콜레스테롤 수준과 관상 동맥 질환에 대한 위험도를 정상 수준으로 까지 낮추는 것이 가능하다. 그의 대장암에 대한 위험은 그가 45세부터 매년 실시되는 대장경 검사 첫해부터 통보되는데, 이런 여건은 대장암을 피하는 가장 비용이 적게 드는 방법이 된다. 폐암에 걸릴 실제적인 위험에 처한 그는 흡연과 관련되어 나타나는 복합질환의 유전적 고위험군에 처한 사람들을 지원하는 그룹에 합류하였으며 성공적으로 금연을 하였다.

유전적인 근거와 개별적으로 맞춤화된 예방 의학에 대한 이러한 상상은 흥분되는 일이며, 또한 이런 일들은 인류의 건강에 지대한 공헌을 하는 바이기도 하다. 이런 상상을 현실화하기 위해, 유전적 정보의 오용에 대한 방지가 반드시 이루어져야 한다. 그리고 또 다른 주요한 난관을 극복해야 한다. 의사와 간호사들, 그리고 여타 의료 종사자들이 새로이 등장한 유전 의학 부문에 익숙해질 필요가 있다. 가장 복잡한 케이스를 구분할 수 있는 의료 유전 전문가에 대한 필요성이 절실하지만, 그런 전문가들이 여로 곳에서 다 활동할 만큼 충분치는 않을 것이므로, 유전 의학은 주로 일차 의료 기관 종사자들이 실제로 활용할 것이다. 수많은 조사 결과 우리는 현재 이러한 상황에 대한 준비가 되어 있지 않다는 것이 밝혀졌다. 대부분의 1차 진료 기관의 의료진들은 유전학을 그들의 공식적인 교육의 일부분으로써 단 한 시간도 배우지 않았다는 사실이 이를 말해 준다.

이런 긴급한 교육의 필요성을 충족시키기 위해, 국립 인간 게놈 연구소, 미국 의료 협회, 미국 간호사 협회가 최근에 서로 단결하여, 국립 유전학 보건 전문 교육 연합 (National Coalition for Health Professional Education in Genetics, NCHPEG)을 결성했다. NCHPEG(http://www.nchpeg.org)는 인간 유전학 진보에 대한 전문적인 교육의 증진과 정보 습득을 위한 국가적인 노력의 산물이다. 여러 분야 학문의 집합체인 NCHPEG는 약 100개에 이르는 다양한 보건 전문 기구, 의료 이용자와 자원 봉사 단체, 정부 기관, 민간 산업체, 의료 관리 기관, 유전학 전문 단체의 지도자들로 구성되어 있다. 열린 대화를 빈번하게 촉진함으로써, NCHPEG는 그들 멤버들의 집단적인 전문 기술과 경험을 이용하고, 이중 노력을 감소시키기 위한 목표를 추구하고 있다.

Box 13.4 — continued

표 1 - 2010년 가상 환자에 대한 유전자 검사 결과

조건	관련된 유전자*	상대적 위험도	평생 위험도 (%)
저 위험성			
전립선 암	*HPCl, HPC2, HPC3*	0.4	7
Alzheimer 질환	*APOE, FAD3, XAD*	0.3	10
고 위험성			
관상동맥 질환	*APOB, CETP*	2.5	70
결장암	*FCC4, APC*	4	23
폐암	*NAT2*	6	40

* *HPC1, HPC2*와 *HPC3*는 유전성 전립선 암의 세 유전자; *APOE*는 apolipoprotein E 유전자; *FAD3*와 *XAD*는 가족성 Alzheimer 치매의 가상 유전자; *APOB*는 apolipoprotein B 유전자; *CETP*는 콜레스테릴에스테르 전이효소 단백질 유전자; *FCC4*는 가족성 결장암의 가상 유전자; *APC*는 선종성 용종증의 유전자; *NAT2*는 N-acetyl 전이효소 2의 유전자.

Disease box 13

자폐증

1940년대에 초기 유아 자폐증이 최초로 기술된 이래, 장애의 범위는 '자폐성 스펙트럼 장애' 라는 이름으로 그 범위가 넓어졌다. 대략 발생 빈도수는 변수가 많지만, 중증과 보통 형태의 경우 1,000명에 약 1명꼴이다. 정신 장애의 진단과 통계 편람에 의한 질환의 정의는, 자폐증을 가진 어린이는 '3살 이전부터 시작'되는 타인과의 어울림, 소통에 필요한 언어, 또는 상징적이거나 상상하는 놀이' 를 함에 있어 지체 증상을 뚜렷이 보여야 한다 '라고 되어 있다. 전형적인 자폐증 어린이는 생후 19개월쯤에 퇴행성 특징을 나타내기도 하는데, 일반적으로 다음과 같은 결함을 가진다.

- 눈길을 잘 마주치지 못하고, 나이에 걸 맞는 또래와의 관계 발달과 활동 분담 모색 결핍을 포함한 사회성 결함
- 말하기가 늦거나 전혀 못하고 혹은 반복적으로 말을 하거나, 상상적이거나 흉내 내는 놀이를 못하는 증상을 포함한 소통 발달 결함
- 타협하지 않는 옹고집, 강박적이고 반복적이며 판에 박힌 듯 한 활동 양상을 뚜렷이 보이는 행동

194전형적인 자폐증상을 가진 어린이는 보통 특별한 교육적 준비가 필요하고 평생 동안 의존적인 생활을 해야 하지만, 증상이 그리 심하지 않은 경우 아동기의 후반이나 성인이 되어서야 자폐증 진단을 받기도 하고 이들은 비교적 정상적인 생활을 영위하는 경우도 있다.

자폐증은 정신과적이며 행동적 특성을 보여 유전적 분석을 어렵게 한다. 위에 언급한 것과 같은 정의는 임상 의사들이 말하는 '자폐증'과 의미는 같지만, 이러한 정의는 임의적일 수밖에 없으며 어떤 생물학적인 실체를 기술하고 있는 것은 아니다. 전형적인 자폐증은 아스퍼거 증후군과 증상이 비슷하여 두 증후군 사이에 뚜렷한 경계가 없어서 '정상적인' 인격의 변형으로 오인되기도 한다 (그림 참조). 여러 연구에서 전형적인 자폐증의 성비는 약 4(남자): 1(여자) 정도이지만 사내아이들이 여자아이들보다 더 많이 혼자서 몇 시간씩 컴퓨터 게임을 하고, 사회적으로 서툴러도 '정상적인' 아이로 우리 모두가 받아들인다. 자폐증 혹은 자폐증적 특성이 자주 나타나는 경우에는 다수의 세포 유전학적, 그리고 단성유전적인 장애가 있다. 예로 레트 증후군, 취약 X 증후군, 15q11-13 염색체

중복도 여기에 포함된다. 초기 진단이 자폐증인 몇 퍼센트의 어린이들이 이들 증상 중 한 둘을 가지는 경우가 있지만, 대부분의 경우는 그렇지 않다. 여러 증거로 미루어 볼 때, 자폐증은 많은 다른 원인을 가질 수 있는, 행동의 한 유형이라는 것이 분명하다.

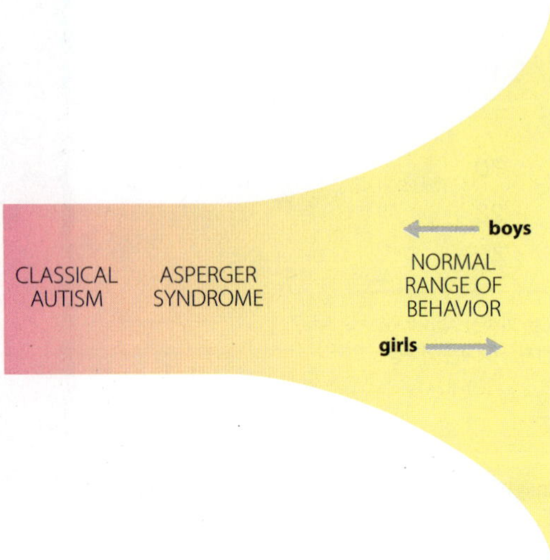

자폐성 스펙트럼 장애는 자연적인 경계 없이 정상적인 행동으로 섞여진다.

환경적인 요인은 자폐증의 주된 원인이 아니라는 것은 이미 밝혀졌다. '냉정한 어머니' 와 같은 비정상적 부모에 대한 초기 보고서는 더 면밀한 연구 끝에 실증되지 않았고, 대중적으로 많이 알려 진 결함 교정(MMR)(measles - mumps - rubella: 홍역, 볼거리, 풍진)이나 다른 백신도, 연구 결과 아무 관련이 없는 것으로 밝혀졌다. 반면에 많은 관찰 결과 유전적 결정인자가 자폐증의 중요한 원인임을 나타내고 있다. 형제간 재발 위험률(전형적인 자폐증 아이의 출생 후에)은 6-8%이고, 따라서 λ_s은 50을 초과하여 다른 어떤 복합 질병보다 가장 높다(*표 13.1*과 비교). 이차적 친인척(사촌)에 대한 위험도는 현저히 낮아져서, 약 0.18%밖에 안 된다. 이란성 쌍둥이(DZ)보다는 일란성 쌍둥이(MZ)들에서 동시 발병률이 훨씬 높게 나타났다 (기준에 따라 다르지만, 70-82% 대 0-10%). MZ와 DZ 쌍둥이 사이의 차이와, 1차 인척(부모, 형제)과 2차 인척간의 차이는 대부분의 다른 복합 질병에서 보다 훨씬 뚜렷했다. 이는 다음의 두 가지 요인 중 하나 때문으로 여겨진다.

- 유전적 민감성은 매우 많은 숫자의 유전자, 이를테면 20개 혹은 그 이상의 조합에 좌우 된다.
- 민감성은 새로운 돌연변이에 기인하는 경우가 많은 것 같다. 이것은 전형적인 염기서열 변이이거나 후성유전적 변이라 할 수 있다.

위의 설명은 자폐증에 대한 유전연구에 대해서 정반대의 시사점을 보여주기 때문에 이들 설명 중 어느 것이 맞는지 알 수만 있다면 좋을 것이다. 첫 번째 설명은, 자폐증과 연관성을 찾기 위해서 아주 많은 수의 환자(또한 매우 비싼)를 대상으로 연구를 해야 할 필요가 있는 것을 의미한다. 두 번째 설명은 연관성 연구로는 가능하지 않으며 가장 좋은 접근 방법은 여러 명의 자폐증 환자들의 후보 유전자 서열을 결정(bisulfate 염기서열법 포함)하는 것이다.

지금까지의 유전 검사는 늘 해오던 방법을 따랐다. 12번의 전체 게놈 조사가 1998년과 2004년 사이에 보고되었다. Lander-Kruglyak 기준(Box 13.3)을 사용한 결과 높은 유의성있는 lod 값을 보이는 표지인자가 없었고, 단 하나 유효한 lod 값 (3.74) 를 보이는 것이 염색체 2q에 있었다.

몇 가지 다른 연구에서도 암시적인 lod 값으로 2q를 뒷받침했다. 이외에도 몇 개의 암시적이긴 하지만 유의성이 없는 lod 값으로 7q, 16p와 17q 등이 알려졌다. 다른 연구들도 대부분의 염색체에 흩어져 존재하는 것에 대한 암시적 lod 값을 보고했지만, 약간 높은 lod 값에서 조차도 이러한 결과들은 거의 재현이 되지 않았다. 연관성 연구를 위한 후보 유전자들이 신경전달에 관여하는 것으로 알려진 염색체 부위에 있는 유전자들로 선별되었다. 몇 가지의 연관성 유전자 보고가 있었지만, 이에 대한 재연 실험에서는 결과가 일관성이 없었으며 부정적이었다. 환자 몇 명이 한 개 또는 이외의 유전자에서 돌연변이가 발견되었지만, 어떠한 돌연변이도 일관성 있게 연관성을 보이지 않으며 자폐증의 주요한 원인으로 동정되지 못했다.

정신과적이며 행동적 형질에 대한 연구 조사는 어떤 복합적인 질병에 대한 연구에서의 문제점들과 동일한 문제점을 모두 가지고 있지만 진단 표지가 임의적이라는 부가적인 어려움을 가진다. 자폐증은 전형적인 질환으로서 모든 다른 환자들이 모두 다른 원인들에 의하여 발생한다. 연구자들은 보다 동질적인 그룹을 설명하기 위해 '내부형질(endophenotype)'을 규정하려 한다. 즉 특성은 전체적인 표현형의 일부분들이지만, 근본적으로는 유전자 활성에 더 가깝게 있는 것이다. 가능한 내부형질의 선택은 광범위하여 확증적 연구와 메타-분석을 보다 어렵게 만들고 있다. 한편 개별적인 각 증례들에서 이미 알려진 단성유전인자에 의한 것이거나 세포유전적 원인을 연구하고, 자폐증적 스펙트럼이 장애의 알려진 증례를 가진 가족들의 상세한 가계도를 작성하고, 경험에 기초한 재발위험성을 알려주는 것 등은 중요하다.

자폐증에 관한 정보는 http://www.nimh.nih.gov/publicat/autism.cfm.에서 참조 바람.

영국과 미국의 지원 그룹 웹사이트는 http://www.nas.org.uk/ 과 http://www.autism-society.org.이다.

Disease box 13 – *continued*

13.5. 참고문헌

American College of Medical Genetics/American Society of Human Genetics Working Group on APOE and Alzheimer disease (1995) Statement on use of apolipoprotein E testing for Alzheimer disease. *JAMA*, **274**: 1627–1629.

Bertram L and Tanzi RE (2004) The current state of Alzheimer's disease genetics: what do we tell the patients? *Pharmacol. Res.* **50**: 385–396.

Eckel RH, Grundy SM and Zimmet PZ (2005) The metabolic syndrome. *Lancet*, **365**: 1415–1428.

Florez JC, Hirshhorn J and Altshuler D (2003) The inherited basis of diabetes mellitus: implications for the genetic analysis of complex traits. *Annu. Rev. Genomics Hum. Genet.* **4**: 257–291.

Holzman NA (1999) Promoting safe and effective genetic tests in the United States: work of the task force on genetic testing. *Clin. Chem.* **45**: 732–738.

The International HapMap Consortium (2005) A haplotype map of the human genome. *Nature*, **437**: 1299–1320.

Lander E and Kruglyak L (1995) Genetic dissection of complex traits: guidelines for interpreting and reporting linkage results. *Nat. Genet.* **11**: 241–247.

Lohmueller KE, Pearce CL, Pike M, Lander ES and Hirschhorn JN (2003) Meta-analysis of genetic association studies supports a contribution of common variants to susceptibility to common disease. *Nat. Genet.* **33**: 177-182.

Risch N and Merikangas K (1996) The future of genetic studies of complex human diseases. *Science*, **273**: 1516-1517.

Stumvoll M, Goldstein BJ and van Haeften TW (2005) Type 2 diabetes: principles of pathogenesis and therapy. *Lancet*, **365**: 1333-1346.

Warren V (1999) *Report of Work Group on Genetic Tests and Future Need for Long-Term Care in the UK.* Continuing Care Conference, London.

13.6. 자가 평가 문제들

[1] 아래 사항 중 어느 것이 심장마비 민감도의 유전적 요인에 관하여 가장 뚜렷한 증거를 제공하는가?

(a) 지침 증례들의 형제 자매의 높은 심장마비 발병률.
(b) 쌍둥이 쌍과 비교하여 동성 쌍둥이 쌍의 발병률 일치성이 높음.
(c) 입양자의 증례들에서, 입양자가 아닌, 생물학적 인척 가운데 발병률 증가.
(d) 부모의 건강한 식습관이나 불량한 식습관을 따라 하는 아이들의 관찰.

[2] 친척관계가 아닌 두 명의 여성(Anne과 Betty)이 복합 질병을 앓고 있는데 이 질병에 대하여 친척, 입양아, 쌍둥이 등의 기록에 의하면 유전적 민감도가 중요하다고 나타나 있다. 그 질병은 여성보다는 남성에게 두 배로 흔하게 일어나는 병이다. Anne은 그녀의 가족 중 유일하게 병에 걸린 사람이며 Betttty의 남자 형제와 아들도 역시 병에 걸렸다. 다음의 네 가지 비교 사례 각각에 대하여, 위험도가 어떤지 결정하라.

(a) 더 높다
(b) 더 낮다
(c) 동일하다.
(d) 이 데이터로는 예측이 불가능하다.

(1) 병에 걸린 남성의 자녀에 대한 위험도와 비교하여, Anne이나 Betty의 다음에 태어날 아이가 병에 걸릴 위험도
(2) Anne의 딸에 대한 위험도와 비교하여, Anne의 아들이 병에 걸릴 위험도
(3) Betty의 딸에 대한 위험도와 비교하여, Betty의 아들이 병에 걸릴 위험도
(4) Betty의 다음번 태어 날 아기에 대한 위험도와 비교하여, Anne의 다음번 태어 날 아기가 병에 걸릴 위험도

[3] 돌연변이가 특별한 단상형 표지유전자를 가진 염색체에서 일어났다. 돌연변이와 표지유전자가[a] 1 cM 또는 [b] 5 cM이 떨어져있다면 돌연변이와 표지유전자간의 연관성의 반감기 (세대)는 각각 얼마인가?

[4] 1950년대 통계학자 Ronald Fisher는 흡연과 폐암과의 알려진 관련성에 대하여, 흡연이 폐암을 일으킨다는 의미는 아니라는 주장을 했다. 그는 초기 폐암이 폐에 자극을 주고, 이것이 사람들로 하여금 담배를 피우게 하거나, 혹은 특정한 신경적인 체질의 사람이 폐암을

가지거나 독립적으로 흡연을 하는 경향이 있다고 했다. 그가 틀렸다는 것을 어떻게 증명할 것인가?

[5] Locus A는 유전자 빈도가 각각 0.5, 0.4, 0.1인 세 개의 대립 유전자 A*1, A*2, A*3를 갖고 있다. 연관된 locus B는 유전자 빈도가 각각 0.6, 0.3, 0.1인 세 개의 대립 유전자 B*1, B*2, B*3를 갖고 있다. 아래 중 어느 것이 연관불균형의 증거가 되는가?

(a) 단상형 A*1, B*1의 빈도는 0.30이다.
(b) 단상형 A*2, B*2의 빈도는 0.14이다.
(c) 단상형 A*3, B*3의 빈도는 0.03이다.
(d) 단상형 A*3, B*2의 빈도는 0.01이다.

[6] 아래 중 어느 것이 낭포성 섬유증과 유전적 연관된 *KM19* DNA 다형성 사이의 연관불균형의 증거가 되는가?

(a) 10개 집단을 비교하여, CF의 가장 높은 발병율을 가진 집단이 또한 가장 높은 *KM19* 대립 유전자 2의 빈도를 보였다.
(b) *KM19* 대립 유전자 2는 CF를 가진 염색체 7s의 91%에서 발견되지만, CF를 가지지 않은 염색체 7s의 경우 25%만 발견된다.
(c) *CFTR*과 *KM19* loci는 둘 다 염색체 7q31.2에 위치한다.
(d) 가계 연구에서, *CFTR*과 *KM19* 는 가까운 연관을 보인다.

[7] 콩 자루 안에 매우 많은 양의 검은 콩이 있고, 그 콩들 100알 중에 1알은 붉은 콩이다. 눈을 감고, 손을 자루 안에 넣어 콩 1알을 꺼내라. 열 번을 그렇게 할 경우, 적어도 1알의 붉은 콩을 꺼낼 확률은 얼마인가? 이제 이 방법을 민감도 정보를 찾는데 적용해 보자. 당신이 연구하고 있는 질병과 관련하여 각 4개의 대립 유전자를 가진 1,000개 표지유전자들을 테스트한다. 얼마의 P 값이 5% 유의성 수준에서 연관성을 나타내는가? 연관성 검사 대신에 전체 게놈에 산재한 1,000개 표지유전자를 이용하여 검사했을 경우, 그 답은 동일한가?

[8] 대량 유전자형 분석의 개발은 전체 게놈 연관성 검사를 기술적으로 가능하게 만들었다. 500명의 환자와 500명의 비환자를 대상으로 백 만개의 SNP를 검사 했다. 629번과 380번 SNP는 두 개의 대립유전자를 가지고 있으며 이들은 비환자 그룹에서 각각 50%의 빈도로 나타났다. 이 질병과 유의한 관련을 보이려면, SNP 대립 유전자 1을 반드시 가져야 하는 환자의 한계치는 얼마인가?

[9] 질병 민감도 유전자에서 유전자형 1–1, 2–1, 2–2의 상대적 질병 위험률은 4:2:1이다. 만약 부모가 아래와 같은 경우, 자식 두명 모두 1–1이나 2–1을 가지거나 혹은 한 명은 1–1과 다른 한명은 2–1인 경우 예상되는 형제 자매 발병율을 계산하라.

(a) 1–1 × 2–2
(b) 1–1 × 2–1

제 14 장

유전적인 질병을 치료하기 위해서 우리가 무엇을 할 수 있는가?

14장의 학습 요지

- 환자와 보호자에게 진단과 상담의 유용성에 대해 설명 하기
- 유전적 질병을 가진 가족에서 멘델식 유전과 어떤 다중요인에 의한 유전적 질병을 가진 가족에게 재발의 위험성 계산하기
- 산전 검사 방법들과 이의 효과와 문제점들을 설명 하기
- 유전적 질병을 치료하기 위한 음식 조절의 효과에 대해 설명하기
- 최근 임상 적용에서 유전자 증가, 교체, 대체적 스플라이싱의 조절 및 유전자 적중, 유전자 적중, 그리고 이들의 일반적인 상태 등에 대해서 설명하기
- 유전적인 질병 치료를 위한 줄기세포의 적용가능성을 설명 하기

14.1. 증례 학습

본 장에서는 새로운 증례는 없으며 지금까지 다른 증례들을 다시 되 짚어봄

14.2. 배경

대부분의 의학 특성들과 같이 임상유전학에서의 관심은 정확한 진단법에 기초를 둔다. 임상유전학에서의 주된 조정은 상담하고, 시험하고 치료하는 것을 포함한다.

진단

이 책에서 증례를 들어 설명한 경우와 같이 임상적인 관찰과 검사는 진단에 있어서 첫 단계이다. 많은 임상 의학자들과 건강 관련 종사자들이 유전질병을 가진 개인과 가족에게 진단과 조언을 한다. 건강 서비스 시스템이 잘 갖춰진 나라들에서는 임상 유전학자, 유전상담가, 유전학자들이 참여한 특수 유전 센타를 운영한다. 비록 세부-전문화가 임상 유전학자들이 특정한 분야에 전문적 기술을 종합한다 것을 뜻하더라도 유전 질병은 모든 연령에 있어서 그리고 신체 전반적에 걸쳐 나타나므로 전문가들은 광범위한 기술이 요구된다.

진단은 자세한 의학적 기록과 함께, 임신기간과 가족력에 의해 실시되는데 이것은 체계적인 검사와 적당한 연구가 뒤따른다. 몇몇 증후군들에서 (윌리암스 증후군, 연골 형성 부전증 등) 진단은 얼굴의 특징이나 심장결함이나 신체비율과 같은 다른 특징들에 의해 우선 내려진다. 다른 질병(신경장애, 신진 대사 장애)에 있어서의 진단법은 임상증상과 신체 시스템의 검사에 의해 이루어진다. 어떤 특정한 경우에는 특별한 검사들이 가능하면 이러한 방법들을 이용하여 차별적인 진단을 내릴 수도 있다. 아직도 많은 유전 질환들이 유전적 검사가 아직 확립되어 있지 못하여 임상적 진단에 의해서만 내려진다.

진단은 임상적 관리, 합병증의 예견, 치료 등을 용이하게 한다. 정확한 유전상담은 정확한 진단에 의존 한다; 멘델리안 또는 세포유전학적 원인에 의한 것이 알려지면 상담은 비교적 수월하지만, 학습 장애나 선천적 결손 증후군들과 같은 많은 경우 앞서 말한 방식에 부합하지 않으며 어떤 점에서 검사들은 부정적이고 유전상담의 정확성은 낮아서 상담은 유사한 질병을 가진 일군의 가족들에 대한 연구를 기초로 하여 이루어진다.

위험성 평가와 유전 상담

유전 상담은 재발위험들을 알게 하기 위한 것 보다 더 많은 것을 포함하는데 필수적인 시작은 재발위험을 정확히 아는 것이다. 이러한 주어진 위험들은 위험 계산 방법들과 과학을 충분히 이해하는 것이 필요하고 비록 이때 얻어지는 숫자들을 본인이 직접 계산하지는 않은 것들이라 할지라도 이러한 숫자들을 정당화 할 수 있어야 한다.

- *멘델리안 질환*들에서 돌연변이 테스트의 적용과 성공의 증가는 지난 십 년 동안 유전상담을 더 용이하도록 만들었다. 위험성들은 단지 가계도에 기초를 두는데, 주된 어려움은 새로운 돌연변이들이 빈번하게 일어나는 위중한 우성 질환과 X-염색체 연관 유전질환들이다. 이러한 경우에 있어서는 Bayesian 방법이 중요한 수단이 된다 (Box 14.1). 상담자들(상담을 해주는 임상의학자들을 포함)은 Bayesian 방법을 충분히 이해하여 자신들이 정상적으로 계산을 실시하던 아니던 간에 계산을 따라가고 정당화할 수 있어야 한다.
- 삼염색체성들과 같은 염색체적 질환들에서 재발 위험성은 경험적 위험성들이다. 부모가 균형 비정상을 가진 경우(증례 5의 Ellen Elliot)에는 세포유전학자들에게 여러 가지 불균형한 결과들에 대한 위험성들에 대하여 조언을 구해야 한다. 각각의 경우가 1회성일 지라도 세포유전학자들은 염색체의 대합에 근거한 안내를 할 수 있는데 예를 들면 상호 전좌 보인자의 사가 염색체 같은 것이다
- 복합적 질병에 있어서 위험성들은 경험적이다. 가장 중요한 점은 최신 정보(발병의 변화에 따른 위험성 변화)에 근거하며 고유한 인종집단과 관련된 자료를 사용하는 것이다.

유전상담은 본래 정보를 주는 의사소통과정이다. 미국유전학회에서 정의하여 널리 받아들여지고 있는 유전상담의 정의는;

"가족 내 유전적 질병의 발생이나 발생 위험에 관련되어 사람들이 가지고 있는 문제점을 다루는 의사소통과정이다. 이러한 과정은 개인이나 가정을 돕기 위해 상당히 숙련된 한 명 또는 그 이상의 사람들에 의한 시도를 포함한다.

(1) 진단(법), 질병의 개연적인 과정과 이용할 수 있는 관리들을 포함하는 의학적 요인들을 이해

(2) 유전 형질이 질병에 기여하는 부분의 방법과 특정한 친척들에 있어서 재발의 위험성에 대한 올바른 이해

(3) 재발의 위험성과 관련된 대안들에 대한 이해

(4) 그들의 위험성, 가족들의 목적들, 그들의 도덕적 종교적 규범들 그리고 그 결정에 따라서 행동하기 위한 관점에 있어서 그들에게 적당한 것으로 보이는 행동방안을 선택하며

(5) 영향을 받거나 질병의 재발위험을 가진 가족 구성원들에 있어서 질병에 대한 최선의 해결책을 완성시킨다."

Box 14.1

유전학에서의 베이지안 계산법

종합 확률의 방법인 베이시안 계산법은 Reverend Thomas Bayes이 18세기에 창안했다. 이 방법은 유전학적 위험성을 계산하는데 아주 유용하게 사용되고 있다. 이것은 애초에 가설의 가능성이 얼마나 있는지에 대한 사전확률에서 시작한다. 이것은 지지하거나 반대되는 가설(조건부 가능성)과 관련된 증거들을 떠올릴 수 있도록 하며, 이러한 것들은 전체 확률 또는 사후 확률이 성립되도록 종합시킬 수 있도록 한다.

[1] 당신이 검사하는 가능성이 있는 상호간에 모순되는 가설을 제시한다. 모든 가능성들을 커버하기 위하여, 하나 또는 다른 대안들은 항상 참이 된다. 일반적으로 두 개의 대안들이 있다- 한 개인 X는 헌팅톤 질병에 있어서 보인자일 수도, 아닐 수도 있다- 그러나 때로는 그 이상이다 (당신이 X가 aa, Aa 또는 AA일 가능성들에 대하여 계산하기를 원한다면).

[2] 각각에 대하여 사전확률을 정한다. 유전학에서 이러한 것들은 일반적으로 멘델의 법칙에서 1/2, 1/4 등의 가능성들이며 이들을 더하면 1이 된다.

[3] 각각의 양자택일적인 결과에 대하여 첫 증거에 추가적인 부분을 고려한 후 만약 그 대안 중 하나가 참이라면 그 만들어진 결과의 가능성을 적어라.

[4] 만약 첫 번째의 것과 완전히 독립적인 관련된 관측치들이 있다면 3번째 단계를 반복하라.

[5] 목록이 완성되면, 테이블의 숫자가 적혀진 각각의 세로 항을 곱하라. 그 결과는 공동확률들이라고 불린다.

[6] 가능성이 있는 가설들의 각각에 대하여 [이들 중 하나는 참이어야 함] 마지막 확률들은 다하면 항상 1이 되어야 하므로 공동확률을 등급을 매겨서 이들의 합이 1이 되도록 한다. 이전의 확률들과 첨가적인 관측들 모두에 비추어 이 결과는 각 가설의 최종 확률이다.

이것을 설명해보면, 여기에 낭포성 섬유증의 보인자인 아이의 건강한 자매의 위험성을 어떻게 계산하는지를 해보기로 한다. 각 단계들은 색으로 표시되어져 있다.

Box 14.1 - continued

가설 — 자매는:	AA	Aa	aa
사전확률:	1/4	1/2	1/4
그녀가 질환을 가지지 않을 조건:	1	1	0
공동확률	1/4	1/2	0
최종확률	1/4/ [1/4+1/2+0] = 1/3	1/2 / [1/4+1/2+0] = 2/3	0

1. 양자택일의 대안을 제시한다. 두 보인자의 부모들의 아이로써 그녀는 AA, Aa, aa가 될 수 있다.
2. 사전확률은 단지 멘델식 유전비인 1 : 2 : 1이다.
3. 이것은 약간 요령이 필요하다. 각각의 조건적 가능성은 특정한 가설이 참이라면 관측치의 가능성이라는 것을 명심하라. 만약 그녀가 AA이면 그녀가 질환을 보일 가능성은 없다 [가능성=1]. 유사하게 그녀가 Aa 이어도 마찬가지이다. 만약 그녀가 aa이면 정상일 가능성은 없다 (여기에서 당신은 이러한 분석에서 주로 사용되는 다양한 침투율을 도입할 수 있다).
4. 각각의 세로항을 곱하라.
5. 각각의 공동확률을 전체의 공동확률들의 합으로 나누면, 이들의 합을 1로 만들어라.

본 장의 *자가 진단 문제*들에 대한 해답에서 베이시안 계산법에 더 많은 예들을 제공한다. 확률적인 문제들에 대한 베이시안적 접근법들은 매일의 삶에 있어서 우리가 어떤 것을 믿거나 믿지 않는 것을 결정할 때 이러한 방법들은 부합하기 때문에 흥미롭다. *9장*의 자가 진단 문제 1에 대한 해답에서 언급 되었듯이, 당신은 그가 늦잠을 자서 강의를 듣지 못했다고 말한다면 당신은 그 친구를 믿을 것이다. 하지만 외계인들에게 납치를 당해서 강의를 듣지 못했다고 한다면 당신은 그의 말을 믿지 않을 것이다. 당신은 그것의 사전확률의 명확성에 비추어서 그의 이야기의 전체적인 신뢰성을 평가한다. 그래서 베이시안 계산법은 정량적인 상식인 것이다.

테스트

다른 임상학자처럼, 임상유전학자들은 여러 가지 테스트를 주문할 수 있는데, 이중 많은 것들은 구체적으로 말하면 유전적이지 않다. 진단을 내리는 데에는 보통의 임상적 기술들과 검사들이 모두를 포함 할 수 있는데 아래에 열거하는 것들은 모두 유전적인 검사들이다.

조상

진단테스트는 염색체 분석, 생화학적 분석과 DNA분석 등이 있다.

- *염색체 분석*은 여러 선천성 기형을 가진 아기들과 정신지체와 이형증을 가진 모든 연령대의 환자들 그리고 이유가 달리 밝혀지지 않은 불임, 재발성 유산 또는 간성(intersex) 상태 등에 대한 징후 등의 분석에 이용된다. 분석방법들은 2장에 서술되어 있다.
- *생화학적 분석*은 간과 비장이 비대해지거나 발작의 초기 발병, 신경저하와 안면 피부 거침현상 등과 같은 징후에 대해 분석을 한다.
- *분자수준*의 테스트는 멘델식 유전이 확실하진 않지만 강력하게 의심이 되어질 때 유용하다. *5.4 절*에서 설명된 것으로, 테스트는 원칙적으로 특정한 돌연변이를 목표로 하여야 하지만 최소한 하나 내지 두 개의 특정 유전자들을 분석한다.

일반적으로, 진단 테스트는 예견적인 테스트와 같은 윤리적 문제를 일으키지 않지만, 임상의학자들은 다른 가족 구성원들에게 가능성을 암시하는 것에 대해서 민감해야 한다.

보인자 진단

이 진단은 상염색체와 X-연관 열성질환들과 균형 염색체 이상들에 대하여 사용된다. 이것은 보통 환자의 요구와 단순한 호기심 이상의 이유로 수행 될 수 있을 것이다. 검사가 집단 스크리닝 검사의 일부일지라도 테스트 전 상담은 최소화하며 상담이 항상 검사의 일부분이어야 한다. 자녀에게 즉각적인 혜택이 없다면 이들을 테스트해서는 안 될 것이다. 어린이들은 이들에게 확연한 이득이 없는 한 테스트를 하지 말아야 한다.

사전 테스트

이 방법은 헌팅톤 질병과 가족성 암과 같은 늦게 발병하는 질환에 사용된다. 그것은 전체 임상 유전 서비스의 상황 내에서 이루어져야 하며 사전에 각각의 가능한 결과에 대한 반응을 분명히 해놓은 자세히 적힌 절차를 따라야 한다. *Box. 14.2*는 헌팅턴 질환에 대한 사전 테스트에 대한 절차를 보여준다.

산전 검사

산전 검사은 임신 중 여러 단계에서 수행될 수 있다.

- *융모막 융모 생검*은 임신 10–12주에 초음파 유도로 수행된다 (그림 14. 1). 경복부나 경경부 통로를 이용한다. 융모막은 태아막의 가장 바깥쪽이고, 융모 채취 기구는 배아의 양막공간을 관통해서는 안 된다. 일단 분리되면 산모의 조직과 혼합된 융모는 전문가가 현미경을 이용하여 융모만을 분리한다. 융모들은 DNA의 추출에 이용되거나 세포분리 중인 세포로 검사 가능한 세포유전학적 검사에 이용된다. 이러한 단기 배양은 장기간의 배양으로 확인되

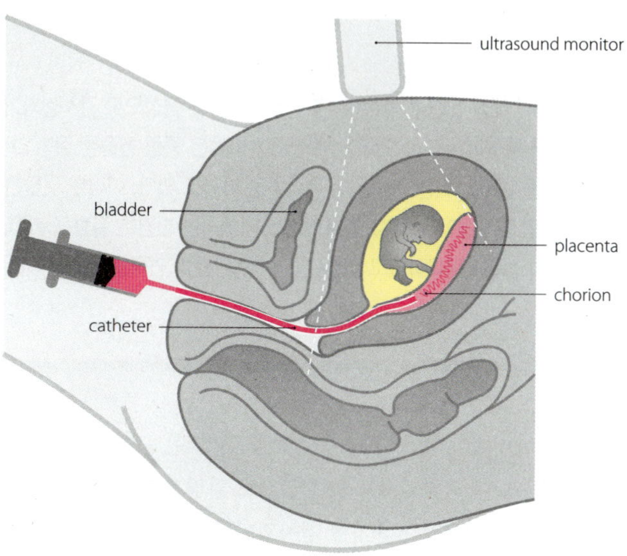

그림 14.1 - 융모막 생검

Box 14.2

헌팅톤 질병에 대한 예상 진단 방법

여러 국가에서 공인된 진단법들은 사소한 항목들에서는 차이가 있지만 이들 모두 여러 상담세션들이 요구된다.

상담세션 1

사회인구학적 항목

가족자료와 임상자료의 확인

헌팅톤 질병과 검사결과 영향 평가

헌팅톤 질병과 예상 진단에 대한 이해 평가

질문의 예측에 대한 이유

신경학적 검사

상담세션 2 (세션1 이후에 한 달 이상 경과 후 시행)

표준화된 도구를 사용한 심리학적, 개인적이고 사회적인 자원의 평가

결과 발표 세션의 논의 및 상담; 이 세션의 정확한 날짜 잡기

전문적인 지원의 지명

동의서의 서명

혈액샘플 채취

실험실 작업

혈액샘플을 두 개로 나누고 샘플이 뒤섞이는 위험성을 최소화하기 위해서 샘플을 격일로 실험실로 보낸다.

실험실에서는 그림 4. 18과 같이 4번 염색체의 두 복사본의 CAG반복형을 평가하기 위해서 PCR 반응.

상담세션3(세션2이후 2주 이내)

검사 결과들의 공개

후속조치 1:

2일-7일, 일반적으로 전화를 이용

후속조치 2:

3개월

후속조치 3:

12개월

결국 위험성을 가진 사람들 중 적은 비율만이 예상 진단을 받는다. 후속조치 지원은 음성으로 검사결과가 나온 사람들뿐 아니라 질병 대립유전자를 가지고 있다는 것을 발견한 사람들에게도 중요하다. 유전학 센터들은 종종 헌팅톤 질병(그리고 위험성이 단일 가족을 넘어서 확장되는 다른 질환들도 마찬가지)을 가지고 있는 가족들의 목록들을 가지고 있다. 이러한 것들은 가족 구성원들과 장기간 접촉할 수 있다는 점을 제공해주는 관리상의 도구들이다. 예를 들어 맨체스터에서는 헌팅톤 질병을 가진 514 가족들의 1374명의 고위험성인 사람들이 자발적으로 이러한 리스트에 등록하였고 이들은 일년에 한번씩 연락을 취하여 아무런 문제점이나 헌팅톤 질병에 관련된 새로운 발견 등을 가지고 조언한다.

어져야 한다. 융모에서 관찰되어지는 모자이크현상은 설명하기가 어렵다: 이것은 종종 태반에 국한되어져 있는 것으로 알려져 왔다. DNA 테스트에서는 산모의 검사결과와 비교하여 얻어진 유전자형 검사결과가 태아로부터 유래한 것이라는 것을 항상 검증하여야 한다.

융모막 융모 생검은 2% 정도의 위험성으로 자연유산을 초래한다. 이 검사는 경험이 매우 중요하므로 이미 여러 차례에 걸쳐 숙련된 산부인과의사에게 맡기는 것이 최선의 방법이다.

- *양수 검사*는 임신 14-20주에 행해진다 (그림 14.2). 양수는 주로 태아의 소변과 폐 세척액으로 이루어져 있다. 생화학적으로 분석하거나 태아세포를 양수로부터 분리하고 배양하여 세포유전학적 또는 분자유전학적 분석을 실시한다. 생화학적 분석은 태아의 간에서 생산되는 단백질인 태아단백(AFP) 테스트가 있다: 태아단백 수치가 높다는 것은 태아가 대부분 개방성 신경관 결손 혹은 배벽 결손과 같은 결함을 가지고 있다는 것을 나타낸다. 생화학적 결과들의 해독에 대해서는 광범위한 연구보고들이 있다. 세포유전학적인 분석을 위해 양수로부터 세포를 취해 배양하여 완벽히 준비하는데 약 2주정도가 소요된다. 양수에는 세포가 많지 않으므로 DNA를 추출하는 데에는 융모막의 융모보다 적합하지 못한 재료이다. 세포배양을 하지 않고도 특정 염색체의 삼염색체성을 확인할 수 있는 정량적 중합연쇄반응(QT-PCR: 형광물질이 달린 프라이머를 이용한 정량적 중합연쇄반응)과 같은 새로운 기술들이 실제로 많이 이용되고 있다.

  양수검사는 0.5~1.0% 정도의 유산의 위험성을 야기한다.

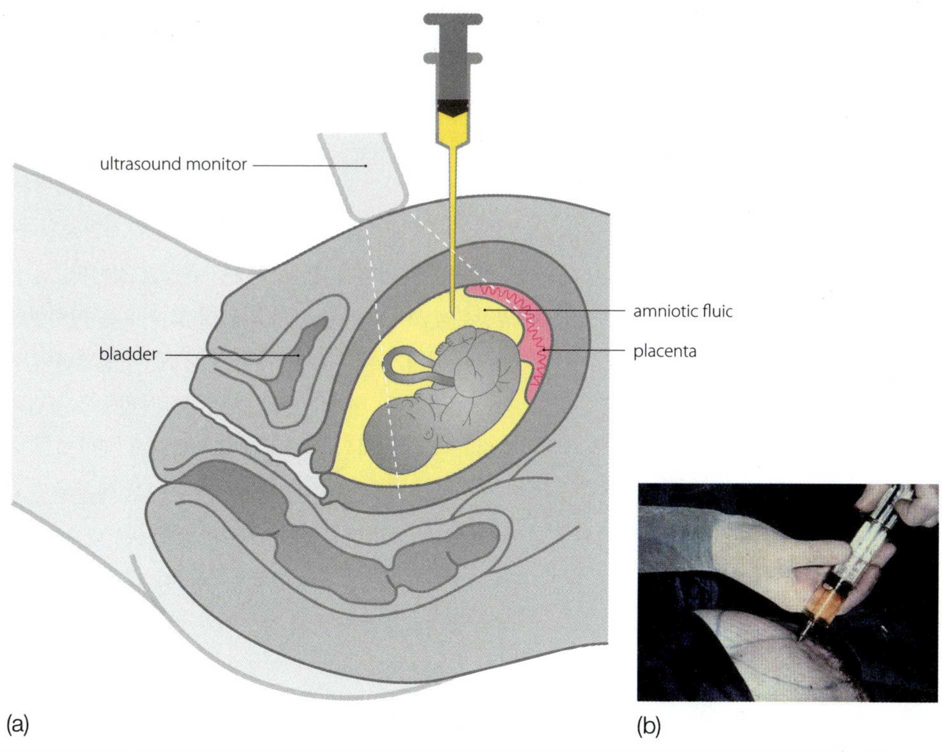

그림 14.2 - 양수검사
(a) 양수검사 절차 모식도 (b) 양수 채취모습

- *산모 혈액에 있는 태아세포나 태아 DNA분석*은 비침습적인 산전 검사법 제안되고 있다. 여러 보고에 따르면 태아세포들이 산모의 혈액에서 발견된다는 여러 가지의 보고들이 있다. 일반적으로 산모 혈액 밀리리터당 대략 1개의 태아세포가 존재한다. 원칙적으로는 이러한 적은 수의 태아세포들도 인간의 이형현상 목록에 있는 여러 항목을 스크리닝하는데 이용될 수 있지만 그러한 검사법들은 관행적인 임상적 연구에서는 신뢰할 만하지 못하다. 대형 멀티-연구센터에서 행한 연구에서 3502개의 산모 혈액세포에 있는 태아세포를 간기 FISH (interphase GISH) 분석을 하여 이수성과 성별 결정을 시도하였다. 한 명의 남자아기를 임신한 여성들이 적어도 한 개의 X와 Y 염색체 FISH 시그널을 보이는 경우가 41%이었으며; 오류 양성 비율이 11%로 나타났다. 이수성에 대해서는 검진률은 74%로서 오류 양성률이 0.6-4.1% 이었다.

  이러한 실망스러운 결과들로 인해 검사에 초점이 산모 순환계에 있는 태아의 유리 DNA를 검진하는 방법으로 바뀌어지고 있다. 임신한 여성의 혈장에는 유리 DNA가 존재하는데 이중 3-6%는 태아로부터 유리된 DNA이다. 유리 DNA의 농도는 적은 수의 태아세포들이 가진 것 보다 많은 양이다. 태아의 DNA는 임신 7주나 그보다 좀 더 일찍 발견 가능하며, 임신기간이 진행되는 동안 DNA 농도가 증가한다. 태아 DNA는 길이가 주로 200개 이하의 단편들이다. 그 기원은 알 수 없으나 태반으로부터 나왔을 것이라는 가능성이 높다 (이 경우 제한된 태반 모자이크현상이 융모막 융모 생검에서 처럼 문제가 될 수 있다).

  고감도 PCR 분석이 태아 DNA로부터 성별을 결정하거나 부친유래 돌연변이들을 검증하는데 사용 되어지고 있다. 추출되는 DNA의 대부분이 산모로부터의 DNA이므로 태아세포에서 모친 유래 돌연변이들은 PCR로 분석할 수 없다. 이러한 유리 태아 DNA를 이용하여 태아 유전자형 검사의 가능성에 대한 보고가 많이 있다 (Chiu 와 Lo, 2004; 총설논문). 새로운 어려운 기술들이 가진 일반적인 현상으로 초기 보고들은 주로 분석법의 최적화에 대한 것들로서; 시도하였지만 실패한 경험에 대한 보고는 별로 없다. 새로운 과학기술은 비-전문가들이 있는 기관이나 외곽 병원으로부터 보내온 샘플에 대해서 관행적으로 실시하여서도 확실한 결과를 얻을 수 있는 방법을 개발하기 위하여는 대규모의 통제된 시도들이 필요하지만 이 방법은 확실히 매우 유망한 것이다.
- *영상분석법*이 여기서 논의 되는데 그 이유는 이형현상이 발견되면 이것은 흔히 유전적 검사로 이어지기 때문이다. 태아 검사 시 이 방법만이 관행적 오로지 완전히 확립된 비-침습적인 방법이다. 해가 거듭할수록 영상기법들은 강력하여지고 정교하여 지고 있다. 현재 이용되고 있는 삼차원과 사차원 영상법들은 태아의 이미지를 매우 선명하게 보여주며 태아의 얼굴 모습까지도 볼 수 있다. 세세한 안부 이상현상 검사[재태기간을 보기 위한 검사나 낭(囊, sac)의 수를 검사하기 위한 영상법과는 다름]가 임신 18주 경에 실시된다. 여러 종류의 구조적 이상현상들이 발견되며 이러한 경우에는 다른 검사를 실시하는데 주로 세포배양에 의한 양수검사와 염색체 검사 또는 특정한 비정상에 대한 FISH 검사 등을 수행한다. 예를 들면 심장 이상이 발견되면 FISH 분석으로 22q11 부위의 결실을 조사한다. 영상분석법은 Down 증후군의 미세 증후를 검색하는 데에도 이용되는데 가장 흔히 이용되는 증후는 목덜미 투명대의 증가이다. 하지만 코뼈의 부재 등과 같은 다른 구조적 특징들도 Down 증후군의 아기일 가능성을 높여준다.

치료

여기서는 유전적 질병들의 치료의 일반적인 진전에 큰 희망을 주는 두 가지의 치료법으로 유전자 치료와 세포 치료에 대해서 논의한다. 먼저, 이러한 기술들의 기대가 미래에 있지만 현재에도 많은 기술들 있다는 것을 강조할 필요가 있다. 치료가 현재 불가능하다고 여겨지는 유전적 질병들의 평판은 오직 부분적으로만 이러한 평판을 받을 만하다. 다른 질환과 마찬가지로 유전적 환자들도 근본적인 치유책이 없을지라도 문제점이나 증세를 완화시킬 수 있는 방법들이 있다. 비정상적인 기능에 대한 이해에 기초한 특정한 치료법들이 여러 질병에 걸쳐서 유효하다. 본 장의 마지막에 있는 *14.3 절*과 *표 14.2*에 여러 가지 예를 보여주고 있다.

유전자 치료

유전자치료의 가능성은 세포 내로 유전자들을 넣는 실험적 방법들에 달려있다. 여러 가지 기법들을 이용하여 실험실에서 외래의 DNA를 살아있는 세포 내로 주입하는 것은 놀랄 만큼 수월하다 (*그림 14. 3*). 대체로 이러한 방법들에는 물리적인 방법들과 벡터-의존적인 방법들이 있다.

물리적인 방법 에는 :

- *리포좀*- 세포막에 결합할 수 있는 인공막으로 둘러싸인 소낭들을 말하며 소낭 안에 있는 물질을 세포 안 전달;
- *수용체-중재적 방법들*- 리간드와 결합한 후에 그것을 받아들이는 세포 표면의 수용체 리간드에 DNA 부착;
- *전기천공법(elctroporation)*- 짧고 높은 전압 파동을 통해 일시적으로 세포막을 변화시킴으로써 배양액에 존재하는 DNA를 세포들이 받아들이도록 함.

벡터를 이용한 방법들은 *그림 12.4*에서 묘사된 급성 형질전환 레트로바이러스와 유사하도록 조작된 바이러스들을 사용한다. 물리적인 방법들과 비교해 이러한 방법들은 표적 세포 내로 외래 DNA를 더 효율적으로 전달시킬 수 있다. 여러 종류의 바이러스들이 벡터로 이용되고 있다. 벡터로 이용 가능한 바이러스의 요인으로는 다음과 같은 것들이 있다 :

- *수용력*: 얼마나 긴 DNA를 그들이 가질 수 있는가;
- *향성(tropism)*: 어떤 바이러스들은 특정한 세포에만 선택적으로 침입 가능함;
- *비-분열 세포들에 침입할 수 있는 능력*: 레트로바이러스는 분열 세포들만 침입함;
- *삽입성 또는 비삽입성 벡터*: 레트로바이러스와 같은 삽입성 벡터들은 숙주세포의 염색체 안으로 전달된 유전자를 삽입하므로 모든 딸세포들이 삽입된 DNA를 가진다. 아데노바이러스들과 같은 비삽입성벡터들은 에피솜과 같이 염색체에 삽입이 되지 않으므로 세포분열이 진행되는 동안 딸세포들에서는 희석될 수 있다. Portillo 가족 (증례16, 면역결핍)의 증례에서와 같이 삽입되는 것의 장점과 단점이 모두 있다.

치료하고자 하는 방법의 자연적 상황에 따라 유전자치료는 다음의 3가지 목적이 있다.

유전자 보충 또는 유전자 증가. 이 방법은 결손된 유전자의 정상적으로 작동하는 유전자를 세포 내로 주입하는 것을 목적으로 한다. 이것은 증례연구들에서 다루어졌던 많은 질병들을 포함하여 유전자 기능상실로 야기되는 질환에 대한 유전자 치료를 목적으로 한다 (아래 참조). 추가적으로

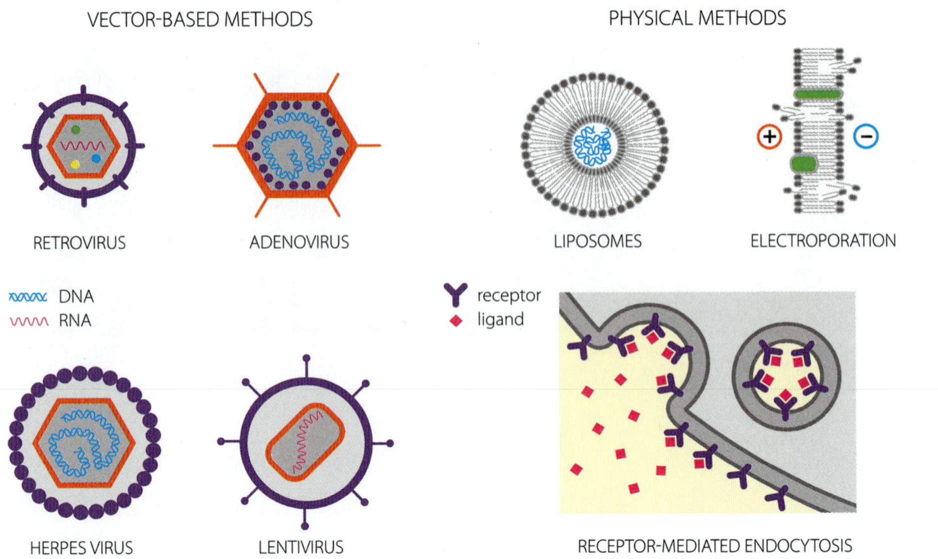

그림 14.3 - 세포 안으로 외부의 유전자는 삽입하는 방법들

이 방법은 세포 내로 새로운 유전자를 주입하는데 이용될 수도 있는데 보통 이것은 제거하고자 하는 세포에서 취약성을 만들어내고자 할 때 이용된다. 암세포들은 면역 시스템에 의한 세포독성 공격을 야기하는 새로운 항원을 발현시키도록 되어 있거나 원래는 무해한 약물전구물질을 독성 대사물로 전환시키는 효소를 만들어 내도록 되어 있을 수도 있다.

유전자 침묵은 내제하는 어떤 유전자의 발현을 방해하는 것을 목적으로 한다. 이것은 기능 획득이나 우성-음성(dominant-negative) 메카니즘들에 야기되는 질병 치료에 사용되는 유전자 치료방법이다. 대부분의 경우 특정한 돌연변이 대립유전자를 침묵시키고 정상대립유전자는 변형시키지 않은 상태로 있게 한다. 또한 유전자 침묵은 감염된 세포들 내에 있는 바이러스 유전자들의 발현을 막기 위해서 사용될 수 있다.

유전자 교정은 내재적인 유전자를 침묵시키거나 교체하기 보다는 유전자의 기능 부전을 교정하는데 목적이 있다. 유전자 복구의 시도들은 유전자가 가지고 있는 특정한 결함들을 개선하기 위해 정교한 표적 상동재조합이나 미스매치 복구에 의존한다. 또한 유전자 교정은 특정한 엑손들의 생략이나 보존 등을 조장하는 스플라이싱을 조절하여 유전자 발현 수준에서 교정할 수도 있다.

이러한 방법들은 환자로부터 얻어진 세포들을 가지고 생체외(*ex vivo*)에서 행하여지고 변형 후 세포 내로 주입시키던가 생체내(*in vivo*)에서 주입하거나 하는 방법으로 치료적 구조물을 환자의 신체 내로 도입하는 것이다. 원칙적으로 체세포나 생식선세포를 동등하게 치료할 수 있다. 생식선 세포 유전자치료는 단 한번만 다루어지는 체세포치료와 비교해보면 좋은 결과를 가지지만 생식선 세포 유전자치료는 일반적으로 윤리적으로 받아들여지지 않는다. 실제로 생식선 세포 치료는 체세포계열의 치료보다 더 많은 기술적인 어려움들이 있으며 생식선세포 치료가 행하여진다 하여도 이것이 유용한 경우가 있으리라고는 생각되지 않는다.

그림 14.4 - 생식선 세포 유전자치료의 제한된 유용성.
생식선세포 치료의 표적들의 대부분은 체외수정을 통해서 만들어진 배아이다. 전형적으로 체외 수정은 5-10개의 배아들 중에서 1-2개가 선발되어 착상된다. 유전적 검사로 어느 배아가 치료가 필요한지 확인한다. 유전적 전달 양상에 따라 4개중 3개 나 2개중 1개의 배아들이 어떠한 치료도 필요 없이 시용될 수 있다.

세포 치료

새로운 세포들을 보충하여 손상된 조직들과 기관들을 치료 시의 어려운 점들은 대부분의 세포들이 제한된 수명과 복제할 수 있는 능력을 가지고 있고 신체가 외부세포들에 대한 거부반응을 보인다는 것이다. 물론 기관 이식이 유전적 질병들(예를 들면, 다낭성 신장질환에서의 신장 이식)을 치료하기 위해 수십 년 동안 성공적으로 행하여져 왔지만 세포 이식은 보통 적은 수의 정착해서 증식하는 이식된 세포들에 의존하며 그러기 위해서는 줄기세포들의 사용이 요구한다.

모든 조직이 적은 수의 줄기세포들에 의해서 유지 되어진다고 생각된다. 이러한 세포들은 다른 줄기세포와 조직의 기능 세포들을 형성하는 파생세포를 생성하도록 비대칭적으로 불균형하게 분열할 수 있는 잠재성을 가진다 (*그림 14.5*). 별개의 줄기세포들은 그들이 분화될 수 있는 세포 종류들의 범위에 있어서 다르다. **배아줄기세포**는 전형성능을 가지고 있다. 이러한 세포들은 성인이 가진 모든 종류의 세포들을 만들어낼 수 있다. 배아줄기세포들이 어떻게 성장하고 유지되고 분화되는지에 대해 더 많은 것을 알게 될 때 아마도 우리는 배아줄기세포들로부터 순서적으로 조작과 기관들이 성장할 수 있도록 하게 될 것이다. 이것은 가능할 수도 있고 가능하지 않을 수도 있다. 오늘날에 우리는 알지 못하지만 그 잠재력은 아주 매력적이어서 전 세계의 많은 연구실들이 그 잠재력을 찾아내기 위해 막대한 노력을 바치고 있다.

배아줄기세포는 아주 이른 시기의 배아를 파괴하여서만 얻을 수 있다 (*그림 14.6*). 비-배아줄기세포의 가능성에 대하여 현재 많은 논란이 있다. 과학은 어려운 것이고 확실하지 않다. 줄기세포들을 분리하고 확인하는 것은 뛰어난 연구 기술들이 필요하고 이들의 잠재력을 탐색하는 실험들은 종종 해석하기가 매우 어렵다. 과학적인 어려움 외의 다른 어려운 점이 어떤 실험 분석에 대한 정치적 종교적 규정들이다. 과학이 결과들에 대한 동의를 확신시키는 데에는 오랜 기간이 소요된다. 물론 과학이 도덕적인 면을 좌지 우지 할 수는 없지만 우리는 최소한 윤리적 논쟁에 대해 관련된 모든 단체들이 사실들에 대해 동의한 것으로부터 시작할 때가 있을 것 이라고 생각한다.

불확실한 가운데, 줄기세포 이식의 한 방법은 이미 보편적으로 임상적 활용되고 있다. 제대혈은 혈액세포와 골수세포들의 모든 종류(이외의 다른 종류의 세포들도 포함하여)로 분화될 수 있는 줄기세포들을 포함한다. 제대혈은 태아 출산 시에 태아나 산모에게 고통이나 위험 없이 채취될 수 있다. 줄기세포를 추출하는 방법들은 잘 성립되어 있다. 액체 질소에 얼려져 있는 제대혈 줄기

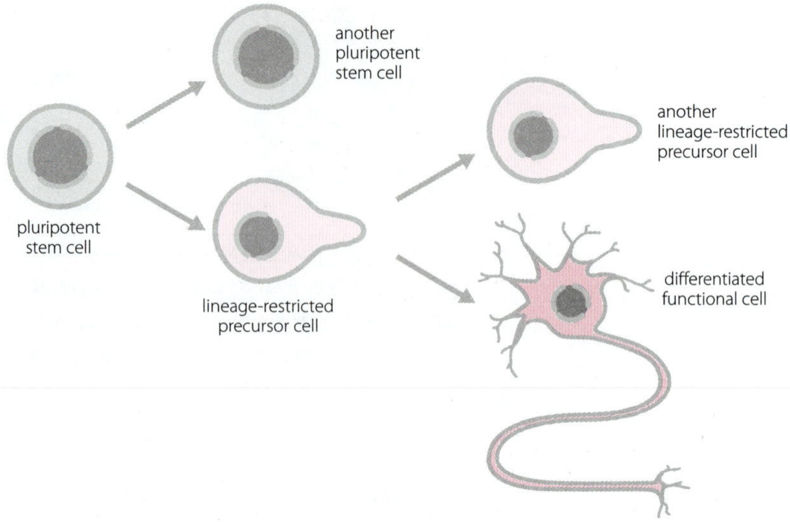

그림 14.5 - 줄기세포들은 자기-재생과 여러 가지 세포로의 분화 능력을 갖추고 있다. 배아의 줄기세포는 성체의 모든 세포들을 만들어 낼 수 있는데 반해서 다른 줄기세포들은 만들어낼 수 있는 세포의 종류들은 제한되어있다.

세포의 은행이 설립 되었고 백혈병과 다른 혈액 질환들과 지나친 화학요법을 써왔던 암환자들에게 있어서 골수 재형성을 위한 치료에 일반적으로 사용되고 있다.

다른 사람으로부터 유래된 세포들을 사용하는 이질조직의 세포를 이식하는 것은 면역 시스템의 세포들에 의한 거부반응의 문제점들과 이식편대숙주반응을 일으킨다. 자기 자신의 줄기세포를 이용하는 자가 조직 이식은 이러한 문제들이 일어나지 않도록 한다. 자가 조직의 줄기세포들을 채취하는데 있어서는 3가지 방법이 있다.

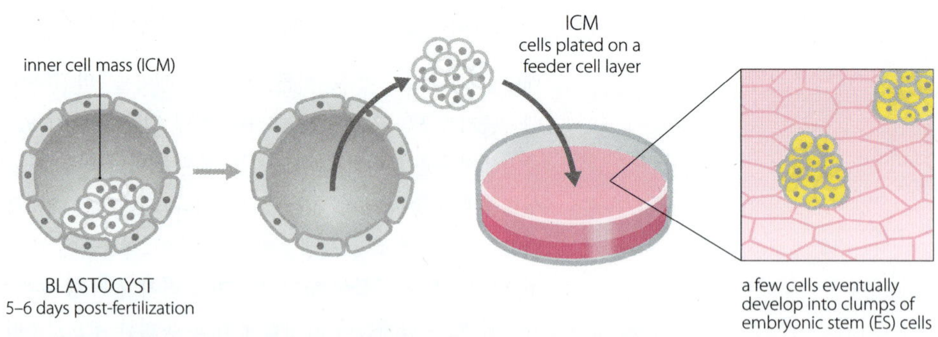

그림 14.6 - 배아 줄기 세포들은 수정 후 5-6일째 되는 배반포 단계의 배아에서 100-150개의 내세포괴(ICM, Inner Cell Mass)로부터 얻어진다. ICM 세포들은 일반적으로 지지세포인 비활성화된 생쥐의 섬유아 세포층 위에서 평판 배양된다. ICM 세포들은 배반포로부터 제거된 후 분열이 정지되고 줄기세포로 표지들의 발현도 정지된다. 며칠 후 한 두 개의 세포들이 성장을 재개하여 줄기세포 표지들을 발현시킨다. 이들은 세포들의 클럼프를 형성하며 이것으로부터 줄기세포를 얻는다. 배아 줄기세포들은 정상적인 배아들과 완전한 복사물을 가지지 않는다.

- 몇몇의 사람들은 몇 십 년 뒤에 그것이 필요할 경우를 위해 모든 태아로부터 제대혈의 시료를 채취하여 저장하자고 주장한다. 그러나 만들어지는 세포의 종류에 있어서 제한적이다.
- 기술과 지식의 향상으로 환자의 환부 이외의 조직으로부터 분리하여 얻어진 성체 줄기 세포들을 분리하는 것이 가능하여 줄기세포들을 다른 조직으로 교차 분화될 수 있도록 해줄지도 모른다. 교차분화(예로 혈액 줄기세포를 근육 줄기세포로 전환시킴)가 반복되어 보고되고 있지만 이러한 결과들이 정말로 교차분화인지에 대해서는 논쟁이 되고 있다. 성체 줄기세포의 다중전형성능과 복제적 잠재성에 대한 보고는 다르며 배아줄기세포와 같이 이러한 결과들은 실험자의 개인적인 윤리적 또는 종교적 관점에 따라 해석되곤 한다.
- 가장 논란이 되는 것은 **치료적 복제**가 환자의 유전자형을 가진 배아 줄기세포를 생산하기 위해 이용되어 질 수 있다는 점이다 (*그림 14.7*). 혈액이나 다른 조직의 특정한 줄기세포들이 교차분화로 진행되는지에 대한 논란이 있지만 배아 줄기세포들은 이러한 제한이 없다. 이러한 연구는 강력한 윤리적 논쟁의 초점이 되고 있어서 몇 몇 단체들과 정부에서는 이를 규제하고자 하지만 일각에서는 많은 환자들의 생명을 건질 수 있는 기술을 개발하는 것은 윤리적으로 문제되지 않는다고 있다. 논제에 있어서 그들의 관점들이 어떤 것이든지 치료적 복제를 **생식적 복제**와 구별하는 것은 중요하다. 즉, 복제 아기를 만들려고 하는 것과 구별되는 것은 중요하다. 복제된 배반포가 잠재적인 인간인지에 대해서는 의문시된다. 후성학적인 재프로그래밍에 있어서의 결점들 때문에 그것이 착상이 되어졌다고 할지라도 아마도 정상태아로 발달하기 힘들 것이다. 이러한 방법으로 만들어져 복제된 동물의 배반포의 대부분은 발달과정에서 실패하게 되고, 그 중 몇몇은 일반적으로 비정상적으로 죽게 된다. 복제

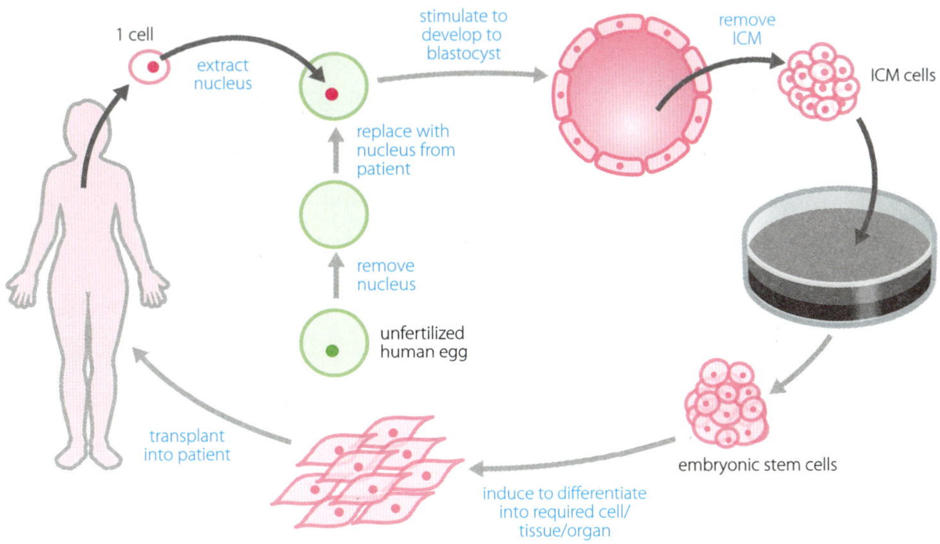

그림 14.7 - 치료적 복제.
복제 목적은 환자의 세포들과 유전적으로 일치하는 배아 줄기 세포들을 만드는 것이다. 이것은 미 수정된 사람의 난자가 필요하며 만들어진 배아의 파괴를 필요로 한다. 그러나 이것은 복제 아기를 만들기 위한 생식적 복제와는 완전히 구별된다.

양 돌리와 같이 어린 시절에는 정상처럼 보이는 이러한 동물들도 대개 일찍 죽는다. 그러나 배아 줄기 세포들은 모든 이전의 후성학적 프로그래밍이 지워진 것처럼 보인다.

14.3. 환자 조사

각각의 증례들을 별개로 논의하기 보다는 어떤 것을 할 수 있는지에 대한 논의를 위하여 증례들을 집단으로 그룹화 하였다.

산전 검사에 대한 가능성

원칙적으로 산전 검사은 본서에서 기술한 모든 증례 연구들에서 시도될 수 있다. 여기에 예외적인 것으로 백혈병(후천적인 경우), 알츠하이머 질병과 제2형 당뇨병(유전적 예측이 불가능한 복합적인 질병)이 있다. 멘델식 유전 질환의 대부분은 원인 돌연변이가 이미 동정되어야만 가능하며 9장에서 본 것과 같이 청각 상실과 같은 경우에는 산전 유전자 분석이 매우 어렵다.

염색체의 비정상형들 중 몇몇은 새롭게 생긴 돌연변이에 의하여 발생한다 (증례 7, 8, 9, 13, 17, 18). 이러한 비정상형들은 재발 위험은 매우 낮으며 일반적으로 향 후 임신시 행하여 지는 산전 검사에서 확신을 가질 수 있다. 염색체의 새로운 구조적 재배열들(증례 7, 13, 17)과 생식세포들의 모자이크현상에 대한 가능성이 항상 존재하므로 작은 확률이지만 재발 위험이 있다. 만약 부모들이 태아진단을 특별히 받고 싶어 한다면 산전 검사를 시도하는 것이 적절하겠지만 이들에게 재발위험성이 발견되는 기회는 산전 검사로 인한 임신실패의 위험 보다 작을 것이라고 조언하는 것이 적절하다. 물론 두 위험성의 중요성이 동등하지는 않아서 두 가지 중에서 어느 것이 더 중요한가를 결정하는 것은 부모들 자신들이 결정해야 한다. 우리가 살펴본 6가지의 증례들 중 단지 Anne Howard(증례 8, 다운 증후군)만이 재임신기간 동안에 검사를 받았다. 그녀의 경우에 그들 부부는 산모의 나이에 따라 다운 증후군의 위험성이 증가하며 만약에 다운 증후군 아기를 임신 한 경우 그들이 생각하기에 Helen에게 모든 주의를 기울일 수 없으므로 산전 검사를 받기로 하였다.

다른 질환들에 대하여 산전 검사을 받을 것인가에 대한 결정은 여러가지 요인들에 의하여 행하여지게 된다:

- 그 나라의 법률적, 윤리적 체제 – 몇몇 나라들에서는 태아진단은 한정 목록의 질환에서만 합법적으로 할 수가 있으며; 이 목록 이외의 질환에 대해서는 임상의와 부모 간에 상담을 통하여 이루어진다.
- 검사의 실질적인 가능성으로 검사비용을 국가가 담당하는지 아니면 보험회사가 하는지 여부.
- 질환의 중대성– 예를 들면 많은 사람들은 청력 상실을 태아를 유산시킬 정도의 질환으로 생각하지 않는다.
- 치료 가능성과 효율성– 예를 들면 낭포성 섬유증에 관한 태아진단 요구는 현재와 미래에 이 질환이 치료의 전망 등을 고려하여야 한다.

- 발병시의 나이– 헌팅톤 질병과 같이 인생에서 늦게 발병하는 질환은 산전 검사을 하기에는 적합하지 않다고 생각한다.
- 각 가족의 상황– 질환을 가진 아이가 출생시 감정적, 물리적, 경제적으로 얼마나 잘 대처 할 수 있는가?
- 관련된 개인의 도덕적 원리나 종교적 믿음– 어떤 사람들은 유산을 용인하지 못하는 반면 다른 사람들은 별로 대수롭지 않게 여긴다.

치료에 대한 현재의 전망

현재에는 치료가 불가능하지만 논의된 질환들 중 어느 것도 불치는 없다. *표 14.1*에서 현재의 문제가 조기에 병이 발생 여부에 따라서 생기는 것들과 현재 일어나는 일이나 일어나지 않은 일 때문에 문제가 되는 것들로 나누어 놓았다. 첫 번째의 경우 치료가 징후에 필요한 반면 두 번째의 경우는 원칙적으로 근본적인 치료와 치유가 가능한 것들이다.

표 14.1 - 이 교재에서 다룬 25 증례들의 요약

증례	가족	문제점이 병의 발달에영향을 주어서 치료가 필수적으로 증후적인 질환	증례	가족	계속적인 기능부전에 의한 질환으로 치료가 원칙적으로 기능부전을 교정하는 것임
3	Choudhary	청력손실	1	Ashton	헌팅턴질병
5	Elliot	염색체 이상	2	Brown	낭포성 섬유증
7	Green	22q11 결실	4	Davies	Duchenne 근육위축증
8	Howard	다운 증후군	6	Fletcher	Leber 시신경위축증
9	Ingram	터너 증후군	11	Kavanagh	겸상적혈구빈혈
10	Johnson	마판 증후군	12	Lawton	혈우병
13	Murphy	염색체 이상	14	Nicolaides	탈라세미아
15	O' Reilly	Stickler 증후군	16	Portillo	X-연관 면역결핍증
17	Qian	엔젤만 증후군	20	Tierney	급성 림프구성 백혈병
18	Rogers	프라더-윌리 증후군	21	Ulmer	테이-삭스 질환
19	Stott	선천성 부신과형성증	22	Vlasi	페닐케톤뇨증
			23	Wilson	유방암
			24	Xenakis	가족성 용종증
			25	Yamamoto	알츠하이머 질병
			26	Zuabi	제2형 당뇨병

페닐케톤뇨증(증례 22 – Vlasi 가족)은 현재에는 치료가 거의 가능하게 되었다. 이 증상이 진단되면, 아기에게 페닐알라닌의 섭취를 최소화하기 위한 저단백 식이요법이 취해진다. 물론 어떤 단백질은 필수적으로서 이를 합성하기 위해 약간의 페닐알라닌은 필요하다. 페닐알라닌은 필수아미노산 중의 하나로서 우리는 이것을 음식으로부터 흡수하여야 한다. 따라서 음식에서의 페닐알라닌의 함량을 적절히 조절하는 것이 매우 중요하다. 너무 낮은 수준의 단백질이나 페닐알라닌은 영양부족 또는 성장 저하 등의 원인이 되고 페닐알라닌의 함량이 너무 높으면 뇌손상을 가져온다. 식이요법으로 아이들을 보호하는 것은 가족, 특히 페닐케톤뇨증과 무관한 형제들 에게 대단히 까다로운 일이다. 선의적인 친구나 이웃들은 식이요법으로 하자고하는 아이에게 미안한 감정이 생길 것이다. 또 그것이 비밀스러운 치료라는 것에 대해 익숙해질 것이다. 그것을 확인하려고 하는 또래 집단에서 받는 압박감은 그 아이가 견디기 힘들 것이다. 페닐알라닌이 적게 들어있는 밀가루를 이용하여 만든 케이크와 쿠키를 섭취할 수 있다.

일단 뇌 성장이 멈추면 더 이상 고 농도의 페닐알라닌에 의해 손상을 받지 않으므로 아이의 나이가 8세에서 14세 정도가 되면 정상 음식을 섭취할 수 있다. 이러한 변화는 감정적인 혼란에 의해 나타나게 된다. *그림 11.4*에서 언급된 것으로, 페닐케톤뇨증을 가진 여성은 임신기간 동안에 식이조절을 다시 해야 하는데 그렇지 않으면 비록 유전적으로 태아가 페닐케톤뇨증이 아니더라도 그녀의 혈액에 있는 높은 수준의 페닐알라닌은 태아의 뇌에 손상을 줄 수 있다.

*표 11.3*과 이장에서의 마지막 부분에 나와 있는 다른 증례들은 식이 조절에 의해 치료 될 수 있는 대사과정에 있어서의 선천적 장애이다.

선천성 부신과형성증(증례 19 – Stott 가족)은 자궁 내(*in utero*)에서 치료될 수 있는 몇 안 되는 유전적 질환들 중 하나이다. 8장에서 설명된 것으로, 여자 아이들의 남성화는 부신샘을 과도하게 자극하는 피드-백 고리의 결과이다. 만약 부부가 이전에 이러한 증상을 가진 아이를 가졌다면 다음 임신기간에는 태반으로 전달할 수 있는 부신호르몬 억제제인 글루코코디제인 덱사메사손 경구 투여한다. 이것은 될 수 있는 한 임신 단계의 초기에 시작한다. 만약 이후의 태아 성별을 검사를 통해 태아가 남자 아이라면 투약을 중단한다. 선천성 부신과형성증(CAH)을 가진 아이들은 정상적인 성장과 발달을 확실히 하기 위해 스테로이드 호르몬 치료를 한다.

급성 림프구성 백혈병(증례 20 – Tierney 가족)을 가진 어린이들은 요즘에는 거의 성공적으로 치료가 된다(어른에게 있어서 이 질병은 좋지 않은 예후를 보인다). 어린이들의 75–80% 정도가 어떠한 재발도 없이 5년 생존율을 보이며 최고의 치료센터에서는 진정한 치료(장기간 질병으로부터 자유로움)의 비율이 80% 이상이 된다. 치료에 대한 반응은 부분적으로 백혈구 세포들의 유전학적 문제로서 – 다양한 염색체의 재배열들은 예후에 영향력을 미칠 수 있는 여러 가지의 키메라 암유전자를 생성한다 – 또한 부분적으로는 사용되는 약물의 약물동력학(흡수, 대사, 배설)과 약력학(표적이 되는 것에 있어서의 약물의 효과)를 조절하는 유전적 다형화 현상의 문제이다. 치료 반응은 질병이 완화된 후 잔존 질병의 수준으로 측정된다. 특정한 키메라 발암 유전자는 PCR 반응으로 백혈병 유전자형을 가진 잔존 세포의 수를 측정한다. 호혜적인 경우에는 원래 수준보다 세포 수가 0.01% 수준 이하가 된다. 특별히 성인의 경우는 줄기세포 이식이 종종 사용된다. 이러한 세포들은 혈연관계가 없는 신생아의 제대혈로부터 얻어진다.

Jason Tierney (증례 20)는 *TEL-AML1* 유전자 전좌와 thiopurine methyltransferase 결핍이라는 두 가지 양호한 특징들을 가졌다. 두 번째의 것이 초기에서 문제점들이기는 하지만, 이것은 그의 세포들이 매우 높고 효과적인 양의 약물을 받았다는 것을 의미한다.

*표 14.1*에 있는 후기-발병의 질환들에 대해 예방적인 차원의 희망이 있다. 제2형 당뇨병(증례 26-Zuabi 가족)의 위험성은 신체활동과 몸무게 조절에 의해 확실히 크게 감소될 수 있다. 가족성 선종성용종증 환자(증례 24 - Xenakis 가족)들은 그들의 대장 제거술이 강력히 추천되는데 불행하게도 여전히 위장과 팽대부 주위에 암들의 위험성이 존재한다. 적당한 식이요법은 재발의 위험성을 감소시킬 수 있다. 예방적 유방절제술은 *BRCA2* 유전자의 돌연변이를 가진 여성(증례 23 — Wilson 가족)이 가질 수 있는 한가지 선택이 될 수 있으며; *BRCA1* 유전자의 돌연변이를 가진 사람들은 종종 난소절제술을 택한다. 암 위험성이 높은 사람들은 규칙적으로 자세한 검사가 필요하다. 헌팅톤 질병 (증례 1 - Ashton가족)이나 Alzheimer 질환 (증례 24 — Yamamoto 가족)의 경우에는 위험성을 줄이는 방법이 현재에는 알려져 있지 않다.

*표 14.1*에 있는 대부분의 다른 질환들의 치료는 증세적이다.

유전자 치료의 가능성들

원칙적으로 유전자치료는 계속적인 유전적 기능 부전의 문제에 의해서 야기되는 질병들인 *표 14.1*의 오른쪽 열의 모든 조건들에 적용될 수 있다.

- 복합 질환(알츠하이머, 당뇨병)을 위한 어떤 치료도 초기의 유전적 감수성을 교정하기 위해 시도 되지 않는데 왜냐하면 앞에서 학습한 것처럼 이러한 질환에서 어떤 한 유전자의 효과는 적기 때문이다. 발병의 일반적인 최종의 경로에서 가능한 어떤 지점은 적절한 표적물을 나타내지만 일반적으로 유전자 치료는 이러한 복합질환 치료의 첫 번째 선택은 아니다.
- 백혈병과 암들에서 모든 치료가 종양 세포들에서 직접적으로 행해진다. 종양세포들이 면역성을 갖도록 세포표면의 외부 항원을 발현하도록 하는 임상적 시도들이 행하여졌다.
- 기능 획득에 의한 질환으로 헌팅톤 질병은 기능 보강에 의해 치유 가능한 기능 상실에 의한 다른 질환들보다 더욱 정교한 유전자치료가 요구된다.
- 위에서 언급한 바와 같이 유전자 증강을 위한 가장 쉬운 대상들은 삽입된 유전자 발현의 정확한 수준은 중요하지 않으며 낮은 수준의 발현도 임상적으로 유용하다. 이러한 질환으로는 낭포성 섬유증, Duchenne 근육위축증, 혈우병과 X-SCID 등이 있다.
- Duchenne 근육위축증은 유전자 크기가 매우 크고 외래 유전자를 근육세포 내로 높은 비율로 삽입하는데 있어서의 어려움 등은 지금까지 이 질환의 유전자 치료 시도를 매우 어렵게 하고 있다.

X-SCID은 지금까지 행한 유전자 치료의 성공적인 예의 하나이다 (증례 16 - Portillo 가족). *9.3 절*에 Portillo 가족과 먼 친척 중에서 최근에 둘째 아이가 X-SCID 환자라는 것을 보았다. 이 아이의 경우 1989년에 태어난 Pablo로 보다 성공할 가능성이 높다. 그의 치료에는 두 가지의 선택이 있다:

- 골수세포 이식. 앞에서 언급 된 것처럼, 골수세포이식이 일찍이 이루어지면 결과가 좋게 나온다. 완벽하게 조직적합성 항원이 일치하는 형제-자매가 없으면, 환아와 조직적합성 항원 단상형 하나를 공유하는 부모나 형제-자매를 이용할 수 있지만 이 경우는 성공률이 높지 않다. 골수는 이식 편대 숙주질환(graft-versus-host disease)를 피하기 위해 T 세포들을 우선 방혈 한다.
- 유전자치료. 프랑스 파리의 Alain Fischer 팀(Hacein-Bey-Abina 등 2002)에 의한 선구적인 치료는 X-SCID 질병을 가진 11명 중 9명의 아이들을 성공적으로 치료했다 (*그림 14.8*). 다른 팀들도 현재 비슷한 결과들을 가지고 있다. 하지만 치료된 아이들 중 2명이 그리고 나중에 3번째 아이가 T세포 백혈병이 발병되어 초기의 높은 낙관적 관점이 어두워 졌다. 이들 중 두 가지 경우는 레트로바이러스 벡터가 발암유전자인 *LMO2*에 인접한 부위로 삽입된 것이었다. 치료 목적으로 *IL2RG* 유전자 발현을 높이기 위해 사용한 프로모터가 인접한 *LMO2* 유전자의 발현을 촉진시키는 효과를 가진 것이다. 이것은 Burkitt 림프종에서 8;14 전좌에 의해 고 발현 면역글로빈 중쇄 유전자 프로모터를 *MYC* 발암유전자 인접 부위로 이동시켜서 이의 발현이 높게된 것과 유사한 것이다 (12 장).

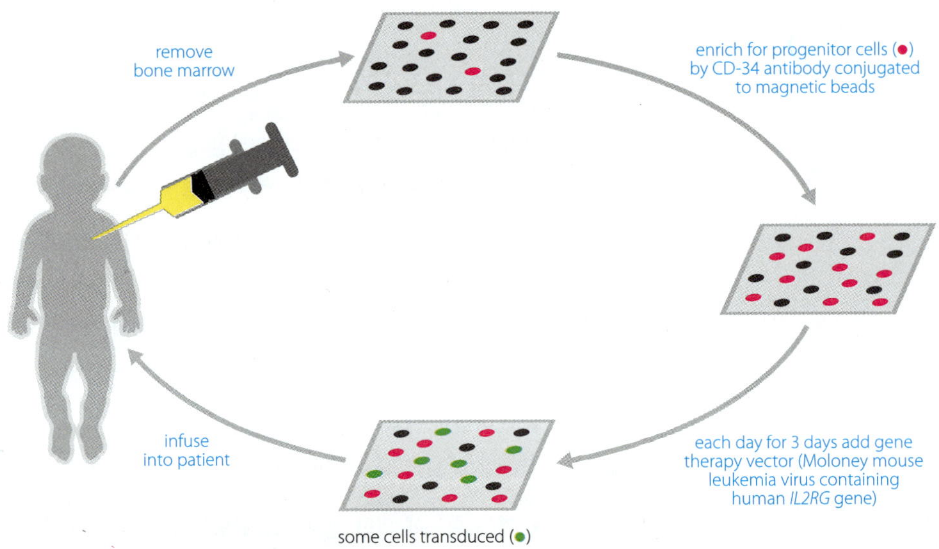

그림 14.8 - SCID 유전자 치료 프로토콜
질병이 사이토카인 수용체 유전자 *IL2RG* 기능 상실 돌연변이에 의해 생긴다. 정상의 유전자를 조혈성 전구세포들의 염색체내로 주입시키기 위해 레트로바이러스 벡터를 이용한다. 이것은 환자에게 재-주입 될 때 선발 시에 장점을 가지고 있어서 치료받은 11명의 아이들 중 9명에서 T 세포와 NK 세포를 재구성 할 수 있도록 하였다. 같은 종류의 치료는 유전자의 부분적인 기능부전을 가진 나이가 많은 환자들에서는 성공하지 못하였다.

이 치료법에 대하여 처음의 충격 뒤 전 세계적으로 레트로바이러스를 이용한 유전자 치료가 중단되었을 때 일부 낙관적 평가가 대책이 회복되어서 백혈병을 제어할 수 있게 되었다. 유전자 치료를 받지 못하였으면 이들 환자들은 죽었을 것이다. 양자택일적인 것이 없을 때 유전자 치료법의 위험성은 감수할 가치가 있는 것으로 보인다. 벡터 설계나 치료 프로토콜의 수정으로 위험성을 줄일 수 있을 것이다. 이러한 종류의 삽입 불활성화의 위험성은 삽입 벡터를 이용하여 유전자 치료 시 잠재적 문제점의 목록을 늘려준다는 것이 사실로 남아있다.

세포 치료의 가능성

헌팅톤 질병과 알츠하이머 질병은 세포수준에 기초를 둔 치료를 위한 후보가 되는 질병들 중 상위에 있다. 초기의 원인인 무엇이건 간에, 이 두 질병은 임상적으로 문제시 되는 특정 뇌영역의 세포들의 손상이 원인이 된다. 뇌는 면역학적으로 특권을 지닌 부위로서 이종이식(다른 종으로부터의 조직 이식) 거부반응이 나타나지만 동종이식(같은 종의 서로 다른 개체로부터의 조직 이식)은 일반적으로 거부 반응을 나타내지 않는다. 동물 연구에서 이식된 뇌 세포들의 장시간 생존한다는 것이 증명됐다.

헌팅톤 질병에 있어서 선조체세포 이식에 대한 예비 실험이 시도되었다. 한 실험을 6년간의 계속적인 연구 끝에 논문으로 개재되었다 (Bachoud-Levy 등 2006). 다섯 명의 헌팅턴 질환자들이 태아 뇌 조직의 선상체(striaum)를 이식 받았다. 이때 조직들은 7.5~9주의 유산된 태아의 부합되는 뇌 부분으로부터 얻어졌는데 이 시기에는 뇌가 적당한 신경 전구 세포들을 포함하고 있는 발달단계에 있는 시기이다. 이러한 작은 시도가 어떤 경우에는 정말 임상적 향상을 보여주어 질병의 정상적인 발달을 일시적으로 중단 시켰다. 6년 후에는 증세의 전형적인 감소가 분명했다. 때로는 이식된 세포들이 뇌의 손상된 부위에서 사라진 세포들을 대신하지만 손상된 뇌의 나머지 부분에서 신경퇴화가 멈춘 것은 아니었다. 비록 이보다 집중적이지는 않지만 다른 시도들도 보고되었으며 이외의 시도들도 진행 중에 있다.

이러한 도전들은 헌팅톤 질병에 대한 세포수준의 치료가 결국에는 개발될 것이라는 진정한 희망을 준다. 현재의 가장 큰 제한점은 원천이 되는 세포들에 있다. 유산된 태아에서 얻어진 조직을 사용하는 것에 있어서의 윤리적 문제들은 제외하고서라도, 사용되는 조직은 항상 신선한 것이어야 하며 이러한 조직은 실험실에서 정확하게 특성이 밝혀지거나 배양할 수 있는 것이 아니다. 이 분야의 진정한 진보는 필요할 때 실험실에서 배양하여 보존 가능한 줄기세포를 찾아내어 이들을 적절한 방법으로 분화를 유도하는데 달려 있다.

14.4. 요약 및 정리

많은 사람들의 오랜 희망인 여러가지 유전 질환의 효과적인 치유는 관련된 여러 위험성도 없지 않지만 유전적이고 세포학적인 기작에 기초한 치료법들은 실제로는 유전자 치료나 세포치료에 달려 있다.

유전자 치료

유전자 치료에 대한 희망들은 과거 20년 동안 정도가 다르지만 여러 가지의 어려운 과정을 겪었다. 우선적으로 많은 사람들은 실험실의 결과를 임상으로 옮기는 것이 쉽다고 생각한다. 이르게는 1990년에 복합적 면역부전증을 가진 어린이(증례 16에서 설명된 X-연관 열성형과는 다른 상염색체성 열성형인 아데노신 탈아미노효소의 결핍에 의함)가 유전자 치료를 통해 치료되었다는 주장이 있다. 하지만 사실 이것은 원인이 되는 효소 치환 치료가 이 효소 유전자를 코딩하고 있는 유전자 치환 치료와 동시에 실시되었다.

유전자 치료에서 계속되는 문제는 삽입된 유전자가 얼마나 적절하게 높은 수준의 발현을 오랫동안 지속되도록 하는 것이다.

- 첫째, 목표 대상이 되는 조직에 충분한 비율의 세포들을 넣어야 한다. 레트로바이러스 벡터들은 가장 높은 효율성을 주지만 그것들은 단지 분열하는 세포들에서만 사용될 수 있으며 X-SCID에서 본 것과 같이 새로운 유전자 삽입은 희망적인 측면도 있지만 부정적인 측면도 있는 것이다. 아데노바이러스들은 비삽입성 벡터로 유망하지만 많은 양의 바이러스가 삽입되면 염증성 반응을 일으킬 수 있으며 Jesse Gelsinger의 증례(http://www.uvm.edu/~cgep/Education/Expert.html)와 같이 치명적일 수 있다. *14.2절* 에서 다룬 어떤 물리적 방법들도 현실적인 임상학적 조건들 하에서 유용한 세포들의 비율로 할 수 없다. 새로운 바이러스 벡터들이 높은 장래가능성을 가지고 있을지도 모른다.
- 다음으로, 삽입된 유전자의 발현이 충분할 정도가 되어야 한다. 이것은 어려운 일이므로 대부분의 연구가 비록 낮은 수준의 발현이라도 이점이 되는 조건을 찾는데 주안을 두고 있다. 낭포성 섬유증과 혈우병은 정상 발현 수준의 10%로도 임상학적 이익들을 가져오는 질병들이다.
- 만약 유전자 발현이 적당히 이루어지면, 다음의 문제는 그 것을 제어하는 것이다. 이상 혈색소증(hemoglobinopathy)은 유전자 치료에 있어서 반드시 좋은 대상인데 그 이유는 이상 혈색소증을 야기하는 유전자들은 크기가 작으며 이들에 대해서는 연구가 잘되어 있으며 또한 이 질병은 매우 중요한 질병이기 때문이다. 문제는 삽입된 글로빈 유전자 발현을 정확히 조절하는 것이다. 삽입된 β-글로빈 유전자의 과도한 발현은 β-탈라세미아 환자를 α-탈라세미아 환자로 변환시킬 수 있다.

이러한 모든 문제점들에도 불구하고, 유전자 치료에서의 연구와 개발에는 높은 열기가 있다. 많은 정교한 시스템들이 연구실에서 증거의 원리 (POP, proof-of-principle) 실험으로 증명되었다. 수십 개의 회사들이 새로운 연구법들을 추구하고 있다. 수백 개의 1단계 임상 시험이 진행되고 있는데 이러한 시도들은 멘델식 유전질환보다는 특히 암이나 감염성 질환에서 시도되고 있다. 문제점들에도 불구하고 X-SCID는 정말 획기적인 성공으로 남아있다. 유전자를 조작하여 발현을 조절하는 방법이 계속 늘어나는 것에 비추어 차 후 십 수년 내에 유용한 기술이 개발되리라는 것은 분명하다. 이러한 성공이 모든 상황들에서 유전자치료를 할 수 있는 일반적으로 적용할 수 있는 획기적인 것인지 아니면 이러한 성공이 소수의 환자들만이 특별히 수혜를 받고 나머지 환자들은 좀더 기다려야 하는 특정한 질환이나 세포-특이적 묘책인지가 주요한 문제일 것이다.

줄기세포 치료

이것은 1990년대에 유전자치료에 대한 과대-희망으로 고생한 것과 같은 맥락의 고통을 겪었다. 미래사회에서 필요에 따라 조직과 신장들을 배양하는 매력적인 상황을 그리는 것은 쉽지만 이러한 희망적인 그림이 현실성과 관계를 가질 까는 전혀 다른 문제이다. 우리는 여전히 배아 줄기 세포나 다른 줄기세포들의 진정한 잠재력에 대해서 아주 조금 밖에 알지 못하고 있다. 이러한 연구에 그토록 집중적으로 많은 노력을 하였음에도 현재 이용할 수 있는 배아 줄기 세포주들의 수는 매우 적은데 이것은 이러한 기술들이 여전히 얼마나 어려운지에 대한 것을 보여주는 것이다.기술적 어려움들을 비교해 보면 법률적 장애들은 이 분야의 발전에 주된 요인들이 아마도 아닐 것이다. 연구는 그러한 기술들을 허용할 뿐 아니라 그 기술이 강력하게 장려되는 나라들로 간단하게 옮겨

갈 것이다. 만약 기대되는 임상적 이득들이 실현 되어진다면, 질환자 집단으로부터 거대한 압력이 관련된 기술 개발을 정치적으로 제지 하게하지 못하게 할 것이다. 난자 공급은 더욱더 중요한 요인이 될지도 모른다.

우리 삶을 희망적으로 하는 새로운 기술 개발을 기다리는 동안 이미 개발된 것들을 간과하기 쉽다.

진단과 상담

진단과 상담은 극적이지는 않지만 유전적 질환자 가족들의 삶을 상당한 변화를 일으킬 수 있다.

- 진단은 임상적 관리의 토대가 된다. 진단이 없는 임상적 관리는 초점을 맞출 수가 없고 합병증을 예상 할 수 없다.
- 18번 염색체의 3염색체성과 같이 치명적일 경우의 진단이 내려지면 외과 수술이 통상적으로 받아들여지는 구조적인 기형이라고 하더라도 진단의 가장 적절한 조치는 보조적인 의료행위이다.
- 가족들은 종종 많은 의사들을 방문하여 그들의 진단을 위해서 자신들의 아이를 다양한 검사들을 받게 할 것이다. 적당한 전문의에게 진단을 받는 것은 중요하다.
- 진단을 내리고 질환에 대한 정보를 제공하는 것은 치료가 안 되는 질환이라 하더라도 많은 사람들에게 진정한 치료적 가치가 있는 것이다. 지원 단체들과 연계를 지을 수도 있다. 질환자 가족들은 어떠한 양식을 작성하는데 어떤 것을 가지고 있으며 교육적, 사회적 서비스들은 제공된다.
- 진단과 상담은 기형이나 질병을 가지고 태어난 아이들이 태어난 후에 가족들에서 삶의 질에 심각하게 강한 영향을 주는 죄의식과 슬픔을 떨쳐버리는데 도움을 줄 수 있다. 부모에게 아이의 기형의 발단이 그들이 어떤 것을 행하여서 또는 행하지 않아서 되었다고 말하는 것은 그리 간단하지 않다. 상담자의 전문적 기술들은 부모들의 충격, 고통, 슬픔의 자연적 반응들을 통하여 도움을 줄 수 있다.
- 상담은 재발의 위험성에 대한 과장된 일반적 추측들과 특히 X-연관 질환과 열성유전 질병에 있어서의 과장된 추측들을 해소시키고, 위험성 정도가 무시할 정도인 가족 구성원을 확인한다. 통념과는 달리, 유전 전문 상담소에서 많은 사람들은 높은 위험성과 나쁜 소식 보다는 낮은 위험성과 좋은 소식을 듣는다.
- 상담이 질환을 가진 가족 구성원과 함께 생활하는 데의 문제점들을 사라지게 하니 않지만, 상담은 사람들이 문제들보다도 해결책에 초점을 맞추도록 도움을 주고 적절한 도움이 주어질 수 있게 한다. 부모들은 재발의 위험을 다룰 수 있는 다양한 선택을 최할 수 있다.

검사하기

검사는 유전적 질환을 가진 가족들이 가능한 한 정상적인 생활을 하며 살 수 있도록 하는데 있어서 총체적인 목적 중 중요한 부분이다. 이것은 Modell 등(1980)의 지중해성 빈혈(탈라세미아)의 심각한 형태의 위험성에 있는 가족들에 대한연구에서 잘 설명되고 있다.

산전검사가 가능하기 이전에는 유전질환아가 태어난 부부에게 다음 아이를 가질 때 같은 유전질환의 가능성이 1/4이라는 것을 경각하여 이들이 재 출산을 실질적으로 중단하도록 하였다. 대부분의 그 후 임신들은 우발적으로 되는 경우이고 이 중 70%는 임신중절을 시도한다. 이러한 상황에서 산전검사가 1975년에 가능하게 되었다. 위험성을 가진 부부들은 다시 정상적인 임신을 하게 되었으며 지중해성 빈혈 때문에 임신이 중절되는 것은 30%도 안 된다. 산전검사로 인해 임신중절의 수를 줄일 수 있고, 위험성을 가진 부부들에게 정상적인 가족들을 가질 수 있게 해 줄 수 있다.

Duchenne 근육위축증을 가진 가족들에 관한 아래의 실제 증례는 보인자 검사와 태아 검사의 향상된 정확성이 원하는 임신의 중절을 피하기 위한 부부들에게 있어서 얼마나 허용되는지를 보여주고 있다. *그림 14.9*는 한 커다란 유전 검사 센터에서 알고 있는 가족들 사이에서 Duchenne 근위축증에 대한 보인자 위험성의 분포가 어떻게 바뀌었는지를 주는데 새로운 지식이 더욱 정확한 유전 진단을 하도록 하는 것이다.

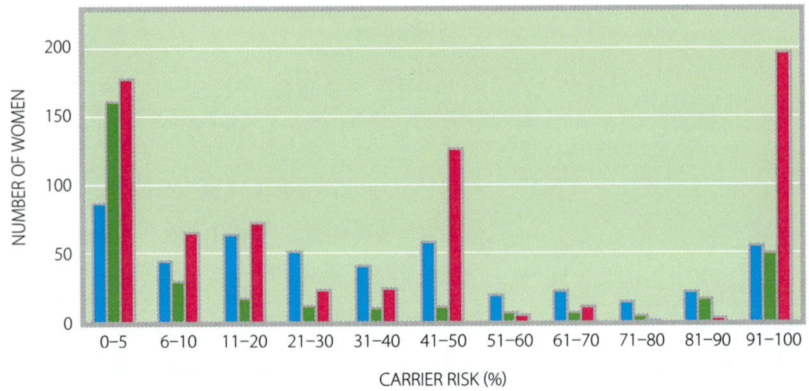

그림 14.9 - 맨체스터 북서 유전 검사 센타에 등록된 가족들의 여성들에 있어서의 DMO 보인자 위험성 분포. 푸른 막대: 분자생물학적 검사 이전 가계도와 크레아틴 키나제 분석에 기초한 위험성. 초록 막대: 1998년에 유전자 추적이 가능한 가계도를 가진 여성들의 위험성 분포. 붉은 막대: 직접적인 돌연변이 검사가 가능할 때의 위험. 나중의 시리즈에서 중간 정도의 위험성의 피크들은 대부분 검사하기에는 나이가 어린 여아들의 자료들임. 자료제공; Elizabeth Howard, St Mary's Hospital, Manchester.

치료

여러 가지 유전 질병들에 대한 치료가 가능하다. 유전자치료와 줄기세포치료 같은 극적인 기술에 대한 희망에 집중하므로 여러 가지 유전질환 치료에 행하여져 오던 향상이나 진정한 진보에 대한 관심을 흐려지게 하고 있다. 이러한 진보에 대한 목록을 간단하게 요약한 Munnich(2006)의 훌륭한 논문이 있어서 이 논문을 좀더 자세하게 참조하고 인용하여야 할 것이다.

Munnich가 말하는 핵심은 환자들은 그들의 돌연변이들로부터 고통 받지 않는 것이 아니고 이러한 돌연변이가 야기하는 상황에 의해 고통을 받는다는 것이다. 종종 돌연변이에 대한 지식이나 유전자에 대한 지식은 치료에 있어서 관련이 없다. 우리는 유전질환자의 신장이상이 Alport 증후군, 다낭신(polycystic kideny disease)이나 신장황폐증(nephronophthisis)때문인지에 대해 알기보다는 신장이식으로 환자의 삶이 크게 향상될 수 있는지에 대해 알기를 원한다. 우리는 달팽이관 이식이 이로운지에 대해서 고려하기 전에 유아 귀먹음의 원인이 되는 100개의 가능한 유전자들에 대해 아는 것을 원하지 않는다. 심지어 전형적으로 치료 불가능 질환인 헌팅톤 질병에서 환자와 그 보호자들의 삶이 신경이완제와 항우울제와 같은 약물들 그리고 조심스러운 식이요법과 가정환경에 의해서 종종 향상되어질 수 있다.

다른 경우들에 있어서는 비록 그 유전자 자체가 필수적이지 않더라도 그 유전자의 기능에 대한 지식은 치료에 있어서 핵심이 된다. *표 14.2*의 이러한 질환의 일부를 보여주며 특히 흥미로운 증례들로 다음과 같은 것들이 있다.

- 제1형 고티로신혈증 (OMIM276700)은 심각한 대사과정의 선천적인 장애이며 특히 이것은 퀘백의 Saguenay-Lac Saint Jean 지역 주민들에게 창시자 효과(founder effect) 때문에 일반적이다. 티로신 이화작용의 도표(*그림 8.4*)를 참고해서 보면 결함 효소는 대사의 최종 단계를 촉매한다. 이 과정이 저해되어 maleylacetoacetic acid가 축적이 되고 반응들이 많이 일어나게 되어 succinyl acetone이 만들어진다. 이러한 비정상적인 대사산물은 헴 생합성 경로(heme biosynthesis pathway)에서 포르포빌리노겐(porphobilinogen)의 생산을 저해한다 (*Box 8*의 그림 참고). 그 결과는 심각한 피린증(porphyria)과 같은 증후군과 암이나 간 질환으로 인한 사망을 야기한다. 반대로 제2형 고티로신혈증은 경한 증세를 보이는데 이것은 티로신 이화작용의 첫 단계가 저해되어서 야기된다 (*그림 8.4*). NTBC [2-(2-nitro-4-trifluoromethylbenzoyl)-1,3-cyclohexanedione]는 티로신 아미노기 전이 효소를 저해하는데 이 효소 결핍은 경한 고티로신혈증을 유발한다. 이것은 제2형 질병의 표현형 모사를 만들어낸다. 이것이 저해됨으로써 maleylacetoacetic acid가 생산이 안 되므로 환자들은 치명적인 1형에서 가벼운 2형으로 변환되어질 수 있다.
- 1b형 탄수화물결핍 당단백 질병 (OMIM602579)은 과당을 만노스당으로 이성화되지 못하여 일어난다 (만노스 인산염 이성화 효소 결핍). 심한 설사와 심각한 간질환의 증상들은 전적으로 만노스의 결핍 때문이다. 그들은 만노스를 경구 투여함으로써 완전하게 치료할 수 있다.
- 시스틴뇨증 (OMIM219800)은 비전형적인 리소솜 축척질환 (lysosome storage disease)이다. 이 결함은 리소좀 효소에 있는 것이 아니라 리소좀의 막 운반 단백질에 있다. 운반 단백질이 제 기능을 하지 못한다는 것은 시스틴이 리소좀들 밖으로 나갈 수 없다는 것을 의미한다. 시스틴의 리소솜 축척은 신부전증, 췌장 기능 부전, 각막미란, 중추신경 시스템 혼란과 근육질환 등의 증상을 야기한다. 경구 시스테아민은 효과적인 치료법이다. 시스틴은 이황화 결합에 의해 연결된 시스테인 2분자들로 구성되어 있다 (*그림 14.10*). 경구 투여된 시스테아민은 특정한 운반단백질을 이용하는 리소좀으로 들어간다. 거기서 시스테아민은 시스틴의 한 시스테인 분자를 교체하여 뒤섞인 시스테아민-시스테인 이황화물 형태로 만들 수 있어서 그것은 리신 운반단백질을 이용해서 리소좀 밖으로 나오는 것이 가능 해진다. 리소좀에서 한번 나오면 혼합된 이황화물은 제거되며, 결합에 풀려 자유로워진 시스테아민은 다른 시스테인 분자를 리소좀의 밖으로 운반 할 수 있다.

다른 증례들에 있어서 치료는 유전자의 발현을 더욱 특정하게 변화시키는데 목표를 두고 있다. 어떤 치료들은 대부분 여전히 실험적으로서 다음과 같은 예가 있다:

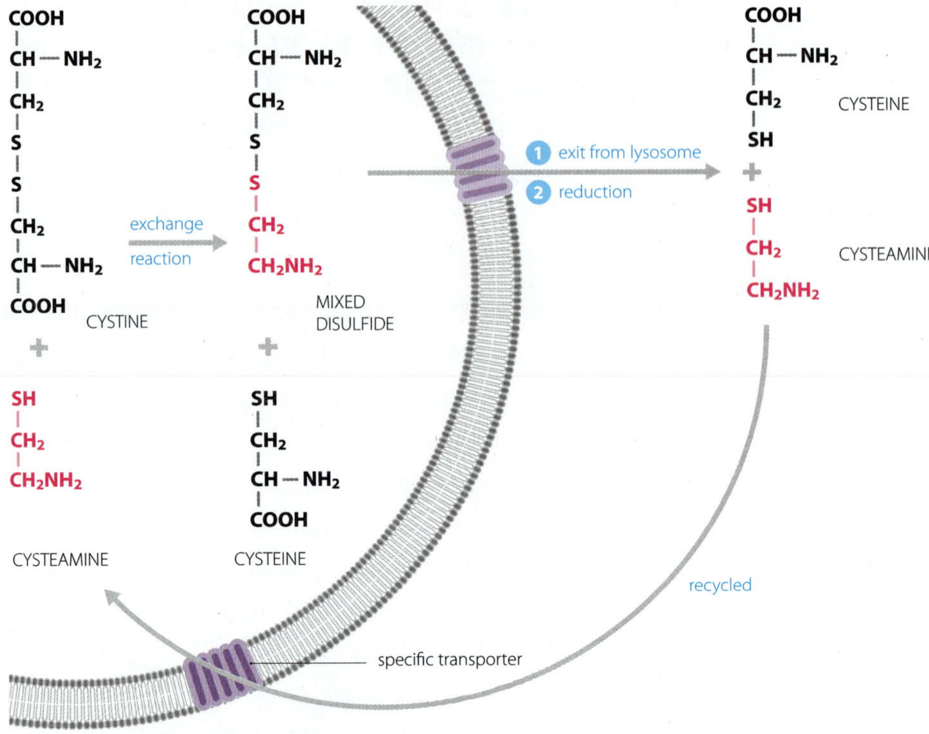

그림 14.10 - 시스테아민을 이용한 시스틴증의 치료
시스테아민과 결합된 이황화물은 리소좀의 막을 통과 할 수 있지만 시스틴 질환자들은 정상적인 사람들에서 리소좀을 빠져나가는 시스틴을 운반하는 특정 단백질이 결핍이 되어있다. 그들의 증상들은 리소좀들 안에서의 시스틴의 축적이 원인이 된다.

- 겸상적혈구빈혈이나 β-지중해성 빈혈의 β-글로빈의 비정상 또는 결핍 증상은 성인이 된 후에 태아성 헤모글로빈 발현이 계속되는 환자들은 증상이 가볍다 (태아 혈색소의 유전성 지속증, HPFH). 태아의 γ-글로빈이 정상적인 발달의 과정으로 중단된 환자들에서 수산화효소를 이용한 치료는 γ-글로빈을 재발현 시킨다.
- 항생제인 젠타마이신은 때때로 리보좀에서 번역에 혼란을 야기하여 종결 코돈을 무시하고 번역을 계속하도록 한다. 젠타마이신은 넌센스 돌연변이에 의해 생성된 낭포성 섬유증 환자의 증세를 완화시킬 수 있다. 리보솜이 빈번하게 정지 코돈을 무시하면 비극적인 결과가 초래된다는 것은 확실하지만 아주 작은 빈도로 정지코돈을 무시하고 번역을 하는 경우 오히려 낭포성 섬유증 증세를 완화 시킬 수 있다.
- 항간질제인 밸프로에이트(valproate)는 인트론-엑손 스플라이싱에 영향을 준다. 척수 근위축증(OMIM253300)에 있어서 이전의 시도들은 밸프로에이트가 스플라이싱 변형에 의하여 야기되는 질환을 가진 유아들의 생명을 연장시킬수 있다. 스플라이싱을 변형시킴을 목적으로 하는 시도가 dystrophin 유전자를 대상으로 행하여 지고 있다. 시도는 특정한 엑손을 생략하므로서 틀변형 변이를 유도하여 Duchenne 근육위축증을 증세가 약한 Becker 증후군으로 변형시키는 것이다 (*6.2 절* 참조). 올리고뉴클레오티드들을 엑손-인트론 접합부위에

표 14.2 - DNA 염기서열에 지식이기보다는 기능 부전에 대한 지식을 기초로 한 치료에 의해 증세가 완화되거나 때때로 완전히 치료가 되는 유전질환들.

치료 전략	예	질환
결핍 분자 보충		
	인슐린	당뇨병
	성장호르몬	뇌하수체 이상 신장발육
	혈우병 인자 VIII	혈우병
결함 효소 대체		
	산성 β-글루코시다아제	Gausher 병
	α-갈락토시데이즈	Fabry 병
	α-글루코시다제	Pombe 병
식이요법으로 보충		
	고탄수화물 섭취	당 축척 질환
	콜레스테롤	Smith-Lemli-Opitz 증후군
	맨노스 당	탄수화물 결핍 당단백질 증후군 1b
	바이오틴	바이오틴 반응 카르복실라제 결핍증
	피리독신	피리독신반응 호모시스틴뇨증
	코발라민(cobalamin)	코발리민 반응 유기산뇨증
	알파-토코페롤l	가성 프리드리히 운동실조증
	크레아틴	크레아틴 생성 결핍증
식이 제한		
	저 페닐알라닌 식사	페닐케토뇨증
	저 단백질 식사	단풍 시럽뇨 질환
	저지방 식사	고콜레스테롤혈증
	저피틴산	Refsum 질환
잔여 효소 활성 증대		
	Fibrates	지방산 산화 대사이상 질환
독성물질 제거		
	규칙적인 출혈	혈색소침착증
	시스테아민	시스틴 축척증
병리적 과정의 차단		
	NTBC	제1형 고티로신혈증
	Bisphosphonates	불완전골생성증

자료 Munnich (2006)

상보적으로 일치하도록 주문 설계한다. 이러한 접근은 올리고뉴클레오타이드의 효과적인 전달과 발현이 보장되는지에 대한 일반적인 문제점들을 가진 유전자 치료의 영역에 속한다.

Duchenne 근육위축증은 아직 효과적인 치료법이 개발되지 않았지만 이 질환으로 고생하는 맨체스터의 한 가족의 실제적인 이야기는 (본 교재에서는 실제 이름만 바꾸었음) 지난 삼십여 년간 유전학의 발전이 얼마나 그들의 삶을 바꾸었는지를 보여준다.

- 1977년에, 3살의 남아인 Alan은 달리기나 계단을 오르는데 힘들어하고 종아리의 가성비대(pseudohypertrophy) 등을 보여 임상실험을 실시한 결과 혈청의 크레아틴 키나제 수준이 올라있으며 그의 근육 문제점 등을 고려하여 DMD(Duchenne Muscular Dystrophy)를 가지고 있는 것으로 진단되었다.
- 그의 어머니인 Betty도 유전자 검사를 받았다. 가계도를 분석에서, Betty는 DMD를 보이는 두 남자 형제들을 가지고 있으며, 이들은 20대로서 휠체어를 사용하여 이동한다. 그러므로 Betty와 그녀의 어머니 Christine은 보인자로 판단된다. Betty는 Delia와 Elly라는 두 자매들이 있어서 이들 세 자매들은 모두 유전 클리닉에서 검사를 받고 그들이 50%의 확률로 보인자일 것이라는 것에 대해서 들었다. 이들로부터 채혈을 한 후 크레아틴 키나아제 검사를 하였는데 Delia와 Elly는 크레아틴 키나제 수치가 그들이 보인자라는 사실을 확인하기에는 높지도 낮지도 않은 정도였다.
- 1982년에 Delia는 결혼하여 임신을 했다. 그녀는 태아의 성별을 알기 위해 양수검사를 임신 16주차에 실시하였다. 세포유전학적 분석을 위해서 분열하는 세포들을 충분히 취하는데 2주가 걸렸다. 분석에서 태아가 남아로 나타났고 원했던 임신이 18주에 유도분만에 의해 중절되었다.
- 1984년에 Delia는 다시 임신을 했으나 어떤 테스트를 하기도 전인 10주에 유산되었다. Elly도 결혼을 하였는데 그녀는 두 자매들의 정신적 충격을 보고 임신하기를 꺼려하였다.
- 이때쯤 *DMD* 유전자와 유전적으로 연관된 DNA 마커들이 개발되었다. Delia와 Elly가 보인자 위험성을 평가하기 유전자 추적이 실시되었다 (*9 장*). 사용된 모든 마커들이 *DMA* 유전자와 최소한 5%의 조환율을 보이므로 DMD 유전자의 양쪽에 각각 존재하는 두 개의 마커들을 사용하였다. 만약 감수분열 과정에서 두 마커들 사이에서 교차가 일어나지 않았다면 (두 마커들이 비조환형이라면) 마커와 질병 유전자 사이의 교차가 아주 낮은 확률로 있게 되는데 양쪽 마커들은 비조환형이므로 이 경우 이중 교차에 의해서만 이러한 결과가 나타난다. 만약 두 마커들이 조환형으로 나타난다면 예측을 내릴 수 없지만 적어도 오류적 예측은 예방 할 수 있다. 분석 결과(*그림 14.11*에서 분홍색 선)는 Delia가 보인자일 가능성은 99% 이상이고, 반면에 Elly의 위험은 매우 낮은데 어림잡아서 2%정도라고 제시되었다. 되 돌아보면 Delia의 첫 임신에서 중절했던 태아가 DMD를 가질 가능성은 25 – 50%로서 이러한 사실은 Delia를 더욱 그녀가 옳은 일을 한 것이라고 확신하게 만들었다. Elly는 이제 아이를 가질 수 있다고 생각하기 시작하였다.
- 1985 Delia는 세 번째 임신을 했는데 이 때쯤에는 이미 융모막 융모 생검이 가능하였다 (*그림 14.11*의 녹색선). 융모막 융모 생검이 임신 10주에 행해져서 신속한 세포유전학적 분석 결과 태아가 남아라는 것으로 나타나서 임신은 11주에 수술에 의해서 중절되었다.
- 1988년에 Delia의 네 번째 임신을 하였고 융모막 융모 생검을 통해 태아가 여아라는 것이

확인되어 정상적인 건강한 여자아이를 출산했다.

- 1993년 Delia는 다섯 번째 임신을 했으며 이때에는 디스트로핀 유전자가 클로닝 되어진 후였다 (*그림 14.11* 의 파란색선). Alan의 DNA검사 결과 이 가족이 가지고 있는 돌연변이는 45번 엑손에서 틀변형 돌연변이를 가진 것으로 확인되었다 (*표 6.2*). 융모막 융모 생검과 세포유전학적 분석 결과 태아가 남아임이 확인 되었다. Y 염색체 특정 염기서열을 이용하여 태아가 남아라는 것을 다시 확인하였고 PCR 분석을 통해 태아의 디스트로핀 유전자 분석을 한 결과 태아는 45번 엑손에서 돌연변이가 발견되지 않았다. 임신기간은 지속되었고 Delia는 정상적인 남자아이를 출산했다.

이 가족의 이야기는 유전학적 검사에 대하여 여러 가지 견해들을 설명한다. 첫째 과학의 진보가 얼마나 빠르게 임상 실험으로 응용될 수 있는지; 두 번째 개인의 가족 구성원들의 선택이 그들이 직면한 질병이 불치인 상태인 경우 조차도 얼마나 변화되는지; 세 번째 가족들의 유전사를 장기간 철저히 추적하는 것의 중요함 등을 보여주는 것이다.

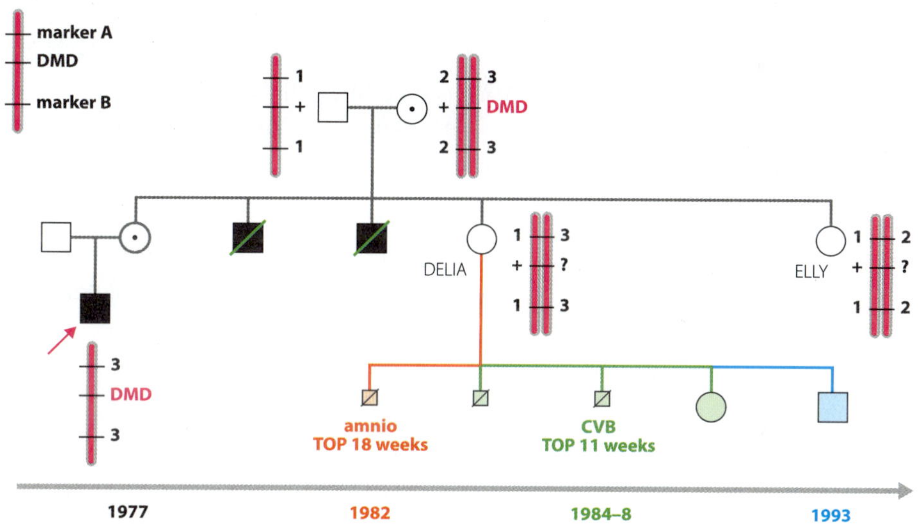

그림 14.11 - Duchenne 근육위축증을 가진 가족의 유전적 분석 진척
이것은 실제적인 가족의 가계도로서 단지 구성원들의 이름만 바뀌어졌다. 색은 시간이 지남에 따라 어떻게 가계도가 전개되는지 보여준다. 검은색 선은 질병 유전자 양쪽에 존재하는 마커들의 다형성을 나타낸다. 대립 유전자 번호는 임의로 나타냈는데 + 표시는 정상적인 *DMD* 대립유전자를, TOP는 임신중절을 나타낸다.

마지막으로 아마도 우리는 임상유전학에서 지속적인 발전에 대해서 제기되는 반대적 논제들에 대해서 고려해 본다.

- *유전자질병을 가진 사람이 정상적인 생활을 하며 살아가도록 돕는 것은 그들의 유전자들을 다음대로 전달되도록 허용하는 것으로서 이것은 미래 세대에 대한 무책임한 배려의 결핍을 보여주는 것이다.* 우리는 *10장*에서 이것을 멘델리안 질병과 관련하여 이에 대하여 다루었다. 복합성 질병들에서는 이것은 모든 문명사회에서 필요로 하는 모든 의학에 대한 진정한 반대인 것이다. 단지 자연 선택의 작동을 방해하는 종합적인 시도를 한다는 것이 무슨 문명 사회인가?

- *유전적 질환에 대한 산전 검사을 제공하는 것은 그러한 질환을 가지고 살아가는 사람들의 가치를 떨어뜨리는 것이다.* 당연히, 척추 파열, 연골무형성 또는 다운 증후군을 가지고 살아가는 사람들은 그들이 태어나지 말았어야 한다는 의견에 아주 민감하다. 건강한 아이를 갖고자 하는 부모들의 열망은 장애들을 가진 사람들의 삶에 대한 존중에 상반되는 것이다. 이러한 상반된 견해에 대한 유일한 해결책들은 (선택을 주지 말자던가 자유로운 선택을 한다던가 등) 대부분의 나라에서 대부분의 사람들은 받아들일 수 없는 것들이다. 아마도 가장 현명한 길은 임신 중단을 받아들이도록 하는 어떤 제안이나 장애아가 태어났을 때도 다른 사람들이 태어난 것과 같은 가치를 부여하고 그 가족들에게 적절한 지원과 서비스를 제공하자는 것 등을 주장하므로 마찰을 최대한 회피하는 것일 것이다.
- *어떤 유전 질병을 치료하는 것은 그러한 상황에 처한 사람들의 가치를 떨어뜨리는 다른 방법이다.* 이것은 귀머거리 아이를 위한 달팽이관 이식에 관련되어서 특별히 겉으로 드러난다. 만약 이러한 이식이 매우 어린 나이에 행하여 진다면 귀머거리 아이들은 알아듣는 것에 대해서 상당히 성공적일 것이다. 대부분 청각을 가진 사람들은 귀머거리 아이에게 들을 수 있도록 하여 주는 것이 축복이라는 것에 이의가 없지만, 청각 장애 사회의 대부분 사람들은 이것을 다른 측면에서 본다. 그들은 귀머거리들을 치유하는 것은 그들의 문화를 약화시키기 위한 시도와 동등한 것이라고 주장한다.

  이것은 작은 언어적 격리집단들이 자신들의 소수의 언어로 그들이 교육을 받아야 하며 그들이 살고 있는 국가의 언어로도 교육을 받아야 한다는 것과 같은 논리인 것이다. 개인에게 있어서 자국어를 배우는 것은 그의 기회들을 넓혀주지만 그것은 두 세대나 삼 세대 후에는 소수문화의 전승을 위협한다. 아마도 달팽이관 이식에 있어서 가장 중요한 목적은 청각장애아를 말하고 표현 하는 데 있어서 귀머거리의 표현과 정상인 것들을 동시에 사용하도록 하는 것일 것이다. 이것은 스웨덴의 정책이지만 몇몇 다른 곳들에서도 그렇다. 그것은 청각에 문제가 없는 가족들에서 태어난 심각한 선천적 청각 장애를 가진 대부분의 아이들을 지칭하며 그들의 성격 형성기에 놓아 사회의 일부분이 아니라는 것을 가리키는 것은 가치가 있다. 스웨덴식의 해결책은 그들이 충분히 나이가 들어 자신이 어느 곳에 속해야 하는 가를 결정할 수 있을 때 자신들이 결정하도록 내버려 둔다는 것이다.
- *유전자 치료와 생식선택에 있어서의 발전은 우리를 미끄럽고 경사진 곳에 두었다.* 저널리스트들이 그토록 사랑했던 "맞춤형아기(designer baby)"라는 기발한 문구는 이러한 논의를 일찍이 있어서 표면화 시켰다. 이것은 "구세주 아기(savior sibling)"와 관련하여 반복적으로 사용되어 지고 있다. 이러한 아기들은 HLA(조직적합성항원)-적합성을 가진 제대혈 줄기세포 이식에 의해 치료 가능한 심각한 질병을 가진 나이가 들은 어린이를 가진 임신모의 HLA-적합 배아들을 선별하여 체외 수정을 거친 후 태어난다. 비평가들의 말에 의하면 이러한 선별을 허용하는 것은 비-의학적 이유에 의한 광범위한 배아 선별에 대해서 문을 열어두는 것이라는 것이다.

  이러한 반대에 대한 모순은 *그림 14.4*를 살펴봄으로써 확인 할 수 있다. 만약 Frank N. Stein 부부가 키크고 파란 눈에 금발이며 지능지수가 150인 사내아이를 원한다고 가정 해보자. 그들은 IVF (체외수정)의 충격과 비용을 감수하고 자신들의 계획을 실시하면 결국 한 시험관에 8개의 배아들이 만들어 지게 된다. 이중 4개는 여아로 될 배아로서 이들은 폐기된다. 파란 눈과 금발의 머리카락은 단순한 멘델의 특성들이 아니며 이러한 특성들의 대부분은 열성이다. 배아를 제공한 부모들의 사진들은 파란 눈에 금발인 사람들이 없으므로 우리는 그들이 이들 특성에 대하여 유전자형을 이형접합이라고 생각하자. 그러므로 확률적으로 네 개의 배아들 중 한 개만이 그들의 색소에 대한 충복을 만족 시킬 수 있다. 네 개의 배아 중 3개는 사라지고, 하나만이 남게 된다. 그 하나의 배아가 지능지수가 95인 160센티미터의 키를 가진 남자로 커가는 일이 일어난다면 얼마나 딱한 일인가!

인용된 '맞춤형 아기'의 예는 배아 선택에 있어서 매우 희박한 가능성을 보여주는 것이다. 그러나 만약 그림 14-8의 유전자 치료기술이 *그림 14-4*의 배아들에게 적용된다면, 이야기는 매우 다르다. 미래에 유전자조작에 있어서 모든 제한 요소들이 극복하게 되어 유전적인 조작의 모든 것이 안전하고 높은 효율로 이루어질 수 있다고 치자. 아마도 아기들은 주문한 대로 만들어질 것이다. 야심찬 부모들은 설계가 가능한 인간의 특성들이 적혀진 목록을 보고 주문을 할 것이다. 가상 과학의 영역으로 더 들어가면 존재하는 인간의 특성들을 왜 없애려고 할까? 모든 새로운 과학기술처럼, 이것은 이익들만큼이나 위험성을 가져온다. 도덕적 문제들은 상상을 초월해서 발생할 수 있다. 그러나 우리들 자신이 이것이 공상과학이라고 생각하는 것과 공상과학에서의 모든 것이 실제로 일어나는 것은 아니라는 것을 이해하는 것은 중요하다. 예를 들면 우리는 이미 헐리우드 영화로 소개된 시간여행이 실현되지 않으리라는 것을 알 고 있다. 유전자들을 배아로 전달하는데 있어서 100%의 효율성과 100%의 안전성을 확보하지 못하면, 복합적인 유전자 조작의 시도들은 배아를 선택시의 수확 체감과 같은 문제와 같이 될 것이다. 그리고 만약 배반포의 내세포괴(inner cell mass)의 100-150개의 세포들 모두를 다 유전자 조작을 하지 않는 한 그 결과로 태어나는 아기는 원하는 유전자형을 오직 모자이크 형태로 가지게 될 것이다. 한마디로 말하자면, 우리는 새로운 가능성들에 대한 주의를 유지하는 동안 그릇된 유전학에 대한 정신적 공황상태는 엉뚱한 곳에 있게 된다. 예견되는 미래에서 임상유전 서비스들은 의학에서 작지만 중요한 부분으로 남아있어서 이러한 서비스를 필요로 하는 가족들에게 많고 항상 진보하는 이득을 가져다 줄 것이며 동시에 유전과학은 점점 더 광범위한 의료 행위의 기초가 될 것이다.

14.5. 참고문헌

American Society of Human Genetics (1975) Genetic counseling. *Am. J. Hum. Genet.* **27**: 240–242.

Bachoud-Lévi A-C, Gaura V, Brugieies P *et al.* (2006) Effect of fetal neural transplants in patients with Huntington's disease 6 years after surgery: a long-term follow-up study. *Lancet Neurol.* **5**: 303–309.

Bianchi DW, Simpson JL, Jackson LG, *et al.* (2002) Fetal gender and aneuploidy detection using fetal cells in maternal blood: analysis of NIFTY I data. *Prenat. Diag.* **22**: 609–615.

Chiu RWK and Lo YMD (2004) The biology and diagnostic applications of fetal DNA and RNA in maternal plasma. *Curr. Topics Dev. Biol.* **61**: 81–111.

Hacein-Bey-Abina S, Le Deist F, Carlier F *et al.* (2002) Sustained correction of X-linked severe combined immunodeficiency by *ex vivo* gene therapy. *New Engl. J. Med.* **346**: 1185–1193.

Modell B, Ward RH and Fairweather DV (1980) Effect of introducing antenatal diagnosis on reproductive behaviour of families at risk for thalassaemia major. *Br. Med. J.* **280**: 1347–1350.

Munnich A (2006) Advances in genetics: what are the results for patients? *J. Med. Genet.* **43**: 555–556.

Tibben A (2002) Genetic counseling and presymptomatic testing. In: *Huntington Disease*, 3rd edition, eds Bates G, Harper PS and Jones L. Oxford University Press, Oxford.

14.6. 자가 평가 문제들

[1] 한 여자가 Duchenne 근육위측증을 앓고 있는 아들이 있다. 가족들 중 이전에 이런 경우는 없었고, 다른 아이도 없고, 그리고 엄마는 외동이다. 그녀는 보인자일 수도 있고, 아니면 아들이 새로운 돌연변이에 의해서 일 수도 있다. 그녀가 보인자일 확률을 계산하라 (이것을 계산하는 두 가지 중요한 방법에 대해여 풀이를 참조할 것).

[2] 이 계산은 보인자 위험성을 계산하는데 사용되는데, 앞선 문제에서 보인자 확률이 2/3로 나타났다. 여성이 다른 여자아이를 가졌을 때 그 여자아이가 보인자일 위험을 계산하라.

[3] 2번 질문에 나온 여성이 두 명 이상의 아이를 가졌고, 그들이 정상적인 소년들이다. 이것이 당신이 보인자 위험율을 계산하는데 영향을 미치는가? 만약 그렇다면, Bayesian 계산법을 그녀의 변화된 위험성을 계산하라.

[4] 상염색체성 우성 질환을 가진 많은 구성원을 이루어진 가족의 남자이다. 그의 모친은 질환을 가지고 있지만 그는 건강하다. 이 질환의 침투율은 90%이므로 그는 질병 대립유전자가 유전받지 않았거나 유전자의 비침투율에 의해서 정상일 수 있다. 그는 결혼을 했다. 그의 첫 아이가 질병에 의해 임상적으로 영향을 받을 위험성에 대한 확률을 계산 하시오.

[5] 4번 문제의 유전자 침두율를 x 라고 두고 4번째 질문의 결과를 법칙화 하라. 그리고 만약 x가 어떤 값을 가진다면, 어떤 사람이 질병에 영향을 받은 아이를 가지게 될 최대한의 위험성을 계산하라.

[6] 당신의 모친이 헌팅톤 질병을 가지고 있다. 당신은 45세로 건강하다. 만약 유전된 질병 유전자를 가진 사람들 중 절반이 45세가 되어서 증상들을 보였다면, 당신이 유전되는 질병 유전자를 가질 확률은 얼마나 되는가?

[7] 아래의 서술한 것들의 진실 또는 거짓을 판명하라.

(a) 경험적 위험성들은 비-멘델리안 유전질병들에 대하여 상담하는데 사용되어진다.
(b) 경험적 위험성들은 수학적 단순화들에 기초한다.
(c) 경험적 위험성들은 유전적 메카니즘들에 대한 가정들을 구체화하지 못한다.
(d) 경험적 위험성들은 특정한 집단과 시대에 대해서만 타당하다.

[8] (a)낭포성 섬유증, (b) Duchenne 근육위축증 (c)급성 뇌종양에 대한 유전자 치료를 위한 계획안을 작성하여라. 각각 질환에서 유전자치료의 장점과 단점을 고려하고 어떤 유전자(들)을 이용할 것 인지와 어떤 조직이나 세포를 이용할 지를 기술하라.

용어설명

3′ untranslated sequence (**3′ 비번역 부위**): 전령 RNA에서 정지 코돈 하위 부위로 비번역되는 부위

5′ untranslated sequence (**5′ 비번역부위**): 전령 RNA에서 개시 코돈 (AUG) 상위부위로 비번역 부위

Acrocetric (**선단동원체성**): 동원체가 염색체 끝 부위(그러나 아주 끝은 아님)에 존재하는 염색체. 인간 염색체에는 13, 14, 15, 21, 22번 염색체들이 선단동원체 염색체들임.

Acute transforming retrovirus (**급성 형질전환 역전사 바이러스**): 작은 RNA 바이러스로서 게놈의 일부가 활성화된 암유전자(oncogene)으로 대체된 바이러스.

Affected sib pair (ASP) method (**질환 형제쌍 방법**): 같은 질환을 갖는 형제 또는 자매 쌍들이 공유하는 염색체 단편이 우연에 의해서 공유하는 것보다 높은 기회로 공유하는가를 분석하는 연관분석의 한 방법 (표 13.3 참조)

Alleles (**대립유전자**): 한 유전자의 다른 형태

Allelic heterogeneity (**대립유전자의 이질성**): 한 유전자 내의 여러 가지 다른 (종종 많은) 돌연변이들에 의해 야기될 수 있는 임상적 질환 상태. 기능상실 변이의 특징임 (유전자좌 이질성)

Alternative splicing (**대체 스플라이싱**): 일차 전사물에서 RNA 단편의 선택으로 대체적으로 성숙된 전령 RNA을 생성하는 기작

Amniotic fluid (**양수**): 양막(amnion)를 가지고 있는 태아를 둘러싼 용액

Analytical validity (**분석적 타당성**): 측정하여야 하는 것을 측정하는 정도를 테스트하는 것

Anaphase (**후기**): 유사분열이나 감수분열 시 염색체 또는 염색분체가 분리되어 세포의 양극으로 이동되는 시기

Aneuploid (**이수체**): 정배수체(euploid)가 아닌 세포; 정배수체 세포보다 염색체들이 적거나 여분으로 존재함

Anneal (**교잡**): 상보적인 핵산 가닥이 서로 짝 짓기를 하여 염기쌍을 이루어 이중 가닥을 형성하는 것

Anticipation (**예측**): 질환이 다음 세대에서 더욱 심하여 지거나 더욱 자주 발생하거나 어린 시기에 시작하는 경향. 종종 편중된 확인의 가공에 의함.

Apoptosis (**세포자살**): 세포가 자신을 죽이는 특정한 기작

Association (**연관성**): 통계적으로 두 가지 사실이 임의적 찬스에 의하여 일어난 경우보다 더욱 빈번하게 또는 낮은 빈도로 나타나는 경우. 이러한 조합이 개별적인 빈도의 합과 비슷한 수준의 빈도로 나타나지 않는 경우.

Assortative mating (**동류교배**): 유전적으로 자신과 비슷한 배우자를 선택하는 것. 같은 표현형을 갖거나 유전적으로 관련이 있는 배우자를 선택하는 것.

Autosome (**상염색체**): 성염색체 X와 Y가 아닌 염색체들

Autozygosity mapping (동형접합자 mapping): 질환을 보이는 모든 사람들이 동형접합으로 가지는 어떤 공통 염색체 단편을 탐색하여 근친교배군의 친족 열성 질환을 mapping하는 방법

Balanced (균형): 여분이나 소실된 염색체가 없는 염색체 조성. 전좌된 선단동원체의 단완이 소실되지만 Robertosonian 전좌를 지칭하는 데에도 이용됨.

Bias of ascertainment (확인의 편중): 큰 집단의 통계적으로 비대표성 표본을 모으는 일

Bisulfite sequencing (바이설파이트 염기결정): DNA의 비메칠화된 사이토신 (C) 염기를 확인하는 방법; sodium bisulfite를 처리하면 사이토신이 유라실 (U)로 전환됨으로 염기서열 결정 반응에서 이 부위는 티민 (T)으로 읽게됨 (*그림 7.10*)

Bonfferroni correction (본페로니 교정): 여러 가지 질문에 의하여 관찰되는 *P* 값을 곱하여 생성되는 다중 검정의 아주 엄격한 통계적 교정

cDNA (상보적DNA): 상보적 DNA; 역전사효소를 이용하여 전령 RNA로부터 복사된 DNA. 인간 cDNA는 전체 DNA의 1–3% 정도에 불과하지만 대부분 (전체는 아님)의 임상적인 질환에 관련된 염기들을 가짐. 게놈 DNA와는 달리 cDNA들은 조직 특이적이다.

Cascade screening (단계적 선발): 질환자의 가족들을 광범위하게 체계적으로 조사하여 유전자 보인성을 검사하는 방법

Cell cycle checkpoint (세포주기 점검): 세포주기에서 어떤 조건에 도달하지 못하면 다음 단계로 진행되는 것을 조절하는 조절적 상호작용 (*그림 12.8*)

Centromere (동원체): 복제가 완료된 염색체의 자매분체들이 붙어 있는 부위, 방추사 부착점이 있는 부위로서 세포분열 동안 방추사가 부착됨. 특별한 히스톤 H3 변형체, CENP-A 단백질을 가지고 있는 이질염색질에 의해 구분됨.

Chimera (키메라): 두 개의 다른 접합자로부터 유래된 세포를 가진 사람. 매우 드문 경우로서 쌍둥이의 반대임. 유전자에 대한 설명으로는 염색체 재배열에 의해 서로 다른 두 유전자의 엑손들이 서로 연결되어 새로운 유전자를 생성하는 일. 암 발생에서 흔하게 생성됨 (*Box 2.1*).

Chorianic villi (융모막): 임신 중 태아나 양수를 싸고 있는 막.

Chromatid (염색분체): 한 개의 두 가닥 DNA로 구성된 염색체. 염색체는 보통 한 개의 염색분체로 이루어져 있으나 세포분열 시에는 DNA 합성이 완료된 후 이므로 두 개의 염색분체가 동원체에서 연결되어 있는 것을 볼 수 있다.

Chromatin (염색질): 염색체를 구성하는 DNA–단백질를 지칭하는 일반적인 용어.

Chromatin disease (염색질 질환): 염색질 구조 조절 기작의 결함에 의한 질환 (*Disease box 2* 참조)

Chromosomal instability (염색체 불안전성): 암과 같은 비정상적인 세포에서 염색체의 구조적 또는 수적 이상의 축적

Coefficient of inbreeding (근교 계수): 부모의 근친 결혼에 의해 어떤 주어진 유전자 좌가 동형접합형인 사람의 확률. 양친의 혈연계수의 절반 값임

Coefficient of relationship (혈연계수): 추적 가능한 공통의 조상을 가짐으로써 두 사람이 공유하는 유전자의 비율

Common disease–common variant hypothesis (일반질환–일반 변이 설): 일반적인 복잡한 질환에 대해 가장 이병성(감수성)인 인자들은 일반적 집단에서 공통적인 오래된 변이에서

유래한다는 설. 이 설은 관련 증례 분석에 의해 감수성 대립유전자를 동정한다. 이설의 반대설은 감수성이 최근에 발생한 돌연변이들의 이질적인 집합에 의해 일어난다는 설이다.

Comparative genome hybridization (CGH) (**비교 유전체 교잡**): 게놈 내에서 비정상적인 카피수로 존재하는 염기서열을 탐색하는 방법

Compound heterozygote (**복 이형접합형**): 관련성 있는 유전자에서 두 가지의 다른 돌연변이에 의한 열성유전자들을 갖는 사람

Congenital (**태생의**): 태어날 때부터 가지고 있는; 유전적이지 않을 수도 있음

Consensus sequence (**공통적 염기서열**): 관련성이 있는 염기서열 군, 염기서열의 각각 위치에 가장 공통적인 염기서열을 가지는 염기서열 (전체 염기서열이 가장 공통적인 염기들로 이루어 질 수도 있고 아닐 수도 있음)

Conserved sequence (**보존적 염기서열**): 관련 있는 종들간에 염기 차이가 거의 없거나 매우 보존적인 염기들로 이루어진 염기서열

Cousin (**사촌**): 유전학 용어로는 일반적으로 일차적 사촌을 지칭함

CpG dinucleotide (**CpG 이염기**): 사이토신(C) 염기가 구아닌(G) 염기 바로 전에 존재하는 염기구조. 이 부위는 DNA 메칠화 효소에 의해 메칠화가 잘 일어나며, CpG -> TpG 염기 치환이 자주 일어나는 부위임.

CpG islands (**CpG 섬**): 게놈 전체에서 일반적인 CpG 이염기 고갈이 일어나지 않은 염색체 부위로서 통상 1 kb를 넘지 않음. 이들의 중요성에 대해서는 *7.4절*을 참조할 것.

Cryptic spice site (**잠재적 스플라이싱 부위**): 스플라이싱 부위와 비슷한 염기를 가진 엑손이나 인트론 부위로서 스플라이싱에 잘 이용되지 않는 부위; 돌연변이에 의해 스플라이싱 부위로 변환 될 수 있음 ('활성적 잠재적 스플라이싱 부위').

Denaturing (**변성**): 열이나 높은 pH 등에 의해 두 가닥 DNA가 두 개의 외가닥 DNA로 되는 것; 녹음 (melting)이라고 표현하기도 함.

Denaturing high performance liquid chromatography (dHPLC): PCR 산물이나 다른 두 가닥 DNA 단편이 가진 염기 변이를 분석하는 방법으로 DNA 단편이 컬럼을 통과하는 속도를 참조 단편과 비교하여 분석함.

Diagnostic test (**진단 테스트**): 질병에 걸린 환자를 진단하는 테스트 (cf. 예측 테스트, 검사 테스트 등)

Dichotomous character (**이분 형질**): 어떤 사람은 형질을 가지고 있으나 다른 사람은 가지고 있지 않는 현상으로 질병 등을 기술하는데 많이 이용됨 (cf. 양적 형질 이나 연속 형질 등은 모든 사람들이 가지고 있음).

Dideoxynucleotide (ddNTP): DNA 합성을 종결시키도록 변형된 염기들로 DNA 염기서열 결정에 이용됨.

Diploid (**이배체**): 두 개의 게놈을 가지고 있는 세포나 생물체. 정상적인 인간세포는 이배체이다.

Dominant negative (**우성 음성**): 이형접합형에서 돌연변이 대립유전자 산물이 정상대립유전자 산물의 기능을 방해하는 현상.

Dosage-sensitive (**양-민감성**): 영(0) 카피를 가지지 않는 변이적 카피 유전자가 표현형에 미치는 영향.

Dot blotting (**닷 블랏팅**): 테스트 DNA나 프로브와 고체 서포트에 흡착되어 고정된 DNA와 분자 교잡시키는 실험 법.

Downstream (하위부위): 핵산 가닥에서 3′ 방향의 염기들 (보통 유전자의 센스 가닥의 3′ 방향)

Embryonic stem cell (ES cell) (배아 줄기세포): 배반포의 내부 세포괴로부터 유래한 전능성을 가진 줄기세포

Empiric risks (경험적 위험성): 조사 자료에 의한 위험도, 유전적 이론에 기초하여 계산된 위험도와는 다름.

ENCODE project (엔코드 프로젝트): 인간 DNA의 모든 기능을 밝히고자 설비된 국제 공동 프로젝트 (Encyclopedia of DNA Elements, http://www.genome.gov/1005107).

Epigenetic (후성유전): DNA 염기서열의 변이 없이 유전자 발현의 변이가 모세포에서 딸세포 또는 한 세대에서 다음 세대로 대물림하는 현상. DNA 메칠화와 크로마틴 구조 변화 등에 의한 효과임.

Epimutation (후성 돌연변이): DNA 염기 변이가 아닌 후성유전학적인 변이에 의해 야기되는 돌연변이

Episome (에피솜): 염색체 이외의 유전 물질

Euchromatin (진정염색질): 비교적 느슨한 구조를 가지고 있는 염색체 부위로서 유전자들이 존재하여 적절한 전사인자, 보조활성인자 등이 있으면 전사됨. 이질염색질의 반대 개념.

Euploid (정배수체): 특정 염색체의 소실이나 참가 없이 완전한 염색체 세트로 구성된 세포나 생물체. 이수체의 반대개념.

Exon (엑손): 성숙된 전령 RNA에 있는 염기서열에 해당하는 게놈 DNA 단편. 엑손에는 5′-과 3′-비 번역부위, 그리고 아미노산 코딩부위 등을 포함한다.

Expression array (발현 어레이): 개별적 mRNAs나 cDNAs에 분자교잡 가능한 올리고 뉴클레오티드나 cDNAs 들의 마이크로 어레이. 세포나 조직으로부터 유래한 전체 cDNA와 분자교잡 시 분자교잡 양상은 그 세포 (기관)의 mRNA 총량을 나타냄. (*4.4절*과 *12.4절*을 참조하기 바람).

Familial (가족의): 가족 내에서 전달되는 또는 존재하는; 꼭 유전적일 필요는 없음.

Fetal exclusion test (태아 배제 테스트): 조부모가 가지고 있던 생 후 늦게 발병하는 우성 질병 형질이 태아가 가지고 있는지 여부를 테스트하는 방법으로 유전자 연관 분석에 기초하여 분석.

First cousins (일차적 사촌): 만약에 Jack의 부모가 Jill의 부모와 형제 지간이면 Jack과 Jill은 일차적 사촌임.

Fluorescent *in situ* hybridization (FISH): 형광 표지된 RNA나 DNA 프로브를 이용한 *in situ* 교잡 법. (*그림 4.6, 4.14, 1.15* 참조)

Founder effect (창시자 효과): 아주 소수의 개체로 이루어진 집단으로부터 유래된 집단에서 특정한 대립유전자나 haplotype이 비 정상상적으로 높은 빈도로 나타나는 현상

Fragile site (취약 부위): 염색체 검경 준비 시 상대적으로 덜꼬임과 늘어진 상태로 존재하는 염색체 부위. 보통 조직 배양세포에 bromodeoxyuridine 이나 aphidicolin 등을 처리한 경우 나타남. 대부분의 취약 부위는 비-병인성 다형화 변형으로 나타남. FRAA와 FRAXE 취약부위 등은 비정상적으로 병인성임.

Frame-shift mutations (틀변형 돌연변이): 코딩 염기부위의 코딩 틀을 변형시키는 돌연변이 (*Box 3.3*과 *6.2 절* 참조)

Functional genomics (기능유전체학): 게놈의 전체 유전자의 기능을 연구하거나 어떤 세포나 조직에서 발현되는 모든 유전자의 기능 분석

G-banding (G-분염): 염색체를 특별한 처리를 하여 염색체 염색 시약으로 처리시 재현성이 높은 진하고 밝은 부위

Gene conversion (유전자 전환): 유전자 내에서 통상 100bp 이내의 짧은 DNA 염기들이 다른 유전자나 대립유전자에 있는 유사하지만 동일하지 않은 염기로 대체되는 과정. 유전자의 조환과 기작은 비슷하지만 비-상호교환형으로 공여 유전자의 염기서열은 바뀌지 않는다 (*Box 8.2* 참조).

Gene frequency (유전자 빈도): 대립유전자 A_n의 빈도는 어떤 집단에서 A 유전자의 모든 대립유전자에서 A_n의 빈도이다.

Gene pool (유전자 풀): 어떤 집단에서 특정한 유전자 좌의 대립유전자의 전체

Gene tracking (유전자 추적): 가계도에서 유전적으로 연관된 다양성 표지유전자를 이용하여 염색체 단편 부위의 분리를 추적하는 일. 어떤 이유에서건 DNA 염기서열 분석에 의해 직접적으로 돌연변이를 추적하기가 불가능한 경우 병인성 돌연변이를 추적하기 위해 이용됨.

Gene drift (유전자 고립): 한 세대에서의 유전자 빈도와 다음세대로 이어지는 배우체의 유전자 빈도의 차이가 기회에 의해 차이가 발생하는 세대간에 유전자 빈도의 변이. 배우체의 수가 적을 때 발생하는데 예를 들면 육종집단이 매우 적은 경우 발생한다.

Genome (게놈): 한 생물체의 유전물질의 총량

Genomic (게놈의): cDNA와 상반되어 세포의 핵 내에 존재하는 DNA를 지칭 함

Germ-line (생식계통): 다음 세대로 이어지는 세포로 이루진 세포 계통. 인간과 다른 동물에서 생식계통은 초기 배 발생시기에 체세포들과 별도로 발달된다.

Germinal mosaic (생식계통 모자이크): 임신되고 난 다음 일어난 돌연변이에 의해 생식계통 세포들에 돌연변이를 가지고 있는 경우로서 이들은 돌연변이 배우체들을 생성한다. 이것은 가계도 분석과 위험도 측정에서 오류를 발생시키는 주원인이 됨.

Haploid (반수체): 오직 한 벌의 게놈을 가진 세포 또는 생물체 (예; 인간은 23개의 염색체를 가진 세포).

Haplo-insufficiency (반수-불충분): 하나의 기능적 유전자로는 정상적인 표현형을 나타내기에는 불충분한 조건으로 유전자의 기능상실 돌연변이는 우성의 형질을 생성한다.

Haplotype (단상형): 한 염색체내에서 연결된 유전자들로서 보통 하나의 유전자 군으로 유전하는 유전자 세트.

HapMap prohect (햅맵 프로젝트): 인간의 여러 집단에서 보존적인 선조 유래 염색체 단편들을 모두 목록을 작성하는 국제 공동 프로젝트

Hardy-Weinberg distribution (하디-외인버그 분포): 유전자 왜곡 인자가 없는 상태에서 유전자 빈도와 유전자형 빈도에 대한 수학적 관계. 혈족 결혼으로 발생하는 증례에서 희귀한 열성 질환에 대한 분석에 이용되기도 함.

Heritability (유전력): 특정한 시기에 특정한 집단에서 유전형질에 대한 개체들간의 차이가 이들이 가지고 있는 유전적 차이에 의한 정도를 나타내는 정도. 유전력은 0 (유전적 영향 전혀 없음)에서부터 1 (모든 차이가 유전적 차이에서 기인함) 까지의 값으로 나타내며 h^2 라는 기호로 나타냄.

Heterochromatin (이질염색질): 고도로 응축되어 있고 유전적으로 불활성화된 염색질. 주로 동원체 주위에 존재함.

Heterduplex (이형이중가닥): 비상보적인 염기들을 가지고 있는 두 가닥 DNA (*그림 5.7a* 참조).

Heteroplasmy (이종성): 유전적으로 다른 미토콘드리아를 두 개 이상 가지고 있는 현상.

Homologous chromosomes (상동염색체): 인간에게서 두 개의 1번 염색체 등. 상동염색체 쌍은 같은 유전자 배열을 가지고 있지만 염색분체와는 달리 이들은 서로 복제에 의한 카피는 아니다. 이들은 DNA 배열이 약간 다를 수도 있으며 경우에 따라서는 모습이 역위, 전좌 등에 의해 많이 다를 수도 있다.

Hybridize (분자교잡): 상보적인 핵산 가닥으로서 서로 염기 결합을 이루어 두 가닥 DNA 구조를 만든다.

Informative meiosis (정보제공 감수분열): 연관분석에서 유전자형들이 조환형이나 비조환형으로 구별될 수 있는 감수분열.

Intron (인트론): 일차적 전사물의 일부이지만 스플라이싱 기구에 의해 제거되어 성숙된 전령 RNA에서는 존재하지 않는 유전자 단편

Inversion (역위): 돌연변이에 의해 염색체의 일부분이 다른 부분과는 반대 방향으로 유전자 배열을 가지는 것.

Karyogram (핵형도): 어떤 사람의 염색체들을 배열하는 데 있어서 사용되는 용어 (*그림 2.9* 참조). 보통 핵형(karyotype)과 같은 의미로 이용됨.

Karyotype (핵형): 어떤 사람의 염색체 구성, 또한 어떤 사람의 염색체 구성을 배열하는 것을 지칭하기도 함. (그림 2.9).

Lepore (레포어): 레포형 유전자들은 비상동 조환에 의해 만들어진 키메라 유전자들을 지칭함. Hb-Lepore 를 생성하는 Hemoglobin β-δ 유전자를 지칭하면서 명명됨.

Library (도서관): 분자유전학에서 복잡한 DNA나 mRNA의 임의적으로 클론된 단편들의 집합. 게놈 DNA 도서관, cDNA도서관 등이 있다.

Linkage (연관): 한 염색체 내에서 인접하여 존재하면 할 수록 유전자들이 가족 내에서 같이 유전하는 현상. 임의적 분리와 불변의 공통분리와 차이를 측정하는데 유전적 거리는 centiMorgan으로 나타낸다.

Linkage disequilibrium (연관불균형): 두 개 혹은 그 이상의 유전자들의 대립유전자들의 특정한 연관성. 두 유전자가 밀접하게 인접할 경우 이들을 구성하는 대립유전자들은 원래의 염색체 단편을 공유한 다는 현상.

Locus (유전자좌): 염색체에서 유전자의 위치; 유전자의 형태 (한 유전자의 변이들을 지칭하는 대립유전자와는 다른 개념)

Locus control region (유전자 조절 부위): 어떤 유전자의 전사 개시부위로부터 수 kb 정도의 거리에 존재하면서 한 유전자 또는 일군의 유전자 발현을 조절하는 부위

Locus heterogeneity (유전자좌 이질성): 임상적 표현형이 여러 유전자들 중 어떤 하나의 돌연변이에 의해 야기되는 현상 (cf. allelic heterogeneity, 대립유전자 이질성).

Lod score (Lod 값): 연관의 확실성을 측정하는 통계적 방법. 조환에 의해 두 유전자가 연관되어 있을 가능성과 연관되어 있지 않을 가능성에 대한 로그(log) 값.

Loss of heterozygosity (이형접합성의 상실): 암 연구에서 종양 같은 질환 환자의 이형접합형으로 나타났던 DNA 다형화가 상실되어 동형접합형으로 되는 사건. 보통 이것은 염색체의

소실에 의해 일어난다. 만약에 같은 현상이 반복적으로 일어난다면 문제가 되는 염색체 단편에는 종양 억제 유전자가 존재한다는 것을 의미한다 (*그림 12.7* 참조).

Lyonization (리온화): X-염색체 불활성화 (*그림 7.4* 참조)

Lysosomal storage disease (리소솜 저장 질환): 리소솜에 특정한 물질을 분해시키지 못하여 발생하는 선천적 대사장애. 결과적으로 이러한 비분해 물질이 리소솜에 축척되어 병인성이 된다.

Manifesting heterozygote (명백한 이형접합성): X-연관 열성 질환에서 임상적 질환 보이는 여성 보인자. 대부분 질환 조짐을 보이는 조직에서 정상의 유전자를 가지는 X 염색체가 불활성화 됨으로 일어남.

Meta-analysis (메타 분석): 여러 가지 별개의 연구로부터의 자료를 취합한 자료를 분석하는 것.

Metacentric (중부 동원체 염색체): 동원체가 염색체의 중앙에 존재하는 것 (인간 염색체에서는 3번과 20번 염색체).

Metaphase (중기): 유사분열이나 감수분열에서 후기 전 단계로 염색체들이 최대로 응축되어 적도판에 배열하는 시기.

Methylation (메칠화): 어떤 분자에 메칠기 (CH_3)가 붙는 현상으로 CpG 이염기의 사이토신 염기에 5-methycytosine으로 전환되어 유전자 조절을 함 (*그림 7.8* 참조)

Methylation-sensitive restriction enzyme (메칠화 민감성 제한효소): *HpaII*와 같이 비메칠화 된 염기들만 절단하는 제한효소.

Microarray (마이크로어레이): 특정한 반응 약품이나 테스트 샘플을 붙여놓은 셀들이 여러 개로 이루어진 고체 서포트로서 여러 개의 샘플을 동시에 분석할 수 있는 방법. Oligonucleotides, cDNA, antibody, 또는 종양 샘플로 된 마이크로어레이가 유전 연구에 많이 이용된다.

Microdeltion (미세결실): 결실된 부위가 너무 작아서 (보통 〈 3-5 Mb)통상적인 염색체 현미경 검경법으로는 탐지할 수 없는 결실. 형광 *In situ* hybridization, 비교 분자교잡법, 다중연결반응 의존형 프로브 증폭 (multiplex ligation-dependent probe amplification)에 의해 탐지 가능함.

Microsatellites (미세부수체): 반복단위가 1-6 bp와 같이 짧은 DNA들이 반복되어 있는 것. (이보다 긴 DNA단편의 반복으로 이루어진 것은 minisatellites라고 함). 다형화 미세부수체는 연관 분석에서 이용되는 주 표지 마커의 하나임.

Mismatch repair (미스매취 수선): MSH1과 MLH1 단백질 등 단백질 복합체가 새로이 합성되는 DNA가닥에 잘못된 염기가 합성되는지를 체크하여 잘못된 것은 잘라내어 다시 새로운 정확한 DNA 염기로 합성을 하는 것.

Modifier gene (변경유전자): 다른 유전자의 유전 양식에 영향을 주어 이 유전자가 멘델 분리비로 분리하는 것을 변경시키는 유전자.

Monosomy (일염색체성): 특정 염색체를 한 카피만 가지고 있지만 다른 염색체들은 모두 쌍으로가지는 현상.

Mosaic (모자이크): 유전적으로 다른 두 가지 이상의 세포 계통을 가지고 있는 것. 사람은 특정한 염색체 변이나 단일 유전자 변이에 대해서 모자이크로 가지고 있을 수 있음.

Mutifactorial (다인자성): 여러 유전자들이나 환경 인자 등을 포함하여 많은 인자들에 의해 결정되는 형질을 통칭하여 지칭하는 용어.

Multiplex ligation-dependent probe amplification (MLPA) (다중연결반응 의존형 프로브 증폭): 카피 수 변이를 측정하기 위하여 많은 수 (보통 30-50)의 짧은 DNA 염기들을 동시에 분석하는 방법. 여러 개의 엑손으로 이루어진 유전자에서 특정한 엑손 전체의 결실을 찾기 위해 이용됨 (*그림 5.8*과 *5.9* 참조).

Non-parametric linkage analysis (비모수적 연관 분석): 질환을 가진 친척들이 공유하는 염색체 단편의 정도에 기초한 연관분석, 하지만 표현형을 야기하는 특정한 유전적 모델에 기초하지 않음 (*13.2 절* 참조).

Nonense-mediated decay (종결돌연변이 mRNA 분해): 3′-말단부위로부터 50 뉴클레오티드 이상 떨어진 곳에 정지 코돈을 가진 mRNA 분자를 분해시키는 세포내의 기작. 아마도 정상보다 짧아진 단백질의 우성 음성 효과로부터 세포를 보호하기 위해 생성된 기작으로 보임 (*그림 6.3* 참조).

Nonsense mutation (종결 돌연변이, 넌센스 돌연변이): 아미노산을 코딩하고 있는 코돈을 정지 코돈 (mRNA에서는 UAA, UAG, UGA; DNA에서는 TAA, TAG, TGA)으로 변화시킨 돌연변이.

Northern blotting (노던 블랏팅): RNA를 전기영동하여 막으로 전이한 후 표지된 프로브를 분자교잡시키는 방법.

Nulceosome (뉴클레오좀): 크로마틴의 기본단위, 히스톤 단백질 H2A, H2B, H3, H4 등 4 분자가 두 개씩으로 이루어진 8량체를 146 bp의 DNA가 두 번 감아서 결합된 구조.

Nucleoside (뉴클레오시드): 염기와 리보스 당의 결합

Nulceotide ('뉴클레오티드): 염기, 당, 인산의 결합

Oligonucleotde ('oligo') (올리고뉴클레오티드): 짧은 길이의 단일 가닥 DNA 또는 RNA

Obligate carrier (절대보인자): 가계도에서 열성 (상염색체 또는 X-연관) 유전 형질의 보인자임이 분명한 사람. 새로운 돌연변이 생성이 빈번한 X-연관 질환에서는 절대보인자는 질환자나 질환 유전자 보인자 친척을 자신의 세대나 그 이전 세대 또는 자식, 손자세대에서 반드시 가져야 한다. 여성이 한 명 이상의 질환아를 갖는다고 절대보인자라고 할 수 없는데 그 이유는 그녀의 생식선 세포에서 변이가 생길 수도 있기 때문이다.

Okazaki fragments (오카자키 단편들): DNA 복제시 중간 산물. 복제는 항상 5′→3′으로 진행되므로 복제 분기점이 이중 나선을 따라 이동할 때 새로이 복제되는 가닥 중 하나는 복제 분기점의 이동 방향과 같이 항상 5′→3′ 방향이며 다른 한 가닥은 100-200 뉴클레오티드 정도의 불연속 가닥으로 생성되며 이들은 후에 다시 연결되어 하나의 긴 가닥으로 됨 (*그림 12.3a* 참조).

Oncogene (종양유전자): 기능 획득 변이로 암을 야기하는 유전자. 이 용어는 엄격하게 돌연변이 유전자에 해당됨; 정상적인 유전자는 원발암유전자(protoc-oncogene)이라고 하지만 이러란 구부은 종종 무시됨.

One gene – one enzyme hypothesis (일 유전자 –일 효소설): 1940년대에 Beadle과 Tatum이 주장한 설로서 각 유전자의 기능이 특정한 한 유전자의 생성을 지령한다는 설. 현재에는 이설의 일부만이 사실로 확임됨.

Penetrance (침투율): 주어진 유전자형에서 이 유전자에 의해 나타나는 형질의 가능성. 침투율은 형질에 대한 개념으로서 유전자나 대립유전자의 개념이 아님.

Pharmocogenetics (약리유전학): 특정 유전자가 어떤 약물대사나 행동에 미치는 영향을 연구하는 학문.

Pharmacogenomics (약리유전체학): 약물의 표적이나 효과를 게놈 전체로 분석하는 학문.

Phenocopy (표현형 모사): 유전적인 기작에 의해 생성되는 유전적 표현형과 비슷한 표현형.

Phenotype (표현형): 어떤 사람의 관찰되는 특징 (검사의 결과 포함).

Pleiotropic (유전자 다면발현): 많은 표현형에 관계하는 돌연변이

Polygene (폴리진): 폴리진 형질에 관련된 유전자들을 설명하는데 이용되는 용어. 폴리진은 유전자의 다른 형태가 아니고 이들의 변이가 특정한 형질에 약한 효과를 주는 변이를 가진 정상의 유전자들임.

Polygenic (폴리진의): 수학적 이론에서 폴리진 형질은 무한한 수의 유전자들의 조합된 작용으로 결정되는데, 이들 각각 유전자들은 형질에 미치는 힘이 아직 소소하다. 하지만 실제로는 폴리진 효과들도 소수의 유전자들에 결정됨.

Population attributable risk (population attributable fraction) (위험 기인 집단): 질병의 원인들에서 특정한 원인이 집단에서 집단의 전체적인 발병을 야기하는 정도.

Positional candidate (위치적 후보): 질병 유전자를 찾는데 있어서 질병 유전자를 함유하고 있어서 연관분석에서 동정된 염색체 부위.

Positional cloning (위치 클로닝): 돌연변이의 위치적 후보를 분석하여 연관분석을 통해 질병 유전자를 동정하는 일.

Positive predictive value (양성적 예측치): 테스트 결과에서 찾고자 하는 질환을 실제로 가지고 있는 테스트에 대해서 긍정적인 증례들의 비율.

Predictive test (예측 테스트): 현재는 건강한 사람이 후에 질병이 발생할 지를 검사하여 보여주는 테스트.

Pre-mutation (원-돌연변이): 염기반복에 의해 야기되는 질병에서 반복 정도가 질병을 야기할 정도는 되지 못하지만 충분히 불안하여 후에 질병을 야기할 가능성이 있는 상태 (*Box 11.1* 참조).

Primary transcript (일차적 전사물): 유전자 전사로 생성되는 일차적 RNA. 모든 엑손들과 인트론들을 포함하고 있음. 일차전사물이 성숙되는 과정에서 인트론들은 제거됨.

Primer (프라이머): DNA 복제시 10 – 40 nt 정도의 짧은 올리고 뉴클레오티드로서 외가닥의 DNA와 결합하여 이것의 3′ 말단부터 DNA 중합효소에 의해 염기들이 증가되는 뉴클레오티드.

Prior probability (원 가능성): 베이시안 위험성 검정 테스트에서 각각의 대체적인 설들이 어떻게 가능한가를 우선 검정하는 것.

Probe (프로브): 형광물질이나 ^{32}P로 표지된 외가닥의 DNA 단편으로 분자교잡 검정에서 상보적인 염기서열이 존재하는 가를 검정하는 것.

Promoter (프로모터): 유전자의 바로 인접한 상류부위로서 전사 시 RNA 중합효소가 결합하는 부위.

Prophase (전기): 유사분열이나 감수분열의 첫 번째 단계로서 염색체가 점차적으로 응축되고 현미경으로 보이기 시작하는 시기. 핵막의 분해로 단계는 끝이 난다.

Prometaphase (전중기): 세포분열에서 전기의 후반기. 세포유전학자들은 염색체들이 중기 염색체들보다 약간 덜 응축되어 분염 밴드들의 분석이 용이하여 이 시기의 염색체를 많이 이용함.

Proteome (프로테옴): 세포나 조직의 완전한 한 벌의 단백질.

Proto-oncogene (원발암유전자): 발암유전자가 활성화되지 않은 정상의 형태.

Pseudoautosomal region (위상염색체 부위): X염색체와 Y 염색체의 단완 말단 부근의 약 2.6 Mb 정도의 DNA로서 이 부위는 감수분열 시 서로 대합을 하고 조환을 한다. 이 부위에 있는 유전자들은 상염색체와 같은 유전 양상을 가진다. 장완의 말단 부위에도 위상염색체 부위가 있다 (*그림 7.5*).

Pseudogene (위유전자): 유전자의 비-기능적 사본. 위유전자들은 인간 게놈에 매우 흔하다.

Quantitative trait loci (QTL) (양적유전자 좌): 양적 형질의 표현형에 관여하는 유전자들.

Quantitative character (양적 형질): 모든 사람들이 가지고 있는 형질들 중 혈압과 같은 것으로 사람마다 정도가 다른 형질. 때로는 연속형질이라고도 부름. 반대개념으로 이분 형질 (dichotomous) 형질이 있음.

Random mating (임의 교배): 유전자형에 대해 관련이 없는 배우자와의 교배; 반대 개념으로 분류 교배 (assortative mating이 있음).

Real-time PCR (실시간 PCR): PCR 산물의 축적이 반응이 진전됨에 따라 측정 가능한 분석 방법. 대부분의 양적 PCR 분석의 기초임.

Recessive (열성): 이형접합 상태에서 나타나지 않는 형질. 열성과 우성은 형질에 대한 개념으로서 유전자나 대립유전자의 개념이 아님.

Recombinant (조환형): 두 유전자의 대립유전자들 각각이 양친 각각에게서 물려받은 사람의 두 유전자를 조환형으로 가지는 사람이 생산하는 배우체.

Recombinant DNA (재조합 DNA): 출처가 다른 DNA 단편들을 연결하여 생산된 DNA – 전형적으로 원하는 인간유전자를 운반자에 연결시킴.

Relative risk (상대적 위험): 특정한 유전자형을 가진 사람이나 질병에 걸린 사람과 친척관계에 있는 사람들의 질병에 걸릴 위험성을 일반 집단의 보통사람들의 질병에 걸릴 가능성과 비교한 상대적 수치. 상대적 위험성은 절대적 위험성과는 상당히 다르다는 것을 명심할 것. 만약에 절대적인 위험성이 1/10,000에서 1/1,000로 높아지는 경우 상대적 위험성 10은 임상적으로 유의성이 없음.

Reproductive cloning (생식적 클로닝): 클론에 의하여 아기를 생산할 목적으로 수행되는 클로닝

Restriction endonuclease (제한 효소): 이중 나선의 DNA를 특정한 부위에서만 절단시키는 효소로서 이러한 절단 부위는 보통 4 염기나 6염기의 회문 구조를 가짐.

Restriction Fragment Length Polymorphism (RFLP) (제한효소 단편 다형화): 제한효소 인식 부위의 염기의 변이로 인해 제한효소 인식부위가 새로이 생성되거나 파괴되어 생성되는 제한효소 단편의 다형화.

Reverse dot blot (역 닷 블랏): 멤브레인에 부착된 DNA가 게놈 DNA가 아니고 반대로 프로브 DNA인 경우. DNA microarray는 대량의 편행적 역 점 블랏의 예이다.

Robertsonian translocation (로보스손 전좌): 두 개의 선단동원체 염색체들이 동원체 부위가 절단되어 서로 전좌가 일어난 경우.

RT−PCR (RT−PCR): 역전사효소−PCR 반응; 어떤 RNA 분자의 DNA 사본을 많이 만들기 위해 이용되는 방법. 메신저 RNA를 연구하는데 일반적으로 이용됨.

Screening test (선별 테스트): 집단으로부터 고 위험군에 속하는 사람들을 선별하기 위해 이용되는 방법. 일반적으로 진단 검사가 따른다 (*11.2 절* 참조).

Second cousins (이차적 사촌): 두 사람의 부모들이 서로 일차적 사촌관계에 있으면 이들 두 사람은 이차적 사촌이다.

Sense strand (센스 가닥): 유전자에서 이중나선 구조 중 messenger RNA에 상보적인 가닥 (주형 가닥의 상보적인 가닥).

Sensitivity of a test (검사의 민감성): 질병을 가지고 있는 사람의 비율. 예로 찾고자 하는 질병이나 검사가 찾아내는 질병의 비율.

Sex−limited (한성적인): 해부학적이나 생리학적으로 오직 한쪽의 성에서만 나타나는 형질.

Sibs (형제 또는 자매): 형제 또는 자매

Signal peptide (신호 펩티드): 새로 만들어진 단백질의 N−말단의 약 12개 정도의 아미노산으로 이루어진 부위로서 주로 단백질의 이동에 관여한다.

Single nucleotide polymorphism (단일염기 다형성): 단일 염기 부위의 다형화 변이.

Single strand confirmation polymorphism (SSCP) (단일 가닥 확인 다형화): 단편의 (통상 300 nt 정도) 돌연변이를 탐색하는 방법으로 간편하지만 오류가 많음 (*그림 7.5b*).

Sister chromatids (자매 염색분체): 분열 중인 세포의 염색체들이 각각 가지는 두 개의 염색분체. 자매분체들은 각각 자신의 복사본으로서 DNA 복제 시에 생성됨.

Slipped−strand mis−pairing (염기 미끄러짐에 의한 대합 오류): 인접 반복 염기들로 이루어진 부위의 복제 시에 일어나는 실수로서 새로이 생성되는 염기 가닥이 반복 단위를 주형 가닥에 비해 덜 갖거나 더 갖게 되는 결과를 초래함.

Somatic mutation (체세포 돌연변이): 다음대로 전달되지 않는 세포에서 일어난 돌연변이.

Southern blotting (서던 블랏팅): DNA를 제한효소 절단하고 젤 전기영동 후 표지된 프로브(탐침자)와 분자 교잡시키는 방법.

Splice isoforms (스플라이싱 동형체): 엑손의 대체 스플라이싱에 의해 생성되는 단백질의 대체적 형태.

Stem cell (줄기 세포): 자가 복제와 여러 종류의 분화세포 계통이 가능한 세포.

Stop codon (정지 코돈): messenger RNA에서 UAA, UAG, UGA와 같은 코돈으로서 리보솜이 이곳에서 분리되어 폴리펩티드 생성이 중지되도록 신호를 주는 코돈들; 유전자에서 이들 코돈에 상응하는 부위.

Submetacentric (차중부동원체 염색체): 장완과 단완을 가지는 염색체, 예로서 대부분의 인간 염색체들이며 이외에도 중부동원체 염색체, 선단 동원체 등이 있다.

Tandem repeat (인접 반복): 서로 인접하여 직열 반복 서열 DNA. 다른 종류의 반복으로 역 반복(inverted repeat) (회문구조를 가짐)과 분산 반복(dispersed repeat)이 있음.

Telomerase (텔로머라제): 염색체의 말단립에 TTAGGG를 첨가하는 ribonucleoprotein

Telomere (말단립): 염색체의 말단에 존재하는 특별한 구조로서 염색체를 안정화 시킴. TTAGGG 반복 염기들과 특정한 단백질이 결합한 구조로 되어 있음.

Template strand (주형 가닥): 유전자에서 전사 시 생성되는 RNA와 염기 쌍을 이룰 수 있는 가닥

Therapeuptic cloning (치료적 클로닝): 환자와 유전적으로 일치하도록 하거나 조직 이식을 위한 세포나 조직을 얻기 위하여 줄기세포를 생성하는 것.

Trans-acting (트랜스-활성): 유전자 조절인자에서 인접하지 않은 다른 부위에 존재하며 유전자의 발현을 조절하는 활성 (일반적으로 확산적인 조절 물질을 생성하여 활성을 줌).

Transcription factor (전사 인자): RNA 중합효소를 프로모터 부위에 가져오도록 함으로서 유전자의 전사를 활성화 시키는 단백질.

Translocation (전좌): 두 염색체가 서로 염색체 단편들을 교환하여 생기는 구조적 비정상형.

Transmission disequilibrium (TDT) (전달 불균형 테스트): 연관이 존재하는 상태에서 연관성을 검사하는 방법. 질병에 대한 감수성 인자들을 동정하기 위하여 이용됨.

Transposon (전이인자): 'jumping 유전자'; 염색체의 한 곳에서 다른 곳으로 이동이 가능한 유전 인자로서 절단이나 이동 사본을 만들어서 이동한다. 이들은 세포내의 바이러스와 같이 보일 수도 있다. 전이인자들은 특정한 염기서열을 특징들에 의해 동정된다. 인간 게놈의 약 50% 정도는 전이인자들로 되어 있지만 이들 대부분은 돌연변이들이 집적되어 이동성을 상실한 것들이다.

Triploid (삼배체): 게놈을 세벌 가지고 있는 세포나 개체 (인간의 경우 69개의 염색체를 가짐). 일반적으로 인간을 포함한 동물에서는 치사한다.

Trisomy (삼염색체 성): 특정한 염색체를 세벌 가지며 여타 염색체들은 두벌씩 가지는 것 (인간의 경우 47개의 염색체를 가짐) (예로 *그림 2.11* 참조).

Trisomy rescue (삼염색체성 구조): 편친 이염색체성을 유발하는 주요한 기작. 삼염색체 배의 초기 단계에서 유사분열 염색체 비분리되는 딸 세포 중 한 개는 정상적인 염색체 수를 가지는데 이 세포로부터 아기가 발생하는 것 (*그림 7.16*).

Tumor suppressor gene (종양 억제 유전자): 암에서 기능 소실에 의해 영향 받는 유전자.

Unbalanced (불균형의): 염색체 비정상으로서 염색체를 초과하여 갖거나 덜 갖는 현상으로 정상의 유전물질을 갖지만 재배열된 것과 구별됨.

Uniparental disomy (편친형 이염색체성): 상동염색체 한 쌍을 부모 중 한 명으로부터 받는 현상. 동형 이염색체성(isodisomy)는 부모 중 한 명으로 받은 한 염색체를 두벌 갖는 것을 말하며, 이질이염색체성(heterodisomy)는 부모 중 한 명으로 상동염색체 한 쌍을 받는 경우를 말한다.

Upstream (상위 부위): 핵산 가닥에서 5′ 방향의 위쪽 (유전자의 센스 가닥의 5′ 위 방향).

Vector (운반자): 원하는 DNA 단편을 연결효소에 의해 연결되어 이것을 세포 내로 전달시켜서 조작을 가능하게 하는 DNA 단편. 대부분의 운반자들은 자연적인 플라스미드나 박테리오파지를 공학적으로 조작하여 생성함.

X-inactivation (X-불활성화): 한 사람의 세포 각각에서 X 염색체 한 개를 제외한 X 염색체에 있는 유전자들이 불활성화되는 것으로 X 염색체를 여러 개 가지고 있어도 오직 한 개의 X 염색체에 있는 유전자들만이 활성을 가짐 (*그림 7.4* 참조).

자기 평가 문제 풀이 가이드

제 1 장

자기평가문제 1, 2, 3. 교재에서 제시하는 것처럼 1번, 2번 문제들은 확실한 답변에 이르도록 한다. 각 질병은 매우 희귀질환이라는 힌트를 주고 있으므로 친족 관련성이 없는 사람과 결혼 시 배우자가 이러한 희귀 질환을 보인자 (만약에 이 질환이 열성이라면)일 가능성은 매우 낮다.

가계도 3. 이 교재에 있는 다른 가계도와는 달리 가계도 3은 실제의 한 가족 가계도이다. 이 질환은 A형 혈우병 [OMIM 306700] 이며, 이것은 빅토리아 여왕 가계도이다. 가계도에서 빅토리아 여왕은 1-2이다. 질환을 보이는 환자들은 레오파드 (II-1), 프레드릭 (II-8), 레오파드와 모리스 마운트배튼 (III-18, III-19), 루퍼트 (IV-2), 1918년 러시아 볼세비키 혁명시 다른 누이 4명과 함께 죽임을 당한 알렉시스 (IV-8), 프러시아의 왈데마와 헨리 (IV-9, IV-11), 스페인의 알폰소와 곤잘로 (IV-14, IV-19) 등이다. V-1은 현재 영국 여왕인 엘리자베스 2세이다.

자기평가문제 4. 이 가계도는 매우 모호한 가계도로서 독자가 교수라면 이러한 가계도는 시험에 내지 말아야 한다. 모든 가능한 유전 모드를 적용하라. 질환을 가진 여성에 의해 호도되지 말고 남성에서 남성으로 유전을 한다고 성급한 결론을 내지 말아라. 질환을 가진 남자가 질환을 가진 아들을 가지지만 그가 이 질환을 아버지로부터 유전 받았다고 단정할 수 없다. IV-3의 어린이의 위험성은 어떤 유전 양상이 맞느냐에 다라 달라진다.

제 2 장

자기평가문제 1a. X 염색체 한 개의 결핍을 초래하는 난자형성(oogenesis)와 X 염색체나 Y 염색체를 결핍을 초래하는 정자형성(spermatogenesis)를 고려하라. 실제로 Turner 증후군은 염색체 미분리에 의해서 생성되기 보다는 감수분열 후기에서 염색체 지체 (chromosome lag)에 의해 생긴다 (*2.3절*을 참조할 것).

자기평가문제 2a. *그림 2.8*을 이용하여 절단점이 염색체 완(chromosome arm)에서 동원체에 가까운 부위(proximal)인지 말단립에 가까운 부위(distal) 인지를 체크하라. 2q22는 2번 염색체 장완에서 동원체로부터 약 4/1 정도의 거리에 있으며 4q32는 4번 염색체 장완에서 동원체로부터 3/4 거리에 있다. 이들 전좌된 염색체들이 정상형 염색체들과 감수분열 전기에서 대합하여 십자 모양의 사가염색체 (teravalent) 형성을 도해로 그려라. 2번과 4번 염색체 각각을 다른 색의 펜으로 그리는데 염색체의 길이를 대충 계산하여 그리도록 하여라. 그림을 그릴 때 항상 같은 색의 염색체끼리 대합을 한다는 것을 유념하라. 그런 다음 생성되는 배우체를 그려 보아라. 이때 염색체의 분리는 *그림 2.17*을 참조하여 3:1이나 2:2 양상의 분리를 고려하여 보아라.

제 3 장

자기평가문제 2 CTCAAAAGCACGCTCCAGTTCCTCCAGCTG
CAGCUGCAGGAACUGGAGCGUGCUUUUGAG

염기가닥은 역 평행하지만 항상 5′ → 3′ 방향으로 적는다는 것을 명심하라.

자기평가문제 3. 전사는 1번 엑손에서 시작한다. 개시 코돈은 AUG 이다. 1번 인트론은 1번 엑손의 끝부터 시작한다.

자기평가문제 4. 워드 프로세서를 이용하여 두 염기서열을 서로 끼워 넣고 정열 시켜보거나 그냥 수작업으로 이들을 비교하여 보아라. 게놈 DNA에는 존재하지만 mRNA 염기 서열에는 존재하지 않는 부위가 인트론 염기들이다.

제 4 장

자기평가문제 1a. 우선 자신에게 50 bp 산물을 얻기 위해서 프라이머들이 밑줄친 50 nt 염기서열의 양 옆에 있어야 하는지 아니면 이 염기 내에 존재하여야 하는지를 물어보아라. 고안한 프라이머와 결합할 상보적인 염기서열을 적어라. 그리고 나서 5′ 과 3′ 을 적어 넣고 프라이머의 3′ 말단으로부터 새로운 염기들이 합성되어 간다는 것을 유념하라.

자기평가문제 4. n 개의 뉴클레오티드를 가지고 있는 염기서열을 상상하여 보아라. 4^n 개의 이러한 염기서열이 가능하므로, 이들의 전제 길이는 $4^n \times n$이 된다. n의 값을 생각하면 전체는 〉3000000000 개가 된다. 물론, 이 문제에서는 인간 게놈을 구성하는 염기서열들이 완전히 임의적이라는 사실을 무시하고 많은 반복서열 염기서열들이 존재한다는 것도 무시하라. 하지만 염기서열이 매우 길 필요는 없고 인간 게놈 내에서 가능하면 유일한 염기서열이라는 것으로 생각하라.

제 5 장

자기평가문제 2. 분자 교잡은 단일가닥 DNA들간의 성질이다. 두 가닥으로 된 DNA들은 다른 염기들과 결합 할 수 없다.

자기평가문제 3. 염기서열은 항상 5′ → 3′ 으로 읽는다는 것을 명심하라. CTTAAG는 *Eco*RI 인식부위가 아니다. 만약에 이것의 상보적인 가닥의 염기서열을 적는다면 GAATTC로서 다른 제한효소 인식부위와 같이 회문구조 염기서열이라는 것을 알 수 있어서 양방향을 읽어도 같은 염기순서라는 것을 알 수 있을 것이다.

제 6 장

자기평가문제 1. 각 변이들이 특별히 정단세포 벽들을 투과하는 염소이온의 이동 결핍을 야기하는지 확인하여 보아라.

자기평가문제 2. 염기서열 변이의 두 가지는 한 개 또는 수 개 정도의 뉴틀레오티드들의 결실이다. 한가지 변이는 스플라이싱에 영향을 준다.

자기평가문제 3. 실험실에서 마지막 염기서열 변이를 p.V29M으로 보고하였지만 실제로는 이것은 스플라이싱에 영향을 줄 수 있다. 이것은 1번 엑손의 마지막 염기를 다른 염기로 치환시키는데 이 부위에서 G 염기는 정상적 스플라이싱을 위한 보존적 염기서열의 일부이다.

자기평가문제 4. c.216C>G는 과오돌연변이이고, p.172M에 의해 내부적 메치오닌 코돈을 생성한다. 이때 이 코돈은 개시코돈이 아니고, mRNA에 있는 첫 번째 AUG 코돈으로부터 번역이 시작되며 이후의 AUG 코돈들은 일반적인 메치오닌 아미노산 코돈들이다.

제 7 장

자기평가문제 1. 여기에 가계도가 한 예로 있다. 이때 질환은 상염색체 우성이므로 남성과 여성 모두에게 나타나며 돌연변이 유전자는 양성 모두로부터 유전된다. 하지만 이것은 모친으로부터 유전될 때에는 항상 비침투성을 보인다.

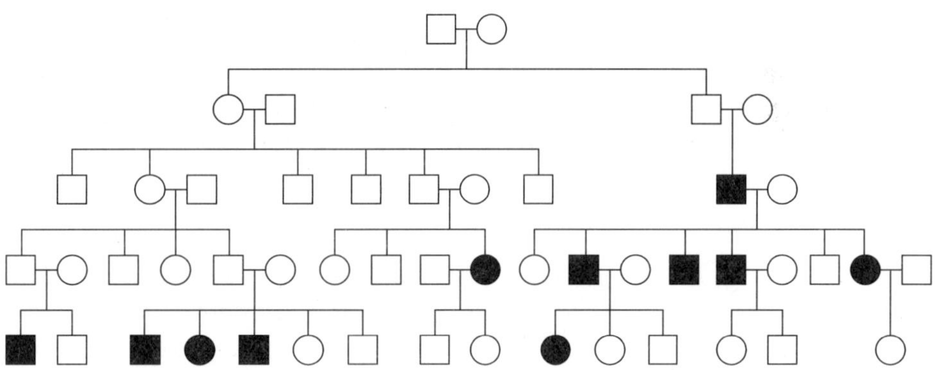

자기평가문제 6. 이것은 *그림 7.11*에 있는 염기에서 313bp 정도의 염기서열이 증폭되도록 프라이머를 고안하여 생성된 염기서열이다. 이것의 완전 염기서열을 보려면 Zeschnigk 등 (1997) 의 논문을 참조하라.

자기평가문제 7. 남성의 모든 감수분열시 Xp와 위상염색체 부위 (pseudoautosomal region) Yp 사이서는 항상 교차가 일어난다. 이때 교차부위는 마커와 인접한 부위일 수도 있고 원접한 부위일 수도 있다. 동원체와 마커 사이에서 교차율이 50%라고 가정하고 문제를 풀어라. 여성들에게서 이 부위에서의 교차는 잘 일어나지 않는다.

제 8 장

자기평가문제 2. 대사과정에서 여러 단계 가능한 차단하는 고려하거나 *8.4절*에서 언급된 번역 후 성숙 과정에서의 차단 등을 고려하라.

자기평가문제 5. Eliza는 HLA-B27과 HLA-DR4를 동형접합으로 가지고 있다. 후자를 이용하여 각각 단상체의 DR 대립유전자를 풀어나가라.

제 9 장

자기평가문제 1. 모든 감수분열이 재조합형 또는 비재조합형일수 있지만, 이 경우에서는 3세대의 모친에서 일어나는 감수분열만이 유용한 정보를 제공한다. χ^2 값(3.6, 1 d.f.)이 5%의 유의성 수준에서 유의성을 보이지만, lod 스코어는 유의성을 위한 한계치보다 훨씬 낮다 [L1=$(1/2)^{10}$; L2=$(1-\theta)^8$. $(\theta)^2$; θ =0.2에서 lod 스코어 최대값= 0.83]. 그 이유는 χ^2 테스트가 아닌 lod 스코어가 연관에 대한 사전확률에서 고려되었기 때문이다. 이 경우는 임의로 두 염색체 좌를 골랐을 때, 이들이 연관되어 있을 확률은 50분의 1에 지나지 않는다- 그것들은 다른 염색체에 있을 가능성이 있으며, 같은 염색체에 있다 하더라도 연관성을 보이지 않을 만큼 충분히 떨어져 있을 것이다. 상식적으로 우리는 사전확률을 가지고 무언가를 신뢰할지 안 할지를 결정하게 된다. 예를 들어, 우리는 친구가 늦잠을 자서 수업에 빠졌다고 하면 믿겠지만, 외계인에게 유괴당해서 수업에 못 들어왔다고 하면 믿지 않을 것이다. 사전확률에 대한 Lod 스코어의 한계치에 대해 간략한 설명을 원한다면 Strachan and Read의 *Human molecular Genetics* (2판에서는 11장, 3판에서는 13장)를 참고하고, 자세한 설명을 원한다면, Ott의 Analysis of *Human Genetic Linkage*를 참고하기 바란다.

자기평가문제 2. 2세대부터 단상형을 풀어보아라. 이 예에서 표지 대립유전자는 각 개인에게 확실한 단상형을 정할 수 있도록 선택되었다. 그 다음, 개인 II-1의 어떤 단상형이 질병 유전자좌와 연관되어 있는지 확인해야 한다 (질병이 이 염색체 지역과 연관되어 있다고 배운 것을 상기하라). 3세대의 부친 단상형을 알아보면, III-3과 III-5가 재조합형의 부성 유전자 단상형을 물려받았다는 사실을 알 수 있다. 교차 위치를 보면 질병 유전자좌는 표지유전자 A의 아래(III-3을 통해), 표지유전자 C의 위에(III-5를 통해) 존재한다. III-6은 재조합형의 모친 단상형을 가지고 있다. 교차는 표지유전자 A와 D 사이 어디에도 일어났을 수 있다. 이 재조합형은 질병 유전자좌를 알아내는데 어떤 정보도 제공하지 않음을 알 수 있다.

자기평가문제 4. 청각장애와 당뇨병의 조합은 때때로 미토콘드리아 DNA의 돌연변이에 의해 유발된다고 알려져 있다. NB 이러한 우선순위에 따라 시도를 하는 것이 상식적이지만, 원인 유전자가 결국 밝혀졌을 때, 그것은 가끔 확실한 후보들 중 하나가 아닐 경우도 있다.

제 10 장

자기평가문제 2. 질병을 보이는 사람들은 하나 또는 다른 유전자를 동형접합으로 가진 사람이라는 것을 명시하라; 이들 유전자를 이형접합으로 가진 사람들은 질병을 보이지 않는다. 실제적으로는, 앞서 설명했듯이, 이와 같이 희귀한 열성 유전질환의 경우 하디-와인버그 공식에 의존하는 것은 현명하지 않다.

자기평가문제 3. $p^2 + 2pq = 0.64$라고 생각하고 이 문제를 풀어보자; q를 (1-p)로 치환한 후 2차 방정식을 풀어 p값을 얻는다. 또 다른 방법은 q^2=0.36임을 주목하면 좀 더 쉽게 풀 수 있다.

자기평가문제 4. *Box 10.1*에 보이는 것과 같이 첫 부분을 무기능, 저기능, 정상대립형질의 3-대립형질 하디-와인버그 문제로 다루어 보라.

자기평가문제 5. 절대보인자와 잠재보인자와의 차이점을 기억하라.

자기평가문제 6. 유전 상담은 지시적이지 않다.

제 11 장

자기평가문제 4. 각 곡선의 대략적인 부분 하에서 제곱들을 집계함으로써 상대적인 수를 측정한다. 곡선들은 동일한 전체 면적을 갖도록 그려졌지만, 신경관 결손(NTD)에 관한 곡선은 실제로 정상적인 곡선의 1/100의 면적을 갖도록 해야 한다는 것을 기억해야 한다.

자기평가문제 5. 부부가 보인자라는 어떤 검사를 하기 전의 위험성이 1/40 × 1/40 = 1/1600이다. 우리는 배우자가 음성으로 검사됐을 때, 단지 1/1600 이라는 가능성 이라는 것은 음성 오류율 이라는 그러한 검사에 대한 감수성을 계산할 필요가 있다. 이는 쉽게 이루어지지 않는 다는 것을 *표 11.1*로부터 볼 수 있다.

제 12 장

자기평가문제 1. 제시문 8에 대해, 비록 종양유전자에서의 돌연변이가 체세포성이며 유전되지 않는 것이 일반적 사실 일지라도 몇몇의 예외가 있다. *RET* 종양 유전자에서 유전되는 돌연변이가 가족성 갑상선 암에서 발견되었다. 만약 유전자의 산물이 하나의 기능 이상의 것을 갖고 있다면, 그것은 아마도 기능 상실 혹은 기능 획득이라고 간단히 말할 수 있을 것이다. 이와 동등하게, 종양 유전자와 종양 억제 유전자의 분류는 암의 분자적 병리에 대해 생각하는 것을 위한 매우 유용한 도구가 될 것이지만, 그것은 그것의 한계를 갖는다.

자기평가문제 3. 만약 한 세포에서 돌연변이가 일어날 가능성을 μ, 그 때 세포의 수를 n 이라고 한다면 세포가 돌연변이를 제공받지 못할 확률은 $(1-\mu)^n$이다. μ가 매우 작기 때문에 이 것은 $1-n\mu$에 매우 근접할 것이며, μ는 가족성 돌연변이의 경우에서 비침투율의 기회와 동등할 것이다. 이 간단한 예측을 가진 사실적 침투율과 우발적 사례의 현실적 빈도의 조합을 얻기 위하여 비현실적으로 높은 돌연변이 비율을 가정하는 데 필수적이라는 것이 흥미롭다. 아마도 단일 체세포성 돌연변이는 두 번째 돌연변이를 만드는 것과 같은 방법과 더 유사하게 목표 세포에 영향을 끼칠 것이다.

자기평가문제 5. *표 12.4*의 점수체계를 사용하여 각 가계도를 교차하여 점수를 더하면 A 가족에서 *BRCA1* 돌연변이가 12%의 기회를 가지며, B가족에서 14%의 기회를 갖는다. 그러나 가족A에서 12점은 부계에서 유래했으며, 반면 가족B에서는 부계에서 9점, 모계에서 5점을 획득했다. 만약 *BRCA* 돌연변이가 있다면, 그것은 부계에서 유래되기 가장 쉽지만 그 가능성은 오직 9%이다. 이 것은 물론 다소 부자연스러운 예이다.

제 13 장

자기평가문제 1. 가족의 식사습관은 후천적이거나 유전적일 수 있다. 성별이 다른 쌍둥이는 모두 이란성인 반면 동성의 쌍둥이는 일란성이거나 이란성일 수 있다. 처음 3번의 관찰 모두는 유전적 요소라는 것을 보여주고 있다. Barker 가설 (7장)은 교리적 결론 유추에 대하여 주의 해야 한다고 하지만, 입양자료는 유전성과 환경적 영향을 명확하게 분리되고 있음을 보여준다.

자기평가문제 2. 이 질병은 여자보다 남자에게 더 보편적이기 때문에 딸들에 비해 아들에게 항상 그 위험성이 높다. *Box 13.1*에서 위험성은 감염된 남성의 아들에 비하여 감염여성의 여자아이에게 더 높은 것으로 나타내고 있다. 베티가 두 명의 감염된 남성의 2명의 직계가족을 가지고 있기 때문에 앤 보다 높은 감염 가능성을 가지기 쉬우며 따라서 그녀의 자식에게 위험성이 높다.

자기평가문제 3. 조환율이 θ 일 경우 n 세대 이후에는 $(1-\theta)^n$로 연관된다.

자기평가문제 7. 이것은 다중 검증 문제이며 Bonferroni 검증법이 적절하다. 때론 얼마나 많은 질문을 해야 할 지 결정하는 것이 쉽지 않다. 만약 표지유전자가 n개의 대립유전자를 가지고 있고 그 관련성을 각각 검토한다면 그것이 하나의 문제인가 아니면 n 혹은 $n-1$개의 문제인가? 만약 질문이 완전하게 독립적이지 않을 경우 본 Bonferroni 검증법은 지나치게 엄격한 것이다. 만약 개별 표지유전자의 대립유전자들의 연관성을 조사하면서 다중 표지유전자 단상형과의 연관성을 조사한다면 이것이 별도의 독립적인 질문인가? 만약 연관분석을 이용하여 염색체 내부 어디엔가 감수성 유전자 좌가 있음을 인지한다면, 각 부정적인 결과는 감수성을 높이는 인자가 숨어야 하는 염색체 영역을 줄인다. 따라서 남은 일부 영역을 검증하는 것이 독립적인가? 간단히 말하면, 다중 검증 문제는 복잡한 질병 연구에서 심하며 전문적인 통계적 통찰이 요구된다.

자기평가문제 9. 2–1 × 1–1 부모에게 자식들 중 멘델리안 비율은 양쪽 모두 감염된 쌍을 선택한 사실로 인해 수정되어야 한다. 이것은 멘델의 비율을 사전확률로 그리고 양쪽 친척이 조건적으로 감염된다는 Bayesian 계산법을 이용하여 가장 쉽게 이루어진다.

Genotypes of sibs:	(1–1, 1–1)		(1–1, 2–1)		(2–1, 2–1)
Prior probability	1/4		1/2		1/4
Conditional likelihood (both affected):	16	:	8	:	4
Joint likelihood	4	:	4	:	1
Final probability:	4/9		4/9		1/9

〈표 하단 설명〉 이 방법의 설명을 위해서는 *Box 14.1* 참조.

제 14 장

자기평가문제 1. 이것은 유전적 위험성 평가에 있어서 중요하며 기본적인 계산이다. 그래서 그것에 대해서 자세하게 살펴보았다. 해답을 찾는 두 가지 방법이 있는데, 절대로 생식을 못하는 남성들이 가진 X-연관열성질환 조건에 적용된다.

(a) 만약 집단이 X염색체를 하나 가진 남성의 수와, 두 개를 가진 여성의 수가 같다면, 모든 X염색체들의 1/3은 남성들이 가지고 있게 된다. 동등한 논리로 DMD X염색체들의 1/3은 남성들 것이다. 남성들이 가지고 있는 DMD X염색체는 다음 세대에게 유전되어지지 않으므로 DMD X염색체들의 1/3은 각 세대마다 사라질 것이다. 만약 질병의 빈도가 세대를 거듭하여 끊임없이 남게 된다면 이것은 새로운 돌연변이들에 의해 균형 잡히게 된 것이다. 사례들의 1/3은 새로운 돌연변이들이며, 분리된 증례의 모친이 보인자일 가능성은 2/3이다.

(b) 또 다른 방법은 완전하게 무작위적으로 고른 어떤 여성이 DMD 보인자일 것이라는 가능성을 계산하는 것으로 시작한다. 이러한 가능성을 P라고 하자. 그녀가 딸을 가지고 있다고 가정해보라. 그 딸이 보인자일 것이라는 가능성은 세 가지가 된다.

- 그녀는 보인자일 것이다. 왜냐하면 그녀의 어머니가 보인자이기 때문이고 그녀의 어머니로부터 돌연변이가 일어난 X염색체를 물려받았기 때문이다. 이러한 가능성은 $P/2$이다.
- 그녀는 보인자일 것이다. 왜냐하면 비록 그녀의 어머니가 보인자가 아니라고 할지라도 그녀의 X염색체 이상은 새로운 DMD 돌연변이에 의해 생겨난 것이다. 그것을 μ라고 한다.
- 그녀는 보인자일 것이다. 왜냐하면 X염색체 이상은 그녀의 아버지가 가진 새로운 DMD돌연변이에 의해 유전된 것이다. 이러한 가능성 또한 μ라고 한다.

종합적으로 보아서 그녀의 딸이 보인자일 위험성은 $P/2 + 2\mu$ 이다. 그러나 우리의 최초의 여성은 완전하게 무작위적으로 선택되어졌으므로 이와 같은 논리는 정확하게 그녀와 그녀의 어머니에게 적용되어질 수 있다. 엄마와 딸의 보인자 위험성은 실제로 항상 동일하다 (만약 그렇지 않다면, 충분한 세대에 걸쳐서 계산을 반복하므로 위험율을 0이나 100%를 갖게 되는데 이것은 불합리한 것이다). 그러므로 $P = P/2 + 2\mu$ 이것으로부터 우리는 $P = 4\mu$ 란 것을 알 수 있다.

이제 우리는 한 여성이 DMD 보인자일 전 가능성에 대해서 풀었으므로 원래의 문제로 돌아가서 DMD 환자 아들을 가진 여성의 보인자 위험성을 베이시안 방법으로 풀어라. 그녀는 보인자일수도 있고 아닐 수도 있다. 계산은 다음과 같이 진행 시킨다.

여성이	보인자	비-보인자
전 가능성	4μ	$1-4\mu \approx 1$
조건: 질환 남아	1/2	μ
통합된 가능성	2μ	μ
최종 가능성	$2\mu/3\mu = 2/3$	$\mu/3\mu = 1/3$

자기평가문제 9. 딸의 위험도는 엄마 위험도의 절반이다. 즉 1/2의 가능성이 있어서 딸이 엄마의 '위험성' X 염색체를 유전 받을 가능성은 다른 X 염색체를 받을 가능성이 동등하므로 1/2이다.

자기평가문제 3.

- *방법 1:*, 질환에 걸리지 않은 2명의 남자아이들에 대해 추가적인 조건을 덧붙여서 1번의 자기평가문제의 계산을 반복하라. 그녀가 보인자라는 것을 가정하면, 질환에 걸리지 않은 2명의 남자아이들을 출산할 가능성은 1/4이다. 그녀가 보인자가 아니라고 가정하면 1−2μ이고 이것은 사실상 1이 된다.
- *방법 2:* 전 가능성으로 그녀의 2/3 보인자 위험성을 놓고 시작한다. 이 경우, 그녀는 이미 질환에 걸린 한 명의 남자아이가 있다는 정보를 이용하고 있으므로 유일한 조건부 가능성은 병에 걸리지 않은 남자 아이가 된다.

이것은, 당신이 각 정보를 단 한번만 사용하는 한, 당신이 어떤 정보를 우선적인 확률로 놓고 어떤 정보를 조건적인 것으로 놓는가 와는 무관하다는 것을 설명해 준다.

자기평가문제 4. 먼저 문제시 되는 남자가 비-침투율적인 보인자일 확률을 계산할 필요가 있다. Bayesian 계산법을 사용하라. 우선적인 확률은 그의 멘델리안 위험성이 1/2이라는 것이고 조건부는 그가 임상적으로 질환에 걸리지 않았다는 사실이다. 남자의 위험성을 안 후에 그의 아들이 질병 유전자를 물려받을 위험성은 아버지가 질병의 보인자일 확률의 절반이다. 그리고 아이가 질병의 유전자를 물려받을지라도 그가 임상적으로 질환을 보일 확률은 오직 90%라는 것을 기억하라.

자기평가문제 5. 공식은 $\frac{1}{2}\times\frac{(1-x)}{(2-x)}$이다. 정답은 침투율 59%에 대한 8.6%의 위험도로 놀라울 정도로 안심이 되는 낮은 수치이다. 어떤 한 질환의 침투율이 낮다면 이것은 이 질환에 걸리지 않은 아버지가 질병 유전자를 보유할 확률을 증대시킨다. 그러나 동시에 자녀가 그 질병 유전자를 물려받더라도 임상적으로 질환에 걸릴 위험성을 감소시킨다.

자기평가문제 6. 확실한 것은 1/4은 정답이 아니다라는 것이다. 정확한 답을 얻으려면 Bayes를 이용하라.

영문 찾아보기

I

J

K

L

M

N

X

Y

기호

번호

국문 찾아보기

ㄴ

ㄷ

ㄹ

ㅁ

ㅂ

ㅅ

ㅈ